生物催化剂
——酶催化手册

SHENGWU CUIHUAJI
MEICUIHUA SHOUCE

秦永宁　编著

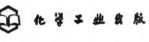

化学工业出版社

·北京·

本书是我国首部生物催化剂——酶的催化手册。全书共九章。第一章概述，给出了酶催化剂的定义，论述了酶是生命产生、维持、延续、进化的关键物质，也是基因工程的核心。第二章是酶催化基本理论，包括：酶的催化特点、催化作用机制和催化反应动力学、酶催化活性及其测定方法。第三章至第八章收集了两千多种酶，根据酶系统分类法，按酶六大类催化反应汇编，分别是催化氧化还原反应的酶、催化功能基团转移反应的酶、催化底物（反应物）水解反应的酶、催化底物分解和加成的酶、催化底物分子异构化反应的酶、催化与ATP分解偶联形成各种键反应的酶，已经生产、应用的酶制剂。书后附有常用英文缩写注释表和中英文索引。

本书是生物工程、生物医学、化工与制药、食品科学与工程等科技人员的重要参考书和工具书，也可供各有关工业部门科技人员和高等院校相关专业的师生阅读。

图书在版编目（CIP）数据

生物催化剂：酶催化手册/秦永宁编著. —北京：化学工业出版社，2015.4（2022.8重印）
ISBN 978-7-122-23122-2

Ⅰ.①生… Ⅱ.①秦… Ⅲ.①酶-生物工程-技术手册 Ⅳ.①Q814-62

中国版本图书馆 CIP 数据核字（2015）第 039246 号

责任编辑：徐雅妮　　　　　　　　　　　　文字编辑：刘志茹
责任校对：陶燕华　　　　　　　　　　　　装帧设计：王晓宇

出版发行：化学工业出版社（北京市东城区青年湖南街 13 号　邮政编码 100011）
印　　装：北京虎彩文化传播有限公司
787mm×1092mm　1/16　印张 31¾　字数 806 千字　2022 年 8 月北京第 1 版第 2 次印刷

购书咨询：010-64518888　　　　　　　　售后服务：010-64518899
网　　址：http://www.cip.com.cn
凡购买本书，如有缺损质量问题，本社销售中心负责调换。

定　　价：150.00 元

前　言

近二十年来，生命科学发展迅速。21世纪将成为生命科学发展的世纪。在研究生命起源、进化、基因工程、生物芯片、物种的改性和优化、克隆技术、生物医药、食品加工、生物医疗工程、生物能源、生物环保等方面，都涉及生命体中存在的一种特殊物质：生物催化剂——酶。可以说："没有酶的催化作用，任何形式的生命现象都不会存在"。

酶与化学催化剂一样，能影响热力学上可能的反应，具有加速和定向作用，但不改变热力学平衡。与化学催化剂不同的是它还具有两个特殊的功能：

1. 自我复制，也就是"酶"通过自催化过程合成自身（酶）；

2. 在20世纪后期，发现RNA和DNA类酶不仅具有酶的催化活性，而且还具有传递遗传信息的功能。酶就成了基因工程和生物芯片的关键物质。

这就是我编著生物催化剂——酶催化手册的初衷。

本书是我国首部生物催化剂——酶的催化手册。全书共分九章。第一章概述，论述酶是催化剂，蛋白质是催化剂的载体，具有载体效应的催化剂载体。初次给出了酶催化剂的定义。论述了酶是生命产生、维持、延续、进化的关键物质，也是基因工程的核心。第二章是酶催化基本理论，介绍酶的催化特点、催化作用机制和催化反应动力学、酶催化活性及其测定方法。第三章至第八章收集了两千多种酶，并列出了每种酶的名称、分类名、催化作用和催化反应。根据1961年国际酶学委员会（缩写EC）提出的酶系统分类法，按酶六大类催化反应编写。第三章介绍催化氧化还原反应的酶。第四章介绍催化功能基团转移反应的酶。第五章介绍催化底物（反应物）水解反应的酶。第六章介绍催化底物分解和加成的酶。第七章介绍催化底物分子异构化反应的酶。第八章介绍催化与ATP分解偶联形成各种键反应的酶

（连接酶类）。第九章介绍已经生产、应用的酶制剂。附录部分包括常用英文缩写注释表和中英文索引。

本书的初稿是由秦永宁教授 2009 年完成的，后经天津大学丁彤、马智、天津科技大学张黎明、天津商业大学梁新义审核补充。全书由秦永宁教授统稿。天津市鹏翔科技有限公司乔冠东为本书的出版提供了帮助。

生命科学是正在迅速发展的学科。酶是生命科学中的核心，不断有新酶和酶的新功能被发现。由于编写人员的知识有限，参考文献又受时间和空间的限制，书中疏漏之处在所难免，敬请各位专家、读者不吝指教为感。

秦永宁
于天津大学
2015 年 1 月

目　录

第一章　概　述

第一节　生物催化剂——酶

在任何化学反应中，反应物分子必须超过一定的能阈，成为活化的状态，才能发生变化，生成产物。这种提高低能分子达到活化状态的能量，称为活化能（activation energy）。催化剂的作用主要是降低反应所需的活化能，以致于相同的能量能使更多的分子活化，从而加速反应的进行。酶和一般催化剂的作用机理都是降低反应的活化能。酶是生物催化剂（biological catalyst），它具有两方面的特性，既有与一般催化剂相同的催化性质，又具有一般催化剂所没有的特殊性。与非生物催化剂相比，生物催化剂具有极高的催化效率和温和的反应条件，它能在常温常压下反应，且反应速率快，其催化效率是一般催化剂的 $10^3 \sim 10^7$ 倍；生物催化剂的催化作用专一，即一种酶只催化一种反应，酶与一般催化剂一样，只能催化热力学允许的化学反应，缩短达到化学平衡的时间，而不改变平衡点。酶作为催化剂在化学反应的前后没有质和量的改变。酶是生物体进行自我复制，新陈代谢不可缺少的生物催化剂。工业用的生物催化剂是游离或固定化的酶或细胞（酶的载体）的总称。死的细胞或干细胞制剂也具有催化作用，但其细胞已无新陈代谢能力，往往不能进行辅酶或辅基（酶的组成部分）的再生，只能进行简单的酶反应，属于一种不纯的酶催化剂。

酶学知识来源于生产实践，我国 4 千多年前的夏禹时代就盛行酿酒，周朝已开始制醋、酱，并用曲来治疗消化不良。酶的系统研究起始于 19 世纪中叶对发酵本质的研究。1867年，德国人库内（Kuhne）使用酶（enzyme）这一术语表述催化活性。Enzyme 来自希腊文，原意为"在酵母中"（酵素），中文译为"酶"。Pasteur 提出，发酵离不了酵母细胞。1896 年，Buchner 兄弟成功地用不含细胞的酵母液实现发酵，能把 1 分子葡萄糖转化成 2 分子乙醇和 2 分子 CO_2，说明具有发酵作用的物质存在于细胞内，并不依赖活细胞，细胞只是酶的载体。1913 年，Michaelis 和 Menten 在总结前人工作的基础上，根据中间产物学说提出了酶促反应动力学原理——米氏学说。米氏方程的建立对酶由定性到定量的研究和作用机理的探讨提供了方法。1926 年，Sumner 首次从刀豆中提取出脲酶结晶，并证明这种结晶能催化尿素水解，产生 CO_2 和氨，提出酶的本质是蛋白质。这个观点直到若干年后获得了胃蛋白酶、胰凝乳蛋白酶、胰蛋白酶的结晶才被普遍接受，Sumner 因此获得了 1947 年诺贝尔化学奖，现已有 2000 余种酶被鉴定出来，其中有 200 余种得到结晶，特别是近 30 年来，随着蛋白质分离技术的进步，酶的分子结构、酶作用机理的研究得到发展，有些酶的结构和作用机理已被阐明。20 世纪 50～60 年代，发现酶有相当的柔性，Koshland 提出了诱导契合理论，以解释酶的催化理论和专一性，同时也弄清某些酶的活性与生理条件变化有关。1961 年，Monod 及其同事提出了变构模型，用于定量解释有些酶的活性可以通过结合小分子（效应物）进行调节，从而提供了认识细胞中许多酶调控的基础。1969 年，首次报道了由氨基酸单体化学合成牛胰岛素核酸酶。这个化学合成定性地证明了酶和非生物催化剂没有区别。最近发现除了经典酶以外，某些生物分子也有催化活性。1982 年，Cech 小组发现，四膜虫的 rRNA 前体能在完全没有蛋白质的情况下进行自我加工，催化得到成熟的 rRNA 产物，这可说明蛋白质也可能是酶的载体，也许是能与酶相互作用，具有载体效应的催化剂载体。这就是说，RNA 本身是生物催化剂，可称之为"ribozyme"。总之，酶与化学催化剂具有一样的属性。但它大量存在于生物体内，是生命的源泉，所以称它为"生物催化剂"。现在可以用定义化学催化剂的方法来定义酶：

酶是生物体内能进行自我复制的生物催化剂。它与化学催化剂一样，能影响热力学上可能的过程，具有加速作用和定向作用。能在温和条件下（即生命体能生存的条件下）高度专一，有效地催化底物（即反应物）发生反应，而反应之后，本身没有变化，不改变热力学平衡。

第二节　生命之源——酶

根据生命起源的化学演化学说，原始生命诞生的时间可能在距今 37 亿～38 亿年前后。在此之前是生命起源的化学演化阶段，之后为生物进化阶段。生命起源的化学演化阶段大致可分为四个阶段。

一、从无机小分子生成有机小分子

大约在 47 亿年前，与生命起源有关的元素 H、C、O、N、S、P 等之间进行化学反应生成无机小分子，如：$3H+N \rightleftharpoons NH_3$，$2H+O \rightleftharpoons H_2O$，$C+N \rightleftharpoons CN$，$C+C \rightleftharpoons C_2$，$C+O \rightleftharpoons CO$，$C+2O \rightleftharpoons CO_2$，$N+2O \rightleftharpoons NO_2$ 等。大约 47 亿～45 亿年前，地壳刚形成时，火山爆发频繁，地球核心中的金属碳化物被喷到地球表面，与当时基本上由过热水蒸气组成的地球大气发生相互作用，形成了各种碳氢化合物和碳氢化合物的含氮、含氧衍生物。如

$$Al_4C_3+12H_2O \longrightarrow 3CH_4+4Al(OH)_3$$
$$CaC_2+2H_2O \longrightarrow C_2H_2+Ca(OH)_2$$
$$C_2H_2+H_2O \longrightarrow 碳氢化合物的含氧衍生物(乙醛 CH_3CHO)$$

$CH_3CHO+NH_3$ 形成碳氢化合物的含氮衍生物（$CH_3-CH_2-NH_2$），并可进行一系列化学演化过程生成了氨基酸。1953 年，米勒（Miller SL）设计了模拟早期地球条件的火

花放电的实验装置，在反应器烧瓶中放入甲烷（CH_4）、氨（NH_3）、氢和蒸气，在火花放电的作用下，反应一周后得到了 11 种氨基酸。米勒的实验为生命起源的化学演化提供了依据。1963 年，有人用甲醛为原料，经紫外线照射得到了核糖和脱氧核糖。

二、从有机小分子发展成生物大分子（主要是指蛋白质和核酸）

有学者认为在原始海洋中氨基酸和核苷酸经过长期积累，在适当条件下（例如，吸附在无机矿物黏土上，也可理解为在无机催化剂作用下），通过缩合或聚合作用形成了原始的蛋白质和核酸分子也就是已生成了具有催化活性的"酶"。生命的起源化学演化实质是蛋白质、核酸分子的形成与演化过程。生命起源于蛋白质还是核酸？现有三种说法。

以奥巴林和原田馨为代表的部分学者认为蛋白质首先起源，依据是蛋白质的合成不需要核酸为其编码，也就是不依靠核酸的作用，以蛋白质为模板定向酶促合成。1990 年，Hirata 等在酵母液泡膜 H^+-ATPase 的 α 亚基（VMAI）中首先发现了蛋白质自我剪接现象。此后，在古细菌、真细菌和真核细胞中陆续发现了这种现象。1994 年，Peler 等明确提出蛋白质自剪接是从前体蛋白质内切除内含肽，并将外显肽以肽键相连，产生成熟蛋白质的过程。1996 年，David Lee 及其同事在著名学术刊物 Nature 上首先报道了能自我复制的肽，发现了一种折叠成 α-螺旋并且具有酵母转录因子 GCN4 中一个区段样结构的 32 氨基酸的肽，能在溶液中促进 15-氨基酸片段和 17-氨基酸片段间的酰胺酸键缩合，自动催化自身的合成。这些为蛋白质首先起源提供了证据。

以里奇和奥格尔为代表的部分学者认为生命起源实质是核酸分子的形成与演化，在功能上是先有复制，后有代谢。因为核酸是遗传信息的载体，它控制着蛋白质的合成等。1983 年，Altman 和 Pace 发现大肠杆菌和枯草杆菌的 RnaseP 上的 RNA 部分就是酶，可独自加工 tRNA 前体，切断 $5'$-端特定位置上的磷酸二酯键。1986 年，Cech 确认四膜虫 rRNA 的内含子也是地道的酶，该内含子 RNA 可切除自身并连接两侧的外显子，它还可以催化两个以上内含子寡聚化反应，也能以自身携带的分子内模板为模板，以寡聚核苷酸为底物合成出多聚核苷酸，这种具有酶活性的 RNA 被定名为瑞珀酶。它既可以保存遗传信息，又可以提供酶活性，所以有学者提出在早期进化中有"RNA 世界"。20 世纪 90 年代，Cuenoud 等发现 DNA 也具有酶活性，他们根据共有序列设计合成了由 47 个核苷酸组成的单链 DNA-E47，可以催化两个底物 DNA 片段之间的连接，这说明 DNA 也具有保存遗传信息和酶活性的双重功能。RNA 和 DNA 的双重功能为核酸首先起源提供了依据。

以迪肯森为代表的部分学者认为核酸与蛋白质共同起源，复制与代谢两者相依为命。支持这一看法的事实是蛋白质合成的中间产物氨基酸腺苷酸盐既可以使氨基酸缩合成多肽，又因为它含有碱基可形成多核苷酸。

这三种生命起源学说都说明蛋白质和核酸分子（RNA、DNA）具有酶活性。生命的起源是生物催化剂酶。英国与芬兰的研究人员发现，RNA 聚合酶是所有活生物拥有的最重要的酶之一，具有传递遗传信息的功能。它有两种形式，即 DNA 依赖和 RNA 依赖。RNA 依赖 RNA 聚合酶是以 RNA 为模板合成的，它们既存在于一些病毒中，也存在于一些高级生物中。病毒利用这种酶复制自己的遗传物质，但在高级生物中，这种酶的作用就大不一样了，它们可繁殖出参与 RNA 干扰系统中的 RNA 分子。第一个 RNA 聚合酶可能是在"RNA 世界"时代出现的。按照现代理论，地球上最早的生命开始于 RNA 分子的繁殖。最早的活生物是 RNA 生物，没有蛋白质和 DNA，RNA 分子具有保留遗传信息的功能，也执行着其他蛋白质现在完成的功能。RNA 生物在获得了合成多肽的能力后，RNA 聚合酶的功能就逐渐从 RNA 转向蛋白质，其中的一种蛋白质就是 RNA 依赖 RNA 聚合酶，它保证了这些生物的有效繁殖。研究人员认为，最早的 RNA 依赖 RNA 聚合酶应该是他们研究的蛋白质最简单的一种结构。这个最古老的酶包含一个 DPBB 结构域。后来，由于复制转变了两个 DPBB 结构。刚开始它们是一样的，以后出现了一些差别，其功能也随即不同。这意味着在这个阶段进化方向发生了分离：有些 RNA 聚合酶变成了 RNA 依赖，而其他的则变成了 DNA 依赖，也就是拥有了在 DNA 基础上合成 RNA 的能力。研究人员认为，他们的发现对生命起源学说提供了一个新证据。

三、由大分子组成多分子体系

这种多分子体系的实验模型主要有团聚体（coacervate）和类蛋白质微球体（proteinoid microsphere）。

团聚体模型：20 世纪 50 年代奥巴林曾将白明胶水溶液和阿拉伯胶水溶液混合，发现使原澄清的液体变浑浊了，取少许制片，显微镜下观察到许多大小不等的小滴，把它称为团聚体。后来他还用蛋白质与核酸、组蛋白和多核苷酸、蛋白质与多糖、蛋白质与核酸和类脂制成多种多样的团聚体进行了有关特性的研究。发现在一定条件下团聚体可以进行所谓的生长、分裂，具备了原始生命的萌芽。

类蛋白质微球体模型：Fox 把多种氨基干热聚合形成的酸性类蛋白质放入稀薄的盐溶液中冷却，或将其溶于水使温度降低到 0℃，在显微镜下观察看到大量直径为 $0.5\sim3\mu m$ 的均一球状体，即类蛋白质微球。实验表明，当把微球体悬液的 pH 由 3.5 上升到 4.5 或 5.5 时，在显微镜下可看到微球体具有类似细胞膜的双层膜结构，微球体悬液放置一段时间，可以看到出芽。把芽分离出来，置于饱和的类蛋白质溶液中，并从 37℃ 冷却到 25℃ 时，芽开始生长，直到与原来的微球体（母体）一样大小，变成第二代微球体，然后在同样条件下又可重复以上过程，产生出芽、分裂、长大等仿生现象。Fox 认为类蛋白质微球是一种比较理想的多分子体系，这些类蛋白质微球体是现代生物细胞的前体。

四、由多分子体系发展到原始生命

作为原始生命必须独立于环境并能不断地与环境进行物质和能量交换的开放系统。奥巴林曾利用组蛋白和多核苷酸构建的团聚体进行相关的研究。实验过程中，在这种团聚体内加入两种酶，葡萄糖转化酶（a）和 β-淀粉酶（b），团聚体的周围是葡萄糖-1-磷酸盐。发现此时团聚体可以从环境中吸收葡萄糖-1-磷酸盐，当它进入团聚体后，可以在（a）的作用下转变成淀粉，在（b）的作用下转变成麦芽糖，然后排出团聚体。如果（a）和（b）两种酶的活性相当，建立起的开放系统能长期保存下来。具体实验过程见图 1-1。

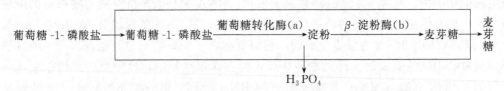

图 1-1　利用组蛋白和多核苷酸构建的团聚体进行相关的实验流程

这说明独立于环境的团聚体与周围环境可以进行物质和能量的交换。因此，可以说原始生命已经诞生。酶在生命体的形成过程中起着极重要和关键的作用，在生命体的维持和发展中起着决定性作用。

人类细胞中的所有生物反应都依赖于酶的作用，它们作为催化剂促使生物反应在几毫秒内发生。美国科学家研究显示，在没有酶作用的情况下，某种生物反应的自然发生需要23亿年，相当于地球年龄的一半。研究人员称，这一反应对于血色素和叶绿素的生物合成必不可少，酶存在与否会造成如此巨大的差别。如果把人体比作一个化工厂，那么酶就是这个化工厂中几乎所有化学反应的催化剂。没有酶的催化，生命活动就会停止，世界就会一片沉寂，毫无生气。许多中毒性疾病导致死亡，就是毒物侵入人体使一些酶的催化活动停止，可见，酶对生命何等重要。可以说，生命活动就是由无数的生化反应组成的，而生化反应没有酶的参与是不可想象的。几千种酶在生命体内活动，几乎参与生命活动的全部。科学家经过观察发现，酶在人体内的变化主要表现在两方面，一是量的变化，另一个是质的变化，即酶的活性的变化。下列因素影响酶的变化：年龄、发育情况、生理病理变化、药物治疗、免疫功能、激素变化、环境适应、饮食结构以及学习、劳动、运动、休息、睡眠等，随着这些因素的变化，酶也发生相应的变化。年轻人体内酶的数量是充足的，随着年龄的增加，酶的数量反而渐渐减少。数量减少了，生化反应速率自然就会慢下来，人的活力不足。酶的催化反应还需要一个适宜的环境。科学家发现，一般在37℃左右，接近中性的环境下，酶的催化效率非常高。因为酶是一种人体内的活的蛋白质，所以一切对蛋白质活性有影响的因素都会影响酶的活性。除了受温度、酸碱度影响外，酶催化的对象（即所谓底物）和酶液本身的浓度，都对酶的活性有影响。这就对许多专家强调要保持体内酸碱平衡和保持体内适宜的水分，不难理解了。酶催化反应的最佳环境是人在长期进化中形成的，任何或高或低的改变，都将影响酶的活性。

现代生物学表明，地球上的生命，从简单的细菌到复杂的人类，它们的基本代谢途径相同，遗传密码一致，遗传信息的传递方式近似。其中起主要作用的是两类大分子：一类是核酸，另一类是蛋白质（包括各种酶）。连目前已知的最简单的生命都是由这两类分子组成的多分子系统。生命的三大基本功能：自我调节、自我复制和独立的选择性反应都依赖于酶促催化反应来实现。

1. 自我调节

自我调节是生命的一个本质属性。任何生命在其存在的每一瞬间，都在不断地调节自己内部的各种机能的状况，调整自身与外界环境的关系。高等生物的自我调节是多层次的，其中包括分子的、细胞的、整体的调节。即使是原核生物也有自我调节，而且它也是通过多种途径实现的。例如，细菌有能力合成许多自身所需要的分子，可是某一分子是否合成，合成的速率如何，则随自身内部状态与环境的不同而不同。细菌内部所需要的分子，既不过多地产生，也不感到缺乏，而是靠自身的调节机制完成的。某一分子合成途径中的第一个酶的结构基因兼有调节的功能，即第一个酶既有酶的功能，又起着阻遏蛋白的作用。这种调节系统最初是在沙门杆菌组氨酸生物合成中发现的，随后在噬菌体、霉菌、哺乳动物中也同样发现其存在。

2. 自我复制

自我复制是生命系统不同于化学系统的特征。狭义地说，自我复制是指DNA分子的解旋、两链分开，各自合成互补链，从而形成两个新的然而又相同的分子。广义地说，包括细胞分裂、繁殖在内。就根据而言，分裂、繁殖也是在分子复制基础上进行的；就结果来说，所形成的是两个相同的个体。自我复制靠酶来实现的，如 DNA 酶等。自我复制这种功能是生命系统固有的特点，已作为生命的基本属性。

3. 选择性反应

对体内外环境的选择性反应是生命系统的又一重要特征。反应是非生命物质与生命物质都具有的属性。不同的是，发生于非生命物质中的物理的、化学的反应，都不是自我完成的过程。只有生物有机体才独立地发生反应，而且这种独立的反应是有选择性的，它受有机体自身的控制，并随体内外环境条件的不同而不同。细胞与外界进行物质交换，固然也存在扩散与渗透作用，但是细胞膜吸收什么，排除什么，却有高度的选择性。一个明显的实例是，在细胞膜的主动运输中，物质逆浓度梯度而运转。又如，大肠杆菌既可利用葡萄糖，也可利用乳糖作为碳源。当环境中既有葡萄糖又有乳糖时，大肠杆菌的代谢反应首先利用的是葡萄糖而不是乳糖，这时只有组成酶系在起作用，而诱导酶系则是无关的。生物的选择性反应也是几个系统协调活动的结果。简单原核生物的反应是如此，高等生物的选择性反应更是如此。因为，高等生物体内存在各种不同的酶系，这些酶不仅以其高效率的催化为无机催化剂所不可比拟，而且具有严格的选择性。同时，生物体内酶的活性受到多方面因素的调节和控制，酶与酶之间、酶和别的蛋白质之间存在的相互作用，都会影响酶的活性，而且一个酶的产物对另一个酶的活性也有或正或负的影响。自我调节、自我复制和独立的选择性反应是生命区别于非生命的特征。虽然这三个基本属性的某一个，或某个属性的某些侧面，在无机界也可能存在，但只有在生命中这三个属性才有可能联系并相互结合在一个系统中。有关生命起源的问题，DNA、RNA 和蛋白质的关系就像连环套，经过科学家的不断努力，终于发现 RNA 可以自我复制，因此而产生"RNA 世界"假说。20 世纪 80 年代，科学家就已经设法在生物体内合成 RNA，使得这一假说开始有了真实性。这一假说认为在 40 亿年前的太古代，地球上某些地方已经诞生了同 RNA 自我复制系统——"RNA 世界"，之后 RNA 不但能与无机物合成，而且能与原始地球上出现的蛋白质互相作用，迎来它们的共生时代——"RNA-蛋白质世界"，逐渐形成原始生命。接着以 RNA 为模板合成了 DNA 和蛋白质，RNA 又将大多数催化功能交给具有更高活性的蛋白质，将遗传物质传递功能交给了在化学性上更稳定的 DNA。变成了现在的生物世界，也就是"DNA 世界"。近年来，美国斯克利普斯研究院（Scripps Research Institute，TSRI）的研究人员通过一个体外进化加速过程（a process of accelerated in vitro evolution）成功地将一个核酶（ribozyme）转换成了脱氧核酶（deoxyribozyme），证明了这两种序列相似的分子系统间功能转移的可能性，也为 RNA 世界（RNA world）起源假说提供了新的证据。

由上述生命现象和功能分析，酶的催化作用决定了生命的产生、存在、维持和发展。随着酶学理论不断深入，必将对揭示生命本质研究做出更大的贡献。

第三节　基因工程与酶

基因是遗传学中的专用术语。遗传学的奠基人孟德尔（Gregor Johann Mendel，1822～1884）于 1865 年 2 月在奥地利自然科学学会会议上报告了自己植物杂交研究结果，第二年在奥地利自然科学学会年刊上发表了著名的《植物杂交试验》的论文。文中指出，生物每一个性状都是通过遗传因子来传递的，遗传因子是一些独立的遗传单位。这样把可观察的遗传性状和控制它的内在的遗传因子区分开来了，遗传因子作为基因的雏形名词也就诞生了。

1909 年，丹麦遗传学家约翰逊（W. Johansen ，1859～1927）在《精密遗传学原理》一书中提出"基因"概念，以此来替代孟德尔假定的"遗传因子"。从此，"基因"一词一直伴随着遗传学发展至今。摩尔根（Thoman Hunt Morgan，1866～1945）和他的学生们利用果蝇作了大量的潜心研究。1926 年他的巨著《基因论》出版，从而建立了著名的基因学说。他还绘制了著名的果蝇基因位置图，首次完成了当时最新的基因概念的描述，即基因以直线形式排列，它决定着一个特定的性状，而且能发生突变并随着染色体同源节段的互换而交换，它不仅是决定性状的功能单位，而且是一个突变单位和交换单位。1941 年，比德尔（G. W. Beadle 1903～1989）和塔特姆（E. L. Tatum 1909～1975）提出一个基因一个酶学说，证明基因通过它所控制的酶决定着代谢中生化反应步骤，进而决定生物性状。1949 年，鲍林（L. C. Pauling　1901～）与合作者在研究镰刀型细胞贫血症时推论基因决定着多肽链的氨基酸顺序，这样 20 世纪 40 年代末至 50 年代初，基因是通过控制合成特定蛋白质以控制代谢决定性状原理变得清晰起来。1944 年，艾弗里（O. T. Avery，1877～1955）、麦卡蒂（M. McCarty，1911～2005）等人发表了关于"转化因子"的重要论文，首次用实验明确证实：DNA 是遗传信息的载体。1952 年，赫尔希（A. D. Hershey）和蔡斯（M. M. Chase，1927～）进一步证明遗传物质是 DNA 而不是蛋白质。1953 年，美国分子生物学家沃森（J. D. Watson）和英国分子生物学家克里克（F. H. C. Crick）通力协作，根据 X 射线衍射分析，提出了著名的 DNA 双螺旋结构模型，进一步说明基因成分就是 DNA，它控制着蛋白质合成。基因本质的确定为分子遗传学发展拉开了序幕。1957 年法国遗传学家本滋尔（Benzer）以 T_4 噬菌体作为研究材料分析了基因内部的精细结构，提出了顺反子学说。这个学说打破了过去关于基因是突变、重组、决定遗传性状的"三位一体"概念及基因是最小的不可分割的遗传单位的观点，从而认为基因为 DNA 分子上一段核苷酸顺序，负责着遗传信息的传递，一个基因内部仍可划分若干个起作用的小单位，即可区分成顺反子、突变子和重组子。一个作用子通常决定一种多肽链的合成，一个基因包含一个或几个作用子。突变子指基因内突变的最小单位，而重组子为最小的重组合单位，只包含一对核苷酸。所有这些均是基因概念的伟大突破。

基因的本质确定后，人们又把研究视线转移到基因传递遗传信息的过程上。20 世纪 50 年代初人们已懂得基因与蛋白质间似乎存在着相应的联系，但基因中信息怎样传递到蛋白质上这一基因功能的关键课题在 20 世纪 60～70 年代才得以解决。从 1961 年开始，尼伦伯格（M. W. Nirenberg）和科拉纳（H. G. Khorana）等人逐步搞清了基因以核苷酸三联体为一组编码氨基酸，并在 1967 年破译了全部 64 个遗传密码，这样把核酸密码和蛋白质合成联系起来。然后，沃森和克里克等人提出的"中心法则"更加明确地揭示了生命活动的基本过程。1970 年特明（H. M. Temin）以在劳斯肉瘤病毒内发现逆转录酶这一成就进一步发展和完善了"中心法则"，至此，遗传信息传递的过程已较清晰地展示在人们的眼前。过去人们对基因的功能理解是单一的，即作为蛋白质合成的模板。但是 1961 年法国雅各布（F. Jacob）和莫诺（J. L. Monod）的研究成果，又大大扩大了人们关于基因功能的视野。他们在研究大肠杆菌乳糖代谢的调节机制中发现了有些基因不起合成蛋白质模板作用，只起调节或操纵作用，提出了操纵子学说。从此根据基因功能把基因分为结构基因、调节基因和操纵基因。基因的概念随着遗传学、分子生物学、生物化学等领域的发展而不断完善。从遗传学的角度看，基因是生物的遗传物质，是遗传的基本单位——突变单位、重组单位和功能单位；从分子生物学的角度看，基因是负载特定遗传信息的 DNA 分子片段，在一定条件下能够表达物种的遗传信息，变成特定的生理功能。有的生物基因为 RNA。从分子水平上来说，基因有三个基本特性：①基因可自体复制；②基因决定性状，即基因通过转录和翻译决定多肽链的氨基酸顺序，从而决定某种酶或蛋白质的性质，而最终表达为某一性状；③基因的突变，即基因虽很稳定，但也会发生突变。一般来说，新的突变的等位基因一旦形成，就可通过自体复制，在随后的细胞分裂中保留下来。基因成分就是 DNA，是负载特定遗传信息的 DNA 分子片段，有的生物基因为 RNA，它们都是具有保存遗传因子和酶活性的核酶。现代酶学中核酶指的是 RNA（核糖核酸）酶和 DNA（脱氧核糖核酸）酶。1983 年，Altman 等人在研究细菌 RNase P 时观察到组成 Pt 的 RNA 分子单独存在时，也能完成切割 rRNA 前体的反应，证明该 RNA 分子具有酶催化活性。1986 年，T. Cech 又发现 L-19 RNA 在一定条件下以高度专一性去催化寡聚核苷酸底物的切割与连接。人们将这类具有酶的催化特征，本质上又不是蛋白质而是核酸的分子定名为核酶。这从根本上改变以前只有蛋白质才具有催化功能的概念，Cech 和 Altman 因此获得 1989 年年度的诺贝尔化学奖。1994 年，Breaker 实验室首次发现一个小的单链 DNA 分子同样能够催化 RNA 磷酸二酯键的水解，随后又发现 DNA 还具有连接酶的活性等。这些具有催化活性的 DNA 称为脱氧核酶。根据催化功能的不同，可以将脱氧核酶分为 5 大类：切割 RNA 的脱氧核酶、切割 DNA 的脱氧核酶、具有激酶活力的脱氧核酶、具有连接酶功能的脱氧核酶、催化卟啉环金属螯合反应的脱氧核酶。其中以对 RNA 切割活性的脱氧核酶更引人注意，不仅能催化 RNA 特定部位的切割反应，而且能从 mRNA 水平对基因进行灭活，从而调控蛋白的表达。20 世纪遗传学家就认识到基因的两个基本属性：自体催化和异体催化。用近代的观点分析，前一个是染色体（DNA）复制问题，后一个是蛋白质合成，即信息表达问题。因此，基因是具有特殊功能的催化剂（如 DNA 和 RNA 酶）。根据"基因"催化反应的产物，基因可分为编码蛋白质的基因，包括编码酶和结构蛋白质的调节基因；无翻译产物的基因，转录成为 RNA 以后不再翻译成为蛋白质的转运核糖核酸（tRNA）基因和核糖体核酸（rRNA）基因；不转录的却有特定功能 DNA 区段，如操纵基因等。一种生物的基因组的大小或基因的数目不是绝对固定的，随着基因组结构的改变，基因的功能也发生变化。总之，基因是一个含有特定遗传信息的核苷酸序列，也就是含有遗传密码的生物催化剂。它是遗传物质的最小功能单位。

基因工程（genetic engineering）和遗传工程的英语是同一个词汇。从字面上看，遗传工程就是按人们的意思去改造生物的遗传特性、或创建具有新遗传物性的生物。遗传是由基因决定的，改建生物的遗传性，就是改建生物的基因，因此狭义的遗传工程就是基因工程。对多数生物来说，基因本质是 DNA，基因工程就是要改建 DNA，涉及 DNA 序列的重新组合和建造，所以基因工程的核心就是人工的 DNA 重组（DNA recombination）。因此，基因工程，也叫基因操作、重组 DNA 技术。它是一项将生物的某个基因通过基因载体运送到另一种生物的活细胞中，并使之无性繁殖（称之为"克隆"）和行使正常功能（称之为"表达"），从而创造生物新品种或新物种的遗传学技术。基因工程的核心是构建重组体 DNA 的技术，所以基因工程和重组 DNA 技术有时也就成为同义词。DNA 重组技术中对核酸的"精雕细刻"主要用酶作为工具。分子生物学研究过程中发现的酶，许多都用作工具，这类酶称作工具酶。如限制性核酸内切酶（restriction endonuclease）在重组 DNA 技术中有重要地位。1962 年发现这是因为细菌中含有特异的核酸内切酶，能识别特定的核酸序列而将核酸切断；同时又伴随有特定的核酸修饰酶，最常见的是甲基化酶，能使细胞自身核酸特定的序列上碱基甲基化，从而避免受内切酶水解，外来核酸没有这种特异的甲基化修饰，就会被细胞的核酸酶所水解。这样细胞就构成了限制—修饰体系，其功能就是保护自身的 DNA，分解外来的 DNA，以保护和维持自身遗传信息的稳定，这对细菌的生存和繁衍具有重要意义。这就是限制性核酸内切酶名称中"限制"二字概念的由来。重组、建造的 DNA 分子只有纯化繁殖才有意义。纯的无性繁殖系统称为克隆。纯化繁殖 DNA 就称为 DNA 克隆或分子克隆，基因的纯化繁殖就称为基因克隆。所以 DNA 重组和分子克隆是与基因工程密切不可分的，是基因工程技术的核心和主要组成部分。重组 DNA、分子克隆甚至成了基因工程的代名词。生物的遗传性状是由基因（即一段 DNA 分子序列）所编码的遗传信息决定的。基因工程操作首先要获得基因，才能在体外用酶进行"剪切"和"拼接"，然后插入由病毒、质粒或染色体 DNA 片段构建成的载体，并将重组体 DNA 转入微生物或动、植物细胞，使其复制（无性繁殖），由此获得基因克隆（clone，无性繁殖系的意思）。基因还可通过 DNA 聚合酶链式反应（PCR）在体外进行扩增，借助合成的寡核苷酸在体外对基因进行定位诱变和改造。克隆的基因需要进行鉴定或测序，控制适当的条件，使转入的基因在细胞内得到表达，即能产生出人们所需要的产品或使生物体获得新的性状。这种获得新功能的微生物称为"工程菌"，新类型的动、植物分别称为"工程动物"和"工程植物"，或"转基因动物"和"转基因植物"。基因工程操作过程大致可归纳为以下主要步骤：①分离或合成基因；②通过体外重组将基因插入载体；③将重组 DNA 导入细胞；④扩增克隆的基因；⑤筛选重组体克隆，对克隆的基因进行鉴定或测序；⑥控制外源基因的表达；⑦得到基因产物或转基因动物、转基因植物。

因此，基因工程和操作过程中主要是应用了酶的催化作用。

酶是生物催化剂，由于具有特殊的催化功能，在地球上创造了"RNA 世界"和"DNA 世界"，使地球生气蓬勃。它是地球上生命的精灵、创造动、植物的"上帝"。当然，也是人类的"上帝"。

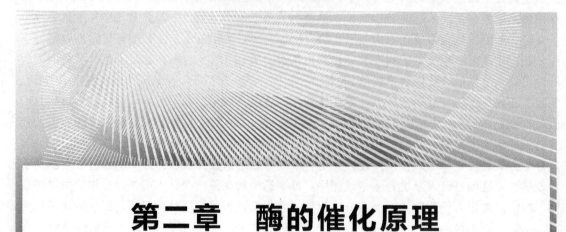

第二章　酶的催化原理

第一节　酶的催化特点

酶是生物催化剂，具有两方面的特性。即既有与一般催化剂相同的催化性质，又具有一般催化剂所没有的生物大分子的特征。酶与一般催化剂一样，只能催化热力学允许的化学反应，缩短达到化学平衡的时间，而不改变平衡点。酶作为催化剂在化学反应的前后没有质和量的改变。酶和一般催化剂的作用机理都是降低反应的活化能。酶催化反应具有如下特点。

一、极高催化能力

酶加快反应速率可高达 10^{17} 倍，比非酶催化反应速率高 $10^3 \sim 10^8$ 倍。

二、高度的专一性

一种酶只作用于一类化合物或一定的化学键，以促进一定的化学变化，并生成一定的产物，这种现象称为酶的特异性或专一性（specificity）。受酶催化的化合物称为该酶的底物（反应物）或作用物（substrate）。酶对底物的专一性通常分为以下几种。

1. 绝对专一性

有的酶只作用于一种底物产生一定的反应，称为绝对专一性（absolute specifictity），如脲酶（urease），只能催化尿素水解成 NH_3 和 CO_2，而不能催化甲基尿素水解。

2. 相对性专一性

一种酶可作用于一类化合物或一种化学键，这种不太严格的专一性称为相对专一性（relative specificity）。如脂肪酶（lipase）不仅水解脂肪，也能水解简单的酯类；磷酸酶（phosphatase）对一般的磷酸酯都有作用，无论是甘油的还是一元醇或酚的磷酸酯均可被其水解。

3. 立体异构专一性

酶对底物的立体构型的特异要求，称为立体异构专一性（stereopecificity）或特异性。如 α-淀粉酶（α-amylase）只能水解淀粉中 α-1,4-糖苷键，不能水解纤维素中的 β-1,4-糖苷键；L-乳酸脱氢酶（L-lacticacid dehydrogenase）的底物只能是 L-型乳酸，而不能是 D-型乳酸。酶的立体异构特异性表明，酶与底物的结合，至少存在 3 个结合点。

三、活性的可调节性

酶是生物体的组成成分，和体内其他物质一样，不断在体内新陈代谢，酶的催化活性也受多方面的调控。例如，酶的生物合成的诱导和阻遏、酶的化学修饰、抑制物的调节作用、代谢物对酶的反馈调节、酶的别构调节以及神经体液因素的调节等，这些调控保证酶在体内新陈代谢中发挥其恰如其分的催化作用，使生命活动中的种种化学反应都能够有条不紊、协调一致地进行。

酶活性调节控制主要有如下几种方式。

1. 酶浓度的调节

酶浓度的调节主要有两种方式，即诱导或抑制酶的合成和调节酶的降解。例如，在分解代谢中，β-半乳糖苷酶的合成，平时处于被阻遏状态，当乳糖存在时，抵消了阻遏作用，于是酶受乳糖的诱导而合成。

2. 激素调节

乳糖合成酶有两个亚基，催化亚基和修饰亚基。催化亚基不能合成乳糖，可以催化半乳糖以共价键型式连接到蛋白质上形成糖蛋白。修饰亚基和催化亚基结合后，改变了催化亚基的专一性。可以催化半乳糖和葡萄糖反应生成乳糖，修饰亚基的水平是由激素控制的。

3. 共价修饰调节

共价修饰这种调节方式是通过酶催化进行的。在一种酶分子上，共价地引入一个基团从而改变它的活性。引入的基团又可以被第三种酶催化除去。例如，磷酸化酶的磷酸化和去磷酸化；大肠杆菌谷氨酰胺合成酶的腺苷酸化和去腺苷酸化就是以这种方式调节它们的活性。

4. 限制性蛋白水解作用与酶活力调控

限制性蛋白酶水解是一种高特异性的共价修饰调节系统。细胞内合成的新生肽大都以无活性的前体形式存在，一旦生理需要，才通过限制性水解作用使前体转变为具有生物活性的蛋白质或酶，从而启动和激活以下各种生理功能，如酶原激活、血液凝固、补体激活等。

酶原性激活是指体内合成的非活化的酶前体，在适当条件下，受到 H^+ 或特异的蛋白酶限制性水解，切去某段肽或断开酶原分子上某个肽键而转变为活性的酶。如胰蛋白酶原在小肠里被其他蛋白酶限制性地切去一个六肽，活化成为胰蛋白酶。

血液凝固是由体内十几种蛋白质因子参加的级联式酶促激活反应，其中大部分为限制性蛋白水解酶。在凝血过程中首先由蛋白质因子（称为因子 Xa 的蛋白酶）激活凝血酶原，生成活性凝血酶；并由它再催化可溶性的纤维蛋白原，转变成不稳定的可溶性纤维蛋白，聚集成网状细丝，以网住血液的各种成分。在凝血酶的作用下，收缩成血块，使破损的血管封闭而修复。

补体是一类血浆蛋白，和免疫球蛋白一样发挥防御功能。免疫球蛋白对外来异物有"识别"结合作用和激活补体作用。补体是一组蛋白酶，通常以非活性前体形式存在于血清中，一旦接受到 Ig（免疫球蛋白）传来抗原入侵信号，被限制性蛋白酶水解而激活补体组成，最终形成"功膜复合物"执行其功能。

5. 抑制剂的调节

酶的活性受到大分子抑制或小分子抑制剂抑制，而影响活力。前者如胰脏的胰蛋白酶抑制剂（抑肽酶），后者如 2,3-二磷酸甘油酸，是磷酸变位酶的抑制剂。

6. 反馈调节

许多小分子物质的合成是由一连串的反应组成的。催化该物质生成的第一步反应的酶，可以被它的终端产物所抑制，这种对自我合成的抑制叫反馈抑制。例如，异亮氨酸可抑制其合成代谢通路中的第一个酶——苏氨酸脱氨酶。当异亮氨酸的浓度降低到一定水平时，抑制作用解除，合成反应又重新开始。反馈抑制就是通过这种调节控制方式，调节代谢物流向，从而调节生物合成。

7. 金属离子和其他小分子化合物的调节

有一些酶需要 K^+ 活化，NH_4^+ 可以代替 K^+，但 Na^+ 不能活化这些酶，有时还有抑制作用，这类酶有 L-高丝氨酸脱氢酶、丙酮酸激酶、天冬氨酸激酶和酵母丙酮酸羧化酶等。另一些酶需要 Na^+ 活化，K^+ 起抑制作用，如肠中的蔗糖酶可受 Na^+ 激活，二价金属离子 Ca^{2+}、Zn^{2+}、Mg^{2+}、Mn^{2+} 也常为一些酶表现活力所必需，这些离子的浓度变化都会影响有关酶的活力。

四、酶活性的不稳定性

酶是蛋白质，酶促反应要求一定的 pH 值、温度等温和的条件，强酸、强碱、有机溶剂、重金属盐、高温、紫外线、剧烈振荡等任何使蛋白质变性的理化因素都可能使酶变性而失去催化活性。

第二节　影响酶催化作用的主要因素及酶催化作用机制

一、影响酶高效催化作用的因素

1. 酶浓度对酶促反应速率的影响

酶促反应速率与酶分子的浓度成正比。当底物分子浓度足够高时，酶分子越多，底物转化的速率越快。但事实上，当酶浓度很高时，并不保持这种关系，曲线逐渐趋向平缓。根据分析，这可能是高浓度的底物夹带有许多的抑制剂所致。

2. 底物浓度对酶促反应速率的影响

在生化反应中，若酶的浓度为定值，底物的起始浓度较低时，酶促反应速率与底物浓度成正比，即随底物浓度的增加而增加。当所有的酶与底物结合生成中间产物后，即使再增加底物浓度，中间产物浓度也不会增加，酶促反应速率也不增加。还可以得出，在底物浓度相同的条件下，酶促反应速率与酶的初始浓度成正比。酶的初始浓度大，其酶促反应速率就大。

在实际测定中，即使酶浓度足够高，随底物浓度的升高，酶促反应速率并没有因此增加，甚至受到抑制。其原因是：高浓度底物降低了水的有效浓度，降低了分子的扩散性，从而降低了酶促反应速率。过量的底物聚集在酶分子上，生成无活性的中间产物，不能释放出酶分子，从而也会降低反应速率。

3. 温度对酶促反应速率的影响

各种酶在最适的温度范围内，酶活性最强，酶促反应速率最大。在适宜的温度范围内，温度每升高 10℃，酶促反应速率可以相应提高 1～2 倍。不同生物体内酶的最适温度不同。如动物组织中各种酶的最适温度为 37～40℃；微生物体内各种酶的最适温度为 25～60℃，但也有例外，如黑曲糖化酶的最适温度为 62～64℃；巨大芽孢杆菌、短乳酸杆菌、产气杆菌等体内的葡萄糖异构酶的最适温度为 80℃；枯草杆菌的液化型淀粉酶的最适温度为 85～94℃。可见，一些芽孢杆菌的酶的热稳定性较高。过高或过低的温度都会降低酶的催化效率，即降低酶促反应的速率。

最适温度在 60℃ 以下的酶，当温度达到 60～80℃ 时，大部分酶被破坏，发生不可逆变性；当温度接近 100℃ 时，酶的催化作用完全丧失。

4. pH 对酶促反应速率的影响

酶在最适 pH 范围内表现出活性，大于或小于最适 pH，都会降低酶的活性。主要表现在两个方面：①改变底物分子和酶分子的带电状态，从而影响酶和底物的结合；②过高或过低的 pH 都会影响酶的稳定性，进而使酶遭受不可逆破坏。

5. 激活剂对酶促反应速率的影响

能激活酶的物质称为酶的激活剂。激活剂种类很多，主要有：①无机阳离子，如钠离子、钾离子、铜离子、钙离子等；②无机阴离子，如氯离子、溴离子、碘离子、硫酸盐离子、磷酸盐离子等；③有机化合物，如维生素 C、半胱氨酸、还原性谷胱甘肽等。许多酶只有当某一种适当的激活剂存在时，才表现出催化活性或强化其催化活性，这称为对酶的激活作用。而有些酶被合成后呈现无活性状态，这种酶称为酶原。它必须经过适当的激活剂激活后才具活性。

6. 抑制剂对酶促反应速率的影响

凡能使酶的活性下降而不引起酶蛋白变性的物质称作酶的抑制剂（inhibitor）。使酶变性失活（称为酶的钝化）的因素如强酸、强碱等，不属于抑制剂。它可降低酶促反应速率。酶的抑制剂有重金属离子、一氧化碳、硫化氢、氢氰酸、氟化物、碘化乙酸、生物碱、染料、对氯汞苯甲酸、二异丙基氟磷酸、乙二胺四乙酸、表面活性剂等。

对酶促反应的抑制可分为竞争性抑制和非竞争性抑制。与底物结构类似的物质争先与酶的活性中心结合，从而降低酶促反应速率，这种作用称为竞争性抑制。竞争性抑制是可逆性抑制，通过增加底物浓度最终可解除抑制，恢复酶的活性。与底物结构类似的物质称为竞争性抑制剂。抑制剂与酶活性中心以外的位点结合后，底物仍可与酶活性中心结合，但酶不显示活性，这种作用称为非竞争性抑制。非竞争性抑制是不可逆的，增加底物浓度并不能解除对酶活性的抑制。与酶活性中心以外的位点结合的抑制剂，称为非竞争性抑制剂。

有的物质既可作为一种酶的抑制剂，又可作为另一种酶的激活剂。

二、酶的催化作用机理

酶促化学反应中过渡态中间复合物形成，导致活化能的降低是反应进行的关键步骤，任何有助于过渡态形成的因素都是酶催化机制的一个重要组成部分。现已提出，如下几种酶的催化机理。

1. 邻近效应和定向效应

邻近效应（approximation effect）是指酶由于具有与底物较高的亲和力，从而使游离的底物集中于酶分子表面的活性中心区域，使活性中心的底物有效浓度得以极大的提高，并同时使反应基团之间互相靠近，增加亲核攻击的机会，从而使自由碰撞概率增加，提高了反应速率。在生理条件下，底物浓度一般约为 $0.001 mol \cdot L^{-1}$，而酶活性中心的底物浓度达 $100 mol \cdot L^{-1}$，因此在活性中心区域反应速率必然大为提高。

定向效应（orientation effect）是指底物的反应基团和催化基团之间或底物的反应基团之间正确地取向所产生的效应。因为邻近的反应分子基团如能正确地取向或定位，使得这些基团的分子轨道重叠，电子云相互穿透，分子间反应趋向于分子内反应，便于分子转移，增加底物的激活，从而加快反应。

对酶催化来说，"邻近"和"定向"虽是两个概念，但实际上是共同产生催化效应的，只有既"邻近"又"定向"，才迅速形成过渡态，共同产生较高的催化效率，而且酶的此种效应对双分子反应的效果大于单分子反应。两个基团的邻近和定向示意如图 2-1 所示。

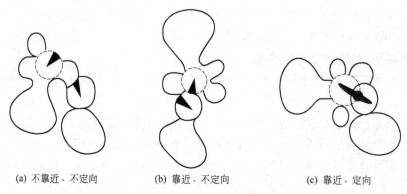

(a) 不靠近、不定向   (b) 靠近、不定向   (c) 靠近、定向

图 2-1　两个基团邻近和定向示意

2. 底物分子形变或扭曲

酶受底物诱导发生构象改变，特别是活性中心的功能基团发生的位移或改向，呈现一种

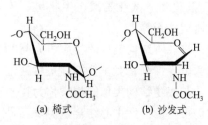

(a) 椅式   (b) 沙发式

图 2-2　乙酰葡糖胺残基中吡喃环的扭曲

高活性功能状态。加之，由于酶的活性中心关键性电荷基因可使底物分子电子云密度改变，产生张力（strain）作用，使底物扭曲，削弱有关的化学键，从而使底物从基态转变成过渡态，有利于反应的进行，如 X 射线晶体衍射证明，溶菌酶与底物结合后，底物中的乙酰葡糖胺中吡喃环可从椅式扭曲变成沙发式，导致糖苷键断裂，实现溶菌酶的催化作用（见图 2-2）。

3. 酸碱催化

广义的酸碱催化（acid-base catalysis）是指质子供体和质子受体的催化。酶之所以可以作为酸碱催化剂，是由于很多酶活性中心存在酸性或碱性氨基酸残基，例如羧基、氨基、胍基、巯基、酚羟基和咪唑基等，它们在近中性 pH 范围内，可作为催化性质的质子受体或质子供体，有效地进行酸碱催化。例如，蛋白质分子中组氨酸的咪唑基 $pK_a = 6.0$，生理条件下以酸碱各半形式存在，随时可以接受 H^+，速率极快，半衰期仅 $10^{-10} s$，是个活泼而有效的酸碱催化功能基团。因此，组氨酸在大多数蛋白质中虽含量很少，但却很重要。这很可能是由于生物进化过程中，它不是作为一般的结构分子，而是被选择作为酶活性中心的催化成员而保留下来。酶活性中心的酸碱功能基团如表 2-1 所示。

表 2-1 酶活性中心的酸碱功能基团

广义酸基团(质子供体)	广义碱基团(质子受体)	广义酸基团(质子供体)	广义碱基团(质子受体)
—COOH	—COO⁻	⟨⟩—OH	⟨⟩—O⁻
—NH₃⁺	—N̈H₂	—SH	—S⁻
—NH—C(NH₂⁺)NH₂	—NH—C(N̈H)NH₂	咪唑环(带正电)	咪唑环

生物体代谢过程中的水解、水合、分子重排和许多取代反应，都是因酶的酸碱催化而加速完成。

4. 共价催化

共价催化（covalent catalysis）是指酶对底物进行的亲核、亲电子反应。酶催化时，亲核的酶或亲电子的酶分别释出电子或吸取电子作用于底物的缺电子中心或负电中心，迅速形成不稳定的共价中间复合物，这种中间物可以很快地转变为活化能降低很多的转变态（类似化学催化过程中的活化中间物），从而提高催化反应速率，其中亲核催化最重要。通常酶分子活性中心内都含有亲核基团，如 Ser 的羟基、Cys 的巯基、His 的咪唑基、Lys 的氨基，这些基团都有剩余的电子对，可以对底物缺电子基团发动亲核攻击。例如胰凝乳蛋白酶，就是利用 Ser195-OH 的 H^+ 通过 His57 传向 Asp102 后，Ser195-O⁻ 成为强的亲核基团，来攻击底物的羰基碳（ C=O ）。

5. 活性中心的低介电性

酶活性中心内是一个疏水的非极性环境，其催化基团被低介电环境所包围，某些反应在低介电常数的介质中反应速率比在高介电常数的水中的速率要快得多。这可能是由于在低介电环境中有利于电荷相互作用，而极性的水对电荷往往有屏蔽作用。

酶的活性基团可能由于所处的微环境的差异而改变其作用性质。如溶菌酶主要活性基团是 Glu35 的—COOH 和 Asp62 的—COOH，在游离状态下，Glu 和 Asp 这两个羧基的解离常数差异不显著，但在酶分子内，Glu35 残基处在非极性环境中，因此其羧基不解离，而 Asp52 残基则处于极性微环境中，其—COOH 可解离。由于微环境差异导致羧基解离状态不同，从而使此酸可以利用相应基团进行酸碱催化反应。

6. 多元催化

酶的多元催化是几个基元反应协同作用的结果，如胰凝乳蛋白酶中 Ser195 作为亲核基团进行亲核催化反应，而 His57 侧链基团起碱催化作用。又如羧肽酶水解底物时，亲核基团为 Glu270，或是由 Glu270 所激活的水分子，而 Tyr248 则起广义酸的作用。

7. 金属离子催化

在已知的酶中，几乎有三分之一的酶表现活性时需要存在金属离子。根据金属离子与蛋白质结合作用的大小，将需要金属的酶分成两大类：金属酶，具有紧密结合的金属离子，常见过渡金属离子如 Fe^{2+}、Fe^{3+}、Cu^{2+}、Mn^{2+}、Co^{2+}，金属激活酶，金属离子结合较松，通常是碱金属和碱土金属离子如 Na^+、K^+、Mg^{2+}、Ca^{2+}。金属离子以下面几种方式参与催化作用：与底物结合，使其在反应中正确定向；通过金属离子氧化态的变化进行氧化还原反应；通过静电作用稳定或掩蔽负电荷。

第三节　酶催化反应动力学

一、酶的分类、命名和催化功能表达

1. 酶的分类和命名

根据酶的组成成分，可分单纯酶和结合酶两类。

单纯酶（simple enzyme）是基本组成单位仅为氨基酸的一类酶。它的催化活性仅仅决定于其蛋白质结构。脲酶、消化道蛋白酶、淀粉酶、酯酶、核糖核酸酶等均属此列。

结合酶（conjugated enzyme）的催化活性，除蛋白质部分（酶蛋白 apoenzyme）外，还需要非蛋白质的物质，即所谓酶的辅助因子（cofactors），两者结合成的复合物称作全酶（holoenzyme），即

$$全酶　＝　酶蛋白　＋　辅助因子$$
$$（结合蛋白质）（蛋白质部分）（非蛋白质部分）$$

酶的辅助因子可以是金属离子，也可以是小分子有机化合物。常见酶含有的金属离子有 K^+、Na^+、Mg^{2+}、Cu^{2+}（或 Cu^+）、Zn^{2+} 和 Fe^{2+}（或 Fe^{3+}）等。它们或者是酶活性的组成部分；或者是连接底物和酶分子的桥梁；或者在稳定酶蛋白分子构象方面所必需。小分子有机化合物是一些化学稳定的小分子物质，其主要作用是在反应中传递电子、质子或一些基团，常可按其与酶蛋白结合的紧密程度不同分成辅酶和辅基两大类。辅酶（coenzyme）与酶蛋白结合疏松，可以用透析或超滤方法除去；辅基（prosthetic group）与酶蛋白结合紧密，不易用透析或超滤方法除去，辅酶和辅基的差别仅仅是它们与酶蛋白结合的牢固程度不同，而无严格的界限。

1961 年，国际酶学委员会（Intermational Enzyme Commission，缩写 EC）提出了酶的系统分类法。该系统按酶催化反应的类型将酶分成六个大类，分别用 EC 1，2，3，4，5，6 编号表示。

① 氧化还原酶（oxidoreductase，EC 1. X. X. X）　该类酶催化底物的氢原子转移、电子转移、加氧或引入羟基的反应，包括氧化酶、脱氢酶、还原酶、加氧酶及羟化酶等。

② 转移酶（transferases，EC 2. X. X. X）　该类酶可将某些原子团由一种底物转移至另一底物上，被转移的基团有氨基、羧基、甲基、酰基及磷酸基等。

③ 水解酶（hydrolases，EC 3. X. X. X）　该类酶催化底物分子产生水解反应，水解的键有酯键、糖苷键、醚键及肽键等。

④ 裂合酶（lyases，EC 4. X. X. X）　该类酶催化底物中化学基团的移去和加入的反应，包括双键形成及其加成反应。

⑤ 异构酶（isomerases，EC 5. X. X. X）　该类酶催化底物分子的空间异构化反应。

⑥ 连接酶（ligases，EC 6. X. X. X）　该类酶催化 ATP（Adenosine 5'-triphosphate，腺苷 5'-三磷酸）及其它高能磷酸键断裂的同时，使另外两种物质分子产生缩合作用，又称为合成酶。

酶的系统命名法由 4 个数字组成，其前冠以"EC"。编号中第一个数字表示酶的类别，第二个数字表示类别中的大组。第三个数字表示每大组中各个小组编号。第四个数字为各小组中各种酶的流水编号。如 EC 3.4.4.4（胰蛋白酶）中，"3"表示水解酶类，第二个数字"4"表示该酶作用于肽键，第三个数字"4"表示该酶作用于肽-肽键而不是肽链两端肽键。第四个数字"4"表示登记的流水编号。

2. 酶催化功能的表达

酶是催化剂，所以工业催化剂的活性，选择性和稳定性，酶都必须具备。在工业催化剂中活性常用转化率表示，即反应掉的反应物量被进入催化反应体系的反应物量除。在酶催化反应中底物就是反应物。所以转化率为：

$$转化率\% = 反应掉的反应物量/进入催化反应体系的反应物量$$
$$= 消耗的底物量 / 原有的底物量$$

如反应
$$A \longrightarrow B+C \tag{2-1}$$

设 A 的原始物质的量为 N_{A0}；反应后剩余的物质的量为 N_A，则反应物 A 的转化率 X_A

$$X_A = -\frac{N_{A0}-N_A}{N_{A0}} \tag{2-2}$$

$$选择性 = 目的产物的量/反应掉的反应物量 = 目的产物的量/消耗的底物量$$

如反应物除按反应式(2-1)生成 B+C 外，还可进行下列反应

$$A \longrightarrow D+E \tag{2-3}$$

如果目标产物是 B，生成物质的量为 N_B，则对目的产物 B 的选择性 S_B

$$S_B = \frac{N_B}{N_{A0}-N_A} \tag{2-4}$$

稳定性：酶的稳定性通常是指温度的稳定性。在蛋白质生物化学中常使用的蛋白质热稳定性，用变性温度（蛋白质结构或酶结构变性）温度 T_m 度量。工业上，生物催化剂（酶）稳定性常以酶消耗数（酶单耗）来表示，生成单位产物的耗酶量 = 消耗的酶量/生成的产物量。

二、酶催化反应动力学

1. 酶催化反应的级数

在酶催化反应中，尽管酶必须参加反应，但就反应始末来看，酶在反应中并不被消耗，而只起循环作用，［E］（酶浓度）可作为一恒定值。因此，反应速率只依赖于反应物。在其他条件不变，［E］恒定条件下，酶促反应速率与底物浓度关系，不是简单的单一种反应级数，而是双曲线关系（见图 2-3），反应速率 v 随［S］（底物浓度）变化表现出三个性质不同的动力学区域。

当底物浓度很低时，v 随［S］的增加而迅速增加，v 对［S］的曲线基本上呈直线关系，它说明反应速率与底物浓度成正比，表

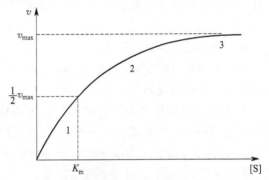

图 2-3　酶反应速率与底物浓度的关系

现为一级反应（1区）。当底物浓度很高时，v 随 [S] 的升高而加速，但 v 的增加不如底物浓度低时那样显著，v 不再与 [S] 成正比例关系，表现为混合级反应（2区）。当底物浓度增加到一定值后，再增加底物，反应速率不再增加，达到一恒定值，此时对底物来说是零级反应（3区）。

2. 中间产物学说与米氏方程

如前所述，酶促反应与非催化反应不同，在酶促反应中，反应速率 v 与底物浓度 [S] 的变化，不呈直线而是双曲线关系。这种现象可由"中间产物学说"加以解释。此学说认为，在底物转变成产物之前，必须先与酶形成中间复合物，后者再转变成产物并重新释出游离的酶。此学说是由 Brown（1922 年）和 Henri（1903 年）首先提出。Michaeleis 和 Menten（1913 年）在此学说基础上，设立如下反应模式：

$$E+S \underset{k_{-1}}{\overset{k_{+1}}{\rightleftharpoons}} ES \xrightarrow{k_{+2}} E+P \tag{2-5}$$

式中，E 表示平衡时游离酶；S 表示底物；ES 表示酶-底物复合物；k_{+1}、k_{-1} 分别表示 E+S $\longrightarrow$ ES 正、逆方向反应速率常数；k_{+2} 为 ES 分解为 P（产物）的速率常数。

反应速率 v 和底物浓度 [S] 之间关系服从双曲线方程：

$$v = \frac{v_{\max}[S]}{K_m + [S]} \tag{2-6}$$

此即为米氏方程，式中 $v_{\max}$ 表示最大反应速率；K_m 为米氏常数；v 指酶促反应的速率。酶反应速率（v）是衡量酶活性大小的指标，用单位时间（t）内产物浓度 [P] 的增加或底物浓度 [S] 的减少表示：$v = \dfrac{d[P]}{dt}$ 或 $v = \dfrac{-d[S]}{dt}$，[P] 对 t 作图得 [P]-t 曲线（见图 2-4），称酶促反应进程曲线，即速率曲线。因为曲线的斜率为反应速率，表示单位时间内 [P] 的变化，曲线上某一点的斜率就是该时刻的瞬时速率。酶动力学处理的是反应初速率，即时间趋向于零的速率极限值，时间越短越好。因为时间延长，速率变小，原因是 [S] 下降。[P] 增加，逆反应加快，产物抑制以及酶变性失活。但是，实际工作中总

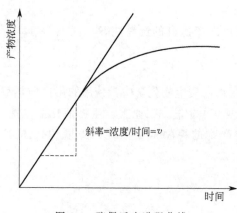

图 2-4 酶促反应进程曲线

是让反应进行一段足够短的时间，时间短到什么程度，根据实际需要，一般掌握底物消耗在 5% 以内。

米氏方程的推导过程如下。

米氏方程最初由 Michaeleis 和 Menten（1913 年）根据中间产物学说和三条假设为基础推导得到。三条假设如下。

① 测定的反应速率为初速率，此时 S 消耗极少，只占起始浓度极小部分（5% 以内），此时 P 生成极少，因此 E+S $\longrightarrow$ ES 的逆反应可忽略不计。

② 底物浓度远大于酶浓度时，ES 的形成不明显降低 [S]，即 $[S]=[S_0]$，[S] 为反应初期底物浓度，$[S_0]$ 为反应前底物浓度。

③ ES 解离成 E+S 的速率显著快于 ES 解离成 E+P 速率，即 $k_{-1} \gg k_{+2}$，也即少量 P

生成不影响 S、E 和 ES 之间的平衡关系。

ES 解离成 E+P 是式(2-5) 中反应最慢的一步，它决定反应的总速率，因此整个酶促反应速率决定于：

$$v = k_{+2}[ES] \quad 或 \quad [ES] = \frac{v}{k_{+2}} \tag{2-7}$$

ES 复合物解离常数为：

$$K_5 = \frac{k_{-1}}{k_{+1}} = \frac{[E][S]}{[ES]} \tag{2-8}$$

设 $[E_0]$ 为酶的总浓度，则平衡时游离酶浓度为：

$$[E] = [E_0] - [ES] \tag{2-9}$$

将式(2-9) 代入式(2-8)，则有

$$K_s[ES] = ([E_0] - [ES])[S] \quad 或 \quad (K_s + [S])[ES] = [E_0][S] \tag{2-10}$$

将式(2-10) 代入式(2-7)，并整理得：

$$v = \frac{k_{+2}[E_0][S]}{K_s + [S]} \tag{2-11}$$

由于当 $[E_0] < [S]$ 时，E_0 完全转化为 $[ES]$，反应速率达到最大，这时

$$v_{max} = k_{+2}[E_0] \tag{2-12}$$

将式(2-12) 代入式(2-11)，则有：

$$v = \frac{v_{max}[S]}{K_s + [S]} \tag{2-13}$$

此即最初的米氏方程，又称快速平衡推导方程，式中 v 为初速度；v_{max} 为最大速度，$K_s = k_{-1}/k_{+1}$ 为 ES 解离常数。此方程适宜于多种酶促反应。

Briggs-Haldane 修正方程：1925 年，Briggs 和 Haldane 鉴于许多酶有很大的催化能力，即当 ES 形成后，生成产物 P 和 E 的速率并不一定小于 $[ES]$ 解离为 S 和 E 的速率，此时 ES 形成 E+P 这一步就不能忽略不计。因此反应达到平衡时，总反应速率不变，ES 浓度也不变，其生成速率等于两相分解速率之和，因而有：

$$k_{+1}[E][S] = (k_{-1} + k_{+2})[ES] \tag{2-14}$$

用快速平衡同样方法解析，将式(2-9) 代入式(2-14)，得：

$$k_{+1}(E_0 - [ES])[S] = (k_{-1} + k_{+2})[ES]$$

整理得：

$$[ES] = \frac{[E_0][S]}{\dfrac{k_{-1} + k_{-2}}{k_{+1}} + [S]} \tag{2-15}$$

令 $K_m = \dfrac{k_{-1} + k_{+2}}{k_{+1}}$，并保留快速平衡法前两条假设，可得：

$$v = k_{+2} \frac{[E_0][S]}{K_m + [S]} = \frac{v_{max}[S]}{K_m + [S]} \tag{2-16}$$

此即为布-哈氏修正方程，原方程与此方程之别，仅在于 K_s 和 K_m 含义不同。实际上对大多数酶而言，$k_{+2} \ll k_{-1}$，因此 $K_m \approx K_s$。

3. 酶催化反应动力学参数和应用

（1）K_m

K_m 是酶极为重要的动力学参数，其物理含义是指 ES 复合物消失速率（$k_{-1} + k_{+2}$）与形成速率（k_{+1}）之比，其数值为酶促反应达到最大反应速率一半时的底物浓度，当 $v = v_{max}/2$ 时，$[S] = K_m$。大多数酶 K_m 值在 $10^{-5} \sim 10^{-2} \, mol \cdot L^{-1}$ 范围内。K_m 在酶学、药学代谢研究和临床工作中都有重要意义和应用价值。

① 鉴别酶的最适底物。K_m 值的大小，可以近似地表示酶和底物的亲和力，K_m 值大，意味着酶和底物的亲和力小，反之则大。因此，对于一个专一性较低的酶，作用于多种底物时，各底物与该酶的 K_m 值有差异，具有最小的 K_m 或最高 v_{max}/K_m 比值的底物就是该酶的最适底物或称天然底物。

② 判断在细胞内酶的活性是否受底物抑制。如果测得离体酶的 K_m 值远低于细胞内的底物浓度，而反应速率没有明显变化，则表明该酶在细胞内常处于被底物所饱和的状态，底物浓度的稍许变化不会引起反应速率有意义的改变。反之，如果酶的 K_m 大于底物浓度，则反应速率对底物浓度的变化就十分敏感。

③ 催化可逆反应的酶，当正反应和逆反应 K_m 值不同时，K_m 值小的底物所示的反应方向，应是该酶催化的优势方向。

④ 多酶催化的连锁反应，如能确定各种酶 K_m 及相应底物的浓度，有助于寻找代谢过程的限速步骤。在各底物浓度相似时，K_m 值大的酶则为限速酶。

⑤ 由于存在 K_m 值不同而功能相同的酶，从而发现同工酶。葡萄糖激酶的发现就是因为它的 K_m 值与己糖激酶的 K_m 值相差极大，从而发现葡萄糖激酶。

⑥ 测定不同抑制剂对某个酶 K_m 及 v_{max} 的影响，可以区别该抑制剂是竞争性抑制剂还是非竞争性抑制剂。

⑦ 为了鉴定不同菌株来源的天冬酰胺酶对治疗白血病的疗效，可以测定不同菌株的天冬酰胺酶对天冬酰胺的 K_m 值，从中选用 K_m 值较小的酶，因此这不仅是评价药用酶的理论基础之一，也是选用药用酶来源的依据。

（2）v_{max} 和 k_{+2}

k_{cat0}、v_{max} 虽不是酶的特征常数，但当酶浓度一定，而且当 $[S] > [E_0]$ 的假定条件下，对酶的特定底物而言，v_{max} 是一定的。与 K_m 相似，同一种酶对不同底物的 v_{max} 也不同。当 $[S]$ 无限大时，$v_{max} = k_{+2}[E_0]$，可得 $k_{+2} = v_{max}/[E_0]$。k_{+2} 为一级速率常数，它表示单位时间内每个酶分子或每一活性部位催化的反应次数，因此又称为酶的转换率（turnover rate）或转换数（turnover number）。在单底物反应中，且假设反应过程中只产生一个活性中间物时，k_{+2} 也即为催化常数（catalytic constant），用 k_{cat} 表示，其值越大，说明酶的催化效率越高，k_{cat} 数值一般在 $5 \sim 105 \, min^{-1}$ 范围内。

（3）K_m 和 v_{max} 的求取

因酶促反应的米氏方程有典型双曲线特征，用 $[S]$ 对 v 作图不能准确获得 v_{max} 和 K_m，则常将此方程转换成直线方程，由作图的直线斜率、截距求得 K_m 及 v_{max} 的值，常用方法有以下几种。

① Lineweaver-Burk 作图法（双倒数作图法） 将米氏常数各项作倒数处理，得：

$$\frac{1}{v} = \frac{K_m}{v_{max}} \times \frac{1}{[S]} + \frac{1}{v_{max}} \tag{2-17}$$

如图 2-5 所示，所得直线在 $1/v$ 轴上截距为 $1/v_{max}$，在 $1/[S]$ 轴上截距为 $-1/K_m$，斜率为 K_m/v_{max}。此作图法的两个坐标分别是 $[S]$ 和 v 的倒数，故又称为双倒数作图法。

此法作图应用最广，但在 $[S]$ 较低的一侧常因测定困难，v 值误差较大。在 $[S]$ 等差值实验时作图点较集中于纵轴。因此在设计底物浓度时，最好将 $1/[S]$，而非 $[S]$ 配成等差数列，这样可使点距较为平均，再配以最小二乘回归，就可得到较为准确的结果。

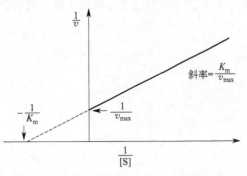

图 2-5 Lineweaver-Bark 作图法（双倒数作图法）

② Hanes-Woolf 作图法（$\frac{[S]}{v}$-$[S]$作图法） 将式(2-17) 乘以 $[S]$，整理后可得

$$\frac{[S]}{v}=\frac{1}{v_{max}}[S]+\frac{K_m}{v_{max}} \tag{2-18}$$

此法作图曲线斜率为 $1/v_{max}$，在 $[S]/v$ 轴上截距为 K_m/v_{max}，直线延伸于 $[S]$ 轴交点为 $-K_m$，如图 2-6 所示。

此法优点是横轴上点分布均匀，缺点是也有 $1/v$ 放大误差。同时也应注意底物浓度选择。如果 $[S]\ll K_m$，图形近于水平线，如果 $[S]\gg K_m$，直线将在距离原点很近处与轴相交。

③ Eadie-Hofstee 作图法（$v-\frac{v}{[S]}$作图法） 将米氏方程两边同时乘以 v、v_{max}，并重排得：

$$v=-K_m\frac{v}{[S]}+v_{max} \tag{2-19}$$

根据式(2-19) 作图得到一条直线（见图 2-7）。直线的斜率为 $-K_m$，纵轴截距为 v_{max}。此法优点是无误差放大，缺点是不能太精确（点分布不均匀）。

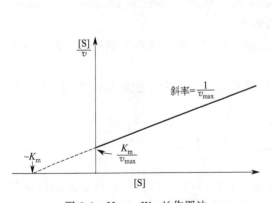

图 2-6 Hanes-Woolf 作图法

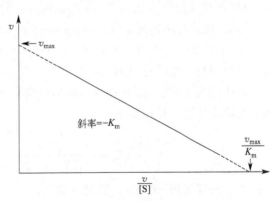

图 2-7 Eadie-Hofstee 作图法

④ v_{max} 对 K_m 作图法 将上式重新整理得：

$$v_{max}=\frac{v}{[S]}K_m+v \tag{2-20}$$

此法以未知 v_{max} 和 K_m 分别为纵轴和横轴，把已知的底物浓度 $[S]$ 标在横轴负半轴上，把测得反应速率 v 标在纵轴上，并将相应 $[S]$ 和 v 连成直线，各直线交点坐标为

$(v_{\max}$、$K_{\mathrm{m}})$，见图 2-8。在用计算机模拟作图时可采用此法。

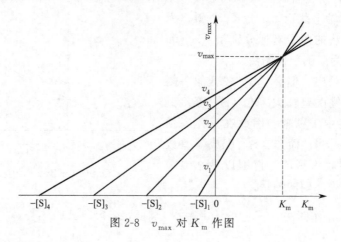

图 2-8　$v_{\max}$ 对 K_{m} 作图

现将四种作图法特征归纳于表 2-2。

表 2-2　四种作图法特征比较

作图方式	斜　率	纵轴截距	横轴截距
$1/v$-$1/[S]$	$K_{\mathrm{m}}/v_{\max}$	$1/v_{\max}$	$-1/K_{\mathrm{m}}$
$[S]/v$-$[S]$	$1/v_{\max}$	$K_{\mathrm{m}}/v_{\max}$	$-K_{\mathrm{m}}$
v-$v/[S]$	$-K_{\mathrm{m}}$	$v_{\max}$	$v_{\max}/K_{\mathrm{m}}$
$v_{\max}$-K_{m}	$v/[S]$	v	$[S]$

4. 双底物催化反应动力学

（1）双底物反应分类

双底物反应为一类广泛存在的酶催化反应。反应模式如下：

$$A+B \longrightarrow P+Q$$

依据底物与酶结合及发生反应的程序不同，可分为两大类，即序列反应（sequential re-action）和乒乓反应（Ping-Pang reaction）。前者又分为顺序序列反应（ordered sequential reaction）和随机序列反应（random sequential reaction）。

① 序列反应　序列反应的含义是指酶结合底物和释放产物是按顺序先后进行的。此类反应又分两种，即顺序序列反应和随机序列反应。

顺序序列反应：A、B 底物与酶结合按特定的顺序进行，先后不能倒换，产物 P、Q 释放也有特定顺序，反应如下：

$$
\begin{array}{ccccc}
 & A & B & & P & Q \\
 & \downarrow & \downarrow & & \uparrow & \uparrow \\
E & \rule{1cm}{0.4pt} & & & & \rule{1cm}{0.4pt} E \\
 & EA & EAB & \Longleftrightarrow & EPQ & EQ
\end{array}
$$

如乳酸脱氢酶（LDH）催化乳酸（Lac）脱氢，生成丙酮酸（Pyr）的反应为顺序序列反应，在此反应中 LDH 酶蛋白先与 NAD^+ 结合生成 $LDH \cdot NAD^+$，再与底物结合，完成催化反应，生成 $LDH \cdot NADH \cdot Pyr$，然后按顺序释出产物 Pyr 和 NADH：

$$
\begin{array}{cccccc}
 & NAD^+ & Lac & & Pyr & NADH \\
 & \downarrow & \downarrow & & \uparrow & \uparrow \\
LDH & \rule{1cm}{0.4pt} & & & & \rule{1cm}{0.4pt} LDH \\
 & LDH \cdot NAD^+ & LDH \cdot NAD^+ \cdot Lac & \Longleftrightarrow & LDH \cdot NADH \cdot Pyr\; LDH \cdot NADH
\end{array}
$$

随机序列反应：此反应是指酶与底物结合的先后是随机的，可以先 A 后 B，也可以先 B

后 A，无规定顺序。产物的释出也是随机的，先 P 或先 Q 均可。反应机制如下：

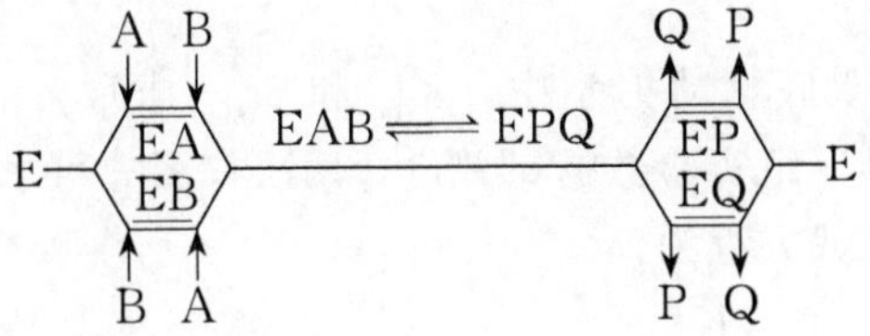

如肌酸激酶（CK）催化的反应：

$$\text{ATP}+肌酸（C）\xrightarrow{\text{CK}}\text{ADP}+磷酸肌酸（CP）$$

该酶在催化过程中，可以先和肌酸（C），也可先和 ATP 结合在形成产物后，可先释出磷酸肌酸（CP），也可以先释 ADP。可写成：

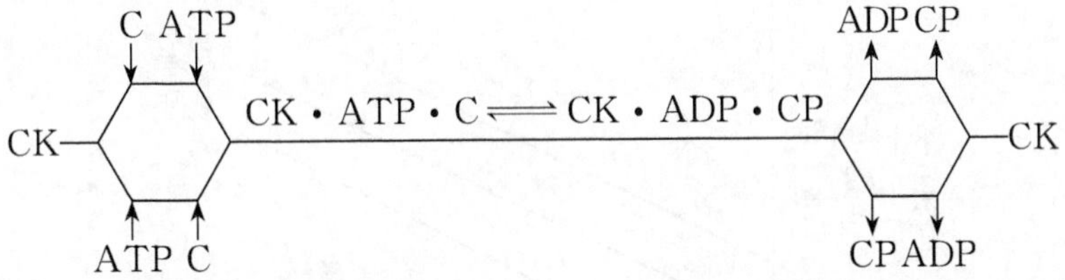

② 乒乓反应　指各种底物不可能同时与酶形成多元复合体，酶结合底物 A，并释放产物后，才能结合另一底物，再释放另一产物。由于底物和产物是交替地与酶结合或从酶释放，好像打乒乓球一样，一来一去，故称乒乓反应，实际上这是一种双取代反应，酶分两次结合底物，释出两次产物。反应机制如下。

如己糖激酶（HK）催化的反应：

$$葡萄糖（G）+\text{Mg}^{2+}\cdot\text{ATP}\xrightarrow{\text{HK}}\text{Mg}^{2+}\cdot\text{ADP}+葡糖-6-磷酸（G-6-P）$$

可写成：

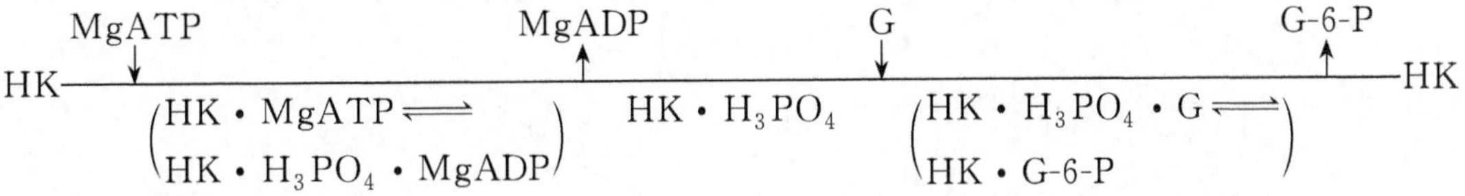

（2）双底物反应速率方程

用稳态法和快速平衡法都可推导出双底物反应速率方程，但较复杂。这里仅列举常见的两种动力学方程。

① 序列反应：

$$v=\frac{v_{\max}[A][B]}{K_s^A K_m^B+K_m^B[A]+K_m^A[B]+[A][B]}\tag{2-21}$$

② 乒乓反应：

$$v=\frac{v_{\max}[A][B]}{K_m^A[B]+K_m^B[A]+[A][B]}\tag{2-22}$$

上两式中，[A]、[B] 分别为底物 A 和 B 浓度；K_m^A、K_m^B 分别为底物 A、B 的米氏常数，而 K_s^A 为底物 A 与酶 E 结合的解离常数。必须指出，在多底物反应中，一个底物的米氏常数可随另一底物浓度的变化而变化，故 K_m^A 实际上是在 B 浓度饱和时，A 的米氏常数。同理，K_m^B 是指 [A] 达到饱和时，B 的米氏常数，如果不是固定一个底物为饱和浓度时测定的米氏常数，称表现米氏常数，它是一个变数而不是一个恒值，v_{max} 也是指 A、B 达到饱和时的最大反应速率。

③ K_m 与 v_{max} 求取　双底物动力学中，K_m 和 v_{max} 求取，必须首先固定某一底物浓度，改变另一底物浓度来得一组实验数据，并进行两次作图方可求得。

以乒乓机制为例，双倒数方程为：

$$\frac{1}{v} = \frac{K_m^A}{v_{max}} \times \frac{1}{[A]} + \frac{K_m^B}{v_{max}} \times \frac{1}{[B]} + \frac{1}{v_{max}} \tag{2-23}$$

固定 [B]，改变 [A]，可得一组实验数据，以 $1/v$ 对 $1/[A]$ 作图，得一组由不同 [B] 固定时的平行线（见图 2-9）。

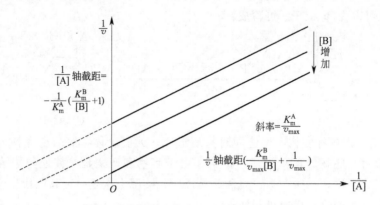

图 2-9　酶促双底物反应乒乓机制双倒数图

但从图 2-9 还不能直接获得 K_m^A、K_m^B 及 v_{max} 的数值，因无论是斜率，还是截距都是未知数，因此必须第二次作图。将 $1/v$ 轴的每个截距再对 $1/[B]$ 作图，可得图 2-10，其斜率为 K_m^B/v_{max} 纵轴截距为 $1/v_{max}$，横轴为 $-1/K_m^B$。同样可通过这种方式求得 K_m^A。

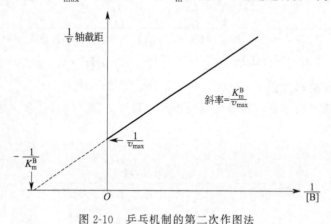

图 2-10　乒乓机制的第二次作图法

（3）抑制反应动力学

① 抑制作用的分类　酶分子与配体结合后，常引起酶活性改变，使酶活性降低或完全丧失的配体，称酶的抑制剂，这种效时称抑制作用（inhibition）。

酶抑制与酶失活是两个不同概念。抑制剂虽然可使酶失活，但它并不明显改变酶的结构，也就是说酶尚未变性，去除抑制剂后，酶活性又可恢复。失活可以是一时的抑制，也可以是永久性的变性失活。

根据抑制剂与酶结合的特点，可将抑制作用概括地分为以下类型：

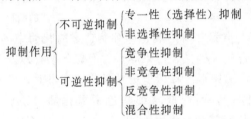

② 不可逆抑制作用　这类抑制作用中，抑制剂通常与酶分子的必需基团共价结合，一经结合就很难自发解离，不能用透析或超滤等物理方法解除抑制，必须通过化学等方法解除抑制作用。其实际效应是降低系统中有效酶浓度。抑制强度决定于抑制剂浓度及酶与抑制剂间的接触时间。

根据选择性不同，不可逆抑制又分为专一性和非专一性两种。专一性（选择性）抑制剂是一些具有专一化学结构并带有一个活泼基团的类底物。当其与酶结合时，活泼的化学基团可与酶活性中心残基或辅基发生共价修饰而使酶失活。这类专一性抑制剂在研究其结构和功能上有重要意义，常用于确定酶活性中心和必需基团，如 TPCK（L-苯甲磺酸苯丙氨酰氯甲酮）、DFP（二异丙基氟磷酸）等。

非专一性不可逆抑制剂可对酶分子上每个结构残基进行共价修饰而导致酶失活。这类抑制剂主要是一些修饰氨基酸残基的化学试剂，可与氨基、羟基、胍基、酚羟基等反应，如烷化巯基的碘代乙酸等，重金属 Hg^{2+}、Pb^{2+}、Cu^{2+}、三价砷等。以下是几类导致酶不可逆抑制的物质。

a. 有机磷化合物　如称为"神经毒气"的二异丙基氟磷酸、沙林、塔崩和作为有机磷农药和杀虫剂的 1605、敌百虫、敌敌畏等，它们都能强烈地抑制与神经传导有关的乙酰胆碱酯酶活性，通过与酶蛋白的丝氨酸羟基结合，破坏酶的活性中心，使酶丧失活性。

由于乙酰胆碱堆积，使神经处于过度兴奋状态，引起功能失调，导致中毒。如昆虫失去知觉而死亡；鱼类失去波动平衡致死；人、畜产生多种严重中毒症状以至死亡等。但对植物无害，故可在农业、林业上用作杀虫剂。

有机磷化合物虽属酶的不可逆抑制剂，与酶结合后不易解离，但有时可用含—CH＝NOH基的肟化物，或羟肟酸 R—CHNOH 化物将其从酶分子上取代下来，使酶恢复活性。故将此类化合物称为杀虫剂解毒剂，如常用的解磷啶（PAM）就是其中的一种。

b. 有机汞、砷化合物　这些化合物能与许多巯基酶的活性巯基结合，使酶活性丧失。如路易斯气、砒霜类、对氯汞苯甲酸等。这类抑制剂对巯基酶引起的抑制作用，可通过加入过量的巯基化合物，如半胱氨酸、还原型谷胱甘肽、二巯基丙醇、二巯基丙磺酸钠等而使酶恢复活性，解除抑制。它们常被称为巯基酶保护剂，可用作砷、汞、重金属等中毒的解毒剂。

c. 重金属离子　重金属盐类的 Ag^{+}、Hg^{2+}、Pb^{2+}、Cu^{2+}、Fe^{2+}、Fe^{3+} 等对大多数酶活性都有强烈的抑制作用，在高浓度时可使酶蛋白变性失活，低浓度时可与酶蛋白的巯基、羧基和咪唑基作用而抑制酶活性。应用金属离子螯合剂如 EDTA、半胱氨酸或焦磷酸盐等将金用离子螯合，可解除其抑制，恢复酶活性。

d. 烷化剂　其中最主要的是含卤素的化合物，如碘乙酸、碘乙酰胺、卤乙酰苯等。它们可使酶中巯基烷化，从而使酶失活。常用作鉴定酸中巯基的特殊试剂。

$$E-CH_2-SH+ICH_2CONH_2 \longrightarrow E-CH_2-S-CH_2-CONH_2+HI$$

巯基酶 　　　　碘乙酰胺 　　　　　　　　　失活的酶

e. 氰化物　氰化物能与含铁卟啉的酶，如细胞色素氧化酶中的 Fe^{2+} 结合，使酶失活而阻抑细胞呼吸。木薯、苦杏仁、桃仁、白果等都含有氰化物，以及工业污水和试剂中的氰化物等进入体内，均可造成严重中毒。临床上抢救氰化物中毒时，常先给注射亚硝酸钠，使部分 $HbFe^{2+}$ 氧化生成 $HbFe^{3+}$，而夺取与细胞色素氧化酶（Cyt a3）结合的 CN^-，生成 $HbFe^{3+}$-CN^-，再注射硫代硫酸钠，将由 $HbFe^{3+}$-CN^- 中的 CN^- 逐步释放，在肝脏硫氰生成酶的催化下转变为无毒的硫氰化物，随尿排出，从而解除其抑制。

f. 生物自由基对酶类的作用　自由基（free radical，FR）是指能独立存在的含有一个或一个以上未配对电子（即外层轨道上具有奇数电子）的原子、原子团、分子或离子。未配对电子的存在赋予自由基以顺磁性和高度化学反应活性的特点，且总有变为成对电子的倾向，因而性质极不稳定，常易发生丧失或得到电子的氧化还原反应。

生物体内自由基是由体内酶和非酶反应产生的，其中作用最广、研究最多的当属含氧自由基（或称活性氧）、$O_2^-\cdot$、H_2O_2、$OH\cdot$、$\cdot OH_{1/2}$ 等，生理情况下这些活性氧自由基在体内不断产生，也不断被清除，使机体维持有利无害、低水平的、稳定平衡的生理性自由基含量，但过量自由基产生可造成机体细胞非特异性氧化损伤，如引起 DNA 碱基修饰、链断裂、酶蛋白变性失活等，从而关联到多种疾病病理生理过程。

生物自由基对酶分子的不可逆抑制作用非常广泛。例如，$O_2^-\cdot$ 可修饰 GSH-PX 活性部位的一个巯基与其相邻的 Se 元素，$O_2^-\cdot$ 攻击活性部位的—SH 使之失活。在酶蛋白分子中，蛋氨酸、组氨酸、酪氨酸、色氨酸、脯氨酸、半胱氨酸和苯丙氨酸等最易受到自由基的攻击而被氧化，这是由于它们具有不饱和性质，如组氨酸的咪唑基、酪氨酸的酚羟基、色氨酸的吲哚基等。

活性氧自由基引发的生物膜磷脂中的多不饱和脂肪酸的链式反应中，产生的多种脂质过氧化产物，对生物大分子和酶类也有极强的破坏作用。丙二醛（MDA）可与肽链中某些氨基酸残基反应生成 Schiff 碱，使核糖核酸酶和其他酶类尤其是含巯基酶失活，脂质过氧化物 4-羟基-α,β-不饱和醛，不仅可降低细胞内—SH 含量，还显著抑制 DNA 修复酶（O^{8-} 甲基多嘌呤-DNA 甲基转移酶）的活性，从而表现出高细胞毒作用。

机体的抗氧化防御体系包括抗氧化酶类和非酶抗氧化剂，抗氧化酶主要包括超氧化物歧化酶（superoxide dismutase，SOD）、过氧化氢酶（catalase，CAT）、谷胱甘肽还原酶（glutathione reductase，GR）和葡糖-6-磷酸脱氢酶（glucose-6-phosphate dehydrogenase，G-6-PD）。这些抗氧化酶具有高度特异性和明确的亚细胞器定位，而且这种定位常常是以互补方式重叠的，另外，它们多系金属酶，尤其是含有 Cu、Zn、Mn、Fe 等。它们在生物体内广泛分布，协同作用，有效地清除 O_2^-、H_2O_2 和脂质过氧化物（ROOH）等活性氧，尤其是 SOD，作为氧自由基连锁反应前身物，O_2^- 为唯一底物的天然酶类清除剂，构成了机体抗活性氧的第一道防线，CAT 虽然不直接清除自由基，但是它可以降低细胞中 H_2O_2 的浓度，而 H_2O_2 往往作为其他氧自由基的前体（如 $H_2O_2+Fe^{2+} \longrightarrow OH^- +OH^- +Fe^{3+}$）。GSH-PX 亦不直接清除自由基，但它可有效地清除 H_2O_2 和脂质过氧化物，抑制自由基的生成反应。在细胞内，GSH-PX 和 G-6-PD 的作用，相互间具有十分密切的关系。因为 GSH-PX 在清除 H_2O_2 和（或）脂质氧化物时需要还原型谷胱甘肽（glutathione-SH，GSH），并产生氧化型谷胱甘肽（GSSG），GR 可促进 NADPH 和 GSSG 的反应，使 GSSG 再转变成

GSH，继续参加清除活性氧的反应，而氧化生成的 NADP$^+$ 又需要 G-6-PD 的作用才能再还原为 NADPH，以维持机体消除活性氧的能力，催化的反应如下：

$$O_2 \xrightarrow{e} O_2^- \xrightarrow{SOD} H_2O_2 \quad CAT \quad GSH\text{-}PX \quad NADPH \quad 葡糖酸\text{-}6\text{-}磷酸$$

这就直接有效地清除了 O_2^-，可能是其抗氧化作用的主要机制。水溶性小分子抗氧化剂主要包括抗坏血酸（ascorbate）、谷胱甘肽（GSH）、尿酸（uric acid）。有学者以人血浆作为生理池模型系统研究了细胞外液的抗氧化保护作用，显示维生素 C 是血浆中最有效的抗氧化剂，是细胞外液抗氧化防御系统的第一道防线，并作为自由基清除剂，可有效地与 O_2^-、$O_2^{\cdot}$ 和 ·OH 反应，保护机体免受外源性氧自由基的损伤。GSH 是细胞内重要的水溶性抗氧化剂，其作为 $OH^{\cdot}$、H_2O_2 的清除剂。

③ 可逆抑制作用及其动力学　可逆性抑制剂与酶的结合以解离平衡为基础，属非共价结合，可通过透析等物理方法除去抑制剂，减轻或清除抑制之后，酶活性可以恢复。

酶催化反应中，当有抑制剂时，其一般反应机制可用如下模式表示：

$$
\begin{array}{ccccc}
E+S & \underset{}{\overset{K_s}{\rightleftharpoons}} & ES & \xrightarrow{k_2} & E+P \\
+ & & + & & \\
I & & I & & \\
\Big\updownarrow K_i & & \Big\updownarrow K_i' & & \\
EI+S & \underset{}{\overset{K_s'}{\rightleftharpoons}} & EIS & &
\end{array}
$$

式中，I 为抑制剂；EI 为酶-抑制剂复合物；EIS 为酶-抑制剂-底物三元复合物；K_s、K_i、K_i' 分别为相应的中间复合物的解离常数。

根据米氏方程的推导方法，令 $K_s = K_m$，并有 $v_1 = K_2[E_0]$，可推导出可逆抑制作用速率方程的一般表达式：

$$v = \frac{v_{max}[S]}{K_m\left(1 + \dfrac{[I]}{K_i}\right) + [S]\left(1 + \dfrac{[I]}{K_i'}\right)} \tag{2-24}$$

并可由此推导出竞争、非竞争、反竞争抑制的速率方程式。

a. 竞争性抑制作用　竞争性抑制作用（competitive inhibition）是最简单的模型，由于抑制剂 I 与底物 S 结构相似，因此可竞争性结合于酶活性中心同一结合部位，而且是非此即彼，完全排斥。此类抑制中，酶不能同时和 S 又和 I 结合，即不能形成 ESI 三元复合物。

速率方程：由于不能形成 ESI 三元复合物，即有 $K_i' = \infty$，上述一般方程式可改写为：

$$v = \frac{v_{max}[S]}{K_m\left(1 + \dfrac{[I]}{K_i}\right) + [S]} \tag{2-25}$$

速率方程的双倒数方程为：

$$\frac{1}{v} = \frac{K_m}{v_{max}}\left(1 + \frac{[I]}{K_i}\right)\frac{1}{[S]} + \frac{1}{v_{max}} \tag{2-26}$$

动力学图如图 2-11 所示。

由图 2-11 可见，当固定不同抑制剂浓度时，以 $1/v$ 对 $1/[S]$ 作图，各直线交纵轴于一

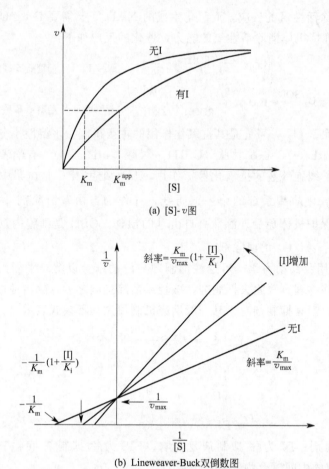

(a) [S]-v图

(b) Lineweaver-Buck双倒数图

图 2-11　竞争性抑制动力学图

点，说明 $v_{\max}$ 不变，直线与横轴交点右移，说明竞争性抑制时，随 I 浓度增加，K_{m} 数值增大了 $(1+[I]/K_i)$ 倍。

　　b. 非竞争性抑制作用　非竞争性抑制作用（noncompetitive inhibition）中，S 和 I 与酶结合互不相关，即无竞争性，也无先后次序，两者都可以与酶及相应中间复合物（EI 或 ES）结合，但形成三元复合物（ESI 或 EIS 相同）不能再分解。

　　速率方程：当 $K_i = K_i'$ 时，则有

$$v = \frac{v_{\max}[S]}{K_{\mathrm{m}}\left(1+\dfrac{[I]}{K_i}\right)+[S]\left(1+\dfrac{[I]}{K_i}\right)} = \frac{v_{\max}[S]}{\left(1+\dfrac{[I]}{K_i}\right)(K_{\mathrm{m}}+[S])} \tag{2-27}$$

双倒数方程为：

$$\frac{1}{v} = \frac{K_{\mathrm{m}}}{v_{\max}}\left(1+\frac{[I]}{K_i}\right)\frac{1}{[S]} + \frac{1}{v_{\max}}\left(1+\frac{[I]}{K_i}\right) \tag{2-28}$$

动力学图如图 2-12 所示。

　　由图 2-12 可见，各直线在横轴交于一点，说明非竞争性抑制对反应速率 $v_{\max}$ 影响最大，而不改变 K_{m}，[I] 越大或 K_i 越小，则抑制因子 $(1+[I]/K_i)$ 越大，对反应抑制能力越大。非竞争性抑制在生物体内大多表现为代谢中间产物反馈调控酶的活性。

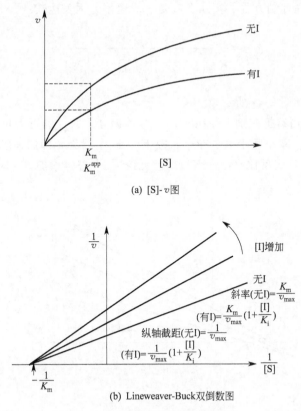

(a) [S]-v图

(b) Lineweaver-Buck双倒数图

图 2-12 非竞争性抑制动力学图

c. 反竞争性抑制作用 反竞争性抑制作用（uncompetitive inbihition）中，I 只能与 ES 结合形成无活性三元复合物 ESI，而不能与游离酶 E 结合。这种情况与竞争性抑制相反，故称为反竞争性抑制。

速率方程：由于 I 不能与游离酶 E 结合，因此 $K_i = \infty$，一般反应方程式可改写为：

$$v = \frac{v_{max}[S]}{K_m + [S]\left(1 + \dfrac{[I]}{K_i}\right)} \quad (2\text{-}29)$$

双倒数方程为：

$$\frac{1}{v} = \frac{K_m}{v_{max}[S]} + \frac{1}{v_{max}}\left(1 + \frac{[I]}{K_i}\right) \quad (2\text{-}30)$$

从图 2-13 可看出，无论在纵轴上或横轴上，随 [I] 的变化，截距均发生变化，而斜率 v_{max}/K_m 不变，随 [I] 增加，v_{max} 和 K_m 均

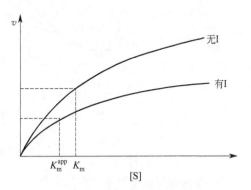

图 2-13 反竞争性抑制动力学图

降低了 $(1+[I]/K_i)$ 倍，反竞争性抑制在简单系统中少见，但在多元反应系统中是常见的动力学模型。

d. 混合性抑制作用 在一般动力学方程中，$K_i \neq K_i'$ 时，即 E 或 ES 结合 I 的亲和力，以及 E 或 EI 结合 S 的亲和力都不相当时，就是混合性抑制，当 $K_i > K_i'$ 时表现为非竞争与竞争性抑制的混合，而 $K_i < K_i'$ 时，表现为非竞争性与反竞争性混合。

速率方程：混合性抑制方程，实际上就是一般速率方程表达式：

$$v = \frac{v_{max}[S]}{K_m\left(1+\frac{[I]}{K_i}\right)+[S]\left(1+\frac{[I]}{K_i'}\right)}$$

(2-31)

混合性抑制动力学图如图 2-14 所示。

由图 2-14 可见，当有抑制剂 I 存在时，v_{max} 均减小，K_m 则可大可小，在 v_{max} 和 K_m 均减小的情况下，v_{max} 减小甚于 K_m 减小，故 K_m/v_{max} 增大，抑制强度与 [I] 成正比，与 [S] 成正比（$K_i>K_i'$）或反比（$K_i<K_i'$），但无论 [S] 怎样增加，v 均小于 v_{max}。

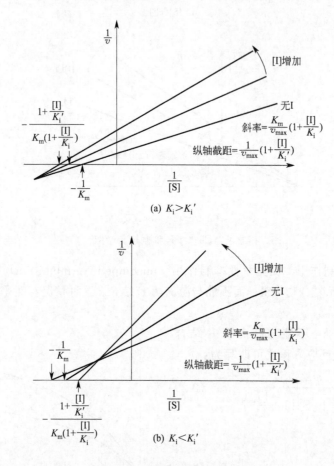

图 2-14　混合性抑制动力学图

4 种抑制类型比较见表 2-3 所示。

表 2-3　4 种抑制类型的动力学比较

抑制类型	表观 K_m (K_m^{app})	表观 v_{max} (v_m^{app})	抑制类型	表观 K_m (K_m^{app})	表观 v_{max} (v_m^{app})
无抑制剂	K_m	v_m	非竞争性	K_m 不变	v_{max} 减小
竞争性	K_m 增大	v_{max} 不变	非竞争性与反竞争性混合	K_m 减小	v_{max} 减小
反竞争性	K_m 减小	v_{max} 减小	非竞争性与竞争性混合	K_m 增大	v_{max} 减小

④ 可逆性抑制作用的应用

a. 磺胺类药物与抗菌增效剂　多数病原菌在生长时不能利用现成的叶酸，而只能利用对氨基苯甲酸合成二氢叶酸（DHF），后者再转化成四氢叶酸（THF），参与核酸合成。

磺胺类药物设计的结构由于和对氨基苯甲酸相似，因此可竞争性结合细菌的二氢叶酸合成酶，从而抑制了细菌生长所必需的二氢叶酸合成，使细菌核酸合成受阻，从而抑制了细菌的生长和繁殖。而动物和人能从食物中直接利用叶酸，故其代谢不受磺胺影响。

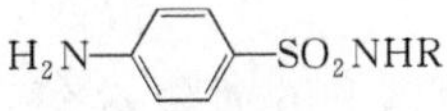

$$H_2N\text{—}\boxed{}\text{—}SO_2NHR \qquad H_2N\text{—}\boxed{}\text{—}COOH$$

磺胺药 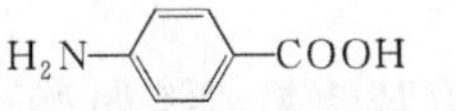　　　　　　　　　　对氨基苯甲酸（PABA）

抗菌增效剂三甲氧苄二氨嘧啶（TMP）可增强磺胺药的药效。其结构与二氢叶酸有类似之处，是二氢叶酸还原酶的竞争性抑制剂，但很少抑制人和动物的二氢叶酸还原酶。它与磺胺药配合使用，可使细菌的四氢叶酸合成受到双重阻断作用，因而严重影响细菌的核酸及蛋白质的生物合成，达到抑菌目的。

b. 叶酸类似物　叶酸类似物主要是蝶呤环上 C_4 羟基被氨基取代或 N_{10} 上的氢原子被甲基取代，如氨基蝶呤、氯甲蝶呤（见下结构式），这类 4-氨基衍生物的 2,4-二氨基嘧啶部分能与四氢叶酸合成酶生成更多的氢键。另外，由于 4-氨基存在，增加了化合物的碱性，在生理 pH 下，质子化后易与酶活性中心上的阴离子结合，因此对酶的亲和力大于叶酸。它们可竞争性抑制二氢叶酸还原酶，阻止叶酸还原成二氢叶酸和四氢叶酸，从而阻断嘌呤核苷酸合成而抑制癌细胞的生长。

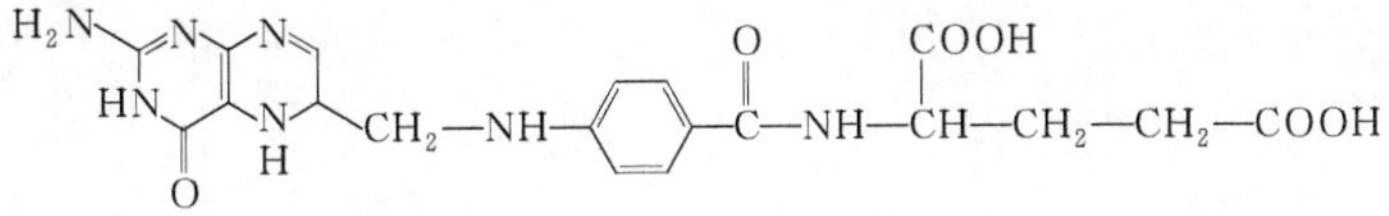

7,8-二氢叶酸

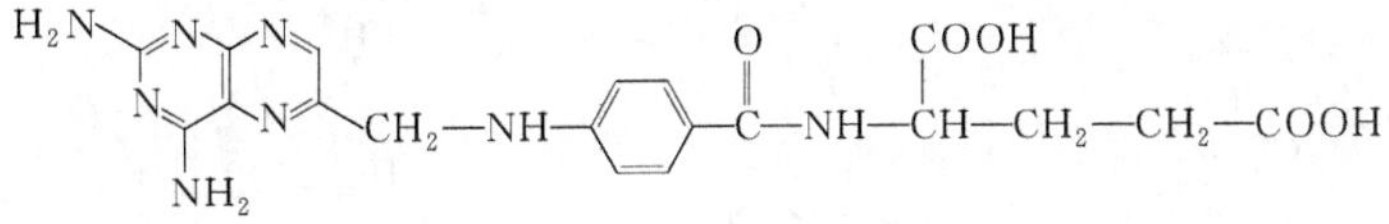

氨基蝶呤（APT）

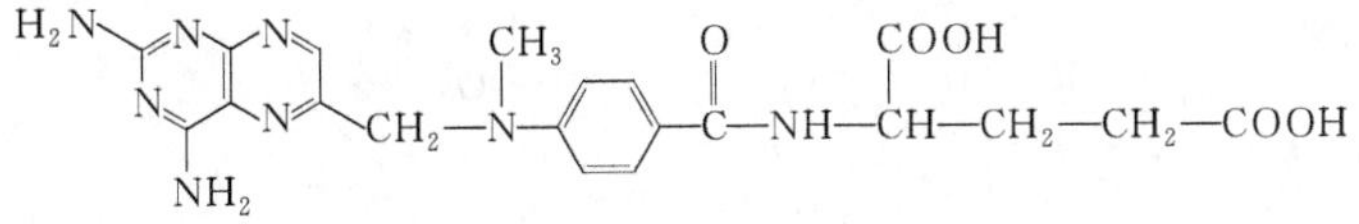

氨甲蝶呤（MTX）

c. 嘌呤类似物　腺嘌呤、鸟嘌呤是 DNA、RNA 主要成分，次黄嘌呤是嘌呤碱合成的重要中间体。嘌呤类似物主要是次黄嘌呤和鸟嘌呤的衍生物。如 6-巯基嘌呤（6-MP）和溶癌呤，它们在体内首先转化成有活性的 6-巯基嘌呤核苷酸，抑制腺嘌呤琥珀酸合成酶，阻止次黄嘌呤核苷酸（IMP）转化成 AMP，从而达到干扰癌细胞核苷酸及蛋白质合成的目的。

d. 嘧啶类似物　与嘌呤类似物的作用相似，嘧啶类似物也主要是通过竞争性抑制作用妨碍癌细胞 DNA 的生成。

目前，已设计的抗癌药物如 5-氟尿嘧啶（5-Fu），由于氟的原子半径与氢原子半径相似，氟化物体积与原化合物几乎相等，加之 C—F 键的稳定性，特别是在代谢中不易分解，能在分子水平上代替正常代谢物，欺骗性地进入生物大分子中而导致"致死合成"。5-氟尿嘧啶在体内转变为 5-氟尿嘧啶核苷（5-FUR），再进一步形成 5-氟尿嘧啶核苷酸（5-FURP）和 5-氟尿嘧啶脱氧核苷酸（d-5FUDRP）挤入 DNA。但 5-FU 抗癌的主要作用是由于 d-5FUDRP 是尿嘧啶脱氧核苷酸类似物，可竞争性抑制胸腺嘧啶核苷酸合成酶。该酶的正常作用是将尿嘧啶脱氧核苷酸转变成胸腺嘧啶脱氧核苷酸。由于该酶受到抑制，尿嘧啶脱氧核苷酸不能进行甲基化，形成胸腺嘧啶脱氧核苷酸，从而影响癌细胞 DNA 的合成。

e. 氨基酸类似物　氨基酸类似物如重氮丝氨酸和 6-重氮-5-氧正亮氨酸，它们的化学结构与谷氨酸相似，这些药物与天然谷氨酸可竞争结合氨基转移酶类，从而抑制嘌呤核苷酸的合成。

$$N \equiv N—CH_2—COOCH_2—CH_2—COOH \qquad \text{重氮丝氨酸}$$

$$N \equiv N—CH_2—COCH_2CH_2—CH_2—COOH \qquad \text{6-重氮-5-氧正亮氨酸}$$

$$H_2N—COCH_2CH_2—CH_2—COOH \qquad \text{谷氨酸}$$

有些化合物虽然其平面结构与底物类似处不多，但立体结构与底物十分相似，也可作为竞争性抑制剂，如青霉素抑制革兰阳性菌的糖肽转肽酶（glycopeptide transpeptidase）的作用。革兰阳性菌的胞壁以肽聚糖为主要成分，肽聚糖是由多糖链与肽链交叉联结的网状结构物质。青霉素在立体结构上与转肽酶底物，肽聚糖链中的 D-丙氨酰-D-丙氨酸的相似，故能竞争性地与转肽酶结合，抑制甘氨酸与丙氨酸的交联，从而阻断肽聚糖的合成（见图 2-15 和图 2-16）。

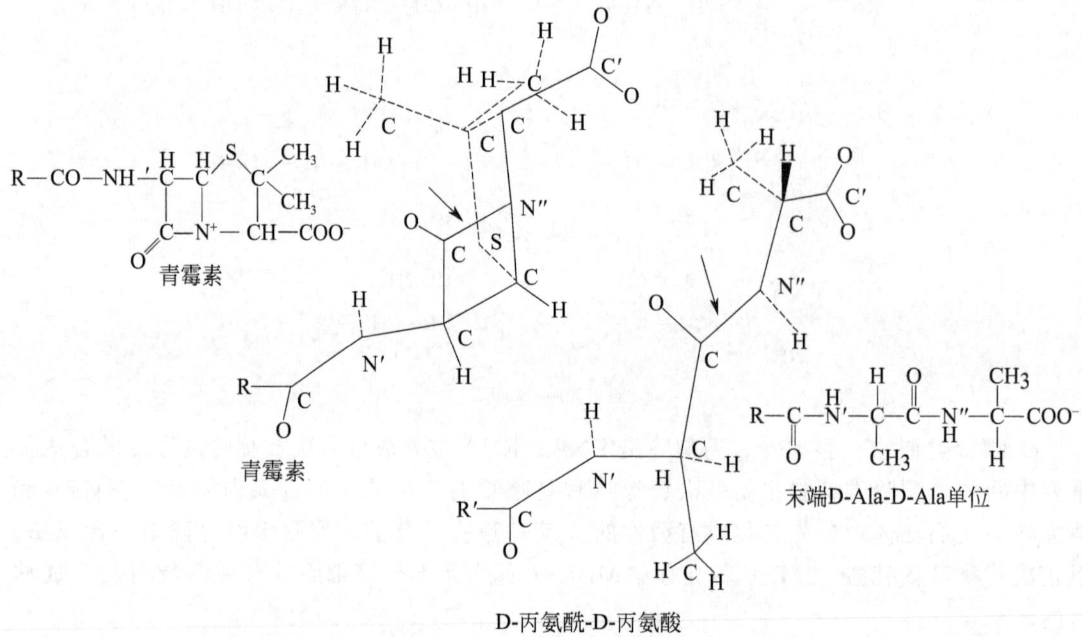

图 2-15　青霉素和肽聚酶链末端 D-Ala-D-Ala 立体模型结构

左边箭头指青霉素 β-内酰胺环的 CO—NH 键部位；右边箭头指肽聚糖链 D-Ala-D-Ala 的 CO—NH 键部位

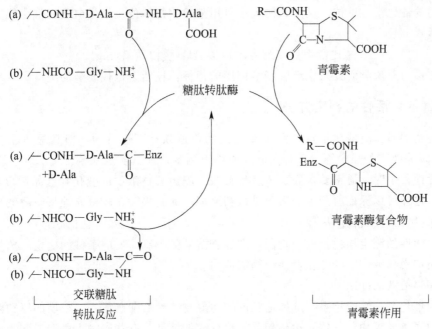

图 2-16　青霉素竞争性抑制作用

第四节　酶催化活性及其测定方法

一、酶催化活性

酶催化活性是指酶催化某一特定化学反应的能力，其大小可以用在规定条件下该酶所催化的某一化学反应的反应初速率表示。在酶催化反应初期，在单位时间内产物的生成量或底物的减少量呈线性关系。酶反应速率越大，酶催化活性越高，反之活性越低。在酶的分离纯化或生产应用中，酶催化活性测定常用单位时间内产物的增加量较为方便。

酶催化活性主要以酶活力单位来表示。由于所采用的测定方法和条件不同，对于同一种酶的活力也有所不同。因此，对于同一种酶可以有几种不同的单位。

早在 1963 年，国际生物化学和分子生物学委员会推荐采用国际单位来统一表示酶催化活性的大小，该组织规定：在一定的条件下（如在 25℃ 及其他最适条件下），每分钟（min）能催化 1μmol 底物转变的酶的量为一个国际单位（IU）。到 1976 年，对酶催化活性单位的定义为：在特定的条件下，1min 内使底物转变 1μmol 的酶量为一个国际单位。以 IU 表示之，$1IU=1\mu mol \cdot min^{-1}$。由于该定义未指定酶催化反应的温度，目前国内外大多数酶催化活性单位常省略国际二字，即常将 IU 简写为 U。这样酶的含量就可以用每克酶制剂或每毫升酶制剂含有多少酶单位来表示，即 "U/g" 或 "U/mL"。

为了使酶催化活性单位与国际单位制的反应速率相一致，1979 年国际生物化学协会规定用 Katal 单位（也称催量，可简写为 Kat）。即在规定反应条件下，每秒钟催化转化 1mol 底物的酶量。上述酶催化活力单位可以互相换算，即

$$1U=1\mu mol \cdot min^{-1}=16.67nmol \cdot s^{-1}=16.67nKatal$$

有时也采用酶的比活力，即每克（g）酶制剂或每毫升（mL）酶制剂含有多少个活力单

位来表示酶的催化活性单位。比活力的大小可用来比较每单位质量蛋白质的催化能力，通常用下式表示：

$$酶比活力＝酶活力单位数(U)/蛋白质量(mg)$$

酶的比活力是酶学研究及生产中经常使用的指标，比活力也代表酶的纯度。

二、酶催化活性的测定方法

需要说明的是，酶催化活性的测定要在酶的最适条件下进行的，即其最适温度、最适pH和最适缓冲液离子强度等，只有在最适条件下测定才能真实反映酶活力大小。此外，测定酶催化活性大小时，通常要求底物浓度足够大，测定底物浓度的变化在起始浓度的5％以内的速率，这样可以保证所测定的速率是最初速率。此结果能比较可靠地反映酶的含量。

1. 酶催化活性的测定步骤

酶催化活性的测定均包括四个阶段，即底物溶液的配制、反应条件的确定、酶催化反应的进行、测定底物或产物的变化量并计算酶活力。

（1）底物溶液的配制

根据酶催化专一性的特点，选择适宜的转化底物，然后配制成一定浓度的底物溶液。对于所使用的底物要求均匀一致，达到相关催化反应的纯度。有些底物不稳定或配制成的溶液不稳定时，要求新鲜配制，必要时可预先配制后置冰箱保存备用。

（2）反应条件的确定

酶催化反应的最佳条件可根据文献资料或预试验结果，确定相应催化反应的温度、pH、底物浓度、激活剂浓度等条件。温度的选择一般可选在室温（25℃）、体温（37℃）、酶催化反应最适温度或其他选用的温度；一般采用恒温设备进行温控。pH应是酶催化反应的最适pH，最后采用一定浓度和一定pH的缓冲溶液来保持pH的相对稳定。在酶催化反应条件确定后，要求整个测定过程尽量保持恒定不变。对于有些酶催化反应要求添加激活剂等其它条件，应适量添加。

（3）酶催化反应的进行

在上述确定的反应条件下，将一定量的含有酶的溶液与底物溶液混合均匀后进行酶催化反应，适时记录反应开始的时间。当反应到一定时间后，根据要求及时终止酶催化反应（灭酶），然后再进行测定。在实际操作时，根据酶的特性、反应底物或产物的性质以及检测方法等加以选择灭酶的方法。一般采用加热、添加酶变性剂、加入酸液或碱液、冰浴或冰盐溶液浴等方法。

（4）测定底物或产物的变化量并计算酶活力

终止酶催化反应后，取出适量的反应液，选择多种生化检测技术，测定产物增加量或底物的减少量。实验过程中，为了准确地反映酶催化反应的结果，应尽量采用快速、简便、准确的方法及时测出相关变化量。

2. 酶催化活性的测定方法

酶催化活性可能有多种测定方法，要根据实际情况选用。根据测定反应液中物质的变化量所采用的方法，一般可分为分光光度法、荧光法、同位素测定法、电化学分析法和其它分析法等。

（1）分光光度法

分光光度法是酶催化活性最常用的方法之一，几乎所有的氧化还原酶都可以用这种方法测定。该法主要利用底物和产物在紫外线或可见光区的吸光度的不同，选择一适宜的波长，测定酶催化反应过程中底物或产物的变化量。分光光度法的优点是简便、快速、样品用量少和灵敏度高（可检测到 $nmol \cdot L^{-1}$ 浓度的变化）。而且还可以连续地测定酶催化反应过程中吸光度的变化，从而可以得到底物或产物的变化量。

利用分光光度法还可以把一些原来没有吸光变化的酶催化反应与一些能引起吸光度变化的酶催化反应偶合，这样使前一个酶催化反应的产物转变成为后一个酶催化反应的具有吸光度变化的产物来进行测量。

（2）荧光法

荧光法主要是根据酶催化反应的底物或产物荧光性质的差别来进行测定。荧光方法的灵敏度高，它比分光光度法要高若干个数量级，而且通过光源调节荧光强度和激光强度，因此对一些快速反应的测定常常被采用。但荧光法的缺点是易受其他物质干扰，有些物质如蛋白质能吸收和发射荧光，这种干扰在紫外区尤为显著，因此在选用荧光法测定酶催化活性时，最好选择可见光范围的荧光进行测定。

（3）同位素测定法

同位素测定法是用带有放射性同位素标记的底物经酶催化反应后得到产物，通过适当的分离，测定产物的脉冲数即可换算出酶的活力单位。

目前，对于已知的 6 大类酶几乎都可以用同位素测定法。实验过程中，可用于底物标记的同位素有 ^3H、^{14}C、^{32}P、^{35}S 和 ^{131}I 等。

同位素测定法的优点是反应灵敏度极高，特别适用于低浓度的酶和底物的测定。该法可直接用于酶催化活性的测定，也可用于动物体内酶催化活性的测定。但这种方法的缺点是操作繁琐，测定过程样品需分离，反应过程无法连续跟踪，并且同位素对人体有损伤作用。辐射猝灭会引起测定误差，如 ^3H 发射的射线极弱，甚至会被纸吸收。

（4）电化学方法

电化学方法主要包括 pH 滴定法和离子选择电极法等。一般采用自动电位滴定仪进行。

pH 滴定法最常用的是玻璃电极，配合一高灵敏度的 pH 变化记录仪，跟踪催化反应过程中 [H^+] 浓度的变化，用 pH 的变化来测定酶的反应速率。若使用恒定 pH 测定法，在酶催化反应过程中，所引起的 [H^+] 的变化用不断加入碱或酸来维持其 pH 的恒定，可以用加入的碱或酸的速率来表示反应速率。这种方法特别适合测定酯酶的催化活性。

离子选择电极法是在测定特定酶催化反应的活性时，用氧电极可以测定一些耗氧的酶催化反应。如葡萄糖氧化酶的活力就可用这种方法很方便地测定。

（5）其它分析法

此外，根据底物或产物的物理化学性质，还有一些测定酶催化活性的方法，例如旋光法、量气法、量热法和层析法等，但这些方法使用范围有限，灵敏度较差，只是应用于个别酶催化活性的测定。

第三章 催化氧化还原反应的酶

　　氧化还原酶催化底物的氧化或还原，反应时需要电子供体或受体。它是一种催化电子由一个分子（即还原剂，又名氢受体或电子供体）传送往另一个分子（即氧化剂，又名氢供体或电子受体）的酶。例如：酶能催化以下的反应就是氧化还原酶（oxidoreductase）：

$$A^- + B \longrightarrow A + B^-$$

在这个例子中，A 就是还原剂（电子供体），而 B 就是氧化剂（电子受体）。

　　在生物化学反应中，氧化还原反应有时会较难界定，就如糖酵解：

$$Pi + G3P + NAD^+ \longrightarrow NADH + H^+ + 1,3\ BPG$$

　　在这个反应中，NAD^+ 是一个还原剂（氢受体），而 G3P（即 3-磷酸甘油醛）是一个氧化剂（氢供体）。

　　生物体内的氧化还原反应的类型存在着氢原子对的移动（传递）、电子的移动，或氧原子添加型。可以认为氢原子（H）是氢离子（H^+）+电子，并与电子等价，起着还原剂的作用。给出电子或 H 使本身氧化的物质称为电子供体或氢供体。将起氧化剂作用的，并将电子或氢接受下来、本身被还原的物质称为电子受体或氢受体。氧化还原酶对于电子供体和受体的一方或两方都有特异性。并根据其特异性而进行分类。作为供体分类为：①CH—OH 基（生成物 C=O），②醛基或酮基（羧基），③CH—CH 基（C=C），④CH—NH_2（C=NH，进而 C=O+NH_3），⑤CH—NH（C=N），⑥NADH 或 NADPH（NAD^+ 或 $NADP^+$），⑦含氮化合物，⑧含硫基，⑨血红素，⑩二苯酚（醌）。以受体分类：①NAD（NADP），②细胞色素，③氧，④二硫键，⑤醌，⑥含氮化合物，⑦铁-硫蛋白质及其它等。以氧为受体的称为氧化酶。尚有伴随着氧化而脱羧的酶，或产生的羧酸和磷酸结合成混合酸无水化合物的酶。它们都包括在氧化还原酶中。还有分别分类为以过氧化氢作为受体的过氧化物酶、过氧化氢酶，以氢作为供体的氢化酶、加氧酶。氧化还原反应是生物体内发生的最重要的化学反应之一。它是生物体内发生的能量转换、生物合成和代谢的基本反应。氧化还原酶类在催化底物（反应物）进行氧化还原反应时，多有辅酶（可看作助催化剂）参与。多数酶和辅酶结合而形成复合酶，构成从基质到达最终电子受体的电子传递系统（链）。

第一节 催化 CH—OH 基团的氧化还原酶

1. 醇脱氢酶（alcohol dehydrogenase）EC 1. 1. 1. 1

分类名：alcohol：NAD^+ oxidoreductase(醇：NAD^+ 氧化还原酶)

别名：醛还原酶(aldehyde reductase)

作用：催化醇脱氢；作用于 CH—OH 基团，以 NAD^+ 为受体。

反应：醇＋NAD^+＝＝醛或酮＋NADH

特异性：作用于伯醇或仲醇或半缩醛；动物来源的(不是酵母来源的)酶也作用于环状仲醇。

2. 醇脱氢酶（$NADP^+$）（alcohol dehydrogenase，$NADP^+$）EC 1. 1. 1. 2

分类名：alcohol：$NADP^+$ oxidoreductase(醇：$NADP^+$ 氧化还原酶)

作用：催化醇脱氢，作用于 CH—OH 基团，以 $NADP^+$ 为受体。

反应：醇＋$NADP^+$＝＝醛＋NADPH

特异性：有些酶只能催化伯醇氧化，但另一些也可催化仲醇氧化。

3. 高丝氨酸脱氢酶（homoserine dehydrogenase）EC 1. 1. 1. 3

分类名：L-homoserine：$NAD(P)^+$ oxidoreductase[L-高丝氨酸：$NAD(P)^+$ 氧化还原酶]

作用：催化高丝氨酸脱氢，以 $NAD(P)^+$ 为受体。

反应：L-高丝氨酸＋$NAD(P)^+$＝＝L-天冬氨酸-β-半醛＋NAD(P)H

特异性：酵母来源的酶，利用 NAD^+ 为氢受体，反应速率最快；大肠杆菌来源的酶为多功能酶，也有天冬氨酸酶（EC 2. 7. 2. 4）的作用。

4. D-(－)-丁二醇脱氢酶［D-(－)-butanediol dehydrogenase］EC 1. 1. 1. 4

分类名：D-(＋)-2,3-butanediol：NAD^+ oxidoreductase[D-(＋)-2,3-丁二醇：NAD^+ 氧化还原酶]

别名：丁二醇脱氢酶(butyleneglycol dehydrogenase)

作用：催化 D-(－)-2,3-丁二醇氧化，作用于 CH—OH 基团，以 NAD^+ 为受体。

反应：D-(－)-2,3-丁二醇＋NAD^+＝＝3-羟基丁酮＋NADH

特异性：以 NADH 为还原剂，本酶也能作用于丁二酮，生成 3-羟基丁酮。

5. 3-羟基丁酮脱氢酶（acetoin dehydrogenase）EC 1. 1. 1. 5

分类名：acetoin：NAD^+ oxidoreductase(3-羟基丁酮：NAD^+ 氧化还原酶)

别名：二乙酰还原酶(diacetyl reductase)

作用：催化 CH—OH 基氧化；以 NAD^+ 为氢受体。

反应：3-羟基丁酮＋NAD^+＝＝丁二酮＋NADH

特异性：$NADP^+$ 也能作为氢受体。

6. 甘油脱氢酶（glycerol dehydrogenase）EC 1. 1. 1. 6

分类名：glycerol：NAD^+ 2-oxidoreductase(甘油：NAD^+ 2-氧化还原酶)

作用：催化 CH—OH 基团脱氢，以 NAD$^+$ 为受体。

反应：甘油＋NAD$^+$＝二羟丙酮＋NADH

特异性：也作用于 1,2-丙二醇。

7. 丙二醇-磷酸(酯)脱氢酶 (propanediol-phosphate dehydrogenase) EC 1.1.1.7

分类名：1,2-propanediol-1-phosphate：NAD$^+$ oxidoreductase（1,2-丙二醇-1-磷酸：NAD$^+$ 氧化还原酶）

作用：催化 CH—OH 基团脱氢，以 NAD$^+$ 为受体。

反应：1,2-丙二醇-1-磷酸＋NAD$^+$＝磷酸羟丙酮＋NADH

8. 甘油-3-磷酸脱氢酶(NAD$^+$) (glycerol-3-phosphate dehydrogenase, NAD$^+$) EC 1.1.1.8

分类名：sn-glycerol-3-phosphate：NAD$^+$ 2-oxidorductase

sn-甘油-3-磷酸：NAD$^+$ 2-氧化还原酶

作用：催化 CH—OH 基团脱氢，以 NAD$^+$ 为受体。

反应：sn-甘油-3-磷酸＋NAD$^+$＝磷酸二羟丙酮＋NADH

特异性：也作用于 1,2-丙二醇磷酸和硫酸二羟丙酮(但亲和力低得多)。

9. D-木酮糖还原酶 (D-xylulose reductase) EC 1.1.1.9

分类名：xylitol：NAD$^+$ 2-oxidoreductase(D-xylulose-forming)

木糖醇：NAD$^+$ 2-氧化还原酶(生成 D-木酮酶)

作用：催化 CH—OH 基团脱氢，以 NAD$^+$ 为受体。

反应：木糖醇＋NAD$^+$＝D-木酮糖＋NADH

特异性：也具有赤藓酮糖还原酶的作用。

10. L-木酮糖还原酶 (L-xylulose reductase) EC 1.1.1.10

分类名：xylitol：NADP$^+$ 4-oxidoreductase(L-xylulose-forming)

木糖醇：NADP$^+$ 4-氧化还原酶(生成 L-木酮糖)

作用：催化 CH—OH 基团脱氢，以 NADP$^+$ 为受体。

反应：木糖醇＋NADP$^+$＝L-木酮糖＋NADPH

11. L-阿拉伯糖醇脱氢酶 (D-arabinitol dehydrogenase) EC 1.1.1.11

分类名：D-arabinitol：NAD$^+$ 4-oxidoreductase

D-阿拉伯糖醇：NAD$^+$ 4-氧化还原酶

作用：催化 D-阿拉伯糖醇氧化，作用于 CH—OH 基团，以 NAD$^+$ 为受体。

反应：D-阿拉伯糖醇＋NAD$^+$＝D-木酮糖＋NADH

12. L-阿拉伯糖醇脱氢酶 (L-arabinitol dehydrogenase) EC 1.1.1.12

分类名：L-arabinitol：NAD$^+$ 4-oxidoreductase(L-xylulose-forming)

L-阿拉伯糖醇：NAD$^+$ 4-氧化还原酶(生成 L-木酮糖)

作用：催化 L-阿拉伯糖醇氧化，作用于 CH—OH 基团，以 NAD$^+$ 为受体。

反应：L-阿拉伯糖醇＋NAD$^+$＝L-木酮糖＋NADH

13. L-阿拉伯糖醇脱氢酶(生成核酮糖) (L-arabinitol dehydrogenase, ribulose-forming) EC 1.1.1.13

分类名：L-arabinitol：NAD$^+$ 2-oxidoreductase(L-ribulose-forming)

L-阿拉伯糖醇：NAD$^+$ 2-氧化还原酶(生成 L-核酮糖)

作用：催化 L-阿拉伯糖醇氧化，作用于 CH—OH 基团，以 NAD^+ 为受体。

反应：L-阿拉伯糖醇＋NDA^+＝L-核酮糖＋NADH

14. L-艾杜糖醇脱氢酶（L-iditol dehydrogenase）EC 1.1.1.14

分类名：L-iditol：NAD^+ 5-oxidoreductase

L-艾杜糖醇：NAD^+ 5-氧化还原酶

别名：polyol dehydrogenase 多元醇脱氢酶

sorbitol dehydrogenase 山梨糖醇脱氢酶

作用：催化 CH—OH 基团脱氢，以 NAD^+ 为受体。

反应：L-艾杜糖醇＋NAD^+＝L-山梨糖＋NADH

特异性：也催化 D-葡糖醇转化为 D-果糖，也催化其它有关的糖醇转化。

15. D-艾杜糖醇脱氢酶（D-iditol dehydrogenase）EC 1.1.1.15

分类名：D-iditol：NAD^+ 5-oxidoreductase

D-艾杜糖醇：NAD^+ 5-氧化还原酶

作用：催化 CH—OH 基团脱氢，以 NAD^+ 为受体。

反应：D-艾杜糖醇＋NAD^+＝D-山梨糖＋NADH

特异性：也催化木糖醇转化为 L-木酮糖和 L-葡糖醇转化为 L-果糖。

16. 半乳糖醇脱氢酶（galactitol dehydrogenase）EC 1.1.1.16

分类名：galactitol：NAD^+ 3-oxidoredurctase

半乳糖醇：NAD^+ 3-氧化还原酶

作用：催化半乳糖醇脱氢，作用于 CH—OH 基团，以 NAD^+ 为受体。

反应：半乳糖醇＋NAD^+＝D-塔格糖＋NADH

特异性：也催化一些有 L-苏式(*threo*)-构型(在邻接伯醇基部位)的醛糖醇还原成为相应的糖。

17. 醇脱氢酶[$NAD(P)^+$]［alcoholdehydrogenase，$NAD(P)^+$］EC 1.1.1.17

分类名：alcohol：$NAD(P)^+$ oxidoreductase

醇：$NAD(P)^+$ 氧化还原酶

别名：retinal reductase 视黄醛还原酶

作用：催化醇脱氢；作用于 CH—OH 基团，以 $NAD(P)^+$ 为受体。

反应：醇＋$NAD(P)^+$＝醛＋$NAD(P)H$

特异性：催化碳链长 2～14 的脂肪族醛还原，对 C_4、C_6 和 C_8 醛的催化活性最高。也作用于视黄醛和视黄醇。

18. 甘露(糖)醇-1-磷酸脱氢酶（mannitol-1-phosphate dehydrogenase）EC 1.1.1.17

分类名：D-mannitol-1-phosphate：NAD^+ 2-oxidoreductase

D-甘露(糖)醇-1-磷酸：NAD^+ 2-氧化还原酶

作用：催化 CH—OH 基团脱氢，以 NAD^+ 为受体。

反应：D-甘露(糖)醇-1-磷酸＋NAD^+＝D-果糖-6-磷酸＋NADH

19. *myo*-肌醇 2-脱氢酶（myo-inositol 2-dehydrogenase）EC 1.1.1.18

分类名：*myo*-inositol：NAD^+ 2-oxidoreductase

myo-肌醇：NAD^+ 2-氧化还原酶

作用：催化 CH—OH 基团脱氢，以 NAD^+ 为受体。

反应：myo-肌醇$+NAD^+$=2,4,6,3,5-五羟环己酮$+NADH$

20. 葡糖醛酸还原酶 （glucuronate reductase） EC 1. 1. l. 19

分类名：L-gulonate：$NADP^+$ 1-oxidoreductase

L-古洛糖酸：$NADP^+$ 1-氧化还原酶

作用：催化 CH—OH 基团脱氢，以 $NADP^+$ 为受体。

反应：L-古洛糖酸$+NADP^+$=D-葡糖醛酸$+NADPH$

特异性：也催化 D-半乳糖醛酸还原。

21. 葡糖醛酸内酯还原酶 （glucuronolactone reductase） EC 1. 1. 1. 20

分类名：L-gulono-γ-lactone：$NADP^+$ 1-oxidoreductase

L-古洛糖酸-γ-内酯：$NADP^+$ 1-氧化还原酶

作用：催化 CH—OH 基团脱氢，以 $NADP^+$ 为受体。

反应：L-古洛糖酸-γ-内酯$+NADP^+$=D-葡糖醛酸-γ-内酯$+NADPH$

22. 醛糖还原酶 （aldose reductase） EC 1. 1. 1. 21

分类名：alditol：$NADP^+$ 1-oxidoreductase

醛糖醇：$NADP^+$ 1-氧化还原酶

别名：polyol dehydrogenase（$NADP^+$）多元醇脱氢酶（$NADP^+$）

作用：催化醛糖醇脱氢，作用于 CH—OH 基团，以 $NADP^+$ 为受体。

反应：醛糖醇$+NADP^+$=醛糖$+NADPH$

特异性：广泛。

23. UDP 葡萄糖脱氢酶 （UDP glucose dehydrogenase） EC 1. 1. 1. 22

分类名：UDP glucose：NAD^+ 6-oxidoreductase

UDP 葡萄糖：NAD^+ 氧化还原酶

作用：催化 CH—OH 基团脱氢，以 NAD^+ 为受体。

反应：UDP 葡萄糖$+2NAD^+ +H_2O$=UDP 葡糖醛酸$+2NADH$

特异性：也作用于 UDP-2-脱氧葡萄糖。

24. 组氨醇脱氢酶 （histidinol dehydrogenase） EC 1. 1. 1. 23

分类名：L-histidinol：NAD^+ oxidoreductase

L-组氨醇：NAD^+ 氧化还原酶

作用：催化 CH—OH 基团脱氢，以 NAD^+ 为受体。

反应：L-组氨醇$+2NAD^+$=L-组氨酸$+2NADH$

特异性：也催化 L-组氨醛氧化。

25. 奎尼酸脱氢酶 （quinate dehydrogenase） EC 1. 1. 1. 24

分类名：quinate：NAD^+ 3-oxidoreductase

奎尼酸：NAD^+ 3-氧化还原酶

作用：催化 CH—OH 基团脱氢，以 NAD^+ 为受体。

反应：奎尼酸$+NAD^+$=3-脱氢奎尼酸$+NADH$

26. 莽草酸脱氢酶 （shikimate dehydrogenase） EC 1. 1. 1. 25

分类名：shikimate：$NADP^+$ 3-oxidoreductase

莽草酸：NADP$^+$ 3-氧化还原酶

作用：催化 CH—OH 基团脱氢，以 NADP$^+$ 为受体。

反应：莽草酸＋NADP$^+$＝3-脱氢莽草酸＋NADPH

27. 乙醛酸还原酶（glyoxylate reductase）EC 1.1.1.26

分类名：glycollate：NAD$^+$ oxidoreductase

羟基乙酸：NAD$^+$ 氧化还原酶

作用：催化 CH—OH 基团脱氢，以 NAD$^+$ 为受体。

反应：羟基乙酸＋NAD$^+$＝乙醛酸＋NADH

特异性：催化乙醛酸还原成为羟基乙酸或羟基丙酮酸还原成为 D-甘油酸。

28. L-乳酸脱氢酶（lactate dehydrogenase）EC 1.1.1.27

分类名：L-lactate：NAD$^+$ oxidoreductase

L-乳酸：NAD$^+$ 氧化还原酶

别名：lactic acid dehydrogenase　乳酸脱氢酶

作用：催化 CH—OH 基团脱氢，以 NAD$^+$ 为受体。

反应：L-乳酸＋NAD$^+$＝丙酮酸＋NADH

特异性：也催化其它 L-2-羟基单羧酸脱氢，NADP$^+$ 也可作为氢受体，但反应较慢。

29. D-乳酸脱氢酶（D-lactate dehydrogenase）EC 1.1.1.28

分类名：D-lactate：NAD$^+$ oxidoreductase

D-乳酸：NAD$^+$ 氧化还原酶

别名：lactic acid dehydrogenase　乳酸脱氢酶

作用：催化 CH—OH 基团脱氢，以 NAD$^+$ 为受体。

反应：D-乳酸＋NAD$^+$＝丙酮酸＋NADH

30. 甘油酸脱氢酶（glycerate dehydrogenase）EC 1.1.1.29

分类名：D-glycerate：NAD$^+$ oxidoreductase

D-甘油酸：NAD$^+$ 氧化还原酶

作用：催化 CH—OH 脱氢，以 NAD$^+$ 为受体。

反应：D-甘油酸＋NAD$^+$＝羟丙酮酸＋NADH

31. 3-羟丁酸脱氢酶（3-hydroxybutyrate dehydrogenase）EC 1.1.1.30

分类名：D-3-hydroxybutyrate：NAD$^+$ oxidoreductase

D-3-羟丁酸：NAD$^+$ 氧化还原酶

作用：催化 CH—OH 基团脱氢，以 NAD$^+$ 为受体。

反应：D-3-羟丁酸＋NAD$^+$＝乙酰乙酸＋NADH

特异性：也催化其它 3-羟单羧酸氧化。

32. 3-羟异丁酸脱氢酶（3-hydroxyisobutyrate dehydrogenase）EC 1.1.1.31

分类名：3-hydroxyisobutyrate：NAD$^+$ oxidoreductase

3-羟异丁酸：NAD$^+$ 氧化还原酶

作用：催化 CH—OH 基团脱氢，以 NAD$^+$ 为受体。

反应：3-羟异丁酸＋NAD＝甲基丙二酸半醛＋NADH

33. 3-羟-3-甲戊醛酸还原酶（mevaldate reductase）EC 1.1.1.32

分类名：mevalonate：NAD$^+$ oxidoreductase

3-甲(基)-3,5-二羟(基)戊酸：NAD$^+$氧化还原酶

作用：催化 CH—OH 基团脱氢，以 NAD$^+$ 为受体。

反应：3-甲(基)-3,5-二羟(基)戊酸＋NAD$^+$＝3-羟-3-甲戊醛酸＋NADH

34. 3-羟-3-甲戊醛酸还原酶(NADPH) (mevaldate reductase，NADPH) EC 1.1.1.33

分类名：mevalonate：NADP$^+$ oxidoreductase

3-甲(基)-3,5-二羟(基)戊酸：NADP$^+$氧化还原酶

作用：催化 CH—OH 基团脱氢，以 NADP$^+$ 为受体。

反应：3-甲(基)-3,5-二羟(基)戊酸＋NADP$^+$＝3-羟-3-甲戊醛酸＋NADPH

35. 羟甲基戊二酰-辅酶 A 还原酶(NADPH) (hydroxymethylglutaryl-CoA reductase)(NADPH) EC 1.1.1.34

分类名：mevalonate：NADP$^+$ oxidoreductase(CoA-acylating)

甲羟戊酸：NADP$^+$氧化还原酶(CoA-酰化)

作用：催化 CH—OH 基团脱氢，以 NADP$^+$ 为受体。

反应：甲羟戊酸＋CoA＋2NADP$^+$＝3-羟-3-甲基戊二酰-CoA＋2NADPH

36. 3-羟酰-辅酶 A 脱氢酶 (3-hydroxyacyl-CoA dehydrogenase) EC 1.1.1.35

分类名：L-3-hydroxyacyl-CoA：NAD$^+$ oxidoreductase

L-3-羟酰-CoA：NAD$^+$ 氧化还原酶

别名：β-hydroxyacyl dehydrogenase　β 羟酰基脱氢酶

β-keto-reductase　β-酮(基)还原酶

作用：催化 CH—OH 基团脱氢，以 NAD$^+$ 为受体。

反应：L-3-羟酰-CoA＋NAD$^+$＝3-氧(代)酰-CoA＋NADH

特异性：也催化 S-3-羟酰基-N-酰基硫(代)乙醇胺和 S^6-3-羟酰基氢硫酸氧化，有一些酶可以用 NADP$^+$ 做氢受体，但反应慢。

37. 乙酰-辅酶 A 还原酶 (acetoacetyl-CoA reductase) EC 1.1.1.36

分类名：D-3-hydroxyacyl-CoA：NADP$^+$ oxidoreductase

D-3-羟酰 CoA：NADP$^+$ 氧化还原酶

作用：催化 CH—OH 基氧化，以 NADP$^+$ 为氢受体。

反应：D-3-羟酰 CoA＋NADP$^+$＝3-氧酰 CoA＋NADPH

38. 苹果酸脱氢酶 (malate dehydrogenase) EC 1.1.1.37

分类名：L-malate：NAD$^+$ oxidoreductase

L-苹果酸：NAD$^+$ 氧化还原酶

作用：催化 CH—OH 基团脱氢，以 NAD$^+$ 为受体。

反应：L-苹果酸＋NAD$^+$＝草酰乙酸＋NADH

特异性：也作用于一些 2-羟二羧酸。

39. 苹果酸脱氢酶(草酰乙酸脱羧) [malate dehydrogenase(oxaloacetate-decarboxylating)] EC 1.1.1.38

分类名：L-malate：NAD$^+$　oxidoreductase(oxaloacetate-decarboxylating)

L-苹果酸：NAD$^+$ 氧化还原酶(草酰乙酸脱羧)

别名："malic" enzyme　"苹果酸"酶

pyruvic-malic carboxylase　丙酮酸-苹果酸羧化酶

作用：催化 CH—OH 基团脱氢，以 NAD^+ 为受体。

反应：L-苹果酸＋NAD^+＝丙酮酸＋CO_2＋NADH

40. 苹果酸脱氢酶(脱羧)〔malate dehydrogenase(decarboxylating)〕EC 1. 1. 1. 39

分类名：L-malate：NAD^+ oxidoreductase (decarboxylating)

　　　　L-苹果酸：NAD^+ 氧化还原酶(脱羧)

别名："malic" enzyme　"苹果酸"酶

　　　pyruvic-malic carboxylase　丙酮酸-苹果酸羧化酶

作用：催化 CH—OH 基团脱氢，以 NAD^+ 为受体。

反应：L-苹果酸＋NAD^+＝丙酮酸＋CO_2＋NADH

41. 苹果酸脱氢酶(草酰乙酸脱羧)($NADP^+$)(malate dehydrogenasc(oxaloacetate decar-boxylating)($NADP^+$)　EC 1. 1. 1. 40

分类名：L-malate：$NADP^+$ oxidoreductase (oxaloacetate-decarboxylating)

　　　　L-苹果酸：$NADP^+$ 氧化还原酶 (草酰乙酸脱羧)

别名："malic" enzyme　"苹果酸"酶

　　　pyruvic-malic carboxylase　丙酮酸-苹果酸羧化酶

作用：催化 CH—OH 基团脱氢，以 $NADP^+$ 为受体。

反应：L-苹果酸＋$NADP^+$＝丙酮酸＋CO_2＋NADPH

42. 异柠檬酸脱氢酶 (isocitrate dehydrogenase(NAD^+)) EC 1. 1. 1. 41

分类名：*threo-ds*-isocitrate：NAD^+ oxidoreductase(decarboxylating)

　　　　threo-ds-异柠檬酸：NAD^+ 氧化还原酶(脱羧)

别名：isocitric dehydrogenase　异柠檬酸脱氢酶

　　　β-ketoglutaric carboxylase　β-酮戊二酸-异柠檬酸羧化酶

作用：催化 CH—OH 基团脱氢，以 NAD^+ 为受体。

反应：*threo-ds*-异柠檬酸＋NAD^+＝2-酮戊二酸＋CO_2＋NADH

43. 异柠檬酸脱氢酶 ($NADP^+$) (isocitrate dehydrogenase $NADP^+$) EC 1. 1. 1. 42

分类名：*threo-d*s-isocitrate：$NADP^+$ oxidoreductase(decarboxylating)

　　　　threo-ds-异柠檬酸：$NADP^+$ 氧化还原酶(脱羧)

作用：催化 CH—OH 基团脱氢，以 $NADP^+$ 为受体。

反应：*threo-ds*-异柠檬酸＋$NADP^+$＝2-酮戊二酸＋CO_2＋NAD(P)H

44. 磷酸葡糖酸脱氢酶 (phosphogluconate dehydrogenase) EC 1. 1. 1. 43

分类名：6-phospho-D-gluconate：$NAD(P)^+$ 2-oxidoreductase

　　　　6-磷酸-D-葡糖酸：$NAD(P)^+$ 2-氧化还原酶

别名：6-phosphogluconic dehydrogenase　6-磷酸葡糖脱氢酶

作用：催化 CH—OH 基团脱氢，以 $NAD(P)^+$ 为受体。

反应：6-磷酸-D-葡糖酸＋$NAD(P)^+$＝6-磷酸-2-酮-D-葡糖酸＋NAD(P)H

45. 磷酸葡糖酸脱氢酶(脱羧) (phosphogluconate dehydrogenase(decarboxylating))
EC 1. 1. 1. 44

分类名：6-phospho-D-gluconate：$NADP^+$ 2-oxidoreductase(decarboxylating)

6-磷酸-D-葡糖酸：$NADP^+$ 2-氧化还原酶(脱羧)

别名：phosphogluconic acid dehydrogenase　磷酸葡糖酸脱氢酶

　　　　6-phosphogluconic dehydrogenase　6-磷酸葡糖酸脱氢酶

　　　　6-phosphogluconic carboxylase　6-磷酸葡糖酸羧化酶

作用：催化 CH—OH 基团脱氢，以 $NADP^+$ 为受体。

反应：6-磷酸-D-葡糖酸＋$NADP^+$＝D-核酮糖-5-磷酸＋CO_2＋NADPH

特异性：有些酶制剂也可以 NAD^+ 为氢受体。

46. L-古洛糖酸脱氢酶 (L-gulonate dehydrogenase) EC 1. 1. 1. 45

分类名：L-gulonate：NAD^+ 3-oxidoreductase

　　　　L-古洛糖酸：NAD^+ 3-氧化还原酶

别名：L-3-aldonate dehydrogenase　L-3-醛糖酸脱氢酶

作用：催化 CH—OH 基团脱氢，以 NAD^+ 为受体。

反应：L-古洛糖酸＋NAD^+＝3-酮-L-古洛糖酸＋NADH

特异性：也催化其它的 L-3-羟基酸脱氢氧化。

47. L-阿拉伯糖脱氢酶 (L-arabinose dehydrogenase) EC 1. 1. 1. 46

分类名：L-arabinose：NAD^+ 1-oxidoreductase

　　　　L-阿拉伯糖：NAD^+ 1-氧化还原酶

作用：催化 L-阿拉伯糖氧化，作用于 CH—OH 基团，以 NAD^+ 为受体。

反应：L-阿拉伯糖＋NAD^+＝L-阿拉伯糖酸-γ-内酯＋NADH

48. 葡萄糖脱氢酶 (glucose dehydrogenase) EC 1. 1. 1. 47

分类名：β-D-glucose：$NAD(P)^+$ 1-oxidoreductase

　　　　β-D-葡萄糖：$NAD(P)^+$ 1-氧化还原酶

作用：催化 CH—OH 基团脱氢氧化，以 $NAD(P)^+$ 为受体。

反应：β-D-葡萄糖＋$NAD(P)^+$＝D-葡糖酸-δ-内酯＋NAD(P)H

特异性：也催化 D-木糖氧化。

49. 半乳糖脱氢酶 (galactose dehydrogenase) EC 1. 1. 1. 48

分类名：D-galactose：NAD^+ 1-oxidoreductase

　　　　D-半乳糖：NAD^+ 1-氧化还原酶

作用：催化 D-半乳糖脱氢，作用于 CH—OH 基团，以 NAD^+ 为受体。

反应：D-半乳糖＋NAD^+＝D-半乳糖酸-γ-内酯＋NADH

50. 葡萄糖-6-磷酸脱氢酶 (glucose-6-phosphate dehydrogenase) EC 1. 1. 1. 49

分类名：D-glucose-6-phosphate：$NADP^+$ 1-oxidoreductase

　　　　D-葡萄糖-6-磷酸：$NADP^+$ 1-氧化还原酶

别名：zwischenferment　间酶

　　　　Robison ester dehydrogenase　鲁比森酯脱氢酶

作用：催化 CH—OH 基团脱氢，以 $NADP^+$ 为受体。

反应：D-葡萄糖-6-磷酸＋$NADP^+$＝D-葡糖酸-δ-内酯-6-磷酸＋NADPH

特异性：也催化 β-D-葡萄糖和其它糖类氧化，但反应慢。有些酶制品也能以 NAD^+ 为受体。

51. 3α-羟甾类脱氢酶（3α-hydroxysteroid dehydrogenase）EC 1.1.1.50

分类名：3α-hydroxysteroid：NAD(P)$^+$oxidoreductase

3α-羟甾类：NAD(P)$^+$氧化还原酶

作用：催化 CH—OH 基团脱氢，以 NAD(P)$^+$为受体。

反应：雄（甾）酮＋NAD(P)$^+$＝5α-雄（甾）烷-3,17-二酮＋NAD(P)H

特异性：也作用于其它 3α-羟甾类。

52. β-羟甾类脱氢酶（β-hydroxysteroid dehydrogenase）EC 1.1.1.51

分类名：3（or 17）β-hydroxysteroid：NAD(P)$^+$ oxidoreductase

3（或 17）β-羟甾类：NAD(P)$^+$氧化还原酶

作用：催化 CH—OH 基团脱氢，以 NAD(P)$^+$为受体。

反应：罩（甾）酮＋NAD(P)$^+$＝4-雄（甾）烯-3,17-二酮＋NAD(P)H

特异性：也作用于其它 3β-或 17β-羟甾类。

53. 3-α-羟胆（甾）烷酸脱氢酶（3-α-hydroxycholanate dehydrogenase）EC 1.1.1.52

分类名：3-α-hydroxy-5β-cholanate：NAD$^+$ oxidoreductase

3-α-羟-5β-胆（甾）烷酸：NAD$^+$氧化还原酶

作用：催化 CH—OH 基团脱氢，以 NAD$^+$为受体。

反应：3-α-羟-5β-胆（甾）烷酸＋NAD$^+$＝3-氧（代）-5β-胆（甾）烷酸＋NADH

特异性：也作用于其它具有酸性侧链的 3α-羟甾类化合物。

54. 20β-羟甾类脱氢酶（20β-hydroxysteroid dehydrogenase）EC 1.1.1.53

分类名：17,20β,21-trihydroxysteroid：NAD$^+$ oxidoreductase

17,20β,21-三羟甾类：NAD$^+$氧化还原酶

别名：corisone reductase　可的松还原酶

作用：催化 CH—OH 基团脱氢，以 NAD$^+$为受体。

反应：17,20β,21-三羟孕（甾）-4-烯-3,11-二酮＋NAD$^+$＝可的松＋NADH

特异性：也作用于其它 17,20,21-三羟甾类。

55. 烯丙(基)醇脱氢酶（allyl-alcohol dehydrogenase）EC 1.1.1.54

分类名：allyl-alcohol：NADP$^+$ oxidoreductase

烯丙(基)-醇：NADP$^+$氧化还原酶

作用：催化烯丙(基)醇脱氢，作用于 CH—OH 基团，以 NADP$^+$为受体。

反应：烯丙(基)醇＋NADP$^+$＝丙烯醛＋NADPH

特异性：也作用于饱和伯醇。

56. 乳醛还原酶（NADPH）（lactaldehyde reductase（NADPH））EC 1.1.1.55

分类名：1,2-propanediol：NADP$^+$ oxidoreductase

1,2-丙二醇：NADP$^+$氧化还原酶

作用：催化 CH—OH 基团脱氢，以 NADP$^+$为受体。

反应：1,2-丙二醇＋NADP$^+$＝L-乳醛＋NADPH

57. 核糖醇脱氢酶（ribitol dehydrogenase）EC 1.1.1.56

分类名：ribitol：NAD$^+$ 2-oxidoreductase

核糖醇：NAD$^+$ 2-氧化还原酶

作用：催化 CH—OH 基团脱氢，以 NAD^+ 为受体。

反应：核糖醇＋NAD^+＝D-核酮糖＋NADH

58. 果糖醛酸还原酶（fructuronate reductase）EC 1. 1. 1. 57

分类名：D-mannonate：NAD^+ 5-oxidoreductase

D-甘露糖酸：NAD^+ 5-氧化还原酶

作用：催化 CH—OH 基团脱氢，以 NAD^+ 为受体。

反应：D-甘露糖酸＋NAD^+＝D-果糖醛酸＋NADH

特异性：也催化 D-塔格糖醛酸还原。

59. 塔格糖酮酸还原酶（tagaturonate reductase）EC 1. 1. 1. 58

分类名：D-altronate：NAD^+ 3-oxidoreductase

D-阿卓糖酸：NAD^+ 3-氧化还原酶

作用：催化 CH—OH 基团脱氢，以 NAD^+ 为受体。

反应：D-阿卓糖酸＋NAD^+＝塔格糖酮酸＋NADH

60. 3-羟丙酸脱氢酶（3-hydroxypropionate dehydrogenase）EC 1. 1. 1. 59

分类名：3-hydroxypropionate：NAD^+ oxidroreductase

3-羟丙酸：NAD^+ 氧化还原酶

作用：催化 CH—OH 基团脱氢，以 NAD^+ 为受体。

反应：3-羟丙酸＋NAD^+＝丙二酸半醛＋NADH

61. 羟基丙二酸-半醛还原酶（tartronate-semialdehyde reductase）EC 1. 1. 1. 60

分类名：D-glycerate：$NAD(P)^+$ oxidoreductase

D-甘油酸：$NAD(P)^+$ 氧化还原酶

作用：催化 CH—OH 基团脱氢，以 $NAD(P)^+$ 为受体。

反应：D-甘油酸＋$NAD(P)^+$＝羟基丙二酸半醛＋NAD(P)H

62. 4-羟丁酸脱氢酶（4-hydroxybutyrate dehydrogenase）EC 1. 1. 1. 61

分类名：4-hydroxybutyrate：NAD^+ oxidoreductase

4-羟丁酸：NAD^+ 氧化还原酶

作用：催化 CH—OH 基团脱氢，以 NAD^+ 为受体。

反应：4-羟丁酸＋NAD^+＝琥珀酸半醛＋NADH

63. 雌（甾）二醇-17β-脱氢酶（oestradiol 17β-dehydrogenase）EC 1. 1. 1. 62

分类名：oestradio1-17β：NAD^+ 17-oxidoreductase

雌（甾）二醇-17β：NAD^+ 17-氧化还原酶

作用：催化 CH—OH 基团脱氢，以 NAD^+ 为受体。

反应：雌（甾）二醇-17β＋NAD^+＝雌（甾）酮＋NADH

64. 睾（甾）酮 17β-脱氢酶（testosterone 17β-dehydrogenase）EC 1. 1. 1. 63

分类名：17β-hydroxysteroid：NAD^+ 17-oxidoreductase

17β-羟类固醇：NAD^+ 17-氧化还原酶

作用：催化 CH—OH 基团脱氢，以 NAD^+ 为受体。

反应：睾（甾）酮＋NAD^+＝4-雄（甾）烯-3,17-二酮＋NADH

65. 睾(甾)酮 17β-脱氢酶(NADP⁺) (testosterone 17β-dehydrogenase(NADP⁺))
EC 1. 1. 1. 64

分类名：17β-hydroxysteroid：$NADP^+$ 17-oxidoreductase
17β-羟类固醇：$NADP^+$ 17-氧化还原酶

作用：催化 CH—OH 基团脱氢，以 $NADP^+$ 为受体。

反应：睾(甾)酮＋$NADP^+$＝4-雄(甾)烯-3,17-二酮＋NADPH

66. 吡哆醇 4-脱氢酶 (pyridoxine 4-dehydrogenase) EC 1. 1. 1. 65

分类名：pyridoxine：$NADP^+$ 4′-oxidoreductase
吡哆醇：$NADP^+$ 4′-氧化还原酶

别名：pyridoxine dehydrogenase　吡哆醇脱氢酶

作用：催化 CH—OH 基团脱氢，以 $NADP^+$ 为受体。

反应：吡哆醇＋$NADP^+$＝吡哆醛＋NADPH

特异性：也催化磷酸吡哆醇氧化。

67. ω-羟葵酸脱氢酶 (ω-hydroxydecanoate dehydrogenase) EC 1. 1. 1. 66

分类名：10-hydroxydecanoate：NAD^+ oxidoreductase
10-羟葵酸：NAD^+ 氧化还原酶

作用：催化 CH—OH 基团脱氢，以 NAD^+ 为受体。

反应：10-羟葵酸＋NAD^+＝10-氧(代)葵酸＋NADH

特异性：也催化 9-羟壬酸和 11-羟十一酸氧化，但反应较慢。

68. 甘露(糖)醇脱氢酶 (mannitol dehydrogenase) EC 1. 1. 1 . 67

分类名：D-mannitol：NAD^+ 2-oxidoreductase
D-甘露(糖)醇：NAD^+ 2-氧化还原酶

作用：催化 CH—OH 基团脱氢。

反应：D-甘露(糖)醇＋NAD^+＝D-果糖＋NADH

69. 葡糖酸 5-脱氢酶 (gluconate 5-dehydrogenase) EC 1. 1. 1. 69

分类名：D-gluconate：$NAD(P)^+$ 5-oxidoreductase
D-葡糖酸：$NAD(P)^+$ 5-氧化还原酶

别名：5-keto-D-gluconate　5-酮-D-葡糖酸

5-reductase　5-还原酶

作用：催化 D-葡糖酸脱氢，以 $NAD(P)^+$ 为受体。

反应：D-葡糖酸＋$NAD(P)^+$＝5-酮-D-葡糖酸＋NAD(P)H

70. 醇脱氢酶(NAD(P)⁺) (alcohol dehydrogenase(NAD(P)⁺)) EC 1. 1. 1. 71

分类名：alcohol：$NAD(P)^+$ oxidoreductase
醇：$NAD(P)^+$ 氧化还原酶

别名：retinal reductase　视黄醛还原酶

作用：催化醇脱氢，作用于 CH—OH 基团，以 $NAD(P)^+$ 为受体。

反应：醇＋$NAD(P)^+$＝醛＋NAD(P)H

特异性：催化碳链长 2～14 的脂肪族醛还原，对 C_4、C_6 和 C_8 醛的催化活性最高。也作用于视黄醛和视黄醇。

71. 甘油脱氢酶(NADP⁺)(glycerol dehydrogenase)(NADP⁺) EC 1.1.1.72

分类名：glycerol：NADP⁺ oxidoreductase

甘油：NADP⁺ 氧化还原酶

作用：催化 CH—OH 基团脱氢，以 NADP⁺ 为受体。

反应：甘油＋NADP⁺＝D-甘油醛＋NADPH

72. 辛醇脱氢酶 (octanol dehydrogenase) EC 1.1.1.73

分类名：octanol：NAD⁺ oxidoreductase

辛醇：NAD⁺ 氧化还原酶

作用：催化 CH—OH 脱氢，以 NAD⁺ 为受体。

反应：1-辛醇＋NAD⁺＝1-辛醛＋NADH

特异性：也作用于其它长链醇，但较辛醇反应慢。

73. 氨丙醇脱氢酶 (L-aminopropanol dehydrogenase) EC 1.1.1.75

分类名：L-1-氨基-2-丙醇：NAD⁺ 氧化还原酶

L-1-aminopropan-2-ol：NAD⁺ oxidoreductase

作用：催化 CH—OH 基团脱氢，以 NAD⁺ 为受体。

反应：L-1-氨基-2-丙醇＋NAD⁺＝氨基乙酰酮＋NADH＋H⁺

74. L-(＋)-丁二醇脱氢酶 (L-(＋)-butanediol dehydrogenase) EC 1.1.1.76

分类名：L-(＋)-2,3-butanediol：NAD⁺oxidoreductase

L-(＋)-2,3-丁二醇：NAD⁺ 氧化还原酶

作用：催化 L-(＋)-2,3-丁二醇氧化，作用于 CH—OH 基团，以 NAD⁺ 为受体。

反应：L-(＋)-2,3-丁二醇＋NAD⁺＝3-羟基丁酮＋NADH

75. 乳醛还原酶 (lactaldehyde reductase) EC 1.1.1.77

分类名：D(or L)-1,2-propanediol：NAD⁺ oxidoreductase

D(或 L)-1,2-丙二醇：NAD⁺氧化还原酶

作用：催化 CH—OH 基团脱氢，以 NAD⁺ 为受体。

反应：D(或 L)-1,2-丙二醇＋NAD⁺＝D(或 L)-乳醛＋NADH

76. D-乳醛脱氢酶 (D-lactaldehyde dehydrogenase) EC 1.1.1.78

分类名：D-lactaldehyde：NAD⁺ oxidoreductase

D-乳醛：NAD⁺ 氧化还原酶

作用：催化 CH—OH 基团脱氢，以 NAD⁺ 为受体。

反应：D-乳醛＋NAD⁺＝甲基乙二醛＋NADH

77. 乙醛酸还原酶(NADP⁺)(glyoxylate reductase(NADP⁺)) EC 1.1.1.79

分类名：glycollate：NADP⁺ oxidoreductase

羟基乙酸：NADP⁺氧化还原酶

作用：催化 CH—OH 基团脱氢，以 NADP⁺ 为受体。

反应：羟基乙酸＋NADP⁺＝乙醛酸＋NADPH

特异性：也催化羟基丙酮酸还原成甘油酸；NAD⁺能起一些受体作用。

78. 异丙醇脱氢酶(NADP⁺)(isopropanol dehydrogenase(NADP⁺)) EC 1.1.1.80

分类名：2-propanol：NADP⁺ oxidoreductase

2-丙醇：NADP$^+$氧化还原酶

作用：催化 CH—OH 基团脱氢，以 NADP$^+$ 为受体。

反应：2-丙醇＋NADP$^+$＝丙酮＋NADPH

特异性：也作用于其它短链仲醇和伯醇，对伯醇的反应较慢。

79. 羟丙酮酸还原酶（hydroxypyruvate reductase）EC 1.1.1.81

分类名：D-glycerate：NAD(P)$^+$ 2-oxidoreductase

D-甘油酸：NAD(P)$^+$ 2-氧化还原酶

作用：催化 CH—OH 基团脱氢，以 NAD(P)$^+$ 为受体。

反应：D-甘油酸＋NAD(P)$^+$＝羟丙酮酸＋NAD(P)H

80. 苹果酸脱氢酶(NADP$^+$)（malate dehydrogenase(NADP$^+$)）EC 1.1.1.82

分类名：L-malate：NADP$^+$ oxidoreductase

L-苹果酸：NADP$^+$氧化还原酶

作用：催化 CH—OH 基团脱氢，以 NADP$^+$ 为受体。

反应：L-苹果酸＋NADP$^+$＝草酰乙酸＋NADPH

注：光可以激活酶。

81. D-苹果酸脱氢酶(脱羧)（D-malate dehydrogenase(decarboxylating)）EC 1.1.1.83

分类名：D-malate：NAD$^+$ oxidoreductase（decarboxylating）

D-苹果酸：NAD$^+$氧化还原酶(脱羧)

作用：催化 CH—OH 基团脱氢，以 NAD$^+$ 为受体。

反应：D-苹果酸＋NAD$^+$＝丙酮酸＋CO$_2$＋NADH

82. 二甲(基)苹果酸脱氢酶（dimethylmalate dehydrogenase）EC 1.1.1.84

分类名：3,3-dimethyl-D-malate：NAD$^+$ oxidoreductase(decarboxylating)

3,3-二甲(基)-D-苹果酸：NAD$^+$氧化还原酶(脱羧)

作用：催化 CH—OH 基团脱氢，以 NAD$^+$ 为受体。

反应：3,3-二甲(基)-D-苹果酸＋NAD$^+$＝2-氧(代)异戊酸＋CO$_2$＋NADH

特异性：也作用于 D-苹果酸。

注：需要 K$^+$ 或 NH$_4^+$ 和 Mn^{2+} 或 Co^{2+} 存在。

83. 3-异丙基苹果酸脱氢酶（3-isopropylmalate dehydrogenase）EC 1.1.1.85

分类名：2-hydroxy-4-methyl-3-carboxyvalerate：NAD$^+$ oxidoreductase

2-羟-4-甲基-3-羧基戊酸：NAD$^+$氧化还原酶

作用：催化 CH—OH 基团脱氢，以 NAD$^+$ 为受体。

反应：2-羟-4-甲基-3-羧基戊酸＋NAD$^+$＝2-氧(代)-4-甲基-3-羧基戊酸＋NADH

注：反应产物脱羧成为 2-氧(代)-4-甲基戊酸。

84. 酮酸还原异构酶（ketol-acid reductoisomerase）EC 1.1.1.86

分类名：2,3-dihydroxy isovalerate：NADP$^+$ oxidoreductase(isomerizing)

2,3-二羟异戊酸：NADP$^+$氧化还原酶(异构化)

别名：dihydroxyisovalerate dehydrogenase(isomerizing)

二羟异戊酸脱氢酶(异构化)

acetohydroxy acid isomeroreductase　乙酰羟酸异构还原酶

作用：催化 CH—OH 基团脱氢，以 $NADP^+$ 为受体。

反应：2,3-二羟异戊酸＋$NADP^+$＝＝2-乙酰乳酸＋NADPH

特异性：也催化 2-乙酰-2-羟丁酸还原成为 2,3-二羟-3-甲基戊酸。

85. 2-羟-3-羧基己二酸脱氢酶 (2-hydroxy-3-carboxyadipate dehydrogenase) EC 1.1.1.87

分类名：2-hydroxy-3-carboxyadipate：NAD^+ oxidoreductase (decarboxylating)

　　2-羟-3-羧基己二酸：NAD^+ 氧化还原酶(脱羧)

作用：催化 CH—OH 基团脱氢，以 NAD^+ 为受体。

反应：2-羟-3-羧基己二酸＋NAD^+＝＝2-氧(代)己二酸＋CO_2＋NADH

86. 羟甲基戊二酰-辅酶 A 还原酶 (hydroxymethylglutaryl-CoA reductase) EC 1.1.1.88

分类名：mevaionate：NAD^+ oxidoreductase(CoA-acylating)

　　甲羟戊酸：NAD^+ 氧化还原酶(CoA-酰化)

作用：催化 CH—OH 基团脱氢，以 $NADP^+$ 为受体。

反应：甲羟戊酸＋CoA＋$2NAD^+$＝＝3-羟-3-甲基戊二酰-CoA＋2NADPH

87. 芳(香)基-醇脱氢酶 (aryl-alcohol dehydrogenase) EC 1.1.1.90

分类名：aryl-alcohol：NAD^+ oxidoreductase

　　芳(香)基-醇：NAD^+ 氧化还原酶

作用：催化芳族醇氧化；作用于 CH—OH 基团，以 NAD^+ 为受体。

反应：芳族醇＋NAD^+＝＝芳族醛＋NADH

特异性：作用于具有芳族或环己-1-烯环的伯醇，不作用于短链脂(肪)族醇。

88. 芳(香)基-醇脱氢酶($NADP^+$) (aryl-alcohol dehydrogenase($NADP^+$)) EC 1.1.1.91

分类名：aryl-alcohol：$NADP^+$ oxidoreductase

　　芳(香)基-醇：$NADP^+$ 氧化还原酶

作用：催化芳族醇氧化；作用于 CH—OH 基团，以 $NADP^+$ 为受体。

反应：芳族醇＋$NADP^+$＝＝芳族醛＋NADPH

特异性：也作用于某些脂(肪)族醛，对肉桂醛的氧化作用最大。

89. 草酰羟基乙酸还原酶(脱羧) (oxaloglycollate reductase(decarboxylating)) EC 1.1.1.92

分类名：D-glycerate：$NAD(P)^+$ oxidoreductase(carboxylating)

　　D-甘油酸：$NAD(P)^+$ 氧化还原酶(羧化)

作用：催化 CH—OH 基团脱氢，以 $NAD(P)^+$ 为受体。

反应：D-甘油酸＋$NAD(P)^+$＋CO_2＝＝草酰羟基乙酸＋NAD(P)H

特异性：也催化羟基丙酮酸和乙醛酸还原，依次生成 D-甘油酸和羟基乙酸。

90. 酒石酸脱氢酶 (tartrate dehydrogenase) EC 1.1.1.93

分类名：tartrate：NAD^+ oxidoreductase

　　酒石酸：NAD^+ 氧化还原酶

作用：催化 CH—OH 基团脱氢，以 NAD^+ 为受体。

反应：酒石酸＋NAD^+＝＝草酰羟基乙酸＋NADH

特异性：meso-酒石酸和 L-酒石酸为反应底物；需要 Mn^{2+} 和单价阳离子参与反应。

91. *sn*-甘油-3-磷酸脱氢酶(NAD(P)$^+$) (*sn*-glycerol-3-phosphate dehydrogenase(NAD(P)$^+$))
EC 1. 1. 1. 94

分类名：*sn*-glycerol-3-phosphate：NAD(P)$^+$ 2-oxidoreductase

sn-甘油-3-磷酸：NAD(P)$^+$ 2-氧化还原酶

作用：催化 CH—OH 基团脱氢，以 NAD(P)$^+$ 为受体

反应：甘油-3-磷酸＋NAD(P)$^+$═磷酸二羟丙酮＋NAD(P)H

92. 磷酸甘油酸脱氢酶 (phosphoglycerate dehydrogenase) EC 1. 1. 1. 95

分类名：3-phosphoglycerate：NAD$^+$ 2-oxidoreductase

3-磷酸甘油酸：NAD$^+$ 2-氧化还原酶

作用：催化 CH—OH 基团脱氢，以 NAD$^+$ 为受体。

反应：3-磷酸甘油酸＋NAD$^+$═3-磷酸羟基丙酮酸＋NADH

93. 二碘苯丙酮酸还原酶 (diiodophenylpyruvate reductase) EC 1. 1. 1. 96

分类名：β-(3,5-diiodo-4-hydroxyphenyl)-ladate：NAD$^+$ oxidoreductase

β-(3,5-二碘-4-羟(基)苯)乳酸：NAD$^+$ 氧化还原酶

作用：催化 CH—OH 基团脱氢，以 NAD$^+$ 为受体。

反应：β-(3,5-二碘-4-羟(基)苯)乳酸＋NAD$^+$═β-(3,5-二碘-4-羟(基)苯)丙酮酶＋NADH

特异性：催化带有丙酮酸侧链的含芳(族)环的化合物脱氢；对卤化衍生物的作用最强，对 3-或 5-位上带有羟基或氨基的化合物则无催化活性。

94. 3-羟苄基醇脱氢醇 (3-hydroxybenzyl-alcohol dehydrogenase) EC 1. 1. 1. 97

分类名：3-hydroxybenzyl-alcohol：NADP$^+$ oxidoreductase

3-羟苄基醇：NADP$^+$ 氧化还原酶

作用：催化 CH—OH 基团脱氢，以 NADP$^+$ 为受体。

反应：3-羟苄基醇＋NADP$^+$═3-羟苯甲醛＋NADPH

95. D-2-羟-脂肪酸脱氢酶 (D-2-hydroxy-fatty-acid dehydrogenase) EC 1. 1. 1. 98

分类名：D-2-hydroxystearate：NAD$^+$ oxidoreductase

D-2-羟硬脂酸：NAD$^+$ 氧化还原酶

作用：催化 CH—OH 基团脱氢；以 NAD$^+$ 为受体。

反应：D-2-羟硬脂酸＋NAD$^+$═其氧(代)硬脂酸＋NADH

96. L-2-羟-脂肪酸脱氢酶 (L-2-hydroxy-fatty-acid dehydrogenase) EC 1. 1. 1. 99

分类名：L-2-hydroxystearate：NAD$^+$ oxidoreductase

L-2-羟硬脂酸：NAD$^+$ 氧化还原酶

作用：催化 CH—OH 基团脱氢，以 NAD$^+$ 为受体。

反应：L-2-羟硬脂酸＋NAD$^+$═2-氧(代)硬脂酸＋NADH

97. 3-氧(代)酰基(酰基载体蛋白)还原酶 (3-oxoacyl-[acyl-carrier-protein]reductase)
EC 1. 1. 1. 100

分类名：D-3-hydroxyacyl-[acyl-carrier-protein]：NADP$^+$ oxidoreductase

D-3-羟酰基(酰基载体蛋白)：NADP$^+$ 氧化还原酶

作用：催化 CH—OH 基团脱氢。

反应：D-3-羟酰基(酰基载体蛋白)＋NADP$^+$═3-氧(代)酰基(酰基载体蛋白)＋NADPH

98. 棕榈酰二羟丙酮-磷酸还原酶 （palmitoyldihydroxyacetone-phosphate reductase）EC 1.1.1.101

分类名：1-palmitoylglycerol-3-phosphate：$NADP^+$ oxidoreductase

1-棕榈酰甘油-3-磷酸：$NADP^+$ 氧化还原酶

作用：催化 CH—OH 基团脱氢，以 $NADP^+$ 为受体。

反应：1-棕榈酰甘油-3-磷酸+$NADP^+$＝棕榈酰磷酸二羟丙酮+NADPH

特异性：也可作用于 3-磷酸烷基甘油。

99. 3-脱氢（神经）鞘氨醇还原酶 （3-dehydrosphinganine reductase）EC 1.1.1.102

分类名：D-*erythro*-dehydrosphinganine：$NADP^+$ 3-oxidoreductase

D-*erythro*-二氢（神经）鞘氨醇：$NADP^+$ 3-氧化还原酶

作用：催化醇基脱氢，以 $NADP^+$ 为受体。

反应：（神经）鞘氨醇+$NADP^+$＝3-脱氢（神经）鞘氨醇+NADPH

100. L-苏氨酸-3-脱氢酶 （L-threonine 3-dehydrogenase）EC 1.1.1.103

分类名：L-threonine：NAD^+ oxidoreductase

L-苏氨酸：NAD^+ 氧化还原酶

作用：催化 CH—OH 基团脱氢，以 NAD^+ 为受体。

反应：L-苏氨酸+NAD^+＝L-2-氨基-3-氧（代）丁酸+NADH

注：产物自发地脱羧形成氨基丙酮。

101. 4-氧（代）脯氨酸还原酶 （4-oxoproline reductase）EC 1.1.1.104

分类名：4-hydroxy-L-proline：NAD^+ oxidoreductase

4-羟-L-脯氨酸：NAD^+ 氧化还原酶

作用：催化 CH—OH 基团脱氢，以 NAD^+ 为受体。

反应：4-羟-L-脯氨酸+NAD^+＝4-氧（代）脯氨酸+NADH

102. 视黄醇脱氢酶 （retinol dehydrogenase）EC 1.1.1.105

分类名：retinol：NAD^+ oxidoreductase

视黄醇：NAD^+ 氧化还原酶

作用：催化 CH—OH 基团脱氢。

反应：视黄醇+NAD^+＝视黄醛+NADH

103. 泛解酸脱氢酶 （pantoate dehydrogenase）EC 1.1.1.106

分类名：D-pantoate：NAD^+ 4-oxidoreductase

D-泛解酸：NAD^+ 4-氧化还原酶

作用：催化 CH—OH 基团脱氢，以 NAD^+ 为受体。

反应：D-泛解酸+NAD^+＝D-2-羟-3,3-二甲基-3-甲酰（基）丙酸+NADH

104. 吡哆醛脱氢酶 （pyridoxal dehydrogenase）EC 1.1.1.107

分类名：pyridoxal：NAD^+ oxidoreductase

吡哆醛：NAD^+ 氧化还原酶

作用：催化 CH—OH 基团脱氢，以 NAD^+ 为受体。

反应：吡哆醛+NAD^+＝4-吡哆酸内酯+NADH

105. 肉碱脱氢酶 （carnitine dehydrogenase）EC 1.1.1.108

分类名：carnitine：NAD^+ oxidoreductase

肉碱：NAD^+ 氧化还原酶

作用：催化肉碱氧化，以 NAD^+ 为氢受体。

反应：肉碱$+NAD^+$＝3-脱氢肉碱$+NADH$

106. 吲哚乳酸脱氢酶（indolelactate dehydrogenase）EC 1. 1. 1. 110

分类名：indolelactate：NAD^+ oxidoreductase

吲哚乳酸：NAD^+ 氧化还原酶

作用：催化 CH—OH 基团脱氢，以 NAD^+ 为受体。

反应：吲哚乳酸$+NAD^+$＝吲哚丙酮酸$+NADH$

107. 咪唑基 5-乳酸脱氢酶（imidazol-5-yl-lactate dehydrogenase）EC 1. 1. 1. 111

分类名：imidazol-5-yl-lacate：$NAD(P)^+$ oxidoreductase

咪唑基-5-乳酸：$NAD(P)^+$ 氧化还原酶

作用：催化 CH—OH 基团脱氢，以 $NAD(P)^+$ 为受体。

反应：咪唑基-5-乳酸$+NAD(P)^+$＝咪唑基-5-丙酮酸$+NAD(P)H$

108. 茚满醇脱氢酶（indanol dehydrogenase）EC 1. 1. 1. 112

分类名：1-indanol：$NAD(P)^+$ oxidoreductase

1-茚满醇：$NAD(P)^+$ 氧化还原酶

作用：催化 CH—OH 基团脱氢，以 $NAD(P)^+$ 为受体。

反应：1-茚满醇$+NAD(P)^+$＝茚满酮$+NAD(P)H$

109. L-木糖脱氢酶（L-xylose dehydrogenase）EC 1. 1. 1. 113

分类名：L-xylose：$NADP^+$ 1-oxidoreductase

L-木糖：$NADP^+$ 1-氧化还原酶

作用：催化 CH—OH 基团脱氢，以 $NADP^+$ 为受体。

反应：L-木糖$+NADP^+$＝L-木糖酸-γ-内酯$+NADPH$

特异性：也催化 D-阿拉伯糖和 D-木糖氧化。

110. 芹菜糖还原酶（D-apiose reductase）EC 1. 1. 1. 114

分类名：D-apiitol：NAD^+ 1-oxidoreductase

D-芹菜糖醇：NAD^+ 1-氧化还原酶

作用：催化芹菜糖醇氧化，作用于 CH—OH 基团，以 NAD^+ 为受体。

反应：D-芹菜糖醇$+NAD^+$＝D-芹菜糖$+NADH$

111. D-核糖脱氢酶（$NADP^+$）（D-ribose dehydrogenase（$NADP^+$））EC 1. 1. 1. 115

分类名：D-ribose：$NADP^+$ 1-oxidoreductase

D-核糖：$NADP^+$ 1-氧化还原酶

作用：催化 CH—OH 基团脱氢，以 $NADP^+$ 为受体。

反应：D-核糖$+NADP^++H_2O$＝D-核糖酸$+NADPH$

特异性：也作用于 D-木糖和其它戊糖，但反应较慢。

112. D-阿拉伯糖脱氢酶（D-arabinose dehydrogenase）EC 1. 1. 1. 116

分类名：D-arabinose：NAD^+ 1-oxidoreductase

D-阿拉伯糖：NAD^+ 1-氧化还原酶

作用：催化 D-阿拉伯糖氧化，作用于 CH—OH 基团，以 NAD^+ 为受体。

反应：D-阿拉伯糖＋NAD$^+$＝D-阿拉伯糖酸-γ-内酯＋NADH

113. D-阿拉伯糖脱氢酶（NAD(P)$^+$）（D-arabinose dehydrogenase(NAD(P)$^+$)）EC 1.1.1.117

分类名：D-arabinose：NAD(P)$^+$ 1-oxidoreductase

　　　　D-阿拉伯糖：NAD(P)$^+$1-氧化还原酶

作用：催化 D-阿拉伯糖氧化，作用于 CH—OH 基团，以 NAD(P)$^+$ 为受体。

反应：D-阿拉伯糖＋NAD(P)$^+$＝D-阿拉伯糖酸-γ-内酯＋NAD(P)H

特异性：也作用于 L-半乳糖、6-脱氧和 3,6-二脱氧-L-半乳糖。

114. 葡萄糖脱氢酶（NAD$^+$）（glucose dehydrogenase(NAD$^+$)）EC 1.1.1.118

分类名：D-glucose：NAD$^+$ 1-oxidoreductase

　　　　D-葡萄糖：NAD$^+$ 1-氧化还原酶

作用：催化 CH—OH 基团脱氢氧化，以 NAD$^+$ 为受体。

反应：D-葡萄糖＋NAD$^+$＝D-葡糖酸-δ-内酯＋NADH

115. 葡萄糖脱氢酶（NADP$^+$）（glucose dehydrogenase(NADP$^+$)）EC 1.1.1.119

分类名：D-glucose：NADP$^+$ 1-oxidoreductase

　　　　D-葡萄糖：NADP$^+$ 1-氧化还原酶

作用：催化 CH—OH 基团脱氢氧化，以 NADP$^+$ 为受体。

反应：D-葡萄糖＋NADP$^+$＝D-葡糖酸-δ-内酯＋NADPH

特异性：也催化 D-甘露糖、2-脱氧-D-葡萄糖和 2-氨基-2-脱氧-D-甘露糖脱氢氧化。

116. 半乳糖脱氢酶（NADP$^+$）（galactose dehydrogenase(NADP$^+$)）EC 1.1.1.120

分类名：D-galactose：NADP$^+$ 1-oxidoreductase

　　　　D-半乳糖：NADP$^+$ 1-氧化还原酶

作用：催化 D-半乳糖脱氢，作用于 CH—OH 基团以，NADP$^+$ 为受体。

反应：D-半乳糖＋NADP$^+$＝D-半乳糖酸内酯＋NADPH

特异性：也催化 L-阿拉伯糖、6-脱氧和 2-脱氧-D-半乳糖。

117. 醛糖脱氢酶（aldose dehydrogenase）EC 1.1.1.121

分类名：D-aldose：NAD$^+$ 1-oxidoreductase

　　　　D-醛糖：NAD$^+$ 1-氧化还原酶

作用：催化醛糖脱氢，作用于 CH—OH 基团，以 NAD$^+$ 为受体。

反应：D-醛糖＋NAD$^+$＝D-醛糖酸内酯＋NADH

特异性：作用于 D-葡萄糖、2-脱氧和 6-脱氧-D-葡萄糖、D-半乳糖-6-脱氧-D-半乳糖、2-脱氧-L-阿拉伯糖以及 D-木糖。

118. L-岩藻糖脱氢酶（L-fucose dehydrogenase）EC 1.1.1.122

分类名：6-deoxy-L-galactose：NAD$^+$ 1-oxidoreductase

　　　　6-脱氧-L-半乳糖：NAD$^+$ 1-氧化还原酶

作用：催化 CH—OH 脱氢，以 NAD$^+$ 为受体。

反应：L-岩藻糖＋NAD$^+$＝L-岩藻糖酸-1,5-内酯＋NADH

特异性：也催化 L-半乳糖-D-阿拉伯糖和 3-氨基-3-脱氧-D-阿拉伯糖脱氢。

　　　　注：反应产物不稳定，易被水解成为 L-岩藻糖酸。

119. 山梨糖脱氢酶(NADP⁺) (sorbose dehydrogenase(NADP⁺)) EC 1.1.1.123

分类名：L-sorbose：NADP$^+$ 5-oxidoreductase

　　　　L-山梨糖：NADP$^+$ 5-氧化还原酶

别名：5-keto-D-fructose reductase　5-酮-D-果糖还原酶

作用：催化 CH—OH 基团脱氢，以 NADP$^+$ 为受体。

反应：L-山梨糖＋NADP$^+$══5-酮-D-果糖＋NADPH

120. 果糖 5-脱氢酶(NADP⁺) (fructose 5-dehydrogenase(NADP⁺)) EC 1.1.1.124

分类名：D-fructose：NADP$^+$ 5-oxidoreductase

　　　　D-果糖：NADP$^+$ 5-氧化还原酶

别名：5-keto-D-fructose reductase(NADP$^+$)

　　　　5-酮-D-果糖还原酶(NADP$^+$)

作用：催化氧化还原反应，作用于 CH—OH 基团，以 NADP$^+$ 为受体。

反应：D-果糖＋NADP$^+$══5-酮-D-果糖＋NADPH

121. 2-脱氧-D-葡糖酸脱氢酶 (2-deoxy-D-gluconate dehydrogenase) EC 1.1.1.125

分类名：2-deoxy-D-gluconate：NAD$^+$　3-oxidoreductase

　　　　2-脱氧-D-葡糖酸：NAD$^+$　3-氧化还原酶

作用：催化 CH—OH 基团脱氢，以 NAD$^+$ 为受体。

反应：2-脱氧-D-葡糖酸＋NAD$^+$══2-脱氧-3-酮-D-葡糖酸＋NADH

122. 2-酮-3-脱氧-D-葡糖酸脱氢 (2-keto-3-deoxy-D-gluconate dehydrogenase) EC 1.1.1.126

分类名：2-keto-3-deoxy-D-gluconate：NAD(P)$^+$ 6-oxidoreductase

　　　　2-酮-3-脱氧-D-葡糖酸：NADP$^+$ 6-氧化还原酶

作用：催化 CH—OH 基团脱氢，以 NAD(P)$^+$ 为受体。

反应：2-酮-3-脱氧-D-葡糖酸＋NAD(P)$^+$══2-酮-3-脱氧-D-葡糖酸醛＋NADPH

123. 2-酮-3-脱氧-D-葡糖酸脱氢酶(NAD(P)⁺) (2-keto-3-deoxy-D-gluconate dehydrogenase (NAD(P)⁺) EC 1.1.1.127

分类名：2-keto-3-deoxy-D-gluconate：NAD(P)$^+$ 5-oxidoreductase

　　　　2-酮-3-脱氧-D-葡糖酸：NAD(P)$^+$ 5-氧化还原酶

作用：催化 CH—OH 基团脱氢，以 NAD(P)$^+$ 为受体。

反应：2-酮-3-脱氧-D-葡糖酸＋NAD(P)$^+$══3-脱氧-D-甘油-2,5-己二酮糖酸＋NAD(P)H

124. L-艾杜糖酸脱氢酶 (L-idonate dehydrogenase) EC 1.1.1.128

分类名：L-idonate：NADP$^+$ 2-oxidoreductase

　　　　L-艾杜糖酸：NADP$^+$ 2-氧化还原酶

别名：5-keto-D-gluconate 2-reductase　5-酮-D-葡糖酸-2-还原酶

作用：催化 CH—OH 基团脱氢，以 NADP$^+$ 为受体

反应：L-艾杜糖酸＋NADP$^+$══5-酮-D-葡糖酸＋NADPH

125. L-苏糖酸脱氢酶 (L-threonate dehydrogenase) EC 1.1.1.129

分类名：L-threonate：NAD$^+$ oxidoreductase

　　　　L-苏糖酸：NAD$^+$ 氧化还原酶

作用：催化 CH—OH 基团脱氢，以 NAD$^+$ 为受体。

反应：L-苏糖酸＋NAD$^+$══3-酮-L-苏糖酸＋NADH

126. 3-酮-L-古洛糖酸脱氢酶（3-keto-L-gulonate-dehydrogenase）EC 1.1.1.130

分类名：3-keto-L-gulonate：NAD(P)$^+$ 2-oxidoreductase

3-酮-L-古洛糖：NAD(P)$^+$ 2-氧化还原酶

作用：催化 CH—OH 基团脱氢，以 NAD(P)$^+$ 为受体。

反应：3-酮-L-古洛糖酸＋NAD(P)$^+$══2,3-二酮-L-古洛糖酸＋NAD(P)H

127. 甘露糖醛酸还原酶（mannuronate reductase）EC 1.1.1.131

分类名：D-mannonate：NAD(P)$^+$ 6-oxidoreductase

D-甘露糖酸：NAD(P)$^+$ 6-氧化还原酶

作用：催化 CH—OH 基团脱氢，以 NAD(P)$^+$ 为受体。

反应：D-甘露糖酸＋NAD(P)$^+$══D-甘露糖醛酸＋NADPH

128. GDP 甘露糖脱氢酶（GDP mannose dehydrogenase）EC 1.1.1.132

分类名：GDP mannose：NAD$^+$ 6-oxidoreductase

GDP 甘露糖：NAD$^+$ 6-氧化还原酶

作用：催化氧化还原反应，作用于 CH—OH 基团，以 NAD$^+$ 为受体。

反应：GDP 甘露糖＋NAD$^+$＋H$_2$O══GDP 甘露糖醛酸＋NADH

特异性：也催化相应的脱氧核苷二磷酸衍生物加水脱氢。

129. dTDP-4-酮鼠李糖还原酶（dTDP-4-ketorhamnose reductase）EC 1.1.1.133

分类名：dTDP-6-deoxy-L-mannose：NADP$^+$ 4-oxidoreductase

dTDP-6-脱氧-L-甘露糖：NADP$^+$ 4-氧化还原酶

作用：催化 CH—OH 基团脱氢，以 NADP$^+$ 为受体。

反应：dTDP-6-脱氧-L-甘露糖＋NADP$^+$══dTDP -4-酮-6-脱氧-L-甘露糖＋NADPH

130. dTDP -6-脱氧-L-塔罗糖脱氢酶（dTDP-6-deoxy-L-talose dehydrogenase）EC 1.1.1.134

分类名：dTDP-6-deoxy-L-talose：NADP$^+$ 4-oxidoreductase

dTDP-6-脱氧-L-塔罗糖：NADP$^+$ 4-氧化还原酶

作用：催化 CH—OH 基团脱氢，以 NADP$^+$ 为受体。

反应：dTDP-6-脱氧-L-塔罗糖＋NADP$^+$══dTDP-4-酮-6-脱氧-L-甘露糖＋NADPH

131. GDP-6-脱氧-D-塔罗糖脱氢酶（GDP-6-deoxy-D-talose dehydrogenase）EC 1.1.1.135

分类名：GDP-6-deoxy-D-talose：NAD(P)$^+$ 4-oxidoreductase

GDP-6-脱氧-D-塔罗糖：NAD(P)$^+$ 4-氧化还原酶

作用：催化 CH—OH 基团脱氢，以 NAD(P)$^+$ 为受体。

反应：GDP-6-脱氧-D-塔罗糖＋NAD(P)$^+$══GDP-4-酮-6-脱氧-D-塔罗糖＋NAD(P)H

132. UDP-N-乙酰(基)葡糖胺脱氢酶（UDP-N-acetylglucosamine dchydrogenase）EC 1.1.1.136

分类名：UDP-2-acetamido-2-deoxy-D-glucose：NAD$^+$ 6-oxidoreductase

UDP-2-乙酰氨(基)-2-脱氧-D-葡萄糖：NAD$^+$ 6-氧化还原酶

作用：催化 CH—OH 基团脱氢氧化，以 NAD$^+$ 为受体。

反应：UDP-2-乙酰氨(基)-2-脱氧-D-葡萄糖＋2NAD$^+$＋H$_2$O══UDP-2-乙酰氨(基)-2-脱氧-D-葡糖醛酸＋2NADH

133. 核糖醇-5-磷酸-脱氢酶（ribitol-5-phosphate dehydrogenase）EC 1. 1. 1. 137

　　分类名：D-ribitol-5-phosphate：NAD(P)$^+$ 2-oxidoreductase

　　　　　　D-核糖醇-5-磷酸：NAD(P)$^+$ 2-氧化还原酶

　　作用：催化 CH—OH 基团脱氢，以 NAD(P)$^+$ 为受体。

　　反应：D-核糖醇-5-磷酸＋NAD(P)$^+$＝D-核酮糖-5-磷酸-NAD(P)H

134. 甘露(糖)醇脱氢酶(NADP$^+$)（mannitol dehydrogenase(NADP$^+$)）EC 1. 1. 1. 138

　　分类名：D-mannitol：NADP$^+$ 2-oxidoreductase

　　　　　　D-甘露(糖)醇：NADP$^+$ 2-氧化还原酶

　　作用：催化 CH—OH 基团脱氢，以 NADP$^+$ 为受体。

　　反应：D-甘露(糖)醇＋NADP$^+$＝D-果糖＋NADPH

135. D-山梨(糖)醇-6-磷酸(酯)脱氢酶（D-sorbitol-6-phosphate dehydrogenase）EC 1. 1. 1. 140

　　分类名：D-sorbitol-6-phosphate：NAD$^+$ 2-oxidoreductase

　　　　　　D-山梨(糖)醇-6-磷酸：NAD$^+$ 2-氧化还原酶

　　作用：催化 CH—OH 基团脱氢，以 NAD$^+$ 为受体。

　　反应：D-山梨(糖)醇-6-磷酸＋NAD$^+$＝D-果糖-6-磷酸＋NADH

136. 15-羟前列腺素脱氢酶（15-hydroxyprostaglandin dehydrogenase）EC 1. 1. 1. 141

　　分类名：11α,15-dihydroxy-9-oxoprost-13-enoate：NAD$^+$ 15- oxidoreductase

　　　　　　11α,15-二羟-9-氧(代)前列腺-13-烯酸：NAD$^+$ 15-氧化还原酶

　　作用：催化 CH—OH 基团脱氢，以 NAD$^+$ 为受体。

　　反应：11α,15-二羟-9-氧(代)前列腺-13-烯酸＋NAD$^+$＝11α-羟-9,15-双氧(代)前列腺-13-烯酸＋NADH

137. D-右旋肌醇甲醚脱氢酶（D-pinitol dehydrogenase）EC 1. 1. 1. 142

　　分类名：5D-5-O-methyl-chiro-inositol：NADP$^+$ oxidoreductase

　　　　　　5D-5-O-甲基-chiro-肌醇：NADP$^+$ 氧化还原酶

　　作用：催化 CH—OH 脱氢，以 NADP$^+$ 为受体。

　　反应：5D-5-O-甲基-chiro-肌醇＋NADP$^+$＝5D-5-O-甲基-2,3,5/4,6-五羟环己酮＋NADPH

138. 红杉醇脱氢酶（sequoyltol dehydrogenase）EC 1. 1. 1. 143

　　分类名：5-O-methyl-myo-inositol：NAD$^+$ oxidoreductase

　　　　　　5-O-甲基-myo-肌醇：NAD$^+$ 氧化还原酶

　　作用：催化 CH—OH 基团脱氢，以 NAD$^+$ 为受体。

　　反应：5-O-甲基-myo-肌醇＋NAD$^+$＝5D-5-O-甲基 2,3,5/4,6-五羟环己酮＋NADPH

139. 紫苏基-醇脱氢酶（perillyl-alcohol dehydrogenase）EC 1. 1. 1. 144

　　分类名：perillyl-alcohol：NAD$^+$ oxidoreductase

　　　　　　紫苏(基)醇：NAD$^+$ 氧化还原酶

　　作用：催化 CH—OH 基团脱氢，以 NAD$^+$ 为受体。

　　反应：紫苏(基)醇＋NAD$^+$＝紫苏(基)醛＋NADH

140. 3β-羟-Δ^5-甾类脱氢酶（3β-hydroxy-Δ^5-steroid dehydrogenase）EC 1. 1. 1. 145

　　分类名：3β-hydroxy-Δ^5-steroid：NAD$^+$ 3-oxidoreductase

　　　　　　3β-羟-Δ^5-甾类：NAD$^+$ 3-氧化还原酶

别名：progesterone reductase　黄体酮还原酶

作用：催化 CH—OH 基团脱氢，以 NAD^+ 为受体。

反应：3β-羟-Δ^5-甾类＋NAD^+＝3-氧(代)-Δ^4-甾类＋NADH

特异性：作用于 3β-羟雄(甾)-5-烯-17-酮，生成雄(甾)-4-烯-3,17-二酮，作用于 3β-羟孕(甾)-5-烯 20-酮，生成黄体酮。

141. 11β-羟甾类脱氢酶（11β- hydroxysteroid dehydrogenase）EC 1. 1. 1. 146

分类名：11β-hydroxysteroid：$NADP^+$ 11-oxidoreductase

　　　　11β-羟甾类：$NADP^+$ 11-氧化还原酶

作用：催化 CH—OH 基团脱氢，以 $NADP^+$ 为受体。

反应：11β-羟甾类＋$NADP^+$＝11-氧(代)甾类化合物＋NAD(P)H

142. 16-α-羟甾类脱氢酶（16-α-hydroxysteroid dehydrogenase）EC 1. 1. 1. 147

分类名：16-α-hydroxysteroid：$NAD(P)^+$ 16-oxidoreductase

　　　　16-α-羟甾类：$NAD(P)^+$ 16-氧化还原酶

作用：催化 CH—OH 基团脱氢，以 $NAD(P)^+$ 为受体。

反应：16-α-羟甾类＋$NAD(P)^+$＝16-氧(代)甾类化合物＋NAD(P)H

143. 雌(甾)二醇 17α-脱氢酶（oestradiol 17α-dehydrogenase）EC 1. 1. 1. 148

分类名：17α-hydroxysteroid：$NAD(P)^+$ 17-oxidoreductase

　　　　17α-羟类固醇：$NAD(P)^+$ 17-氧化还原酶

作用：催化 CH—OH 基团脱氢，以 $NAD(P)^+$ 为受体。

反应：雌(甾)二醇-17α＋$NAD(P)^+$＝雌(甾)酮＋NAD(P)H

144. 20α-羟甾类脱氢酶（20α-hydroxysteroid dehydrogenase）EC 1. 1. 1. 149

分类名：20α-hydroxysteroid：$NAD(P)^+$ 20α-oxidoreductase

　　　　20α-羟甾类：$NAD(P)^+$ 20α-氧化还原酶

作用：催化 CH—OH 基团脱氢，以 $NAD(P)^+$ 为受体。

反应：17α,20α-二羟孕(甾)-4-烯-3-酮＋$NADD(P)^+$＝17α-羟黄体酮＋NAD(P)H

145. 21-羟甾类脱氢酶（21-hydroxysteroid dehydrogenase）EC 1. 1. 1. 150

分类名：21-hydroxysteroid：NAD^+ 21-oxidoreductase

　　　　21-羟甾类：NAD^+ 21-氧化还原酶

作用：催化 CH—OH 基团脱氢，以 NAD^+ 为受体。

反应：孕(甾)烷-21-醇＋NAD^+＝孕(甾)烷-21-醛＋NADH

146. 21-羟甾类脱氢酶（$NADP^+$）（21-hydroxysteroid dehydrogenase（$NADP^+$））EC 1. 1. 1. 151

分类名：21-hydroxysteroid：（$NADP^+$）21-oxidoreductase

　　　　21-羟甾类：$NADP^+$ 21-氧化还原酶

作用：催化 CH—OH 基团脱氢，以 $NADP^+$ 为受体。

反应：孕(甾)烷-21-醇＋$NADP^+$＝孕(甾)烷-21-醛＋NADPH

147. 本胆烷醇酮 3α-脱氢酶（etiocholanolone 3α-dehydrogenase）EC 1. 1. 1. 152

分类名：3α-hydroxy-5β-steroid：NAD^+ 3α-oxidoreductase

　　　　3α-羟(基)-5β-类固醇：NAD^+ 3α-氧化还原酶

作用：催化 CH—OH 基团脱氢，以 NAD^+ 为受体。

反应：本胆烷醇酮＋NAD^+＝＝5β-雄(甾)烷-3,17-二醇＋NADH

148. 墨蝶呤还原酶 (sepiapterin reductase) EC 1.1.1.153

分类名：7,8-dihydrobiopterin：$NADP^+$ oxidoreductase

7,8-二氢生物蝶呤：$NADP^+$ 氧化还原酶

作用：催化 CH—OH 基团脱氢，以 $NADP^+$ 为受体。

反应：7,8-二氢生物蝶呤＋$NADP^+$＝＝墨蝶呤＋NADPH

149. 脲基羟基乙酸脱氢酶 (ureidoglycollate dehydrogenase) EC 1.1.1.154

分类名：(S)-ureidoglycollate：$NAD(P)^+$ oxidoreductase

(S)-脲基羟基乙酸：$NAD(P)^+$ 氧化还原酶

作用：催化 CH—OH 基团脱氢，以 $NAD(P)^+$ 为受体。

反应：(S)-脲基羟基乙酸＋$NAD(P)^+$＝＝草尿酸＋NAD(P)H

150. 高异柠檬酸脱氢酶 (homoisocitrate dehydrogenase) EC 1.1.1.155

分类名：1-hydroxy-1,2,4-butanetricarboylate：NAD^+ oxidoreductase(decarboxylating)

1-羟基-1,2,4-丁烷三羧酸：NAD^+ 氧化还原酶(脱羧)

作用：催化 CH—OH 基团脱氢，以 NAD^+ 为受体。

反应：1-羟基-1,2,4-丁烷三羧酸＋NAD^+＝＝2-氧(代)己二酸＋CO_2＋NADH

151. 甘油 2-脱氢酶($NADP^+$) (glycerol 2-dehydrogenase($NADP^+$)) EC 1.1.1.156

分类名：glycerol：$NADP^+$ 2-oxidoreductase(dihydroxyaetone-forming)

甘油：$NADP^+$ 2-氧化还原酶 (生成二羟丙酮)

别名：dihydroxyacetone reductase　二羟丙酮还原酶

作用：催化 CH—OH 基团脱氢，以 $NADP^+$ 为受体。

反应：甘油＋$NADP^+$＝＝二羟丙酮＋NADPH

152. 3-羟丁酰-辅酶 A 脱氢酶 (3-hydroxybutyryl-CoA dehydrogenase) EC 1.1.1.157

分类名：L-3-hydroxybutyryl-CoA：$NADP^+$ oxidoreductase

L-3-羟丁酰-CoA：$NADP^+$ 氧化还原酶

作用：催化 CH—OH 基团脱氢，以 $NADP^+$ 为受体。

反应：L-3-羟丁酰-CoA＋$NADP^+$＝＝3-乙酰乙酰-CoA＋NADPH

153. UDP-N-乙酰(基)烯醇丙酮糖葡糖胺还原酶 (UDP-N-acetylenolpyruvoylglucosamine reductase) EC 1.1.1.158

分类名：UDP-N-acetylmuramate：$NADP^+$ oxidoreductase

UDP-N-乙酰(基)胞壁酸：$NADP^+$ 氧化还原酶

作用：催化 CH—OH 基团脱氢，以 $NADP^+$ 为受体。

反应：UDP-2-乙酰(基)胞壁酸＋$NADP^+$＝＝UDP-2-乙酰氨(基)-2-脱氧-3-烯醇丙酮酰葡糖＋NADPH

特异性：氢硼化钠和 NADH 可替代 NADPH 参与反应；NADH 作用较慢。

154. 7α-羟甾类脱氢酶 (7α-hydroxysteroid dehydrogenase) EC 1.1.1.159

分类名：7α-hydroxysteroid：NAD^+ 7-oxidoreductase

7α-羟甾类：NAD^+ 7-氧化还原酶

作用：催化 CH—OH 基团脱氢，以 NAD$^+$ 为受体。

反应：3α,7α,12α-三羟-5β-胆（甾）烷酸＋NAD$^+$═3α,12α-二羟-7-氧（代）-5β 胆（甾）烷酸 ＋NADH

特异性：催化 7α-羟基胆汁酸和 7α-羟基胆汁醇（游离形式或结合形式）氧化；脆弱拟杆 菌提取的酶可利用 NADP$^+$ 为受体。

155. 二氢丁萘酮心安脱氢酶* （dihydrobunolol dehydrogenase） EC 1.1.1.160

分类名：DL-5-[（tert-butylamino)-2'-hydroxyproxy]-1,2,3,4-tetrahydro-1-naphthol； NADP$^+$ oxidoreductase

DL-5-[（叔丁氨基)-2'-羟丙氧基]-1,2,3,4-四氢-1-萘酚；NADP$^+$ 氧化还原酶

别名：Bunolol reductase Bunolol 还原酶

作用：催化 CH—OH 脱氢，以 NADP$^+$ 为受体。

反应：DL-5-[（叔丁氨基)-2'-羟丙氧基]-1,2,3,4-四氢-1-萘酚＋NADP$^+$═DL-5-[（叔丁 氨基)-2'-羟丙氧基]-3,4-二氢-1(2H)-萘酮＋NADPH

* 也可用 NAD$^+$ 代替 NADP；但反应较慢。

156. 胆甾烷四醇-26-脱氢酶 （cholestanetetraol 26-dehydrogenase） EC 1.1.1.161

分类名：5β-cholestane-3α,7α,12α,26-tetraol：NAD$^+$ 26-oxidoreductase

5β-胆甾烷-3α,7α,12α,26-四醇：NAD$^+$ 26-氧化还原酶

作用：催化醇脱氢；作用于 CH—OH 基团，以 NAD$^+$ 为受体。

反应：5β-胆甾烷-3α,7α,12α,26-四醇＋NAD$^+$═5β-胆甾烷-3α,7α,12α-三醇-26-醛＋NADH

157. D-赤藓酮糖还原酶 （D-erythrulose reductase） EC 1.1.1.162

分类名：erythritol：NADP$^+$ oxidoreductase

赤藓糖醇：NADP$^+$ 氧化还原酶

作用：催化赤藓糖醇脱氢，作用于 CH—OH 基团，以 NADP$^+$ 为受体。

反应：赤藓糖醇＋NADP$^+$═D-赤藓酮糖＋NADPH

特异性：也可以利用 NAD$^+$ 作为氢受体但反应较慢。

158. 环戊醇脱氢酶 （cyclopentanol dehydrogenase） EC 1.1.1.163

分类名：cyclopentanol：NAD$^+$ oxidoreductase

环戊醇：NAD$^+$ 氧化还原酶

作用：催化醇氧化，作用于 CH—OH 基团，以 NAD$^+$ 为受体。

反应：环戊醇＋NAD$^+$═环戊酮＋NADH

159. 十六烷醇脱氢酶 （hexadecanol dehydrogenase） EC 1.1.1.164

分类名：hexadecanol：NAD$^+$ oxidoreductase

十六烷醇：NAD$^+$ 氧化还原酶

作用：催化 CH—OH 基团脱氢，以 NAD$^+$ 为受体。

反应：十六烷醇＋NAD$^+$═十六烷醛＋NADH

特异性：由肝提取的酶作用于 C$_8$～C$_{16}$ 的长链醇；由眼虫藻提取的酶也催化醛氧化成为 脂肪酸。

160. 2-炔-1-醇脱氢酶 （2-alkyn-1-ol dehydrogenase） EC 1.1.1.165

分类名：2-butyne-1,4-diol：NAD$^+$ 1-oxidoreductase

2-丁炔-1,4-二醇：NAD^+ 1-氧化还原酶

作用：催化炔醇脱氢，以 NAD^+ 为受体。

反应：2-丁炔-1,4-二醇＋NAD^+＝＝4-羟-2-丁炔醛＋NADH

特异性：作用于各种 2-炔-1-醇，也作用于 1,4-丁二醇；$NADP^+$ 也可作为受体，但反应较慢。

161. 羟环己烷羧酸脱氢酶 (hydroxycyclohexanecarboxylate dehydrogenase) EC 1.1.1.166

分类名：(1S,3R,4S)-3,4-dihydroxycyclohexane-1-carboxylate：NAD^+ 3-oxidoreductase

(1S,3R,4S)-3,4-二羟环己烷-1-羧酸：NAD^+ 3-氧化还原酶

作用：催化 CH—OH 基团脱氢，以 NAD^+ 为受体。

反应：(1S,3R,4S)-3,4-二羟环己烷-1-羧酸＋NAD^+＝＝(1S,4S)-4-羟-3-氧(代)环己烷-1-羧酸＋NADH

162. 羟丙二酸脱氢酶 (hydroxymalonate dehydrogenase) EC 1.1.1.167

分类名：hydroxymalonate：NAD^+ oxidoreductase

羟丙二酸：NAD^+ 氧化还原酶

作用：催化 CH—OH 基团脱氢，以 NAD^+ 为受体。

反应：羟丙二酸＋NAD^+＝＝氧(代)丙二酸＋NADH

163. 2-氧(代)泛解酸-内酯还原酶 (2-oxopantoate-lactone reductase) EC 1.1.1.168

分类名：pantoyl lactone：$NADP^+$ oxidoreductase

泛解酰(基)内酯：$NADP^+$ 氧化还原酶

作用：催化 CH—OH 基团脱氢，以 $NADP^+$ 为受体。

反应：泛解酰(基)内酯＋$NADP^+$＝＝2-氧(代)泛解酰(基)内酯＋NADPH

164. 2-氧(代)泛解酸还原酶 (2-oxopantoate reductase) EC 1.1.1.169

分类名：D-pantoate：$NADP^+$ 2-oxidoreductase

D-泛解酸：$NADP^+$ 2-氧化还原酶

作用：催化 CH—OH 基团脱氢，以 $NADP^+$ 为受体。

反应：D-泛解酸＋NADP＝＝2-氧(代)泛解酸＋NADPH

165. 3β-羟-4β-甲基胆甾烯酸脱氢酶(脱羧) (3β-hydroxy-4β-methylcholestenoate dehydrogenase (decarboxylating)) EC .1.1.1.170

分类名：3β-hydroxy-4β-methyl-5α-cholest-7-en-4α-oant：NAD^+ oxidoreductase(decarboxylating)

3β-羟-4β-甲基-5α-胆甾-7-烯-4α-酸：NAD^+ 氧化还原酶(脱羧)

作用：催化 CH—OH 基团脱氢，以 NAD^+ 为受体。

反应：3β-羟-4β-甲基-5α-胆甾-7-烯-4α-酸＋NAD^+＝＝4α-甲基-5α-胆甾-7-烯-3-酮＋CO_2＋NADH

特异性：也作用于 3β-羟-5α-胆甾-7-烯-4α-酸。

166. 5,10-亚甲基四氢叶酸还原酶(NADPH) (5,10-methlenetetrahydrofolate reductase (NADPH)) EC 1.1.1.171

分类名：5-methylenetetrahydrofolate：$NADP^+$ oxidoreductase

5-甲基四氢叶酸：$NADP^+$ 氧化还原酶

作用：催化甲基脱氢，以 $NADP^+$ 为受体。

反应：5-甲基四氢叶酸＋NADP$^+$＝＝5,10-亚甲基四氢叶酸＋NADPH

167. 2-酮己二酸还原酶（2-ketoadipate reductase）EC 1.1.1.172

分类名：2-hydroxyadipate：NAD$^+$ oxidoreductase

2-羟己二酸：NAD$^+$氧化还原酶

作用：催化 CH—OH 基团脱氢，以 NAD$^+$为受体。

反应：2-羟己二酸＋NAD$^+$＝＝2-酮己二酸＋NADH

168. L-鼠李糖脱氢酶（L-rhamnose dehydrogenase）EC 1.1.1.173

分类名：L-rhamnofuranose：NAD$^+$ 1-oxidoreductase

L-鼠李呋喃糖：NAD$^+$ 1-氧化还原酶

作用：催化 CH—OH 基团脱氢，以 NAD$^+$为受体。

反应：L-鼠李呋喃糖＋NAD$^+$＝＝L-鼠李糖-γ-内酯＋NADH

169. 环己-1,2-二醇脱氢酶（cyclohexan-1,2-diol dehydrogenase）EC 1.1.1.174

分类名：*trans*-cyclohexan-1,2-diol：NAD$^+$ oxidoreductase

反(式)-环己-1,2-二醇：NAD$^+$氧化还原酶

作用：催化醇氧化，作用于 CH—OH 基团，以 NAD$^+$为受体。

反应：反(式)-环己-1,2-二醇＋NAD$^+$＝＝2-羟环己-1-酮＋NADH

特异性：对顺(式)异构体和2-羟环己酮也有作用，但反应较慢。

170. D-木糖脱氢酶（D-xylose dehydrogenase）EC 1.1.1.175

分类名：D-xylose：NAD$^+$ 1-oxidoreductase

D-木糖：NAD$^+$ 1-氧化还原酶

作用：催化 CH—OH 基团脱氢，以 NAD$^+$为受体。

反应：D-木糖＋NAD$^+$＝＝D-木糖酸＋NADH

171. 12α-羟甾类脱氢酶（12α-hydroxysteroid dehydrogenase）EC 1.1.1.176

分类名：12α-hydroxysteroid：NAD$^+$ 12α-oxidoreductase

12α-羟甾类：NAD$^+$ 12α-氧化还原酶

作用：催化 CH—OH 基团脱氢，以 NAD$^+$为受体。

反应：3α,7α,12α-三羟-5β-胆(甾)烷酸＋NADP$^+$＝＝＝3α,7α-二羟-12-氧(代)-5β-胆(甾)烷酸＋NADPH

特异性：催化 12α-羟基胆汁酸（游离形式或结合形式）氧化；也作用于胆汁醇。

172. 甘露(糖)醇脱氢酶(细胞色素)（mannitol dehydrogenase(cytochrome)）EC 1.1.2.2

分类名：D-mannitol：ferrcytochrome 2-oxidoreductase

D-甘露(糖)醇：高铁细胞色素 2-氧化还原酶

作用：催化 CH—OH 基团脱氢，以细胞色素为受体。

反应：D-甘露(糖)醇＋高铁细胞色素＝＝D-果糖＋亚铁细胞色素

特异性：也氧化赤藓糖醇、D-葡糖醇、D-阿拉伯糖醇和核糖醇。

173. 乳酸脱氢酶(细胞色素)（lactate dehydrogenase (cytochrome)）EC 1.1.2.3

分类名：L-lactate：ferricytochrome c oxidoreductase

L-乳酸：高铁细胞色素 c 氧化还原酶

别名：lactic acid dehydrogenase 乳酸脱氢酶

作用：催化 CH—OH 基团脱氢，以细胞色素 c 为受体。

反应：L-乳酸＋2-高铁细胞色素 c ＝丙酮酸＋2-亚铁细胞色素 c

174. D-乳酸脱氢酶(细胞色素) (D-lactate dehydrogenase (cytochrome)) EC 1.1.2.4

分类名：D-lactate：ferricytochrome c oxidoreductase

D-乳酸：高铁细胞色素 c 氧化还原酶

别名：lactic acid dehydrogenase 乳酸脱氢酶

作用：催化 CH—CH 基团脱氢，以细胞色素 c 为受体。

反应：D-乳酸＋2-高铁细胞色素 c ＝丙酮酸＋2-亚铁细胞素 c

175. 羟基乙酸氧化酶 (glycollate oxidase) EC 1.1.3.1

分类名：glycollate：oxygen oxidoreductase

羟基乙酸：氧氧化还原酶

作用：催化 CH—OH 基团脱氢，以氧分子为受体。

反应：羟基乙酸＋O_2 ＝乙醛酸＋H_2O_2

特异性：也催化 L-乳酸和乙醛酸氧化，但反应较慢。

176. 苹果酸氧化酶 (malate oxidase) EC 1.1.3.3

分类名：L-malate：oxygen oxidoreductase

L-苹果酸：氧氧化还原酶

作用：催化 CH—OH 基团脱氢，以氧为受体。

反应：L-苹果酸＋O_2 ＝草酰乙酸＋CO_2＋H_2O

177. 葡萄糖氧化酶 (glucose oxidase) EC 1.1.3.4

分类名：β-D-glucose：oxygen 1-oxidoreductase

β-D-葡萄糖：氧 1-氧化还原酶

别名：notatin 葡糖氧化酶

glucose oxyhydrase 葡萄糖氧化酶

作用：催化 CH—OH 基团脱氢氧化，以氧为受体。

反应：β-D-葡萄糖＋O_2 ＝D-葡糖酸-δ-内酯＋H_2O_2

178. 己糖氧化酶 (hexose oxidase) EC 1.1.3.5

分类名：D-hexose：oxygen 1-oxidoreductase

D-己糖：氧 1-氧化还原酶

作用：催化 CH—OH 基团氧化，以氧为受体。

反应：β-D-葡萄糖＋O_2 ＝D-葡糖酸-δ-内酯＋H_2O

特异性：也催化 D-半乳糖、D-甘露糖、麦芽糖、乳糖和纤维二糖氧化。

179. 胆甾醇氧化酶 (cholesterol oxidase) EC 1.1.3.6

分类名：cholesterol：oxygen oxidoreductase

胆甾醇：氧氧化还原酶

作用：催化醇氧化，作于 CH—OH 基团，以氧为受体。

反应：胆固醇＋O_2 ＝4-胆甾烯-3-酮＋H_2O

180. 芳(香)基-醇氧化酶 (aryl-alcohol oxidase) EC 1.1.3.7

分类名：aryl-alcohol：oxygen oxidoreductase

芳(香)基-醇：氧氧化还原酶

作用：催化芳族伯醇氧化；作用于 CH—OH 基团，以氧为受体。

反应：芳族伯醇 + O_2 = 芳族醛 + H_2O_2

特异性：催化许多含有芳族环的伯醇氧化；对 β-萘基甲醇和 3-甲氧苯甲基乙醇的氧化作用最大。

181. L-古洛糖酸内酯氧化酶（L-gulonolactone oxidase）EC 1.1.3.8

分类名：L-gulono-γ-lactone：oxygen 2-oxidoreductase

　　　　L-古洛糖酸-γ-内酯：氧 2-氧化还原酶

作用：催化 CH—OH 基团脱氢，以氧为受体。

反应：L-古洛糖酸-γ-内酯 + O_2 = L-*xylo*-己酮糖酸内酯 + H_2O_2

182. 半乳糖氧化酶（galactose oxidase）EC 1.1.3.9

分类名：D-galactose：oxygen 6-oxidoreductase

　　　　D-半乳糖：氧 6-氧化还原酶

作用：催化 D-半乳糖脱氢，作用于 CH—OH 基团，以 O_2 为受体。

反应[*]：D-半乳糖 + O_2 = D-Galacto-己糖二醛糖 + H_2O_2

　　　　[*] 在 D-半乳糖的 C-6 位上氧化

183. 吡喃糖氧化酶（pyranose oxidase）EC 1.1.3.10

分类名：pyranose：oxygen 2-oxidoreductase

　　　　吡喃糖：氧 2-氧化还原酶

作用：催化 CH—OH 基团脱氢，以 O_2 为受体。

反应：D-葡萄糖 + O_2 = D-葡糖醛酮 + H_2O_2

特异性：也催化 D-木糖、L-山梨糖和 D-葡糖酸-1，5-内酯氧化（这些化合物的 C-2、C-3 和 C-4 构型相同）

184. L-山梨糖氧化酶（L-sorbose oxidase）EC 1.1.3.11

分类名：L-sorbose：oxygen 5-oxidoreductase

　　　　L-山梨糖：氧 5-氧化还原酶

作用：催化 CH—OH 基团脱氢，以氧为受体。

反应：L-山梨糖 + O_2 = 5-酮-D-果糖 + H_2O_2

特异性：也作用于 D-葡萄糖、D-半乳糖 和 D-木糖，但不作用于 D-果糖；6-二氯靛酚可以作为受体。

185. 吡哆醇 4-氧化酶（pyridoxine 4-oxidase）EC 1.1.3.12

分类名：pyridoxine：oxygen 4-oxidoreductase

　　　　吡哆醇：氧 4-氧化还原酶

别名：pyridoxin 4-oxidase　吡哆醇 4-氧化酶

作用：催化 CH—OH 基团脱氢，以 O_2 为受体。

反应：吡哆醇 + O_2 = 吡哆醛 + H_2O_2

特异性：也可以 2,6-二氯靛酚作为氢受体。

186. 醇氧化酶（alcohol oxidase）EC 1.1.3.13

分类名：alcohol：oxygen oxidoreductase

醇：氧氧化还原酶

作用：催化醇脱氢；作用于 CH—OH 基团，以氧为受体。

反应：伯醇＋O_2 ＝醛＋H_2O_2

特异性：作用于较低级的伯醇和不饱和醇，但对分枝醇和仲醇不起作用。

187. 儿茶酚氧化酶(二聚化)（catechol oxidase (dimerizing)）EC 1.1.3.14

分类名：catechol：oxygen oxidoreductase（dimerizing）

　　　　儿茶酚：氧氧化还原酶（二聚化）。

作用：催化儿茶酚脱氢，作用于 CH—OH 基团，以氧为受体。

反应：4 儿茶酚＋$3O_2$ ＝2-苯[1,4]-二噁星-2,3 二酮＋$6H_2O$

188. L-2-羟酸氧化酶（L-2-hydeoxyacid oxidase）EC 1.1.3.15

分类名：L-2-hydroxyacid：oxygen oxidoreductase

　　　　L-2-羟酸：氧氧化还原酶

作用：催化 CH—OH 基团脱氢，以氧为受体。

反应：L-2-羟酸＋O_2 ＝2-氧(代)酸＋H_2O_2

特异性：作用于各种脂(肪)族 2-羟酸

189. 蜕皮(激)素氧化酶（ecdysone oxidase）EC 1.1.3.16

分类名：ecdysone：oxygen 3-oxidoreductase

　　　　蜕皮(激)素：氧 3-氧化还原酶

作用：催化蜕皮（激）素脱氢，以氧为受体。

反应：蜕皮(激)素＋O_2 ＝3-脱氢蜕皮(激)素＋H_2O_2

特异性：2,6-二氯靛酚也可作为受体。

190. 胆碱氧化酶[*]（Choline oxidose）EC 1.1.3.17

分类名：choline：oxygen 1-oxidoreductase

　　　　胆碱：氧 1-氧化还原酶

作用：催化胆碱氧化，作用于 CH—OH 基团，以氧为受体。

反应：胆碱＋O_2 ＝甜菜醛＋H_2O_2

　　　[*] 也催化甜菜醛氧化生成甜菜碱。

191. 胆碱脱氢酶（choline dehydrogenase）EC 1.1.99.1

分类名：choline：(acceptor)oxidoreductase

　　　　胆碱：(受体)氧化还原酶

作用：催化胆碱氧化，作用于 CH—OH 基团。

反应：胆碱＋受体＝甜菜醛＋还原型受体

192. 2-羟戊二酸脱氢酶（2-hydroxyglutarate dehydrogenase）EC 1.1.99.2

分类名：L-2-hydrxyglutarate：(acceptor)oxidoreductase

　　　　L-2-羟戊二酸：(受体)氧化还原酶

作用：催化 CH—OH 基团脱氢。

反应：L-2-羟戊二酸＋受体＝2-酮戊二酸＋还原型受体

193. 葡糖酸 2-脱氢酶（gluconate 2-dehydrogenase）EC 1.1.99.3

分类名：D-gluconate：(acceptor)2-oxidoreductase

D-葡糖酸：(受体)2-氧化还原酶

作用：催化葡糖酸氧化。

反应：D-葡糖酸＋受体══2-酮-D-葡糖酸＋还原型受体

194. 酮葡糖酸脱氢酶 (ketogluconate dehydrogenase) EC 1. 1. 99. 4

分类名：2-keto-D-gluconate：(acceptor)5-oxidoreductase

2-酮-D-葡糖酸：(受体)5-氧化还原酶

作用：催化 CH—OH 基团脱氢。

反应：2-酮-D-葡糖酸＋受体══2,5-二酮-D-葡糖酸＋还原型受体

195. 甘油-3-磷酸脱氢酶 (glycerol-3-phosphate dehydrogenase) EC 1. 1. 99. 5

分类名：sn-glycerol-3-phosphate：(acceptor) oxidoreductase

sn-三甘油-3-磷酸：(受体)氧化还原酶

作用：催化 CH—OH 基团脱氢。

反应：sn-三甘油-3-磷酸＋受体══磷酸二羟丙酮＋还原型受体

196. D-2-羟酸脱氢酶 (D-2-hydroxyacid dehydrogenase) EC 1. 1. 99. 6

分类名：D-2-hydroxyacid：(acceptor)oxidoreductase

D-2-羟酸：(受体)氧化还原酶

作用：催化 CH—OH 基团脱氢。

反应：D-羟酸＋受体══丙酮酸＋还原性受体

特异性：本酶是一种含锌的黄素蛋白（FAD），作用于各种 D-2-羟酸。

197. 乳酸-苹果酸转氢酶 (lactate-malate transhydrogenase) EC 1. 1. 99. 7

分类名：lactate：oxaloacetate oxidoreductase

乳酸：草酰乙酸氧化还原酶

作用：催化 CH—OH 基团脱氢。

反应：乳酸＋草酰乙酸══苹果酸＋丙酮酸

特异性：催化三碳或四碳的 L-2-羟酸脱氢成为 2-酮酸。

198. 醇脱氢酶(受体) (alcohol dehydrogenase (acceptor)) EC 1. 1. 99. 8

分类名：alcohol：(acceptor)oxidoreductase

醇：(受体)氧化还原酶

作用：催化醇脱氢，作用于 CH—OH 基团。

反应：伯醇＋受体══醛＋还原型受体

特异性：广泛地作用于伯醇，包括甲醇。

199. 吡哆醇 5-脱氢酶 (pyridoxine 5-dehydrogenase) EC 1. 1. 99. 9

分类名：pyridoxine：(acceptor) 5'-oxidoreductase

吡哆醇：(受体)5'-氧化还原酶

作用：催化 CH—OH 基团脱氢。

反应：吡哆醇＋受体══异吡哆醛＋还原型受体

200. 葡萄糖脱氢酶(受体) (glucose dehydrogenase(acceptor)) EC 1. 1. 99. 10

分类名：D-glucose：(acceptor)1-oxidoreductase

D-葡萄糖：(受体)1-氧化还原酶

别名：glucose dehydrogenase(*Aspergillus*)　葡萄糖脱氢酶(曲霉)

作用：催化 CH—OH 基团脱氢氧化。

反应：D-葡萄糖＋受体＝D-葡糖酸-δ-内酯＋还原型受体

特异性：2,6-二氯靛酚可作为受体。

201. D-果糖 5-脱氢酶 (D-fructose 5-dehydrogenase) EC 1.1.99.11

分类名：D-fructose：(acceptor) 5-oxidoreductase

　　　　D-果糖：(受体)5-氧化还原酶

作用：催化氧化还原反应，作用于 CH—OH 基团。

反应：D-果糖＋受体＝5-酮-D-果糖＋还原型受体

特异性：以 2,6-二氯靛酚为受体。

202. 山梨糖脱氢酶 (sorbose dehydrogenase) EC 1.1.99.12

分类名：L-sorbose：(acceptor)5-oxidoreductase

　　　　L-山梨糖：(受体)5-氧化还原酶

作用：催化 CH—OH 基团脱氢。

反应：L-山梨糖＋受体＝5-酮-D-果糖＋还原型受体

特异性：2,6-二氯靛酚可作为受体。

203. D-葡糖苷 3-脱氢酶 (D-glucoside 3-dehydrogenase) EC 1.1.99.13

分类名：D-aldohexoside：(acceptor)5-oxidoreductase

　　　　D-己醛糖苷：(受体)5-氧化还原酶

作用：催化 CH—OH 基团氧化。

反应：蔗糖＋受体＝3-酮-α-D-葡糖(基)-β-D-呋喃果糖苷＋还原型受体

特异性：作用于 D-葡萄糖、D-半乳糖、D-葡糖苷和 D-半乳糖苷；但 D-葡糖苷的反应比 D-半乳糖苷快。

204. 羟基乙酸脱氢酶 (glycollate dehydrogenase) EC 1.1.99.14

分类名：glycollate：(acceptor)oxidoreductase

　　　　羟基乙酸：(受体)氧化还原酶

作用：催化 CH—OH 基团脱氢。

反应：羟基乙酸＋受体＝乙醛酸＋还原型受体

特异性：也催化 D-乳酸脱氢。2,6-二氯靛酚和甲(替)硫酸吩嗪可以作为受体。

205. 5,10-亚甲基四氢叶酸还原酶(FADH2) (5,10-methylenetetrahydrofolate reductase (FADH2)) EC 1.1.99.15

分类名：5-methyltetrahydrofolate：(acceptor)oxidoreductase

　　　　5-甲基四氢叶酸：(受体)氧化还原酶

作用：催化甲基脱氢，以游离的 FAD 为受体。

反应：5-甲基四氢叶酸＋受体＝5,10-亚甲基四氢叶酸＋还原型受体

206. 苹果酸脱氢酶(受体) (malate dehydrogenase(acceptor)) EC 1.1.99.16

分类名：L-malate：(acceptor)oxidoreductase

　　　　L-苹果酸：(受体)氧化还原酶

作用：催化 CH—OH 基团脱氢。

反应：L-苹果酸＋受体＝草酰乙酸＋还原型受体

第二节 催化 C═O 基团氧化还原反应的酶

1. 甲醛脱氢酶（formaldehyde dehydrogenase）EC 1.2.1.1

分类名：formaldehyde：NAD^+ oxidoreductase(glutathione-formylating)

甲醛：NAD^+ 氧化还原酶（谷胱甘肽-甲酰化）

别名：formic dehydrogenase 甲酸脱氢酶

作用：催化醛氧化，以 NAD^+ 为氢受体。

反应：甲醛＋谷胱甘肽＋NAD^+＝S-甲酰谷胱甘肽＋NADH

特异性：2-酮醛化合物也可以被氧化；逆反应时 NADPH 可替代 NADH。

2. 甲酸脱氢酶（formate dehydrogenase）EC 1.2.1.2

分类名：formate：NAD^+ oxidoreductase

甲酸：NAD^+ 氧化还原酶

别名：formate hydrogenlyase 甲酸氢裂解酶

作用：催化甲酸脱氢，以 NAD^+ 为受体。

反应：甲酸＋NAD^+＝CO_2＋NADH

3. 醛脱氢酶（aldehyde dehydrogenase）EC 1.2.1.3

分类名：aldehyde：NAD^+ oxidoreductase

醛：NAD^+ 氧化还原酶

作用：催化醛加水脱氢，以 NAD^+ 为受体。

反应：醛＋NAD^+＋H_2O＝酸＋NADH

特异性：广泛地作用于醛，包括催化 D-葡糖醛酸内酯氧化，生成葡糖二酸。

4. 醛脱氢酶（$NADP^+$）（aldehyde dehydrogenase（$NADP^+$））EC 1.2.1.4

分类名：aldehyde：$NADP^+$ oxidoreductase

醛：$NADP^+$ 氧化还原酶

作用：催化醛加水脱氢，以 $NADP^+$ 为受体。

反应：醛＋$NADP^+$＋H_2O＝酸＋NADPH

5. 醛脱氢酶（$NAD(P)^+$）（aldehyde dehydrogenase（$NAD(P)^+$））EC 1.2.1.5

分类名：aldehyde：$NAD(P)^+$ oxidoreductase

醛：$NAD(P)^+$ 氧化还原酶

作用：催化醛加水脱氢；以 $NAD(P)^+$ 为受体。

反应：醛＋$NAD(P)^+$＋H_2O＝酸＋NAD(P)H

6. 苯甲醛脱氢酶（$NADP^+$）（benzaldehyde dehydrogenase（$NADP^+$））EC 1.2.1.7

分类名：benzaldehyde：$NADP^+$ oxidoreductase

苯甲醛：$NADP^+$ 氧化还原酶

作用：催化醛氧化，以 $NADP^+$ 为氢受体。

反应：苯甲醛＋$NADP^+$＋H_2O＝苯甲酸＋NADPH

7. 甜菜醛脱氢酶（betaine-aldehyde dehydrogenase）EC 1.2.1.8

分类名：betaine-aldehyde：NAD^+ oxidoreductase

　　　　甜菜醛：NAD$^+$ 氧化还原酶

　　作用：催化醛加水脱氢；以 NAD$^+$ 为受体。

　　反应：甜菜醛＋NAD$^+$＋H$_2$O ＝甜菜碱＋NADH

8. 磷酸甘油醛脱氢酶(NADP$^+$) (glyceraldehyde-phosphate dehydrogenase(NADP$^+$))

**　　EC 1.2.1.9**

　　分类名：D-glyceraldehyde-3-phosphate：NADP$^+$ oxidoreductase

　　　　　　D-甘油醛-3-磷酸：NADP$^+$ 氧化还原酶

　　别名：triosephosphate dehydrogenase　丙糖磷酸脱氢酶

　　作用：催化醛基脱氢，以 NADP$^+$ 为受体。

　　反应：D-甘油醛-3-磷酸＋NADP$^+$＋H$_2$O ＝3-磷酸-D-甘油酸＋NADPH

9. 乙醛脱氢酶(酰化) (acetaldehyde dehydrogenase(acylating)) EC 1.2.1.10

　　分类名：acetaldehyde：NAD$^+$ oxidoreductase(CoA-acylating)

　　　　　　乙醛：NAD$^+$ 氧化还原酶(CoA-酰化)

　　作用：催化乙醛脱氢，以 NAD$^+$ 为受体。

　　反应：乙醛＋CoA＋NAD$^+$＝酰基 CoA＋NADH

　　特异性：也催化羟乙醛、丙醛和丁醛的脱氢，但作用慢。

10. 天冬氨酸-半醛脱氢酶 (aspartate-semialdehyde dehydrogenase) EC 1.2.1.11

　　分类名：L-aspartate-β-semialdehyde：NADP$^+$ oxidoreductase(phosphorylating)

　　　　　　L-天冬氨酸-β-半醛：NADP$^+$ 氧化还原酶(磷酸化)

　　作用：催化醛基氧化，以 NADP$^+$ 为受体。

　　反应：L-天冬氨酸 β-半醛＋磷酸＋NADP$^+$＝L-β-天冬氨酰(基)磷酸＋NADPH

11. 磷酸甘油醛脱氢酶 (glyceraldehyde-phosphate dehydrogenase) EC 1.2.1.12

　　分类名：D-glyceraldehyde-3-phosphate：NAD$^+$ oxidoreductase(phosphorylating)

　　　　　　D-甘油醛-3-磷酸：NAD$^+$ 氧化还原酶(磷酸化)

　　别名：triosephosphate dehydrogenase　丙糖磷酸脱氢酶

　　作用：催化醛基氧化，以 NAD$^+$ 为氢受体。

　　反应：D-甘油醛-3-磷酸＋磷酸＋NAD$^+$＝3-磷酸-D-甘油酰磷酸＋NADH

　　特异性：也作用于 D-甘油醛和其它一些醛，但反应很慢；羟酸可替代磷酸。

12. 磷酸甘油醛脱氢酶(NADP$^+$)(磷酸化) (glyceraldehyde-phosphate dehydrogenase(NADP$^+$)

**　　(phosphorylating)) EC 1.2.1.13**

　　分类名：D-glyceraldehyde-3-phosphate：NADP$^+$ oxidoreductase(phosphorylating)

　　　　　　D-甘油醛-3-磷酸：NADP$^+$ 氧化还原酶(磷酸化)

　　别名：triosephosphate dehydrogenase(NADP$^+$)　丙糖磷酸脱氢酶(NADP$^+$)

　　作用：催化醛基脱氢，以 NADP$^+$ 为受体。

　　反应：D-甘油醛-3-磷酸＋磷酸＋NADP$^+$＝3-磷酸-D-甘油酰磷酸＋NADPH

13. IMP 脱氢酶 (IMP dehydrogenase) EC 1.2.1.14

　　分类名：IMP：NAD$^+$ oxidoreductase

　　　　　　IMP：NAD$^+$ 氧化还原酶

　　作用：催化氧化还原反应，以 NAD$^+$ 为氢受体。

反应：次黄苷-5′-磷酸＋NAD$^+$＋H$_2$O＝黄苷-5′-磷酸＋NADH

14. 丙二酸-半醛脱氢酶（malonate-semialdehyde dehydrogenase）EC 1. 2. 1. 15

分类名：malonate-semialdehye：NAD(P)$^+$ oxidoreductase

　　　　丙二酸-半醛：NAD(P)$^+$氧化还原酶

作用：催化半醛基团脱氢，以 NAD(P)$^+$ 为受体。

反应：丙二酸-半醛＋NAD(P)$^+$＋H$_2$O＝丙二酸＋NAD(P)H

15. 琥珀酸-半醛脱氢酶（NAD(P)$^+$）（succinate-semialdehyde dehydrogenase（NAD(P)$^+$））EC 1. 2. 1. 16

分类名：succinate-semialdehyde：NAD(P)$^+$ oxidoreductase

　　　　琥珀酸-半醛：NAD(P)$^+$氧化还原酶

作用：催化半醛脱氢，以 NAD(P)$^+$ 为受体。

反应：琥珀酸-半醛＋NAD(P)$^+$＋H$_2$O＝琥珀酸＋NAD(P)H

16. 乙醛酸脱氢酶(酰基化)（glyoxylate dehydrogenase(acylating)）EC 1. 2. 1. 17

分类名：glyoxylate：NADP$^+$ oxidoreductase(CoA-oxalylating)

　　　　乙醛酸：NADP$^+$氧化还原酶(CoA-草酰化)

作用：催化乙醛酸脱氢，以 NADP$^+$ 为受体。

反应：乙醛酸＋CoA＋NADP$^+$＝草酰-CoA＋NADPH

17. 丙二酸-半醛脱氢酶(乙酰化)（malonate-semialdehyde dehydeogenase(acetylating)）EC 1. 2. 1. 18

分类名：malonate-semialdehyde：NAD（P）$^+$ oxidoreductase(decrboxylating, CoA-acetylating)

　　　　丙二酸-半醛：NAD(P)$^+$氧化还原酶（脱羧，CoA-乙酰化)

作用：催化半醛基团脱氢，以 NAD(P)$^+$ 为受体。

反应：丙二酸-半醛＋CoA＋NAD(P)$^+$＝乙酰-CoA＋CO$_2$＋NAD(P)H

18. 氨基丁醛脱氢酶（aminobutyraldehyde dehydrogenase）EC 1. 2. 1. 19

分类名：4-aminobutyraldehyde：NAD$^+$ oxidoreductase

　　　　4-氨基丁醛：NAD$^+$氧化还原酶

作用：催化醛加水脱氢，以 NAD$^+$ 为受体。

反应：4-氨基丁醛＋NAD$^+$＋H$_2$O＝4-氨基丁酸＋NADH

19. 戊二酸-半醛脱氢酶（glutarate-semialdehyde dehydrogenase）EC 1. 2. 1. 20

分类名：glutarate-semialdehyde：NAD$^+$ oxidoreductase

　　　　戊二酸-半醛：NAD$^+$氧化还原酶

作用：催化戊二酸半醛氧化，以 NAD$^+$ 为受体。

反应：戊二酸-半醛＋NAD$^+$＋H$_2$O＝戊二酸＋NADH

20. 羟乙醛脱氢酶（glycolaldehyde dehydrogenase）EC 1. 2. 1. 21

分类名：glycolaldehyde：NAD$^+$ oxidoreductase

　　　　羟乙醛：NAD$^+$氧化还原酶

作用：催化羟乙醛脱氢，以 NAD$^+$ 为受体。

反应：羟乙醛＋NAD$^+$＋H$_2$O＝羟基乙酸＋NADH

21. 乳醛脱氢酶（lactaldehyde dehydrogenase）EC 1.2.1.22

分类名：L-lactaldehyde：NAD^+ oxidoreductase

L-乳醛：NAD^+ 氧化还原酶

作用：催化氧化还原反应，以 NAD^+ 为受体，作用于醛。

反应：L-乳醛＋NAD^+＋H_2O＝L-乳酸＋NADH

22. 2-氧(代)醛脱氢酶（2-oxoaldehyde dehydrogenase）EC 1.2.1.23

分类名：2-oxoaldehyde：$NAD(P)^+$ oxidoreductase

2-氧(代)醛：$NAD(P)^+$ 氧化还原酶

作用：催化醛脱氢，以 $NAD(P)^+$ 为受体。

反应：2-氧(代)醛＋$NAD(P)^+$＋H_2O＝2-氧(代)酸＋NAD(P)H

23. 琥珀酸-半醛脱氢酶（succinate-semialdehyde dehydrogenase）EC 1.2.1.24

分类名：succinate-semialdehyde：NAD^+ oxidoreductase

琥珀酸-半醛：NAD^+ 氧化还原酶

作用：催化半醛脱氢，以 NAD^+ 为受体。

反应：琥珀酸-半醛＋NAD^+＋H_2O＝琥珀酸＋NADH

24. 2-氧(代)异戊酸脱氢酶(酰化)（2-oxoisovalerate dehydrogenase（acylating））

EC 1.2.1.25

分类名：2-oxoisovalerate：NAD^+ oxidoreductase(CoA-isobutyrylating)

2-氧(代)异戊酸：NAD^+ 氧化还原酶(CoA-异丁酰化)

作用：催化氧化还原反应，作用于酮基，以 NAD^+ 为受体。

反应：2-氧(代)异戊酸＋CoA＋NAD^+＝异丁酰-CoA＋CO_2＋NADH

特异性：也作用于 L-2-氧(代)-3-甲基戊酸和 2-氧(代)异己酸。

25. 2,5-二氧(代)戊酸脱氢酶（2,5-dioxovalerate dehydrogenase）EC 1.2.1.26

分类名：2,5-dioxovalerate：$NADP^+$ oxidoreductase

2,5-二氧(代)戊酸：$NADP^+$ 氧化还原酶

作用：催化二氧(代)戊酸脱氢，以 $NADP^+$ 为受体。

反应：2,5-二氧(代)戊酸＋$NADP^+$＋H_2O＝2-酮戊二酸＋NADPH

26. 甲基丙二酸-半醛脱氢酶(酰化)（methylmalonate-semialdehyde dehydrogenase（acylating））

EC 1.2.1.27

分类名：methylmalonate-semialdehyde：NAD^+ oxidoreductase(CoA-propionylating)

甲基丙二酸-半醛：NAD^+ 氧化还原酶(CoA-丙酰化)

作用：催化醛基脱氢，以 NAD^+ 为受体。

反应：甲基丙二酸-半醛＋CoA＋NAD^+＝丙酰-CoA＋CO_2＋NADH

特异性：也催化丙醛成为丙酰-CoA 的反应。

27. 苯甲醛脱氢酶(NAD^+)（benzaldehyde dehydrogenase(NAD^+)）EC 1.2.1.28

分类名：benzaldehyde：NAD^+ oxidoreductase

苯甲醛：NAD^+ 氧化还原酶

作用：催化醛氧化，以 NAD^+ 为氢受体。

反应：苯甲醛＋NAD^+＋H_2O＝苯甲酸＋NADH

28. 芳(香)基-醛脱氢酶 （aryl-aldehyde dehydrogenase） EC 1. 2. 1. 29

分类名：aryl-aldehyde：NAD^+ oxidoreductase

芳(香)基-醛：NAD^+ 氧化还原酶

作用：催化芳族醛氧化，以 NAD^+ 为受体。

反应：芳族醛＋NAD^+＋H_2O＝芳族酸＋NADH

特异性：催化一些芳族醛的氧化；不作用于脂(肪)族醛。

29. 芳(香)基-醛脱氢酶（$NADP^+$） （aryl-aldehyde dehydrogenase（$NADP^+$）） EC 1. 2. 1. 30

分类名：aryl-aldehyde：$NADP^+$ oxidoreductase（ATP-forming）

芳(香)基-醛：$NADP^+$ 氧化还原酶（生成 ATP）

作用：催化芳族醛氧化，以 $NADP^+$ 为受体。

反应：芳族醛＋$NADP^+$＋ADP＋磷酸＋H_2O＝芳族酸＋NADPH＋ATP

30. 氨基己二酸-半醛脱氢酶 （aminoadipate-semialdehyde dehydrogenase） EC 1. 2. 1. 31

分类名：L-2-aminoadipate-6-semialdehyde：$NAD(P)^+$ oxidoreductase

L-2-氨基己二酸-6-半醛：$NAD(P)^+$ 氧化还原酶

作用：催化醛加水脱氢，以 $NAD(P)^+$ 为受体。

反应：L-2-氨基己二酸-6-半醛＋$NAD(P)^+$＋H_2O＝L-2-氨基己二酸＋$NAD(P)H$

31. 氨基己二烯二酸-半醛脱氢酶 （aminomuconate-semialdehyde dehydrogenase） EC 1. 2. 1. 32

分类名：2-aminomuconate-6-semialdehyde：NAD^+ oxidoreductase

2-氨基己二烯二酸-6-半醛：NAD^+ 氧化还原酶

作用：催化醛加水脱氢，以 NAD^+ 为受体。

反应：2-氨基己二烯二酸-6-半醛＋NAD^+＋H_2O＝2-氨基己二烯二酸＋NADH

特异性：也作用于 2-羟己二烯二酸半醛。

32. 泛解酸脱氢酶 （D-aldopantoate dehydrogenase） EC 1. 2. 1. 33

分类名：D-2-hydroxy-3,3-dimethyl-3-formylpropionate：NAD^+ 4-oxidoreductase

D-2-羟-3,3-二甲基-3-甲酰丙酸：NAD^+ 4-氧化还原酶

作用：催化甲酰丙酸基脱氢；以 NAD^+ 为受体。

反应：D-2-羟-3,3-二甲基-3-甲酰丙酸＋NAD^+＋H_2O＝3,3-二甲基-D-苹果酸＋NADH

33. D-甘露糖酸脱氢酶（$NAD(P)^+$） （D-mannonate dehydrogenase $NAD(P)^+$） EC 1. 2. 1. 34

分类名：D-mannonate：$NAD(P)^+$ 6-oxidoreductase （D-mannuronate-forming）

D-甘露糖酸：$NAD(P)^+$ 6-氧化还原酶 （生成 D-甘露糖醛酸）

作用：催化甘露糖酸脱氢，以 $NAD(P)^+$ 为受体。

反应：D-甘露糖酸＋$NAD(P)^+$＋H_2O＝D-甘露糖醛酸＋$NAD(P)H$

34. 糖醛酸脱氢酶 （uronate dehydrogenase） EC 1. 2. 1. 35

分类名：uronate：NAD^+ 1-oxidoreductase

糖醛酸：NAD^+ 1-氧化还原酶

作用：催化醛基脱氢氧化，以 NAD^+ 为受体。

反应：D-半乳糖醛酸＋NAD^+＋H_2O＝D-半乳糖二酸＋NADH

特异性：也作用于葡萄糖醛酸。

35. 视黄醛脱氢酶（retinal dehydrogenase）EC 1. 2. 1. 36

分类名：retinal：NAD^+ oxidoreductase

视黄醛：NAD^+ 氧化还原酶

作用：催化视黄醛加水脱氢，以 NAD^+ 为氢受体。

反应：视黄醛＋NAD^+＋H_2O＝视黄酸＋NADH

特异性：作用于 11-反(式)视黄醛和 13-顺(式)视黄醛。

36. 黄嘌呤脱氢酶（xanthine dehydrogenase）EC 1. 2. 1. 37

分类名：xanthine：NAD^+ oxidoreductase

黄嘌呤：NAD^+ 氧化还原酶

作用：催化醛基脱氢氧化，以 NAD^+ 为受体。

反应：黄嘌呤＋NAD^+＋H_2O＝尿酸＋NADH

特异性：作用于各种嘌呤和醛。

37. N-乙酰(基)-γ-谷氨酰(基)磷酸还原酶（N-acetyl-γ-glutamyl phosphate reductase）
EC 1. 2. 1. 38

分类名：N-acetyl-L-glutamate-5-semialdehyde：$NADP^+$ oxidoreductase（phosphorylating）

N-乙酰(基)-L-谷氨酸-5-半醛：$NADP^+$ 氧化还原酶(磷酸化)

作用：催化醛的氧化；以 $NADP^+$ 作为氢受体。

反应：N-乙酰(基)-L-谷氨酸-5-半醛＋$NADP^+$＋磷酸＝N-乙酰(基)-5-谷氨酰(基)磷
酸＋NADPH

38. 苯乙醛脱氢酶（phenylacetaldehyde dehydrogenase）EC 1. 2. 1. 39

分类名：phenylacetaldehyde：NAD^+ oxidoreductase

苯乙醛：NAD^+ 氧化还原酶

作用：催化醛基脱氢，以 NAD^+ 为受体。

反应：苯乙醛＋NAD^+＋H_2O＝苯乙酸＋NADH

39. 胆甾烷三醇-26-醛-26-脱氢酶（cholestanetriol-26-al-26-dehydrogenase）EC 1. 2. 1. 40

分类名：5β-cholestane-3α,7α,12α-triol-26-al：NAD^+ oxidoreductase

5β-胆甾烷-3α,7α,12α-三醇-26-醛：NAD^+ 氧化还原酶

作用：催化醛氧化，以 NAD^+ 为氢受体。

反应：5β-胆甾烷-3α,7α,12α-三醇-26-醛＋NAD^+＋H_2O＝5β-胆甾烷-3α,7α,12α-三醇-
26-酸＋NADH

40. 谷氨酸-半醛脱氢酶（glutamate-semialdehyde dehydrogenase）EC 1. 2. 1. 41

分类名：L-glutamate-γ-semialdehyde：$NADP^+$ oxidoreductase(phosphorylating)

L-谷氨酸-γ-半醛：$NADP^+$ 氧化还原酶(磷酸化)

别名：γ-Glutamylphosphate reductase　γ-谷氨酰磷酸还原酶

作用：催化醛氧化，以 $NADP^+$ 为氢受体。

反应：L-谷氨酸-γ-半醛＋磷酸＋$NADP^+$＝L-γ-谷氨酰磷酸＋NADPH

41. 十六烷醛脱氢酶(酰化)（hexadecanal dehydrogenase(acylating)）EC 1. 2. 1. 42

分类名：hexadecanal：NAD^+ oxidoreductase(CoA-acylating)

十六烷醛：NAD^+ 氧化还原酶(CoA-酰化)

别名：fatty acyl-CoA reductase　脂（肪）酰-CoA 脱氢酶

作用：催化烷醛基团脱氢，以 NAD^+ 为受体。

反应：十六烷醛＋CoA＋NAD^+＝十六（烷）酰-CoA＋NADH

特异性：也作用十八（烷）酰-CoA，但反应较慢。

42. 甲酸脱氢酶（$NADP^+$）（formate dehydrogenase（$NADP^+$）） EC 1. 2. 1. 43

分类名：formate：$NADP^+$ oxidoreductase

甲酸：$NADP^+$ 氧化还原酶

作用：催化甲酸脱氢，以 $NADP^+$ 为受体。

反应：甲酸＋$NADP^+$＝CO_2＋NADPH，可能含有硒和钨。

43. 肉桂酰-辅酶 A 还原酶 （cinnamoyl-CoA reductase） EC 1. 2. 1. 44

分类名：cinnamaldehyde：$NADP^+$ oxidoreductase（CoA-cinnamoylating）

肉桂醛：$NADP^+$ 氧化还原酶（CoA-肉桂酰化）

作用：催化醛脱氢，以 $NADP^+$ 为受体。

反应：肉桂醛＋CoA＋$NADP^+$＝肉桂酰-CoA＋NADPH

44. 2-羟-4-羧基黏康酸-6-半醛脱氢酶 （2-hydroxy-4-carboxymuconate-6-semialdehyde dehydrogenase） EC 1. 2. 1. 45

分类名：2-hydroxy-4-carboxy-*cis-cis*-muconate-6-semialdehyde：$NADP^+$ oxidoreductase

2-羟-4-羧-顺-顺-黏康酸-6-半醛：$NADP^+$ 氧化还原酶

作用：催化醛基脱氢，以 $NADP^+$ 为受体。

反应：2-羟-4-羧-顺-顺-黏康酸-6-半醛＋$NADP^+$＝2-羟-羧-顺-顺-黏康酸＋NADPH

特异性：本酶不作用于未取代的脂（肪）族或芳（香）族醛或葡萄糖；NAD 可以替代 $NADP^+$ 参与反应，但亲和力较低。

45. 甲酸脱氢酶（细胞色素）（formate dehydrogenase（cytochrome）） EC 1. 2. 2. 1

分类名：formate：ferricytochrome b_1 oxidoreductase

甲酸：高铁细胞色素 b_1 氧化还原酶

作用：催化甲酸脱氢，以细胞色素为受体。

反应：甲酸＋高铁细胞色素 b_1＝CO_2＋亚铁细胞色素 b_1

46. 丙酮酸脱氢酶（细胞色素）（pyruvate dehydrogenase（cytochrome）） EC 1. 2. 2. 2

分类名：pyruvate：ferricytochrome b_1 oxidoreductase

丙酮酸：高铁细胞色素 b_1 氧化还原酶

别名：pyruvate dehydrogenase　丙酮酸脱氢酶

作用：催化氧化还原反应，作用于丙酮酸，以细胞色素为受氢体。

反应[*]：丙酮酸＋高铁细胞色素 b_1＋H_2O＝乙酸＋CO_2＋亚铁细胞色素 b_1

[*] 需要二磷酸硫胺素参与反应。

47. 醛氧化酶 （aldehyde oxidase） EC 1. 2. 3. 1

分类名：aldehyde：oxygen oxidoreductase

醛：氧氧化还原酶

作用：催化醛加水脱氢，以氧为受体。

反应：醛＋H_2O＋O_2＝酸＋超氧物

特异性：也催化喹啉和吡啶的衍生物氧化。

48. 黄嘌呤氧化酶（xanthine oxidase）EC 1. 2. 3. 2

分类名：xanthine：oxygen oxidoreductase

黄嘌呤：氧氧化还原酶

别名：hypoxanthine oxidase　次黄嘌呤氧化酶

Schardinger enzyme　沙尔丁格酶

作用：催化醛基氧化，以氧作为氢受体。

反应：黄嘌呤＋H_2O＋O_2＝尿酸＋过氧化物

特异性：也催化次黄嘌呤，一些其它嘌呤和蝶呤化合物和醛；微球菌源性的酶可以利用铁氧还蛋白作为氢受体。

49. 丙酮酸氧化酶（pyruvate oxidase）EC 1. 2. 3. 3

分类名：pyruvate：oxygen oxidoreductase(phosphorylating)

丙酮酸：氧氧化还原酶（磷酸化）

别名：pyruvic oxidase　丙酮酸氧化酶

作用：催化丙酮酸氧化。

反应：丙酮酸＋磷酸＋O_2＋H_2O＝乙酰磷酸＋CO_2＋H_2O_2

特异性：需要二磷酸硫胺素参与反应。

50. 草酸氧化酶（oxalate oxidase）EC 1. 2. 3. 4

分类名：oxalate：oxygen oxidoreductase

草酸：氧氧化还原酶

作用：催化草酸氧化，以氧为受体。

反应：草酸＋O_2＝$2CO_2$＋H_2O_2

51. 乙醛酸氧化酶（glyoxylate oxidase）EC 1. 2. 3. 5

分类名：glyoxylate：oxygen oxidoreductase

乙醛酸：氧氧化还原酶

作用：催化乙醛酸脱氢，以氧分子为受体。

反应：乙醛酸＋H_2O＋O_2＝草酸＋H_2O_2

52. 丙酮酸氧化酶(CoA 乙酰化)（pyruvate oxidase(CoA-acetylating)）EC 1. 2. 3. 6

分类名：pyrulvate：oxygen oxidoreductase(CoA-acetylating)

丙酮酸：氧氧化还原酶（CoA-乙酰化）

作用：催化丙酮酸氧化。

反应：丙酮酸＋CoA＋O_2＝乙酰-CoA＋CO_2＋H_2O_2

53. 丙酮酸脱氢酶(硫辛酰胺)（pyruvate dehydrogenase(lipoamide)）EC 1. 2. 4. 1

分类名：pyruvate：lipoamide oxidoreductase(decarboxylating and acceptor-acetylating)

丙酮酸：硫辛酰胺氧化还原酶（脱羧和受体乙酰化）

别名：pyruvate dehydrogenase　丙酮酸脱氢酶

作用：催化氧化还原反应，作用于丙酮酸，以硫辛酰胺为氢受体。

反应*：丙酮酸＋硫辛酰胺＝S^6-乙酰二氢酰辛酰胺＋CO_2

　　*需要二磷酸硫胺素参与反应。

54. 酮戊二酸脱氢酶 （oxoglutarate dehydrogenase） EC 1. 2. 4. 2

分类名：2-oxoglutarate：lipoamide oxidoreductase(decarboxylating and acceptor-succinylating)

2-酮戊二酸：硫辛酰胺氧化还原酶(脱羧和受体琥珀酰化)

别名：α-ketoglutaric dehydrogenase　α-酮戊二酸脱氢酶

作用：催化氧化还原反应，作用于酮基，以二硫化物为受体。

反应：2-酮戊二酸＋硫辛酰胺＝S^6-琥珀酰二氢硫辛酰胺＋CO_2

特异性：需要二磷酸硫胺素参与反应；本酶是 2-酮戊二酸脱氢酶体系多酶复合物的组成成分。

55. 2-氧(代)异戊酸脱氢酶(硫辛酰胺) （2-oxoisovalerate dehydrogenase lipoamide） EC 1. 2. 4. 4

分类名：2-oxoisovalerate：lipoamide oxidoreductase （decarboxylating and accceptor-isobutyrylating）

2-氧(代)异戊酸：硫辛酰胺氧化还原酶 （脱羧和受体异丁酰化）

别名：branched-chein α-keto acid dehydrogenase　分支 α-酮酸脱氢酶

作用：催化氧化还原反应，作用于酮基，以二硫化合物为受体。

反应：2-氧(代)异戊酸＋硫辛酰胺＝S^6-异丁酰二氢硫辛酰胺＋CO_2

特异性：需要二磷酸硫胺素；本酶是一种多酶复合物，也作用 2-氧(代)-异己酸和 2-氧(代)-3-甲基戊酸。

56. 丙酮酸合酶 （pyruvate synthase） EC 1. 2. 7. 1

分类名：pyruvate-ferredoxin oxidoreductase(CoA-acetylating)

丙酮酸-铁氧还蛋白氧化还原酶(CoA-乙酰化)

作用：催化氧化还原反应，作用于丙酮酸，以铁氧还蛋白为氢受体。

反应：丙酮酸＋CoA＋氧化型铁氧还蛋白＝乙酰-CoA＋CO_2＋还原型铁氧还蛋白

57. 2-氧(代)丁酸合酶 （2-oxobutyrate synthase） EC 1. 2. 7. 2

分类名：2-oxobutyrate：ferredoxin oxidoreductase(CoA-propionylating)

2-氧(代)丁酸：铁氧还蛋白氧化还原酶(CoA-丙酰化)

作用：催化氧化还原反应，作用于酮基，以铁硫蛋白为受体。

反应：2-氧(代)丁酸＋CoA＋氧化型铁氧还蛋白＝丙酰-CoA＋CO_2＋还原型铁氧还蛋白

58. 2-酮戊二酸合酶 （2-oxoglutarate synthase） EC 1. 2. 7. 3

分类名：2-oxoglutarate：ferredoxin oxidoreductase(CoA-succinylating)

2-酮戊二酸：铁氧还蛋白氧化还原酶(CoA-琥珀酰化)

作用：催化氧化还原反应，作用于酮基，以铁硫蛋白为受体。

反应：2-酮戊二酸＋CoA＋氧化型铁氧还蛋白＝琥珀酰-CoA＋CO_2＋还原型铁氧还蛋白

59. 尿嘧啶脱氢酶 （uracil dehydrogenase） EC 1. 2. 99. 1

分类名：uracil：（acceptor)oxidoreductase

尿嘧啶：(受体)氧化还原酶

作用：催化尿嘧啶脱氢。

反应：尿嘧啶＋受体＝巴比妥酸＋还原型受体

特异性：也催化胸腺嘧啶氧化。

第三节　催化 CH—CH 基团氧化还原的酶

1. 二氢尿嘧啶脱氢酶（dihydrouracil dehydrogenase）EC 1.3.1.1

　　分类名：5,6-dihydrouracil：NAD^+ oxidoreductase

　　　　　　5,6-二氢尿嘧啶：NAD^+ 氧化还原酶

　　作用：催化 CH—CH 基团脱氢，以 NAD^+ 为受体。

　　反应：5,6-二氢尿嘧啶＋NAD^+＝尿嘧啶＋NADH

2. 二氢尿嘧啶脱氢酶($NADP^+$)（dihydrouracil dehydrogenase($NADP^+$)) EC 1.3.1.2

　　分类名：5,6-dihydrouracil：$NADP^+$ oxidoreductase

　　　　　　5,6-二氢尿嘧啶：$NADP^+$ 氧化还原酶

　　作用：催化 CH—CH 基团脱氢，以 $NADP^+$ 为受体。

　　反应：5,6-二氢尿嘧啶＋$NADP^+$＝尿嘧啶＋NADPH

　　特异性：也作用于二氢胸腺嘧啶。

3. 可的松 β-还原酶（cortisone β-reductase）EC 1.3.1.3

　　分类名：4,5β-dihydrocortisone：$NADP^+$ Δ^4-oxidoreductase

　　　　　　4,5β-双氢可的松：$NADP^+$ Δ^4-氧化还原酶

　　作用：催化双氢可的松的 CH—CH 基团氧化，以 $NADP^+$ 为氢受体。

　　反应：4,5β-双氢可的松＋$NADP^+$＝可的松＋NADPH

4. 可的松 α-还原酶（cortisone α-reductase）EC 1.3.1.4

　　分类名：4,5α-dihydroconisone：$NADP^+$ Δ^4-oxidoreductase

　　　　　　4,5α-双氢可的松：$NADP^+$ Δ^4-氧化还原酶

　　作用：催化双氢可的松的 CH—CH 基团氧化，以 $NADP^+$ 为氢受体。

　　反应：4,5α-双氢可的松＋$NADP^+$＝可的松＋NADPH

5. 葫芦素 Δ^{23}-还原酶（cucurbitacin Δ^{23}-reductase）EC 1.3.1.5

　　分类名：23,24-dihydrocucurbitacin：$NAD(P)^+$ Δ^{23}-oxidorductase

　　　　　　23,24-二氢葫芦素：$NAD(P)^+$ Δ^{23}-氧化还原酶

　　作用：催化二氢葫芦素脱氢，以 $NAD(P)^+$ 为受体。

　　反应[*]：23,24-二氢葫芦素＋$NAD(P)^+$＝葫芦素＋$NAD(P)H$

　　　　　　[*] 需要 Mn^{2+}；Fe^{2+} 或 Zn^{2+} 可替代 Mn^{2+} 起一些作用。

6. 延胡索酸还原酶(NADH)（fumarate reductase）EC 1.3.1.6

　　分类名：succinate：NAD^+ oxidoreductase

　　　　　　琥珀酸：NAD^+ 氧化还原酶

　　作用：催化琥珀酸脱氢，作用于 CH—CH，以 NAD^+ 为受体。

　　反应：琥珀酸＋NAD^+＝延胡索酸＋NADH

7. *meso*-酒石酸脱氢酶（*meso*-tartrate dehydrogenase）EC 1.3.1.7

　　分类名：*meso*-tartrate：NAD^+ oxidoreductase

　　　　　　meso-酒石酸：NAD^+ 氧化还原酶

　　作用：催化 CH—CH 基团脱氢，以 NAD^+ 为受体。

反应：*meso*-酒石酸＋NAD$^+$═二羟延胡索酸＋NADH

8. 酰基-辅酶 A 脱氢酶（NADP$^+$）（acyl-CoA dehydrogenase（NADP$^+$）） EC 1.3.1.8

分类名：acyl-CoA：NADP$^+$ oxidoreductase

酰基-CoA：NADP$^+$ 氧化还原酶

别名：enoyl-CoA reductase　烯酰-CoA 还原酶

作用：催化氧化还原反应，作用于 CH—CH（供体），以 NADP$^+$ 为受体。

反应：酰基-CoA＋NADP$^+$═2,3-脱氢酰基-CoA＋NADPH

特异性：作用于 C$_4$～C$_{16}$ 的烯酰（基）-CoA 衍生物，对 2-已烯酰-CoA 的活性最高。

9. 烯酰（基）-[酰基载体蛋白]还原酶 （enoyl-[acyl-carrier-protein]reductase） EC 1.3.1.9

分类名：acyl-[acyl-carrier-protein]：NAD$^+$ oxidoreductase

酰(基)-[酰基载体蛋白]：NAD$^+$ 氧化还原酶

作用：催化 CH—CH 基团脱氢，以 NAD$^+$ 为受体。

反应：酰(基)-[酰基载体蛋白]＋NAD$^+$═2,3-脱氢酰(基)-[酰基载体蛋白]＋NADH

特异性：催化碳链长为 C$_4$～C$_{16}$ 的烯酰(基)-[酰基载体蛋白]衍生物脱氢。

10. 烯酰（基）[酰基载体蛋白]还原酶（NADP$^+$） （enoyl-[acyl-carrier-protein]reductase NADP$^+$） EC 1.3.1.10

分类名：acyl-[acyl-carrier-protein]：NADP$^+$ oxidoreductase

酰(基)-[酰基载体蛋白]：NADP$^+$ 氧化还原酶

作用：催化 CH—CH 基团脱氢，以 NADP$^+$ 为受体。

反应：酰(基)-[酰基载体蛋白]＋NADP$^+$═2,3-脱氢酰(基)[酰基载体蛋白]＋NADPH

特异性：催化碳链长为 C$_4$～C$_{16}$ 的烯酰(基)-[酰基载体蛋白]衍生物脱氢。

11. 黄木樨酸脱氢酶 （melilotate dehydrogenase） EC 1.3.1.11

分类名：2-hydroxyphenylpropionate：NAD$^+$ oxidoreuctase

2-羟苯基丙酸：NAD$^+$ 氧化还原酶

作用：催化 CH—CH 基团脱氢，以 NAD$^+$ 为受体。

反应：2-羟苯基丙酸＋NAD$^+$═邻香豆酸＋NADH

12. 预苯酸脱氢酶 （prephenate dehydrogenase） EC 1.3.1.12

分类名：prephenate：NAD$^+$ oxidoreductase(decarboxylting)

预苯酸：NAD$^+$ 氧化还原酶(脱羧)

作用：催化 CH—CH 基团脱氢，以 NAD$^+$ 为受体。

反应：预苯酸＋NAD$^+$═4-羟苯基丙酮酸＋CO$_2$＋NADH

特异性：由肠道菌提取的酶也具有分支酸变位酶活性，可催化支酸转变为预苯酸。

13. 预苯酸脱氢酶（NADP$^+$） （prephenate dehydrogenase（NADP$^+$）） EC 1.3.1.13

分类名：prephenate：NADP$^+$ oxidoreductase(decarboxyting)

预苯酸：NADP$^+$ 氧化还原酶(脱羧)

作用：催化 CH—CH 基团脱氢，以 NADP$^+$ 为受体。

反应：预苯酸＋NADP$^+$═4-羟苯基丙酮酸＋CO$_2$＋NADPH

14. 乳清酸还原酶 （orotate reductase） EC 1.3.1.14

分类名：L-5,6-dihydroorotate：NAD$^+$ oxidoreductase

L-5,6-二氢乳清酸：NAD^+ 氧化还原酶

作用：催化 CH—CH 基团脱氢，以 NAD^+ 为受体。

反应：L-5,6-二氢乳清酸＋NAD^+＝乳清酸＋NADH

15. 乳清酸还原酶($NADP^+$)(orotate reductase ($NADP^+$)) EC 1. 3. 1. 15

分类名：L-5,6-dihydroorotate：$NADP^+$ oxidoreductase

　　　　L-5,6-二氢乳清酸：$NADP^+$ 氧化还原酶

作用：催化 CH—CH 基团脱氢，以 $NADP^+$ 为受体。

反应：L-5,6-二氢乳清酸＋$NADP^+$＝乳清酸＋NADPH

16. β-硝基丙烯酸还原酶 (β-nitroacrylate reductase) EC 1. 3. 1. 16

分类名：3-nitropropionate：$NADP^+$ oxidoreductase

　　　　3-硝基丙酸：$NADP^+$ 氧化还原酶

作用：催化氧化还原反应，作用于 CH—CH 基团，以 $NADP^+$ 为受体。

反应：3-硝基丙酸＋$NADP^+$＝3-硝基丙烯酸＋NADPH

17. 3-亚甲基羟吲哚还原酶 (3-methyleneoxindole reductase) EC 1. 3. 1. 17

分类名：3-methyloxindol：$NADP^+$ oxidoreductase

　　　　3-甲基羟吲哚：$NADP^+$ 氧化还原酶

作用：催化甲基脱氢，以 $NADP^+$ 为受体。

反应：3-甲基羟吲哚＋$NADP^+$＝3-亚甲基羟吲哚＋NADPH

18. 犬尿喹啉酸-7,8-二氢二醇脱氢酶 (kynurenate-7,8-dihydrodiol dehydrogenase) EC 1. 3. 1. 18

分类名：7,8-dihydro-7,8-dihydroxykynurenate：NAD^+ oxidoreductase

　　　　7,8-二氢-7,8-二羟犬尿喹啉酸：NAD^+ 氧化还原酶

作用：催化 CH—CH 基团脱氢，以 NAD^+ 为受体。

反应：7,8-二氢-7,8-二羟犬尿喹啉酸＋NAD^+＝7,8-二羟犬尿喹啉酸＋NADH

19. 顺(式)-1,2-二氢苯-1,2-二醇脱氢酶 (cis-1,2-dihydrobenzene-1,2-dioldehydrogenase) EC 1. 3. 1. 19

分类名：cis-1,2-dihydrobenzene-1,2-diol：NAD^+ oxidoreductase

　　　　顺(式)-1,2-二氢苯-1,2-二醇：NAD^+ 氧化还原酶

作用：催化 CH—CH 基团脱氢，以 NAD^+ 为受体。

反应：顺(式)-1,2-二氢苯-1,2-二醇＋NAD^+＝儿茶酚＋NADH

20. 反(式)-1,2-二氢苯-1,2-二醇脱氢酶 (trans-1,2-dihydrobenzene-1,2-dioldehydrogenase) EC 1. 3. 1. 20

分类名：trans-1,2-dihydronbenzene-1,2-diol：$NADP^+$ oxidoreductase

　　　　反(式)-1,2-二氢苯-1,2-二醇：$NADP^+$ 氧化还原酶

作用：催化 CH—CH 脱氢，以 $NADP^+$ 为受体。

反应：反(式)-1,2-二氢苯-1,2-二醇＋$NADP^+$＝儿茶酚＋NADPH

21. 7-脱氢胆甾醇还原酶 (7-dehydrocholesterol reductase) EC 1. 3. 1. 21

分类名：cholesterol：$NADP^+$ Δ^7-oxidoreductase

　　　　胆甾醇：$NADP^+$ Δ^7-氧化还原酶

作用：催化 CH—CH 脱氢，以 NADP$^+$ 为受体。

反应：胆甾醇＋NADP$^+$＝＝胆(甾)-5,7-二烯-3β-醇＋NADPH

22. 胆甾烯酮 5α-还原酶 （cholestenone 5α-reductase） EC 1.3.1.22

分类名：3-oxo-5α-sterold：NADP$^+$ Δ^4-oxidoreductase

3-氧(代)-5α-类固醇：NADP$^+$ Δ^4-氧化还原酶

作用：催化氧化还原反应，作用于 CH—CH 基团，以 NADP$^+$ 为受体。

反应：5β-胆甾烷-3-酮＋NADP$^+$＝＝胆甾-4-烯-3-酮＋NADPH

23. 胆甾烯酮 5β-还原酶 （cholestenone 5β-reductase） EC 1.3.1.23

分类名：3-oxo-5β-sterold：NADP$^+$ Δ^4-oxidoreductase

3-氧(代)-5β-类固醇：NADP$^+$ Δ^4-氧化还原酶

作用：催化 CH—CH 键脱氢，以 NADP$^+$ 为受体。

反应：5β-胆甾烷-3-酮＋NADP$^+$＝＝胆甾-4-烯-3-酮＋NADPH

24. 胆绿素还原酶 （biliverdin reductase） EC 1.3.1.24

分类名：bilirubin：NAD(P)$^+$ oxidoreductase

胆红素：NAD(P)$^+$ 氧化还原酶

作用：催化胆红素氧化；以 NAD(P)$^+$ 为受体。

反应：胆红素＋NAD(P)$^+$＝＝胆绿素＋NAD(P)H

25. 3,5-环己二烯-1,2-二醇-1-羧酸脱氢酶 （3,5-cyclohexadiene-1,2-diol-carboxylate dehydrogenase） EC 1.3.1.25

分类名：3,5-cyclohexadiene-1,2-diol-l-carboxylate：NAD$^+$ oxidoreductase （decarboxylating)

3,5-环己二烯-1,2-二醇-1-羧酸：NAD$^+$ 氧化还原酶 （脱羧）

作用：催化氧化脱羧反应，以 NAD$^+$ 为氢受体。

反应：3,5-环己二烯-1,2-二醇-1-羧酸＋NAD$^+$＝＝儿茶酚＋CO$_2$＋NADH

26. 二氢二吡啶羧酸还原酶 （dihydrodipicolinate reductase） EC 1.3.1.26

分类名：2,3,4,5-tetrahydrodipicolinate：NAD(P)$^+$ oxidoreductase

2,3,4,5-四氢二吡啶羧酸：NAD(P)$^+$ 氧化还原酶

作用：催化 CH—CH 基团脱氢，以 NAD(P)$^+$ 为受体。

反应：2,3,4,5-四氢二吡啶羧酸＋NAD(P)$^+$＝＝2,3-二氢二吡啶羧酸＋NAD(P)H

27. 2-十六烯醛还原酶 （2-hexadecenal reductase） EC 1.3.1.27

分类名：hexadecanal：NADP$^+$ oxidoreductase

十六烷醛：NADP$^+$ 氧化还原酶

别名：2-alkenal reductase 2-链烯醛还原酶

作用：催化 CH—CH 基团脱氢，以 NADP$^+$ 为受体。

反应：十六烷醛＋NADP$^+$＝＝2-反(式)-十六烯醛＋NADPH

特异性：特异地催化 C$_{14}$～C$_{16}$ 链长的 2-反(式)和 2-顺(式)链烯醛。

28. 2,3-二氢-2,3-二羟(基)苯甲酸脱氢酶 （2,3-dihydro-2,3-dihydroxybenzoate dehydrogenase） EC 1.3.1.28

分类名：2,3-dihydro-2,3-dihydroxybenzoate：NAD$^+$ oxidoreductase

2,3-二氢-2,3-二羟(基)苯甲酸：NAD^+氧化还原酶

作用：催化 CH—CH 键脱氢，以 NAD^+ 为受体。

反应：2,3-二氢-2,3-二羟(基)苯甲酸＋NAD^+＝2,3-二羟(基)苯甲酸＋NADH

29. 顺(式)-1,2-二氢-1,2-二羟(基)萘脱氢酶 (*cis*-1,2-dihydro-1,2-dihydroxynaphthalene dehydrogenase) EC 1.3.1.29

分类名：*cis*-1,2-dihydro-1,2-dihydroxynaphthalene：NAD^+ 1,2-oxidoreductase

顺(式)-1,2-二氢-1,2-二羟(基)萘：NAD^+ 1,2-氧化还原酶

作用：催化 CH—CH 键脱氢，以 NAD^+ 为受体。

反应：顺(式)-1,2-二氢-1,2-二羟(基)萘＋NAD^+＝1,2-二羟(基)萘＋NADH

特异性：也催化顺(式)二氢二醇和顺(式)菲二氢二醇氧化，但反应速率减半。

30. 黄体酮 5α-还原酶 (progesterone 5α-reductase) EC 1.3.1.30

分类名：5α-pregnan-3,20-dione：$NADP^+$ oxidoreductase

5α-孕(甾)-3,20-二酮：$NADP^+$氧化还原酶

作用：催化 CH—CH 基团脱氢，以 $NADP^+$ 为受体。

反应：5α-孕(甾)-3,20-二酮＋$NADP^+$＝黄体酮＋NADPH

特异性：睾(甾)酮和 20α-羟-4-孕(甾)烯-3-酮可替代黄体酮参与反应。

31. 半乳糖酸内酯脱氢酶 (galactonolactone dehydrogenase) EC 1.3.2.3

分类名：L-calactono-γ-lactone：ferricytocrome c oxidoreductase

L-半乳糖酸-γ-内酯：高铁细胞色素 c 氧化还原酶

作用：催化 CH—CH 基团脱氢，以细胞色素 c 为受体。

反应：L-半乳糖酸-γ-内酯＋2 高铁细胞色素 c＝L-抗坏血酸＋2 亚铁细胞色素 c

32. 二氢乳清酸氧化酶 (dihydroorotate oxidase) EC 1.3.3.1

分类名：L-5,6-dihydroorotate：oxygen oxidoreductase

L-5,6-二氢乳清酸：氧氧化还原酶

作用：催化 CH—CH 基团脱氢，以氧为受体。

反应[*]：L-5,6-二氢乳清酸＋O_2＝乳清酸＋H_2O_2

[*] 铁氰化物也可作为受体。

33. 7-烯胆(甾)烷醇氧化酶 (lathosterol oxidase) EC 1.3.3.2

分类名：5α-cholest-7-en-3β-ol：oxygen Δ^5-oxidoreductase

5α-胆甾-7-烯-3β-醇：氧 Δ^5-氧化还原酶

作用：催化 CH—CH 基团脱氢，以氧为受体。

反应：5α-胆甾-7-烯-3β-醇＋O_2＝胆甾-5,7-二烯-3β-醇＋H_2

34. 粪卟啉原氧化酶 (coproporphyrinogen oxidase) EC 1.3.3.3

分类名：corproporphyrinogen：oxygen oxidoreductase (decarboxylating)

粪卟啉原：氧氧化还原酶 (脱羧)

别名：coproporphyrinogenase 粪卟啉原酶

作用：催化粪卟啉原Ⅲ的 CH—CH 基团氧化；以氧为受体。

反应：粪卟啉原Ⅲ＋O_2＝原卟啉原-Ⅸ＋$2CO_2$

35. 原卟啉原氧化酶 (protoporphyrinogen oxidase) EC 1.3.3.4

分类名：protoporphyrinogen-Ⅸ：oxygen oxidoreductase

原卟啉原-Ⅸ：氧氧化还原酶

作用：催化 CH—CH 基团脱氢氧化，以氧为受体。

反应：原卟啉原-Ⅸ+O_2═原卟啉-Ⅸ+H_2O

特异性：也作用于中卟啉原-Ⅸ。

36. 6-羟烟酸还原酶 （6-hydroxynicotinate reductase） EC 1. 3. 7. 1

分类名：1,4,5,6-tetrahydro-6-oxo-nicotinate：ferredoxin oxidoreductase

1,4,5,6-四羟-6-氧（代）烟酸：铁氧还蛋白氧化还原酶

别名：6-oxotetrahyro-nicotinate dehydrogenase　6-氧（代）四氢烟酸脱氢酶

作用：催化 CH—CH 基团脱氢，以铁氧还蛋白为受体。

反应：1,4,5,6-四氢-6-氧（代）烟酸+氧化型铁氧还蛋白═6-羟烟酸+还原型铁氧还蛋白

37. 琥珀酸脱氢酶 （succinate dehydrogenase） EC 1. 3. 99. 1

分类名：succinate：（acceptor） oxidoreductase

琥珀酸：（受体） 氧化还原酶

别名：succinic dehydrogenase　琥珀酸脱氢酶

fumarate reductase　延胡索酸还原酶

fumararic hydrogenase　延胡索酸氢化酶

作用：催化 CH—CH 基团脱氢。

反应：琥珀酸+受体═延胡索酸+还原型受体

38. 丁酰-辅酶 A 脱氢酶 （butyryl-CoA dehydrogenase） EC 1. 3. 99. 2

分类名：butyryl-CoA：（acceptor）oxidoreductase

丁酰-CoA：（受体）氧化还原酶

别名：butyryl dehydrogenase　丁酰脱氢酶

ethylene reductase　乙烯还原酶

unsaturated acyl-CoA reductase　不饱和酰（基）-CoA 还原酶

作用：催化丁酰-CoA 氧化

反应：丁酰-CoA+受体═丁烯酰-CoA+还原型受体

39. 酰基-辅酶 A 脱氢酶 （acyl-CoA dehydrogenase） EC 1. 3. 99. 3

分类名：acyl-CoA：（acceptor） oxidoreductase

酰基-CoA：（受体） 氧化还原酶

别名：acyl dehydrogenase　酰基脱氢酶

作用：催化氧化还原反应；作用于 CH—CH （供体）。

反应：酰基-CoA+受体═2,3-脱氢酰基-CoA+还原型受体

40.3-氧（代）类固醇 Δ^1-脱氢酶 （3-oxosteroid Δ^1-dehydrogenase） EC 1. 3. 99. 4

分类名：3-oxosteroid：（acceptor） Δ^1-oxidoreductase

3-氧（代）类固醇：（受体） Δ^1-氧化还原酶

作用：催化 CH—CH 基团脱氢。

反应：3-氧（代）类固醇+受体═Δ^1-3-氧（代）类固醇+还原型受体

41. 3-氧（代）-5α-类固醇 Δ^4-脱氢酶 （3-oxo-5α-steroid Δ^4-dehydrogenase） EC 1. 3. 99. 5

分类名：3-oxo-5α-steroid：（acceptor） Δ^4-oxidoreductase

3-氧(代)-5α-类固醇：(受体) Δ^4-氧化还原酶

作用：催化 CH—CH 基团脱氢。

反应：3-氧(代)-5α-类固醇＋受体＝3-氧(代)- Δ^4-类固醇＋还原型受体

42. 3-氧(代)-5β-类固醇 Δ^4-脱氢酶（3-oxo-5β-steroid Δ^4-dehydrogenase）EC 1. 3. 99. 6

分类名：3-oxo-5β-steroid：(acceptor) Δ^4-oxidoreductase

3-氧(代)-5β-类固醇：(受体) Δ^4-氧化还原酶

作用：催化 CH—CH 基团脱氢。

反应：3-氧(代)-5β-类固醇＋受体＝3-氧(代)- Δ^4-类固醇＋还原型受体

43. 戊二酰-辅酶 A 脱氢酶（glutaryl-CoA　dehydrogenase）EC 1. 3. 99. 7

分类名：glutaryl-CoA：(acceptor)oxidoreductase(decarboxylating)

戊二酚-CoA：(受体) 氧化还原酶（脱羧）

作用：催化戊二酰-CoA 脱氢。

反应：戊二酰-CoA＋受体＝巴豆酰-CoA＋CO_2＋还原型受体

44. 2-糠酰-辅酶 A 脱氢酶（2-furoyl-CoA dehydrogenase）EC 1. 3. 99. 8

分类名：2-furoyl-CoA：(acceptor)oxidoreductase(hydroxylating)

2-糠酰-CoA：(受体) 氧化还原酶（羟化）

别名：furoyl-CoA hydroxylase　糠酰-CoA 羟化酶

作用：催化糠酰-CoA 脱氢，作用于 CH—CH 基团。

反应：2-糠酰-CoA＋H_2O＋受体＝5-羟-2-糠酰-CoA＋还原型受体

45. β-环对二氮苯酸脱氢酶（β-cyclopiazonate dehydrogenase）EC 1. 3. 99. 9

分类名：β-cyclopiazonate：(acceptor) oxidoreductase(cyclizing)

β-环对二氮苯酸：(受体)氧化还原酶(环化)

别名：β-cyclopiazonate oxidocyclase　β-环对二氮苯酸氧环化酶

作用：催化氧化还原反应，作用于 CH—CH 基团。

反应[*]：β-环对二氮苯酸＋受体＝α-环对二氮苯酸＋还原型受体

[*]细胞色素 c 和各种染料可以作为受体。

46. 异戊酰-辅酶 A 脱氢酶（isovaleryl-CoA dehydrogenase）EC 1. 3. 99. 10

分类名：isovaleryl-CoA：(acceptor)oxidoreductase

异戊酰-CoA：(受体)氧化还原酶

作用：催化 CH—CH 基团脱氢。

反应：异戊酰-CoA＋受体＝3-甲基巴豆酰-CoA＋还原型受体

第四节　催化 CH—NH$_2$ 基团氧化还原的酶

1. 丙氨酸脱氢酶（alanine dehydrogenase）EC 1. 4. 1. 1

分类名：L-alanine：NAD^+ oxidoreductase(deaminating)

L-丙氨酸：NAD^+ 氧化还原酶(脱氨)

作用：催化丙氨酸脱氢，作用于 CH—NH$_2$基团，以 NAD^+ 为受体。

反应：L-丙氨酸＋H_2O＋NAD^+＝丙酮酸＋NH_3＋NADH

2. 谷氨酸脱氢酶（glutamate dehydrogenase）EC 1.4.1.2

分类名：L-glutamate：NAD^+ oxidoreductase(deaminating)

L-谷氨酸：NAD^+ 氧化还原酶(脱氨)

别名：glutamic dehydrogenase　谷氨酸脱氢酶

作用：催化 $CH—NH_2$ 基团氧化，以 NAD^+ 为氢受体。

反应：L-谷氨酸$+H_2O+NAD^+$ ＝2-酮戊二酸$+NH_3+NADH$

3. 谷氨酸脱氢酶（$NAD(P)^+$）（glutamate dehydrogenase($NAD(P)^+$)）EC 1.4.1.3

分类名：L-glutamate：$NAD(P)^+$ oxidoreductase(deaminating)

L-谷氨酸：$NAD(P)^+$ 氧化还原酶(脱氨)

别名：glutamic dehydrogenase　谷氨酸脱氢酶

作用：催化 $CH—NH_2$ 基团氧化，以 $NAD(P)^+$ 为氢受体。

反应：L-谷氨酸$+H_2O+NAD(P)^+$ ＝2-酮戊二酸$+NH_3+NAD(P)H$

4. 谷氨酸脱氢酶（$NADP^+$）（glutamate dehydrogenase($NADP^+$)）EC 1.4.1.4

分类名：L-glutamate：$NADP^+$ oxidoreductase(deaminating)

L-谷氨酸：$NADP^+$ 氧化还原酶(脱氨)

别名：glutamic dehydrogenase　谷氨酸脱氢酶

作用：催化 $CH—NH_2$ 基团氧化，以 $NADP^+$ 为氢受体

反应：L-谷氨酸$+H_2O+NADP^+$ ＝2-酮戊二酸$+NH_3+NADPH$

5. L-氨基酸脱氢酶（L-aminoacid dehydrogenase）EC 1.4.1.5

分类名：L-aminoacid：NAD^+ oxidoreductase(deaminating)

L-氨基酸：NAD^+ 氧化还原酶(脱氨)

作用：催化氨基酸脱氢，作用于 $CH—NH_2$ 基团，以 NAD^+ 为受体。

反应：L-氨基酸$+H_2O+NAD^+$ ＝2-氧(代)酸$+NH_3+NADH$

特异性：也作用于脂(肪)族氨基酸。

6. D-脯氨酸还原酶（D-proline reductase）EC 1.4.1.6

分类名：5-aminovalerate：NAD^+ oxidoreductase(cyclizing)

5-氨基戊酸：NAD^+ 氧化还原酶(环化)

作用：催化 $CH—NH_2$ 基团脱氢，以 NAD^+ 为受体。

反应：5-氨基戊酸$+NAD^+$ ＝D-脯氨酸$+NADH$

7. 丝氨酸脱氢酶（serine dehydrogenase）EC 1.4.1.7

分类名：L-serine：NAD^+ oxidoreductase(deaminating)

L-丝氨酸：NAD^+ 氧化还原酶(脱氨)

作用：催化氧化还原反应，作用于 $CH—NH_2$ 基团，以 NAD^+ 为氢受体。

反应：L-丝氨酸$+H_2O+NAD^+$ ＝3-羟丙酮酸$+NH_3+NADH$

8. 缬氨酸脱氢酶（$NADP^+$）（valine dehydrogenase（$NADP^+$)）EC 1.4.1.8

分类名：L-valine：$NADP^+$ oxidoreductase(deaminating)

L-缬氨酸：$NADP^+$ 氧化还原酶(脱氨)

作用：催化缬氨酸脱氢氧化，以 $NADP^+$ 为受体。

反应：L-缬氨酸$+H_2O+NADP^+$ ＝3-甲基-2-氧(代)丁酸$+NH_3+NADPH$

9. 亮氨酸脱氢酶 (leucine dehydrogenase) EC 1. 4. 1. 9

  分类名：L-leucine：NAD^+ oxidoreductase(deaminating)

    L-亮氨酸：NAD^+ 氧化还原酶(脱氨)

  作用：催化 $CH—NH_2$ 基团加水脱氢，以 NAD^+ 为受体

  反应：L-亮氨酸＋H_2O＋NAD^+＝4-甲基-2-氧(代)戊酸＋NH_3＋NADH

  特异性：也作用于异亮氨酸、缬氨酸、正缬氨酸和正亮氨酸。

10. 甘氨酸脱氢酶 (glycin dehydrogenase) EC 1. 4. 1. 10

  分类名：glycin：NAD^+ oxidoreductase(deaminating)

    甘氨酸：NAD^+ 氧化还原酶(脱氨)

  作用：催化甘氨酸氧化，作用于 $CH—NH_2$ 基团，以 NAD^+ 为氢受体。

  反应：甘氨酸＋H_2O＋NAD^+＝乙醛酸＋NH_3＋NADH

11. L-*erythro*-3,5-二氨基己酸脱氢酶 (1-*erythro*-3,5-diaminohexanoate dehydrogenase)
EC 1. 4. 1. 11

  分类名：L-*erythro*-3,5-diaminohexanoate：NAD^+ oxidoreductase(deaminating)

    L-*erythro*-3,5-二氨基己酸：NAD^+ 氧化还原酶(脱氨)

  作用：催化 $CH—NH_2$ 基团脱氢，以 NAD^+ 为受体。

  反应：L-erythro-3,5-二氨基己酸＋H_2O＋NAD^+＝5-氨基-3-氧(代)己酸＋NH_3
   ＋NADH

12. 2,4-二氨基戊酸脱氢酶 (2,4-diaminopentanoate dehydrogenase) EC 1. 4. 1. 12

  分类名：2,4-diaminopentanoate：$NAD(P)^+$ oxidoreductase(deaminating)

    2,4-二氨基戊酸：$NAD(P)^+$ 氧化还原酶(脱氨)

  作用：催化 $CH—NH_2$ 基团脱氢，以 $NAD(P)^+$ 为受体。

  反应：2,4-二氨基戊酸＋H_2O＋$NAD(P)^+$＝2-氨基＋4-氧(代)戊酸＋NH_3＋$NAD(P)H$

  特异性：也催化 2,5-二氨基己酸脱氢(但反应较慢)，生成 2-氨基-5-氧(代)己酸，并随
    即环化成为 1-二氢吡咯-2-甲基-5-羧酸。

13. 谷氨酸合酶($NADP^+$) (glutamate syntethase ($NADP^+$)) EC 1. 4. 1. 13

  分类名：L-glutamate：$NADP^+$ oxidoreductase(transaminating)

    L-谷氨酸：$NADP^+$ 氧化还原酶(转氨)

  作用：催化 $CH—NH_2$ 基团氧化，以 $NADP^+$ 为氢受体。

  反应[*]：2L-谷氨酸＋$NADP^+$＝L-谷氨酰胺＋2-酮戊二酸＋NADPH

   [*] 在逆反应时氨可以代替谷氨酰胺参加反应，但反应较慢。

14. 谷氨酸合酶(NAD^+) (glutamate synthase(NAD^+)) EC 1. 4. 1. 14

  分类名：L-glutamate：NAD^+ oxidoreductase(transaminating)

    L-谷氨酸：NAD^+ 氧化还原酶(转氨)

  作用：催化 $CH—NH_2$ 基团氧化，以 NAD^+ 为氢受体。

  反应：2L-谷氨酸＋NAD^+＝L-谷氨酰胺＋2-酮戊二酸＋NADH

15. 赖氨酸脱氢酶 (lysine dehydrogenase) EC 1. 4. 1. 15

  分类名：L-lysine：NAD^+ oxidoreductase(deaminating, cyclizing)

    L-赖氨酸：NAD^+ 氧化还原酶(脱氨，环化)

作用：催化 CH—NH$_2$ 基团脱氢，以 NAD$^+$ 为受体。

反应：赖氨酸＋NAD$^+$＝1-二脱氢六氢吡啶-2-羧酸＋NH$_3$＋NADH

16. 甘氨酸脱氢酶(细胞色素) (glycin dehydrogenase(cytochrome)) EC 1.4.2.1

分类名：glycin：ferricytochrome c oxidoreductase(deaminating)

甘氨酸：高铁细胞色素 c 氧化还原酶(脱氨)

别名：glycine-cytochrome c reductase 甘氨酸-细胞色素 c 还原酶

作用：催化甘氨酸氧化，作用于 CH—NH$_2$ 基团，以高铁细胞色素为氢受体。

反应：甘氨酸＋H$_2$O＋2 高铁细胞色素 c＝乙醛酸＋NH$_3$＋2 亚铁细胞色素 c

17. D-天冬氨酸氧化酶 (D-aspartate oxidase) EC 1.4.3.1

分类名：D-aspartate：oxygen oxidoreductase(deaminating)

D-天冬氨酸：氧氧化还原酶(脱氨)

别名：aspartic oxidase 天冬氨酸氧化酶

作用：催化 D-天冬氨酸氧化，作用于 CH—NH$_2$ 基团，以氧为受体。

反应：D-天冬氨酸＋H$_2$O＋O$_2$＝草酰乙酸＋NH$_3$＋H$_2$O$_2$

18. L-氨基酸氧化酶 (L-aminoacid oxidase) EC 1.4.3.2

分类名：L-aminoacid：oxygen oxidoreductase(deaminating)

L-氨基酸：氧氧化还原酶(脱氨)

别名：ophio-aminoacid oxidase 蛇氨基酸氧化酶[*]

作用：催化氨基酸脱氢，作用于 CH—NH$_2$ 基团，以氧为受体。

反应：L-氨基酸＋H$_2$O＋O$_2$＝2-氧(代)酸＋NH$_3$＋H$_2$O$_2$

特异性：本酶系一种黄素蛋白 (FAD)。由肝和肾提取的酶也催化 2-羟酸氧化，但由蛇毒提取的酶无此作用。

[*] 仅指由蛇毒提取的酶。

19. D-氨基酸氧化酶 (D-aminoacid oxdase) EC 1.4.3.3

分类名：D-aminoacid：oxygen oxidoreductase(deaminating)

D-氨基酸：氧氧化还原酶(脱氨)

作用：催化氨基酸脱氢，作用于 CH-NH$_2$，以氧为受体。

反应：D-氨基酸＋H$_2$O＋O$_2$＝2-氧(代)酸＋NH$_3$＋H$_2$O$_2$

特异性：本酶系一种黄素蛋白(FAD)，广泛地作用于 D-氨基酸。

20. 胺氧化酶(含黄素) (amine oxidase(flavin-containing)) EC 1.4.3.4

分类名：amine：oxygen oxidoreductase(deaminating)(flavin-containing)

胺：氧氧化还原酶(脱氨)(含黄素)

别名：monoamine oxidase 单胺氧化酶

tyramine oxidase 酪胺氧化酶

tyraminase 酪胺酶

amine oxidase 胺氧化酶

adrenalin oxidase 肾上腺素氧化酶

作用：催化胺氧化，作用于 CH—NH$_2$ 基团，以氧为受体。

反应：RCH$_2$NH$_2$＋H$_2$O＋O$_2$＝RCHO＋NH$_3$＋H$_2$O$_2$

特异性：本酶为黄素蛋白（FAD），作用于伯胺、仲胺和叔胺。

21. 磷酸吡哆胺氧化酶（pyridoxaminephosphate oxidase）EC 1. 4. 3. 5

分类名：pyridoxaminephosphate：oxygen oxidoreductase(deaminating)

　　　　磷酸吡哆胺：氧氧化还原酶（脱氨）

作用：催化 CH—NH_2 基团脱氨氧化。

反应：磷酸吡哆胺＋H_2O＋O_2＝＝磷酸吡哆醛＋NH_3＋H_2O

特异性：也催化 5-磷酸吡哆醇和吡哆醇氧化。

22. 胺氧化酶(含铜)（amine oxidase(copper-containing)）EC 1. 4. 3. 6

分类名：amine：oxygen oxidoreductase(deaminating)(copper-containing)

　　　　胺：氧氧化还原酶（脱氨）（含铜）

别名：diamine oxidase　二胺氧化酶

　　　amine oxidase(pyridoxal-containing)　胺氧化酶（含吡哆醛）

　　　histaminase　组胺酶

作用：催化伯胺氧化，作用于 CH—NH_2 基团，以氧为受体

反应：RCH_2NH_2＋H_2O＋O_2＝＝RCHO＋NH_3＋H_2O

特异性：本酶为含铜的蛋白质；也可能含有磷酸吡哆醛。催化一元伯胺和二元伯胺，包括组胺。

23. D-谷氨酸氧化酶（D-glutamate oxidase）EC 1. 4. 3. 7

分类名：D-glutamate：oxygen oxidoreductase(deaminating)

　　　　D-谷氨酸：氧氧化还原酶（脱氨）

别名：D-glutamic oxidase　D-谷氨酸氧化酶

作用：催化 CH—NH_2 基团氧化，以氧为受体。

反应：D-谷氨酸＋H_2O＋O_2＝＝2-酮戊二酸＋NH_3＋H_2O_2

24. 乙醇胺氧化酶[*]（ethanolamine oxidase）EC 1. 4. 3. 8

分类名：ethanolamine：oxygen oxidoreductase(deaminating)

　　　　乙醇胺：氧氧化还原酶（脱氨）

作用：催化乙醇胺氧化，作用于 CH—NH_2 基团。

反应：乙醇胺＋H_2O＋O_2＝＝羟乙醛＋NH_3＋H_2O_2

　　　[*] 本酶是一种钴胺酰胺-蛋白质。

25. 酪胺氧化酶（tyramine oxidase[*]）EC 1. 4. 3. 9

分类名：tyramine：oxygen oxidoreductase(deaminating)

　　　　酪胺：氧氧化还原酶（脱氨）

作用：催化酪胺氧化脱氨。

反应：酪胺＋O_2＋H_2O＝＝4-羟苯基乙醛＋NH_3＋H_2O_2

特异性：也作用于多巴胺，对仲胺的氧化作用较慢。

　　　[*] 是胺氧化酶(含黄素)(EC 1.4.3.4)的别名。

26. 腐胺氧化酶（putrescine oxidase）EC 1. 4. 3. 10

分类名：putrescine：oxygen oxidoreductase(deaminating)

　　　　腐胺：氧氧化还原酶（脱氨）

作用：催化 CH—NH_2 基团脱氨氧化。

反应*：腐胺$+O_2+H_2O$＝4-氨基丁醛$+NH_3+H_2O_2$

*4-氨基丁醛可缩合成为 1-吡咯啉（非酶作用）

27. L-谷氨酸氧化酶 （L-glutamate oxidase） EC 1.4.3.11

分类名：L-glutamate：oxygen oxidoreductase（deaminating）

L-谷氨酸：氧氧化还原酶（脱氨）

作用：催化 CH—NH$_2$氧化还原反应，以氧为受体。

反应：2L-谷氨酸$+O_2+H_2O$＝2,2-酮戊二酸$+2NH_3+H_2O$

28. 环己胺氧化酶 （cyclohexylamine oxidase） EC 1.4.3.12

分类名：cyclohexylamine：oxygen oxidoreductase（deaminating）

环己胺：氧氧化还原酶（脱氨）

作用：催化胺氧化，作用于 CH—NH$_2$基团，以氧为受体。

反应：环己胺$+O_2+H_2O$＝环己酮$+NH_3+H_2O_2$

特异性：一些其它环状胺可替代环己胺参加反应，但不能催化单一的脂（肪）族和芳族酰胺发生反应。

29. D-脯氨酸还原酶（二硫醇） （D-proline reductase（dithiol）） EC 1.4.4.1

分类名：5-aminovalerate：lipoate oxidoreductase（cyclizing）

5-氨基戊酸：硫辛酸氧化还原酶（环化）

作用：催化 CH—NH$_2$基团脱氢，以二硫化物为受体。

反应：5-氨基戊酸$+$硫辛酸＝D-脯氨酸$+$二氢硫辛酸

特异性：其它的二硫醇也可作为还原剂。

30. 谷氨酸合酶（铁氧还蛋白） （glutamate synthase（ferredoxin）） EC 1.4.7.1

分类名：L-glutamate：ferredoxin oxidoreductase（transaminating）

L-谷氨酸：铁氧还蛋白氧化还原酶（转氨）

作用：催化 CH—NH$_2$基团氧化，以铁氧还蛋白为氢受体。

反应：2L-谷氨酸$+2$氧化型铁氧还蛋白＝L-谷氨酰胺$+2$酮戊二酸$+2$还原型铁氧还蛋白

31. D-氨基酸脱氢酶 （D-aminoacid dehydrogenase） EC 1.4.99.1

分类名：D-aminoacid：（acceptor）oxidoreductase（deaminating）

D-氨基酸：（受体）氧化还原酶（脱氨）

作用：催化氨基酸脱氢，作用于 CH—NH$_2$基团

反应：D-氨基酸$+H_2O+$受体＝2 -氧（代）酸$+NH_3+$还原型受体

特异性：对 D-氨基酸有一定的催化作用，但 D-天冬氨酸和 D-谷氨酸除外。

32. 牛磺酸脱氢酶 （taurine dehydrogenase） EC 1.4.99.2

分类名：taurine：（acceptor）oxidoreductase（deaminating）

牛磺酸：（受体）氧化还原酶（脱氨）

作用：催化氧化还原反应，作用于 CH—NH$_2$基团。

反应：牛磺酸$+H_2O+$受体＝磺基乙醛$+NH_3+$还原型受体

33. 胺脱氢酶 （amine dehydrogenase） EC 1.4.99.3

分类名：primary amine：acceptor oxidoreductase（deaminating）

伯胺：受体氧化还原酶（脱氨）

作用：催化伯胺氧化，作用于 CH—NH_2 基团。

反应：$RCH_2NH_2 + H_2O + $ 受体 $== RCHO + NH_3 + $ 还原型受体

特异性：也作用于短链伯胺。

第五节　催化　CH—NH 基团氧化还原的酶

1. 二氢吡咯-2-羧酸还原酶（pyrroline-2-carboxylate reductase）EC 1.5.1.1

分类名：L-proline：$NAD(P)^+$ 2-oxidoreductase

L-脯氨酸：$NAD(P)^+$ 2-氧化还原酶

作用：催化 CH—NH 基团脱氢，以 $NAD(P)^+$ 为受体。

反应：L-脯氨酸 $+ NAD(P)^+ == $ 1-二氢吡咯-2-羧酸 $+ NAD(P)H$

特异性：也催化六氢吡啶羧酸氧化生成 Δ^1-六氢吡啶-2-羧酸。

2. 二氢吡咯-5-羧酸还原酶（pyrroline-5-carboxylate reductase）EC1.5.1.2

分类名：L-proline：$NAD(P)^+$ 5-oxidoreductase

L-脯氨酸：$NAD(P)^+$ 5-氧化还原酶

作用：催化 CH—NH 基团脱氢，以 $NAD(P)^+$ 为受体。

反应：L-脯氨酸 $+ NAD(P)^+ == $ 1-二氢吡咯-5-羧酸 $+ NAD(P)H$

特异性：也催化 L-羟脯氨酸氧化，生成 1-二氢吡咯-3-羟-5-羧酸。

3. 四氢叶酸脱氢酶（tetrahydrofolate dehydrogenase）EC 1.5.1.3

分类名：5,6,7,8-tetrahydrofolate：$NADP^+$ oxidoreductase

5,6,7,8-四氢叶酸：$NADP^+$ 氧化还原酶

别名：Dihydrofolate reductase　二氢叶酸还原酶

作用：催化四氢叶酸脱氢，以 $NADP^+$ 为受体。

反应：5,6,7,8-四氢叶酸 $+ NADP^+ == $ 7,8-二氢叶酸 $+ NADPH$

特异性：动物源性的酶也催化 7,8-二氢叶酸氧化成为叶酸。

4. 亚甲基四氢叶酸脱氢酶（$NADP^+$）（methylenetetrahydrofolate dehydrogenase（$NADP^+$））EC 1.5.1.5

分类名：5,10-methylenetetrahydrofolate：$NADP^+$ oxidoreductase

5,10-亚甲基四氢叶酸：$NADP^+$ 氧化还原酶

作用：催化亚甲基脱氢，$NADP^+$ 为受体。

反应：5,10-亚甲基四氢叶酸 $+ H^+ + NADP^+ == $ 5,10-次甲基四氢叶酸 $+ H_2O + NADPH$

5. 甲酰四氢叶酸脱氢酶（formyltetrahydrofolate dehydrogenase）EC 1.5.1.6

分类名：10-formyltetrahydrofolate：$NADP^+$ oxidoreductase

10-甲酰四氢叶酸：$NADP^+$ 氧化还原酶

作用：催化氧化还原反应，作用于 CH—NH 基团，以 $NADP^+$ 为受体。

反应：10-甲酰四氢叶酸 $+ NADP^+ + H_2O == $ 四氢叶酸 $+ CO_2 + NADPH$

6. 酵母氨酸脱氢酶（NAD^+，生成赖氨酸）（saccharopine dehydrogenase（NAD^+, lysine-forming））EC 1.5.1.7

分类名：N^6-(1,3-dicaboxypropyl)-L-lysin：NAD^+ oxidoreductase(L-lysine-forming)

N^6-(1,3-二羧丙基)-L-赖氨酸：NAD^+ 氧化还原酶(生成 L-赖氨酸)

别名：lysine-2-oxoglutarate reductase　赖氨酸-2-酮戊二酸还原酶

作用：催化氧化还原反应，作用于 CH—NH 基团，以 NAD^+ 为受体。

反应：N^6-(1,3-二羧丙基)-L-赖氨酸＋NAD^+＋H_2O ＝L-赖氨酸＋2-酮戊二酸＋NADH

7. 酵母氨酸脱氢酶($NADP^+$，生成赖氨酸）(saccharopine dehydrogenase（$NADP^+$，lysine-forming)）EC 1.5.1.8

分类名：N^6-(1,3-dicaroxypropyl)-L-lysine：$NADP^+$ oxidoreductase(L-lysine-forming)

N^6-(1,3-二羧丙基)-L-赖氨酸：$NADP^+$ 氧化还原酶(生成 L-赖氨酸)

作用：催化氧化还原反应，作用于 CH—NH 基团，以 $NADP^+$ 为受体。

反应：N^6-(1,3-二羧丙基)-L-赖氨酸＋$NADP^+$＋H_2O ＝L-赖氨酸＋2-酮戊二酸＋NADPH

8. 酵母氨酸脱氢酶(NAD^+，生成 L-谷氨酸）(sacccharopine dehydrogenase(NAD^+，L-glutamate-forming)）EC 1.5.1.9

分类名：N^6-(1,3-dicaboxypropyl)-L-lysine：NAD^+ oxidoreductase(L-glutamate-forming)

N^6-(1,3-二羧丙基)-L-赖氨酸：NAD^+ 氧化还原(生成 L-谷氨酸)

作用：催化氧化还原反应，作用于 CH—NH 基团，以 NAD^+ 为受体。

反应：N^6-(1,3-二羧丙基)-L-赖氨酸＋NAD^+＋H_2O ＝L-谷氨酸＋2-氨基己二酸-6-半醛＋NADH

9. 酵母氨酸脱氢酶($NADP^+$，生成 L-谷氨酸）(saccharopine dehydrogenase($NADP^+$，L-glutamate-forming)）EC 1.5.1.10

分类名：N^6-(1,3-dicaroxypropyl)-L-lyslne：$NADP^+$ oxidoreductase (L-glutamate-forming)

N^6-(1,3-二羧丙基)-L-赖氨酸：$NADP^+$ 氧化还原酶(生成 L-谷氨酸)

作用：催化氧化还原反应，作用于 CH—NH 基团，以 $NADP^+$ 为受体。

反应：N^6-(1,3-二羧丙基)-L-赖氨酸＋$NADP^+$＋H_2O_2 ＝L-谷氨酸＋2-氨基己二酸-6-半醛＋NADPH

10. 章鱼(肉)碱脱氢酶 (octopine dehydrogenase) EC 1.5.1.11

分类名：N'-(1-carboxyethyl)-L-arginine：NAD^+ oxidoreductase(L-arginie-forming)

N'-(1-羧乙基)-L-精氨酸：NAD^+ 氧化还原酶(生成 L-精氨酸)

作用：催化 CH—NH 基团脱氢，以 NAD^+ 为受体。

反应：N'-(1-羧乙基)-L-精氨酸＋NAD^+＋H_2O ＝L-精氨酸＋丙酮酸＋NADH

11. 1-二氢吡咯-5-羧酸脱氢酶 (1-pyrroline-5-carboxylate dehydrogenase) EC 1.5.1.12

分类名：1-pyrroline-5-carxylate：NAD^+ oxidoreductase

1-二氢吡咯-5-羧酸：NAD^+ 氧化还原酶。

作用：催化 CH—NH 基团脱氢，以 NAD^+ 为受体。

反应：1-二氢吡咯-5-羧酸＋NAD^+＋H_2O ＝L-谷氨酸＋NADH

特异性：也催化其它 1-二氢吡咯氧化，如氧化 3-羟-1-二氢吡咯-5-羧酸，生成 4-羟谷氨酸。

12. 烟酸脱氢酶 (nicotinate dehydrogenase) EC 1.5.1.13

分类名：nicotinate：$NADP^+$ 6-oxidoredutase(hydroxylating)

烟酸：$NADP^+$ 6-氧化还原酶（羟化）

作用：催化氧化还原反应，作用于 CH—NH，以 $NADP^+$ 为受体。

反应：烟酸$+H_2O+NADP^+$══6-羟基烟酸$+NADPH$

13. 1,2-二脱氢六氢吡啶羧酸还原酶 (1,2-didehydropipecolate reductase) EC 1.5.1.14

分类名：L-pipecolate：$NADP^+$ 2-oxidoreductase

　　　　L-六氢吡啶羧酸：$NADP^+$ 2-氧化还原酶

作用：催化 CH—NH 基团脱氢，以 $NADP^+$ 为受体。

反应：L-六氢吡啶羧酸$+NADP^+$══1,2-二脱氢六氢吡啶羧酸$+NADPH$

14. 亚甲基四氢叶酸脱氢酶(NAD^+) (methylenetetrahydrofolate dehydrogenase(NAD^+)) EC 1.5.1.15

分类名：5,10-methylenetetrahydrofolate：NAD^+ oxidoreductase

　　　　5,10-亚甲基四氢叶酸：NAD^+ 氧化还原酶

作用：催化亚甲基脱氢，以 NAD^+ 为受体。

反应：5,10-亚甲基四氢叶酸$+H^++NAD^+$══5,10-次甲基四氢叶酸$+H_2O+NADH$

15. 1-羧乙基赖氨酸脱氢酶 (1-lysopine dehydrogenase) EC 1.5.1.16

分类名：N^2-(1-carboxycthyl)-L-lysine：$NADP^+$ oxidoreductase(L-lysine-forming)

　　　　N^2-(1-羧乙基)-L-赖氨酸：$NADP^+$ 氧化还原酶（生成 L-赖氨酸）

作用：催化 CH—NH 基团脱氢，以 $NADP^+$ 为受体。

反应：N^2-(1-羧乙基)-L-赖氨酸$+NADP^++H_2O$══L-赖氨酸$+$丙酮酸$+NADPH$

特异性：在逆反应时，有些 L-氨基酸可以替代 L-赖氨酸，而 2-氧(代)丁酸和乙醛酸可以替代丙酮酸，但乙醛酸的作用较差。

16. 肌氨酸氧化酶 (sarcosine oxidase) EC 1.5.3.1

分类名：sarcosine：oxygen oxidoreductase(demethylating)

　　　　肌氨酸：氧氧化还原酶(脱甲基)

作用：催化氧化还原反应，作用于 CH—NH 基团，以氧为受体。

反应：肌氨酸$+H_2O+O_2$══甘氨酸$+HCHO+H_2O_2$

17. N-甲基氨基酸氧化酶 (N-methylamino-acid oxidase) EC 1.5.3.2

分类名：N-methyl-L-amino-acid：oxygen oxidoreductase(demethylating)

　　　　N-甲基-L-氨基酸：氧氧化还原酶(脱甲基)

作用：催化 N-甲基氨基酸氧化，作用于 CH—NH 基团。

反应：N-甲基-L-氨基酸$+H_2O+O_2$══L-氨基酸$+HCHO+H_2O_2$

18. N^6-甲基赖氨酸氧化酶 (N^6-methyl-lysine oxidase) EC 1.5.3.4

分类名：N^6-methyl-L-lysine：oxygen oxidoreductase(demethylating)

　　　　N^6-甲基-L-赖氨酸：氧氧化还原酶(脱甲基)

作用：催化 CH—NH 基团脱氢，以氧分子为受体。

反应：N^6-甲基-L-赖氨酸$+H_2O+O_2$══L-赖氨酸$+HCHO+H_2O_2$

19. 6-羟-L-烟碱氧化酶 (6-hydroxy-L-nicotine oxidase) EC 1.5.3.5

分类名：6-hydroxy-L-nicotine：oxygen oxidoreductase

　　　　6-羟-L-烟碱：氧氧化还原酶

作用：催化 CH—NH 基团氧化，以氧分子为受体。

反应：6-羟-L-烟碱＋H_2O＋O_2＝(6-羟吡啶)-(3-N-甲胺丙基)酮＋H_2O_2

20. 6-羟-D-烟碱氧化酶 （6-hydroxy-D-nicotine oxidase） EC 1.5.3.6

分类名：6-hydroxy-D-nicotine：oxygen oxidoreductase

6-羟-D-烟碱：氧氧化还原酶

作用：催化 CH—NH 基团氧化，以氧分子为受体。

反应：6-羟-D-烟碱＋H_2O＋O_2＝(6-羟吡啶-(3-N-甲胺丙基))酮＋H_2O_2

21. 肌氨酸脱氢酶 （sarcosine dehydrogenase） EC 1.5.99.1

分类名：sarcosine：(acceptor)oxidoreductase(demethylating)

肌氨酸：(受体)氧化还原酶(脱甲基)

作用：催化氧化还原反应，作用于 CH—NH 基团。

反应：肌氨酸＋受体＋H_2O＝甘氨酸＋HCHO＋还原型受体

22. 二甲(基)甘氨酸脱氢酶 （dimethylglycine dehydrogenase） EC 1.5.99.2

分类名：N,N-dimethylglycine：(acceptor) oxidoreductase(demethylating)

N,N-二甲(基)甘氨酸：(受体)氧化还原酶(脱甲基)

作用：催化 CH—NH 基团脱氢。

反应：N,N-二甲(基)甘氨酸＋受体＋H_2O＝肌氨酸＋HCHO＋还原型受体

23. L-六氢吡啶羧酸脱氢酶 （L-pipecolate dehydrogenase） EC 1.5.99.3

分类名：L-pipecolate：(acceptor)oxidoreductase

L-六氢吡啶羧酸：(受体)氧化还原酶

作用：催化 CH—NH 基团脱氢。

反应：L-六氢吡啶羧酸＋受体＋H_2O＝1,6-二脱氢六氢吡啶羧酸＋还原性受体

24. 烟碱脱氢酶 （nicotine dehydrogenase） EC 1.5.99.4

分类名：nicotine：(acceptor)6-oxidoreductase(hydroxylating)

烟碱：(受体)6-氧化还原酶(羟化)

作用：催化氧化还原反应，作用于烟碱[*]。

反应：烟碱＋受体＋H_2O＝6-羟烟碱＋还原性受体

[*] 作用于 D-和 L-异构体。

25. 甲基谷氨酸脱氢酶 （methylglutamate dehydrogenase） EC 1.5.99.5

分类名：N-methyl-L-glutamae：(acceptor)oxidoreductase(demethylating)

N-甲基-L-谷氨酸：(受体)氧化还原酶(去甲基化)

作用：催化甲基谷氨酸脱氢。

反应：N-甲基-L-谷氨酸＋受体＋H_2O＝L-谷氨酸＋甲醛＋还原型受体

特异性：有些 N-甲基取代的氨基酸也可受本酶催化脱氢；2,6-二氯靛酚是最好的受体。

26. 亚精胺脱氢酶 （spermidine dehydrogenase） EC 1.5.99.6

分类名：spermidine：(acceptor)oxidoreductase

亚精胺：(受体)氧化还原酶

作用：催化氧化还原反应，作用于 CH—NH 基团。

反应：亚精胺＋受体＋H_2O ＝1,3-二氨基丙烷＋4-氨基丁醛＋还原型受体

特异性：铁氰化物、2,6-二氯靛酚和细胞色素 c 可以作为受体；4-氨基丁醛可非酶地缩
   合成为 1-二氢吡咯。

27. 三甲胺脱氢酶 （trimethylamine dehydrogenase） EC 1. 5. 99. 7

分类名：trimethylamine：（acceptor)oxidoreductase(demethylating)

   三甲胺：（受体）氧化还原酶（脱甲基）

作用：催化三甲胺的 CH—NH 基团脱氢。

反应：三甲胺＋H_2O＋受体＝二甲胺＋甲醛＋还原型受体

特异性：一些三甲胺的烷其取代衍生物也可作为电子供体；甲硫酸吩嗪和 2,6-二氯靛
   酚可作为电子受体。

第六节　催化　NADH、NADPH基团氧化还原的酶

1. NAD(P)$^+$转氢酶 （NAD(P)$^+$ transhydrogenase） EC 1. 6. 1. 1

分类名：NADPH：NAD$^+$ oxidoreductase

   NADPH：NAD$^+$ 氧化还原酶

别名：pyridine nucleotide transhydrogenase 吡啶核苷酸转氢酶

  transhydrogenase 转氢酶

作用：催化 NADPH 脱氢，以 NAD$^+$ 为受体。

反应：NADPH＋NAD$^+$＝NADP$^+$＋NADH

2. 细胞色素 b$_5$ 还原酶 （cytochrome b$_5$ reductase） EC 1. 6. 2. 2

分类名：NADH：ferricytochrome b$_5$ oxidoreductase

   NADH：高铁细胞色素 b$_5$氧化还原酶

作用：催化氧化还原反应，作用于 NADH，以细胞色素为氢受体。

反应：NADH＋ 2 高铁细胞色素 b$_5$ ＝NAD$^+$＋2 亚铁细胞色素 b$_5$

3. NADPH-细胞色素还原酶 （NADPH-cytochrome reductase） EC 1. 6. 2. 4

分类名：NADPH：ferricytochrome oxidoreductase

   NADPH：高铁细胞色素氧化还原酶

别名：NADPH-cytochrome c reductase NADPH-细胞色素 c 还原酶

  TPNH-cytochrome c reductase TPNH-细胞色素 c 还原酶

  ferrihaemoprotein P450 reductase 高铁血红素蛋白 P450 还原酶

作用：催化 NADPH 脱氢，以高铁细胞色素为受体。

反应：NADPH＋2 高铁细胞色素＝NADP$^+$＋2 亚铁细胞色素

特异性：生理性受体可能是细胞色素 P450；分离出来的酶较易与细胞色素 c
   反应。

4. NADPH-细胞色素 c$_2$还原酶 （NADPH-cytochrome c$_2$ reductase） EC 1. 6. 2. 5

分类名：NADPH：ferricytochrom c$_2$ oxidoreductase

   NADPH：高铁细胞色素 c$_2$氧化还原酶

作用：催化 NADPH 脱氢，以高铁细胞色素 c$_2$ 为受体。

反应：NADPH$+2$ 高铁细胞色素 c_2＝NADP$^+$$+2$ 亚铁细胞色素 c_2

5. 胱氨酸还原酶(NADH) (cystine reductase(NADH)) EC 1.6.4.1

分类名：NADH：L-cystine oxidoreductase

NADH：L-胱氨酸氧化还原酶

作用：催化氧化还原反应，作用于 NADH，以 L-半胱氨酸为氢受体。

反应：NADH$+$L-胱氨酸＝NAD$^+$$+2$L-半胱氨酸

6. 谷胱甘肽还原酶(NAD(P)H) (glutathione reductase(NAD(P)H)) EC 1.6.4.2

分类名：NAD(P)H：oxidized-glutathione oxidoreductase

NAD(P)H：氧化型谷胱甘肽氧化还原酶

作用：催化 NAD(P)H 氧化，以氧化型谷胱甘肽为氢受体。

反应：NAD(P)H$+$氧化型谷胱甘肽＝NAD(P)$^+$$+2$ 谷胱甘肽

7. 二氢硫辛酰胺还原酶(NAD$^+$) (dihydrolipoamide reductase(NAD$^+$)) EC 1.6.4.3

分类名：NADH：lipoamide oxidoreductase

NADH：硫辛酰胺氧化还原酶

别名：diaphorase 心肌黄酶

lipoyl dehydrogenase 硫辛酰(基)脱氢酶

lipoamide dehydrogenase(NADH) 硫辛酰胺脱氢酶(NADH)

lipoamide reductase(NADH) 硫辛酰胺还原酶(NADH)

作用：催化 NADH 脱氢，以硫辛酰胺为受体。

反应：NADH$+$硫辛酰胺＝NAD$^+$$+$二氢硫辛酰胺

8. 蛋白质-二硫化物还原酶(NAD(P)H) (protein-disulphide reductase(NAD(P)H)) EC 1.6.4.4

分类名：NAD(P)H：protein-disulphide oxidoreductase

NAD(P)H：蛋白质-二硫化物氧化还原酶

作用：催化氧化还原反应，作用于 NAD(P)H，以二硫化物为受体。

反应：NAD(P)H$+$蛋白质-二硫化物＝NAD(P)$^+$$+$蛋白质-二硫醇

9. 硫氧还蛋白还原酶(NADPH) (thioredoxin reductase(NADPH)) EC 1.6.4.5

分类名：NADPH：oxidized-thioredoxin oxidoreductase

NADPH：氧化型硫氧还蛋白氧化还原酶

作用：催化氧化还原反应，以二硫化物为受体。

反应：NADPH$+$氧化型硫氧还蛋白＝NADP$^+$$+$还原型硫氧还蛋白

10. 辅酶 A S-S 谷胱甘肽还原酶(NADPH) (CoA S-S glutathione reductase(NADPH)) EC 1.6.4.6

分类名：NADPH：CoA S-S glutathione oxidoreductase

NADPH：CoA S-S 谷胱甘肽氧化还原酶

作用：催化氧化型谷胱甘肽还原；由 NADPH 供氢。

反应：NADPH$+$CoA S-S 谷胱甘肽＝NADP$^+$$+CoA+$谷胱甘肽

11. asparagusate 还原酶(NADH) (asparagusate reductase(NADH)) EC 1.6.4.7.

分类名：NADH：oasparagusate oxidoreductase

NADH：asparagusate 氧化还原酶

别名：asparagusate dehydrogenase asparagusate　脱氢酶

反应：NADH＋asparagusate ＝NAD$^+$＋二氢 asparagusate

特异性：也作用于硫辛酸。

12. 硝酸还原酶(NADH) (nitrate reductase(NADH)) EC 1.6.6.1

分类名：NADH：nitrate oxidoreductase

NADH：硝酸氧化还原酶

别名：assimlatory nitrate reductase　同化性硝酸还原酶

作用：催化 NADH 脱氢，以含氮基团为受体。

反应：NADH＋硝酸＝NAD$^+$＋亚硝酸＋H$_2$O

13. 硝酸还原酶(NAD(P)H) (nitrate reductase(NAD(P)H)) EC 1.6.6.2

分类名：NAD(P)H：nitrate oxidoreductase

NAD(P)H：硝酸氧化还原酶

别名：assimilatory nitrate reductas　同化性硝酸还原酶

作用：催化 NAD(P)H 脱氢，以含氮基团为受体。

反应：NAD(P)H＋硝酸＝NAD(P)$^+$＋亚硝酸＋H$_2$O

14. 硝酸还原酶(NADPH) (nitrate reductase(NADPH)) EC 1.6.6.3

分类名：NADPH：nitrate oxidoreductase

NADPH：硝酸氧化还原酶

作用：催化 NADPH 脱氢，以含氮基团为受体。

反应：NADPH＋硝酸＝NADP$^+$＋亚硝酸＋H$_2$O

15. 亚硝酸还原酶(NAD(P)H) (nitrite reductase(NAD(P)H)) EC 1.6.6.4

分类名：NAD(P)H：nitrite oxidoredutase

NAD(P)H：亚硝酸氧化还原酶

作用：催化氧化还原反应，作用于 NAD(P)H，以含氮基团为受体。

反应：3NAD(P)H＋亚硝酸＝3NAD(P)$^+$＋NH$_4$OH＋H$_2$O

16. 连二次硝酸盐还原酶 (hyponitrite reductase) EC 1.6.6.6

分类名：NADH：hyponitrite oxidoreductase

NADH：连二次硝酸盐氧化还原酶

作用：催化氧化还原反应，作用于 NADH。

反应：2NADH＋连二次硝酸盐＝2NAD$^+$＋2NH$_2$OH

17. 偶氮苯还原酶 (azobenzene reductase) EC 1.6.6.7

分类名：NADPH：dimethylaminoazobenzene oxidoreductase

NADPH：二甲氨(基)偶氮苯氧化还原酶

作用：催化氨(基)偶氮苯还原，由 NADPH 供氢。

反应：NADPH＋二甲氨(基)偶氮苯＝NADP$^+$＋二甲(基)对苯烯二胺＋苯胺

18. GMP 还原酶 (GMP reductase) EC 1.6.6.8

分类名：NADPH：GMP oxidoreductase(deaminating)

NADPH：GMP 氧化还原酶(脱氨)

作用：催化 NADPH 脱氢，以 GMP 为受体。

反应：$NADPH+GMP = NADP^+ + IMP + 氨$

19. 三甲胺-N-氧化物还原酶 (trimethylamine-N-oxide reductase) EC 1.6.6.9

分类名：NADH：trimethylamine-N-oxide oxidoreductase

NADH：三甲胺-N-氧化物氧化还原酶

作用：催化氧化还原反应。

反应：$NADH+三甲胺-N-氧化物 = NAD^+ + 三甲胺 + H_2O$

20. 硝基喹啉-N-氧化物还原酶 (nitroquinoline-N-oxide reductase) EC 1.6.6.10

分类名：NAD(P)H：4-nitroquinoline-N-oxide oxidoreductase

NAD(P)H：4-硝基喹啉-N-氧化物氧化还原酶

作用：催化 NAD(P)H 脱氢，以含氮基团为受体。

反应：$2NAD(P)H + 4-硝基喹啉-N-氧化物 = 2NAD(P)^+ + 4-羟氨基喹啉-N-氧化物$

21. 羟胺还原酶(NADH) (hydroxylamine reductase(NADH)) EC 1.6.6.11

分类名：NADH：hydroxylamine oxidoreductase

NADH：羟胺氧化还原酶

作用：催化羟胺还原。

反应：$NADH+羟胺 = NAD^+ + 氨 + H_2O$

特异性：也作用于一些氧肟酸。

22. NADPH 脱氢酶 (NADPH dehydrogenase) EC 1.6.99.1

分类名：NADPH：(acceptor)oxidoreductase

NADPH：(受体)氧化还原酶

别名："old yellow" enzyme　"老黄"酶

NADPH diaphorase　NADPH 心肌黄酶

作用：催化 NADPH 脱氢。

反应：$NADPH+受体 = NADP^+ + 还原型受体$

23. NAD(P)H 脱氢酶(苯醌) (NAD(P)H dehydrogenase(quinone)) EC 1.6.99.2

分类名：NAD(P)H：(quinone-acceptor)oxidoreductase

NAD(P)H：(苯醌-受体)氧化还原酶

别名：menadione reductase　2-甲基萘醌还原酶

phylloquinone reductase　叶绿醌还原酶

DT-diaphorase　DT-心肌黄酶

quinone reductase　苯醌还原酶

作用：催化 NAD(P)H 脱氢。

反应*：$NAD(P)H+受体 = NAD(P)^+ + 还原型受体$

　*双(羟)香豆素抑制酶活性

24. NADH 脱氢酶 (NADH dehydrogenase) EC 1.6.99.3

分类名：NADH：(acceptor)oxidoreductase

NADH：(受体)氧化还原酶

别名：cytochrome c reductase　细胞色素 c 还原酶

作用：催化 NADH 脱氢。

反应[*]：NADH＋受体＝NAD^+＋还原型受体

　　[*]细胞色素 c 可以作为受体。

25. NADH 脱氢酶(苯醌)（NADH dehydrogenase(quinone)）EC 1.6.99.5

分类名：NADH：(quinone-acceptor)oxidoreductase

　　　　NADH：(苯醌-受体)氧化还原酶

作用：催化 NADH 脱氢。

反应：NADH＋受体＝NAD^+＋还原型受体

特异性：甲基萘醌类可以作为受体。AMP 和 2,4-二硝基苯酚抑制酶活性，但双(羟)香
　　　　豆素或叶酸衍生物并不抑制酶活性。

26. NADPH 脱氢酶(苯醌)（NADPH dehydrogenase(quinone)）EC 1.6.99.6

分类名：NADPH：(quinone-acceptor)oxidoreductase

　　　　NADPH：(苯醌-受体)氧化还原酶

作用：催化 NADPH 脱氢。

反应：NADPH＋受体＝$NADP^+$＋还原型受体

特异性：甲基萘醌类可以作为受体，本酶受双(羟)香豆素和叶酸衍生物抑制，但不受
　　　　2,4-二硝基苯酚抑制。

27. 二氢蝶啶还原酶（dihydropteridine reductase）EC 1.6.99.7

分类名：NADPH：6,7-dihydropteridine oxidoreductase

　　　　NADPH：6,7-二氢蝶啶氧化还原酶

作用：催化 NADPH 脱氢，以二氢蝶啶为受体。

反应：NADPH＋6,7-二氢蝶啶＝$NADP^+$＋5,6,7,8-四氢蝶啶

特异性：反应基质（二氢蝶啶）为醌式，与二氢叶酸还原酶不一样。

28. 水钴胺素还原酶（aquacobalamin reductase）EC 1.6.99.8

分类名：NADH：aquacob(Ⅲ)alamin oxidoreductase

　　　　NADH：水钴(Ⅲ)胺素氧化还原酶

作用：催化水钴(Ⅲ)胺素还原，作用于 NADH。

反应：NADH＋水钴(Ⅲ)胺素＝NAD^+＋钴(Ⅱ)胺素

29. 钴(Ⅱ)胺素还原酶（cob(Ⅱ)alamin reductase）EC 1.6.99.9

分类名：NADH：cob(Ⅱ)alamin oxidoreductase

　　　　NADH：钴(Ⅱ)胺素氧化还原酶

别名：Vitamin B_{12}R reductase　维生素 B_{12}R 还原酶

作用：催化维生素 B_{12}R 还原，由 NADH 供氢。

反应：NADH＋钴(Ⅱ)胺素＝NAD^+＋钴(Ⅰ)胺素

30. 二氢蝶啶还原酶(NADH)[*]（dihydropteridine reductase(NADH)）EC 1.6.99.10

分类名：NADH：6,7-dihydropteridine oxidoreductase

　　　　NADH：6,7-二氢蝶啶氧化还原酶

作用：催化 NADH 脱氢，以二氢蝶啶为受体。

反应：NADH＋6,7-二氢蝶啶＝NAD^+＋5,6,7,8-四氢蝶啶

* 本酶已由小牛肝的二氢蝶啶还原酶（EC 1.6.99.7）中分离得到。

第七节　催化含氮化合物氧化还原的酶

1. 亚硝酸还原酶(细胞色素)（nitric reductase(cytochrome)）EC 1.7.2.1

分类名：nitrie-oxide：ferricytochrome c oxidoreductase

　　　　（一）氧化-氮：高铁细胞色素 c 氧化还原酶

作用：催化氧化还原反应，作用于含氮化合物。

反应：（一）氧化-氮＋H_2O＋2 高铁细胞色素 c ＝亚硝酸＋2 亚铁细胞色素 c

特异性：由脱氮假单胞菌中提取的细胞色素 c-522 或 c-553 可以作为氢受体。

2. 硝基乙烷氧化酶（nitroethane oxidase）EC 1.7.3.1

分类名：nitroethane：oxygen oxidoreductase

　　　　硝基乙烷：氧氧化还原酶

作用：催化含氮化合物氧化，以氧为氢受体。

反应：硝基乙烷＋H_2O＋O_2 ＝乙醛＋亚硝酸＋H_2O

特异性：也作用于其它脂族硝基化合物。

3. 乙酰吲哚氧基氧化酶（acetylindoxyl oxidase）EC 1.7.3.2

分类名：N-acetylindoxyl：oxygen oxidoreductase

　　　　N-乙酰吲哚氧基：氧氧化还原酶

作用：催化 CH—NH_2 和 C—NH—以外的含氮化合物中的氧，以氧为受体。

反应：N-乙酰吲哚＋O_2 ＝N-乙酰靛红＋（?）

4. 尿酸氧化酶（urate oxidase）EC 1.7.3.3

分类名：urate：oxygen oxidoreductase

　　　　尿酸：氧氧化还原酶

别名：uricase　尿酸酶

作用：催化氧化还原反应。

反应：尿酸＋O_2 ＝组成未明产物

5. 羟胺氧化酶（hydroxylamine oxidase）EC 1.7.3.4

分类名：hydroxylamine：oxygen oxidoreductase

　　　　羟胺：氧氧化还原酶

作用：催化羟胺氧化。

反应：羟胺＋O_2 ＝亚硝酸＋H_2O

6. 铁氧还蛋白-亚硝酸还原酶*（ferredoxin nitrite reductase）EC 1.7.7.1

分类名：ammonia：ferredoxin oxidoreductase

　　　　氨：铁氧还蛋白氧化还原酶

作用：催化氧化还原反应。

反应*：氨＋3 氧化型铁氧还蛋白＝亚硝酸＋3 还原型铁氧还蛋白

　　　　*含铁。

7. 羟胺还原酶（hydroxylamine reductase）EC 1.7.99.1

分类名：ammonia：（acceptor）oxidoreductase

氨：(受体)氧化还原酶

作用：催化氨氧化

反应：氨＋受体＝羟胺＋还原型受体

特异性：还原型绿脓菌素、甲烯蓝或黄素可作为氢供体，使羟胺还原。

8. 氧化-氮还原酶 (nitric-oxide reductase) EC 1. 7. 99. 2

分类名：nitrogen：(acceptor)oxidoreductasc

氮：(受体)氧化还原酶

作用：催化氧化还原反应，作用于含氮化合物。

反应：氮＋受体＝2(—)氧化-氮＋还原型受体

特异性：还原型绿脓菌素可作为氢供体，使 NO 还原。

9. 亚硝酸还原酶 (nitrite reductase) EC 1. 7. 99. 3

分类名：nitrie-oxide：(acceptor)oxidoreductase

(—)氧化-氮：(受体)氧化还原酶

作用：催化氧化还原反应，作用于含氮化合物。

反应：2(—)氧化-氮＋$2H_2O$＋受体＝2 亚硝酸＋还原型受体

特异性：还原型绿脓菌素、黄素等可作为氢供体，使亚硝酸还原。

10. 硝酸还原酶 (nitrate reductase) EC 1. 7. 99. 4

分类名：nitriite：(acceptor)oxidoreductase

亚硝酸：(受体)氧化还原酶

别名：respiratory nitrate reductase　呼吸性硝酸还原酶

作用：催化氧化还原反应，作用于含氮化合物。

反应：亚磷酸＋受体＝硝酸＋还原型受体

第八节　催化含磺基团氧化还原的酶

1. 亚硫酸还原酶(NADPH) (sulphite reductase(NADPH)) EC 1. 8. 1. 2

分类名：hydrogen-sulphide：$NADP^+$ oxidoreductase

硫化氢：$NADP^+$氧化还原酶

作用：催化氧化还原反应，作用于含磺基团，以 $NADP^+$ 为氢受体。

反应：硫化氢＋$3NADP^+$＋$3H_2O$＝亚硫酸＋3NADPH

2. 亚牛磺酸脱氢酶 (hypotaurine dehydrogenase) EC 1. 8. 1. 3

分类名：hypotaurine：NAD^+ oxidoreductase

亚牛磺酸：NAD^+氧化还原酶

作用：催化氧化还原反应，作用于含硫基团。

反应：亚牛磺酸＋H_2O＋NAD^+＝牛磺酸＋NADH

3. 亚硫酸脱氢酶 (sulphite dehydrogenase) EC 1. 8. 2. 1

分类名：sulphite：ferricytochrome c oxidoreductase

亚磺酸：高铁细胞色素 c 氧化还原酶

作用：催化氧化还原反应，作用于含硫基团，以细胞色素为氢受体。

反应：亚磺酸＋2 高铁细胞色素 c＋H_2O＝硫酸＋2 亚铁细胞色素 c

4. 亚硫酸氧化酶 (sulphite oxidase) EC 1.8.3.1

分类名：sulphite：oxygen oxidoreductase

亚硫酸：氧氧化还原酶

作用：催化氧化还原反应，作用于含硫基团，以氧分子为氢受体。

反应：亚硫酸＋O_2＋H_2O＝硫酸＋H_2O_2

5. 硫醇氧化酶 (thiol oxidase) EC 1.8.3.2

分类名：thiol：oxygen oxidoreductase

硫醇：氧氧化还原酶

作用：催化氧化还原反应，作用于含硫基团。

反应*：$4R'C(R)SH+O_2 = 2R'C(R)S-S(R)CR'+2H_2O$

*R 可以是 S 或 O，或各种其它基团；R′无特异性要求。

6. 谷胱甘肽-高胱氨酸转氢酶 (glutathione-homocystine transhydrogenase) EC 1.8.4.1

分类名：glutathione：homocystine oxidoreductase

谷胱甘肽：高胱氨酸氧化还原酶

作用：催化谷胱甘肽氧化，以高胱氨酸为氢受体。

反应：2 谷胱甘肽＋高胱氨酸＝氧化型谷胱甘肽＋2 高半胱氨酸

7. 蛋白质-二硫化物还原酶(谷胱甘肽) (protein-disulphide reductase(glutaihione)) EC 1.8.4.2

分类名：glutathione：protein-disulphide oxidoreductase

谷胱甘肽：蛋白质-二硫化物氧化还原酶

别名：glutathione-insualin transhydrogenase 谷胱甘肽-胰岛素转氢酶

insulin reductase 胰岛素还原酶

作用：催化氧化还原反应，作用于含硫基团，以二硫化物为受体。

反应：2 谷胱甘肽＋蛋白质-二硫化物＝氧化型谷胱甘肽＋蛋白质-二硫醇

特异性：催化胰岛素与某些别的蛋白质还原。

8. 谷胱甘肽-辅酶 A S-SG 转氢酶 (glutathione-CoA S-SG transhydrogenase) EC 1.8.4.3

分类名：coenzyme A：oxidized-glutathione oxidoreductase

辅酶 A：氧化型谷胱甘肽氧化还原酶

作用：催化含硫基团氧化，以谷胱甘肽为受体。

反应：CoA＋氧化型谷胱甘肽＝CoA S-SG＋谷胱甘肽

9. 谷胱甘肽-胱氨酸转氢酶 (glutathione-cystine transhydrogenase) EC 1.8.4.4

分类名：glutathione：cystine oxidoreductase

谷胱甘肽：胱氨酸氧化还原酶

作用：催化谷胱甘肽氧化，以胱氨酸为氢受体。

反应：2 谷胱甘肽＋胱氨酸＝氧化型谷胱甘肽＋2-半胱氨酸

10. 谷胱甘肽脱氢酶(抗坏血酸) (glutathione dehydrogenase(ascorbate)) EC 1.8.5.1

分类名：glutathione：dehydroascorbate oxidoreductase

谷胱甘肽：脱氢抗坏血酸氧化还原酶

作用：催化谷胱甘肽氧化，以脱氢抗坏血酸为氢受体。

反应：2 谷胱甘肽＋脱氢抗坏血酸＝＝氧化型谷胱甘肽＋抗坏血酸。

11. 亚硫酸还原酶(铁氧还蛋白) (sulphite redudase(ferredoxin)) EC 1. 8. 7. 1

分类名：hydrogen-sulphide：ferredoxin oxidoreductase

硫化氢：铁氧还蛋白氧化还原酶

作用：催化氧化还原反应，作用于含硫基团，以铁氧还蛋白为氢受体

反应：硫化氢＋3 氧化型铁氧还蛋白＋$3H_2O$＝＝亚硫酸＋3 还原型铁氧还蛋白

12. 亚硫酸还原酶 (sulphite reductase) EC 1. 8. 99. 1

分类名：hydrogen-sulphide：(acceptor)oxidoreductase

硫化氢：(受体)氧化还原反应

作用：催化氧化还原反应，作用于含硫基团。

反应：H_2S＋受体＋$3H_2O$＝＝H_2SO_4＋还原性受体

13. 腺苷酰(基)硫酸(酯)还原酶 (adenylylsulphate reductace) EC 1. 8. 99. 2

分类名：AMP, sulphite：(acceptor)oxidoreductase

AMP，亚硫酸(酯)：(受体)氧化还原酶

作用：催化氧化还原反应，作用于含硫基团。

反应：AMP＋亚硫酸(酯)＋受体＝＝腺苷酰(基)硫酸(酯)＋还原型受体

特异性：甲基紫精(1,1-二甲基 $4,4'$-联吡啶 鎓盐二氯化物)也可作为受体。

第九节　催化亚铁细胞色素氧化还原的酶

1. 细胞色素 c 氧化酶 (cytochrome c oxidase) EC 1. 9. 3. 1

分类名：ferrocytochrome c：oxygen oxidoreductase

亚铁细胞色素 c：氧氧化还原酶

别名：cytochrome oxidase　细胞色素氧化酶

cytochrome a_3　细胞色素 a_3

indophenolase　靛酚酶

indophenol oxidase atmungsferment　靛酚氧化酶呼吸酶

作用：催化亚铁细胞色素 c 氧化，以氧为氢受体。

反应：4 亚铁细胞色素 c＋O_2＝＝4 高铁细胞色素 c＋$2H_2O$

2. 假单胞菌细胞色素氧化酶 (pseudomonas cytochrome oxidase) EC 1. 9. 3. 2

分类名：ferrocytochrome c_2：oxygen oxidoreductase

亚铁细胞色素 c_2：氧氧化还原酶

别名：cytochrome c d　细胞色素 c d

作用：催化亚铁细胞色素 c_2 脱氢，以氧分子为受体。

反应：4 亚铁细胞色素 c_2＋O_2＝＝4 高铁细胞色素 c_2＋$2H_2O$

特异性：亚硝酸和羟胺可以作为氢受体。

3. 硝酸还原酶(细胞色素) (nitrate reductase(cytochrome)) EC 1. 9. 6. 1

分类名：ferrocytochrome：nitrate oxidoreductase

亚铁细胞色素：硝酸氧化还原酶

作用：催化氧化还原反应，作用于血红素。

反应：亚铁细胞色素＋硝酸＝＝高铁细胞色素＋亚硝酸

4. 铁-细胞色素 c 还原酶（iron-cytochrome c reductase）EC 1. 9. 99. 1

分类名：ferrocytochrome c：iron oxidoreductase

亚铁细胞色素 c：铁氧化还原酶

作用：催化氧化还原反应，作用于血红素。

反应：亚铁细胞色素 c＋高铁离子＝＝高铁细胞色素 c＋亚铁离子

第十节 催化酚及相关物质氧化还原的酶

1. 反萘-二醇脱氢酶（*trans*-acenaphthene-1,2-diol dehydrogenase）EC 1. 10. 1. 1

分类名：($\pm$)-*trans*-acenaphene-1,2-diol：$NADP^+$ oxidoreductase

($\pm$)-反式萘-1,2 二醇：$NADP^+$ 氧化还原酶

作用：催化二酚基脱氢；以 $NADP^+$ 为受体。

反应：($\pm$)-反式萘-1,2-二醇＋$NADP^+$＝＝萘醌＋NADPH

2. L-抗坏血酸-细胞色素 b_5 还原酶（L-ascorbate-cytochrome b_5 reductase）EC 1. 10. 2. 1

分类名：L-ascorbate：ferricytochrome b_5 oxidoreductase

L-抗坏血酸：高铁细胞色素 b_5 氧化还原酶

作用：催化抗坏血酸脱氢；以细胞色素为受体。

反应：L-抗坏血酸＋高铁细胞色素 b_5 ＝＝单脱氢抗坏血酸＋亚铁细胞色素 b_5

3. 泛醌醇-细胞色素 c 还原酶（ubiquinol-cytochrome-c-reductase）EC 1. 10. 2. 2

分类名：ubiquinol：ferricytochrome c oxidoreductase

泛醌醇：高铁细胞色素 c 氧化还原酶

作用：催化氧化还原反应。

反应：QH_2＋2 高铁细胞色素 c＝＝Q＋2 亚铁细胞色素 c 含细胞色素 b-562、b-566 和 c 以及一个 2-铁铁氧还蛋白。

4. 儿茶酚氧化酶（catechol oxide）EC 1. 10. 3. 1

分类名：1,2-benzenediol：oxygen oxidoreductase

1,2-苯二醇：氧氧化还原酶

别名：diphenol oxidase 联苯酚氧化酶

o-diphenolase 邻联苯酚酶

tyrosinase 酪氨酸酶

作用：催化儿茶酚氧化；作用于联苯酚。

反应：2 儿茶酚＋O_2＝＝2 1,2-苯醌＋$2H_2O$

5. 漆酶（laccase）EC 1. 10. 3. 2

分类名：benzenediol：oxygen oxidoreductase

苯二醇：氧氧化还原酶

别名：phenolase 酚酶

polyphenol oxidase 多酚氧化酶

Urishiol oxidase Urishil 氧化酶

作用：催化氧化还原反应

反应：4-苯二醇$+O_2 =$4 苯(并)半醌$+2H_2O$

特异性：作用于邻苯和对苯醌，也作用于氨基酚和苯二胺；反应产物半醌可通过酶或非酶的方式进一步反应。

6. 抗坏血酸氧化酶（ascorbate oxidase）EC 1.10.3.3

分类名：L-ascorbate：oxygen oxidoreductase

L-抗坏血酸：氧氧化还原酶

别名：ascorbase 抗坏血酸酶

作用：催化抗坏血酸脱氢，以氧为受体。

反应：2-L-抗坏血酸$+O_2 =$2-脱氢抗坏血酸$+2H_2O$

7. 邻氨基酚氧化酶（o-aminophenol oxidase）EC 1.10.3.4

分类名：o-aminophenol：oxygen oxidoreductase

邻氨基酚：氧氧化还原酶

别名：isophenoxazine synthase 异吩噁嗪合酶

作用：催化氧化还原反应，作用于氨基酚。

反应：邻氨基酚$+3/2\ O_2 =$异吩噁嗪$+3H_2O$

8. 3-羟邻氨基苯甲酸氧化酶（3-hydroxyanthranilate oxidase）EC 1.10.3.5

分类名：3-hydroxyanthranilate：oxygen oxidoreductase

3-羟邻氨基苯甲酸：氧氧化还原酶

作用：催化氧化还原反应，以氧为受体。

反应：3-羟邻氨基苯甲酸$+O_2 =$1,2-苯醌亚胺-3-羧酸$+H_2O$

第十一节　催化过氧化物氧化还原的酶

1. NAD$^+$过氧化酶（NAD$^+$ peroxidase）EC 1.11.1.1

分类名：NADH：hydrogen-peroxide oxidoreductase

NADH：过氧化氢氧化还原酶

作用：催化 NADH 脱氢，以 H_2O_2 为受体。

反应：NADH$+H_2O_2 =$NAD$^+ +2H_2O$

特异性：高铁氰化物、苯醌等可以替代 H_2O_2 作为受体。

2. NADP$^+$过氧化酶（NADP$^+$ peroxidase）EC 1.11.1.2

分类名：NADPH：hydrogen-peroxide oxidoreductase

NADPH：过氧化氢氧化还原酶

作用：催化 NADPH 脱氢，以过氧化氢为受体。

反应：NADPH$+H_2O_2 =$NADP$^+ +2H_2O$

3. 脂肪酸过氧化物酶（fatty acid peroxidase）EC 1.11.1.3

分类名：palmitate：hydrogen-peroxide oxidoreductase

棕榈酸：过氧化氢氧化还原酶

作用：催化氧化还原反应，以过氧化氢为受体。

反应：棕榈酸＋$2H_2O_2$ ＝十五(烷)醛＋CO_2＋$3H_2O$

特异性：也催化长链脂肪酸，月桂酸(十二烷酸)至硬脂酸(十八烷酸)脱氢，生成相应的醛。

4. 细胞色素过氧化物酶 (cytochrome peroxidase) EC 1.11.1.5

分类名：ferrocytochrome c：hydrogen-peroxide oxidoreductase

亚铁细胞色素 c：过氧化氢氧化还原酶

作用：催化亚铁细胞色素 c 氧化；以过氧化氢为氢受体。

反应：2 亚铁细胞色素 c＋H_2O_2 ＝2 高铁细胞色素 c＋H_2O

5. 过氧化氢酶 (catalase) EC 1.11.1.6

分类名：hydrogen peroxide：hydrogen peroxide oxidoreductase

过氧化氢：过氧化氢氧化还原酶

作用：催化过氧化氢还原。

反应：H_2O_2＋H_2O_2 ＝O_2＋$2H_2O$

特异性：一些有机物，特别是乙醇，可以作为氢供体。

6. 过氧化物酶 (peroxidase) EC 1.11.1.7

分类名：donor：hydrogen-peroxide oxidoreductase

供体：过氧化氢氧化还原酶

作用：催化氧化还原反应，以过氧化氢为氢受体。

反应：供体＋H_2O_2 ＝氧化型供体＋$2H_2O$

7. 碘化物过氧(化)物酶 (iodide peroxidase) EC 1.11.1.8

分类名：iodide：hydrogen-peroxide oxidoreductase

碘化物：过氧化氢氧化还原酶

别名：iodotyrosine deiodase 碘代酪氨酸脱碘酶

iodinase 碘化酶

作用：催化氧化还原反应，以 H_2O_2 为受体。

反应：碘化物＋H_2O_2 ＝碘＋$2H_2O$

8. 谷胱甘肽过氧化物酶 (glutathione peroxidase) EC 1.11.1.9

分类名：glutathione：hydrogen-peroxide oxidoreductase

谷胱甘肽：过氧化氢氧化还原酶

作用[*]：催化谷胱甘肽氧化，以过氧化氢为氢受体。

反应：2 谷胱甘肽＋H_2O_2 ＝氧化型谷胱甘肽＋$2H_2O$

[*] 甾类过氧化氢也可以作为氢受体。

9. 氯化物过氧化物酶 (chloride peroxidase) EC 1.11.1.10

分类名：chloride：hydrogen-peroxide oxidoreductase

氯化物：过氧化氢氧化还原酶

作用：催化有机分子氧化，以过氧化氢为氢受体；使有机分子氯化，形成稳定的 C—Cl 键。

反应：$2RH+2Cl^-＋H_2O_2$ ＝$2RCl＋2H_2O$

第十二节 催化单加氧和双加氧反应的氧化还原酶

1. 细胞色素 c_3 氢化酶 (cytochrome c_3 hydrogenase) EC 1. 12. 2. 1

分类名：hydrogen：ferricytochrome c_3 oxidoreductase

氢：高铁细胞色素 c_3 氧化还原酶

别名：hydrogenase 氢化酶

作用：催化氧化还原反应，作用于 H_2，以细胞色素为受体。

反应：$H_2 + 2$ 高铁细胞色素 $c_3 = 2H^+ + 2$ 亚铁细胞色素 c_3

特异性：需要铁离子参与反应；美蓝相其它受体也可被 H_2 还原。可能与氢化酶 (hydrogenase) 是同一种酶，见 EC 1.18.3.1。

2. 氢脱氢酶[*] (hydrogen dehydrogenase) EC 1. 12. 1. 2

分类名：hydrogen：NAD^+ oxidoreductase

氢：NAD^+ 氧化还原酶

别名：hydrogenase 氢化酶

作用：催化 H_2 氧化，以 NAD^+ 为氢受体。

反应：$H_2 + NAD^+ = H^+ + NADH$

[*] 本酶可能与氢化酶 (EC 1.18.3.1) 有关。

3. 儿茶酚 1,2-双(加)氧酶 (catechol 1,2-dioxygenase) EC 1. 13. 11. 1

分类名：catechol：oxygen 1,2-oxidoreductase(decyclizing)[*]

儿茶酚：氧 1,2-氧化还原酶(去环化)

别名：pyrocatechase 邻苯二酚酶

作用：催化儿茶酚氧化

反应：儿茶酚 $+ O_2 =$ 顺, 顺-黏康酸

[*] 含高铁离子。

4. 儿茶酚 2,3-双(加)氧酶 (catechol 2,3-dioxygenase) EC 1. 13. 11. 2

分类名：catechol：oxygen 2,3-oxidoreductase(decyclizing)

儿茶酚：氧 2,3-氧化还原酶(去环化)

别名：metapyrocatechase 变儿茶酚酶。

作用：催化儿茶酚氧化。

反应[*]：儿茶酚 $+ O_2 = 2$-羟黏康酸半醛

[*] 含亚铁离子。

5. 原儿茶酸 3,4-双(加)氧酶 (protocatechuate 3,4-dioxygenase) EC 1. 13. 11. 3

分类名：protocatechuate：oxygen 3,4-oxidoreductase(decyclizing)

原儿茶酸：氧 3,4-氧化还原酶(去环化)

别名：protocatechuate oxygenase 原儿茶酸(加)氧酶

作用：催化氧化还原反应。

反应：原儿茶酸 $+ O_2 = 3$-羧基-顺, 顺黏康酸

6. 龙胆酸 1,2-双(加)氧酶 (gentisate 1,2-dioxygenase) EC 1. 13. 11. 4

分类名：gentisate：oxygen 1,2-oxidoreductase (decyclizing)

龙胆酸：氧 1,2-氧化还原酶(去环化)

别名：gentisate oxygenase　龙胆酸(加)氧酶

作用：催化氧化还原反应。

反应[*]：龙胆酸 + O_2 ＝顺丁烯二酰(基)丙酮酸

　　　[*]需要亚铁离子。

7. 尿黑酸 1,2-双(加)氧酶 (homogentisate 1,2-dioxygenase) EC 1. 13. 11. 5

分类名：homogentisate：oxygen 1,2-oxidoreductase(decyclizing)

　　　　尿黑酸：氧 1,2-氧化还原酶(去环化)

别名：homogentisicase　尿黑酸酶

　　　homogentisate oxygenase　尿黑酸(加)氧酶

作用：催化尿黑酸氧化。

反应[*]：尿黑酸 + O_2 ＝4-顺丁烯二酸单酰(基)乙酰乙酸

　　　[*]需要亚铁离子参与反应。

8. 3-羟邻氨基苯甲酸 3,4-双(加)氧酶 (3-hydroxyanthranilate 3,4-dioxygenase) EC 1. 13. 11. 6

分类名：3-hydroxyanthranilate：oxygen 3,4-oxidoreductase(decyclizing)

　　　　3-羟邻氨基苯甲酸：氧 3,4-氧化还原酶(去环化)

别名：3-hydroxyanthranilate oxygenase　3-羟邻氨基苯甲酸(加)氧酶

作用：催化氧化还原反应。

反应[*]：3-羟邻氨基苯甲酸 + O_2 ＝2-氨基-3-羧基黏康酸半醛

　　　[*]需要亚铁离子参与反应。

9. 3,4-二羟(基)苯乙酸 3,4-双(加)氧酶 (3,4-dihydroxyphenylacetate3,4-dioxygenase) EC 1. 13. 11. 7

分类名：3,4-dihydroxyphenylacetate：oxygen 3,4-oxidoreductase(decyclizing)

　　　　3,4-二羟(基)苯乙酸：氧 3,4-氧化还原酶(去环化)

别名：homoprotocatechuate oxygenase　高原儿茶酸(加)氧酶

作用：催化氧化还原反应。

反应[*]：3,4-二羟(基)苯乙酸 + O_2 ＝3-羧甲(基)黏康酸

　　　[*]需要亚铁离子。

10. 原儿茶酸 4,5-双(加)氧酶 (protocatechuate 4,5-dioxygenase) EC 1. 13. 11. 8

分类名：protocatechuate：oxygen 4,5-oxidoreductase(decyclizing)

　　　　原儿茶酸：氧 4,5-氧化还原酶(去环化)

别名：protocatechuate 4,5-oxygenase　原儿茶酸 4,5-(加)氧酶

作用：催化氧化还原反应。

反应：原儿茶酸 + O_2 ＝2-羟-4-羟基黏康酸半醛

11. 2,5-二羟(基)吡啶 5,6-双(加)氧酶 (2,5-dihydroxypyridine 5,6-dioxygenase) EC 1. 13. 11. 9

分类名：2,5-dihydroxypyridine：oxygen-5,6-oxidoreductase(decyclizing)

　　　　2,5-二羟(基)吡啶：氧 5,6-氧化还原酶(去环化)

别名：2,5-dihydroxypyridine oxygenase　2,5-二羟(基)吡啶(加)氧酶

作用：催化氧化还原反应。

反应[*]：2,5-二羟(基)吡啶＋O_2 ＝马来酰胺酸＋甲酸

　　[*]需要亚铁离子。

12. 7,8-二羟(基)犬尿喹啉酸　8,8a-双(加)氧酶(7,8-dihydroxykynurenate　8,8a-dioxyge-nase) EC 1.13.11.10

分类名：7,8-dihydroxykynurenate：oxygen 8,8a-oxidoreductase(decyclizing)

　　　7,8-二羟(基)犬尿喹啉酸：氧 8,8a-氧化还原酶(去环化)

别名：7,8-dihydroxy-kynurenate oxygenase　7,8-二羟(基)犬尿喹啉酸(加)氧酶

作用：催化氧化还原反应。

反应[*]：7,8-二羟(基)犬尿喹啉酸＋O_2 ＝5-(γ-羧(基)-γ-氧(代)) 丙烯基-4,6-二羟(基)吡啶羧酸

　　[*]需要亚铁离子。

13. 色氨酸 2,3-双(加)氧酶 (tryptophan　2,3-dioxygenase) EC 1.13.1l.11

分类名：L-tryptophan：oxygen-2,3-oxidoreductase(decyclizing)

　　　L-色氨酸：氧 2,3-氧化还原酶(去环化)

别名：tryptophan pyrrolase　色氨酸吡咯酶

tryptophanase　色氨酸酶

tryptophan oxygenase　色氨酸(加)氧酶

作用：催化氧化还原反应。

反应：L-色氨酸＋O_2 ＝1-甲酰犬尿氨酸

14. 脂(肪)氧合酶 (lipoxygenase) EC 1.13.11.12

分类名：linoleate：oxygen oxidoreductase

　　　亚油酸：氧氧化还原酶

别名：lipoxidase　脂(肪)氧化酶

carotene oxidase　胡萝卜素氧化酶

作用：催化氧化还原反应。

反应：亚油酸＋O_2 ＝13-过氧化氢十八碳-9,11-二烯酸

特异性：本酶含铁，也氧化其它断续间有亚甲基的多(聚)不饱和脂肪酸。

15. 抗坏血酸 2,3-双(加)氧酶 (ascorbate2,3-dioxygenase) EC 1.13.11.13

分类名：ascorbate：oxygen 2,3-oxidoreductase(bond-cleaving)

　　　抗坏血酸：氧 2,3-氧化还原酶(键的裂解)

作用：催化抗坏血酸氧化。

反应[*]：抗坏血酸＋O_2 ＝草酸＋苏氨酸

　　[*]需要亚铁离子参与。

16. 2,3-二羟苯甲酸 3,4-双(加)氧酶 (2,3-dihydroxybenzoate 3,4-dioxygenase) EC 1.13.11.14

分类名：2,3-dihydroxybenzoate：oxygen 3,4-oxidoreductase (decyclizing)

　　　2,3-二羟苯甲酸：氧 3,4-氧化还原酶(去环化)

别名：*o*-pyrocatechuate oxygenase 邻(焦)儿茶酸(加)氧酶

作用：催化氧化还原反应。

反应：2,3-二羟苯甲酸＋O_2 ＝3-羧(基)-2-羟(基)黏康酸半醛

17. 3,4-二羟(基)苯乙酸 2,3-双(加)氧酶 (3,4-dihydroxyphenylacetate 2,3-dioxygenase) EC 1.13.11.15

分类名：3,4-dihydroxyphenylacetate：oxygen 2,3-oxidoreductase(decyclizing)

3,4-二羟(基)苯乙酸：氧 2,3-氧化还原酶(去环化)

作用：催化氧化还原反应。

反应：3,4-二羟(基)苯乙酸＋O_2 ＝2-羟(基)-5-羧甲(基)黏康酸半醛

18. 3-羧乙基儿茶酚 2,3-双(加)氧酶 (3-carboxyethylatechol 2,3-dioxygenase) EC 1.13.11.16

分类名：β-(2,3-dihydroxyphenyl)propionate：oxygen 1,2-oxidoreductase(decyclizing)

β-2,3-二羟(基)苯基丙酸：氧 1,2-氧化还原酶(去环化)

作用：催化氧化还原反应。

反应：β-(2,3-二羟(基)苯基)丙酸＋O_2 ＝2-羟(基)-6-氧(代)壬-2,4-二烯-1,9-二酸

19. 吲哚 2,3-双(加)氧酶 (indol 2,3-dioxygenase) EC 1.13.11.17

分类名：indole：oxygen 2,3-oxidoreductase(decyclizing)

吲哚：氧 2,3-氧化还原酶(去环化)

作用：催化氧化还原反应。

反应：吲哚＋O_2 ＝2-甲酰(基)氨基苯甲醛

20. 硫双(加)氧酶 (sulphur dioxygenase) EC 1.13.11.18

分类名：sulphur：oxygen oxidoreductase

硫：氧氧化还原酶

作用：催化氧化还原反应。

反应：硫＋O_2＋H_2O ＝亚硫酸

21. 半胱胺双(加)氧酶 (cysteamine dioxygenase) EC 1.13.11.19

分类名：cysteamine：oxygen oxidoreductase

半胱胺：氧氧化还原酶

作用：催化半胱胺氧化；作用于来自分子氧的单个氧原子。

反应：半胱胺＋O_2 ＝亚牛磺酸

22. 半胱氨酸双(加)氧酶 (cysteine dioxygenase) EC 1.13.11.20

分类名：L-cysteine：oxygen oxidoreductase

L-半胱氨酸：氧氧化还原酶

作用：催化 L-半胱氨酸氧化；作用于来自分子氧的单个氧原子。

反应[*]：L-半胱氨酸＋O_2＝胱氨酸亚磺酸

[*] 需要亚铁离子和 NAD(P)H 参与。

23. β-胡萝卜素 15,15′-双(加)氧酶 (β-caiotene 15,15′-dioxygenase) EC 1.13.11.21

分类名：β-caiotene：oxygen 15,15′-oxidoreductase(bond-cleaving)

β-胡萝卜素：氧 15,15′-氧化还原酶(键的裂解)

作用：催化 β-胡萝卜素氧化。

反应[*]：β-胡萝卜素$+O_2$ =2 视黄醛

　　[*] 需要胆汁盐和亚铁离子参与反应。

24. 咖啡酸 3,4-双(加)氧 (caffeate 3,4-dioxygenase) EC 1.13.11.22

　　分类名：3,4-dihydroxy-*trans*-cinnamate：oxygen 3,4-oxidoreductase(decyclizing)

　　　　　　3,4-二羟-反-肉桂酸：氧 3,4-氧化还原酶(去环化)

　　作用：催化肉桂酸氧化。

　　反应：3,4-二羟-反-肉桂酸$+O_2$ =3-羧-乙烯-顺,顺-黏康酸

25. 2,3-二羟吲哚 2,3-双(加)氧酶 (2,3-dihydroxyindole 2,3-dioxygenase) EC 1.13.11.23

　　分类名：2,3-dihydroxyindole：oxygen 2,3-oxidoreductase(decyclizing)

　　　　　　2,3-二羟吲哚：氧 2,3-氧化还原酶(去环化)

　　作用：催化氧化还原反应。

　　反应：2,3-二羟吲哚$+O_2$ =邻氨基苯甲酸$+CO_2$

26. 槲皮酮 2,3-双(加)氧酶 (quercetin 2,3-dioxygenase) EC 1.13.11.24

　　分类名：quercetin：oxygen 2,3-oxidoreductase(decyclizing)

　　　　　　槲皮酮：氧 2,3-氧化还原酶(去环化)

　　作用：催化氧化还原反应。

　　反应：槲皮酮$+O_2$ =2-原儿茶酰间苯三酚羧酸$+CO$

27. 3,4-二羟(基)-9,10-开环雄(甾)-1,3,5(10)-三烯-9,17-二酮 4,5-双(加)氧酶
(3,4-dihydroxy-9,10-secoandrosta-1,3,5(10)-triene-9,17-dione 4,5-dioxygenase)
EC 1.13.11.25

　　分类名：3,4-dihydroxy-9,10-secoandrosta-1,3,5(10)-triene-9,17-dione：oxygen 4,5-
　　　　　　oxidoreductase (decyclizing)

　　　　　　3,4-二羟(基)-9,10-开环雄(甾)-1,3,5(10)-三烯-9,17-二酮：氧 4,5-氧化还原
　　　　　　酶 (去环化)

　　别名：steroid 4,5-dioxygenase　类固醇 4,5-双(加)氧酶

　　　　　3-alkylcatechol 2,3-dioxygenase　3-烷(基)儿茶酚 2,3-双(加)氧酶

　　作用：催化氧化还原反应。

　　反应：3,4-二羟(基)-9,10-开环雄(甾)-1,3,5(10)-三烯-9,17-二酮$+O_2$ =3-羟(基)-
　　　　　5,9,17-三氧-4,5；9,10-二开环雄(甾)-1(10)2-二烯-4-酸

　　特异性：需要亚铁离子参与反应，也作用于 3-异丙(基)儿茶酚。

28. 肽基色氨酸 2,3-双(加)氧酶 (peptidyltryptophan 2,3-dioxygenase) EC 1.13.11.26

　　分类名：peptidyltryptophan：oxygen 2,3-oxidoreductase (decyclizing)

　　　　　　肽基色氨酸：氧 2,3-氧化还原酶(去环化)

　　别名：pyrrolooxygenase　吡咯(加)氧酶

　　作用：催化氧化还原反应。

　　反应：肽基色氨酸$+O_2$ =肽基甲酰基犬尿酸

　　特异性：也作用于色氨酸。

29. 4-羟苯(基)丙酮酸双(加)氧酶 (4-hydroxyphenylpyruvate dioxygenase) EC 1.13.11.27

　　分类名：4-hydroxyphenylpyruvate：oxygen oxidoreductase (hydroxylating decarboxylating)

4-羟苯基丙酮酸：氧氧化还原酶（羟化，脱羧）

作用：催化氧化还原反应。

反应：4-羟苯基丙酮酸$+O_2$ ＝尿黑酸$+CO_2$

30. 2,3-二羟苯甲酸 2,3-双(加)氧酶 (2,3-dihydroxybenzoate 2,3-dioxygenase) EC 1.13.11.28

分类名：2,3-dihydroxybenzoate：oxygen 2,3-oxidoreductase(decyclizing)

2,3-二羟苯甲酸：氧 2,3-氧化还原酶(去环化)

作用：催化氧化还原反应。

反应：2,3-二羟苯甲酸$+O_2$ ＝2-羧(基)-顺,顺-黏康酸

特异性：也催化2,3-二羟(基)-4-甲苯(甲)酸和2,3-二羟(基)-4-枯酸氧化，但反应较慢。

31. 羧基-γ-吡喃酮丙氨酸合酶 (stizolobate synthase) EC 1.13.11.29

分类名：3,4-dihydroxyphenylalanine：oxygen 4,5-oxidoreductase(recyclizing)

3,4-二羟苯丙氨酸：氧 4,5-氧化还原酶(再环化)

作用：催化氧化还原反应。

反应*：3,4-二羟苯丙氨酸$+O_2$ ＝2-羟-4-丙氨酸黏康酸-6-半醛

*本反应经过环的闭合与氧化，以$NAD(P)^+$为受体；需要Zn^{2+}参与。

32. 羧基-α-吡喃酮丙氨酸合酶 (stizolobinate synthase) EC 1.13.11.30

分类名：3,4-dihydroxyphenylalanine：oxygen 3,4-oxidoreductase (recyclining)

3,4-二羟苯丙氨酸：氧 3,4-氧化还原酶 (再环化)

作用：催化氧化还原反应。

反应*：3,4-二羟苯丙氨酸$+O_2$ ＝2-羟-5-丙氨酸黏康酸-6-半醛

*本反应经过环的闭合与氧化，以$NAD(P)^+$为受体；需要Zn^{2+}参与。

33. 精氨酸 2-单(加)氧酶 (arginine 2-monooxygenase) EC 1.13.12.1

分类名：L-arginine：oxygen 2-oxidoreductase(decarboxylating)

L-精氨酸：氧 2-氧化还原酶(脱羧)

作用：催化L-精氨酸、氧化脱羧，作用于来自分子氧的单个氧原子。

反应：L-精氨酸$+O_2$ ＝4-胍(基)丁酸酰胺$+CO_2+H_2O$

特异性：也作用于刀豆氨酸和高精氨酸。

34. 赖氨酸 2-单(加)氧酶 (lysine 2-monooxygenase) EC 1.13.12.2

分类名：L-lysine：oxygen 2-oxidoreductase(decarboxylating)

L-赖氨酸：氧 2-氧化还原酶(脱羧)

作用：催化氧化还原反应。

反应：L-赖氨酸$+O_2$ ＝5-氨基戊酰胺$+CO_2+H_2O$

特异性：也作用于其它二氨基-羧基氨基酸。

35. 色氨酸 2-单(加)氧酶 (tryptophan-2-monooxygenase) EC 1.13.12.3

分类名：L-tryptophan：oxygen 2-oxidoreductase(decarboxylating)

L-色氨酸：氧 2-氧化还原酶(脱羧)

作用：催化氧化还原反应。

反应：L-色氨酸$+O_2$ ＝吲哚-3-乙酰胺$+CO_2+H_2O$

36. 乳酸 2-单(加)氧酶 (lactate 2-monooxygenase) EC 1. 13. 12. 4

分类名：L-lactate：oxygen 2-oxidoreductase(decarboxylating)

L-乳酸：氧 2-氧化还原酶(脱羧)

别名：lactate oxidative decarboxylase　乳酸氧化脱羧酶

作用：催化乳酸氧化。

反应：L-乳酸$+O_2$ ＝乙酸$+CO_2+H_2O$

37. Renilla 虫萤光素 2-单(加)氧酶 (renilla luciferin 2-monooxygenase) EC 1. 13. 12. 5

分类名：renilla luciferin：oxygen 2-oxidoreductase(decarboxylating)

renilla 虫萤光素：氧 2-氧化还原酶(脱羧)

作用：催化氧化还原反应。

反应：renilla 虫萤光素$+O_2$ ＝氧化型 renilla 虫萤光素$+CO_2+HV$

38. *cypridina* 虫萤光素 2-单 (加) 氧酶 (*cypridina*　luciferin 2-monooxygenase) EC 1. 13. 12. 6

分类名：*cypridina* luciferin：oxygen 2-oxidoreductase (decarboxylating)

cypridina 虫萤光素：氧 2-氧化还原酶 (脱羧)

作用：催化虫萤光素氧化，作用于来自氧分子的单个氧原子。

反应[*]：*cypridina* 虫萤光素$+O_2$ ＝氧化型 *cypridina* 虫萤光素$+CO_2+HV$

[*] 在释出焦磷酸的同时，首先在羧酸基与 AMP 之间形成酸酐。

39. *photinus* 虫萤光素 4-单(加)氧酶(ATP 水解) (*photinus* luciferin 4-monooxygenase (ATP-hydrolysing)) EC 1. 13. 12. 7

分类名：*photinus* luciferin：oxygen 4-oxidoreductase(decarboxylating，ATP-hydrolysing)

photinus 虫萤光素：氧 4-氧化还原酶(脱羧，ATP 水解)

作用：催化氧化还原反应。

反应：*photinus* 虫萤光素$+O_2+ATP$ ＝氧化型 *photinus* 虫萤光素$+CO_2+H_2O+$ AMP$+$焦磷酸$+HV$

40. *myo*-肌醇(加)氧酶 (*myo*-inositol oxygenase) EC 1. 13. 99. 1

分类名：*myo*-inositol：oxygen oxidoreductase

myo-肌醇：氧氧化还原酶

作用：催化氧化还原反应。

反应：*myo*-肌醇$+O_2$ ＝葡糖醛酸$+H_2O$

41. 苯甲酸 1,2-双(加)氧酶 (benzoate 1,2-dioxygenase) EC 1. 13. 99. 2

分类名：benzoate：oxygen oxidoreductase

苯甲酸：氧氧化还原酶

别名：benzoate hydroxylase　苯甲酸水解酶

作用：催化苯甲酸氧化。

反应：苯甲酸$+O_2$ ＝儿茶酚$+CO_2$

特异性：需要 NADH 参与反应。

42. 黄体酮单(加)氧酶 (progesterone monooxygenase) EC 1. 14. 9. 4

分类名：progesterone, hydrogen-donor：oxygen oxidoreductase(hydroxylating)

黄体酮，氢-供体：氧氧化还原酶(羟化)

别名：progesterone hydroxylase 黄体酮羟化酶

作用：催化氧化还原反应。

反应：黄体酮＋AH_2＋O_2＝乙酸睾（甾）酮＋A＋H_2O

特异性：具有广泛的特异性。

43. γ-丁酸甜菜碱，2-酮戊二酸双(加)氧酶 (γ-butyrobetaine，2-oxoglutarate dioxygenase) EC 1. 14. 11. 1

分类名：4-trimethylaminobutyra 2-oxoglutarate：oxygen oxidoreductase(3-hydroxylating)

　　　　4-三甲氨(基)丁酸 2-酮戊二酸：氧氧化还原酶(3-羟化)

作用：催化氧化还原反应。

反应：4-三甲氨(基)丁酸＋2-酮戊二酸＋O_2＝3-羟-4-三甲氨(基) 丁酸＋琥珀酸＋CO_2

特异性：要求有亚铁离子和抗坏血酸存在。

44. 脯氨酸，2-酮戊二酸双(加)氧酶 (proline，2-oxoglutarate dioxygenase) EC 1. 14. 11. 2

分类名：prolyl-glycyl-peptide，2-oxoglutarate：oxygen oxidoreductase

　　　　脯氨酰-甘氨酰-肽，2-酮戊二酸：氧氧化还原酶

别名：protocollagen hydroxylase 原胶原（蛋白）羟化酶

　　　proline hydroxylase 脯氨酸羟化酶

作用：催化氧化还原反应。

反应*：脯氨酰-甘氨酰-肽＋2-酮戊二酸＋O_2＝羟脯氨酰甘氨酰-肽＋琥珀酸＋CO_2

　　　* 需要亚铁离子和抗坏血酸参与作用。

45. 胸苷，2-酮戊二酸双(加)氧酶 (thymidine，2-oxoglutarate dioxygenase) EC 1. 14. 11. 3

分类名：thymidine，2-oxoglutarate：oxygen oxidoreductase($2'$-hydroxylating)

　　　　胸苷，2-酮戊二酸：氧氧化还原酶($2'$-羟化)

别名：thymidine $2'$-hydroxylase 胸苷 $2'$-羟化酶

　　　pyrimidine deoxyribonucleoside $2'$hydroxylase 嘧啶脱氧核糖核苷 $2'$-羟化酶

作用：催化氧化还原反应。

反应*：胸苷＋2-酮戊二酸＋O_2＝胸腺嘧啶核糖核苷＋琥珀酸＋CO_2

　　　* 需要亚铁离子和抗坏血酸参与反应。

46. 赖氨酸，2-酮戊二酸双(加)氧酶 (lysine，2-oxoglutarate dioxygenase) EC 1. 14. 11. 4

分类名：peptidyllysine，2-oxoglutarate：oxygen 5-oxidoreductase

　　　　肽基赖氨酸，2-酮戊二酸：氧 5-氧化还原酶

别名：lysine hydroxylase 赖氨酸羟化酶

作用：催化氧化还原反应。

反应*：肽基赖氨酸＋2-酮戊二酸＋O_2＝肽基羟赖氨酸＋琥珀酸＋CO_2

　　　* 需要亚铁离子和抗坏血酸参与反应。

47. 胸腺嘧啶，2-酮戊二酸双(加)氧酶 (thymine，2-oxoglutarate dioxygenase) EC 1. 14. 11. 6

分类名：thymine，2-oxoglutarate：oxygen oxidoreductase(7-hydroxylating)

　　　　胸腺嘧啶，2-酮戊二酸：氧氧化还原酶(7-羟化)

别名：thymine 7-hydroxylase 胸腺嘧啶 7-羟化酶

作用：催化氧化还原反应。

反应：胸腺嘧啶＋2-酮戊二酸＋O_2 ══5-羟甲基尿嘧啶＋琥珀酸＋CO_2

特异性：需要亚铁离子和抗坏血酸参与反应；也作用于 5-羟甲基尿嘧啶。

48. 邻氨基苯甲酸 1,2-二(加)氧酶(脱氨,脱羧) (anthranilate, 1,2-dioxygenase (deaminating, decarboxylating)) EC 1.14.12.1

分类名：anthranilate NAD(P)H：oxygen oxidoreductase(1,2-hydroxylating, deaminating, decarboxylating)

邻氨基苯甲酸，NAD(P)H：氧氧化还原酶（1,2-羟化，脱氨，脱羧）

别名：anthranilate hydroxylase 邻氨基苯甲酸羟化酶

作用：催化邻氨基苯甲酸、羟化、脱氨与脱羧。

反应：邻氨基苯甲酸＋NAD(P)H＋O_2＋$2H_2O$ ══儿茶酚＋CO_2＋NAD(P)$^+$＋NH_3

49. 邻氨基苯甲酸 2,3-二(加)氧酶(脱氨) (anthranilate 2,3-dioxygenase(deaminating)) EC 1.14.12.2

分类名：anthranilate NADPH：oxygen oxidoreductase(2,3-hydroxylating, deaminating)

氨基苯甲酸 NADPH：氧氧化还原酶(2,3-羟化，脱氨)

别名：anthranilate hydroxylase 邻氨基苯甲酸羟化酶

作用：催化邻氨基苯甲酸、羟化和脱氨。

反应：邻氨基苯甲酸＋NADPH＋O_2 ══2,3-二羟苯甲酸＋NADP$^+$＋NH_3

50. 苯 1,2-双(加)氧酶 (benzene 1,2-dioxygenase) EC 1.14.12.3

分类名：benzene, NADH：oxygen 1,2-oxidoreductase

苯，NADH：氧 1,2-氧化还原酶

别名：benzene hydroxylase 苯水解酶

作用：催化氧化还原反应，作用于分子氧。

反应：苯＋NADH＋O_2 ══顺-二氢苯二醇＋NAD$^+$

51. 甲基羟吡啶-羧酸双(加)氧酶 (methylhydroxypyridine-carboxylate dioxygenase) EC 1.14.12.4

分类名：2-methyl-3-hydroxypyridine-5-carboxylate, NAD(P)H：oxygen oxidoreductase(decyclizing)

2-甲基-3-羟吡啶-5-羧酸，NAD(P)H：氧氧化还原酶(去环化)

别名：methylhydroxyrine-carboxylate oxidase 甲基羟吡啶-羧酸氧化酶

作用：催化氧化还原反应。

反应：2-甲基-3-羧吡啶-5-羧酸＋NAD(P)H＋O_2 ══2-（N-乙酰氨基亚甲基）琥珀酸＋NAD(P)$^+$

52. 5-吡哆酸双(加)氧酶 (5-pyridoxate dioxygenase) EC 1.14.12.5

分类名：5-pyridoxate, NADPH：oxygen oxidoreductase(decyclizing)

5-吡哆酸，NADPH：氧氧化还原酶(去环化)

别名：5-pyridoxate oxidase 5-吡哆酸氧化酶

作用：催化氧化还原反应。

反应：5-吡哆酸＋NADPH＋O_2 ＝2-羟甲基-3-(N-乙酰氨基亚甲基)琥珀酸＋$NADP^+$

53. 2-羟环己酮 2-单(加)氧酶 (2-hydroxycyclohexanone 2-monooxygenase) EC 1. 14. 12. 6

分类名：2-hydroxycyclohexan-1-one，NADPH：oxygen 2-oxidoreductase(1,2-lactonizing)

2-羟环己-1-酮，NADPH：氧 2-氧化还原酶(1,2-内酯化)

作用：催化氧化还原反应，以氧分子为氢受体。

反应：2-羟环己-1-酮＋NADPH＋O_2 ＝2-羟-1-噁-2-氧(代)环庚烷＋$NADP^+$＋H_2O

54. 水杨酸 1-单(加)氧酶 (salicylate 1-monooxygenase) EC 1. 14. 13. 1

分类名：salicylate，NADH：oxygen oxidoreductase(1-hydroxylating, decarboxylating)

水杨酸，NADH：氧氧化还原酶(1-羟化，脱羧)

别名：salicylate hydroxylase 水杨酸羟化酶

作用：催化氧化还原反应。

反应：水杨酸＋NADH＋O_2 ＝儿茶酚＋NAD^+＋H_2O＋CO_2

55. 4-羟苯甲酸 3-单(加)氧酶 (4-hydroxybenzoate 3-monooxygenase) EC 1. 14. 13. 2

分类名：4-hydroxybenzoate，NADPH：oxygen oxidoreductase(3-hydroxylating)

4-羟苯甲酸，NADPH：氧氧化还原酶(3-羟化)

别名：p-hydroxybenzoate hydroxylase 对羟苯甲酸羟化酶

作用：催化氧化还原反应，以氧分子为氢受体。

反应：4-羟苯甲酸＋NADPH＋O_2＝原儿茶酸＋$NADP^+$＋H_2O

56. 4-羟苯(基)乙酸 3-单(加)氧酶 (4-hydroxyphenylacetate 3-monooxygenase) EC 1. 14. 13. 3

分类名：4-hydroxyphenylacetate，NADH：oxygen oxidoreductase (3-hydroxylating)

4-羟基苯乙酸，NADH：氧氧化还原酶(3-羟化)

别名：p-hydroxyphenyl acetate 3-hydroxylase 对羟苯基乙酸 3-羟化酶

作用：催化氧化还原反应。

反应：4-羟基苯乙酸＋NADH＋O_2 ＝3,4-二羟基苯乙酸＋NAD^+＋H_2O

57. 黄木樨酸 3-单(加)氧酶 (melilotate 3-monooxygenase) EC 1. 14. 13. 4

分类名：3-(2-hydroxyphenyl)-propionate，NADH：oxygen oxidoreductase(3-hydroxylating)

3-(2-羟苯基)丙酸，NADH：氧氧化还原酶(3-羟化)

别名：2-hydroxyphenyl propionate hydroxylase 2-羟苯基丙酸羟化酶

melilotate hydroxylase 黄木樨酸羟化酶

作用：催化氧化还原酶。

反应：3-(2-羟苯基) 丙酸＋NADH＋O_2 ＝3-(2,3-二羟苯基) 丙酸＋NAD^+＋H_2O

58. 咪唑乙酸 4-单(加)氧酶 (imidazoleacetate 4-monooxygenase) EC 1. 14. 13. 5

分类名：imidazoleacetate，NADH：oxygen oxidoreductase(hydroxylating)

咪唑乙酸，NADH：氧氧化还原酶(羟化)

作用：催化氧化还原反应，以氧分子为受体。

反应：咪唑乙酸＋NADH＋O_2 ＝咪唑酮乙酸＋NAD^+＋H_2O

59. 地衣酚 2-单(加)氧酶 (orcinol 2-monooxygenase) EC 1. 14. 13. 6

    分类名：orcinol, NADH：oxygen oxidoreductase(2-hydroxylating)

        地衣酚，NADH：氧氧化还原酶(2-羟化)

    别名：orcinol hydroxylase 地衣酚羟化酶

    作用：催化氧化还原反应。

    反应：地衣酚＋NADH＋O_2＝＝2,3,5-三羟甲苯＋NAD^+＋H_2O

60. 酚 2-单(加)氧酶 (phenol 2-monooxygenase) EC 1. 14. 13. 7

    分类名：phenol, NADPH：oxygen oxidoreductase(2-hydroxylating)

        酚，NADPH：氧氧化还原酶(2-羟化)

    别名：phenol hydroxylase 酚羟化酶

    作用：催化氧化还原反应。

    反应：酚＋NADPH＋O_2＝＝儿茶酚＋$NADP^+$＋H_2O

    特异性：也作用于间苯二酚和邻甲(苯)酚。

61. 二甲(基)苯胺单(加)氧酶(生成 *N*-氧化物) (dimethylaniline monooxygenase (*N*-oxide-forming)) EC 1. 14. 13. 8

    分类名：*N*,*N*-dimethylaniline, NADPH：oxygen oxidoreductase(*N*-oxide-forming)

        N,*N*-二甲(基)苯胺，NADPH：氧氧化还原酶(生成 *N*-氧化物)

    别名：dimethylaniline oxidase 二甲(基)苯胺氧化酶

    作用：催化氧化还原反应。

    反应：*N*,*N*-二甲(基)苯胺＋NADPH＋O_2＝＝*N*,*N*-二甲(基)苯胺 *N*-氧化物＋$NADP^+$＋H_2O

    特异性：也作用于各种二烷(基)芳胺。

62. 犬尿氨酸 3-单(加)氧酶 (kynurenine 3-monooxygenase) EC 1. 14. 13. 9

    分类名：L-kynurenine, NADPH：oxygen oxidoreductase(3-hydroxylating)

        L-犬尿氨酸，NADPH：氧氧化还原酶(3-羟化)

    别名：kynurenine 3-hydroxylase 犬尿氨酸 3-羟化酶

    作用：催化氧化还原反应，作用于氧分子。

    反应：L-犬尿氨酸＋NADPH＋O_2＝＝3-羟-L-犬尿氨酸＋$NADP^+$＋H_2O

63. 2,6-二羟(基)吡啶 3-单(加)氧酶 (2,6-dihydroxypyridine 3-monooxygenase) EC 1. 14. 13. 10

    分类名：2,6-dihydroxypyridine, NADH：oxygen oxidoreductase(3-hydroxylating)

        2,6-二羟(基)吡啶，NADH：氧氧化还原酶(3-羟化)

    作用：催化氧化还原反应。

    反应：2,6-二(基)吡啶＋NADH＋O_2＝＝2,3,6-三羟(基)吡啶＋NAD^+＋H_2O

64. 反(式)肉桂酸 4-单(加)氧酶 (*trans*-cinnamate 4-monooxygenase) EC 1. 14. 13. 11

    分类名：*trans*-cinnamate, NADPH：oxygn oxidoreductase(4-hydroxylating)

        反(式)肉桂酸，NADPH：氧氧化还原酶(4-羟化)

    作用：催化肉桂酸氧化。

    反应[*]：反(式)肉桂酸＋NADPH＋O_2＝＝4-羟(基)肉桂酸＋$NADP^+$＋H_2O

        [*] NADH 可替代 NADPH 参与反应，但反应较慢。

65. 苯甲酸-4-单(加)氧酶 (benzoate 4-monooxygenase) EC 1. 14. 13. 12

分类名：benzoate, NADPH：oxygen oxidoreductase(4-hydroxylating)
苯甲酸, NADPH：氧氧化还原酶(4-羟化)

作用：催化氧化还原反应。

反应：苯甲酸＋NADPH＋O_2＝4-羟苯甲酸＋$NADP^+$＋H_2O

特异性：需要亚铁离子和四氢蝶啶。

66. 25-羟胆钙化(甾)醇 1-单(加)氧酶 (25-hydroxycholecalciferol 1-monooxygenase) EC 1. 14. 13. 13

分类名：25-hydroxycholecaliferol NADPH：oxygen oxidoreductase(1-hydroxylating)
25-羟胆钙化(甾)醇, NADPH：氧氧化还原酶(1-羟化)

别名：25-hydroxy-cholecaliferol 1-hydroxylase 25-羟胆钙化(甾)醇 1-羟化酶

作用：催化氧化还原反应。

反应：25-羟胆钙化(甾)醇＋NADPH＋O_2＝1,25-二羟胆钙化(甾)醇＋$NADP^+$＋H_2O

67. 反(式)肉桂酸 2-单(加)氧酶 (*trans*-cinnamate 2-monooxygenase) EC 1. 14. 13. 14

分类名：*trans*-cinnamate, NADPH：oxygen oxidoreductase(2-hydroxylating)
反(式)肉桂酸, NADPH：氧氧化还原酶(2-羟化)

别名：cinnamic acid 2-hydroxylase 肉桂酸 2-羟化酶

作用：催化肉桂酸氧化。

反应：反(式)肉桂酸＋NADPH＋O_2＝2-羟(基)肉桂酸＋$NADP^+$＋H_2O

68. 胆甾烷三醇 26-单(加)氧酶 (cholestanetriol 26-monooxygenase) EC 1. 14. 13. 15

分类名：5β-cholestane-3α,7α,12α-triol, NADPH：oxygen oxidoreductase(26-hydroxylating)
5β-胆甾烷-3α,7α,12α-三醇, NADPH：氧氧化还原酶(26-羟化)

作用：催化氧化还原反应；作用于氧分子。

反应：5β-胆甾烷-3α, 7α, 12α-三醇＋NADPH＋O_2＝5β-胆甾烷-3α,7α,12α,26-四醇＋$NADP^+$＋H_2O

69. 环戊酮单(加)氧酶 (cyclopentanone monooxygenase) EC 1. 14. 13. 16

分类名：cyclopentanone, NADPH：oxygen oxidoreductase(5-hydroxylating, lactonizing)
环戊酮, NADPH：氧氧化还原酶(5-羟化，内酯化)

作用：催化环戊酮氧化。

反应：环戊酮＋NADPH＋O_2＝5-戊内酯＋$NADP^+$＋H_2O

70. 胆甾醇 7α-单(加)氧酶 (cholesterol 7α-monooxygenase) EC 1. 14. 13. 17

分类名：cholesterol, NADPH：oxygen oxidoreductase(7α-hydroxylating)
胆甾醇, NADPH：氧氧化还原酶(7α-羟化)

作用：催化胆甾醇氧化。

反应：胆甾醇＋NADPH＋O_2＝7α-羟胆甾醇＋$NADP^+$＋H_2O

71. 4-羟苯(基)乙酸 1-单(加)氧酶 (4-hydroxyphenylacetate 1-monooxygenase) EC 1. 14. 13. 18

分类名：4-hydroxyphenylacetate, NAD(P)H：oxygen oxidoreductase (1-hydroxylating)

4-羟基苯乙酸，NAD(P)H：氧氧化还原酶(1-羟化)

别名：4-hydroxyphenyl acetate 1-hydroxylase　4-羟苯(基)乙酸 1-羟化酶

作用：催化氧化还原反应。

反应：4-羟基苯乙酸＋NAD(P)H＋O_2 ══ 尿黑酸＋NAD(P)$^+$＋H_2O

特异性：也作用于 4-羟基氢化阿托酸(生成 2-甲基尿黑酸)和 4-羟基苯氧基乙酸(生成氢醌和乙醇酸)。

72. 毒叶素 8-单(加)氧酶 (taxifolin 8-monooxygenase) EC 1. 14. 13. 19

分类名：taxifolin，NAD(P)H：oxygen oxidoreductase(8-hydroxylating)

　　　　毒叶素，NAD(P)H：氧氧化还原酶(8-羟化)

作用：催化氧化还原反应。

反应：毒叶素＋NAD(P)H＋O_2 ══ 2,3-二氢棉子皮亭＋NAD(P)$^+$＋H_2O

特异性：也作用于佛提素(即 $3',4',7$-三羟黄烷醇)，但不作用于儿茶酸和槲皮酮(即 $3',4',3,5,7$-五羟黄酮)。

73. 与黄素蛋白相连的单(加)氧酶 (flavoprotein-linked monooxygenase) EC 1. 14. 14. 1

分类名：RH，reduced-flavoprotein：oxygen oxidoreductase(RH-hydroxylating)

　　　　RH，还原型黄素蛋白：氧氧化还原酶(RH-羟化)

别名：aryl 4-hydroxylase　芳(香)基 4-羟化酶

　　　aryl 4-monooxygenase　芳(香)基 4-单(加)氧酶

　　　benzopyrene 3-monooxygenase　苯并芘 3-单(加)氧酶

　　　mixed-function oxidase　双功能氧化酶

　　　RH hydroxylase　RH 羟化酶

作用：催化氧化还原反应。

反应：RH＋还原型黄素蛋白＋O_2 ══ ROH＋氧化型黄素蛋白＋H_2O

74. 樟脑 1,2-单(加)氧酶 (camphor 1,2-monooxygenase) EC 1. 14. 15. 2

分类名：camphor reduced-rubredoxin：oxygen oxidore ductase(1,2-lactonizing)

　　　　樟脑，还原型红氧还蛋白：氧氧化还原酶(1,2-内酯化)

别名：2,5-diketocamphane lactonizing enzyme

　　　2,5-二酮烷茨内酯酶

作用：催化茨酮氧化。

反应：2,5-二酮茨烷＋还原型红氧还蛋白＋O_2 ══ 5-酮-1,2-龙脑白＋氧化型红氧还蛋白＋H_2O

75. 樟脑 5-单(加)氧酶 (camphor 5-monooxygenase) EC 1. 14. 15. 2

分类名：camphor，reduced-putida-ferredoxin：oxygen oxidoreductase(5-hydroxylating)

　　　　樟脑，还原型假单胞铁氧还蛋白：氧氧化还原酶(5-羟化)

别名：methylene hydroxylase　亚甲基羟化酶

作用：催化茨酮氧化。

反应：茨酮＋还原型假单胞铁氧还蛋白＋O_2 ══ 5-外羟茨酮＋氧化型假单胞铁氧还蛋白＋H_2O

76. 链烷 1-单(加)氧酶 (alkane 1-monooxygenase) EC 1. 14. 15. 3

分类名：alkane，reduced-rubredoxin：oxygen 1-oxidoreductase

链烷，还原型红氧还蛋白：氧 1-氧化还原酶

别名：alkane 1-hydroxylase　链烷 1-羟化酶

ω-hydroxylase　ω-羟化酶

fatty acid ω-hydroxylase　脂肪酸 ω-羟化酶

作用：催化氧化还原反应。

反应：辛烷＋还原型红氧还蛋白＋O_2 ＝1-辛醇＋氧化型红氧还蛋白＋H_2O

77. 类固醇 11β-单(加)氧酶 (steroid llβ-monooxygenase) EC 1.14.15.4

分类名：steroid, reduced-adrenal-ferredoxin：oxygen oxidoreductase (11β-hydroxylating)

类固醇，还原型肾上腺铁氧还蛋白：氧氧化还原酶（11β-羟化）

别名：steroid 11β-hydroxylase　类固醇 11β-羟化酶

作用：催化氧化还原反应。

反应：类固醇＋还原型肾上腺铁氧还蛋白＋O_2＝11β-羟类固醇＋氧化型肾上腺铁氧还蛋白＋H_2O

78. 皮质(甾)酮 18-单(加)氧酶 (corticosterone 18-monooxygenase) EC 1.14.15.5

分类名：cortecosterone, reduced-adronal-ferredoxin：oxygen oxidoreductase (18-hydroxylating)

皮质(甾)酮，还原型肾上腺铁氧还蛋白：氧氧化还原酶(18-羟化)

别名：corticosterone 18-hydroxylase　皮质(甾)酮 18-羟化酶

作用：催化皮质(甾)酮羟化。

反应：皮质(甾)酮＋还原型肾上腺铁氧还蛋白＋O_2 ＝18-羟皮质(甾)酮＋氧化型肾上腺铁氧还蛋白＋H_2O

79. 苯丙氨酸 4-单(加)氧酶 (phenylalanine 4-monooxygenase) EC 1.14.16.1

分类名：L-phenylalanine, tetrahydropteridine：oxygen oxidoreductase (4-hydroxylating)

L-苯丙氨酸，四氢蝶啶：氧氧化还原酶(4-羟化)

别名：phenylalaninase　苯丙氨酸酶

phenylalanine 4-hydroxylase　苯丙氨酸 4-羟化酶

作用：催化氧化还原反应。

反应：L-苯丙氨酸＋四氢蝶啶＋O_2 ＝L-酪氨酸＋二氢蝶啶＋H_2O

80. 酪氨酸 3-单(加)氧酶 (tyrosine 3-monooxygenase) EC 1.14.16.2

分类名：L-tyrosine, tetrahydropteridine：oxygen oxidoreductase (3-hydroxylating)

L-酪氨酸，四氢蝶啶：氧氧化还原酶（3-羟化）

别名：tyrosine 3-hydroxylase　酪氨酸 3-羟化酶

作用：催化氧化还原反应。

反应[*]：L-酪氨酸＋四氢蝶啶＋O_2 ＝3,4-二羟-L-苯丙氨酸＋二氢蝶啶＋H_2O

[*] 需要亚铁离子参与反应 。

81. 邻氨基苯甲酸 3-单(加)氧酶 (anthranilate 3-monooxygenase) EC 1.14.16.3

分类名：anthranilate, tetrahydropteridine：oxygen oxidoreductase (3-hydroxylating)

邻氨基苯甲酸，四氢蝶啶：氧氧化还原酶(3-羟化)

别名：anthranilate 3-hydroxylase　邻氨基苯甲酸 3-羟化酶

作用：催化邻氨基苯甲酸；羟化；与氧分子反应。

反应：邻氨基苯甲酸＋四氢蝶啶＋O_2 ＝3-羟邻氨基苯甲酸＋二氢蝶啶＋H_2O

82. 色氨酸 5-单(加)氧酶 (tryptophan 5-monooxygenase) EC 1.14.16.4

分类名：L-tryptophan, tetrahydropteridine：oxygen oxidoreductase(5-hydroxylating)

L-色氨酸，四氢蝶啶：氧氧化还原酶(5-羟化)

别名：tryptophan 5-hydroxylase　色氨酸 5-羟化酶

作用：催化氧化还原反应。

反应[*]：L-色氨酸＋四氢蝶啶＋O_2 ＝5-羟基-L-色氨酸＋二氢蝶啶＋H_2O

[*] 需要亚铁离子参与反应。

83. 甘油醚单(加)氧酶 (glyceryl-ether monooxygenase) EC 1.14.16.5

分类名：1-alky-*sn*-glycerol, tetrahydropteridine：oxygen oxidoreductase

1-烷基-*sn*-甘油，四氢蝶啶：氧氧化还原酶

别名：glyceryl ether cleaving enzyme　甘油醚裂解酶

作用：催化氧化还原反应，作用于氧分子。

反应[*]：1-烷基-*sn*-甘油＋四氢蝶啶＋O_2 ＝1-羟烷基-*sn*-甘油＋二氢蝶啶＋H_2O

[*] 反应产物自动分解，形成醛和甘油。

84. 多巴胺 *β*-单(加)氧酶 (dopamine *β*-monooxygenase) EC 1.14.17.1

分类名：3,4-dihydroxyphenylethyl-amine, ascorbate：oxygen oxidoreductase (*β*-hydroxylating)

3,4-二羟(基)苯乙(基)胺，抗坏血酸：氧氧化还原酶 (*β*-羟化)[*]

别名：dopamine -*β*-hydroxylase　多巴胺 *β*-羟化酶

作用：催化氧化还原反应。

反应：3,4-二羟(基)苯乙(基)胺＋抗坏血酸＋O_2 ＝去甲肾上腺素＋脱氢抗坏血酸＋H_2O

[*] 延胡索酸能激活本酶。

85. 对香豆酸 3-单(加)氧酶 (*p*-coumarate　3-monooxygenase) EC 1.14.17.2

分类名：4-hydroxycinnamate, ascorbate：oxygen oxidoreductase(3-hydroxylating)

4-羟肉桂酸，抗坏血酸：氧氧化还原酶(3-羟化)

别名：*p*-coumarate hydroxylase　对香豆酸羟化酶

作用：催化对香豆酸羟化，作用于氧分子，氧化还原反应。

反应：4-羟肉桂酸＋抗坏血酸＋O_2 ＝3,4-二羟肉桂酸＋脱氢抗坏血酸＋H_2O

86. 前列腺素合酶 (prostaglandin synthase) EC 1.14.99.1

分类名：8,11,14-eicosatrienoate hydrogen-donor：oxygen oxidoreductase

8,11,14-廿碳三烯酸，氢供体：氧氧化还原酶

作用：催化氧化还原反应。

反应[*]：8,11,14-廿碳三烯酸＋AH_2＋$2O_2$ ＝前列腺素 E_1＋A＋H_2O

[*] 可能与两种加氧酶（单加氧酶和双加氧酶）有关。

87. 犬尿喹啉酸-7,8-羟化酶 (kynurenate 7,8-hydroxylase) EC 1.14.99.2

分类名：kynurenate hydrogen-donor：oxygen oxidoreductase (hydroxylating)

犬尿喹啉酸，氢供体：氧氧化还原酶（羟化）

作用：催化氧化还原反应，作用于氧分子。

反应：犬尿喹啉酸＋AH_2＋O_2 ＝7,8-二氢-7,8-二羟犬尿喹啉酸＋A＋H_2O

88. 血红素(加)氧酶(去环化) (haem oxygenase (decyclizing)) EC 1.14.99.3

分类名：haem，hydrogen-donor：oxygen oxidoreductase(α-metheh-oxidizing, hydrox-ylating)

血红素，氢供体：氧氧化还原酶 (α-亚甲基氧化，羟化)

作用：催化氧化还原反应，作用于氧分子。

反应：血红素＋$3AH_2$＋$3O_2$ ＝胆绿素＋Fe^{2+}＋CO＋$3A$＋$3H_2O$

89. 黄体酮单(加)氧酶 (progesterone monooxygenase) EC 1.14.99.4

分类名：progesterone，hydrogen-donor：oxygen oxidoreductase (hydroxylating)

黄体酮，氢供体：氧氧化还原酶（羟化）

别名：progesterone hydroxylase　黄体酮羟化酶

作用：催化氧化还原反应。

反应：黄体酮＋AH_2＋O_2 ＝乙酸睾(甾)酮＋A＋H_2O

特异性：具有广泛的特异性。

90. 酰基-辅酶 A 减饱和酶[*] (acyl-CoA desaturase) EC 1.14.99.5

分类名：acyl-CoA，hydrogen-donor：oxygen oxidoreductase

酰基-CoA，氢供体：氧氧化还原酶

别名：fatty acid-desaturase　脂肪酸减饱和酶

作用：催化氧化还原反应。

反应：十八(烷)酰-CoA＋AH_2＋O_2 ＝油酰-CoA＋A＋$2H_2O$

[*]本酶是一种含有黄素蛋白、细胞色素 b_5 和氰化物敏感因子的鼠肝酶体系。

91. 酰基-〔酰基载体蛋白〕减饱和酶[*] (acyl-〔acyl-carrier-protein〕desaturase) EC 1.14.99.6

分类名：acyl-〔acyl-carrier-protein〕，hydrogen-donor：oxygen oxidoreductase

酰基-〔酰基载体蛋白〕，氢供体：氧氧化还原酶

作用：催化氧化还原反应。

反应：十八(烷)酰-〔酰基载体蛋白〕＋AH_2＋O_2＝油酰＋〔酰基载体蛋白〕＋A＋$2H_2O$

[*]本酶是一种含有黄素黄白和非血红素铁蛋白的眼虫藻酶体系。

92. (角)鲨烯单(加)氧酶(2,3-环氧化) (squalene monooxygenase (2,3-epoxidizing)) EC 1.14.99.7

分类名：squalene，hydrogen-donor：oxygen oxidoreductase(2,3-epoxidizing)

角鲨烯，氢供体：氧氧化还原酶(2,3-环氧化)

别名：squalene epoxidase　(角)鲨烯环氧酶

作用：催化氧化还原反应。

反应：(角)鲨烯＋AH_2＋O_2 ＝2,3-氧化(角)鲨烯＋A＋H_2O

93. 芳烃单(加)氧酶(环氧化) (arene monooxygenase(epoxidizing)) EC 1.14.99.8

分类名：naphthrlene，hydrogen-donor：oxygen oxidoreductase (1,2-epoxidizing)

萘，氢供体：氧氧化还原酶(1,2-环氧化)

作用：催化氧化还原反应。

反应：萘＋AH_2＋O_2＝1,2-环氧二氢萘＋A＋H_2O

94. 类固醇 17α-单(加)氧酶 (steroid 17α-monooxygenase) EC 1. 14. 99. 9

分类名：steroid, hydrogen-donor：oxygen oxidoreductase (17α-hydroxylating)

类固醇，氢供体：氧氧化还原酶 (17α-羟化)

别名：steroid 17α-hydroxylase　类固醇 17α-羟化酶

作用：催化氧化还原反应

反应：类固醇＋AH_2＋O_2＝17α-羟类固醇＋A＋H_2O

95. 类固醇 21-单(加)氧酶* (steroid 21-monooxygenase) EC 1. 14. 99. 10

分类名：steroid, hydrogen-donor：oxygen oxidoreductase(21-hydroxylating)

类固醇，氢供体：氧氧化还原酶(21-羟化)

别名：steroid 21-hydroxylase　类固醇 21-羟化酶

作用：催化氧化还原反应。

反应：类固醇＋AH_2＋O_2＝21-羟类固醇＋A＋H_2O

* 本酶是一种与细胞色素 P450 和黄素蛋白有关的酶系。

96. 雌(甾)二醇 6β-单(加)氧酶 (oestradiol 6β-monooxygenase) EC 1. 14. 99. 11

分类名：oestradiol-17β, hydrogen-donor：oxygen oxidoreductase(6β-hydroxylating)

雌(甾)二醇-17β，氢供体：氧氧化还原酶(6β-羟化)

别名：oestradiol 6β-hydroxylase　雌(甾)二醇 6β-羟化酶

作用：催化氧化还原反应。

反应：雌(甾)二醇-17β＋AH_2＋O_2＝6β-羟-雌(甾)二醇＋A＋H_2O

97. 4-雄(甾)烯-3,17-二酮单加氧酶 (4-androstene-3,17-dione monooxygenase) EC 1. 14. 99. 12

分类名：androst-4-ene-3,17-dione, hydrogen-donor：oxygen13-oxidoreductase (lactonizing)

雄(甾)-4-烯-3,17-二酮，氢供体：氧 13-氧化还原酶(内酯化)

别名：androstene-3,17-dione hydroxylase　雄(甾)烯-3,17-二酮羟化酶

作用：催化二酮氧化。

反应：雄(甾)-4-烯-3,17-二酮＋AH_2＋O_2＝13-羟-3-氧(代)-13,17-开环雄(甾)-4-烯-17-酸(17→13)-内酯＋A＋H_2O

98. 3-羟苯甲酸 4-单(加)氧酶 (3-hydroxybenzoate 4-monooxygenase) EC 1. 14. 99. 13

分类名：3-hydroxybenzoate, hydrogen-donor：oxygen oxidoreductase (4-hydroxylating)

3-羟苯甲酸，氢供体：氧氧化还原酶 (4-羟化)

别名：3-hydroxybenzoate 4-hydroxylase　3-羟苯甲酸 4-羟化酶

作用：催化氧化还原反应。

反应：3-羟苯甲酸＋AH_2＋O_2＝3,4-二羟苯甲酸＋A＋H_2O

99. 黄体酮 11α-单(加)氧酶 (progesterone 11α-monooxygenase) EC 1. 14. 99. 14

分类名：progesterone, hydrogen-donor：oxygen oxidoreductase(11α-hydroxylating)

黄体酮，氢供体：氧氧化还原酶（11α-羟化）

别名：progesterone 11α-hydroxylase　黄体酮 11α-羟化酶

作用：催化氧化还原反应。

反应：黄体酮＋AH_2＋O_2 ＝11α-羟黄体酮＋A＋H_2O

100. 4-甲氧(基)苯甲酸单(加)氧酶（O-去甲基）4-methoxybenzoate monoxygenase (O-demethylating) EC 1.14.99.15

分类名：4-methoxybenzoate, hydrogen-donor：oxygen oxidoreductase（O-demethylating）

4-甲氧(基)苯甲酸，氢供体：氧氧化还原酶（O-去甲基）

作用：催化氧化还原反应。

反应：4-甲氧(基)苯甲酸＋AH_2＋O_2 ＝4-羟(基)苯甲酸＋甲醛＋A＋H_2O

特异性：也作用于 4-乙氧(基)苯甲酸、N-甲基-4-氨基苯甲酸和甲苯（甲）酸。

101. 甲基甾醇单(加)氧酶（methylsterol monooxygenase）EC 1.14.99.16

分类名：4,4-dimethyl-5α-cholest-7-en-3β-ol, hydrogen-donor：oxygen oxidoreductase

4,4-二甲基-5α-胆甾-7-烯-3β-醇，氢供体：氧氧化还原酶

别名：methylsterol hydroxylase　甲基甾醇羟化酶

作用：催化氧化还原反应。

反应：4,4-二甲基-5α-胆甾-7-烯-3β-醇＋AH_2＋O_2 ＝4α-甲基-4β-羟甲基-5α-胆甾-7-烯-3β-醇＋A＋H_2O

102. N-乙酰神经氨(糖)酸单加氧酶（N-acetylneuraminate monooxygenase）EC 1.14.99.18

分类名：N-acetylneuraminate hydrogen-donor：oxygen oxidoreductase（N-acetyl-hydroxylating）

N-乙酰神经氨(糖)酸，氢供体：氧氧化还原酶（N-乙酰基羟化）

作用：催化氧化还原反应。

反应：N-乙酰神经氨(糖)酸＋AH_2＋O_2 ＝N-乙酰羟基神经氨(糖)酸＋A＋H_2O

特异性：需要亚铁离子 NADPH 或抗坏血酸都可作为 AH_2 参与反应。

103. 烷酰(基)甘油磷酸乙醇胺去饱和酶（alkylacylglycerophosphoethanolamine desaturase）EC 1.14.99.19

分类名：O-1-alkyl-2-acyl-sn-glycero-3-phosphoethanolamine, hydrogen-donor：oxygen oxidoreductase

O-1-烷基-2-酰基-sn-甘油-3-磷酸乙醇胺，氢供体：氧氧化还原酶

作用：催化烷基脱氢；氧分子参与反应。

反应：O-1-烷基-2-酰基-sn-甘油-3-磷酸乙醇胺＋AH_2＋O_2 ＝O-1-（烷）烃-1-烯-2-酰基-sn-甘油-3-磷酸乙醇胺＋A＋$2H_2O$

104. 叶绿醌单(加)氧酶（2,3-环氧化）（phylloquinone monooxygenase(2,3-epoxidizing)）EC 1.14.99.20

分类名：phylloquinone, hydrogen-donor：oxygen oxidoreductase(2,3-epoxidizing)

叶绿醌，氢供体：氧氧化还原酶(2,3-环氧化)

别名：phylloquinone epoxidase　叶绿醌环氧酶

作用：催化氧化还原反应。

反应：叶绿醌$+AH_2+O_2$＝2,3-环氧叶绿醌$+A+H_2O$

105. *latia* 虫萤光素单(加)氧酶(去甲基化) (*latia* luciferin monooxygenase(demethylating))
EC 1. 14. 99. 21

分类名：latia luciferin hydrogen-donor：oxygen oxidoreductase(demethylating)
　　　　latia 虫萤光素，氢供体：氧氧化还原酶(去甲基化)

作用：催化氧化还原反应。

反应：latia 虫萤光素$+AH_2+2O_2$＝氧化型 Latia 虫萤光素$+CO_2+$甲酸$+A+H_2O$
　　　$+HV$

106. 蜕皮(激)素 20 单(加)氧酶 (ecdysone 20-monooxygenase) EC 1. 14. 99. 22

分类名：ecdysone, hydrogen-donor：oxygen oxidoreductase(20-hydroxylating)
　　　　蜕皮(激)素，氢供体：氧氧化还原酶(20-羟化)

作用：催化氧化还原反应。

反应：蜕皮(激)素$+AH_2+O_2$＝20-羟化蜕皮(激)素$+A+H_2O$

特异性：NADPH 可以作为最终的氢供体。

第十三节　催化过氧化物基团等其它氧化还原反应的酶

1. 过氧化物歧化酶 (superoxide dismutase) EC11. 15. 1. 1

分类名：superoxide：superoxide oxidoreductase
　　　　过氧化物：过氧化物氧化还原酶

作用：催化氧化还原反应，作用于过氧化物基团，以过氧化物为氢受体。

反应：$O_2^-+O_2^-+2H^+$＝$O_2+H_2O_2$

也称为血球铜蛋白、血铜蛋白或细胞铜蛋白；有些来源的酶（如来自酵母、红细胞、心脏和豌豆）含有铜和锌，大肠杆菌的酶含锰。

2. 亚铁氧化酶 (ferroxidase) EC 1. 16. 3. 1

分类名：iron（Ⅱ）：oxygen oxidoreductase
　　　　铁（Ⅱ）：氧氧化还原酶

作用：催化氧化还原反应，作用于铁（Ⅱ），以氧为受体。

反应：4 铁（Ⅱ）$+4H^++O_2$＝4 铁（Ⅲ）$+2H_2O$

3. 核糖核苷二磷酸还原酶 (ribonucleoside-dephosphate reductase) EC 1. 17. 4. 1

分类名：$2'$-deoxyribonucleoside-dephosphate：oxidized thioredoxin $2'$-oxidoreductase
　　　　$2'$-脱氧核糖核苷二磷酸：氧化型硫氧还蛋白 $2'$-氧化还原酶

作用：催化氧化还原反应，作用于—CH_2—基团。

反应*：$2'$-脱氧核糖核苷二磷酸$+$氧化型硫氧还蛋白$+H_2O$＝核糖核苷二磷酸$+$还原型硫氧还蛋白

　　　* 需要 ATP 参与反应。

4. 核糖核苷三磷酸还原酶 (ribonucleoside-triphosphate reductase) EC 1. 17. 4. 2

分类名：$2'$-deoxyribonucleoside-triphosphate：oxidized thioredoxin $2'$-oxidoreductase
　　　　$2'$-脱氧核糖核苷-三磷酸：氧化型硫氧还蛋白 $2'$-氧化还原酶

作用：催化氧化还原反应，作用于—CH_2—基团。

反应[*]：$2'$-脱氧核糖核苷三磷酸＋氧化型硫氧还蛋白＋H_2O＝核糖核苷三磷酸＋还原型硫氧还蛋白

[*] 需要钴胺酰胺辅酶和 ATP 参与反应。

5. 红氧还蛋白-NAD^+还原酶 (rubredoxin-NAD^+ reductase) EC 1. 18. 1. 1

分类名：rubredoxin：NAD^+ oxidoreductase

红氧还蛋白：NAD^+ 氧化还原酶

别名：rubredoxin reductase　红氧还蛋白还原酶

作用：催化氧化还原反应，作用于还原型红氧还蛋白，以 NAD^+ 为受体。

反应：还原型红氧还蛋白＋NAD^+＝氧化型红氧还蛋白＋NADH

6. 铁氧还蛋白-$NADP^+$还原酶 (ferredoxin-$NADP^+$ reductase) EC 1. 18. 1. 2

分类名：ferredoxin：$NADP^+$ oxidoreductase

铁氧还蛋白：$NADP^+$ 氧化还原酶

别名：adrenodoxin reductase　（肾上腺）皮质铁氧还蛋白还原酶

作用：催化氧化还原反应，作用于还原型铁氧还蛋白，以 $NADP^+$ 为受体。

反应：还原型铁氧还蛋白＋$NADP^+$＝氧化型铁氧还蛋白＋NADPH

7. 铁氧还蛋白-NAD^+还原酶 (ferredoxin-NAD^+ reductase) EC 1. 18. 1. 3

分类名：ferredoxin：NAD^+ oxidoreductase

铁氧还蛋白：NAD^+ 氧化还原酶

作用：催化氧化还原反应，作用于还原型铁氧还蛋白，以 NAD^+ 为受体。

反应：还原型铁氧还蛋白＋NAD^+＝氧化型铁氧还蛋白＋NADH

8. 固氮酶 (nitrogenase) EC 1. 18. 2. 1

分类名：reduced ferredoxin：dinitrogen oxidoreductase （ATP-hydrolysing）

还原型铁氧还蛋白：二氮氧化还原酶 （水解 ATP）

作用：催化氧化还原反应，作用于还原型铁氧还蛋白，以二氮化物为氢受体。

反应：3 还原型铁氧还蛋白＋$6H^+$＋N_2＋NATP＝3 氧化型铁氧还蛋白＋$2NH_3$＋NADP＋n 磷酸

特异性：乙炔也可作为受体；当没有其它受体时，H^+ 可被还原成 H_2，N 约为 12～18。

9. 氢化酶[*] (hydrogenase) EC 1. 18. 3. 1

分类名：ferredoxin：H^+ oxidoreductase

铁氧还蛋白：H^+ 氧化还原酶

别名：hydrogenase[*]　氢化酶

hydrogenlyase　氢解酶

作用：催化氧化还原反应，作用于还原型铁氧还蛋白，以 H^+ 为受体。

反应：2 还原型铁氧还蛋白＋$2H^+$＝2 氧化型铁氧还蛋白＋H_2

特异性：本酶含 Fe_4S_4 中心。

[*] 参看 hydrogen dehydrogenase （EC 1. 12. 1. 2）和 cytochrome c_2 hydrogenase （EC 1. 12. 2. 1）。

10. 固氮酶(黄素氧还蛋白) (nitrogenase(flavodoxin)) EC 1. 19. 2. 1

分类名：reduced flavodoxin：dinitrogen oxidoreductase （ATP-hydrolysing）

还原型黄素氧还蛋白：二氮氧化还原酶（水解 ATP）

作用：催化氧化还原反应，作用于还原型黄素氧还蛋白，以二氮化物为氢受体。

反应：6 还原型黄素氧还蛋白＋$6H^+$＋N_2＋NATP ══6 氧化型黄素氧还蛋白＋$2NH_3$＋ NADP＋磷酸

11. 氯酸盐还原酶（chlorate reductase）EC 1. 97. 1. 1

分类名：chlorite：acceptor oxidoreductase

亚氯酸盐：受体氧化还原酶

作用：催化氯酸盐还原。

反应[*]：氯酸盐＋AH_2 ══亚氯酸盐＋A＋H_2O

[*] 黄素或苄基紫精可以作为受体。

第四章　催化功能基团转移反应的酶

　　转移酶是一种催化一个分子（称为供体）的官能团（如甲基或磷酸盐团）转移至另一个分子（称为受体）的酶。例如：一种酶催化以下的化学反应就是转移酶：

$$A^-X+B \longrightarrow A+B^-X$$

　　在这例子中的 A 就是供体，而 B 就是受体。供体一般都会称为辅酶。

　　转移酶是以"（供体）（受体）（官能团）转移酶"的格式来命名。而普遍的名称："（受体）（官能团）转移酶"或"（供体）（官能团）转移酶"，例如：DNA 甲基转移酶就是一种能催化甲基转移至脱氧核糖核酸（DNA）受体的转移酶。DNA 甲基化能引起染色质结构、DNA 构象、DNA 稳定性及 DNA 与蛋白质相互作用方式的改变，从而控制基因表达。它可通过影响癌基因和抑癌基因的表达以及基因组的稳定性而参与肿瘤的形成。经过大量试验、研究证实，DNA 甲基化是由 DNA 甲基转移酶（DNMT）催化发生并维持和调控的。目前认为：DNMT 活性增高是肿瘤细胞具有特征的早期分子改变，因此，DNA 甲基转移酶与肿瘤的形成和变异有密切关系。

第一节　催化碳基团转移的酶

1. 烟酰胺甲基转移酶（nicotinamide methyltransferase）EC 2. 1. 1. 1

　　分类名：*S*-adenosyl-L-methionine：nicotinamide *N*-methyl-transferase

　　　　　S-腺苷(基)-L-甲硫氨酸：烟酰胺 *N*-甲基转移酶

　　作用：催化甲基转移。

　　反应：*S*-腺苷(基)-L-甲硫氨酸＋烟酰胺══*S*-腺苷(基)-L-高半胱氨酸＋1-甲基烟酰胺

2. 胍基乙酸甲基转移酶（guanidinoacetate methyltransferase）EC 2. 1. 1. 2

　　分类名：*S*-adenosyl-L-methionine：guanidinoacetate *N*- methyltransferase

S-腺苷基-L-甲硫氨酸：胍基乙酸 N-甲基转移酶

作用：催化甲基转移。

反应：S-腺苷基-L-甲硫氨酸＋胍基乙酸═S-腺苷基-L-高半胱氨酸＋肌酸

3. 二甲(基)噻亭-高半胱氨酸甲基转移酶 (dimethylthetin-homocysteine methyltransferase) EC 2. 1. 1. 3

分类名：dimethylthetin：L-homocysteine S-methyltransferase

二甲(基)噻亭：L-高半胱氨酸 S-甲基转移酶

作用：催化甲基转移。

反应：二甲(基)噻亭＋L-高半胱氨酸═S-甲(基)硫(代)羟基乙酸＋L-甲硫氨酸

4. 乙酰 5-羟色胺甲基转移酶 (acetylserotonin methyltransferase) EC 2. 1. 1. 4

分类名：S-adenosyl-L-methionine：N-acetylserotonin O-methyltransferase

S-腺苷-L-甲硫氨酸：N-乙酰-5-羟色胺 O-甲基转移酶

作用：催化甲基转移。

反应：S-腺苷-L-甲硫氨酸＋N-乙酰 5-羟色胺═S-腺苷-L-高半胱氨酸＋N-乙酰-5-甲氧色胺

特异性：有些羟基吲哚也可作为以上反应的受体，但反应较慢。

5. 甜菜碱-高半胱氨酸甲基转移酶 (betaine-homocysteine methyltransferase) EC 2. 1. 1. 5

分类名：betaine：L-homocysteine S-methyltransferase

甜菜碱：L-高半脱氨酸 S-甲基转移酶

作用：催化甲基转移。

反应：甜菜碱＋L-高半胱氨酸═二甲基甘氨酸＋L-甲硫氨酸

6. 儿茶酚甲基转移酶 (catechol methyltransferase) EC 2. 1. 1. 6

分类名：S-adenosyl-L-methionine：catechol O-methyltransferase

S-腺苷-L-甲硫氨酸：儿茶酚 O-甲基转移酶

作用：催化甲基转移。

反应：S-腺苷-L-甲硫氨酸＋儿茶酚═S-腺苷-L-高半胱氨酸＋愈创木酚

7. 烟酸甲基转移酶 (nicotinate methyltransferase) EC 2. 1. 1. 7

分类名：S-adenosyl-L-methionine：nicotinate N-methyltransferase

S-腺苷(基)-L-甲硫氨酸：烟酸 N-甲基转移酶

作用：催化甲基转移。

反应：S-腺苷(基)-L-甲硫氨酸＋烟酸═5-腺苷(基)-L-高半胱氨酸＋1-甲基烟酸

8. 组胺甲基转移酶 (histamine methyltransferase) EC 2. 1. 1. 8

分类名：S-adenosyl-L-methionine：histamine N-methyltransferase

S-腺苷基-L-甲硫氨酸：组胺 N-甲基转移酶

作用：催化甲基转移。

反应：S-腺苷基-L-甲硫氨酸＋组胺═S-腺苷基-L-高半胱氨酸＋甲基组胺

9. 硫醇甲基转移酶 (thiol methyltransferase) EC 2. 1. 1. 9

分类名：S-adenosyl-L-methionine：L-homocysteine S-methyltransferase

S-腺苷(基)-L-甲硫氨酸：L-高半胱氨酸 S-甲基转移酶

作用：催化甲基转移。

反应：S-腺苷(基)-L-甲硫氨酸＋硫醇══S-腺苷(基)-L-高半胱氨酸＋硫醚

特异性：各种硫醇和羟硫醇可以作为受体。

10. 高半胱氨酸甲基转移酶（homocysteine methyltransferase）EC 2. 1. 1. 10

分类名：S-adenosyl-L-methionine：L-homocysteine S-methyltransferase

　　　　S-腺苷(基)-L-甲硫氨酸：L-高半胱氨酸 S-甲基转移酶

作用：催化甲基转移。

反应：S-腺苷(基)-L-甲硫氨酸＋L-高半胱氨酸══S-腺苷(基)-L-高半胱氨酸＋L-甲硫氨酸

特异性：细菌来源的酶利用 S-甲基甲硫氨酸作为甲基供体，较利用 S-腺苷(基)-L-甲硫氨酸作为甲基供体具有更强的活性。

11. 镁-原卟啉甲基转移酶（magnesium-protoporphyrin methyltransferase）EC 2. 1. 1. 11

分类名：S-adenosyl-L-methionine：magnesium-protoporphyrin O-methyltransferase

　　　　S-腺苷(基)-L-甲硫氨酸：镁-原卟啉 O-甲基转移酶

作用：催化甲基转移。

反应：S-腺苷(基)-L-甲硫氨酸＋镁-原卟啉══S-腺苷(基)-L-高半胱氨酸＋镁原卟啉单甲基酯

12. 甲硫氨酸 S-甲基转移酶（methionine S-methyltransferase）EC 2. 1. 1. 12

分类名：S-adenosyl-L-methionine：L-methionine S-methyltransferase

　　　　S-腺苷基 L-甲硫氨酸：L-甲硫氨酸 S-甲基转移酶

作用：催化甲基转移。

反应[*]：S-腺苷基-L-甲硫氨酸＋L-甲硫氨酸══S-腺苷基-L-高半胱氨酸＋S-甲基-L-甲硫氨酸

　　　[*] 需要 Zn^{2+} 或 Mn^{2+} 参与反应。

13. 四氢蝶酰(基)谷氨酸甲基转移酶（tetrahydropteroylglutamate methyltransferase）EC 2. 1. 1. 13

分类名：5-methyltetrahydropteroyl-L-glutamate：L-homocysteine S-methyltransferase

　　　　5-甲基四氢蝶酰(基)-L-谷氨酸：L-高半胱氨酸 S-甲基转移酶

别名：methionine synthase　甲硫氨酸合酶

作用：催化甲基转移。

反应：5-甲基四氢蝶酰(基)-L-谷氨酸＋L-高半胱氨酸══四氢蝶酰(基)谷氨酸＋L-甲硫氨酸

特异性：细菌源性的酶需要 S-腺苷基-L-甲硫氨酸 和 还原型 FAD；作用于单-或三-谷氨酸衍生物。

14. 四氢蝶酰(基)三谷氨酸甲基转移酶（tetrahydropteroyltriglutamate methyltransferase）EC 2. 1. 1. 14

分类名：5-methyltetraydropteroyl-tri-L-glutamate：L-homocysteine S-methyltransferase

　　　　5-甲基四氢蝶酰(基)-三-L-谷氨酸：L-高半胱氨酸 S-甲基转移酶

作用：催化甲基转移。

反应[*]：5-甲基四氢蝶酰(基)-三-L-谷氨酸＋L-高半胱氨酸 ══四氢蝶酰(基)三谷氨酸＋L-甲硫氨酸

* 需要无机磷酸参与反应。

15. 脂肪酸甲基转移酶（fatty acid methyltransferase ）EC 2. 1. 1. 15

分类名：S-adenosyl-L-methionine：fatty acid O-methyltransferase

　　　　S-腺苷-L-甲硫氨酸：脂肪酸 O-甲基转移酶

作用：催化甲基转移。

反应：S-腺苷-L-甲硫氨酸＋脂肪酸══S-腺苷-L-高半胱氨酸＋脂肪酸甲基酯

特异性：以脂肪酸为甲基受体，油酸是最有效的受体。

16. 不饱和磷脂甲基转移酶（unsaturated-phospholipid methyltransferase）EC 2. 1. 1. 16

分类名：S-adenosyl-L-methionine：unsaturated-phospholipid methyltransferase

　　　　S-腺苷（基）-L-甲硫氨酸：不饱和-磷脂甲基转移酶

作用：催化甲基转移。

反应：S-腺苷（基）-L-甲硫氨酸＋（烯属脂肪酸）-磷脂══S-腺苷（基）-L-高半胱氨酸＋
　　　（亚甲基酰基）-磷脂

特异性：将一个甲基转移到磷脂酰甘油、磷脂酰肌醇或磷脂酰乙醇胺的一个 Δ^9-烯属酰
　　　　基链的 10 位上，质子转移后产生一个亚甲基。

17. 磷脂酰乙醇胺甲基转移酶（phosphatidylethanolamine methyltransferase）EC 2. 1. 1. 17

分类名：S-adenosyl-L-methionine：phosphatidyl-ethanolamine N-methyltransferase

　　　　S-腺苷（基）-L-甲硫氨酸：磷脂酰-乙醇胺 N-甲基转移酶

作用：催化甲基转移。

反应：S-腺苷（基）-L-甲硫氨酸＋磷脂酰乙醇胺══S-腺苷（基）-L-高半胱氨酸＋磷脂酰-
　　　N-甲基乙醇胺

18. 多糖甲基转移酶（polysaccharide methyltransferase）EC 2. 1. 1. 18

分类名：S-adenosyl-L-methionine：1,4-α-D-glucan 6-methyltransferase

　　　　S-腺苷（基）-L-甲硫氨酸：1,4-α-D-葡聚糖 6-O-甲基转移酶

作用：催化甲基转移。

反应：S-腺苷（基）-L-甲硫氨酸＋1,4-α-D-葡糖低聚糖══S-腺苷（基）-L-高半胱氨酸＋含
　　　6-O-甲基-D-葡萄糖单位的低聚糖

19. 三甲锍-四氢叶酸甲基转移酶(trimethylsulphonium-tetrahydrofolate methyltransferase) EC 2. 1. 1. 19

分类名：trimethylsulphonium-chloride：tetrahydrofolate-N-methyltransferase

　　　　三甲锍氯化物：四氢叶酸-N-甲基转移酶

作用：催化甲基转移。

反应：三甲锍氯化物＋四氢叶酸══二甲基亚硫酸＋5-甲基四氢叶酸

20. 甘氨酸甲基转移酶（glycine methyltransferase）EC 2. 1. 1. 20

分类名：S-adenosyl-L-methionine：glycine methyltransferase

　　　　S-腺苷（基）-L-甲硫氨酸：甘氨酸甲基转移酶

作用：催化甲基转移。

反应：S-腺苷（基）-L-甲硫氨酸＋甘氨酸══S-腺苷（基）-L-高半胱氨酸＋N-甲基甘氨酸

21. 甲胺-谷氨酸甲基转移酶（methylamine-glutamate methyltransferase）EC 2. 1. 1. 21

分类名：methylamine：L- glutamate N- methyltransferase

甲胺：L-谷氨酸 *N*-甲基转移酶

别名：*N*-methylglutamate synthase　*N*-甲基谷氨酸合酶

作用：催化甲基转移。

反应：甲胺＋L-谷氨酸══氨＋*N*-甲基-L-谷氨酸

22. 肌肽 *N*-甲基转移酶 （carnosine *N*-methyltransferase） EC 2.1.1.22

分类名：*S*-adenosyl-L-methionine：carnosine *N*-methyltransferase

　　　　S-腺苷-L-甲硫氨酸：肌肽 *N*-甲基转移酶

作用：催化甲基转移。

反应：*S*-腺苷-L-甲硫氨酸＋肌肽══*S*-腺苷-L-高半胱氨酸＋鹅肌肽

23. 蛋白质（精氨酸）甲基转移酶 （protein （arginine） methyltransferase） EC 2.1.1.23

分类名：*S*-adenosyl-L-methionine：protein （arginine） -*N*-methyltransferase

　　　　S-腺苷（基）-L-甲硫氨酸：蛋白质（精氨酸）-*N*-甲基转移酶

别名：protein methylase Ⅰ　蛋白甲基化酶 Ⅰ

作用：催化甲基转移。

反应：*S*-腺苷（基）-L-甲硫氨酸＋蛋白质══*S*-腺苷（基）-L-高半胱氨酸＋蛋白质

　　　（含 *ω*-*N*-甲基精氨酸）

24. 蛋白甲基转移酶 （protein methyltransferase） EC 2.1.1.24

分类名：*S*-adenosyl-L-methionine：protein *O*-methyltransferase

　　　　S-腺苷（基）-L-甲硫氨酸：蛋白质 *O*-甲基转移酶

别名：protein methylase Ⅱ　蛋白甲基化酶 Ⅱ

作用：催化甲基转移。

反应：*S*-腺苷（基）-L-甲硫氨酸＋蛋白质══*S*-腺苷（基）-L-高半胱氨酸＋*O*-甲基蛋白

25. 酚 *O*-甲基转移酶 （phenol-*O*-methyltransferase） EC 2.1.1.25

分类名：*S*-adenosyl-L-methionine：phenol *O*-methyltransferase

　　　　S-腺苷（基）-L-甲硫氨酸：酚 *O*-甲基转移酶

作用：催化甲基转移。

反应：*S*-腺苷（基）-L-甲硫氨酸＋酚══*S*-腺苷（基）-高半胱氨酸＋苯甲醚

26. 碘苯酚甲基转移酶 （iodophenol methyltransferase） EC 2.1.1.26

分类名：*S*-adenosyl-L-methionine：2-iodophenol methyltransferase

　　　　S-腺苷（基）-L-甲硫氨酸：2-碘苯酚甲基转移酶

作用：催化甲基转移。

反应：*S*-腺苷（基）-L-甲硫氨酸＋2-碘苯酚══*S*-腺苷（基）-L 高半胱氨酸＋2-碘苯酚甲

　　　基醚

27. 酪胺-甲基转移酶 （tyramin *N*-methyltransferase） EC 2.1.1.27

分类名：*S*-adenosyl-L-methionine：tyramine *N*-methyltransferase

　　　　S-腺苷（基）-L-甲硫氨酸：酪胺 *N*-甲基转移酶

作用：催化甲基转移。

反应：*S*-腺苷（基）-L-甲硫氨酸＋酪胺══*S*-氨苷（基）-L-高半胱氨酸＋*N*-甲基酪胺

特异性：本酶对苯乙胺同类物也有一定活性。

28. 去甲肾上腺素 *N*-甲基转移酶（noradrenalin *N*-methyltransferase）EC 2. 1. 1. 28

分类名：*S*-adenosyl-L-methionine：phenylethanolamine *N*-methyltransferase

S-腺苷（基）-L-甲硫氨酸：苯乙醇胺 *N*-甲基转移酶

作用：催化甲基转移。

反应：*S*-腺苷（基）-L-甲硫氨酸＋去甲肾上腺素══*S*-腺苷（基）-L-高半胱氨酸＋肾上腺素

特异性：作用于各种苯（基）乙醇胺。

29. tRNA(胞嘧啶-5)-甲基转移酶（tRNA(cytosine-5)-methyltransferase）EC 2. 1. 1. 29

分类名：*S*-adenosyl-L-methionine：tRNA（cytosine-5）-methyltransferase

S-腺苷（基）-L-甲硫氨酸：tRNA（胞嘧啶-5）-甲基转移酶

作用：催化甲基转移。

反应：*S*-腺苷（基）-L-甲硫氨酸＋tRNA══*S*-腺苷（基）-L-高半胱氨酸＋tRNA（含 5-甲基胞嘧啶）

30. tRNA(嘌呤-2 或-6)-甲基转移酶（tRNA(purine -2 或 6)-methyltransferase）EC 2. 1. 1. 30

分类名：*S*-adenosyl-L-methionine：tRNA(purine-2or-6)-methyltransferase

S-腺苷（基）-L-甲硫氨酸：tRNA(嘌呤-2 或-6)-甲基转移酶

作用：催化甲基转移。

反应：*S*-腺苷（基）-L-甲硫氨酸＋tRNA══*S*-腺苷（基）-L-高半胱氨酸＋tRNA(含 2-或 6-甲氨基嘌呤)

31. tRNA（鸟嘌呤-1）-甲基转移酶（tRNA(guanine-1)-methyltransferase）EC 2. 1. 1. 31

分类名：*S*-adenosyl-L-methionine：tRNA(guanine-1)：methyltransferase

S-腺苷（基）-L-甲硫氨酸：tRNA(鸟嘌呤-1)甲基转移酶

作用：催化甲基转移。

反应：*S*-腺苷（基）-L-甲硫氨酸＋tRNA══*S*-腺苷（基）-L-高半胱氨酸＋tRNA（含 1-甲基鸟嘌呤）

32. tRNA(鸟嘌呤-2)-甲基转移酶（tRNA(guanine-2)-methyltransferase）EC 2. 1. 1. 32

分类名：*S*-adenosyl-L-methionine：tRNA(guanine-2)-methyltransferase

S-腺苷（基）-L-甲硫氨酸：tRNA(鸟嘌呤-2)甲基转移酶

作用：催化甲基转移。

反应：*S*-腺苷（基）-L-甲硫氨酸＋tRNA══*S*-腺苷（基）-L-高半胱氨酸＋tRNA（含 N_2 甲基鸟嘌呤）

33. tRNA(鸟嘌呤-7)-甲基转移酶（tRNA(guanine-7) -methyltransferasc）EC 2. 1. 1. 33

分类名：*S*-adenosyl-L-methionine：tRNA(guanine-7)-methyltransferase

S-腺苷（基）-L-甲硫氨酸：tRNA(鸟嘌呤-7)-甲基转移酶

作用：催化甲基转移。

反应：*S*-腺苷（基）-L-甲硫氨酸＋tRNA══*S*-腺苷（基）-L-高半胱氨酸＋tRNA（含 7-甲基鸟嘌呤）

34. tRNA（鸟苷-2′）-甲基转移酶（tRNA(guanosine -2′)-methyltransferase）EC 2. 1. 1. 34

分类名：*S*-adenosyl-L-methionine：tRNA（guanosine -2′）-methyltransferase

S-腺苷(基)-L-甲硫氨酸：tRNA（鸟苷-2′）-甲基转移酶

作用：催化甲基转移。

反应：S-腺苷(基)-L-甲硫氨酸的甲基转移到 tRNA Tyr 中鸟苷残基（以 GG 序列存在）的 2′-羟基上。

35. tRNA（尿嘧啶-5)-甲基转移酶（tRNA（uracil-5)-methyltransferase）EC 2.1.1.35

分类名：S-adenosyl-L-methionine：tRNA(uracil-5)-methyltransferase

S-腺苷(基)-L-甲硫氨酸：tRNA(尿嘧啶-5)-甲基转移酶

作用：催化甲基转移。

反应：S-腺苷（基)-L-甲磺氨酸 + tRNA ═ S-腺苷（基)-L-高半胱氨酸 + tRNA(含胸腺嘧啶)

36. tRNA（腺嘌呤-1)-甲基转移酶（tRNA（adenine-1)-methyltransferase）EC 2.1.1.36

分类名：S-adenosyl-L-methionine：tRNA（adenine-1)-methyltransferase

S-腺苷(基)-L-甲硫氨酸：tRNA（腺嘌呤-1)-甲基转移酶

作用：催化甲基转移。

反应：S-腺苷(基)-L-甲硫氨酸＋tRNA ═S-腺苷(基)-L-高半胱氨酸＋tRNA（含 1-甲基腺嘌呤）

特异性：不同来源的酶专一地作用于 tRNA 中不同的腺嘌呤基上。

37. DNA(胞嘧啶-5)-甲基转移酶（DNA(cytosine-5)methyltransferase）EC 2.1.1.37

分类名：S-adenosyl-L-methionine：DNA(cytosine-5)-methyltransferase

S-腺苷(基)-L-甲硫氨酸：DNA(胞嘧啶-5)-甲基转移酶

作用：催化甲基转移。

反应：S-腺苷(基)-L-甲硫氨酸＋DNA ═S-腺苷(基)-L-高半胱氨酸＋DNA（含 5-甲基胞嘧啶和 6-甲氨基嘌呤）

38. O-去甲(基)嘌呤霉素甲基转移酶（O-demethylpuromycin methyltransferase）EC 2.1.1.38

分类名：S-adenosyl-L-methionine：O-demethylpuromycycis O-methyltransferase

S-腺苷(基)-L-甲硫氨酸：O-去甲(基)嘌呤霉素 O-甲基转移酶

作用：催化甲基转移。

反应：S-腺苷(基)-L-甲硫氨酸＋O-去甲(基)嘌呤霉素═S-腺苷(基)-L-高半胱氨磷＋嘌呤霉素

39. myo-肌醇 1-甲基转移酶（myo-inositol l-methyltransferase）EC 2.1.1.39

分类名：S-adenosyl-L-methionine：myo-inositol 1-methyltransferase

S-腺苷(基)-L-甲硫氨酸：myo-肌醇　1-甲基转移酶

作用：催化甲基转移。

反应：S-腺苷(基)-L-甲硫氨酸＋myo-肌醇═S-腺苷(基)-L-高半胱氨酸＋1-甲基-myo-肌醇

40. myo-肌醇 3-甲基转移酶（myo-inositol 3-methyltransferase）EC 2.1.1.40

分类名：S-adenosyl-L-methionine：myo-inositol 3-methyltransferase

S-腺苷(基)-L-甲硫氨酸：myo-肌醇 3-甲基转移酶

作用：催化甲基转移。

反应：S-腺苷(基)-L-甲硫氨酸＋myo-肌醇＝S-腺苷(基)-L-高半胱氨酸＋3-甲基-myo-肌醇

41. Δ^{24}-甾醇甲基转移酶 (Δ^{24}-sterol- methyltransferase) EC 2.1.1.41

分类名：S-adenosyl-L-methionine：zymosterol methyltransferase

$\qquad$ S-腺苷(基)-L 甲硫氨酸：酵母甾醇甲基转移酶

作用：催化甲基转移。

反应*：S-腺苷(基)-L-甲硫氨酸＋5α-胆(甾)-8,24-二烯-3β-醇＝S-腺苷(基)-L-高半胱氨酸＋24-亚甲基-5α-胆(甾)-8-烯-3-β-醇

$\qquad$ * 需要谷胱甘肽参与反应。

42. 毛地黄黄酮甲基转移酶 (luteolin methyltransferase) EC 2.1.1.42

分类名：S-adenosyl-L-methionine：5,7,3′,4′-tetrahydroxyflavone-3′-O-methyltransferase

$\qquad$ S-腺苷(基)-L-甲硫氨酸：5,7,3′,4′-四羟黄酮-3′-O-甲基转移酶

别名：o-dihydric phenol methyltransferase 邻二羟酚甲基转移酶

作用：催化甲基转移。

反应：S-腺苷(基)-L-甲硫氨酸＋5,7,3′,4′-四羟黄酮＝S-腺苷(基)-L-高半胱氨酸＋5,7,4′-三羟-3′-甲氧基黄酮

特异性：也作用于毛地黄黄酮-7-O-β-D-葡糖苷。

43. 蛋白质(赖氨酸)甲基转移酶 (protein(lysine)methyltransferase) EC 2.1.1.43

分类名：S-adenosyl-L-methionine：protein(lysine)-N-methyltransferase

$\qquad$ S-腺苷(基)-L-甲硫氨酸：蛋白质(赖氨酸)-N-甲基转移酶

别名：protcin methylase Ⅲ 蛋白甲基化酶Ⅲ

作用：催化甲基转移。

反应：S-腺苷(基)-L-甲硫氨酸＋蛋白质＝S-腺苷(基)-L-高半胱氨酸＋蛋白质（含ε-N-甲基赖氨酸)

44. 二甲(基)组氨酸甲基转移酶 (dimethylhistidine methyltransferase) EC 2.1.1.44

分类名：S-adenosyl-L-methionine：N^a,N^a-dimethyl-L-histidine N^a- methyltransferase

$\qquad$ S-腺苷(基)-L-甲硫氨酸：N^a,N^a-二甲(基)-L-组氨酸 N^a-甲基转移酶

作用：催化甲基转移。

反应：S-腺苷(基)-L-甲硫氨酸＋N^a,N^a-二甲(基)-L-组氨酸＝S-腺苷(基)-L-高半胱氨酸＋N^a,N^a,N^a-三甲(基)- L-组氨酸

特异性：甲(基)组氨酸和组氨酸也可作为甲基受体，生成三甲基组氨酸。

45. 胸苷酸合酶 (thymidylate synthase) EC 2.1.1.45

分类名：5,10-methylene-tetrahydrofolate：dUMP C-methyltransferase

$\qquad$ 5,10-亚甲基四氢叶酸：dUMP C-甲基转移酶

作用：催化甲基转移。

反应：5,10-亚甲基四氢叶酸＋dUMP＝二氢叶酸＋dTMP

46. 异黄酮甲基转移酶 (isoflavone methyltransferase) EC 2.1.1.46

分类名：S-adenosyl-L-methionine：isoflavone 4′-O-methyltransferase

S-腺苷(基)-L-甲硫氨酸：异黄酮 $4'$-O-甲基转移酶

作用：催化甲基转移。

反应：S-腺苷(基)-L-甲硫氨酸＋异黄酮＝S-腺苷(基)-L-高半胱氨酸＋$4'$-O-甲基异黄酮

47. 吲哚丙酮酸甲基转移酶 (indolepyruvate methyltransferase) EC 2. 1. 1. 47

分类名：S-adenosyl-L-methionine：indolepyruvate C-methyltransferase

S-腺苷(基)-L-甲硫氨酸：吲哚丙酮酸 C-甲基转移酶

作用：催化甲基转移。

反应：S-腺苷(基)-L-甲硫氨酸＋吲哚丙酮酸＝S-腺苷(基)-L-高半胱氨酸＋β-甲基吲哚丙酮酸

48. rRNA(腺嘌呤-6)-甲基转移酶 (rRNA(adenine-6)-methyltransferase) EC 2. 1. 1. 48

分类名：S-adenosyl-L-methionine：rRNA(adenine-6)-methyltransferase

S-腺苷(基)-L-甲硫氨酸：rRNA(腺嘌呤-6)-甲基转移酶

作用：催化甲基转移。

反应：S-腺苷(基)-L-甲硫氨酸＋rRNA＝S-腺苷(基)-L-高半胱氨酸＋rRNA(含 N^6-甲基腺嘌呤)

特异性：也催化 2-氨基腺苷甲基化成为 2-甲氨基腺苷。

49. 色胺 N-甲基转移酶 (tryptamine N-methyltransferase) EC 2. 1. 1. 49

分类名：S-adenosyl-L-methionine：tryptamine N-methyltransferase

S-腺苷(基)-L-甲硫氨酸：色胺 N-甲基转移酶

作用：催化甲基转移。

反应：S-腺苷(基)-L-甲硫氨酸＋色胺＝S-腺苷(基)-L-高半胱氨酸＋N-甲基色胺

特异性：S-甲基四氢叶酸也可作为甲基供体。

50. 马钱(子)酸甲基转移酶 (loganate methyltransferase) EC 2. 1. 1. 50

分类名：S-adenosyl-L-methionine：loganate 11-O-methyltransferase

S-腺苷(基)-L-甲硫氨酸：马钱(子)酸 11-O-甲基转移酶

作用：催化甲基转移。

反应：S-腺苷(基)-L-甲硫氨酸＋马钱(子)酸＝S-腺苷(基)-L-高半胱氨酸＋马钱(子)苷

特异性：专一地使马钱(子)酸的 11-羧基甲基化。

51. rRNA(鸟嘌呤-1)-甲基转移酶 (rRNA(guanine-1)-methyltransferase) EC 2. 1. 1. 51

分类名：S-adenosyl-L-methionine：rRNA(guanine-1)methyltransferase

S-腺苷(基)-L-甲硫氨酸：rRNA(鸟嘌呤-1)-甲基转移酶

作用：催化甲基转移。

反应：S-腺苷(基)-L-甲硫氨酸＋rRNA＝S-腺苷(基)-L-高半胱氨酸＋rRNA(含 1-甲基鸟嘌呤)

52. rRNA(鸟嘌呤-2)-甲基转移酶 (rRNA(guanine-2)-methyltransferase) EC 2. 1. 1. 52

分类名：S-adenosyl-L-methionine：rRNA(guanine-2)-methyltransferase

S-腺苷(基)-L-甲硫氨酸：rRNA(鸟嘌呤-2)-甲基转移酶

作用：催化甲基转移。

反应：S-腺苷(基)-L-甲硫氨酸＋rRNA ═S-腺苷(基)-L-高半胱氨酸＋rRNA（含 N^2-甲基鸟嘌呤）

53. 腐胺甲基转移酶（putrescine methyltransferase）EC 2. 1. 1. 53

分类名：S-adenosyl-L-methionine：putrescine N-methyltransferase

　　　　S-腺苷(基)-L-甲硫氨酸：腐胺 N-甲基转移酶

作用：催化甲基转移。

反应：S-腺苷(基)-L-甲硫氨酸＋腐胺 ═S-腺苷(基)-L-高半胱氨酸＋N-甲基腐胺

54. 脱氧胞苷酸甲基转移酶（deoxycytidylate methyltransferase）EC 2. 1. 1. 54

分类名：5,10-methylene-tetrahydrofolate：dCMP C-methyltransferase

　　　　5,10-亚甲基四氢叶酸：dCMP C-甲基转移酶

作用：催化甲基转移。

反应：5,10-亚甲基四氢叶酸＋dCMP ═二氢叶酸＋脱氧-5-甲基胞苷酸

特异性：在四氢叶酸存在的条件下，甲醛使 dCMP 甲基化。CMP、dCMP 和 CTP 也可作为甲基受体，但反应较慢。

55. 丝氨酸羟甲基转移酶（serine hydroxymethyltransferase）EC 2. 1. 2. 1

分类名：5,10-methylene-tetrahydrofolate：gycine hydroxymethyltransferase

　　　　5,10-亚甲基四氢叶酸：甘氨酸羟甲基转移酶

别名：serine adolase　　丝氨酸醛缩酶

　　　threonine aldolase　　苏氨酸醛缩酶

　　　serine hydroxynlethylase　　丝氨酸羟甲基化酶

作用：催化羟甲基转移。

反应：5,10-亚甲基四氢叶酸＋甘氨酸＋H_2O ═四氢叶酸＋L-丝氨酸

特异性：也催化甘氨酸与乙醛反应形成 L-苏氨酸。

56. 磷酸核糖基甘氨酰胺甲酰基转移酶（phosphoribosylglycinamide formyltransferase）EC 2. 1. 2. 2

分类名：5,10-methenyl-tetrahydrofolate：5′-phosphoribosyl-glycinamide formyltransferase

　　　　5,10-次甲基四氢叶酸：5′-磷酸核糖基甘氨酰胺甲酰基转移酶

作用：催化甲酰基转移。

反应：5,10-次甲基四氢叶酸＋5′-磷酸核糖基甘氨酰胺＋H_2O ═四氢叶酸＋5′-磷酸核糖基-N-甲酰(基)甘氨酰胺

57. 磷酸核糖基氨基咪唑甲酰胺甲酰基转移酶（phosphoribosylaminoimidazolecarboxamide formyltransferase）EC 2. 1. 2. 3

分类名：10-formyltetrahydrofolate：5′-phosphoribosyl-5-amino-4-imidazolecarboxam-ideformyltransferase

　　　　10-甲酰(基)四氢叶酸：5′-磷酸核糖基-5-氨基-4-咪唑甲酰胺甲酰基转移酶

作用：催化甲酰基转移。

反应：10-甲酰(基)四氢叶酸＋5′-磷酸核糖基-5-氨基-4-咪唑甲酰胺 ═四氢叶酸＋5′-磷酸核糖基-5-甲酰氨基 4-咪唑甲酰胺

58. 甘氨酸亚胺甲基转移酶（glycine formiminotransferase）EC 2. 1. 2. 4

分类名：5-formiminotetrahydrofolate：glycine N- formiminotransferase

5-亚胺甲基四氢叶酸：甘氨酸 N-亚胺甲基转移酶

作用：催化亚胺甲基转移。

反应：5-亚胺甲基四氢叶酸＋甘氨酸═四氢叶酸＋N-亚胺甲基甘氨酸

59. 谷氨酸亚胺甲基转移酶 （glutamate formiminotransferase） EC 2.1.2.5

分类名：5-formiminotetrahydrofolate：L-glutamate N-formiminotransferase

5-亚胺甲基四氢叶酸：L-谷氨酸 N-亚胺甲基转移酶

作用：催化亚胺甲基转移。

反应：5-亚胺甲基四氢叶酸＋L-谷氨酸═四氢叶酸＋N-亚胺甲基-L-谷氨酸

60. 谷氨酸甲酰基转移酶 （glutamate formyltransferase） EC 2.1.2.6

分类名：5-formyltetrahydrofolate：L-glutamate N-formyltransferase

5-甲酰基四氢叶酸：L-谷氨酸 N-甲酰基转移酶

作用：催化甲酰基转移。

反应：5-甲酰基四氢叶酸＋L-谷氨酸═四氢叶酸＋N-甲酰基-L-谷氨酸

61. 2-甲基丝氨酸羟甲基转移酶 （2-methylserine hydroxymethyltransferase） EC 2.1.2.7

分类名：5,10-methylene-tetrahydrofolate：D-alanine hydroxy-methyltransferase

5,10-亚甲基四氢叶酸：D-丙氨酸羟甲基转移酶

作用：催化羟甲基转移。

反应：5,10-亚甲基四氢叶酸＋D-丙氨酸＋H_2O ═四氢叶酸＋2-甲基丝氨酸

特异性：也作用于 2-羟甲基丝氨酸。

62. 脱氧胞苷酸羟甲基转移酶 (deoxycytidylate hydroxymethyltransferase） EC 2.1.2.8

分类名：5,10-methylenetetrahydrofolate：deoxycytidylate 5-hydroxymethyltransferase

5,10-亚甲基四氢叶酸：脱氧胞苷酸-5-羟甲基转移酶

作用：催化羟甲基转移。

反应：5,10-亚甲基四氢叶酸＋H_2O＋脱氧胞苷酸═四氢叶酸＋5-羟甲基脱氧胞苷酸

63. 甲硫氨酰-tRNA 甲酰基转移酶 （methionyl-tRNA formyltransferase） EC 2.1.2.9

分类名：10-formyltetrahydrofolate：L-methionyl-tRNA N-formyltransferase

10-甲酰（基）四氢叶酸：L-甲硫氨酰-tRNA N-甲酰基转移酶

作用：催化甲酰基转移。

反应：10-甲酰（基）四氢叶酸＋L-甲硫氨酰-tRNA＋H_2O═四氢叶酸＋N-甲酰（基）甲硫氨酰-tRNA

64. 甘氨酸合酶 （glycine synthase） EC 2.1.2.10

分类名：5,10-methylene-tetrahydofolate：ammonia hydroxymethyltransferase（carboxylating,reducing）

5,10-亚甲基四氢叶酸：氨羟甲基转移酶（羧化,还原）

作用：催化亚甲基转移。

反应[*]：5,10-亚甲基四氢叶酸＋CO_2＋NH_3还原型氢载体蛋白＋H_2O═四氢叶酸＋甘氨酸＋氧化型氢载体蛋白

[*] 需要 NAD^+ 参与反应。

65. 甲基丙二酸草酰-辅酶 A 羧基转移酶*（methylmalonyl-CoA carboxyltransferase）EC 2.1.3.1

分类名：methymalonyl-CoA：pyruvate carboxyltransferase

甲基丙二酸单酰-CoA：丙酮酸羧基转移酶

别名：transcarboxylase　转羧基酶

作用：催化羧基转移。

反应：甲基丙二酸单酰-辅酶 A＋丙酮酸══丙酰-辅酶 A＋草酰乙酸

*含有钴和锌。

66. 天冬氨酸氨甲酰(基)转移酶（aspartate carbamoyltransferase）EC 2.1.3.2

分类名：carbamoylphosphate：L-aspartate carbamoyltransferase

氨甲酰(基)磷酸：L-天冬氨酸氨甲酰(基)转移酶

别名：carbamylaspartotranskinase　转氨甲酰(基)天冬氨酸激酶

aspartate transcarbamylase　天冬氨酸转氨甲酰(基)酶

作用：催化氨甲酰(基)转移。

反应：氨甲酰(基)磷酸＋L-天冬氨酸══磷酸＋N-氨甲酰(基)-L-天冬氨酸

67. 鸟氨酸氨甲酰基转移酶（ornithine carbamoyltransferase）EC 2.1.3.3

分类名：carbamoylphosphate：L-ornithine carbamoyltransferase

氨甲酰基磷酸：L-鸟氨酸氨甲酰基转移酶

别名：oitrulline phosphorylase　瓜氨酸磷酸化酶

ornithine transcarbamylase　鸟氨酸转氨甲酰基酶

作用：催化氨甲酰基转移。

反应：氨甲酰基磷酸＋L-鸟氨酸══磷酸＋L-瓜氨酸

68. 草氨酸氨甲酰基转移酶（oxamate carbamoyltransferase）EC 2.1.3.5

分类名：carbamoylphosphate：oxamate carbamoyltransferase

氨甲酰(基)磷酸：草氨酸氨甲酰基转移酶

别名：oxamic transcarbamylase　草氨酸转氨甲酰基酶

作用：催化氨甲酰(基)转移。

反应：氨甲酰(基)磷酸＋草氨酸══磷酸＋草尿酸

69. 腐胺氨甲酰基转移酶（putrescine, carbamoyltransferase）EC 2.1.3.6

分类名：carbamoylphosphate：putrescine　carbamoyltransferase

氨甲酰基磷酸：腐胺氨甲酰基转移酶

作用：催化氨甲酰基转移。

反应：氨甲酰基磷酸＋腐胺══磷酸＋N-氨甲酰基腐胺

70. 甘油脒基转移酶（glycine amidinotransferase）EC 2.1.4.1

分类名：L-arginine：glycine amidinotransferase

L-精氨酸：甘氨酸脒基转移酶

作用：催化脒基转移。

反应：L-精氨酸＋甘氨酸══L-鸟氨酸＋胍基乙酸

特异性：刀豆氨酸可替代精氨酸参与反应。

71. 磷酸肌醇胺脒基转移酶（inosamine-phosphate amidinotransferase）EC 2. 1. 4. 2

分类名：L-arginine：1-amino-1-deoxy-scyllo-inositol-4-phosphate amidinotransferase

L-精氨酸：1-氨基-1-脱氧- scyllo-肌醇-4-磷酸脒基转移酶

作用：催化脒基转移。

反应：L-精氨酸＋1-氨基-1-脱氧- scyllo-肌醇-4-磷酸═L-鸟氨酸＋1-脒基-1-脱氧-scyllo-肌醇-4-磷酸

特异性：1D-1-脒基-3-氨基-1,3-二脱氧-scyllo-肌醇-6-磷酸、磷酸链霉胺和 2-脱氧链霉胺磷酸，也可以作为脒基受体，刀豆氨酸可以作为脒基供体。

第二节　催化醛基或酮基转移的酶

1. 转羟乙醛酶（transketolase）EC 2. 2. 1. 1

分类名：sedoheptulose-7-phosphate：D-glyoeraldehyde-3-phosphate glycolaldehydetransferase

景天庚酮糖-7-磷酸：D-甘油醛-3-磷酸羟乙醛转移酶

别名：glycolaldehydetranferase　羟乙醛转移酶

作用：催化醛基或酮基转移

反应：景天庚酮糖-7-磷酸＋3-磷酸-D-甘油醛═5-磷酸-D-核糖＋5-磷酸-D-木酮糖

特异性：广泛，例如：催化羟丙酮酸和 RCHO 转变为 CO_2 和 $RCHOHCOCH_2OH$。

2. 转醛缩酶（transaldolase）EC 2. 2. 1. 2

分类名：sedoheptulose-7-phosphate：D-glyceraldehyde-3-phosphate dihydroxyacetone-transferase

景天庚酮糖-7-磷酸：D-甘油醛-3-磷酸二羟丙酮转移酶

别名：dihydroxyacetonetransferase　二羟丙酮转移酶

作用：催化醛基或酮基转移。

反应：景天庚酮糖-7-磷酸＋3-磷酸-D-甘油醛═4-磷酸-D-赤藓糖＋6-磷酸-D-果糖

第三节　催化酰基转移的酶

1. 氨基酸乙酰转移酶（aminoacid acetyltransferase）EC 2. 3. 1. 1

分类名：acetyl-CoA：L-glutfamate N-acetyltransferase

乙酰-辅酶 A：L-谷氨酸 N-乙酰转移酶

作用：催化酰基转移。

反应：乙酰-辅酶 A＋L-谷氨酸═辅酶 A＋N-乙酰-L-谷氨酸

特异性：也作用于 L-天冬氨酸；对其它一些氨基酸的作用更慢。

2. 咪唑乙酰基转移酶（imidazole acetyltransferase）EC 2. 3. 1. 2

分类名：acetyl-CoA：imidazole N-acetyltransferase

乙酰-辅酶 A：咪唑 N-乙酰基转移酶

别名：imidazole acetylase　咪唑乙酰基酶

作用：催化酰基转移。

反应：乙酰-辅酶 A＋咪唑⇌辅酶 A＋N-乙酰基咪唑

特异性：也作用于丙酰-辅酶 A 上的酰基转移。

3. 氨基葡糖乙酰基转移酶 (glucosamine acetyltransferase) EC 2.3.1.3

分类名：acetyl-CoA：2-amino-2-deoxy-D-glucose N-acetyltransferase

乙酰-辅酶 A：2-氨基-2-脱氧-D-葡萄糖 N-乙酰基转移酶

别名：glucosamine acetylase　氨基葡萄糖乙酰化酶

作用：催化乙酰基转移。

反应：乙酰-辅酶 A＋2-氨基-2-脱氧-D-葡糖⇌辅酶 A＋2-乙酰氨基-2-脱氧-D-葡萄糖

4. 氨基葡糖磷酸乙酰基转移酶 (glucosamine-phosphate acetyltransferase) EC 2.3.1.4

分类名：acetyl-CoA：2-amino-2-deoxy-D-glucose-6-phosphate N-acetyltransferase

乙酰-辅酶 A：2-氨基-2-脱氧-D-葡萄糖-6 磷酸 N-乙酰基转移酶

别名：phosphoglucosamine transacetylase　磷酸葡糖胺转乙酰基酶

phosphoglucosamine acetylase　磷酸葡糖胺乙酰基酶

作用：催化乙酰基转移。

反应：乙酰-辅酶 A＋2-氨基-2-脱氧-D-葡萄糖-6-磷酸⇌辅酶 A＋2-乙酰氨基-2-脱氧-D-葡萄糖-6-磷酸

5. 芳(香)基胺乙酰基转移酶 (arylamine acetyltransferase) EC 2.3.1.5

分类名：acetyl-CoA：arylamine N-acetyltransferase

乙酰-辅酶 A：芳(香)基胺 N-乙酰转移酶

别名：arylamine acetylase　芳(香)基胺乙酰基酶

作用：催化酰基转移。

反应：乙酰-辅酶 A＋芳(香)基胺⇌辅酶 A＋乙酰芳(香)基胺

特异性：广泛地催化芳族胺，包括 5-羟色胺反应；也催化不含辅酶 A 的芳(香)基胺之间的乙酰基转移。

6. 胆碱乙酰基转移酶 (choline acetyltransferase) EC 2.3.1.6

分类名：acetyl-CoA：choline O-acetyltransferase

乙酰 -辅酶 A：胆碱 O-乙酰基转移酶

别名：choline acetylase　胆碱乙酰基酶

作用：催化乙酰基转移。

反应：乙酰-辅酶 A＋胆碱⇌辅酶 A＋O-乙酰胆碱

7. 肉碱乙酰转移酶 (carnitine acetyltransferase) EC 2.3.1.7

分类名：acetyl-CoA：carnitine O-acetyltransferase

乙酰-辅酶 A：肉碱 O-乙酰转移酶

作用：催化酰基转移。

反应：乙酰-辅酶 A＋肉碱⇌辅酶 A＋O-乙酰肉碱

8. 磷酸乙酰基转移酶 (phosphate acetyltransferase) EC 2.3.1.8

分类名：acetyl-辅酶 A：orthphosphate acetyltransferase

乙醚-辅酶 A：磷酸乙酰基转移酶

别名：phosphotransacetylase　磷酸转乙酰基酶

phosphoacylase　磷酸酰基酶

作用：催化酰基转移。

反应：乙酰-辅酶 A＋磷酸══辅酶 A＋乙酰基磷酸

特异性：也催化其它短链酰基-辅酶 A 的酰基转移。

9. 乙酰-辅酶 A 乙酰基转移酶 （acetyl-CoA-acetyltransferase） EC 2. 3. 1. 9

分类名：acetyl-CoA：acetyl-CoA-C-acetyltransferase

乙酰-辅酶 A：乙酰-辅酶 A C-乙酰转移酶

别名：thiolase　硫解酶

acetoacetyl-CoA thiolase　乙酰乙酰-辅酶 A 硫解酶

作用：催化乙酰基转移。

反应：乙酰-辅酶 A＋乙酰-辅酶 A══辅酶 A＋乙酰乙酰-辅酶 A

10. 硫化氢乙酰基转移酶 （hydrogen sulphide acetyltransferase） EC 2. 3. 1. 10

分类名：acetyl-CoA：hydrogen-sulphide S-acetyltransferase

乙酰-辅酶 A：硫化氢 S-乙酰基转移酶

作用：催化乙酰基转移。

反应：乙酰-辅酶 A＋硫化氢══辅酶 A＋硫乙酸

11. 硫(代)乙醇胺乙酰基转移酶 （thioethanolamine acetyltransferase） EC 2. 3. 1. 11

分类名：acetyl-CoA：thioethanolamine S-acetyltransferase

乙酰-辅酶 A：硫(代)乙醇胺 S-乙酰基转移酶

别名：thioltranacetylase B　硫醇转乙酰基酶 B

作用：催化乙酰基转移。

反应：乙酰-辅酶 A＋硫(代)乙醇胺══辅酶 A＋S-乙酰(基)硫(代)乙醇胺

12. 二氢硫辛酰胺乙酰(基)转移酶 （dihydrolipoamide acetyltransferase） EC 2. 3. 1. 12

分类名：acetyl-CoA：dihydrolipoamide S-acetytransferase

乙酰-辅酶 A：二氢硫辛酰胺 S-乙酰(基)转移酶

别名：lipoate acctyltransferase　硫辛酸乙酰(基)转移酶

thioltransacetylase A　硫醇转乙酰(基)酶 A

作用：催化乙酰基转移。

反应：乙酰-辅酶 A＋二氢硫辛酰胺══辅酶 A＋S^6-乙酰(基)二氢硫辛酰胺

13. 甘氨酸酰基转移酶 （glycine acyltransferase） EC 2. 3. 1. 13

分类名：acyl-CoA：glycine N-acyltransferase

酰基-辅酶 A：甘氨酸 N-酰基转移酶

作用：催化酰基转移。

反应：酰基-辅酶 A＋甘氨酸══辅酶 A＋N-酰基甘氨酸

特异性：作用于一些脂(肪)族酸和芳族酸的酰基辅酶 A。

14. 谷氨酰胺苯乙酰基转移酶 （glutamine phenylacetransferase） EC 2. 3. 1. 14

分类名：phenylacetyl-CoA：L-glutamine α-N-phenylacetyltransferase

苯乙酰-辅酶 A：L-谷氨酰胺 α-N-苯乙酰基转移酶

作用：催化苯乙酰基转移。

反应：苯乙酰-辅酶 A＋L-谷氨酰胺──辅酶 A＋α-N-苯乙酰基-L-谷氨酰胺

15. 甘油磷酸酰基转移酶 (glycerophosphate aceytransferase) EC 2.3.1.15

分类名：acyl-CoA：sn-glycerol-3-phosphate O-acyltransferase

　　　　酰基-辅酶 A：sn-甘油-3-磷酸 O-酰基转移酶

作用：催化酰基转移。

反应：酰基-辅酶 A＋sn-甘油 3-磷酸──辅酶 A＋1-酰基甘油 3-磷酸

特异性：只作用于 C_{10} 以上脂肪酸的酰基辅酶 A。

16. 乙酰-辅酶 A 酰基转移酶 (acetyl-CoA acyltransferase) EC 2.3.1.16

分类名：acyl-CoA：acetyl-CoA C-acyltransferase

　　　　酰基-辅酶 A：乙酰-辅酶 A C-酰基转移酶

别名：β-ketothiolase　　β-酮硫解酶

　　　3β-ketoacyl-CoA thiolase　　3β-酮脂酰-辅酶 A 硫解酶

作用：催化乙酰基转移。

反应：酰基-辅酶 A＋乙酰-辅酶 A──辅酶 A＋3-氧酰-辅酶 A

17. 天冬氨酸乙酰(基)转移酶 (asparate acetyltransferase) EC 2.3.1.17

分类名：acety-CoA：L-aspartate N-acetyltransferase

　　　　乙酰-辅酶 A：L-天冬氨酸 N-乙酰(基)转移酶

作用：催化乙酰基转移。

反应：乙酰-辅酶 A＋L-天冬氨酸──辅酶 A＋N-乙酰(基)-L-天冬氨酸

18. 半乳糖苷乙酰基转移酶 (galactoside acetyltransferase) EC 2.3.1.18

分类名：acetyl-CoA：galactoside 6-O-acetyltansferase

　　　　乙酰-辅酶 A：半乳糖苷 6-O-乙酰基转移酶

别名：thiogalactoside acetyltransferase　　半乳糖硫苷乙酰基转移酶

作用：催化乙酰基转移。

反应：乙酰-辅酶 A＋β-D-半乳糖苷──辅酶 A＋6-O-乙酰基-β-D-半乳糖苷

特异性：也作用于半乳糖硫苷和半乳糖苯苷。

19. 磷酸丁酰基转移酶 (phosphate butyryltransferase) EC 2.3.1.19

分类名：butyryl-CoA：orthophosphate butyryltransferase

　　　　丁酰-辅酶 A：磷酸丁酰基转移酶

作用：催化酰基转移。

反应：丁酰-辅酶 A＋磷酸──辅酶 A＋丁酰(基)磷酸

20. 二酰(基)甘油酰基转移酶 (diacylglycerol acyltransferase) EC 2.3.1.20

分类名：acyl-CoA：1,2-diacylglycerol O-aceltransferase

　　　　酰基-辅酶 A：1,2-二酰(基)甘油 O-酰(基)转移酶

别名：diglyceride acyltransferase　　二甘油酯酰(基)转移酶

作用：催化酰基转移。

反应：酰基-辅酶 A＋1,2-二酰(基)甘油──辅酶 A＋三酰(基)甘油

21. 肉碱棕榈酰基转移酶 (carnitine palmitoyltransferase) EC 2.3.1.21

分类名：palmitoyl-CoA：L-carnitine O-palmitoyltransferase

棕榈酰-辅酶 A：L-肉碱 O-棕榈酰（基）转移酶

作用：催化酰基转移。

反应：棕榈酰-辅酶 A＋L-肉碱═辅酶 A＋O-棕榈酰（基）L-肉碱

22. 酰基甘油棕榈酰基转移酶 （acylglycerol palmitoyltransferase） EC 2. 3. 1. 22

分类名：palmitoyl-CoA：acylglycerol-O-palmitoyltransferase

　　　棕榈酰（基）-辅酶 A：酰基甘油-O-棕榈酰基转移酶

别名：monoglyceride acyltransferase　单甘油酯酰基转移酶

作用：催化酰基转移。

反应：棕榈酰（基）-辅酶 A＋酰基甘油═辅酶 A＋二棕榈酰基甘油

特异性：各种单甘油酯都可作为受体参加反应。

23. 溶血卵磷脂酰基转移酶 （lysolecithin acyltransferase） EC 2. 3. 1. 23

分类名：acyl-CoA：1-acylglycero-3-phosphocholine O-acyltransferase

　　　酰基-辅酶 A：1-酰基甘油-3-磷酸胆碱 O-酰基转移酶

作用：催化酰基转移。

反应：酰基-辅酶 A＋1-酰基甘油-3-磷酸胆碱═辅酶 A＋1,2-二酰基甘油-3-磷酸胆碱

特异性：优先与不饱和酰基辅酶 A 衍生物作用。

24. （神经）鞘氨醇酰基转移酶 （sphingosine acyltransferase） EC 2. 3. 1. 24

分类名：acyl-CoA：sphingosine N-acyltransferase

　　　酰基-辅酶 A：（神经）鞘氨醇 N-酰基转移酶

作用：催化酰基转移。

反应：酰基-辅酶 A＋（神经）鞘氨醇═辅酶 A＋N-酰基（神经）鞘氨醇

特异性：可作用于 Threo-或 Erythro-（神经）鞘氨醇。

25. 缩醛磷脂合酶 （plasmalogen synthase） EC 2. 3. 1. 25

分类名：acyl-CoA：O-1-alk-1-enyl-glycero-3-phosphocholine O-acyltransferase

　　　酰基-辅酶 A：O-1-链-1-烯酰（基）-甘油-3-磷酸胆碱 O-酰基转移酶

作用：催化酰基转移。

反应：酰基-辅酶 A＋O-1-链-1-烯酰（基）-甘油-3-磷酸胆碱═辅酶 A＋O-1-链-1-烯酰（基）-2-酰（基）甘油-3-磷酸胆碱

26. 胆甾醇酰（基）转移酶 （cholesterol acyltransferase） EC 2. 3. 1. 26

分类名：acyl-CoA：cholesterol O-acyltransferase

　　　酰（基）-辅酶 A：胆甾醇 O-酰（基）转移酶

作用：催化酰基转移。

反应：酰（基）-辅酶 A＋胆甾醇═辅酶 A＋胆甾醇酯

27. 皮质（甾）醇乙酰（基）转移酶 （cortisol acetyltransferase） EC 2. 3. 1. 27

分类名：acetyl-CoA：cortisol O-acetyltransferase

　　　乙酰-辅酶 A：皮质（甾）醇 O-乙酰（基）转移酶

作用：催化酰基转移。

反应：乙酰-辅酶 A＋皮质（甾）醇═辅酶 A＋21-乙酰皮质甾醇

28. 氯霉素乙酰转移酶（chloramphenicol acetyltransferase）EC 2. 3. 1. 28

　　分类名：acetyl-CoA：chloramphenicol 3-O-acetyltansferase

　　　　　　乙酰-辅酶 A：氯霉素 3-O-乙酰（基）转移酶

　　作用：催化乙酰（基）转移。

　　反应：乙酰-辅酶 A＋氯霉素═辅酶 A＋氯霉素 3-乙酸

29. 甘氨酸乙酰基转移酶（glycine acetyltransferase）EC 2. 3. 1. 29

　　分类名：acetyl-CoA：glycine C-acetyltransferase

　　　　　　乙酰-辅酶 A：甘氨酸 C-乙酰基转移酶

　　作用：催化乙酰基转移。

　　反应：乙酰-辅酶 A＋甘氨酸═辅酶 A＋2-氨基-3-氧（代）丁酸

30. 丝氨酸乙酰基转移酶（serine acetyltransferase）EC 2. 3. 1. 30

　　分类名：acetyl-CoA：L-serine O-acetyltransferase

　　　　　　乙酰-辅酶 A：L-丝氨酸 O-乙酰基转移酶

　　作用：催化酰基转移。

　　反应：乙酰-辅酶 A＋L-丝氨酸═辅酶 A＋O-乙酰基-L-丝氨酸

31. 高丝氨酸乙酰基转移酶（homoserine acetyltransferase）EC 2. 3. 1. 31

　　分类名：acetyl-CoA：L-homoserine O-acetyltransferase

　　　　　　乙酰-辅酶 A：L-高丝氨酸 O-乙酰基转移酶

　　作用：催化乙酰基转移。

　　反应：乙酰-辅酶 A＋L-高丝氨酸═辅酶 A＋O-乙酰（基）-L-高丝氨酸

32. 赖氨酸乙酰基转移酶（lysine acetyltransferase）EC 2. 3. 1. 32

　　分类名：acetyl-phosphate：L-lysine N^6-acetyltransferase

　　　　　　乙酰磷酸：L-赖氨酸 N^6-乙酰基转移酶

　　作用：催化乙酰基转移。

　　反应：乙酰磷酸＋L-赖氨酸═磷酸＋N^6-乙酰（基）-L-赖氨酸

33. 组氨酸乙酰基转移酶（histidine acetyltransferase）EC 2. 3. 1. 33

　　分类名：acetyl-CoA：L-histidine N-acetyltransferase

　　　　　　乙酰辅酶 A：L-组氨酸 N-乙酰基转移酶

　　作用：催化乙酰基转移。

　　反应：乙酰-辅酶 A＋L-组氨酸═辅酶 A＋N-乙酰-L-组氨酸

34. D-色氨酸乙酰基转移酶（D-tryptophan acetyltransferase）EC 2. 3. 1. 34

　　分类名：acetyl-CoA：D-tryptophan N-acetyltransferase

　　　　　　乙酰-辅酶 A：D-色氨酸 N-乙酰基转移酶

　　作用：催化乙酰基转移。

　　反应：乙酰-辅酶 A＋D-色氨酸═辅酶 A＋N-乙酰（基）-D-色氨酸

35. 谷氨酸乙酰基转移酶（glutamate accetyltransferase）EC 2. 3. 1. 35

　　分类名：N^2-acetyl-L-ornithine：L-glutamate N-acetyltransferase

　　　　　　N^2-乙酰基-L-鸟氨酸：L-谷氨酸 N-乙酰基转移酶

　　作用：催化乙酰基转移。

反应：N^2-乙酰基-L-鸟氨酸＋L-谷氨酸══L-鸟氨酸＋N-乙酰基-L-谷氨酸

特异性：也可催化乙酰基-L-鸟氨酸水解，但其反应速率只为其转移酶活性的 1%。

36. D-氨基酸乙酰转移酶 (D-aminoacid acetyltransferase) EC 2.3.1.36

分类名：acetyl-CoA：D-aminoacid N-acetyltransferase

乙酰-辅酶 A：D-氨基酸 N-乙酰转移酶

作用：催化酰基转移。

反应：乙酰-辅酶 A＋D-氨基酸══辅酶 A＋N-乙酰-D-氨基酸

37. 5-氨基乙酰丙酸合酶 (5-aminolaevulinate synthase) EC 2.3.1.37

分类名：succinyl-CoA：glycine C-succinyltransferase(decarboxylating)

琥珀酰-辅酶 A：甘氨酸 C-琥珀酰转移酶（脱羧）

作用：催化酰基转移。

反应：琥珀酰-辅酶 A＋甘氨酸══5-氨基乙酰丙酸＋辅酶 A＋CO_2

38. [酰基载体蛋白] 乙酰转移酶 ([acyl-carrier-protein]acetyltransferase) EC 2.3.1.38

分类名：acetyl-CoA：[acyl-carrier-protein]S-acetyltransferase

乙酰-辅酶 A：[酰基载体蛋白]S-乙酰转移酶

作用：催化酰基转移。

反应：乙酰-辅酶 A＋[酰基载体蛋白]══辅酶 A＋乙酰-[酰基载体蛋白]

39. [酰基载体蛋白]丙二酰转移酶([acyl-carrier-protein]malonyltransferase) EC 2.3.1.39

分类名：malonyl-CoA：[acyl-carrier-protein]S- malonyltransferase

丙二酰-辅酶 A：[酰基载体蛋白]S-丙二酰转移酶

作用：催化酰基转移。

反应：丙二酰-辅酶 A＋[酰基载体蛋白]══辅酶 A＋丙二酰-[酰基载体蛋白]

40. 酰基- [酰基载体蛋白] -磷脂酰基转移酶 (acyl-[acyl-carrier-protein]-phospholipid acyltransferase) EC 2.3.1.40

分类名：acyl-[acyl-carrier-protein]：O-(2-acyl-sn-glycero-3-phospho)-ethanolamine$O$-acyltransferase.

酰基-[酰基载体蛋白]：O-(2-酰基-sn-甘油-3-磷酸）乙醇胺 O-酰基转移酶

作用：催化酰基转移。

反应：酰基-[酰基载体蛋白]＋O-(2-酰基-sn-甘油-3-磷酸)乙醇胺══[酰基载体蛋白]＋O-(1-β 酰基-2-酰基-sn-甘油-3-磷酸)-乙醇胺

41. 3-氧(代)酰基-L-[酰基载体蛋白]合酶 (3-oxoacyl-L-[acyl-carrier-protein]synthase) EC 2.3.1.41

分类名：acyl-[acyl-carrier-protein]：malonyl-[acyl-carrier-protein]C-acyltransferase(decarboxylating)

酰基-[酰基载体蛋白]：丙二酸单酰(基)-[酰基载体蛋白]C-酰基转移酶（脱羧）

作用：催化酰基转移。

反应：酰基-[酰基载体蛋白]＋丙二酸单酰(基)-[酰基载体蛋白]══3-氧(代)酰基-[酰基载体蛋白]＋CO_2＋酰基载体蛋白

42. 二羟丙酮-磷酸酰(基)转移酶 （dihydroxyacetone-phosphate acyltransferase） EC 2.3.1.42

分类名：acyl-CoA：dihydroxyacetone-phosphate *O*-acyltransferase

　　　酰基-辅酶 A：二羟丙酮磷酸 *O*-酰基转移酶

作用：催化酰基转移。

反应：酰基-辅酶 A＋二羟丙酮磷酸＝辅酶 A＋酰(基)二羟丙酮磷酸

特异性：棕榈酰-辅酶 A、硬脂酰-辅酶 A 和油酰-辅酶 A 都可作为酰基供体。本酶对棕榈酰-辅酶 A 的催化活性最高。

43. 卵磷脂-胆甾醇酰基转移酶 （lecithin-cholesterol acyltransferase） EC 2.3.1.43

分类名：lecithin：cholesterol acyltransferase

　　　卵磷脂：胆甾醇酰基转移酶

别名：lecithin acyltransferase　卵磷脂酰基转移酶

作用：催化酰基转移。

反应：卵磷脂＋胆甾醇＝1-酰基甘油磷酸胆碱＋胆甾醇酯

44. N-乙酰神经氨(糖)酸 4-*O*-乙酰基转移酶 （*N*-acetylneuraminate 4-*O*-acetyltransferase） EC 2.3.1.44

分类名：acetyl-CoA：*N*-acetylneuraminate 4-*O*-acetyltransferase

　　　乙酰-辅酶 A：*N*-乙酰神经氨(糖)酸 4-*O*-乙酰基转移酶

作用：催化乙酰基转移。

反应：乙酰-辅酶 A＋*N*-乙酰神经氨(糖)酸＝辅酶 A＋*N*-乙酰(基)-乙酰神经氨(糖)酸

特异性：*N*-乙酰神经氨(糖)酸 9-磷酸和 *N*-乙酰神经氨(糖)酸的 CMP 衍生物也可作为受体。

45. N-乙酰神经氨(糖)酸 7(或 8)-*O*-乙酰基转移酶 （*N*-acetylneuraminate7(or8)-*O*-acetyltransferase） EC 2.3.1.45

分类名：acetyl-CoA：*N*-acetylneuraminate7(or8)-*O*-acetyltransferase

　　　乙酰-辅酶 A：*N*-乙酰神经氨(糖)酸 7(或 8)-*O*-乙酰基转移酶

作用：催化乙酰基转移。

反应：乙酰-辅酶 A＋*N*-乙酰神经氨(糖)酸＝辅酶 A＋*N*-乙酰(基)-7(或 8)-*O*-乙酰神经氨(糖)酸

特异性：*N*-乙酰神经氨(糖)酸 9-磷酸和 *N*-乙酰神经氨(糖)酸的 CMP 衍生物也可作为受体。

46. 高丝氨酸琥珀酰基转移酶 （homoserine succinyltransferase） EC 2.3.1.46

分类名：succinyl-CoA：L-homoserine *O*-succinyltransferase

　　　琥珀酰-辅酶 A：L-高丝氨酸 *O*-琥珀酰基转移酶

别名：homoserine *O*-transsuccinylase　高丝氨酸 *O*-琥珀酰基转移酶

作用：催化酰基转移。

反应：琥珀酰-辅酶 A＋L-高丝氨酸＝辅酶 A＋*O*-琥珀酰(基)-L-高丝氨酸

47. 7-氧(代)-8-氨基壬酸合酶 （7-oxo-8-aminononanoate synthase） EC 2.3.1.47

分类名：pimeloyl-CoA：L-alanine *C*-pimeloytransferase(decarboxylating)

　　　庚二酸单酰-辅酶 A：L-丙氨酸 *C*-庚二酸单酰基转移酶(脱羧)

作用：催化酰基转移。

反应：庚二酸单酰-辅酶 A＋L-丙氨酸＝7-氧(代)-8-氨基壬酸＋辅酶 A＋CO_2

48. 组蛋白乙基转移酶 (histone acetyltransferase) EC 2.3.1.48

分类名：acetyl-CoA：histone acetyltransferase

乙酰-辅酶 A：组蛋白乙酰基转移酶

作用：催化乙酰基转移。

反应：乙酰-辅酶 A＋组蛋白＝辅酶 A＋乙酰基组蛋白

49. 脱乙酰(基)-[柠檬酸-(pro-3S)-裂解酶]乙酰基转移酶 (deacetyl-citrate-(pro-3S)-lyase acetyltransferase) EC 2.3.1.49

分类名：S-acetylphosphopantetheine：deacetyl-[citrate-oxaloa-cetatelyase(pro-3S-CH$_2$COO-→acetate)]S-acetyltransferase

S-乙酰磷酸泛酰巯基乙胺：(脱乙酰基)-[柠檬酸-草酰乙酸-裂解酶] (pro-3S-CH$_2$COO-→乙酸)] S-乙酰(基)转移酶

作用：催化乙酰(基)转移。

反应：S-乙酰磷酸泛酰巯基乙胺＋脱乙酰(基)-(柠檬酸-草酰乙酸-裂解酶(pro-3S-CH$_2$COO-→乙酸)]＝磷酸泛酰巯基乙胺＋[柠檬酸草酰乙酸 裂解酶(pro-3S-CH$_2$COO-→乙酸)]

50. 丝氨酸棕榈酰基转移酶 (serine palmitoyltransferase) EC 2.3.1.50

分类名：palmitoyl-CoA：L-serine C-palmitoyltransferase(decarboxylating)

棕榈酰-辅酶 A：L-丝氨酸 C-棕榈酰基转移酶(脱羧)

作用：催化棕榈酰基转移。

反应：棕榈酰-辅酶 A＋L-丝氨酸＝辅酶 A＋3-氧(代)-D-二氢-(神经)鞘氨醇＋CO_2

51. 1-酰基甘油磷酸酰基转移酶 (1-acylglycerophosphate acyltransferase) EC 2.3.1.51

分类名：acyl-CoA：1-acyl-sn-glycerol-3-phosphate O-acyltransferase

酰基-辅酶 A：1-酰基-sn-甘油-3-磷酸 O-酰基转移酶

作用：催化酰基转移。

反应：酰基-辅酶 A＋1-酰基-sn-甘油-3-磷酸＝辅酶 A＋1,2-二酰基-sn-甘油-3-磷酸

特异性：专一地作用于单和双烯脂肪酰(基)辅酶 A 硫酯。

52. 2-酰基甘油磷酸酰基转移酶 (2-acylglycerophosphate acyltransferase) EC 2.3.1.52

分类名：acyl-CoA：2-acyl-sn-glycerol3-phosphate O-acyltransferase

酰基-辅酶 A：2-酰基-sn-甘油-3-磷酸 O-酰基转移酶

作用：催化酰基转移。

反应：酰基-辅酶 A＋2-酰基-sn-甘油-3-磷酸＝辅酶 A＋1,2-二酰基-sn-甘油-3-磷酸

特异性：饱和的酰基-辅酶 A 硫酯是最有效的供酰基体。

53. 苯丙氨酸乙酰基转移酶 (phenylalanine acetyltransferase) EC 2.3.1.53

分类名：acetyl-CoA：L-phenylalanine N-acetyltransferase

乙酰-辅酶 A：L-苯丙氨酸 N-乙酰基转移酶

作用：催化乙酰基转移。

反应：乙酰-辅酶 A＋L-苯丙氨酸＝辅酶 A＋N-乙酰(基)-L-苯丙氨酸

特异性：也作用于 L-组氨酸和 L-丙氨酸，但反应较慢。

54. 甲酸乙酰基转移酶（formate acetyltransferase）EC 2.3.1.54

分类名：acetyl-CoA：formate C-acetyltransferase

乙酰-辅酶 A：甲酸 C-乙酰（基）转移酶

别名：pyruvate formate-lyase　丙酮酸甲酸裂解酶

作用：催化酰基转移。

反应：乙酰-辅酶 A＋甲酸＝辅酶 A＋丙酮酸

55. 卡那霉素 6′-乙酰基转移酶（Kanamycin 6′-acetyltransferase）EC 2.3.1.55

分类名：acetyl-CoA：Kanamycin $N^{6'}$-acetyltransferase

乙酰-辅酶 A：卡那霉素 $N^{6'}$-乙酰基转移酶

作用：催化乙酰基转移。

反应：乙酰-辅酶 A＋卡那霉素＝辅酶 A＋$N^{6'}$-乙酰卡那霉素

特异性：反应基质是卡那霉素 A、卡那霉素 B、新霉素、庆大霉素 C_{12}、庆大霉素 C_2 和西索霉素。

56. 芳（香）族-羟胺乙酰（基）转移酶（aromatic-hydroxylamine acetyltransferase） EC 2.3.1.56

分类名：N-hydroxy-4-acetylaminobiphenyl：N-hydroxy-4-aminobiphenyl O-acetyltransferase

N-羟（基）-4-乙酰氨基二苯基：N-羟（基）-4-氨基二苯基 O-乙酰（基）转移酶

作用：催化酰基转移。

反应：N-羟（基）-4-乙酰氨基二苯基＋N-羟（基）-4-氨基二苯基＝N-羟（基）-4-氨基二苯基＋N-乙酰氧（基）-4-氨基二苯基

特异性：催化芳（香）族乙羟肟酸的 N-乙酰基转移到芳（香）族羟胺的 O-位上。

57. 腐胺乙酰基转移酶（putrescine acetyltransferase）EC 2.3.1.57

分类名：acetyl-CoA：putrescine N-acetyltransferase

乙酰-辅酶 A：腐胺 N-乙酰基转移酶

作用：催化乙酰基转移。

反应：乙酰-辅酶 A＋腐胺＝辅酶 A＋单乙酰基腐胺

58. 2,3-二氨基丙酸草酰（基）转移酶（2,3-diaminopropionate oxalyltransferase） EC 2.3.1.58

分类名：oxalyl-CoA：L-2,3-diaminopropionate N^3-oxalyltransferase

草酰-辅酶 A：L-2,3-二氨基丙酸 N^3-草酰（基）转移酶

别名：oxalyldiaminopropionate synthase　草酰（基）二氨基丙酸合酶

作用：催化酰基转移。

反应：草酰-辅酶 A＋L-2,3-二氨基丙酸＝辅酶 A＋N^3-草酰（基）-L-2,3-二氨基丙酸

59. 庆大霉素 2′-乙酰基转移酶（gentamicin 2′-acetyltransferase）EC 2.3.1.59

分类名：acetyl-CoA：gentamicinC_{1a} $N^{2'}$-acetyltransferase

乙酰-辅酶 A：庆大霉素 C_{1a} $N^{2'}$-乙酰基转移酶

别名：gentmicin acetyltransferase Ⅱ　庆大霉素乙酰基转移酶 Ⅱ

作用：催化乙酰基转移。

反应：乙酰-辅酶 A＋庆大霉素 C_{1a}＝辅酶 $A＋N^{2'}$-乙酰基庆大霉素 C_{1a}

特异性：庆大霉素 A、巴龙霉素、新霉素 B、卡那霉素 B、卡那霉素 C、西索霉素和 tobramycin 也能作为受体参加反应。

60. 庆大霉素 3-乙酰基转移酶 （gentamicin 3-acetyltransferase） EC 2.3.1.60

分类名：acetyl-CoA：gentamicin C N^3-acetyltransferase

乙酰-辅酶 A：庆大霉素 C N^3-乙酰基转移酶

别名：gentamicin acetyltransferase Ⅰ　庆大霉素乙酰基转移酶Ⅰ

作用：催化乙酰基转移。

反应：乙酰-辅酶 A＋庆大霉素 C＝辅酶 $A＋N^3$-乙酰基庆大霉素 C

特异性：西索霉素也能作为受体参加反应。

61. 二氢硫辛酰胺琥珀酰(基)转移酶 （dihydrolipoamide succinyltransferase） EC 2.3.1.61

分类名：succinyl-CoA：dihydrolipoamide S-succinyltransferase

琥珀酰-辅酶 A：二氢硫辛酰胺 S-琥珀酰(基)转移酶

作用：催化琥珀酰(基)转移。

反应：琥珀酰-辅酶 A＋二氢硫辛酰胺＝辅酶 $A＋S^6$-琥珀酰(基)二氢硫辛酰胺

62. 2-酰基甘油磷酸胆碱酰基转移酶 （2-acylglycerophosphocholine acyltransferase） EC 2.3.1.62

分类名：acyl-CoA：2-acyl-sn-glycero-3-phosphocholine O-acyltransferase

酰基-辅酶 A：2-酰基-sn-甘油-3-磷酸胆碱 O-酰基转移酶

作用：催化酰基转移。

反应：酰基-辅酶 A＋2-酰基-sn-甘油-3-磷酸胆碱＝辅酶 A＋磷脂酰胆碱

63. 1-烷基磷酸甘油酰基转移酶 （1-alkylglycerophosphate aceyltransferase） EC 2.3.1.63

分类名：acyl-CoA：1-alky-sn-glycero-3-phosphate O-acyltransferase

酰基-辅酶 A：1-烷基-sn-甘油-3-磷酸 O-酰基转移酶

作用：催化酰基转移。

反应：酰基-辅酶 A＋1-烷基-sn-甘油-3-磷酸＝辅酶 A＋1-烷基-2-酰基-sn-甘油-3-磷酸

64. D-谷氨酰(基)转移酶 （D-glutamyl transferase） EC 2.3.2.1

分类名：glutamine：D-glutamyl-peptide glutamyltransferase

谷氨酰胺：D-谷氨酰-肽 谷氨酰基转移酶

别名：D-glutamyl transpeptidase　D-谷氨酰(基)转肽酶

作用：催化氨酰基转移。

反应：L-（或 D）-谷氨酰胺＋D-谷氨酰-肽＝NH_3＋5-谷氨酰(基)-D-谷氨酰(基)-肽

65. γ-谷氨酰(基)转移酶 （γ-glutamyl transferase） EC 2.3.2.2

分类名：(5-glutamyl)-peptide：aminoacid 5-glutamyltransferase

(5-谷氨酰)-肽：氨基酸 5-谷氨酰转移酶

别名：glutamyl transpeptidase　谷氨酰(基)转肽酶

作用：催化氨酰基转移。

反应：(5-L-谷氨酰)-肽＋氨基酸＝肽＋5-L-谷氨酰-氨基酸

66. 赖氨酰基转移酶 (lysyltransferase) EC 2.3.2.3

分类名：L-lysyl-tRNA：phosphatidylglycerol 3′-lysyltransferase

L-赖氨酰- tRNA：磷脂酰甘油 3′- 赖氨酰基转移酶

作用：催化氨酰基转移。

反应：L-赖氨酰- tRNA＋磷脂酰甘油＝tRNA＋3-磷脂酰（基)-1-（3′-O-L-赖氨酰基）甘油

67. γ-谷氨酰(基)环化转移酶 (γ-glutamylcyclotransferase) EC 2.3.2.4

分类名：(5-L-glutamyl)-L-aminoacid 5-glutamyltransferase(cyclizing)

L-（谷氨酰基)-L-氨基酸 5-谷氨酰基转移酶(环化)

作用：催化氨酰基转移。

反应：(5-L-谷氨酰基)-L-氨基酸＝焦谷氨酸＋L-氨基酸

转异性：作用于 L-谷氨酸、L-2-氨基丁酸、L-丙氨酸和甘氨酸的衍生物。

68. 谷氨酰胺酰(基)-tRNA (glutaminyl-tRNA cyclotransferase) 环化转移酶 EC 2.3.2.5

分类名：L-glutaminyl-tRNA γ-glutamyltransferase(cyclizing)

L-谷氨酰胺酰(基)-tRNA γ-谷氨酰基转移酶(环化)

作用：催化氨酰基转移。

反应：L-谷氨酰胺酰(基)-tRNA ＝焦谷氨酰(基)-tRNA＋NH$_3$

特异性：也作用于谷氨酰胺酰(基)-肽。

69. 亮氨酰基转移酶 (leucyltransferase) EC 2.3.2.6

分类名：L-leucyl-tRNA：protein leucyltransferase

L-亮氨酰(基)-tRNA：蛋白质亮氨酰基转移酶

作用：催化氨酰基转移。

反应：L-亮氨酰(基)-tRNA＋蛋白质＝tRNA＋L-亮氨酰(基)-蛋白质

特异性：也催化苯丙氨酰基转移；反应需要单价阳离子；N-端为精氨酸赖氨酸或组氨酸残基的肽和蛋白质可以作为受体。

70. 天冬氨酰(基)转移酶 (aspartyltransferase) EC 2.3.2.7

分类名：L-asparagine：hydroxylamine γ-aspartyltransferase

L-天冬酰胺：羟胺 γ-天冬氨酰(基)转移酶

别名：aspparagine：hydroxylamine transaspartase 天冬酰胺→羟胺转天冬氨酸酶

作用：催化氨酰(基)转移。

反应：L-天冬酰胺＋羟胺＝天冬氨酰(基)氧肟酸＋NH$_3$

71. 精氨酰(基)转移酶 (arginyltransferase) EC 2.3.2.8

分类名：L-arginyl-tRNA：protein arginyltransferase

L-精氨酰(基)-tRNA：蛋白质精氨酰(基)转移酶

作用：催化氨酰(基)转移。

反应：L-精氨酰(基)-tRNA＋蛋白质＝tRNA＋精氨酰(基)-蛋白质

特异性：需要巯基乙醇和单价阳离子参加反应；含有 N-端谷氨酸、天冬氨酸或胱氨酸残基的肽和蛋白质可以作为受体。

72. 伞菌氨酸 γ-谷氨酰转移酶 (agaritine γ-glutamyltransferase) EC 2.3.2.9

分类名：N^3-(γ-L-谷氨酰)-4-hydroxymethylphenydrazine：(acceptor) γ-glutamyltransferase

N^3-(γ-L-谷氨酰)-4-羟甲基苯肼:(受体)γ-谷氨酰转移酶

作用：催化氨酰基转移。

反应：N^3-(γ-L-谷氨酰)-4-羟甲基苯肼＋受体＝＝4-羟甲基苯肼＋γ-L-谷氨酰-受体

特异性：4-羟苯胺、环己胺、1-萘肼和相类似化合物可以作为受体；本酶也催化伞菌氨酸水解。

73. UDP 乙酰(基)胞壁酰五肽赖氨酸 N^6-丙氨酰基转移酶（UDP acetylmuramoylpentapeptide lysine N^6-alanyltransferase）EC 2. 3. 2. 10

分类名：L-alanyl-tRNA：UDP-N-acetylmuramoyl-L-alanyl-D-glutamyl-L-lysyl-D-alanyl-D-alanine N^6-alanyltransferase

L-丙氨酰-tRNA：UDP-N-乙酰(基)胞壁酰(基)-L-丙氨酰(基)-D-谷氨酰(基)-L-赖氨酰(基)-D-丙氨酰(基)-D-丙氨酸 N^6-丙氨酰基转移酶

作用：催化氨酰基转移。

反应：L-丙氨酰-tRNA＋UDP-N-乙酰胞壁酰(基)-L-丙氨酰(基)-D-谷氨酰(基)-L-赖氨酰(基)-D-丙氨酰(基)-D-丙氨酸 ＝＝tRNA＋UDP-N-乙酰胞壁酰(基)-L-丙氨酰(基)-D-谷氨酰(基)-(N^6-L-丙氨酰基)-L-赖氨酰(基)-D-丙氨酰(基)-D-丙氨酸

特异性：也作用于 L-丝氨酰-tRNA。

74. O-丙氨酰磷酯酰甘油合酶（O-alanylphosphatidy1glycerol synthase）EC 2. 3. 2. 11

分类名：alanyl-tRNA：phosphatdylglycerol alanyltransferase

丙氨酰-tRNA：磷酯酰甘油丙氨酰基转移酶

作用：催化氨酰基转移。

反应：丙氨酰-tRNA＋磷酯酰甘油＝＝tRNA＋O-L-丙氨酰磷酯酰甘油

75. 肽基转移酶（peptidyltransferase）EC 2. 3. 2. 12

分类名：peptidyl-tRNA：aminoacyl- tRNA N-peptidiyltransferase

肽基-tRNA：氨酰基-tRNA N-肽基转移酶

作用：催化肽基转移。

反应：肽基-tRNA^1＋氨酰基-tRNA^2＝＝tRNA^1＋肽基-氨酰基-tRNA^2

76. 谷氨酰胺酰(基)-肽 γ-谷氨酰基转移酶（glutaminyl-peptideγ-glutamyltransferase）EC 2. 3. 2. 13

分类名：R-glutaminyl-peptide：amine-γ-glutamyl-transferase

R-谷氨酰胺酰(基)-肽：胺 γ-谷氨酰基转移酶

别名：transglutaminase 转谷氨酰胺酶

作用：催化氨酰基转移。

反应：N^2-R-谷氨酰胺酰(基)-肽＋R'-NH$_2$＝＝NH$_3$＋N^2-R-N^5-R'-谷氨酰胺酰(基)-肽

第四节　催化糖基转移的酶

1. 磷酸化酶（phosphorylase）EC 2. 4. 1. 1

分类名：1,4-α-D-glucan：orthophosphate α-D-glucosyltransferase

1,4-α-D-葡聚糖：磷酸 α-D-葡糖基转移酶

别名：P-enzyme　P-酶

muscle phosphorylase A and B　肌肉磷酸化酶 A 和 B

amylophosphorylase　淀粉磷酸化酶

polyphosphorylase　多（聚）磷酸化酶

作用：催化己糖基团转移。

反应：$(1,4\text{-}\alpha\text{-D-}葡糖基)_n$＋磷酸＝$(1,4\text{-}\alpha\text{-D-}葡糖基)_{n+1}$＋$\alpha$-D-葡萄糖-1-磷酸

2. 糊精葡聚糖酶 (dextrin dextranase) EC 2.4.1.2

分类名：$1,4\text{-}\alpha\text{-D-glucan}$：$1,6\text{-}\alpha\text{-D-glucan}$ $6\text{-}\alpha\text{-D-glucosyltransferase}$

　　　　$1,4\text{-}\alpha$-D-葡聚糖：$1,6\text{-}\alpha$-D-葡聚糖 $6\text{-}\alpha$-D-葡糖（基）转移酶

别名：dextrin 6-glucosyltransferase　糊精 6-葡糖（基）转移酶

作用：催化己糖基转移。

反应：$(1,4\text{-}\alpha\text{-D-}葡糖基)_n$＋$(1,6\text{-}\alpha\text{-D-}葡糖基)_n$＝$(1,4\text{-}\alpha\text{-D-}葡糖基)_{n-1}$＋$(1,6\text{-}\alpha\text{-D-}葡糖基)_{n+1}$

3. 淀粉蔗糖酶 (amylosucrase) EC 2.4.1.4

分类名：sucrose：$1,4\text{-}\alpha\text{-D-glucan}$ $4\text{-}\alpha\text{-D-glucosyltransferase}$

　　　　蔗糖：$1,4\text{-}\alpha$-D-葡聚糖 $4\text{-}\alpha$-D-葡糖（基）转移酶

别名：sucrose-glucan glucosyltransferase　蔗糖-葡聚糖葡糖（基）转移酶

作用：催化己糖基转移。

反应：蔗糖＋$(1,4\text{-}\alpha\text{-D-}葡糖基)_n$＝D-果糖＋$(1,4\text{-}\alpha\text{-D-}葡糖基)_{n+1}$

4. 葡聚糖蔗糖酶 (dextransucrase) EC 2.4.1.5

分类名：sucrose：$1,6\text{-}\alpha\text{-D-glucan}$ $6\text{-}\alpha\text{-D-glucosyltransferase}$

　　　　蔗糖：$1,6\text{-}\alpha$-D-葡聚糖 $6\text{-}\alpha$-D-葡糖（基）转移酶

别名：sucrose 6-glucosyltransferase 蔗糖 6-葡糖（基）转移酶

作用：催化己糖基转移。

反应：蔗糖＋$(1,6\text{-}\alpha\text{-D-}葡糖基)_n$＝D-果糖＋$(1,6\text{-}\alpha\text{-D-}葡糖基)_{n+1}$

5. 蔗糖磷酸化酶 (sucrose phosphorylase) EC 2.4.1.7

分类名：sucrose：orthophosphate $\alpha\text{-D-glucosyltransferase}$

　　　　蔗糖：磷酸 α-D-葡糖基转移酶

别名：sucrose glucosyltransferase　蔗糖葡糖基转移酶

作用：催化己糖基团转移。

反应：蔗糖＋磷酸＝D-果糖＋1-磷酸 α-D-葡萄糖

特异性：在正向反应中，砷酸可替代磷酸；在逆向反应时，各种酮糖和 L-阿拉伯糖可替代 D-果糖。

6. 麦芽糖磷酸化酶 (maltose phosphorylase) EC 2.4.1.8

分类名：maltose：orthophosphate $1\text{-}\beta\text{-D-glucosyltransferase}$

　　　　麦芽糖：磷酸 $1\text{-}\beta$-D-葡糖基转移酶

作用：催化己糖基团转移。

反应：麦芽糖＋磷酸＝D-葡萄糖＋β-D-葡萄糖 1-磷酸

7. 菊粉蔗糖酶 (inulosucrase) EC 2.4.1.9

分类名：sucrose：$2,1\text{-}\beta\text{-D-fructan-}\beta\text{-D-fructosyltransferase}$

蔗糖：2,1-β-D-果聚糖-β-D-果糖基转移酶

别名：sucrose 1-fructosyltransferase　蔗糖 1-果糖基转移酶

作用：催化己糖基团转移。

反应[*]：蔗糖＋$(2,1-\beta$-D-果糖基$)_n$ ＝葡萄糖＋$(2,1-\beta$-D-果糖基$)_{n+1}$

　　[*] 将蔗糖转化成为菊粉和 D-葡萄糖。

8. 果聚糖生成酶 (levansucrase) EC 2.4.1.10

分类名：sucrose：2,6-β-D-fructan 6-β-D fructosyltransferase

　　　　蔗糖：2,6-β-D-果聚糖 6-β-D-果糖基转移酶

别名：sucrose 6-fructosyltransferase　蔗糖 6-果糖基转移酶

作用：催化己糖基团转移。

反应：蔗糖＋$(2,6-\beta$-D-果糖基$)_n$ ＝葡萄糖＋$(2,6-\beta$-D-果糖基$)_{n+1}$

特异性：有些糖也可以作为 D-果糖基的受体。

9. 糖原(淀粉)合酶[*] (glycogen(starch)synthase) EC 2.4.1.11

分类名：UDP glucose：glycogen 4-α-D-glucosyltransferase

　　　　UDP 葡萄糖：糖原 4-α-D-葡糖基转移酶

别名：UDP glucose-glycogen glucosyltransferase　UDP 葡萄糖-糖原葡糖基转移酶

作用：催化己糖基转移。

反应：UDP 葡萄糖＋$(1,4-\alpha$-D-葡糖基$)_n$ ＝UDP＋$(1,4-\alpha$-D-葡糖基$)_{n+1}$

　　[*] 本酶的推荐名按照酶的来源和酶的合成产物的性质不同而不同。

10. 纤维素合酶 (生成 UDP) (cellulose synthase (UDP-forming)) EC 2.4.1.12

分类名：UDPglucose：1,4-β-D-glucan 4-β-D-glucosyltransferase

　　　　UDP 葡萄糖：1,4-β-D-葡聚糖 4-β-D-葡糖(基)转移酶

作用：催化己糖基转移[*]。

反应：UDP 葡萄糖＋$(1,4-\beta$-D-葡糖基$)_n$ ＝UDP＋$(1,4-\beta$-D-葡糖基$)_{n+1}$

　　[*] 与纤维素的合成相关

11. 蔗糖合酶 (sucrose synthase) EC 2.4.1.13

分类名：UDP glucose：D-fructose 2-α-D-glucosyltransferase

　　　　UDP 葡萄糖：D-果糖 2-α-D-葡糖基转移酶

别名：UDP glucose- fructose glucosyltransferase　UDP 葡萄糖-果糖葡糖基转移酶

sucrose-UDPglucosyltransferase　蔗糖-UDP 葡糖基转移酶

作用：催化己糖基团转移。

反应：UDP 葡萄糖＋D-果糖＝UDP＋蔗糖

12. 蔗糖-磷酸合酶 (sucrose-phosphate synthase) EC 2.4.1.14

分类名：UDP glucose：D-fructose-6-phosphate2-α-D-glucosyltransferase

　　　　UDP 葡萄糖：D-果糖-6-磷酸 2-α-D-葡糖基转移酶

别名：UDP glucose-fructosephosphate glucosyltransferase

UDP 葡萄糖-果糖磷酸葡糖基转移酶

sucrosephosphate-UDP glucosyltransferase

蔗糖磷酸-UDP 葡糖基转移酶

作用：催化己糖基团转移。

反应：UDP 葡萄糖＋D-果糖 6-磷酸══UDP＋蔗糖 6-磷酸

13. α,α-海藻糖-磷酸合酶(生成 UDP) [α,α-trehalose phosphate synthase (UDP-forming)]
EC 2.4.1.15

分类名：UDP glucose：D-glucose-6-phosphate 1-α-D-glucosyltransferase

UDP 葡萄糖：D-葡萄糖-6-磷酸 1-α-D-葡萄糖基转移酶

别名：UDP glucose-glucosephosphate glucosyltransferase

UDP 葡萄糖-葡萄糖磷酸葡糖基转移酶

trehaloscphosphate-UDP glucosyltransferase

磷酸海藻糖-UDP 葡糖基转移酶

作用：催化己糖基团转移。

反应：UDP 葡萄糖＋D-葡萄糖 6-磷酸══UDP＋6-磷酸 α,α-海藻糖

14. 壳多糖合酶 (chitin synthase) EC 2.4.1.16

分类名：UDP-2-acetamide-2-deoxy-D-glucose：chitin 4-β-acetamidedeoxy-D-glucosyltr ansferase

UDP-2-乙酰氨基-2-脱氧-D-葡萄糖：壳多糖 4-β-乙酰氨基脱氧-D-葡糖(基)转移酶

别名：chitin-UDP acetylglucosacminyltransferase

壳多糖-UDP 乙酰(基)葡糖胺(基)转移酶

trans-N-acetylglucosaminosylase

反式-N-乙酰氨基葡糖酶

作用：催化己糖基转移。

反应：UDP-2-乙酰氨基-2-脱氧-D-葡萄糖＋$[1,4-(2-$乙酰氨基-2-脱氧-β-D-葡糖基$)]_n$══
UDP＋$[1,4-(2-$乙酰氨基-2-脱氧-β-D-葡糖基$)]_{n+1}$

特异性：催化 UDP-2-乙酰氨基-2-脱氧-D-葡萄糖转化为壳多糖和 UDP 壳多糖-UDP
乙酰。

15. UDP 葡糖醛酸基转移酶 (UDPglucuronosyltransferase) EC 2.4.1.17

分类名：UDP glucuronate β-D-glucuronosyltransferase(acceptor-unspecific)

UDP 葡糖醛酸 β-D-葡醛酸基转移酶(非特异性的受体)

别名：UDP glucuronate-phenol transglucuronidase

UDP 葡糖醛酸-酚转葡糖醛酸苷酶

作用：催化己糖基团转移。

反应：UDP 葡糖醛酸＋受体══UDP＋受体 β-D-葡糖醛酸苷

特异性：各种酚、醇、胺和脂肪酸可以作为受体。

16. 1,4-α-D-葡聚糖分支酶 (1,4-α-D-glucan branching enzyme) EC 2.4.1.18

分类名：1,4-α-D-glucan：1,4-α-D-glucan 6-α-D-(1,4-α-D-glucano)transferase

1,4-α-D-葡聚糖：1,4-α-D-葡聚糖 6-α-D-(1,4-α-D-葡聚糖)转移酶

别名：Q-enzyme Q-酶

branching enzyme 分支酶

作用：催化己糖基转移。

反应：1,4-α-D-葡聚糖链的片段转移到同一葡聚糖链上的一级羟基上，直链淀粉成为支

链淀粉。

17. 环化麦芽糖糊精葡聚糖转移酶 （cyclomaltodextrin glucanotransferase） EC 2.4.1.19

分类名：1,4-α-D-glucan：4-α-D-(1,4-α-D-glucano)transferase(cyclizing)

1,4-α-D-葡聚糖：4-α-D-(1,4-α-D-葡聚糖)转移酶(环化)

别名：*Bacillus macerans* amylasc 浸麻芽孢杆菌淀粉酶

cyclodextrin glucanotransferase 环化糊精葡聚糖转移酶

作用：催化己糖（基）转移

反应：通过形成 1,4-α-D-糖苷键，使 1,6-α-3-葡聚糖链部分环化。

特异性：对无环化结构的直链麦芽糖糊精也有同样的歧化作用。

18. 纤维二糖磷酸化酶 （cellobiose phosphorylase） EC 2.4.1.20

分类名：cellobiose：orthophosphate α-D-glycosyltransferase

纤维二糖：磷酸 α-D-葡糖（基）转移酶

作用：催化己糖基转移。

反应：纤维二糖＋磷酸＝α-D-葡萄糖 1-磷酸＋D-葡萄糖

19. 淀粉(细菌糖原)合酶 （starch(bacterial glycogen)synthase） EC 2.4.1.21

分类名：ADP glucose：1,4-α-D-glucan 4-α-D-glucosyltransferase

ADP 葡萄糖：1,4-α-D-葡聚糖 4-α-D-葡糖基转移酶

别名：ADP glucose-starch glucosyltransferase ADP 葡萄糖-淀粉葡糖基转移酶

作用：催化己糖基团转移。

反应：ADP 葡萄糖＋(1,4-α-D-葡糖基)$_n$＝ADP＋(1,4-α-D-葡糖基)$_{n+1}$

特异性：本酶与糖原(淀粉)合酶(EC 2.4.1.11)相类似，但本酶最有效的是作用于 ADP 葡萄糖。

20. 乳糖合酶 （lactose synthase） EC 2.4.1.22

分类名：UDP galactose：D-glucose 4-β-D-galactosyltransferase

UDP 半乳糖：D-葡萄糖 4-β-D-半乳糖基转移酶

别名：UDP galactose-glucose galactosyltransferase

UDP 半乳糖-葡萄糖半乳糖基转移酶

作用[*]：催化己糖基团转移。

反应：UDP 半乳糖＋D-葡萄糖＝UDP＋乳糖

[*]本酶是由 A、B 两种蛋白质组成的复合物，在缺乏蛋白 B（α-乳清蛋白）的情况下，本酶催化 UDP 半乳糖转移到 N-乙酰葡糖胺上。

21. UDP 半乳糖-(神经)鞘氨醇 β-D-半乳糖基转移酶 （UDPgalactose-sphingosineβ-D-galactosyltransferase） EC 2.4.1.23

分类名：UDP galactose：sphingosine β-D- galactosyltransferase

UDP 半乳糖：(神经)鞘氨醇 β-D-半乳糖基转移酶

别名：psychosine-UDP galactosyltransferase

(神经)鞘氨醇半乳糖苷-UDP 半乳糖基转移酶

作用：催化己糖基团转移。

反应：UDP 半乳糖＋(神经)鞘氨醇＝UDP＋(神经)鞘氨醇半乳糖苷

22. 1, 4-α-D-葡聚糖 6-α-D-葡糖基转移酶 （1, 4-α-D-glucan 6-α-D-glucosyltransferase） EC 2. 4. 1. 24

分类名：1,4-α-D-glucan：1,4-α-D-glucan(D-glucose)6-α-D-glucosyltransferase

1,4-α-D-葡聚糖：1,4-α-D-葡聚糖(D-葡萄糖)6-α-D-葡糖基转移酶

别名：T-enzyme T-酶

oligogucan-branching glycosyltransferase 分支寡葡聚糖糖基转移酶

作用：催化己糖基转移。

反应：1,4-α-D-葡聚糖的一个 α-葡糖基残基转移到葡萄糖的一级羟基上。

23. 4-α-D-葡聚糖转移酶 （4-α-D-glucanotransferase） EC 2. 4. 1. 25

分类名：1,4-α-D-glucan：1,4-α-D-glucan 4-α-D-glycosyltransferase

1,4-α-D-葡聚糖：1,4-α-D-葡聚糖 4-α-D-糖基转移酶

别名：D-enzyme D-酶

disproportionating enzyme 歧化酶

dextrin glycosyltransferase 糊精糖基转移酶

作用：催化己糖基转移。

反应：1,4-α-D-葡聚糖片段转移到新受体的 4-位上；受体可能是葡萄糖或 1,4-α-D-葡聚糖，

24. UDP 葡萄糖-DNA α-D-葡糖基转移酶 （UDP glucose-DNA α-D-glucosyltransferase） EC 2. 4. 1. 26

分类名：UDPglucose：DNA α-D-glucosyltransferase

UDP 葡萄糖：DNA α-D-葡糖基转移酶

作用：催化己糖基团转移。

反应：将 UDP 葡萄糖的 α-D-葡糖基残基转移到 DNA 的羟甲基胞嘧啶残基上。

25. UDP 葡萄糖-DNA β-D-葡糖基转移酶 （UDP glucose-DNA β-D-glucosyltransferase） EC 2. 4. 1. 27,

分类名：UDP glucose：DNA β-D-glucosyltransferase

UDP 葡萄糖：DNA β-D-葡糖基转移酶

作用：催化己糖基团转移。

反应：将 UDP 葡萄糖的 β-D-葡糖基残基转移到 DNA 的羟甲基胞嘧啶残基上。

26. UDP 葡萄糖-葡糖基-DNA β-D-葡糖基转移酶 （UDP glucose-glucosyl-DNA β-D-glucosyltransferase） EC 2. 4. 1. 28

分类名：UDP glucose：D-glucosyl-DNA β-D-glucosyltransferase

UDP 葡萄糖：D-葡糖基-DNA β-D-葡糖基转移酶

作用：催化己糖基团转移。

反应：将 UDP 葡萄糖的 β-D-葡糖基残基转移到 DNA 的葡糖基-羟甲基胞嘧啶残基上。

27. 纤维素合酶(生成 GDP) （cellulose synthase(GDP-forming)） EC 2. 4. 1. 29

分类名：GDP glucose：1,4-β-D-glucan 4-β-glucosyltransferase

GDP 葡萄糖：1,4-β-D-葡聚糖 4-β-葡糖(基)转移酶

作用：催化己糖基转移*

反应：GDP 葡萄糖＋（1,4-β-D-葡糖基）$_n$ ＝GDP＋（1,4-β-D-葡糖基）$_{n+1}$

    * 与纤维素的合成相关。

28. 1,3-β-D- 低(聚)葡聚糖磷酸化酶 （1,3-β-D-oligoglucan phosphorylase） EC 2.4.1.30

分类名：1,3-β-D-oligoglucan：orthophosphate glucosyltransferase

    1,3-β-D- 低(聚)葡聚糖：磷酸葡糖基转移酶

别名：β-1,3-oligoglucan：orthophosphate glucosyltransferaseⅡ

    β-1,3-低(聚)葡聚糖：磷酸葡糖基转移酶Ⅱ

作用：催化己糖基团转移。

反应：（1,3-β-D-葡糖基）$_n$＋磷酸＝（1,3-β-D-葡糖基）$_{n-1}$＋α-D-葡萄糖 1-磷酸

特异性：与 1,3-β-D-glucan phosphorylase(EC 2.4.1.97)和 laminaribiose phosphorylase (EC 2.4.1.31)不同，本酶不能作用于昆布多糖。

29. 昆布二糖磷酸化酶 （laminaribiose phosphorylase） EC 2.4.1.31

分类名：3-O-β-D-glucosylglucose：orthosphate glucosytransfearase

    3-O-β-D-葡糖基葡萄糖：磷酸葡糖基转移酶

作用：催化己糖基团转移。

反应：3-O-β-D-葡糖基葡萄糖＋磷酸＝D-葡萄糖＋α-D-葡萄糖 1-磷酸

特异性：也作用于 1,3-β-D-低聚葡聚糖。

30. 葡甘露聚糖 4-β-D-甘露糖基转移酶 （glucomannan 4-β-D-mannosyltransferase） EC 2.4.1.32

分类名：GDP mannose：glucomannan 1,4-β-D-mannosyltransferase

    GDP 甘露糖：葡甘露聚糖 1,4-β-D-甘露糖基转移酶

作用：催化己糖基转移。

反应：GDP 甘露糖＋（葡甘露聚糖）$_n$ ＝GDP＋（葡甘露聚糖）$_{n+1}$

31. 藻酸合酶 （alginate synthase） EC 2.4.1.33

分类名：GDP mannuronate：alginate D-mannuronyltransferase

    GDP 甘露醛酸：藻酸 D-甘露糖(基)转移酶

作用：催化甘露糖醛酸转移。

反应：GDP 甘露糖醛酸＋（藻酸）$_n$ ＝GDP＋（藻酸）$_{n+1}$

32. 1,3-β-D-葡聚糖合酶 （1,3-β-D-glucan synthase） EC 2.4.1.34

分类名：UDPglucose：1,3-β-D-glucan：3-β-D-glucosyltransferase

    UDP 葡萄糖：1,3-β-D-葡聚糖 3-β-D-葡糖基转移酶

别名：1,3-β-D-glucan-UDP glucosyltransferase

    1,3-β-D-葡聚糖-UDP 葡糖基转移酶

    UDPglucose-1,3-β-D-Glucan glucosyltransferase

    UDP 葡糖-1,3-β-D-葡聚糖葡糖基转移酶

    callose synthetase   愈创葡聚糖合成酶

作用：催化己糖基转移。

反应：UDP 葡糖＋（1,3-β-D-葡糖基）$_n$ ＝UDP＋（1,3-β-D-葡糖基）$_{n+1}$

33. UDP 葡糖基转移酶 （UDP glucosyltransferase） EC 2.4.1.35

　　分类名：UDP glucose：phenol β-D-glucosyltransferase

　　　　　　UDP 葡萄糖：酚 β-D-葡糖基转移酶

　　作用：催化己糖基团转移。

　　反应：UDP 葡萄糖＋酚══UDP＋芳（香）基 β-D-葡糖苷

34. α,α-海藻糖-磷酸合酶 （生成 GDP） （α,α-trehalose-phosphate synthase(GDP-forming)）
EC 2.4.1.36

　　分类名：GDP glucose：D-glucose-6-phosphate α-D-glucosyltransferase

　　　　　　GDP 葡萄糖：D-葡萄糖-6-磷酸 α-D-葡糖转移酶

　　别名：GDP glucose-glucosephosphate glucosyltransferase

　　　　　GDP 葡萄糖-葡萄糖磷酸葡糖基转移酶

　　作用：催化己糖基团转移。

　　反应：GDP 葡萄糖＋磷酸葡萄糖══GDP＋α,α-海藻糖 6-磷酸

35. 血型物质 α-D-半乳糖基转移酶 （blood-group-substance α-D-galactosyltransfer-ase）
EC 2.4.1.37

　　分类名：UDP galactose：O-α-L-fucosyl-(1,2)-D-galactose α-D-galactosyltransferase

　　　　　　UDP 半乳糖：O-α-L-岩藻糖(基)-(1,2)-D-半乳糖 α-D-半乳糖(基)转移酶

　　作用：催化己糖 （基） 转移。

　　反应：UDP 半乳糖＋O-α-L-岩藻糖(基)-(1,2)-D-半乳糖══UDP ＋α-D-半乳糖(基)-(1,
　　　　　3)-[O-α-L-岩藻糖(基)-(1,2)]-D-半乳糖

36. 糖蛋白 β-D-半乳糖基转移酶*　（glycoprotein β-D-galactosyltransferase） EC 2.4.1.38

　　分类名：UDP galactose：2-acetamido-2-deoxy-D-glucosyl glycopeptide galactosyltransferase

　　　　　　UDP 半乳糖：2-乙酰氨基-2-脱氧-D-葡糖基-糖肽半乳糖基转移酶

　　别名：thyroid galadosyltransferase　甲状腺半乳糖基转移酶

　　　　　UDP galactose-glycoprotein galactosyltransferase

　　　　　UDP 半乳糖-糖蛋白半乳糖基转移酶

　　作用：催化己糖基转移。

　　反应：UDP 半乳糖＋2-乙酰氨基-2-脱氧-D-葡糖基-糖肽══UDP＋4-O-β-D-半乳糖基-2-
　　　　　乙酰氨基-2-脱氧-D-葡糖基-糖肽

　　　　　* 本酶可能是乳糖合酶 （EC2.4.1.22） 的一种组成成分。

37. UDP 乙酰(基)葡糖胺—类固醇乙酰(基)氨基葡糖基转移酶 （UDP acetylglucosamine-
steroid acetylglucosaminyltransferase） EC 2.4.1.39

　　分类名：UDP-2-acetamido-2-deoxy-D-glucose：17α-hydroxysteroid-3-D-glucuronoside
　　　　　　17α-acetamido-deoxyglucosyltransferase

　　　　　　UDP-2-乙酰氨(基)-2-脱氧-D-葡萄糖：17α-羟类固醇-3-D-葡糖苷酸 17α-乙酰
　　　　　　氨(基)-脱氧葡糖基转移酶

　　作用：催化己糖基团转移酶。

　　反应：UDP-2-乙酰氨(基)-2-脱氧-D-葡萄糖＋17α-羟类固醇 3-D-葡糖苷酸══UDP＋17α-
　　　　　乙酰氨(基)-2-脱氧-D-葡糖氧(基)-类固醇 3-D-葡糖苷酸

38. 岩藻糖(基)-半乳糖乙酰(基)氨基半乳糖基转移酶 (fucosyl-galactose acetylgalactosaminyltransferase) **EC 2. 4. 1. 40**

分类名：UDP-2-acetamido-2-deoxy-D-galactose：O-α-L-fucosyl-(1,2)-D-galactose acetamidodeoxygalactosyltransferase

UDP-2-乙酰氨基-2-脱氧-D-半乳糖：O-α-L-岩藻糖(基)-(1,2)-D-半乳糖乙酰氨基脱氧半乳糖基转移酶

作用：催化己糖基转移。

反应：UDP-2-乙酰氨基-2-脱氧-D-半乳糖＋O-α-L-岩藻糖(基)-(1,2)-D-半乳糖 ⇌ UDP＋O-α-D-2-乙酰氨基-2-脱氧半乳糖(基)-(1,3)-[O-α-L-岩藻糖(基)-(1,2)]-D-半乳糖

特异性：可用 2-岩藻糖(基)-半乳糖苷作为受体。

39. UDP乙酰(基)半乳糖胺-蛋白质乙酰(基)氨基半乳糖基转移酶 (UDP acetylgalactosamine-protein acetylgalactosaminyltransferase) **EC 2. 4. 1. 41**

分类名：UDP-2-acetamido-2-deoxy-D-galactose：proteinacetamidodeoxygalactosyltransferase

UDP-2-乙酰氨(基)-2-脱氧-D-半乳糖：蛋白质乙酰氨(基)脱氧半乳糖基转移酶

别名：protein-UDP acetylgalactosaminyltransferase

蛋白质-UDP-2-乙酰氨(基)氨基半乳糖基转移酶

作用：催化己糖基团转移。

反应：UDP-2-乙酰氨(基)-2-脱氧-D-半乳糖＋蛋白质 ⇌ UDP＋2-乙酰胺(基)-2-脱氧-D-半乳糖-蛋白质

特异性：专一地作用于绵羊下颌黏蛋白的多肽核心。

40. UDP葡糖醛酸-雌(甾)三醇 17β-D-葡糖醛酸基转移酶 (UDP glucuronate-oestriol 17β-D-glucuronosyltransferase) **EC 2. 4. 1. 42**

分类名：UDP glucuronate：l7β-hydroxysteroid 17β-D-glucuronosyltransferase

UDP 葡糖醛酸：17β-羟类固醇 17β-D-葡糖醛酸基转移酶

别名：oestriol-UDP 17β-glucuronyltransferase

雌(甾)三醇-UDP 17β-葡糖醛酸基转移酶

作用：催化己糖基团转移。

反应：UDP 葡糖醛酸＋17β-羟类固醇 ⇌ UDP＋类固醇 17β-D-葡糖醛酸苷

41. UDP半乳糖醛酸-多(聚)半乳糖醛酸 α-D-半乳糖醛酸基转移酶 (UDP galacturonate-polygalcturonate α-D-galacturonosyltransferase) **EC 2. 4. 1. 43**

分类名：UDP galacturonate：1,4-α-poly-D-galacturonate 4-α-D-galacturonosyltransferase

UDP 半乳糖醛酸：1,4-α-多(聚)-D-半乳糖醛酸 4-α-D-半乳糖醛酸基转移酶

作用：催化己糖基团转移。

反应：UDP 半乳糖醛酸＋$(1,4$-α-D-半乳糖醛酸基$)_n$ ⇌ UDP＋$(1,4$-α-D-半乳糖醛酸基$)_{n+1}$

42. UDP半乳糖-脂多糖半乳糖基转移酶 (UDPgalactose-lipopolysaccharide galactosyltransferase) **EC 2. 4. 1. 44**

分类名：UDP galactose：lipopolysaccharide galactosyltransferase

　　　　　　　UDP 半乳糖：脂多糖半乳糖基转移酶

作用：催化己糖基团转移。

反应：UDP 半乳糖＋脂多糖══UDP＋D-半乳糖(基)脂多糖

特异性：将半乳糖(基)残基转移到脂多糖的 D-葡萄糖上。

43. UDP 半乳糖-2-羟酰(基)(神经)鞘氨醇半乳糖基转移酶 （UDP galactose-2-hydroxya-cylsphingosine galactosyltransferase） EC 2. 4. 1. 45

　　分类名：UDP galactose:2-(2-hydroxyacyl)-sphingosine galactosyltransferase

　　　　　　UDP 半乳糖:2-(2-羟酰基)(神经)鞘氨醇半乳糖基转移酶

　　作用：催化己糖基团转移。

　　反应：UDP 半乳糖＋2-(2-羟酰基)(神经)鞘氨醇══UDP＋1-(β-D-半乳糖基)-2-(2-羟酰基)(神经)鞘氨醇

　　特异性：特异性高。

44. UDP 半乳糖-1,2-二酰甘油半乳糖基转移酶 （UDP galactose-1,2-diaceylglycerol galactosyltransferase） EC 2. 4. 1. 46

　　分类名：UDP galactose:1,2-diaceylglycerol 3-O-galactosyltransferase

　　　　　　UDP 半乳糖:1,2-二酰甘油 3-O-半乳糖基转移酶

　　作用：催化己糖基团转移。

　　反应：UDP 半乳糖＋1,2-二酰甘油══UDP＋3-O-β-D-半乳糖(基)-1,2-二酰甘油

45. UDP 半乳糖-N-酰基(神经)鞘氨醇半乳糖基转移酶 （UDP galactose-N-acylsphingosine galactosyltransferase） EC 2. 4. 1. 47

　　分类名：UDP galactose：N-acylsphingosine galactosyltransferase

　　　　　　UDP 半乳糖：N-酰基(神经)鞘氨醇半乳糖基转移酶

　　作用：催化己糖基团转移酶。

　　反应：UDP 半乳糖＋N-酰基(神经)鞘氨醇══UDP＋D-半乳糖(基)神经酰胺

46. GDP 甘露糖 α-D-甘露糖基转移酶 （GDP mannose α-D-mannosyltransferase） EC 2. 4. 1. 48

　　分类名：GDP mannose：heteroglycan 2,3-α-D-mannosyltransferase

　　　　　GDP 甘露糖：杂聚糖 2,3-α-D-甘露糖基转移酶

　　作用：催化己糖基转移。

　　反应：GDP 甘露糖＋杂聚糖*══GDP＋1,2(1,3)-α-D-甘露糖基杂聚糖

　　*杂聚糖含有甘露糖、半乳糖和木糖。

47. 纤维糊精磷酸化酶 （cellodextrin phosphorylase） EC 2. 4. 1. 49

　　分类名：1,4-β-D-oligoglucan：orthophosphate α-D-glucosyltransferase

　　　　　　1,4-β-D-寡葡聚糖：磷酸 α-D-葡糖(基)转移酶

　　作用：催化己糖基转移。

　　反应：$(1,4-β-D-葡糖基)_n＋磷酸══(1,4-β-D-葡糖基)_{n-1}＋1-磷酸 α-D-葡萄糖$

48. 半乳糖-胶原半乳糖基转移酶 （UDP galactose collagen galactosyltransferase） EC 2. 4. 1. 50

　　分类名：UDP galactose：5-hydroxylysine-collagen galactosyltransferase

　　　　　　UDP 半乳糖：5-羟赖氨酸-胶原半乳糖基转移酶

　　作用：催化己糖基转移酶。

反应：UDP 半乳糖＋5-羟赖氨酸＋胶原＝UDP＋O-D-半乳糖(基)-5-羟赖氨酸-胶原

49. UDP-N-乙酰(基)葡糖胺-糖蛋白 N-乙酰(基)氨基葡糖基转移酶 （UDP-N-acetylglucosamine-glycoprotein N-acetylglucosaminultransferase) EC 2.4.1.51

分类名：UDP-2-acetamido-2-deoxy-D-glucose：glycoprotein 2-acetamido-2-deoxy-D-glucosyl-transferase

UDP-2-乙酰氨(基)-2-脱氧-D-葡萄糖:糖蛋白 2-乙酰氨(基)-2-脱氧-D-葡糖基转移酶

作用：催化己糖基团转移。

反应：UDP-2-乙酰氨(基)-2-脱氧-D-葡萄糖＋糖蛋白＝UDP＋2-乙酰氨(基)-2-脱氧-D-葡糖基糖蛋白

50. UDP 葡萄糖-多(聚)(磷酸甘油) $α$-D-葡糖基转移酶 （UDP gluoose：poly (glycerol phosphate) $α$-D-glucosyltransferase) EC 2.4.1.52

分类名：UDP glucose：poly (glycerol phosphate) $α$-D-glucosyltransferase

UDP 葡萄糖：多(聚)(磷酸甘油) $α$-D-葡糖基转移酶

作用：催化己糖基团转移。

反应：UDP 葡萄糖＋多(聚)(磷酸甘油)＝UDP＋$α$-D-葡糖基多(聚)(磷酸甘油)

51. UDP 葡萄糖-多(聚)(磷酸核糖醇) $β$-D-葡糖基转移酶 （UDP glucose-poly (ribitol phosphate) $β$-D-glucosyltransferase) EC 2.4.1.53

分类名：UDP glucose：poly (ribitol phosphate) $β$-D-gluctransferase

UDP 葡萄糖：多(聚)(磷酸核糖醇) $β$-D-葡糖基转移酶。

作用：催化己糖基团转移。

反应：UDP 葡萄糖＋多(聚)(磷酸核糖醇)＝UDP ＋$β$-D-葡糖基多(聚)(磷酸核糖醇)

52. GDP 甘露糖-十一碳二烯磷酸酯甘露糖基转移酶 （GDP mannose-undecaprenyl-phosphate mannosyltransferase) EC 2.4.1.54

分类名：GDP mannose：undecaprenyl-phosphate mannosyltransferase

GDP 甘露糖：十一碳二烯磷酸酯甘露基转移酶

作用：催化己糖基转移。

反应[*]：GDP 甘露糖＋十一碳二烯磷酸酯＝GDP＋D-甘露糖(基)-1-磷酸十一碳异戊二烯醇

[*]需要磷脂酰甘油。

53. 磷壁(酸)质合酶 （teichoic-acid synthase) EC 2.4.1.55

分类名：CDP ribitol：teichoic-acid phosphoribitoltransferase

CDP 核糖醇：磷壁(酸)质磷酸核糖醇转移酶

作用：催化己糖基团转移。

反应：CDP 核糖醇＋磷壁(酸)质＝CMP＋磷酸-D-核糖醇磷壁(酸)质

54. UDP-N-乙酰(基)葡糖胺-脂多糖 N-乙酰(基)氨基葡糖基转移酶 （UDP-N-acetylglu-cosamine-lipopolysaccharide N-acetylglucosaminyltransferase) EC 2.4.1.56

分类名：UDP-2-acetamido-2-deoxy-D-glucose：lipopolysaccharide 2-acetamido-2-deoxy-D-glucosyltransferase

UDP-2-乙酰氨(基)-2-脱氧-D-葡萄糖:脂多糖 2-乙酰氨(基)-2-脱氧-D-葡糖基转移酶

作用：催化己糖基团转移。

反应：UDP-2-乙酰氨(基)-2-脱氧-D-葡萄糖＋脂多糖＝UDP＋2-乙酰氨(基)-2-脱氧-D-葡糖基-脂多糖

特异性：将 *N*-乙酰(基)氨基葡糖基残基转移到脂多糖核心上。

55. GDP 甘露糖-磷脂酰-*myo*-肌醇 α-D-甘露糖基转移酶 (GDP mannose-phosphatidyl-*myo*-inositol α-D-mannosyltransferase) EC 2. 4. 1. 57

分类名：GDP mannose 1-phosphatidyl-*myo*-inositol α-D-mannosyltransferase

CDP 甘露糖 1-磷脂酰-*myo*-肌醇 α-D-甘露糖基转移酶

作用：催化己糖基转移。

反应：GDP 甘露糖的一个或一个以上的 α-D-甘露糖转移到 1-磷脂酰-*myo*-肌醇的 2,6-和其它位置上。

56. UDP 葡萄糖-脂多糖葡糖基转移酶Ⅰ (UDP glucose-lipopolysacchahride glucosyltransferase Ⅰ) EC 2. 4. 1. 58

分类名：UDP glucose：lipopolysaccharide glucosyltransferase

UDP 葡萄糖：脂多糖葡糖基转移酶

作用：催化己糖基团转移。

反应：UDP 葡萄糖＋脂多糖＝UDP＋D-葡糖基-脂多糖

特异性：催化葡糖基残基转移到脂多糖的主链上。

57. UDP 葡糖醛酸-雌(甾)二醇葡糖醛酸基转移酶 (UDP glururonate-oestradiol glucuronosyltransferase) EC 2. 4. 1. 59

分类名：UDP glururonate：17β-oestradiol 3-glucuronosyltransferase

UDP 葡糖醛酸：17β-雌(甾)二醇 3-葡糖醛酸基转移酶

别名：17-β-oestradiol UDP glucuronosyltransferase

17-β-雌(甾)二醇-UDP 葡糖醛酸基转移酶

作用：催化己糖基团转移。

反应：UDP 葡糖醛酸＋17β-雌(甾)二醇＝UDP＋17β-雌(甾)二醇 3-D-葡糖醛酸苷

特异性：雌(甾)酮也可作为受体。

58. 阿比可糖(基)转移酶 (abequosyltransferase) EC 2. 4. 1. 60

分类名：CDPabequose：D-mannosyl-rhamnosyl-galactose-di-phospholipid abequosyltransferase

CDP 阿比可糖：D-甘露糖(基)-鼠李糖(基)-半乳糖-1-二磷酸类脂 阿比可糖(基)转移酶

作用：催化己糖基转移。

反应：CDP 阿比可糖＋D-甘露糖(基)-鼠李糖(基)-半乳糖-1-二磷酸类脂＝CDP＋阿比可糖 (基)-D-甘露糖(基)-鼠李糖(基)-半乳糖-1-二磷酸类脂

59. UDP 葡糖醛酸-雌(甾)三醇 16α-葡糖醛酸基转移酶 (UDP glucuronate-oestriol 16α-glucuronosyltransferase) EC 2. 4. 1. 61

分类名：UDP glucuronate：oestriol 16α-D-glucuronosyltransferase

UDP 葡糖醛酸：雌（甾）三醇 16α-D-葡糖醛酸基转移酶

别名：oestrio1-UDP 16α-glucuronosyltransferase

雌（甾）三醇-UDP 16α-葡糖醛酸基转移酶

作用：催化己糖基团转移。

反应：UDP 葡糖醛酸＋雌（甾）三醇＝UDP＋雌（甾）三醇 16α-单-D-葡糖醛酸苷

特异性：本酶受 Mg^{2+}、Mn^{2+} 和 Fe^{2+} 的激活。

60. UDP 半乳糖-神经酰胺半乳糖基转移酶（UDP galactose-ceramide galactosyltransferase）EC 2.4.1.62

分类名：UDP galactose：2-acetamido-2-deoxy-D-galactosyl（N-acetylneuraminnyl）-D-galactosyl-D-glucosyl-N-acylsphingosine galactosyltransferase

UDP 半乳糖：2-乙酰氨（基）-2-脱氧-D-半乳糖（基）-（N-乙酰神经氨（糖）酰基）-D-半乳糖（基）-D-葡糖（基）-N-酰基（神经）鞘氨醇半乳糖基转移酶

作用：催化己糖基团转移。

反应：UDP 半乳糖＋2-乙酰氨（基）-2-脱氧-D-半乳糖（基）-（N-乙酰神经氨（糖）酰基）-D-半乳糖（基）-D-葡糖（基）-N-酰基（神经）鞘氨醇＝UDP＋D-半乳糖（基）-2-乙酰氨（基）-2-脱氧-D-半乳糖（基）-（N-乙酰神经氨（糖）酰基）-D-半乳糖（基）-D-葡糖（基）-N-酰基（神经）鞘氨醇

61. 亚麻苦苷合酶（linamarin synthase）EC 2.4.1.63

分类名：UDP glucose：2-hydroxyisobutyronitrile β-D-glucosyltransferase

UDP 葡萄糖：2-羟基异丁酸腈 β-D-葡萄糖基转移酶

作用：催化己糖基团转移。

反应：UDP 葡萄糖＋2-羟基异丁酸腈＝UDP＋亚麻苦苷

特异性：专一地作用于 UDP 葡萄糖、丙酮、丁酮和 3-戊酮醇。

62. α,α-海藻糖磷酸化酶（α,α-trehalose phosphorylase）EC 2.4.1.64

分类名：α,α-trehalose：orthophosphate β-D-glucosyltransferase

α,α-海藻糖：磷酸 β-D-葡糖基转移酶

作用：催化己糖基团转移。

反应：α,α-海藻糖＋磷酸＝D-葡萄糖＋1-磷酸 β-D-葡糖

63. β-N-乙酰氨基葡糖基糖岩藻糖基转移酶（β-N-acetylglucosaminylsaccharide fucosyl-transferase）EC 2.4.1.65

分类名：GDP fucose：β-2-acetamido-2-deoxy-D-glucosac-chahde 4-α-L-fucosyltransferase

GDP 岩藻糖：β-2-乙酰氨基-2-脱氧-D-葡萄糖类 4-α-L-岩藻糖基转移酶

作用：催化己糖基转移。

反应：GDP 岩藻糖＋β-2-乙酰氨基-2-脱氧-D-葡萄糖类＝GDP＋(1,4)-α-L-岩藻糖-2-乙酰氨基-2-脱氧-D-葡萄糖类

64. 葡萄糖-胶原葡糖基转移酶（UDP glucose-collagen glucosyltransferase）EC 2.4.1.66

分类名：UDP glucose：5-hydroxylysine-collagen glucosyltransferase

UDP 葡萄糖：5-羟赖氨酸-胶原葡糖基转移酶

作用：催化己糖基团转移。

反应*：UDP 葡萄糖＋5-羟赖氨酸-胶原⟶UDP＋O-D-葡糖基-5-羟赖氨酸-胶原

　　* 需要 Mn^{2+} 参与。

65. 肌醇半乳糖苷-蜜三糖半乳糖基转移酶（galactinol-raffinose galactosyltransfer-ase）EC 2. 4. 1. 67

　　分类名：1-O-α-D-galactosyl-*myo*-inositol：raffinose galactosyltransferase

　　　　　　1-O-α-D-半乳糖（基）-*myo*-肌醇：蜜三糖半乳糖基转移酶

　　作用：催化己糖基转移。

　　反应：1-O-α-D-半乳糖（基）-*myo*-肌醇＋蜜三糖⟶*myo*-肌醇＋水苏（四）糖

66. GDP 岩藻糖-糖蛋白岩藻糖基转移酶（GDP fucose-glycoprotein fucosyltransferase）EC 2. 4. 1. 68

　　分类名：GDP fucose：glycoprotein fucosyltransferase

　　　　　　GDP 岩藻糖：糖蛋白岩藻糖基转移酶

　　作用：催化己糖基转移。

　　反应：GDP 岩藻糖＋糖蛋白⟶GDP＋岩藻糖（基）-糖蛋白

67. GDP 岩藻糖-乳糖岩藻糖基转移酶（GDP fucose lactose fucosyltransferase）EC 2. 4. 1. 69

　　分类名：GDP fucose：lactose fucosytransferase；GDP 岩藻糖：乳糖岩藻糖基转移酶

　　作用：催化己糖基转移。

　　反应：GDP 岩藻糖＋乳糖⟶GDP＋岩藻糖基乳糖

68. UDP 乙酰(基)葡糖胺-多(聚)(核糖醇-磷酸)乙酰(基)氨基葡糖基转移酶（UDP acetylglu-cosamine-poly(ribitol-phosphate)acetylglucosaminyltransferase）EC 2. 4. 1. 70

　　分类名：UDP-2-acetamido-2-deoxy-D-glucose：poly（ribitol-phosphate）2-acetamido-2-deoxy-glu-cosyltransferase

　　　　　　UDP-2-乙酰氨（基）-2-脱氧-D-葡萄糖：多（聚）（磷酸核糖醇）-2-乙酰氨（基）-2-脱氧-葡糖基转移酶

　　作用：催化己糖基团转移。

　　反应：UDP-2-乙酰氨(基)-2-脱氧-D-葡萄糖＋多（聚）（磷酸核糖醇）⟶UDP＋2-乙酰氨(基)-2-脱氧-D-葡糖(基)-多（聚）（磷酸核糖醇）

69. UDP 葡萄糖-芳香胺葡糖基转移酶（UDP glucose-arylamine glucosyltransferase）EC 2. 4. 1. 71

　　分类名：UDP glucose：arylamine N-glucosyltransferase

　　　　　　UDP 葡萄糖：芳香胺 N-葡糖基转移酶

　　作用：催化己糖转移。

　　反应：UDP 葡萄糖＋芳香胺⟶UDP＋N-D-葡糖基芳香胺

70. UDP 葡萄糖-脂多糖葡糖基转移酶Ⅱ（UDP glucose-lipopolysaccharide glucosyltrans-ferase Ⅱ）EC 2. 4. 1. 73

　　分类名：UDP glucose：galactosyl-lipopolysaccharide glucosyltransferase

　　　　　　UDP 葡萄糖：半乳糖基-脂多糖葡糖基转移酶

　　作用：催化己糖基团转移。

　　反应：UDP 葡萄糖＋脂多糖⟶UDP＋D-葡糖基-脂多糖

特异性：葡糖基残基转移到脂多糖的 D-半乳糖基-D-葡糖基侧链上。

71. UDP 半乳糖-黏多糖半乳糖基转移酶（UDP galactose-mucopolysaccharide galactosyltransferase）EC 2.4.1.74

分类名：UDP galactose：muco-polysaccharide galactosyltransferase

UDP 半乳糖：黏多糖半乳糖基转移酶

作用：催化己糖基团转移。

反应：UDP 半乳糖＋黏多糖══UDP＋半乳糖（基）-黏多糖

72. UDP 半乳糖醛酸基转移酶（UDP galacturonosyltransferase）EC 2.4.1.75

分类名：UDP galacturonate：β-galacturonosyltransferase（acceptor unspecific）

UDP 半乳糖醛酸：β-半乳糖醛酸基转移酶（非特异性受体）

别名：p-nitrophenol conjugating enzyme　对硝基苯酚结合酶

作用：催化己糖基团转移。

反应：UDP 半乳糖醛酸＋受体══UDP＋受体 ＋β-半乳糖醛酸苷

73. UDP 葡糖醛酸-胆红素葡糖醛酸基转移酶（UDP glucuronate-bilirubin glucuronosyltransferase）EC 2.4.1.76

分类名：UDP glucuronate：bilirubin glucuronosyltransferase

UDP 葡糖醛酸：胆红素葡糖醛酸基转移酶

作用：催化己糖基转移。

反应：UDP 葡糖醛酸＋胆红素══UDP＋胆红素-葡糖醛酸苷

74. UDP 葡糖醛酸-胆红素-葡糖醛酸苷葡糖醛酸基转移酶（UDP glucuronate-bilirubin-glucuronoside glucronosyltransferase）EC 2.4.1.77

分类名：UDP glucuronate：bilirubin-glucuronoside glucronosyltransferase

UDP 葡糖醛酸：胆红素-葡糖醛酸苷葡糖醛酸基转移酶

作用：催化己糖基团转移。

反应：UDP 葡糖醛酸＋胆红素-葡糖醛酸苷══UDP＋胆红素双葡糖醛酸苷

75. UDP 葡萄糖-磷酸多（聚）异戊二烯醇葡糖基转移酶（UDP glucose-phosphopolyprenol glucosyltransferase）EC 2.4.1.78

分类名：UDP glucose：phosphopolyprenol glucosyltransferase

UDP 葡萄糖：磷酸多（聚）异戊二烯醇葡糖基转移酶

作用：催化己糖基团转移。

反应：UDP 葡萄糖＋磷酸多（聚）异戊二烯醇══UDP＋多（聚）异戊二烯醇磷酸-葡萄糖

76. UDP 乙酰（基）半乳糖胺-半乳糖（基）-半乳糖（基）-葡糖（基）神经酰胺 β-N-乙酰（基）-D-氨基-半乳糖基转移酶（UDP acetylgalactosamine-galactosyl-galactosyl-glucosylceramide β-N-acetyl-D-galactosaminyltransferase）EC 2.4.1.79

分类名：UDP-2-acetamido-2-deoxy-D-galactose：D-galactosyl-(1,4)-D-galactosyl-(1,4)-D-glucosylceramideβ-N-acetamidodeoxy-D-galactosyltransferase

UDP-2-乙酰氨（基）-2-脱氧-D-半乳糖：D-半乳糖（基）-(1,4)-D-半乳糖（基）-(1,4)-D-葡萄糖（基）神经酰胺 β-N-乙酰氨（基）脱氧-D-半乳糖基转移酶

作用：催化己糖基团转移。

反应：UDP-2-乙酰氨(基)-2-脱氧-D-半乳糖＋D-半乳糖(基)-(1,4)-D-半乳糖(基)-(1,4)-D-葡萄糖(基)神经酰胺══UDP＋乙酰氨(基)-2-脱氧-D-半乳糖(基)(1,3)-D-半乳糖(基)-(1,4)-D-半乳糖(基)-(1,4)-D-葡萄糖(基)神经酰胺

77. UDP 葡萄糖-神经酰胺葡糖基转移酶（UDP glucose-ceramide glucosyltransfe-rase）EC 2. 4. 1. 80

分类名：UDP glucose：N-acylsphingosine glucosyltransferase

UDP 葡萄糖：N-酰基(神经)鞘氨醇葡糖基转移酶

作用：催化己糖基团转移。

反应：UDP 葡萄糖＋N-酰基(神经)鞘氨醇══UDP＋D-葡糖基-N-酰基(神经)鞘氨醇

特异性：(神经)鞘氨醇和二氢(神经)硝氨醇也可作为己糖基团受体；CDP 葡萄糖也可作为供体。

78. UDP 葡萄糖-毛地黄黄酮-$β$-D-葡糖基转移酶（UDP glucose-luteolin-$β$-D-glucosyltrans-ferase）EC 2. 4. 1. 81

分类名：UDP glucose：$5,7,3',4'$-tetrahydroxyflavone $β$-D-glucosyltransferase

UDP 葡萄糖：$5,7,3',4'$-四羟黄酮 $β$-D-葡糖基转移酶

别名：UDP glucose-apigenin-$β$-glucosyltransferase

UDP 葡萄糖-芹菜(苷)配基-$β$-葡糖基转移酶

作用：催化己糖基团转移。

反应：UDP 葡萄糖＋$5,7,3',4'$-四羟黄酮══UDP＋7-O-$β$-D-葡糖基-$5,7,3',4'$-四羟黄酮

特异性：一些黄酮、黄烷酮和黄酮醇可以作为己糖基团受体。

79. 肌醇半乳糖苷-蔗糖半乳糖基转移酶（galactinol-sucrose galactosyltransfe-rase）EC 2. 4. 1. 82

分类名：1-O-$α$-D-galactosyl-myo-inositol：sucrose 6-galactosyltransferase

1-O-$α$-D-半乳糖(基)-myo-肌醇：蔗糖 6-半乳糖基转移酶

作用：催化己糖基转移。

反应：1-O-$α$-D-半乳糖(基)-myo-肌醇＋蔗糖══myo-肌醇＋蜜三糖

特异性：4-硝基苯-$α$-D-吡喃(型)半乳糖苷也可作为己糖供体。本酶也催化蜜三糖与蔗糖的互换反应。

80. GDP 甘露糖磷酸多萜醇甘露糖基转移酶（GDP mannose dolicholphosphatemannosyl-transferase）EC . 2. 4. 1. 83

分类名：GDP mannose：dolicholphosphate mannosyltransferase

GDP 甘露糖：磷酸多萜醇甘露糖基转移酶

作用：催化己糖基转移。

反应：GDP 甘露糖＋磷酸多萜醇══GDP＋磷酸甘露糖多萜醇

81. UDP 葡糖醛酸-1,2-二酰(基)甘油葡糖醛酸基转移酶（UDP glucuronate-1,2-diacylg-lycerol glucuronosyltransferase）EC 2. 4. 1. 84

分类名：UDP glucuronate：1,2-diacylglycerol 3-glucuronosyltransferase

UDP 葡糖醛酸：1,2-二酰(基)甘油 3-葡糖醛酸基转移酶

作用：催化己糖基团转移。

反应：UDP 葡糖醛酸＋1,2-二酰(基)甘油＝UDP＋1,2-二酰(基)甘油 3-D-葡糖醛酸苷

82. 氰醇葡糖基转移酶 (cyanohydrin glucosyltransferase) EC 2.4.1.85

分类名：UDP glucose：(S)-4-hydroxymandelonitrile β-D-glucosyltransferase

UDP 葡萄糖：(S)-4-羟基扁桃腈 β-D-葡糖基转移酶

作用：催化己糖基转移。

反应：UDP 葡萄糖＋(S)-4-羟基扁桃腈＝UDP＋(S)-4-羟基-扁桃腈 β-D-葡糖苷

特异性：也作用于 (S)-扁桃腈。

83. UDP 半乳糖-氨基葡糖(基)-半乳糖(基)-葡糖 (基) 神经酰胺 β-D-半乳糖基转移酶 (UDP galactose-glucosaminyl-galactosyl-glucosylceramide β-D-galactosyltransfe-rase) EC 2.4.1.86

分类名：UDP galactose：2-acetamido-2-deoxy-D-glucosyl-(1,3)-D-galactosyl-(1,4)-D-glucosylceramide β-D-galactosyltransferase

UDP 半乳糖：2-乙酰氨(基)-2-脱氧-D-葡糖(基)-(1,3)-D-半乳糖(基)-(1,4)-D-葡糖(基)神经酰胺 β-D-半乳糖基转移酶

作用：催化己糖基团转移。

反应：UDP 半乳糖＋2-乙酰氨(基)-2-脱氧-D-葡糖(基)-(1,3)-D-半乳糖(基)-(1,4)-D-葡糖(基)神经酰胺＝UDP＋D-半乳糖(基)-2-乙酰氨(基)-2-脱氧-D-葡糖(基)-(1,3)-D-半乳糖(基)-(1,4)-D-葡糖(基)神经酰胺

84. UDP 半乳糖-半乳糖(基)-氨基葡糖(基)-半乳糖(基)-葡糖(基)神经酰胺 α-D-半乳糖基转移酶 (UDP galactose-galactosyl-glucosaminyl-galactosyl-glucosylceramide α-D-galactosyltransferase) EC 2.4.1.87

分类名：UDP galactose：D-galactosyl-(1,4)-2-acetamido-2-deoxy-D-glucosyl-(1,3)-D-galactosyl-galactosyl-(1,4)-D-glucosylceramide α-D-galactosyltransferase

UDP 半乳糖：D-半乳糖(基)-(1,4)-2-乙酰氨(基)-2-脱氧-D-葡糖(基)-(1,3)-D-半乳糖(基)-半乳糖(基)-(1,4)-D-葡糖(基)神经酰胺 α-D-半乳糖基转移酶

作用：催化己糖基团转移。

反应：UDP 半乳糖＋D-半乳糖(基)-(1,4)-2-乙酰氨(基)-2-脱氧-D-葡糖(基)-(1,3)-D-半乳糖(基)-(1,4)-D-葡糖(基)神经酰胺＝UDP＋D-半乳糖(基)-D-半乳糖(基)(1,4)-2-乙酰氨(基)-2-脱氧-D-葡糖(基)-(1,3)-D-半乳糖(基)-(1,4)-D-葡糖(基)神经酰胺

85. UDP 乙酰(基)半乳糖胺-红细胞糖苷脂 α-N-乙酰(基)氨基-D-半乳糖基转移酶 (UDP acetylgalactosamine-globoside α-N-acetyl-D-galactosaminyltransferase) EC 2.4.1.88

分类名：UDP-2-acetamido-2-deoxy-D-galactose：2-acetamido-2-deoxy-D-galactosyl-(1,3)-D-galactosyl-(1,4)-D-galactosyl-(1,4)-D-glucosylceramide α-N-acetamidodeoxy-D-galactosyltransferase

UDP-2-乙酰氨(基)-2-脱氧-D-半乳糖：2-乙酰氨(基)-2-脱氧-D-半乳糖(基)-(1,3)-D-半乳糖(基)-(1,4)-D-半乳糖(基)-(1,4)-D-葡萄糖(基)神经酰胺 α-N-乙酰氨(基)脱氧-D-半乳糖基转移酶

作用：催化己糖基团转移。

反应：UDP-2-乙酰氨(基)-2-脱氧-D-半乳糖＋2-乙酰氨(基)-2-脱氧-D-半乳糖(基)-
(1,3)-D-半乳糖(基)-(1,4)-D-半乳糖(基)-(1,4)-D-葡萄糖(基)神经酰胺═
UDP＋2-乙酰氨(基)-2-脱氧-D-半乳糖(基)-2-乙酰氨(基)-2-脱氧-D-半乳糖
(基)-(1,3)-D-半乳糖(基)-(1,4)-D-半乳糖(基)-(1,4)-D-葡萄糖(基)神经
酰胺

86. GDP 岩藻糖-半乳糖(基)-氨基葡糖(基)-半乳糖(基)-葡糖(基)神经酰胺 α-L-岩藻糖基转移酶 （GDP fucose-galactosyl-glucosaminyl-galactosyl-glucosylceramide α-L-fucosyltransferase） EC 2. 4. 1. 89

分类名：GDP fucose：D-galadosyl-(1, 4)-2-acetamido-2-deoxy-D-glucosyl-(1, 3)-D-galactosyl-(1,4)-D-glucosylceramide α-L-fucosyltransferase

GDP 岩藻糖:D-半乳糖(基)-(1,4)-2-乙酰氨基-2-脱氧-D-葡糖(基)-(1,3)-D-半乳糖(基)-(1,4)-D-葡糖(基)神经酰胺 α-L-岩藻糖基转移酶

作用：催化己糖基转移。

反应：GDP 岩藻糖＋D-半乳糖(基)-(1,4)-2-乙酰氨基-2-脱氧-D-葡糖(基)-(1,3)-D-半乳糖(基)-(1,4)-D-葡糖(基)神经酰胺═GDP＋岩藻糖(基)-D-半乳糖(基)-(1,4)-2-乙酰氨基-2-脱氧-D-葡糖(基)-(1,3)-D-半乳糖(基)-(1,4)-D-葡糖(基)神经酰胺

87. N-乙酰氨基乳糖合酶 （N-acetyllactosamine synthase） EC 2. 4. 1. 90

分类名：UDP galactose：2-acetamido-2-deoxy-D-glucose 4-β-D-galactosyltransferase

UDP 半乳糖：2-乙酰氨基-2-脱氧-D-葡萄糖 4-β-D-半乳糖基转移酶

作用：催化己糖基转移。

反应：UDP 半乳糖＋ 2-乙酰氨基-2-脱氧-D-葡萄糖═UDP＋ 4-O-β-D-半乳糖(基)-2-乙酰氨基 2-脱氧-D-葡萄糖

88. UDP 葡萄糖-黄酮醇葡糖基转移酶 （UDP glucose-flavonol glucosyltransfe-rase） EC 2. 4. 1. 91

分类名：UDP glucose：flvonol 3-O-glucosyltransferase

UDP 葡萄糖：黄酮醇 3-O-葡糖基转移酶

作用：催化己糖基团转移。

反应：UDP 葡萄糖＋黄酮醇═UDP＋黄酮醇 3-O-葡糖苷

特异性：也作用于各种黄酮醇，包括槲皮酮和槲皮酮 7-O-葡糖苷。

89. UDP 乙酰(基)半乳糖胺-(N-乙酰神经氨(糖)酰基)-D-半乳糖(基)-D-葡萄糖(基)神经酰胺乙酰(基)氨基半乳糖基转移 （UDP acetylgalactosamine -(N-acetylneuraminyl)-D-galactosyl-D-glucosylceramide acetylgalactosaminyltransferase)EC 2. 4. 1. 92

分类名：UDP-2-acetamido-2-deoxy-D-galatose：（N-acetylneuraminyl)-D-galactosyl-D-glucosylceramide acetamidodeoxygalactosyltransferase

UDP-2-乙酰氨 (基)-2-脱氧-D-半乳糖：（N-乙酰神经氨(糖)酰基)-D-半乳糖(基)-D-葡萄糖(基)神经酰胺乙酰氨(基)脱氧半乳糖基转移酶

作用：催化己糖基团转移。

反应：UDP-2-乙酰氨(基)-2-脱氧-D-半乳糖＋(N-乙酰神经氨(糖)酰基)-D-半乳糖(基)-D-葡萄糖(基)神经酰胺═UDP＋2-乙酰氨(基)-2-脱氧-D-半乳糖(基)-(N-乙酰神经氨(糖)酰基)-D-半乳糖(基)-D-葡萄糖(基)神经酰胺

90. 菊粉果糖转移酶(解聚) (inulin fructotransferase (depolymerizing))EC 2. 4. 1. 93

> 分类名：inulin fructosyl-β-1,2-froctofuranosyltransferase (cyclizing)
>
>   菊粉果糖 (基)-β-1,2-呋喃果糖基转移酶 (环化)
>
> 别名：inulase Ⅱ 菊粉酶Ⅱ
>
> 作用：催化己糖基团转移。
>
> 反应[*]：末端果糖(基)-呋喃果糖(基)转移至末端 3-位上，形成环酐。
>
>   [*] 菊粉解聚成为二-D-呋喃果糖 $1,2',2,3'$-二酐。

91. UDP 乙酰(基)葡糖胺-蛋白质乙酰(基)氨基葡糖基转移酶 (UDP acetylglucosamine-protein acetylglucosaminyltransferase) EC 2. 4. 1. 94

> 分类名：UDP-2-acetamido-2-deoxy-D-glucose：protein β-N-acetamidodeoxy-D-glucosyltransferase
>
>   UDP-2-乙酰氨(基)-2-脱氧-D-葡萄糖：蛋白质 β-N-乙酰氨(基)脱氧-D-葡糖基转移酶
>
> 作用：催化己糖基团转移。
>
> 反应：UDP-2-乙酰氨(基)-2-脱氧-D-葡萄糖＋蛋白质＝UDP＋4-N-(2-乙酰氨(基)-2-脱氧-β-D-葡糖基)蛋白质
>
> 特异性：己糖受体是 Asn-X-Thr 或 Asn-X-Ser 序列的天冬酰胺残基。

92. 胆红素-葡糖苷酸葡糖苷酸基转移酶 (bilirubin-glucuronoside glucuronosyltransferase) EC 2. 4. 1. 95

> 分类名：bilirubin-glucuronoside：bilirubin-gucuonoside glucuronosyltransferase
>
>   胆红素-葡糖苷酸：胆红素-葡糖苷酸葡糖苷酸基转移酶
>
> 别名：bilirubin monoglucuronide transglucuronidase
>
>   胆红素单葡糖苷酸转葡糖苷酸酶
>
> 作用：催化己糖基转移。
>
> 反应：2 胆红素-葡糖苷酸＝胆红素＋胆红素二葡糖苷酸

93. UDP 半乳糖-sn-甘油-3-磷酸半乳糖基转移酶 (UDP galactose-sn-glycerol-3-phosphate galactosyltransferase) EC 2. 4. 1. 96

> 分类名：UDP galactose：sn-glycerol-3-phosphate α-D-galactosyltransferase
>
>   UDP 半乳糖：sn-甘油-3-磷酸 α-D-半乳糖基转移酶
>
> 别名：JFP synthase JFP 合酶
>
> 作用：催化己糖基团转移。
>
> 反应：UDP 半乳糖＋sn-甘油-3-磷酸＝UDP＋α-D-半乳糖基-$(1,1')$-sn-甘油-3-磷酸

94. 1,3-β-D-葡聚糖磷酸化酶 (1,3-β-D-glucan phosphorylase) EC 2. 4. 1. 97

> 分类名：1,3-β-D-glucan：orthophosphate glucosyltransferase
>
>   1,3-β-D-葡聚糖：磷酸葡糖基转移酶
>
> 别名：laminarin phosphorylase 昆布多糖磷酸化酶
>
> 作用：催化己糖基转移。
>
> 反应：$(1,3$-β-D-葡糖基$)_n$＋磷酸＝$(1,3$-β-D-葡糖基$)_{n-1}$＋α-D-葡萄糖 1-磷酸

特异性：催化 β-1,3-寡葡聚糖和昆布多糖类型葡聚糖。

95. 嘌呤-核苷磷酸化酶（purine-nucleoside phosphorylase）EC 2.4.2.1

　　分类名：purine-nucleoside：orthophosphate ribosyltransferase
　　　　　　嘌呤核苷：磷酸核糖基转移酶

　　别名：inosine phosphorylase　次黄苷磷酸化酶

　　作用：催化戊糖基团转移。

　　反应：嘌呤核苷＋磷酸═嘌呤 ＋α-D-核糖 1-磷酸

96. 嘧啶-核苷磷酸化酶（pyrimidine-nucleoside phosphorylase）EC 2.4.2.2

　　分类名：pyrimidine-nucleoside：orthophosphate ribotransferase
　　　　　　嘧啶-核苷：磷酸核糖基转移酶

　　作用：催化戊糖基团转移。

　　反应：嘧啶-核苷＋磷酸═嘧啶＋α-D-核糖 1-磷酸

97. 尿苷磷酸化酶（uridine phosphorylase）EC 2.4.2.3

　　分类名：uridine：orthophosphate ribosyltransferase
　　　　　　尿苷：磷酸核糖基转移酶

　　别名：pyrimidine phosphorylase　嘧啶磷酸化酶

　　作用：催化戊糖基团转移。

　　反应：尿苷＋磷酸═尿嘧啶 ＋α-D-核糖 1-磷酸

98. 胸苷磷酸化酶（thymidine phosphorylase）EC 2.4.2.4

　　分类名：thymidine：orthophosphate deoxyibosyltransferase
　　　　　　胸苷：磷酸脱氧核糖基转移酶

　　别名：pyrimidine phosphorylase　嘧啶磷酸化酶

　　作用：催化戊糖基团转移。

　　反应：胸苷＋磷酸═胸腺嘧啶＋2-脱氧-D-核糖 1-磷酸

　　特异性：由某些组织中提取的酶也具有核苷脱氧核糖基转移酶（EC2.4.2.6）的催化能力。

99. 核苷核糖基转移酶（nucleoside ribosyltransferase）EC 2.4.2.5

　　分类名：nucleoside：purine（pyrimidine）ribosytransferase
　　　　　　核苷：嘌呤（嘧啶）核糖基转移酶

　　作用：催化戊糖基团转移。

　　反应*：D-核糖（基)-R＋R′═D-核糖（基)-R′＋R

　　　*R 和 R′代表各种嘌呤和嘧啶。

100. 核苷脱氧核糖基转移酶（nucleoside deoxyribosyltransferase）EC 2.4.2.6

　　分类名：nucleoside：purine（pyrimidine）deoxyribosyltransferase
　　　　　　核苷：嘌呤（嘧啶）脱氧核糖基转移酶

　　别名：*trans*-glucosidase　反(式)-N-葡糖苷酶

　　作用：催化戊糖基团转移。

　　反应*：2-脱氧-D-核糖（基)-R＋R′═2-脱氧-D-核糖（基)-R′＋ R

　　　*R 和 R′代表各种嘌呤和嘧啶。

101. 腺嘌呤磷酸核糖基转移酶（adenine phosphoribosyltransferase）EC 2.4.2.7

　　分类名：AMP：prophosphate phosphoribosyltransferase

AMP：焦磷酸磷酸核糖基转移酶

别名：AMP pyrophosphorylase　AMP 焦磷酸化酶

transphosphoribosidase　转磷酸核（糖核）苷酶

作用：催化戊糖基转移。

反应：AMP＋焦磷酸══腺嘌呤＋5-磷酸-α-D-核糖 1-二磷酸

特异性：5-氨基-4-咪唑羧酰胺可替代腺嘌呤。

102. 次黄嘌呤磷酸核糖基转移酶 (hypoxanthine phosphorlbosyltransferase) EC 2. 4. 2. 8

分类名：IMP：pyrophosphate phosphoribosyltransferase

IMP：焦磷酸磷酸核糖基转移酶

别名：IMP pyrophosphorylase　IMP 焦磷酸化酶

transphosphoribosidase　转磷酸核糖核苷酶

作用：催化戊糖基团转移。

反应：IMP＋焦磷酸══次黄嘌呤＋5-磷酸-α-D-核糖 1-二磷酸

特异性：鸟嘌呤和 6-巯基嘌呤可以替代次黄嘌呤。

103. 尿嘧啶磷酸核糖基转移酶 （uracil phosphoribosyltransferase） EC 2. 4. 2. 9

分类名：UMP：pyrophosphate phosphoribosyltransferase

UMP：焦磷酸磷酸核糖基转移酶

别名：UMP pyrophosphorylase　UMP 焦磷酸化酶

作用：催化戊糖基团转移。

反应：UMP＋焦磷酸══尿嘧啶＋5-磷酸-α-D-核糖 1-二磷酸

104. 乳清酸磷酸核糖基转移酶 （ortate phosphoribosyltransferase） EC 2. 4. 2. 10

分类名：orotidine-5$'$-phosphatc：pyrophosphate phosphoribosyltransferase

乳清酸核苷-5$'$-磷酸：焦磷酸磷酸核糖基转移酶

别名：orotldylic acid phosphorylase　乳清酸核苷酸磷酸化酶

orotidine-5$'$-phosphate pyrophosphorylase　乳清酸核苷-5$'$-磷酸焦磷酸化酶

作用：催化戊糖基团转移。

反应：乳清酸核苷-5$'$-磷酸＋焦磷酸══乳清酸＋5-磷酸-α-D-核糖 1-二磷酸

105. 烟酸磷酸核糖基转移酶 （nicotinate phosphoribosyltransferase ） EC 2. 4. 2. 11

分类名：nicotinatenucleotide：pyrophosphate phosphoribosyltransferase

烟酸核苷酸：焦磷酸磷酸核糖基转移酶

作用：催化戊糖基团转移。

反应：烟酸 D-核糖核苷酸＋焦磷酸══烟酸＋5-磷酸-α-D-核糖 1-二磷酸

106. 烟酰胺磷酸核糖基转移酶 （nicotinamide phosphoribosyltransferase） EC 2. 4. 2. 12

分类名：nicotinamidenucleotide：pyrophosphate phosphoribosyltransferase

烟酰胺核苷酸：焦磷酸磷酸核糖基转移酶

别名：NMN pyrophosphorylase　NMN 焦磷酸化酶

作用：催化戊糖基团转移。

反应：烟酰胺 D-核糖核苷酸＋焦磷酸══烟酰胺＋5-磷酸-α-D-核糖-二磷酸

107. 磷酸酰胺核糖基转移酶 （amidophosphoribosyltransferase） EC 2. 4. 2. 14

分类名：5-phosphoriosylamine：pyrophosphate phosphoribosy ltransferaase（glutamate-amidating)

　　5-磷酸核糖胺：焦磷酸磷酸核糖基转移酶(谷氨酸酰胺化)

别名：phosphoribosyl-diphosphate 5-amidotransferase

磷酸核糖基-二磷酸 5-酰胺转移酶

glutamine phosphoribosylpyrophosphate amidotransferase

谷氨酰胺磷酸核糖基焦磷酸酰胺转移酶

作用：催化戊糖基转移。

反应：5-磷酸-β-D-核糖胺＋焦磷酸＋L-谷氨酸＝L-谷氨酰胺＋5-磷酸-α-D-核糖 1-二磷酸＋H_2O

108. 鸟苷磷酸化酶 （guanosine phosphorylase） EC 2. 4. 2. 15

分类名：guanosine：orthophosphate ribosyltransferase

　　　　鸟苷：磷酸核糖基转移酶

作用：催化戊糖基转移。

反应：鸟苷＋磷酸＝鸟嘌呤＋D-核糖 1-磷酸

特异性：也作用于脱氧鸟苷。

109. 尿酸核糖核苷酸磷酸化酶 （urateribonucleotide phosphorylase） EC 2. 4. 2. 16

分类名：urateribonucleotide：orhophosphate ribosyltransferase

　　　　尿酸核糖核苷酸：磷酸核糖基转移酶

作用：催化戊糖基团转移。

反应：尿酸 D-核糖核苷酸＋磷酸＝尿酸＋核糖 1-磷酸

110. ATP 磷酸核糖（基）转移酶 （ATP phosphoribosyltransferase） EC 2. 4. 2. 17

分类名：1-(5′-phosphoribosyl)-ATP:pyrophosphate phosphoribosyltransferase

　　　　1-(5′-磷酸核糖（基）)-ATP:焦磷酸磷酸核糖（基）转移酶

别名：phosphoribosyl-ATP pyrophosphorylase　磷酸核糖（基）-ATP 焦磷酸化酶

作用：催化戊糖（基）转移。

反应：1-(5′-磷酸-D-核糖)-ATP＋焦磷酸＝ATP＋5-磷酸 -α-D-核糖 1-二磷酸

111. 邻氨基苯甲酸磷酸核糖（基）转移酶 * （anthranilate phosphoribosyltransferase） EC 2. 4. 2. 18

分类名：N-(5′-phosphoribosyl)-anthranilate:pyrophosphate phosphoribosyltransferase

　　　　N-(5′-磷酸核糖基)邻氨基苯甲酸:焦磷酸磷酸核糖（基）转移酶

别名：phosphoribosyl-anthranilate pyrophsphorylase

磷酸核糖（基）-邻氨基苯甲酸焦磷酸化酶

作用：催化戊糖基转移。

反应：N-(5′-磷酸-D-核糖基)邻氨基苯甲酸＋焦磷酸＝邻氨基苯甲酸＋5-磷酸-α-D-核糖 1-二磷酸

　　* 天然的酶与邻氨基苯甲酸合酶结合成一种复合物存在于肠部细菌中。

112. 烟酸单核苷酸焦磷酸化酶(羧化) （nicotinatemononucleotide pyrophosphorylase （carboxylating)） EC 2. 4. 2. 19

分类名：nicotinatenucleotide：pyrophosphate phosphoribosyltransferase(carboxylating)

烟酸核苷酸：焦磷酸磷酸核糖基转移酶(羧化)

作用：催化戊糖基团转移。

反应：烟酸 D-核糖核苷酸＋焦磷酸＋CO_2 ═吡啶-2,3-二羧酸＋5-磷酸-α-D-核糖 1-二磷酸

113. 二氧(代)四氢嘧啶磷酸核糖(基)转移酶 (dioxotetrahydropyrimidine phosphoribosyltransferase) EC 2. 4. 2. 20

分类名：2,4-dioxotetrahydropyrimidine nucleotide：pyrophosphate phosphoribosyltransferase

2,4-二氧(代)四氢嘧啶核苷酸：焦磷酸磷酸核糖(基)转移酶

别名：dioxotetrahydropyrimidine ribonucleotide pyrophosphorylase

二氧(代)四氢嘧啶核苷酸焦磷酸化酶

作用：催化戊糖基转移。

反应：2,4-二氧(代)四氢嘧啶 D-核苷酸＋焦磷酸═2,4-二氧(代)四氢嘧啶＋5-磷酸-α-D-核糖 1-二磷酸

特异性：在逆反应时，也作用于尿嘧啶和其它嘧啶；也作用于含有 2,4-二酮结构的蝶啶。

114. 烟酸核苷酸-二甲(基)苯并咪唑磷酸核糖基转移酶 (nicotinatenucleotide dimethy-lbenzimidazole phosphoribosyltransferase) EC 2. 4. 2. 21

分类名：nicotinatenucleotide：dimethylbenzimidazole phosphoribosyltransferase

烟酸核苷酸：二甲(基)苯并咪唑磷酸核糖基转移酶

作用：催化戊糖基团转移。

反应：β-烟酸 D-核糖核苷酸＋二甲(基)苯并咪唑═烟酸＋1-α-D-核糖(基)-5,6-二甲(基)苯并咪唑 5-磷酸

特异性：也作用于苯并咪唑。

115. 黄嘌呤磷酸核糖基转移酶 (xathine phosphoribostransferase) EC 2. 4. 2. 22

分类名：5-phospho-α-D-ribose-1-diphosphate：xanthine phosphoribosyltransferase

5-磷酸-α-D-核糖-1-二磷酸：黄嘌呤磷酸核糖基转移酶

作用：催化戊糖基团转移。

反应：5-磷酸-α-D-核糖-1-二磷酸＋黄嘌呤═9-D-核糖基黄嘌呤-5'-磷酸＋焦磷酸

116. 脱氧尿苷磷酸化酶 (deoxyuridine phosphorylase) EC 2. 4. 2. 23

分类名：deoxyuridine：orthophosphate deoxyribosyltransferase

脱氧尿苷：磷酸脱氧核糖(基)转移酶

作用：催化戊糖基转移。

反应：脱氧尿苷＋磷酸═尿嘧啶＋脱氧-D-核糖 1-磷酸

117. 1,4-β-D-木聚糖合酶(1,4-β-D-xylan synthase) EC 2. 4. 2. 24

分类名：UDP xylose：1,4-β-D-xylan 4-β-D-xylosyltransferase

UDP 木糖：1,4-β-D 木聚糖 4-β-D-木糖基转移酶

作用：催化戊糖基团转移。

反应：UDP 木糖＋$(1,4-\beta$-D-木聚糖$)_n$═UDP＋$(1,4-\beta$-D-木聚糖$)_{n+1}$

118. UDP 芹菜糖-黄酮芹菜糖基转移酶 (UDP apiose-flavone apiosyltransferase) EC 2. 4. 2. 25

分类名：UDP apiose：7-O-β-D-glucosyl-5,7,4'-trihydroxyflavone apiofuranosyltransferase

UDP 芹菜糖：7-*O*-*β*-D-葡糖(基)-5,7,4′-三羟黄酮呋喃(型)芹菜糖基转移酶

作用：催化戊糖基团转移。

反应：UDP 芹菜糖＋7-*O*-*β*-D-葡糖(基)-5,7,4′-三羟黄酮══UDP＋7-*O*-(*β*-D-呋喃(型)

　　芹菜糖(基)-1,2-*β*-D-葡糖基)-5,7,4′-三羟黄酮

特异性：一些类黄酮和 4-取代的酚的 7-*O*-*β*-D-葡糖苷可作为受体。

119. UDP 木糖-蛋白质木糖基转移酶 (UDP xylose-protein xylosyltransferase) EC 2.4.2.26

分类名：UDP xylose：protein xylosytransferase

　　　　UDP 木糖：蛋白质木糖基转移酶

作用：催化戊糖基团转移。

反应：将 UDP 木糖的一个 D-木糖基残基转移到一个受体蛋白基质的丝氨酸的羟基上。

120. *N*-乙酰氨基乳糖合酶 (*N*-acetylactosamine synthase) EC 2.4.4.90

分类名：UDP galactose：2-acetamido-2-deoxy-D-glucose 4-*β*-D-galactosyltransferase

　　　　UDP 半乳糖：2-酰氨基-2-脱氧-D-葡萄糖 4-*β*-D-半乳糖基转移酶

作用：催化己糖基转移。

反应：UDP 半乳糖＋2-乙酰氨基-2-脱氧-D-葡萄糖══UDP＋4-*β*-D-半乳糖(基)2-乙酰氨

　　基-2-脱氧-D-葡萄糖

121. CMP-*N*-乙酰(基)神经氨(糖)酸-半乳糖(基)-糖蛋白唾液酰基转移酶 (CMP-*N*-acetylneuraminate-galactosyl-glycoprotein sialyltransferase) EC 2.4.99.1

分类名：CMP-*N*-acetylneuraminate：D-galactosy-glycoprotein-*N*-acetylneuraminyltra-

　　　　nsferase

　　　　CMP-*N*-乙酰(基)神经氨(糖)酸：D-半乳糖(基)-糖蛋白-*N*-乙酰(基)神经氨

　　　　(糖)酰基转移酶

别名：sialyltransferase　唾液酰基转移酶

作用：催化糖基转移。

反应：CMP-*N*-乙酰(基)神经氨(糖)酸＋D-半乳糖(基)-糖蛋白══CMP＋*N*-乙酰(基)

　　神经氨(糖)酰(基)-D-半乳糖(基)-糖蛋白

122. CMP-*N*-乙酰(基)神经氨(糖)酸-单唾液酸神经节苷脂唾液酰基转移酶 (CMP-*N*-acetylneuraminate-monosialoganglioside sialyltransferase) EC 2.4.99.2

分类名：CMP-*N*-acetylneuraminate：D-galactosyl-2-acetamido-2-deoxy-D-galactosyl-

　　　　(*N*-acetylneuraninyl)-D-galactosyl-D-glucosylceramido-*N*-acetylneuraminyl-transferase

　　　　CMP-*N*-乙酰(基)神经氨(糖)酸：D-半乳糖(基)-2-乙酰氨(基)-2-脱氧-D-

　　　　半乳糖(基)-(*N*-乙酰(基)神经氨(糖)酰(基))-D-半乳糖(基)-D-葡糖苷(脂)酰

　　　　鞘氨醇

作用：催化糖基的转移酶。

反应：CMP-*N*-乙酰(基)神经氨(糖)酸＋D-半乳糖(基)-2-乙酰氨(基)-2-脱氧-D-半乳糖

　　(基)-(*N*-乙酰(基)神经氨(糖)酰(基))-D-半乳糖(基)-D-葡糖苷(脂)酰鞘氨醇══

　　CMP＋*N*-乙酰(基)神经氨(糖)酰(基)-D-半乳糖(基)-2-乙酰氨(基)-2-脱氧-D-半

　　乳糖(基)-(*N*-乙酰(基)神经氨(糖)酰(基))-D-半乳糖(基)-D-葡糖苷(脂)酰鞘

　　氨醇

第五节 催化烷基或芳基转移的酶

1. 二甲(基)烯丙基转移酶 (dimethylallyltransferase) EC 2. 5. 1. 1

分类名：dimethylallyldiphosphate：isopentenyldiphosphatedimethylallyltransferase

二甲(基)烯丙(基)二磷酸：异戊烯(甚)二磷酸二甲(基)烯丙(基)转移酶

别名：farnesylpyrophosphate synthetase　焦磷酸法呢酯合成酶

prenyltransferase　异戊烯转移酶

作用：催化异戊烯转移。

反应：二甲(基)烯丙(基)二磷酸＋异戊烯(基)二磷酸＝焦磷酸＋牻牛儿(基)二磷酸

特异性：也催化牻牛儿(基)和法呢(基)残基转移。

2. 硫胺素吡啶基酶 (thiamin pyridinylase) EC 2. 5. 1. 2

分类名：thiamin：base 2-methyl-4-aminopyrimidine-5-methenyltransferase

硫胺素：碱基 2-甲基-4-氨基吡啶-5-次甲基转移酶

别名：pyrimidine transferase　吡啶转移酶

thiaminase I　硫胺素酶 I

作用：催化甲氨基吡啶次甲基转移。

反应：硫胺素＋吡啶＝异种吡啶(代噻唑)硫胺素＋甲基-5′(2′-羟乙基)-噻唑

特异性：各种碱基和硫醇化合物可替代吡啶参与反应。

3. 磷酸硫胺素焦磷酸化酶 (thiaminphosphate pyrophosphorylase) EC 2. 5. 1. 3

分类名：2-methyl-4-amino-5-hydroxymethyl-pyrimidine phosphate：4-methyl-5-(2′-phosphoethyl)-thiazole-2-methyl-4-aminopyrimidine-5-methenyltransferase

2-甲基-4-氨基-5-羟甲基二磷酸嘧啶：4-甲基-5-(2′-磷酸乙基)噻唑-2-甲基-4-氨基嘧啶-5-次甲基转移酶

作用：催化芳香基转移。

反应：2-甲基-4-氨基-5-羟甲基二磷酸嘧啶＋4-甲基-5-(2′-磷酸乙基)噻唑＝焦磷酸＋单磷酸磷胺素

4. 腺苷甲硫氨酸环转移酶 (adenosylmethionine cyclotransferase) EC 2. 5. 1. 4

分类名：S-adenosyl-L-methionine alkyltransferase (cyclizing)

S-腺苷-L-甲硫氨酸烷基转移酶 (环化)

作用：催化烷基转移。

反应：S-腺苷-L-甲硫氨酸＝5′-(甲硫) 腺苷＋2-氨基-γ-丁酸内酯

5. 半乳糖-6-硫酸化酶 (galactose-6-sulphurylase) EC 2. 5. 1. 5

分类名：galactose-6-sulphate alkyltransferase (cyclizing)

半乳糖-6-硫酸烷基转移酶 (环化)

别名：Porphyran sulphatase　Porphyran 硫酸酯酶

galactose-6-sulphatase　半乳糖-6-硫酸酯酶

作用：催化烷基转移。

反应：Porphyran 的半乳糖 6-硫酸残基消去硫酸产生 3,6-脱水半乳糖残基。

6. 甲硫氨酸腺苷基转移酶 (methionine adenosyltransferase) EC 2.5.1.6

分类名：ATP：L-methionine S-adenosyltransferase

ATP：L-甲硫氨酸 S-腺苷基转移酶

作用：催化 S-腺苷基转移。

反应：ATP＋L-甲硫氨酸＋H_2O＝磷酸＋焦磷酸＋S-腺苷基-L-甲硫氨酸

7. 烯酚丙酮酸转移酶 (enoylpyruvate transferase) EC 2.5.1.7

分类名：phosphoenolpyruvate：UDP-2-acetamido-2-deoxy-D-glucose

2-enoyl-1-carboxyethyltransferase

磷酸烯醇丙酮酸：UDP-2-乙酰氨基-2-脱氧-D-葡萄糖 2-烯酰 (基)-1-羧乙基转移酶

作用：催化烷基转移。

反应：磷酸烯醇丙酮酸＋UDP -2-乙酰氨基-2-脱氧-D-葡萄糖＝磷酸＋UDP-2-乙酰氨基-2-脱氧-3-烯酰丙酮酰葡萄糖

8. tRNA 异戊烯基转移酶 (tRNA isopentenyltransferase) EC 2.5.1.8

分类名：2-isopentenyldiphosphte：tRNA 2-isooentenyltransferase

2-异戊烯(基)二磷酸：tRNA 2-异戊烯基转移酶

作用：催化异戊烯基转移。

反应：2-异戊烯(基)二磷酸＋tRNA＝焦磷酸＋tRNA[含 6-(2-异戊烯基)腺苷]

9. 核黄素合酶 (riboflavin synthase) EC 2.5.1.9

分类名：6,7-dimethyl-8-(1′-D-ribityl)lumazine：

6,7-dimethyl-8-(1′-D-ribityl)lumazine 2,3-butanediyltransferase

6,7-二甲基-8-(1′-D-核糖醇基)-2,4-二氧四氢蝶啶

6,7-二甲基-8-(1′-D-核糖醇基)-2,4-二氧四氢蝶啶 2,3-丁烷二基转移酶

作用：催化烷基或芳香基转移。

反应：6,7-二甲基-8-(1′-D-核糖醇基)-2,4-二氧四氢蝶啶＝核黄素＋4-(1′-D-核糖醇氨基)-5-氨基-2,6-二羟基嘧啶

10. 牻牛儿基转移酶 (geranyltransferase) EC 2.5.1.10

分类名：geranyldiphosphate：isopentenyldiphosphate geranyltransferase

牻牛儿(基)二磷酸：异戊烯(基)二磷酸牻牛儿基转移酶

作用：催化牻牛儿基转移。

反应：牻牛儿(基)二磷酸＋异戊烯(基)二磷酸＝焦磷酸＋法呢(基)二磷酸

11. 类萜烯丙基转移酶 (terpenoid-allyltransferase) EC 2.5.1.11

分类名：allylic-terpene-diphosphate：isepentenyldiphosphate terpenoidallyltransferase

烯丙(基)萜二磷酸：异戊烯(基)二磷酸类萜烯丙基转移酶

作用：催化烯丙基转移。

反应：烯丙(基)萜二磷酸(n 个异戊二烯单位)＋异戊烯(基)二磷酸＝焦磷酸＋萜二磷酸($n+1$ 个异戊二烯单位)

特异性：本酶系通过异戊二烯单位的加成，催化类萜烯丙(基)二磷酸的加长；主要产物是 C_{35} 和 C_{40} 萜二磷酸。

12. 二氢蝶酸合酶 (dihydropteroate synthase) EC 2.5.1.15

分类名：2-amino-4-hydroxy-6-hydroxymethyl-7,8-dihydrop-teridine-diphosphate：

4-aminobenzoate 2-amino-4-hydroxydihydropteridine-6-methyltransferase

2-氨(基)-4-羟(基)-6-羟甲(基)-7,8-二氢蝶啶二磷酸：

4-氨(基)苯甲酸 2-氨(基)-4-羟(基)二氢蝶呤-6-甲基转移酶

别名：dihydropteroate pyrophosphorylase 二氢蝶酸焦磷酸化酶

作用：催化芳香基转移。

反应：2-氨(基)-4-羟(基)-6-羟甲(基)-7,8-二氢蝶啶二磷酸＋4-氨(基)苯甲酸=焦磷酸＋二氢蝶酸

13. 氨丙基转移酶 (aminopropyltransferase) EC 2.5.1.16

分类名：(5'-deoxy-5'-adenosyl)-(3-aminopropyl)methylsulphonium-salt：

putrescine 3-aminopropyltransferase

(5'-脱氧-5'-腺苷基)-(3-氨丙基)甲基锍盐：腐胺 3-氨丙基转移酶

作用：催化氨丙基转移，以腐胺为受体。

反应：(5'-脱氧-5'-腺苷基)-(3-氨丙基)甲基锍盐＋腐胺=5'-甲基硫代腺苷＋亚精胺

14. 钴(Ⅰ)胺素腺苷(基)转移酶 (cob(Ⅰ)alamin adenosyltransferase) EC 2.5.1.17

分类名：ATP：cob(Ⅰ) alamin Co-β-adensyltransferase

ATP：钴(Ⅰ) 胺素 Co-β-腺苷转移酶

别名：aquacob(Ⅰ)alammin adenosyltransferase 水钴(Ⅰ)胺素腺苷(基)转移酶

作用：催化腺苷(基)转移酶。

反应*：ATP＋钴(Ⅰ)胺素＋H_2O=磷酸＋焦磷酸＋腺苷(基)钴

*需要 Mn^{2+} 参与。

15. 谷胱甘肽转移酶 (glutathione transferase) EC 2.5.1.18

分类名：RX：glutathione R-transferase

RX：谷胱甘肽 R-转移酶

别名：glutathione S-alkyltransferase 谷胱甘肽 S-烷基转移酶

glutathione S-aryltransferase 谷胱甘肽 S-芳(香)基转移酶

S-(hydroxyalkyl)glutathionelyase S-(羟烷基)谷胱甘肽裂解酶

glutathione S-aralkyltransferase 谷胱甘肽 S-芳烷基转移酶

作用：催化烷基或芳香基转移。

反应：RX＋谷胱甘肽=HX＋R—S—G

特异性：是一组具有广泛特异性的酶；R 可以是脂(肪)族芳(香)族或杂环基，X 可以是硫酸根、亚硝酸根或卤化物残基。也催化脂(肪)族环氧衍生物的加成反应和芳烃氧化成为谷胱甘肽的反应；催化谷胱甘肽使多元醇硝酸盐还原成为多元醇和硝酸的反应；催化某些异构化反应和二硫化物互换反应。

16. 3-烯醇丙酮酰(基)莽草酸-5-磷酸合酶 (3-enolpyruvoylshikimate-5-phosphate sythase) EC 2.5.1.19

分类名：phosphoenolpyruvate：shikimate-5-phosphate enolpyruvoyltransferase

磷酸烯醇丙酮酸：莽草酸-5-磷酸烯醇丙酮酰(基)转移酶

作用：催化烯醇丙酮酸转移。

反应：磷酸烯醇丙酮酸＋莽草酸-5-磷酸=磷酸＋3-烯醇丙酮酰(基)莽草酸-5-磷酸

17. 橡胶烯丙基转移酶（rubber allytransferase）EC 2.5.1.20

分类名：$(cis\text{-}1,4\text{-}isoprene)_n$-diphosphate：isopentenyl-diphosphate $cis\text{-}1,4\text{-}isoprenyltransferase$

（顺-1,4-异戊二烯）$_n$-二磷酸：异戊烯（基）二磷酸顺-1,4-异戊二烯基转移酶

别名：rubber transferase　橡胶转移酶

作用：催化异戊二烯基转移。

反应[*]：（顺-1,4-异戊二烯）$_n$-二磷酸＋异戊烯（基）二磷酸══焦磷酸＋（顺-1,4-异戊二烯）$_{n+1}$-二磷酸

[*] 橡胶颗粒起受体作用。

18. 法呢基转移酶（farnesyltransferase）EC 2.5.1.21

分类名：farnesyl-diphosphate：farnesyl-diphosphate farnesyltransferase

法呢（基）-二磷酸：法呢（基）-二磷酸法呢基转移酶

别名：presqualene synthase　前（角）鲨烯合酶

作用：催化法呢基转移。

反应：2 法呢基二磷酸══焦磷酸＋前（角）鲨烯-磷酸

特异性：本酶的聚合体也催化前（角）鲨烯二磷酸还原成为（角）鲨。

烯 NADPH 为此反应的供氢体

第六节　催化含氮基团转移的酶

1. 天冬氨酸转氨酸（asparate aminotransferase）EC 2.6.1.1

分类名：L-asparate：2-oxoglutarate aminotransferase

L-天冬氨酸：2-酮戊二酸转氨酶

别名：glutamic-oxaloactic transaminase　谷氨酸-草酰乙酸转氨酶

glutamic-aspartic transaminase　谷氨酸-天冬氨酸转氨酶

transaminase A　转氨酶 A

作用：催化氨基转移。

反应：L-天冬氨酸＋2-酮戊二酸══草酰乙酸＋L-谷氨酸

特异性：也作用于 L-酪氨酸、L-苯丙氨酸 和 L-色氨酸。

2. 丙氨酸转氨酶（alanine aminotransferase）EC 2.6.1.2

分类名：L-alanine：2-oxoglutarate aminotransferase

L-丙氨酸：2-酮戊二酸转氨酶

别名：glutamic-pyruvic transaminase　谷（氨酸）-丙（酮酸）转氨酶

glutamic-alanine transaminase　谷（氨酸）-丙（氨酸）转氨酶

作用：催化氨基转移。

反应：L-丙氨酸＋2-酮戊二酸══丙酮酸＋L-谷氨酸

特异性：2-氨基丁酸可以替代丙氨酸参加反应，但作用慢。

3. 半胱氨酸转氨酶（cysteine aminotransferase）EC 2.6.1.3

分类名：L-cysteine：2-oxoglutarate aminotransferase

L-半胱氨酸：2-酮戊二酸转氨酶

作用：催化氨基转移。

反应：L-半胱氨酸＋2-酮戊二酸══巯基丙酮酸＋L-谷氨酸

4. 甘氨酸转氨酶（glycine aminotransferase）EC 2. 6. 1. 4

分类名：glycine：2-oxoglutarate aminotransferase

甘氨酸：2-酮戊二酸转氨酶

作用：催化氨基转移。

反应：甘氨酸＋2-酮戊二酸══乙醛酸＋L-谷氨酸

5. 酪氨酸氨基转移酶（tyrosine aminotransferase）EC 2. 6. 1. 5

分类名：L-tyrosine：2-oxoglutarate aminotransferase

L-酪氨酸：2-酮戊二酸氨基转移酶

作用：催化氨基转移。

反应：L-酪氨酸＋酮戊二酸══4-羟苯基丙酮酸＋L-谷氨酸

特异性：苯丙氨酸可以替代酪氨酸参与反应。

6. 亮氨酸氨基转移酶（leucine aminotransferase）EC 2. 6. 1. 6

分类名：L-leucine：2-oxoglutarate aminotransferase

L-亮氨酸：2-酮戊二酸氨基转移酶

作用：催化氨基转移。

反应：L-亮氨酸＋2-酮戊二酸══2-氧(代)异己酸＋L-谷氨酸

7. 犬尿氨酸氨基转移酶（kynurenine aminotransferasc）EC 2. 6. 1. 7

分类名：L-kynureinne：2-oxoglutarate aminotransferasc（cyclizing）

L-犬尿氨酸：2-酮戊二酸氨基转移酶（环化）

作用：催化氨基转移。

反应：L-犬尿氨酸＋2-酮戊二酸══2-氨基苯甲酰丙酮酸＋L-谷氨酸

特异性：也作用于3-羟犬尿胺。

8. 二氨基酸转氨酶（diamino-acid aminotransferase）EC 2. 6. 1. 8

分类名：2,5-diaminovalerate;2-oxoglutarate aminotransferase

2,5-二氨基戊酸：2-酮戊二酸转氨酶

作用：催化氨基转移。

反应：2,5-二氨基戊酸＋2-酮戊二酸══5-氨基-2-氧(代)戊酸 ＋L-谷氨酸

特异性：二氨基戊二酸可替代二氨基戊酸进行反应。

9. 磷酸组氨醇转氨酶（histidinol-phosphate aminotransferase）EC 2. 6. 1. 9

分类名：L-histidinol-phosphate：2-oxoglutarate aminotransferase

L-组氨醇-磷酸：2-酮戊二酸转氨酶

别名：imidazolylacetol-phosphate aminotransferase　咪唑基丙酮醇-磷酸转氨酶

作用：催化氨基转移。

反应：L-组氨醇磷酸＋2-酮戊二酸══咪唑丙酮醇磷酸＋L-谷氨酸

10. 乙酰鸟氨酸转氨酶（acetylornithine aminotransferase）EC 2. 6. 1. 11

分类名：N^2-acetyl-L-ornithine：2-oxoglutarate aminotransferase

N^2-乙酰(基)-L-鸟氨酸：2-酮戊二酸转氨酶

作用：催化氨基转移。

反应：N^2-乙酰(基)-L-鸟氨酸＋2-酮戊二酸══N-乙酰(基)-L-谷氨酸 γ-半醛＋L-谷氨酸

11. 丙氨酸-氧(代)酸转氨酶 （alanine-oxo-acid aminotransferase） EC 2.6.1.12

　　分类名：L-alanine：2-oxo-acid aminotransferase

　　　　　　L-丙氨酸；2-氧（代）酸转氨酶

　　作用：催化氨基转移。

　　反应：L-丙氨酸＋2-氧酸══丙酮酸＋L-氨基酸

12. 鸟氨酸-氧(代)酸氨基转移酶 （ornithine-oxo-acid aminotransferase） EC 2.6.1.13

　　分类名：L-ornithine：2-oxo-acid aminotransferase

　　　　　　L-鸟氨酸：2-氧(代)酸氨基转移酶

　　作用：催化氨基转移。

　　反应：L-鸟氨酸＋2-氧(代)酸══L-谷氨酸 γ-半醛＋L-氨基酸

13. 天冬酰胺-氧(代)酸转氨酶 （asparagine-oxo-acid aminotransferase） EC 2.6.1.14

　　分类名：L-asparagine：2-oxo-acid aminotransferase

　　　　　　L-天冬酰胺：2-氧(代)酸转氨酶

　　作用：催化氨基的转移。

　　反应：L-天冬酰胺＋2-氧（代）酸══2-氧(代)琥珀酸＋氨基酸

14. 谷氨酰胺-氧(代)酸氨基转移酶 （glutamine-oxo-acid aminotransferase） EC 2.6.1.15

　　分类名：L-glutamine：2-oxo-acid aminotransferase

　　　　　　L-谷氨酰胺：2-氧(代)酸转氨酶

　　别名：glutaminase Ⅱ　谷氨酰胺酶Ⅱ

　　作用：催化氨基转移。

　　反应：L-谷氨酰胺＋2-氧(代)酸══2-氧(代)戊酰胺酸＋氨基酸

15. 琥珀酰-二氨基庚二酸氨基转移酶 （succinyl-diaminopimelate aminotransfe-rase）

**　　EC 2.6.1.17**

　　分类名：N-succinyl-L-2,6-diaminopimelate：2-oxoglutarate aminotransferase

　　　　　　N-琥珀酰-L-2,6-二氨基庚二酸:2-酮戊二酸氨基转移酶

　　作用：催化氨基转移。

　　反应：N-琥珀酰-L-二氨基庚二酸＋2-酮戊二酸══N-琥珀酰-2-L-氨基-6-氧(代)庚二酸＋
　　　　　L-谷氨酸

16. β-丙氨酸-丙酮酸转氨酶 （β-alanine-pyruvate aminotransferase） EC 2.6.1.18

　　分类名：L-alanine malonate：semialdehyde aminotransferase

　　　　　　L-丙氨酸：丙二酸-半醛转氨酶

　　作用：催化氨基转移。

　　反应：L-丙氨酸＋丙二酸-半醛══丙酮酸 ＋β-丙氨酸

17. 氨基丁酸转氨酶 （aminobutyrate aminotransferase） EC 2.6.1.19

　　分类名：4-aminobutyrate：2-oxoglutarate aminotransferase

　　　　　　4-氨基丁酸：2-酮戊二酸转氨酶

　　别名：β-alanine-oxoglutarate aminotransferase　β-丙氨酸-酮戊二酸转氨酶

　　作用：催化氨基转移。

　　反应：4-氨基丁酸＋2-酮戊二酸══琥珀酸半醛＋L-谷氨酸

特异性：也作用于 β-丙氨酸。

18. D-丙氨酸转氨酶 （D-alanine aminotransferase） EC 2. 6. 1. 21

分类名：D-alanine：2-oxoglutarate aminotransferase

D-丙氨酸：2-酮戊二酸转氨酶

别名：D-aspartate aminotransferase　D-天冬氨酸转氨酶

作用：催化氨基转移。

反应：D-丙氨酸＋2-酮戊二酸══丙酮酸＋D-谷氨酸

特异性：作用于亮氨酸、天冬氨酸、谷氨酸、氨基丁酸、缬氨酸和天冬酸胺的 D-异构体。

19. L-3-氨基异丁酸转氨酶 （L-3-aminoisobutyrate aminotransferase） EC 2. 6. 1. 22

分类名：L-3-aminoisobutyrate：2-oxoglutarate aminotransferase

L-3-氨基异丁酸：2-酮戊二酸转氨酶

作用：催化氨基转移。

反应：L-3-氨基异丁酸＋2-酮戊二酸══甲基丙二酸半醛＋L-谷氨酸

特异性：也作用于 β-丙氨酸或其它 ω-氨基酸 （碳链长 2～5）。

20. 4-羟谷氨酸转氨基酶 （4-hydroxyglutamate transaminase） EC 2. 6. 1. 23

分类名：4-hydroxy-L-glutamate：2-oxyglutarate aminotransferase

4-羟-L-谷氨酸：2-酮戊二酸氨基转移酶

作用：催化氨基转移。

反应：4-羟-L-谷氨酸＋2-酮戊二酸══4-羟-2-酮戊二酸＋L-谷氨酸

特异性：草酰乙酸可以替代 2-酮戊二酸参加反应。

21. 二碘酪氨酸转氨酶 （diiodotyrosine aminotransferase） EC 2. 6. 1. 24

分类名：3,5-diiodo-L-tyrosine：2-oxoglutarate aminotransferase

3,5-二碘-L-酪氨酸：2-酮戊二酸转氨酶

作用：催化氨基转移。

反应：3,5-二碘-L-酪氨酸＋2-酮戊二酸══3,5-二碘-4-羟(基)苯丙酮酸＋L-谷氨酸

特异性：也作用于 3,5-二氯-L-酪氨酸-3,5-二溴-L-酪氨酸和 3-碘-L-酪氨酸。

22. 甲状腺素氨基转移酶 （thyroxine aminotransferase） EC 2. 6. 1. 25

分类名：thyroxine：2-oxoglutarate aminotransferase

甲状腺素：2-酮戊二酸氨基转移酶。

作用：催化氨基转移。

反应：甲状腺素＋2-酮戊二酸══3,5,3′,5′-四碘(代)甲腺丙酮酸＋L-谷氨酸

特异性：也作用于三碘 （代） 甲状腺原氨酸 和 3,5-二碘(代)-L-酪氨酸。

23. 甲状腺激素氨基转移酶 （thyroid hormone aminotransferase） EC 2. 6. 1. 26

分类名：L-3,5,3′-triiodothyronine：2-oxoglutarate aminotransferase

L-3,5,3′-三碘 （代） 甲腺氨酸：2-酮戊二酸氨基转移酶

别名：3,5-dinitrotyrosine aminotransferase　3,5-二硝基酪氨酸氨基转移酶

作用：催化氨基转移。

反应：L-3,5,3′-三碘(代)甲腺原氨酸＋2-酮戊二酸══3,5,3′-三碘(代)丙酮酸＋L-谷氨酸

特异性：作用于单碘(代)酪氨酸、二碘(代)酪氨酸、三碘(代)酪氨酸、甲状腺素和二硝
　　　　基酪氨酸；丙酮酸或草酰乙酸可作为氨基受体。

24. **色氨酸氨基转移酶 (tryptophan aminotransferase) EC 2. 6. 1. 27**

　　分类名：L-tyuptophan：2-oxoglutarate aminotransferase
　　　　　　L-色氨酸：2-酮戊二酸氨基转移酶

　　作用：催化氨基转移。

　　反应：L-色氨酸＋2-酮戊二酸══吲哚丙酮酸＋L-谷氨酸

　　特异性：也作用于 5-羟色氨酸和苯基氨基酸，但对后者作用较小。

25. **色氨酸-苯基丙酮酸氨基转移酶 (tryptophan-phenylpyruvate aminotransfer-ase) EC 2. 6. 1. 28**

　　分类名：L-tryptophan：phenylpyruvate aminotransferase
　　　　　　L-色氨酸：苯基丙酮酸氨基转移酶

　　作用：催化氨基转移。

　　反应：L-色氨酸＋苯基丙酮酸══吲哚丙酮酸＋L-苯丙氨酸

　　特异性：缬氨酸、亮氨酸和异亮氨酸可替代色氨酸作为氨基供体。

26. **二胺转氨酶 (diamine aminotransferase) EC 2. 6. 1. 29**

　　分类名：diamine：2-oxoglutarate aminotransferase
　　　　　　二胺：2-酮戊二酸转氨酶

　　作用：催化氨基转移。

　　反应：α,ω-二胺＋2-酮戊二酸══ω-氨基醛＋L-谷氨酸

27. **吡哆胺-丙酮酸转氨酶 (pyridoxamine-pyruvate transaminase) EC 2. 6. 1. 30**

　　分类名：pyridoxamine：pyruvate aminotransferase
　　　　　　吡哆胺：丙酮酸氨基转移酶

　　作用：催化氨基转移。

　　反应：吡哆胺＋丙酮酸══吡哆醛＋L-丙氨酸

28. **吡哆胺-草酰乙酸转氨基酶 (pyridoxamine-oxaloacetate transaminase) EC 2. 6. 1. 31**

　　分类名：pyridoxamine：oxaloacetate aminotransferase
　　　　　　吡哆胺：草酰乙酸氨基转移酶

　　作用：催化氨基转移。

　　反应：吡哆胺＋草酰乙酸══吡哆醛＋L-天冬氨酸

29. **缬氨酸-3-甲基-2-氧(代)戊酸氨基转移酶 (valine-3-methyl-2-oxovalerate aminotrans-ferase) EC 2. 6. 1. 32**

　　分类名：L-valine：3-methyl-2-oxovalerate aminotransferase
　　　　　　L-缬氨酸：3-甲基-2-氧(代)戊酸氨基转移酶

　　别名：valine-isoleucine aminotransferase　缬氨酸-异亮氨酸氨基转移酶

　　作用：催化氨基转移。

　　反应：L-缬氨酸＋3-甲基-2-氧（代）戊酸══2-氧（代）异戊酸＋L-异亮氨酸

30. **dTDP-4-氨基 4,6-双脱氧-D-葡萄糖氨基转移酶(dTDP-4-amino-4,6-dideoxy-D-glucose aminotransferase)EC 2. 6. 1. 33**

　　分类名：dTDP-4-amino-4,6-dideoxy-D-glucose：2-oxoglutarate aminotransferase dTDP-4-氨基-4,6-双脱氧-D-葡萄糖：2-酮戊二酸氨基转移酶

　　作用：催化氨基转移。

　　反应：dTDP-4-氨基-4,6-双脱氧-D-葡萄糖＋2-酮戊二酸══dTDP-4-酮-6-脱氧-D-葡萄糖
　　　　　＋L-谷氨酸

31. UDP-4-氨基-2-乙酰氨(基)-2,4,6-三脱氧葡萄糖氨基转移酶(UDP-4-amino-2-acetami-do-2,4,6-trideoxyglucose aminotransferase)EC 2. 6. 1. 34

　　分类名：UDP-4-amino-2-acetamido-2,4,6-trideoxyglucose：2-oxoglutarate aminotransferase

　　　　　　UDP-4-氨基-2-乙酰氨(基)-2,4,6-三脱氧葡萄糖：2-酮戊二酸氨基转移酶

　　作用：催化氨基转移。

　　反应：UDP-4-氨基-2-乙酰氨(基)-2,4,6-三脱氧葡萄糖＋2-酮戊二酸══UDP-4-酮-2-乙酰
　　　　　氨(基)-2,6-二脱氧＋L-谷氨酸

32. 甘氨酸-草酰乙酸转氨酶 (glycine-oxaloacetate aminotransferase) EC 2. 6. 1. 35

　　分类名：glycine：oxaloacetate aminotransferase

　　　　　　甘氨酸：草酰乙酸转氨酶

　　作用：催化氨基转移。

　　反应：甘氨酸＋草酰乙酸══乙醛酸＋L-天冬氨酸

33. L-赖氨酸 6-氨基转移酶 (L-lysine 6-aminotransferase) EC 2. 6. 1. 36

　　分类名：L-lysine：2-oxoglutarate 6-aminotransferase

　　　　　　L-赖氨酸：2-酮戊二酸 6-氨基转移酶

　　作用：催化氨基转移。

　　反应[*]：L-赖氨酸＋2-酮戊二酸══2-二氨基己酸 δ-半醛＋L-谷氨酸

　　　　[*] 产物分子内脱水，成为六氢吡啶 6-羧酸。

34. (2-氨乙基)膦酸转氨酶 ((2-aminoethyl) phosphonate aminotransferase) EC 2. 6. 1. 37

　　分类名：2-aminoethyl phosphonate：pyruvate aminotransferase

　　　　　　2-氨乙基 膦酸：丙酮酸转氨酶

　　作用：催化氨基转移。

　　反应：2-氨乙基膦酸＋丙酮酸══2-膦酸乙醛＋L-丙氨酸

35. 组氨酸转氨酶 (histidine aminotransferase) EC 2. 6. 1. 38

　　分类名：L-histidine：2-oxoglutarate aminotransferase

　　　　　　L-组氨酸：2-酮戊二酸转氨酶

　　作用：催化氨基转移。

　　反应：L-组氨酸＋2-酮戊二酸══咪唑-5-丙酮酸＋L-谷氨酸

36. 2-氨基己二酸转氨酶 (2-aminoadipate aminotransferase) EC 2. 6. 1. 39

　　分类名：L-2-aminoadipate：2-oxoglutarate aminotransferase

　　　　　　L-2-氨基己二酸：2-酮戊二酸转氨酶

　　作用：催化氨基转移。

　　反应：L-2-氨基己二酸＋2-酮戊二酸══2-氧(代)己二酸＋L-谷氨酸

37. (R)3-氨(基)-2-甲基丙酸—丙酮酸转氨酶((R)-3-amino-2-methylpropionate-pyruvate aminotransferase)EC 2. 6. 1. 40

　　分类名：(R)-3-amino-2-methylpropionate：pyruvate aminotransferase

(R)-3-氨(基)-2-甲基丙酸：丙酮酸转氨酶

别名：D-3-aminoisobutyrate-pyruvate aminotransferase

　　　　D-3-氨(基)异丁酸-丙酮酸转氨酶

作用：催化氨基转移。

反应：(R)-3-氨(基)-2-甲基丙酸＋丙酮酸══甲基丙二酸半醛＋L-丙氨酸

38. D-甲硫氨酸氨基转移酶（D-methionine aminotransferase）EC 2. 6. 1. 41

分类名：D-methionine：pyruvate aminotransferase

　　　　D-甲硫氨酸：丙酮酸基转移酶

作用：催化氨基转移。

反应：D-甲硫氨酸＋丙酮酸══4-甲硫基-2-氧(代)丁酸＋L-丙氨酸

特异性：草酰乙酸可替代丙酮酸作为氨基受体参与反应。

39. 分支氨基酸转氨酶（branched-chain-aminoacid aminotransferase）EC 2. 6. 1. 42

分类名：branched-chain-aminoacid：2-oxoglutarateam aminotransferase

　　　　分支氨基酸：2-酮戊二酸转氨酶

作用：催化氨基转移。

反应：L-亮氨酸＋2-酮戊二酸══2-氧(代)异己酸＋L-谷氨酸

特异性：也作用于 L-异亮氨酸和 L-缬氨酸。

40. 氨基乙酰丙酸转氨酶（aminolaevulinate aminotransferase）EC 2. 6. 1. 43

分类名：L-alanine：4,5-dioxovalerate aminotransferase

　　　　L-丙氨酸：4,5-二氧戊酸转氨酶

作用：催化氨基转移。

反应：L-丙氨酸＋4,5-二氧戊酸══丙酮酸＋5-氨基乙酰丙酸

41. 丙氨酸-乙醛酸转氨酶（alanine-glyoxylate-aminotransferase）EC 2. 6. 1. 44

分类名：L-alanine：glyoxylate aminotransferase

　　　　L-丙氨酸：乙醛酸转氨酶

作用：催化氨基转移。

反应：L-丙氨酸＋乙醛酸══丙酮酸＋甘氨酸

42. 丝氨酸-乙醛酸氨基转移酶（serine-glyoxylate aminotransferase）EC 2. 6. 1. 45

分类名：L-serine：glyoxylate aminotransferase

　　　　L-丝氨酸：乙醛酸氨基转移酶

作用：催化氨基转移。

反应：L-丝氨酸＋乙醛酸══3-羟丙酮酸＋甘氨酸

43. 二氨基丁酸-丙酮酸转氨酶（diaminobutyrate-pyruvate aminotransferase）EC 2. 6. 1. 46

分类名：L-2,4-diaminobutyrate：pyruvate aminotransferase

　　　　L-2,4-二氨基丁酸：丙酮酸转氨酶

作用：催化氨基转移。

反应：L-2,4-二氨基丁酸＋丙酮酸══L-天冬氨酸 β-半醛＋L-丙氨酸

44. 丙氨酸-氧(代)丙二酸转氨酶（alanine-oxomalonate aminotransferase）EC 2. 6. 1. 47

分类名：L-alanine：oxomalonate aminotransferase

　　　　L-丙氨酸：氧(代)丙二酸转氨酶

作用：催化氨基转移。

反应：L-丙氨酸＋氧(代)丙二酸═丙酮酸＋氨基丙二酸

45. 5-氨(基)戊酸转氨酶 (5-aminovalerate aminotransferase) EC 2.6.1.48

分类名：5-aminovalerate：2-oxoglutarate aminotransferase

　　　　5-氨(基)戊酸：2-酮戊二酸转氨酶

作用：催化氨基转移。

反应：5-氨(基)戊酸＋2-酮戊二酸═戊二酸 5-半醛＋L-谷氨酸

46. 二羟(基)苯丙氨酸转氨酶 (dihydroxyphenylalanine aminotransferase) EC 2.6.1.49

分类名：3,4-dihydroxy-L-phenylalanine：2-oxoglutarate aminotransferase

　　　　3,4-二羟(基)-L-苯丙氨酸：2-酮戊二酸转氨酶

作用：催化氨基转移。

反应：3,4-二羟(基)-L-苯丙氨酸＋2-酮戊二酸═二羟(基)苯丙酮酸＋L-谷氨酸

47. 谷氨酰胺-scyllo-肌醇单酮氨基转移酶 (glutamine-scyllo-inosose aminotransferase) EC 2.6.1.50

分类名：L-glutamine：2,4,6/3,5-pentahydroxycyclohexanone aminotransferase

　　　　L-谷氨酰胺：2,4,6/3,5-五羟环己酮转氨酶

作用：催化氨基转移。

反应：L-谷氨酰胺＋2,4,6/3,5-五羟环己酮═2-氧(代)戊酰胺酸＋1-氨基-1-脱氧-scyllo-肌醇

48. 丝氨酸-丙酮酸氨基转移酶 (serine-pyruvate aminotransferase) EC 2.6.1.51

分类名：L-serine：pyruvate aminotransferase

　　　　L-丝氨酸：丙酮酸氨基转移酶

作用：催化氨基转移。

反应：L-丝氨酸＋丙酮酸═3-羟丙酮酸＋L-丙氨酸

49. 磷酸丝氨酸氨基转移酶 (phosphoserine aminotransferase) EC 2.6.1.52

分类名：O-phospho-L-serine：2-oxoglutarate aminotransferase

　　　　O-磷酸-L-丝氨酸：2-酮戊二酸氨基转移酶

作用：催化氨基转移。

反应：O-磷酸-L-丝氨酸＋2-酮戊二酸═3-O-磷酸羟丙酮酸＋L-谷氨酸

50. 吡哆胺-磷酸氨基转移酶 (pyridoxamine-phosphate aminotransferase) EC 2.6.1.54

分类名：pyridoxamine-5′-phosphate：2-oxoglutarate aminotransferase（D-glutamate-forming）

　　　　吡哆胺-5′-磷酸：2-酮戊二酸氨基转移酶(生成 D-谷氨酸)

作用：催化氨基转移。

反应：吡哆胺-5′-磷酸＋2-酮戊二酸═吡哆醛-5′-磷酸＋D-谷氨酸

特异性：也作用于吡哆胺。

51. 牛磺酸氨基转移酶 (taurine aminotransferase) EC 2.6.1.55

分类名：taurine：2-oxyglutarate aminotransferase

　　　　牛磺酸：2-酮戊二酸氨基转移酶

作用：催化氨基转移。

反应：牛磺酸＋2-酮戊二酸══磺基乙醛＋L-谷氨酸

特异性：也作用于 DL-3-氨基异丁酸、β-丙氨酸和 3-氨基丙烷磺酸。

52. lD-1-胍基-3-氨基-1,3-双脱氧-*scyllo*-肌醇转氨酶（lD-1-guanidino-3-amino-1,3-dideoxy-*scyllo*-inositol aminotransferase）EC 2.6.1.56

分类名：lD-1-guanidino-3-amino-1,3-dideoxy-*scyllo*-inositol：pyruvate aminotransferase

lD-1-胍基-3-氨基-1,3-双脱氧-*scyllo*-肌醇：丙酮酸转氨酶

作用：催化氨基转移。

反应：lD-1-胍基-3-氨基-1,3-双脱氧-*scyllo*-肌醇＋丙酮酸══lD-1-胍基-1-脱氧-3-酮-*scyllo*-肌醇＋L-丙氨酸

特异性：L-谷氨酸和 L-谷氨酰胺也可以作为氨基供体。

53. 芳(香)族-氨基酸转氨酶（aromatic-amino-acid aminotransferase）EC 2.6.1.57

分类名：aromatic-amino-acid：2-oxoglutarate aminotransferase

芳（香）族-氨基酸：2-酮戊二酸转氨酶

作用：催化氨基转移。

反应：芳(香)族-氨基酸＋2-酮戊二酸══芳(香)族氧(代)酸＋L-谷氨酸

特异性：L-甲硫氨酸也可作为供体，但作用较慢；草酰乙酸可作为受体。

54. 苯丙氨酸(组氨酸)氨基转移酶（phenylalanine(histidine)aminotransferase）EC 2.6.1.58

分类名：L-phenylalanine(L-histidine)：pyruvate aminotransferase

L-苯丙氨酸(L-组氨酸)：丙酮酸氨基转移酶

作用：催化氨基转移。

反应：L-苯丙氨酸＋丙酮酸══苯丙酮酸＋L-丙氨酸

特异性：L-组氨酸和 L-酪氨酸可替代 L-苯丙氨酸参加反应；L-甲硫氨酸、L-丝氨酸和 L-谷氨酰胺可替代 L-丙氨酸进行反应。

55. dTDP-4-氨基 4,6-双脱氧-D-半乳糖氨基转移酶（dTDP-4-amino-4,6-dideoxy-D-galactose aminotransferase）EC 2.6.1.59

分类名：dTDP-4-amino-4,6-dideoxy-D-galactose：2-oxoglutarate aminotransferase

dTDP-4-氨基-4,6-双脱氧-D-半乳糖：2-酮戊二酸氨基转移酶

作用：催化氨基转移。

反应：dTDP-4-氨基-4,6-双脱氧-D-半乳糖＋2-酮戊二酸══dTDP-4-酮-6-脱氧-D-半乳糖＋L-谷氨酸

56. 芳(香)族-氨基酸-乙醛酸转氨酶（aromatic-aminoacid-glyoxylate aminotransferase）EC 2.6.1.60

分类名：aromatic-aminoacid：glyoxylate aminotransferase

芳(香)族-氨基酸：乙醛酸转氨酶

作用：催化氨基转移。

反应：芳(香)族-氨基酸＋乙醛酸══芳(香)族氧(代)酸＋甘氨酸

特异性：苯丙氨酸、犬尿氨酸、酪氨酸和组氨酸可以作为氨基供体；乙醛酸、丙酮酸和羟丙酮酸可以作为氨基受体。

57. 肟基转移酶（oximinotransferase）EC 2.6.3.1

分类名：pyruvate-oxime：acetone oximinotransferase

丙酮酸-肟：丙酮肟基转移酶

别名：transoximinase　转肟基酶

作用：催化肟基转移。

反应：肟基丙酮酸＋丙酮＝丙酮酸＋肟基丙酮

特异性：乙醛可替代丙酮参与反应；肟基 D-葡萄糖可替代肟基丙酮酸进行反应。

第七节　催化磷酸基转移的酶

1. 己糖激酶（hexokinase）EC 2.7.1.1

分类名：ATP：D-hexose 6-phosphotransferase

ATP：D-己糖 6-磷酸转移酶

别名：heterophosphatase　己糖磷酸化酶

作用：催化磷酸基转移，以醇基为受体。

反应：ATP＋D-己糖＝ADP＋D-己糖 6-磷酸

特异性：D-葡萄糖、D-甘露糖和 D-葡糖胺可以作为磷酸基受体，ITP 和 dATP 可以作为磷酸基供体。

2. 葡糖激酶（glucokinase）EC 2.7.1.2

分类名：ATP：D-glucose 6-phosphotransferase

ATP：D-葡萄糖 6-磷酸转移酶

作用：催化磷酸基转移，以醇基为受体。

反应：ATP＋D-葡萄糖＝ADP＋D-葡萄糖 6-磷酸

特异性：由肝提取的酶也作用于 D-甘露糖。

3. 酮己糖激酶（ketohexokinase）EC 2.7.1.3

分类名：ATP：D-fructose 1-phosphotransferase

ATP：D-果糖 1-磷酸转移酶

作用：催化磷酸基转移，以醇基为受体。

反应：ATP＋D-果糖＝ADP＋D-果糖 1-磷酸

特异性：D-山梨糖、D-塔格糖和 5-酮-D-果糖也可以作为磷酸受体。

4. 果糖激酶（fructokinase）EC 2.7.1.4

分类名：ATP：D-fructose 6-phosphotransferase

ATP：D-果糖 6-磷酸转移酶

作用：催化磷酸基转移，以醇基为受体。

反应：ATP＋D-果糖＝ADP＋6-磷酸 D-果糖

5. 鼠李酮糖激酶（rhamnulokinase）EC 2.7.1.5

分类名：ATP：L-rhamnulose　1-phosphotransferase

ATP：L-鼠李酮糖　1-磷酸转移酶

作用：催化磷酸基转移，以醇基为受体。

反应：ATP＋L-鼠李酮糖＝ADP＋1-磷酸 L-鼠李酮糖

6. 半乳糖激酶（galactokinase）EC 2. 7. 1. 6

分类名：ATP：D-galactose 1-phosphotransferase

ATP：D-半乳糖 1-磷酸转移酶

作用：催化磷酸基转移，以醇基为受体。

反应：ATP＋D-半乳糖＝ADP＋α-D-半乳糖 1-磷酸

特异性：D-半乳糖胺也可作为受体参加反应。

7. 甘露糖激酶（mannokinase）EC 2. 7. 1. 7

分类名：ATP：D-mannose 6-phosphotransferase

ATP：D-甘露糖 6-磷酸转移酶

作用：催化磷酸基转移，以醇基为受体。

反应：ATP＋D-甘露糖＝ADP ＋D-甘露糖 6-磷酸

8. 氨基葡糖激酶（glucosamine kinase）EC 2. 7. 1. 8

分类名：ATP：2-amino-2-deoxy-D-glucose phosphotransferase

ATP：2-氨基-2-脱氧-D-葡萄糖磷酸转移酶

作用：催化磷酸基转移，以醇基为受体。

反应：ATP＋2-氨基-2-脱氧-D-葡萄糖＝ADP＋2-氨基-2-脱氧-D-葡萄糖磷酸

9. 磷酸葡糖激酶（phosphoglucokinase）EC 2. 7. 1. 10

分类名：ATP：D-glucose-1-phosphate 6-phosphotransferase

ATP：D-葡萄糖-1-磷酸 6-磷酸转移酶

作用：催化磷酸基转移，以醇基为受体。

反应：ATP＋D-葡萄糖 1-磷酸＝ADP＋D-葡萄糖 1,6-二磷酸

10. 6-磷酸果糖激酶（6-phosphofructokinase）EC 2. 7. 1. 11

分类名：ATP：D-fructose-6-phosphate 1-phosphotransferase

ATP：D-果糖-6-磷酸 1-磷酸转移酶

别名：phosphohexokinase　磷酸己糖激酶

作用：催化磷酸基转移，以醇基为受体。

反应：ATD＋D-果糖 6-磷酸＝ADP＋D-果糖 1,6-二磷酸

特异性：D-塔格糖 6-磷酸和景天庚酮糖 7-磷酸可以作为磷酸基受体；UTP、CTP 和 ITP 可以作为磷酸基供体。

11. 葡糖酸激酶（gluconokinase）EC 2. 7. 1. 12

分类名：ATP：D-gluconate 6-phosphotransferase

ATP：D-葡糖酸 6-磷酸转移酶

作用：催化磷酸基转移，以醇基为受体。

反应：ATP＋D-葡糖酸＝ADP＋6-磷酸 D-葡糖酸

12. 酮葡糖酸激酶（ketogluconokinase）EC 2. 7. 1. 13

分类名：ATP：2-keto-D-gluconate 6-phosphotransferase

ATP：2-酮-D-葡糖酸 6-磷酸转移酶

作用：催化磷酸基转移，以醇基为受体。

反应：ATP＋2-酮-D-葡糖酸＝ADP＋6-磷酸-2-酮-D-葡糖酸

13. 景天庚酮糖激酶（sedoheptulokinase）EC 2. 7. 1. 14

分类名：ATP：sedoheptulose 7-phosphotransferase

ATP：景天庚酮糖 7-磷酸转移酶

别名：heptulokinase 庚酮糖激酶

作用：催化磷酸基转移，以醇基为受体。

反应：ATP＋景天庚酮糖＝ADP＋7-磷酸景天庚酮糖

14. 核糖激酶（ribokinase）EC 2. 7. 1. 15

分类名：ATP：D-ribose 5-phosphotransferase

ATP：D-核糖 5-磷酸转移酶

作用：催化磷酸基转移，以醇基为受体。

反应：ATP＋D-核糖＝ADP＋D-核糖 5-磷酸

特异性：脱氧-D-核糖也可作为受体。

15. 核酮糖激酶（ribulokinase）EC 2. 7. 1. 16

分类名：ATP：L（or D）-ribulose 5-phosphotransferase

ATP：L（或 D）-核酮糖 5-磷酸转移酶

作用：催化磷酸基转移，以醇基为受体。

反应：ATP＋L（或 D）-核酮糖＝ADP＋L（或 D）-核酮糖 5-磷酸

特异性：核糖醇和 L-阿拉伯糖醇也可以作为磷酸基受体。

16. 木酮糖激酶（xylulokinase）EC 2. 7. 1. 17

分类名：ATP：D-xylulose 5-phosphotransferase

ATP：D-木酮糖 5-磷酸转移酶

作用：催化磷酸基转移，以醇基为受体。

反应：ATP＋D-木酮糖＝ADP ＋D-木酮糖 5-磷酸

17. 磷酸核糖激酶（phosphoribokinase）EC 2. 7. 1. 18

分类名：ATP：D-ribose-5-phosphate 1-phosphotransferase

ATP：D-核糖-5-磷酸 1-磷酸转移酶

作用：催化磷酸基转移，以醇基为受体。

反应：ATP＋D-核糖 5-磷酸＝ADP＋D-核糖 1,5-二磷酸

18. 磷酸核酮糖激酶（phosphoribulokinase）EC 2. 7. 1. 19

分类名：ATP：D-ribulose-5-phosphate 1-phosphotransferase

ATP：D-核酮糖-5-磷酸 1-磷酸转移酶

别名：phosphopentokinase 磷酸戊糖激酶

作用：催化磷酸基转移，以醇基为受体。

反应：ATP＋D-核糖 5-磷酸＝ADP＋D-核酮糖 1，5-二磷酸

19. 腺(嘌呤核)苷激酶（adenosine kinase）EC 2. 7. 1. 20

分类名：ATP：adenosine 5'-phosphotransferase

ATP：腺(嘌呤核)苷 5'-磷酸转移酶

作用：催化磷酸基转移，以醇基为受体。

反应：ATP＋腺苷＝ADP＋AMP

特异性：2-氨基腺苷也可作为受体参加反应。

20. 胸苷激酶（thymidine kinase）EC 2.7.1.21

分类名：ATP：thymidine 5′-phosphotransferase

ATP：胸苷 5′-磷酸转移酶

作用：催化磷酸基转移，以醇基为受体。

反应：ATP＋胸苷＝ADP＋5′-磷酸胸苷

特异性：脱氧尿苷也可作为受体；dGTP 可作为磷酸供体。

21. 核糖基尼克酰胺激酶（ribosylnicotinamide kinase）EC 2.7.1.22

分类名：ATP：N-ribosylnicotinamide 5′-phosphotransferase

ATP：N-核糖基尼克酰胺 5′-磷酸转移酶

作用：催化磷酸基转移，以醇基为受体。

反应：ATP＋N-核糖基尼克酰胺＝ADP＋尼克酰胺核糖核苷酸

22. NAD$^+$激酶（NAD$^+$ kinase）EC 2.7.1.23

分类名：ATP：NAD$^+$ 2′-phosphotransferase

ATP：NAD$^+$ 2′-磷酸转移酶

别名：DPN kinase　DPN 激酶

作用：催化磷酸基转移，以醇基为受体。

反应：ATP＋NAD$^+$＝ADP＋NADP$^+$

23. 脱磷酸-辅酶 A 激酶（dephospho-CoA kinase）EC 2.7.1.24

分类名：ATP：dephospho-CoA 3′-phosphotransferase

ATP：脱磷酸-辅酶 A 3′-磷酸转移酶

作用：催化磷酸基转移，以醇基为受体。

反应：ATP＋脱磷酸-辅酶 A＝ADP＋辅酶 A

24. 腺苷酰(基)硫酸(酯)激酶（adenylylsulphate kinase）EC 2.7.1.25

分类名：ATP：adenylylsulphate 3′-phosphotransferase

ATP：腺苷酰(基)硫酸(酯)3′-磷酸转移酶

别名：APS kinade　APS 激酶

作用：催化磷酸基转移，以醇基为受体。

反应：ATP＋腺苷酰(基)硫酸(酯)＝ADP＋3′-磷酸-腺苷酰(基)硫酸(酯)

25. 核黄素激酶（riboflavin kinase）EC 2.7.1.26

分类名：ATP：riboflavin 5′-phosphotransferase

ATP：核黄素 5′-磷酸转移酶

别名：flavokinase　黄素激酶

作用：催化磷酸基转移，以醇基为受体。

反应：ATP＋核黄素＝ADP＋FMN

26. 赤藓糖醇激酶（erythritol kinase）EC 2.7.1.27

分类名：ATP：erythritol 4-phosphotransferase

ATP：赤藓糖醇 4-磷酸转移酶

作用：催化磷酸基转移，以醇基为受体。

反应：ATP＋赤藓糖醇＝ADP＋D-赤藓糖醇 4-磷酸

27. 丙糖激酶（triokinase）EC 2. 7. 1. 28

分类名：ATP：D-glyceraldehyde 3-phosphotransferase

ATP：D-甘油醛 3-磷酸转移酶

作用：催化磷酸基转移，以醇基为受体。

反应：ATP＋D-甘油醛＝ADP＋3-磷酸 D-甘油醛

28. 1-羟基丙酮激酶（acetol kinase）EC 2. 7. 1. 29

分类名：ATP：hydroxyacetone phosphotransferase

ATP：羟丙酮磷酸转移酶

作用：催化磷酸基转移，以醇基为受体。

反应：ATP＋羟丙酮＝ADP＋磷酸羟丙酮

29. 甘油激酶（glycerol kinase ）EC 2. 7. 1. 30

分类名：ATP：glycerol 3-phosphotransferase

ATP：甘油 3-磷酸转移酶

作用：催化磷酸基转移，以醇基为受体。

反应：ATP＋甘油 ＝ADP＋sn-甘油 3-磷酸

特异性：二羟丙酮和 L-甘油醛可作为受体，UTP（和由酵母中提取的酶反应时，ITP GTP）可作为磷酸供体。

30. 甘油酸激酶（glycerate kinase）EC 2. 7. 1. 31

分类名：ATP：D-glycerate 3-phosphotransferase

ATP：D-甘油酸 3-磷酸转移酶

作用：催化磷酸基转移，以醇基为受体。

反应：ATP＋D-甘油酸＝ADP ＋3-磷酸-D-甘油酸

31. 胆碱激酶（choline kinase）EC 2. 7. 1. 32

分类名：ATP：choline phosphotransferase

ATP：胆碱磷酸转移酶

作用：催化磷酸基转移，以醇基为受体。

反应：ATP＋胆碱＝ADP＋O-磷酸胆碱

特异性：乙醇胺以及它的甲基和乙基衍生物也可作为受体，接受磷酸基。

32. 泛酸激酶（pantothenate kinase）EC 2. 7. 1. 33

分类名：ATP：pantothenate 4′-phosphotransferase

ATP：泛酸 4′-磷酸转移酶

作用：催化磷酸基转移，以醇基为受体。

反应：ATP＋泛酸＝ADP＋D-4′-磷酸泛酸

33. 泛酰巯基乙胺激酶（pantetheine kinase）EC 2. 7. 1. 34

分类名：ATP：pantetheine 4′-phosphotransferase

ATP：泛酰巯基乙胺 4′-磷酸转移酶

作用：催化磷酸基转移，以醇基为受体。

反应：ATP＋泛酰巯基乙胺＝ADP＋4′-磷酸泛酰巯基乙胺

34. 吡哆醛激酶（pyridoxal kinase）EC 2. 7. 1. 35

分类名：ATP：pyridoxal 5-phosphotransferase

ATP：吡哆醛 5-磷酸转移酶

作用：催化磷酸基转移，以醇基为受体。

反应：ATP＋吡哆醛＝ADP＋5-磷酸吡哆醛

特异性：吡哆醇、吡哆胺及各种衍生物也可作为磷酸基受体。

35. 3-甲-3,5-二羟戊酸激酶 (mevalonate kinase) EC 2.7.1.36

分类名：ATP：mevalonate-5-phosphotransferase

ATP：3-甲-3,5-二羟戊酸-5-磷酸转移酶

作用：催化磷酸基转移醇基为受体。

反应：ATP＋3-甲-3,5-二羟戊酸＝ADP＋（－）-5-磷酸-3,5-二羟戊酸

特异性：CTP、GTP 或 UTP 也可作为磷酸基供体。

36. 蛋白激酶 (protein kinase) EC 2.7.1.37

分类名：ATP：protein phosphotransferase

ATP：蛋白质磷酸转移酶

别名：phosphorylase B kinase　磷酸化酶 B 激酶

glycogen synthase A kinase　糖原合酶 A 激酶

作用：催化磷酸基转移，以醇基为受体。

反应：ATP＋蛋白质＝ADP＋磷酸蛋白

特异性：由大鼠组织提取的酶可催化磷酸化酶激酶活化，反应受 cAMP 的激活；但有些来源的酶被 cGMP 激活，而不被 cAMP 激活；有些酶则 cAMP 或 cGMP 均不能激活。

37. 磷酸化酶激酶 (phosphorylase kinase) EC 2.7.1.38

分类名：ATP：phosphorylase B phosphotransferase

ATP：磷酸化酶 B 磷酸转移酶

别名：dephosph phosphorylase kinase　脱磷酸磷酸化酶激酶

作用：催化磷酸基转移，以醇基为受体。

反应：4ATP＋2 磷酸化酶 B＝4ADP＋磷酸化酶 A

38. 高丝氨酸激酶 (homoserine kinase) EC 2.7.1.39

分类名：ATP：L-homoserine O-phosphotransferase

ATP：L-高丝氨酸 O-磷酸转移酶

作用：催化磷酸基转移，以醇基为受体。

反应：ATP＋L-高丝氨酸＝ADP＋O-磷酸-L-高丝氨酸

39. 丙酮酸激酶 (pyruvate kinase) EC 2.7.1.40

分类名：ATP：pyruvate 2-O-phosphotransferase

ATP：丙酮酸 2-O-磷酸转移酶

别名：phosphoenolpyruvate kinase　磷酸烯醇丙酮酸激酶

phosphoenoltransphosphorylase　磷酸烯醇转磷酸化酶

作用：催化磷酸基转移，以醇基为受体。

反应：ATP＋丙酮酸＝ADP＋磷酸烯醇丙酮酸

特异性：UTP、GTP CTP ITP 和 dATP 也可以作为磷酸供体；羟胺和氟化物在有 CO_2 存在的情况下也可以作为磷酸受体。

40. 葡萄糖-1-磷酸磷酸歧化酶 (glucose-1-phosphate phosphodismutase) EC 2.7.1.41

    分类名：D-glucose-1-phosphate：D-glucose-1-phosphate 6-phosphotransferase

        D-葡萄糖-1-磷酸：D-葡萄糖-1-磷酸 6-磷酸转移酶

    作用：催化磷酸基转移，以醇基为受体。

    反应：2D-葡萄糖-1-磷酸═D-葡萄糖＋D-葡萄糖-1,6-二磷酸

41. 核黄素磷酸转移酶 (riboflavin phosphotransferase) EC 2.7.1.42

    分类名：D-glucose-1-phosphate：riboflavin 5′-phosphotransferase

        D-葡萄糖-1-磷酸：核黄素 5′-磷酸转移酶

    作用：催化磷酸基转移，以醇基为受体。

    反应：D-葡萄糖-1-磷酸＋核黄素═D-葡萄糖＋FMN

42. 葡糖醛酸激酶 (glucuronokinase) EC 2.7.1.43

    分类名：ATP：D-glucuronate 1-phosphotransferase

        ATP：D-葡糖醛酸 1-磷酸转移酶

    作用：催化磷酸基转移，以醇基为受体。

    反应：ATP＋D-葡糖醛酸═ADP＋1-磷酸-α-D-葡糖醛酸

43. 半乳糖醛酸激酶 (galacturonokinase) EC 2.7.1.44

    分类名：ATP：D-galacturonate 1-phosphotransferase

        ATP：D-半乳糖醛酸 1-磷酸转移酶

    作用：催化磷酸基转移，以醇基为受体。

    反应：ATP＋D-半乳糖醛酸 ═ADP＋1-磷酸-α-D-半乳糖醛酸

44. 2-酮-3-脱氧葡糖酸激酶 (2-keto-3-deoxygluconokinase) EC 2.7.1.45

    分类名：ATP：2-keto-3-deoxy-D-gluconate 6-phosphotransferase

        ATP：2-酮-3-脱氧-D-葡糖酸 6-磷酸转移酶

    作用：催化磷酸基转移，以醇基为受体。

    反应：ATP＋2-酮-3-脱氧-D-葡糖酸═ADP＋6-磷酸-2-酮-3-脱氧-D-葡糖酸

45. L-阿拉伯糖激酶 (L-arabinokiase) EC 2.7.1.46

    分类名：ATP：L-arabinose 1-phosphotransferase

        ATP：L-阿拉伯糖 1-磷酸转移酶

    作用：催化磷酸基转移，以醇基为受体。

    反应：ATP＋L-阿拉伯糖═ADP＋β-L-阿拉伯糖 1-磷酸

46. D-核酮糖激酶 (D-ribulokinase) EC 2.7.1.47

    分类名：ATP：D-ribulose 5-phosphotransferase

        ATP：D-核酮糖 5-磷酸转移酶

    作用：催化磷酸基转移，以醇基为受体。

    反应：ATP＋D-核酮糖═ADP＋D-核酮糖 5-磷酸

47. 尿苷激酶 (uridine kinase) EC 2.7.1.48

    分类名：ATP：uridine 5′-phosphotransferase

        ATP：尿苷 5′-磷酸转移酶

    作用：催化磷酸基转移，以醇基为受体。

    反应：ATP＋尿苷═ADP＋UMP

特异性：胞苷也可作为磷酸基受体，GTP 或 ITP 也可作为磷酸基供体。

48. 羟甲基嘧啶激酶（hyroxymethylpyrimidine kinase）EC 2.7.1.49

分类名：ATP：2-methyl-4-amino-5-hydroxymethylpyrimidine 5-phosphotransferase

ATP：2-甲基-4-氨基-5-羟甲基嘧啶 5-磷酸转移酶

作用：催化磷酸基转移，以醇基为受体。

反应：ATP＋2-甲基-4-氨基-5-羟甲基嘧啶＝ADP＋2-甲基-4-氨基-5-磷酸甲基嘧啶

特异性：CTP、UTP 和 GTP 可作为磷酸供体。

49. 羟乙基噻唑激酶（hydroxyethylthiazole kinase）EC 2.7.1.50

分类名：ATP：4-methyl-5-（2'-hydroxyethyl）thiazole 2'-phosphotransferase

ATP：4-甲基-5-(2'-羟乙基)噻唑 2'-磷酸转移酶

作用：催化磷酸基转移，以醇基为受体。

反应：ATP＋4-甲基-5-（2'-羟乙基）噻唑＝ADP＋4-甲基-5-（2'-磷酸乙基）噻唑

50. L-岩藻酮糖激酶（L-fuculokinase）EC 2.7.1.51

分类名：ATP：L-frculose 1-phosphotransferase

ATP：L-岩藻酮糖 1-磷酸转移酶

作用：催化磷酸基转移，以醇基为受体。

反应：ATP＋L-岩藻酮糖＝ADP＋L-岩藻酮糖 1-磷酸

51. 岩藻糖激酶（fucokinase）EC 2.7.1.52

分类名：ATP：6-deoxy-L-galactose 1-phosphotransferase

ATP：6-脱氧-L-半乳糖 1-磷酸转移酶

作用：催化磷酸基转移，以醇基为受体。

反应：ATP＋6-脱氧-L-半乳糖＝ADP＋6-脱氧-L-半乳糖 1-磷酸

52. L-木酮糖激酶（L-xylulokinase）EC 2.7.1.53

分类名：ATP：L-xylulose 5-phosphotransferase

ATP：L-木酮糖 5-磷酸转移酶

作用：催化磷酸基转移，以醇基为受体。

反应：ATP＋L-木酮糖＝ADP＋L-木酮糖 5-磷酸

53. D-阿拉伯糖激酶（D-arabinokinase）EC 2.7.1.54

分类名：ATP：D-arabinose 5-phosphotransferase

ATP：D-阿拉伯糖 5-磷酸转移酶

作用：催化磷酸基转移，以醇基为受体。

反应：ATP＋D-阿拉伯糖＝ADP＋D-阿拉伯糖 5-磷酸

54. 阿洛糖激酶（allose kinase）EC 2.7.1.55

分类名：ATP：D-allose 6-phosphotransferase

ATP：D-阿洛糖 6-磷酸转移酶

别名：allokinase 阿洛糖激酶

作用：催化磷酸基转移，以醇基为受体。

反应：ATP＋D-阿洛糖＝ADP＋D-阿洛糖 6-磷酸

55. 1-磷酸果糖激酶（1-phosphofructokinase）EC 2.7.1.56

分类名：ATP：D-fructose-1-phosphate 6-phosphotransferase

ATP：D-果糖-1-磷酸 6-磷酸转移酶

别名：fructose-1-phosphate kinase 果糖-1-磷酸激酶

作用：催化磷酸基转移，以醇基为受体。

反应：ATP＋D-果糖-1-磷酸＝ADP＋D-果糖 1,6-二磷酸

特异性：ITP、GTP 或 UTP 可替代 ATP 参加反应。

56. 甘露(糖)醇激酶 (mannitol kinase) EC 2.7.1.57

分类名：ATP：mannitol 1-phosphotransferase

ATP：甘露（糖）醇 1-磷酸转移酶

作用：催化磷酸基转移，以醇基为受体。

反应：ATP＋甘露（糖）醇＝ADP＋甘露（糖）醇 1-磷酸

57. 2-酮-3-脱氧半乳糖酸激酶 (2-keto-3-deoxygalactonate kinase) EC 2.7.1.58

分类名：ATP：2-keto-3-deoxy-D-galactonate phosphotransferase

ATP：2-酮-3-脱氧-D-半乳糖酸磷酸转移酶

作用：催化磷酸转移，以醇基为受体。

反应：ATP＋2-酮-3-脱氧-D-半乳糖酸＝ADP＋2-酮-3-脱氧-D-半乳糖酸磷酸

58. N-乙酰(基)-D-氨基葡萄糖激酶 (N-Acetyl-D-glucosamine kinase) EC 2.7.1.59

分类名：ATP：2-acetamido-2-deoxy-D-glucose 6-phosphotransferase

ATP：2-乙酰氨基-2-脱氧-D-葡萄糖 6-磷酸转移酶

作用：催化磷酸基转移，以醇基为受体。

反应：ATP＋2-乙酰氨基-2-脱氧-D-葡萄糖＝ADP＋2-乙酰氨基-2-脱氧-D-葡萄糖 6-磷酸

特异性：细菌来源的酶也可催化 D-葡萄糖反应。

59. N-酰基-D-甘露糖胺激酶 (N-acetyl-D-mannosamine kinase) EC 2.7.1.60

分类名：ATP：2-acylamine-2-deoxy-D-mannose 6-phosphotransferase

ATP：2-酰氨基-2-脱氧-D-甘露糖 6-磷酸转移酶

作用：催化磷酸转移，以醇基为受体。

反应：ATP＋2-酰氨基-2-脱氧-D-甘露糖＝ADP＋2-酰氨基-2-脱氧-D-甘露糖 6-磷酸

特异性：作用于乙酰和羟乙酰衍生物。

60. 酰基磷酸-己糖转磷酸酶[*] (acetyl-phosphate-hexose phosphotransferase) EC 2.7.1.61

分类名：acyl-phosphate：D-hexose phosphotransferase

酰基-磷酸：D-己糖磷酸转移酶

作用：催化磷酸基转移，以醇基为受体。

反应：酰基磷酸＋D-己糖＝酸＋D-己糖磷酸

[*] 本酶催化 D-葡萄糖和 D-甘露糖 C_6 磷酸化，催化 D-果糖 C_1 或 C_6 磷酸化。

61. 氨基磷酸-己糖磷酸转移酶 (phosphoramidate-hexose phosphotransferase) EC 2.7.1.62

分类名：phosphoramidate：hexose 1-phosphotransferase

氨基磷酸：己糖 1-磷酸转移酶

作用：催化磷酸基转移，以醇基为受体。

反应：氨基磷酸＋己糖＝NH_3＋1-磷酸己糖

62. 多(聚)磷酸-葡萄糖磷酸转移酶 (polyphosphate-glucose phosphotransferase) EC 2.7.1.63

分类名：polyphosphate：D-glucose 6-phosphotransferase

多(聚)磷酸：D-葡萄糖 6-磷酸转移酶

作用：催化磷酸基转移，以醇基为受体。

反应：(磷酸)$_n$＋D-葡萄糖＝(磷酸)$_{n+1}$＋6-磷酸 D-葡萄糖

特异性：需要一种中性盐参与反应，如 KCl 可使本酶具有最大活力。本酶也作用于葡糖胺。

63. *myo*-肌醇 1-激酶 (*myo*-inositol 1-kinase) EC 2.7.1.64

分类名：ATP：*myo*-inositol 1-phosphotransferase

ATP：*myo*-肌醇 1-磷酸转移酶

作用：催化磷酸基转移，以醇基为受体。

反应：ATP＋*myo*-肌醇＝ADP＋L-*myo*-肌醇 1-磷酸

64. scyllo -肌醇胺激酶 (scyllo-inosamine) EC 2.7.1.65

分类名：ATP：1-amino-1-deoxy-scyllo-inositol 4-phosphotransferase

ATP：1-氨基-1-脱氧-scyllo -肌醇 4-磷酸转移酶

作用：催化磷酸基转移，以醇基为受体。

反应：ATP＋1-氨基-1-脱氧-scyllo-肌醇＝ADP＋1-氨基-1-脱氧-scyllo -肌醇 4-磷酸

特异性：也作用于链霉胺、脱氧链霉胺和 1-D-1-胍基-3-氨基-1-3-二脱氧-scyllo-肌醇。

65. 异戊间二烯化合物-醇激酶 (isoprenoid-alcohol kinase) EC 2.7.1.66

分类名：ATP：C-55-isoprenoid-alcohol phosphotransferase

ATP：C-55-异戊间二烯化合物-醇磷酸转移酶

作用：催化磷酸基转移，以醇基为受体。

反应：ATP＋C-55-异戊间二烯化合物-醇＝ADP＋C-55-异戊间二烯化合物-醇磷酸

66. 磷脂酰肌醇激酶 (phosphatidylinositol kinase) EC 2.7.1.67

分类名：ATP：phosphatidylinositol 4-phosphotransferase

ATP：磷脂酰肌醇 4-磷酸转移酶

作用：催化磷酸基转移，以醇基为受体。

反应：ATP＋磷脂酰肌醇＝ADP＋磷脂酰肌醇 4-磷酸

67. 磷脂酰肌醇-4-磷酸激酶 (phosphatidylinositol-4-phosphate kinase) EC 2.7.1.68

分类名：ATP：phosphatidylinositol 4-phosphate 5-phosphotransferase

ATP：磷脂酰肌醇 4-磷酸 5-磷酸转移酶

别名：diphosphoinositide kinase 二磷酸肌醇激酶

作用：催化磷酸基转移，以醇基为受体

反应：ATP＋4-磷酸磷脂酰肌醇＝ADP＋4,5-二磷酸磷脂酰肌醇

68. 磷酸组氨酸蛋白-己糖磷酸转移酶 (phosphohistidinoprotein-hexose phosphotransferase) EC 2.7.1.69

分类名：phosphohidtidinoprotein：hexose phosphotransferase

磷酸组氨酸蛋白：己糖磷酸转移酶

作用：催化磷酸基转移。

反应：磷酸组氨酸蛋白＋己糖＝蛋白质＋6-磷酸己糖

69. 鱼精蛋白激酶（protamine kinase）EC 2.7.1.70

分类名：ATP：protamine *O*-phosphotransferase

ATP：鱼精蛋白 *O*-磷酸转移酶

别名：histone kinase　组蛋白激酶

作用：催化磷酸基转移，以醇基为受体。

反应：ATP＋鱼精蛋白＝ADP＋*O*-磷酸鱼精蛋白

特异性：本酶催化鱼精蛋白和组蛋白中的丝氨酸基团磷酸化，反应需要 c-AMP。

70. 莽草酸激酶（shikmate kinase）EC 2.7.1.71

分类名：ATP：shikimate 5-phosphotransferase

ATP：莽草酸 5-磷酸转移酶

作用：催化磷酸基转移，以醇基为受体。

反应：ATP＋莽草酸＝ADP＋5-磷酸莽草酸

71. 链霉素 6-激酶（streptomycin 6-kinase）EC 2.7.1.72

分类名：ATP：streptomycin 6-phosphotransferase

ATP：链霉素 6-磷酸转移酶

别名：streptidine kinase　链霉胍激酶

作用：催化磷酸基转移，以醇基为受体。

反应：ATP＋链霉素＝ADP＋6-磷酸链霉素

特异性：dATP 可以替代 ATP，双氢链霉素、链霉胍和 2-脱氧链霉胍可以作为磷酸基受体。

72. 次黄苷激酶（inosine kinase）EC 2.7.1.73

分类名：ATP：inosine 5′-phosphotransferase

ATP：次黄苷 5′-磷酸转移酶

作用：催化磷酸基转移，以醇基为受体。

反应：ATP＋次黄苷＝ADP＋IMP

73. 脱氧胞苷激酶（deoxycytidine kinase）EC 2.7.1.74

分类名：NTP：deoxycytidine 5′-phosphotransferase

NTP：脱氧胞苷 5′-磷酸转移酶

作用：催化磷酸基转移，以醇基为受体。

反应：NTP＋脱氧胞苷＝NDP＋dCMP

特异性：阿糖胞苷能作为受体，天然的三磷酸核苷（除 dCTP 外）都可作为供磷酸体。

74. 脱氧腺苷激酶（deoxyadenosine kinase）EC 2.7.1.76

分类名：ATP：deoxyadenosine 5′-phosphotransferase

ATP：脱氧腺苷 5′-磷酸转移酶

作用：催化磷酸基转移，以醇基为受体。

反应：ATP＋脱氧腺苷＝ADP＋dAMP

特异性：脱氧鸟苷也可作为受体参与反应。

75. 核苷磷酸转移酶（nucleotide phosphotransferase）EC 2.7.1.77

分类名：nucleotide：3-deoxynucleoside 5′-phosphotransferase

核苷酸：3′-脱氧核苷 5′-磷酸转移酶

作用：催化磷酸基转移，以醇基为受体。

反应：核苷酸＋3'-脱氧核苷══核苷＋3'-脱氧核苷 5'-磷酸

特异性：与 3'-和 5'-核苷酸一样，磷酸苯酯可以作为磷酸供体。

76. 多(聚)核苷酸 5'-羟基激酶（polynucleotide 5'-hydroxyl-kinase）EC 2. 7. 1. 78

分类名：ATP：5'-dephosphopolynucleotide 5'-phosphotransferase

ATP：5'-脱磷酸多（聚）核苷酸　5'-磷酸转移酶

作用：催化磷酸基转移，以醇基为受体。

反应：ATP＋5'-脱磷酸-DNA ══ADP＋5'-磷酸-DNA

特异性：也作用于 5'-脱磷酸-RNA 和 3'-单核苷酸。

77. 焦磷酸-甘油磷酸转移酶（pyrophosphate-glycerol phosphotransferase）EC 2. 7. 1. 79

分类名：pyrophosphate：glycerol 1-phosphotransferase

焦磷酸：甘油 1-磷酸转移酶

作用：催化磷酸基转移，以醇基为受体。

反应：焦磷酸＋甘油══磷酸＋1-磷酸甘油

78. 焦磷酸-丝氨酸磷酸转移酶（pyrophosphate-serine phosphotransferase）EC 2. 7. 1. 80

分类名：pyrophosphate：L-serine O-phosphotransferase

焦磷酸：L-丝氨酸 O-磷酸转移酶

作用：催化磷酸基转移，以醇基为受体。

反应：焦磷酸＋L-丝氨酸══磷酸＋O-磷酸-L-丝氨酸

79. 羟赖氨酸激酶（hydroxylysine kinase）EC 2. 7. 1. 81

分类名：GTP：5-hydroxy-L-lysine O-phosphotransferase

GTP：5-羟基-L-赖氨酸 O-磷酸转移酶

作用：催化磷酸基转移，以醇基为受体。

反应：GTP＋5-羟基-L-赖氨酸══GDP＋O-磷酸羟基-L-赖氨酸

特异性：别羟-L-赖氨酸也可作为受体参与反应。

80. 乙醇胺激酶（ethanolamine kinase）EC 2. 7. 1. 82

分类名：ATP：ethanolamine O-phoshpotransferase

ATP：乙醇胺 O-磷酸转移酶

作用：催化磷酸基转移，以醇基为受体。

反应：ATP＋乙醇胺══ADP＋O-磷酸乙醇胺

81. 假尿苷激酶（pseudouridine kinase）EC 2. 7. 1. 83

分类名：ATP：pseudouridine 5'-phosphotransferase

ATP：假尿苷 5'-磷酸转移酶

作用：催化磷酸基转移，以醇基为受体。

反应：ATP＋假尿苷══ADP＋5'-磷酸假尿苷

82. 烷基二羟丙酮激酶（Alkyldihydroxyacetone kinase）EC 2. 7. 1. 84

分类名：ATP：O-alkyldihydroxyacetone phosphotransferase

ATP：O-烷基二羟丙酮磷酸转移酶

作用：催化磷酸基转移，以醇基为受体。

反应：ATP＋O-烷基二羟丙酮══ADP＋O-烷基二羟丙酮磷酸

83. β-D-葡糖苷激酶 （β-D-glucoside kinase） EC 2.7.1.85

分类名：ATP：cellobiose 6-phosphotransferase

ATP：纤维二糖 6-磷酸转移酶

作用：催化磷酸基转移，以醇基为受体。

反应：ATP＋纤维二糖＝ADP＋6-磷酸-β-D-葡糖基-(1,4)-D-葡萄糖

特异性：催化一些 β-D-葡糖苷磷酸化；GTP、CTP、ITP 和 UTP 也可作为磷酸供体。

84. NADH 激酶 （NADH kinase） EC 2.7.1.86

分类名：ATP：NADH 2′-phosphotransferase

ATP：NADH 2′-磷酸转移酶

作用：催化磷酸基转移，以醇基为受体。

反应：ATP＋NADH＝ADP＋NADPH

特异性：CTP、ITP、UTP 和 GTP 也可作为磷酸基供体（反应活性依次递降）。本酶专一地作用于 NADH，乙酸能活化此酶。

85. 链霉素 3′-激酶 （streptomycin 3′-kinase） EC 2.7.1.87

分类名：ATP：streptomycin 3′-phosphotransferase

ATP：链霉素 3′-磷酸转移酶

作用：催化磷酸基转移，以醇基为受体。

反应：ATP＋链霉素＝ADP＋3′-磷酸链霉素

特异性：也催化双氢链霉素、3′-脱氧双氢链霉素、6-磷酸双氢链霉素和 6-磷酸 3′-脱氧双氢链霉素磷酸化。

86. 二氢链霉素-6-磷酸 3′α-激酶 （dihydrostreptomycin-6-phosphate 3′α kinase） EC 2.7.1.88

分类名：ATP：dihydrostriptomycin-6-phosphate 3′α-phosphotransferase

ATP：二氢链霉素-6-磷酸 3′α-磷酸转移酶

作用：催化磷酸基转移，以醇基为受体。

反应：ATP＋二氢链霉素 6-磷酸＝ADP＋二氢链霉素 3′α,6-二磷酸

特异性：3′-脱氧二氢链霉素 6-磷酸也可作为受体。

87. 硫胺素激酶 （thiamin kinase[*]） EC 2.7.1.89

分类名：ATP：thiamin phosphotransferase

ATP：硫胺素磷酸转移酶

作用：催化磷酸基转移，以醇基为受体。

反应：ATP＋硫胺素＝ADP＋硫胺素-磷酸

[*] 是硫胺素焦磷酸激酶的别名（E2.7.6.2）。

88. 焦磷酸-6-磷酸果糖 1-磷酸转移酶 （pyrophosphate-fructose-6-phosphate 1-phosphotransferase） EC 2.7.1.90

分类名：pyrohosphate：D-fructose-6-phosphate 1-phosphotransferase

焦磷酸：D-果糖-6-磷酸 1-磷酸转移酶

别名：6-phosphofructokinase（pyrophosphate）　6-磷酸果糖激酶（焦磷酸）

作用：催化磷酸基转移，以醇基为受体。

反应：焦磷酸＋6-磷酸 D-果糖＝磷酸＋1,6-二磷酸 D-果糖

89. (神经)鞘氨醇激酶 (sphingosine kinase) EC 2.7.1.91

分类名：ATP：sphinganine 1-phosphotransferase

ATP：二氢（神经）鞘氨醇 1-磷酸转移酶

别名：dihydrosphingosine kinase 二氢（神经）鞘氨醇激酶

作用：催化磷酸基转移，以醇基为受体。

反应：ATP＋二氢（神经）鞘氨醇＝ADP＋l-磷酸二氢（神经）鞘氨醇

90. 5-酮-2-脱氧葡糖酸激酶 (5-keto-2-deoxygluconokinase) EC 2.7.1.92

分类名：ATP：5-keto-2-deoxy-D-gluconate 6-phosphotransferase

ATP：5-酮-2-脱氧-D-葡糖酸 6-磷酸转移酶

作用：催化磷酸基转移，以醇基为受体。

反应：ATP＋5-酮-2-脱氧-D-葡糖酸＝ADP＋6-磷酸-5-酮-2-脱氧-D-葡糖酸

91. 烷基甘油激酶 (alkylglycerol kinase) EC 2.7.1.93

分类名：ATP：1-*O*-alkyl-*sn*-glycero 3-phosphotransferase

ATP：1-*O*-烷基-*sn*-甘油 3-磷酸转移酶

作用：催化磷酸基转移，以醇基为受体。

反应：ATP＋1-*O*-烷基-*sn*-甘油＝ADP＋1-*O*-烷基-*sn*-甘油 3-磷酸

92. 卡那霉素激酶 (kanamycin kinase) EC 2.7.1.95

分类名：ATP：kanamycin 3′-*O*-phosphotransferase

ATP：卡那霉素 3′-*O*-磷酸转移酶

别名：neomycin-kanamycin phosphotransferase 新霉素-卡那霉素磷酸转移酶

作用：催化磷酸基转移，以醇基为受体。

反应：ATP＋卡那霉素＝ADP＋3′-磷酸卡那霉素

特异性：也作用于新霉素、巴龙霉素、庆大霉素 A、neamine、paromamine 和 vista-myci 由绿脓杆菌提取的酶，也作用于 butirosin。

93. 视蛋白激酶 (opsin kinase) EC 2.7.1.97

分类名：ATP：photo-bleached-rhodopsin phosphotransferase

ATP：光脱色视紫红质磷酸转移酶

作用：催化磷酸基转移。

反应：ATP＋光漂白视紫红质＝ADP＋磷酸-视紫红质

特异性：不作用于未脱色视紫红质、组蛋白或卵黄高磷蛋白。

94. 磷酸烯醇丙酮酸-果糖磷酸转移酶 (phosphoenolpyruvate-fructose phosphotransferase) EC 2.7.1.98

分类名：phosphoenolpyruvate：D-fructose1-phosphotransferase

磷酸烯醇丙酮酸：D-果糖 1-磷酸转移酶

作用：催化磷酸基转移，以醇基为受体。

反应：磷酸烯醇丙酮酸＋D-果糖＝丙酮酸＋D-果糖 1-磷酸

95. (丙酮酸脱氢酶(硫辛酰胺))激酶 (［pyruvate dehydrogenase(lipoamide)］) kinase EC 2.7.1.99

分类名：ATP：(pyruvate dehydrogenase(lipoamide))phosphokinase

ATP：(丙酮酸脱氢酶(硫辛酰胺))磷酸激酶

作用：催化磷酸基转移，以醇基为受体。

反应：ATP＋(丙酮酸脱氢酶(硫辛酰胺))＝(丙酮酸脱氢酶(硫辛酰胺))磷酸＋ADP

96. 乙酸激酶 （acetate kinase） EC 2.7.2.1

分类名：ATP：acetate phosphotransferase

ATP：乙酸磷酸转移酶

别名：acetokinase 乙酸激酶

作用：催化磷酸基转移，以羧基为受体。

反应：ATP＋乙酸＝ADP＋乙酰磷酸

特异性：也可以丙酸为受体，但作用缓慢。

97. 氨基甲酸激酶 （carbamate kinase） EC 2.7.2.2

分类名：ATP：carbamate phosphotransferase

ATP：氨基甲酸磷酸转移酶

作用：催化磷酸基转移，以羧基为受体。

反应：$ATP＋NH_3＋CO_2＝ADP＋$氨甲酰基磷酸

98. 磷酸甘油酸激酶 （phosphoglycerate kinase） EC 2.7.2.3

分类名：ATP：3-phospho-D-glycerate 1-phosphotransferase

ATP：3-磷酸-D-甘油酸 1-磷酸转移酶

作用：催化磷酸基转移，以羧基为受体。

反应：ATP＋3-磷酸-D-甘油酸＝ADP＋3-磷酸-D-甘油酰磷酸

99. 天冬氨酸激酶 （aspartate kinase） EC 2.7.2.4

分类名：ATP：L-aspartate 4-phosphotransferase

ATP：L-天冬氨酸 4-磷酸转移酶

别名：aspartokinase 天冬氨酸激酶

作用：催化磷酸基转移，以羧基为受体。

反应：ATP＋L-天冬氨酸＝ADP＋4-磷酸-L-天冬氨酸

特异性：由大肠杆菌提取的酶是一种多功能酶蛋白，也催化L-高丝氨酸脱氢。

100. 甲酸激酶 （formate kinase） EC 2.7.2.6

分类名：ATP：formate phosphotransferase

ATP：甲酸磷酸转移酶

作用：催化磷酸基转移，以羧基为受体。

反应：ATP＋甲酸＝ADP＋甲酰（基）磷酸

101. 丁酸激酶 （butyrate kinase） EC 2.7.2.7

分类名：ATP：butyrate phosphotransferase

ATP：丁酸磷酸转移酶

作用：催化磷酸基转移，以羧基为受体。

反应：ATP＋丁酸＝ADP＋丁酰（基）磷酸

102. 乙酰谷氨酸激酶 （acetylglutamate kinase） EC 2.7.2.8

分类名：ATP：*N*-acetyl-L-glutamate 5-phosphotransferase

ATP：*N*-乙酰（基）-L-谷氨酸 5-磷酸转移酶

作用：催化磷酸基转移。

反应：ATP＋N-乙酰（基）-L-谷氨酸＝ADP＋N-乙酰（基）-L-谷氨酸 5-磷酸

103. 磷酸甘油酸激酶（GTP）（phosphoglycerate kinase（GTP）） EC 2. 7. 2. 10

分类名：GTP：3-phospho-D-glycerate 1-phosphotransferase

GTP：3-磷酸-D-甘油酸 1-磷酸转移酶

作用：催化磷酸基转移，以羧基为受体。

反应：GTP＋3-磷酸-D-甘油酸＝GDP＋3-磷酸-D-甘油酰磷酸

104. 谷氨酸激酶（glutamate kinase） EC 2. 7. 2. 11

分类名：ATP：L-glutamate γ-phosphotransferase

ATP：L-谷氨酸 γ-磷酸转移酶

作用：催化磷酸基转移，以羧基为受体。

反应*：ATP＋L-谷氨酸＝ADP＋γ-L-谷氨酰基磷酸

＊产物迅速地环化，成为 2-吡咯烷酮 5-羧酸和磷酸。

105. 乙酸激酶(焦磷酸)（acetate kinase（pyrophosphate）） EC 2. 7. 2. 12

分类名：pyrophosphate：acetate phosphotransferase

焦磷酸：乙酸磷酸转移酶

作用：催化磷酸基转移，以羧基为受体。

反应：焦磷酸＋乙酸＝磷酸＋乙酰磷酸

106. 胍基乙酸激酶（guanidinoacetate kinase） EC 2. 7. 3. 1

分类名：ATP：guanidinoacetate N-phosphotransferase

ATP：胍基乙酸 N-磷酸转移酶

作用：催化磷酸基转移，以含氮基团为受体。

反应：ATP＋胍基乙酸＝ADP＋磷酸胍基乙酸

107. 肌酸激酶（creatine kinase） EC 2. 7. 3. 2

分类名：ATP：creatine N-phosphotransferase

ATP：肌酸 N-磷酸转移酶

别名：Lohmann's enzyme　Lohmann's 酶

作用：催化磷酸基转移，以含氮基团为受体。

反应：ATP＋肌酸＝ADP＋磷酸肌酸

特异性：N-乙（基）胍基乙酸也可作为受体。

108. 精氨酸激酶（arginine kinase） EC 2. 7. 3. 3

分类名：ATP：L-arginine N^{ω}-phosphotransferase

ATP：L-精氨酸 N^{ω}-磷酸转移酶

作用：催化磷酸基转移，以含氮基团为受体。

反应：ATP＋L-精氨酸＝ADP＋N^{ω}-磷酸-L-精氨酸

109. 胱基牛磺酸激酶（taurocyamine kinase） EC 2. 7. 3. 4

分类名：ATP：taurocyamine N^{ω}-phosphotransferase

ATP：胱基牛磺酸 N^{ω}-磷酸转移酶

作用：催化磷酸基转移，以含氮基团为受体。

反应：ATP＋胱基牛磺酸＝ADP＋N^{ω}-磷酸胱基牛磺酸

110. 蚯蚓磷脂激酶 (lombricine kinase) EC 2.7.3.5

分类名：ATP：lombricine N^{ω}-phosphotransferase

ATP：蚯蚓磷脂 N^{ω}-磷酸转移酶

作用：催化磷酸基转移，以含氮基团为受体。

反应：ATP+蚯蚓磷脂=ADP+N^{ω}-磷酸蚯蚓磷脂

特异性：也作用于甲基化的蚯蚓磷脂，如 thalassemine。

111. 胱基亚牛磺酸激酶 (hypotaurocyamine kinase) EC 2.7.3.6

分类名：ATP：hypotaurocyamine N^{ω}-phosphotransferase

ATP：胱基亚牛磺酸 N^{ω}-磷酸转移酶

作用：催化磷酸基转移，以含氮基为受体。

反应：ATP+胱基亚牛磺酸=ADP+N^{ω}-磷酸胱基亚牛磺酸

特异性：也作用于胱基牛磺酸，但反应较慢。

112. 胍乙基甲基磷酸激酶 (opheline kinase) EC 2.7.3.7

分类名：ATP：guanidinoethyl-methyl-phosphate phosphotransferase

ATP：胍乙基-甲基-磷酸磷酸转移酶

作用：催化磷酸基转移，以含氮基为受体。

反应：ATP+胍乙基甲基磷酸=ADP+N-磷酸胍乙基甲基磷酸

特异性：本酶也作用于胱基牛磺酸、胍乙基磷酸丝氨酸和磷酸胱基牛磺酸，但活性较小。

113. 氨激酶 (ammonia kinase) EC 2.7.3.8

分类名：ATP：ammonia phosphotransferase

ATP：氨磷酸转移酶

作用：催化磷酸基转移，以氨为受体。

反应：ATP+NH_3=ADP+磷酸酰胺

特异性：广泛；N-磷酸甘氨酸和 N^{ω}-磷酸组氨酸可以在以上反应的逆向反应中作为供磷酸体，而 ADP、dADP、GDP、CDP、dTDP、dCDP、IDP 和 UDP（作用活性依次递减）可作为磷酸受体。

114. 磷酸烯醇丙酮酸-蛋白质磷酸转移酶 (phosphoenolpyruvate-protein phosphotransferase) EC 2.7.3.9

分类名：phosphoenolpyruvate：protein phosphotransferase

磷酸烯醇丙酮酸：蛋白质磷酸转移酶

作用：催化磷酸基转移，以含氮基为受体。

反应：磷酸烯醇丙酮酸+特异性蛋白质=丙酮酸+磷酸组氨酸蛋白质

115. 多(聚)磷酸激酶 (polyphosphate kinase) EC 2.7.4.1

分类名：ATP：polyphosphate phosphotransferase

ATP：多(聚)磷酸磷酸转移酶

作用：催化磷酸基转移，以磷酸基为受体。

反应：ATP+（磷酸）$_n$=ADP+（磷酸）$_{n+1}$

116. 磷酸甲羟戊酸激酶 (phosphomevalonate kinase) EC 2.7.4.2

分类名：ATP：5-phosphomevalonate phosphotransferase

ATP：5-磷酸甲羟戊酸磷酸转移酶

作用：催化磷酸基转移，以磷酸基为受体。

反应：ATP＋5-磷酸甲羟戊酸＝ADP＋5-二磷酸甲羟戊酸

117. 腺苷酸激酶（adenylate kinase）EC 2.7.4.3

分类名：ATP：AMP phosphotransferase

　　　　ATP：AMP 磷酸转移酶

别名：myokinase　肌激酶

作用：催化磷酸基转移，以磷酸基为受体。

反应：ATP＋AMP＝ADP＋ADP

特异性：无机三磷酸也可作为供体。

118. 核苷单磷酸激酶（nucleosidemonophosphate kinase）EC 2.7.4.4

分类名：ATP：nucleosidemonophosphate phosphotransferase

　　　　ATP：核苷单磷酸磷酸转移酶

作用：催化磷酸基转移，以磷酸基为受体。

反应：ATP＋核苷单磷酸＝ADP＋核苷二磷酸

特异性：许多核苷酸可以作为受体，其它核苷三磷酸可以替代 ATP 参与反应。

119. 核苷二磷酸激酶（nucleosidediphosphate kinase）EC 2.7.4.6

分类名：ATP：nucleosidediphosphate phosphotransferase

　　　　ATP：核苷二磷酸磷酸转移酶

作用：催化磷酸基转移，以磷酸基为受体。

反应：ATP＋核苷二磷酸＝ADP＋核苷三磷酸

特异性：许多核苷二磷酸可以作为受体，而许多核糖-核苷三磷酸和脱氧核糖-核苷三磷酸可以作为供体。

120. 磷酸甲基嘧啶激酶（phosphomethylpyrimidine kinase）EC 2.7.4.7

分类名：ATP：2-methyl-4-amino-5-phosphomethyl-pyrimidine phosphotransferase

　　　　ATP：2-甲基-4-氨基-5-磷酸甲基嘧啶磷酸转移酶

作用：催化磷酸基转移，以磷酸基为受体。

反应：ATP＋2-甲基-4-氨基-5-磷酸甲基嘧啶＝ADP＋2-甲基-4-氨基-5-二磷酸甲基嘧啶

121. 鸟苷酸激酶（guanylate kinase）EC 2.7.4.8

分类名：ATP：(d)GMP phosphotransferase

　　　　ATP：(d)GMP 磷酸转移酶

别名：deoxyguanylate kinase　脱氧鸟苷酸激酶

作用：催化磷酸基转移，以磷酸基为受体。

反应：ATP＋GMP＝ADP＋GDP

特异性：dGMP 也可作为磷酸受体，dATP 也可作为磷酸供体。

122. dTMP 激酶（dTMP kinase）EC 2.7.4.9

分类名：ATP：dTMP phosphotransferase

　　　　ATP：dTMP 磷酸转移酶

作用：催化磷酸基转移，以磷酸基为受体。

反应：ATP+dTMP=ADP+dTDP

123. 核苷三磷酸-腺苷酸激酶（nucleosidetriphosphate-adenylate kinase）EC 2.7.4.10

分类名：nucleosidetriphosphate：AMP phosphotransferase

核苷三磷酸：AMP 磷酸转移酶

作用：催化磷酸基转移，以磷酸基为受体。

反应：核苷三磷酸+AMP=核苷二磷酸+ADP

特异性：许多核苷三磷酸可以作为磷酸基供体。

124. （脱氧）腺苷酸激酶（(deoxy) adenylate kinase）EC 2.7.4.11

分类名：ATP：(d)AMP phosphotransferase

ATP：(d)AMP 磷酸转移酶

作用：催化磷酸基转移，以磷酸基为受体。

反应：ATP+dAMP=ADP+dADP

特异性：AMP 也可作为受体参与反应。

125. T₂诱导的脱氧核苷酸激酶（T₂-induced deoxynucleotide kinase）EC 2.7.4.12

分类名：ATP：(d)NMP phosphotransferase

ATP：(d)NMP 磷酸转移酶

作用：催化磷酸基转移，以磷酸基为受体。

反应：ATP+dGMP（或 dTMP）=ADP+dGDP（或 dTDP）

特异性：dTMP 和 dAMP 可作为受体，dATP 可作为磷酸供体。

126. （脱氧）核苷单磷酸激酶（(deoxy) nucleosidemonophosphate kinase）EC 2.7.4.13

分类名：ATP：deoxynucleosidemonophosphate phosphotransferase

ATP：脱氧核苷单磷酸磷酸转移酶

作用：催化磷酸基转移，以磷酸基为受体。

反应：ATP+脱氧核苷单磷酸=ADP+脱氧核苷二磷酸

特异性：dATP 可替代 ATP 参加反应。

127. 胞苷酸激酶（cytidylate kinase）EC 2.7.4.14

分类名：ATP：CMP phosphotransferase

ATP：CMP 磷酸转移酶

别名：deoxycytidylate kinase 脱氧胞苷酸激酶

作用：催化磷酸基转移，以磷酸基为受体。

反应：ATP+(d)CMP=ADP+(d)CDP

特异性：UMP 和 dCMP 也可作为受体。

128. 二磷酸硫胺素激酶（thiamindiphosphate kinase）EC 2.7.4.15

分类名：ATP：thiamin-diphosphate phosphotransferase

ATP：硫胺素-二磷酸磷酸转移酶

作用：催化磷酸基转移，以磷酸基为受体。

反应：ATP+二磷酸硫胺素=ADP+三磷酸硫胺素

129. 硫胺素-单磷酸激酶（thiamin-monophosphate kinase）EC 2.7.4.16

分类名：ATP：thiamin-monophosphate phosphotransferase

ATP：硫胺素-单磷酸磷酸转移酶

作用：催化磷酸基转移，以磷酸基为受体。

反应：ATP＋单磷酸硫胺素＝ADP＋二磷酸硫胺素

130. 3-磷酸甘油酶(基)-磷酸(酯)-多(聚)磷酸(酯)磷酸转移酶 （3-phosphoglyceroyl-phosphate-polyphosphate phosphotransferase）EC 2.7.4.17

分类名：3-phospho-D-glyceroyl-phosphate：polyphosphate phosphotransferase

3-磷酸-D-甘油酰(基)磷酸(酯)：多(聚)磷酸(酯)磷酸转移酶

作用：催化磷酸基转移，以磷酸基为受体。

反应：3-磷酸-D-甘油酰(基)磷酸(酯)＋(磷酸)$_n$＝3-磷酸甘油酸＋(磷酸)$_{n+1}$

131. 法呢(基)-二磷酸激酶 （farnesyl-diphosphate kinase）EC 2.7.4.18

分类名：ATP：farnesay-diphosphate phosphotransferase

ATP：法呢(基)二磷酸磷酸转移酶

作用：催化磷酸基转移，以磷酸基为受体。

反应[*]：ATP＋法呢(基)二磷酸＝ADP＋法呢(基)三磷酸

　　[*] ADP 也可作为磷酸供体

132. 磷酸葡糖变位酶 （phosphoglucomutase）EC 2.7.5.1

分类名：α-D-glucose-1,6-bisphosphate：α-D-glucose-1-phosphate phosphotransferase

α-D-葡萄糖-1,6-二磷酸：α-D-葡萄糖-1-磷酸磷酸转移酶

别名：glucose phosphomutase　葡糖磷酸变位酶

作用：催化磷酸基转移。

反应：α-D-葡萄糖 1,6-二磷酸 ＋α-D-葡萄糖 1-磷酸＝α-D-葡萄糖 6-磷酸 ＋α-D-葡萄糖 1,6 二磷酸

133. 乙酰氨基葡萄糖磷酸变位酶 （acetylgucosamine phosphomutase）EC 2.7.5.2

分类名：2-acetamido-2-deoxy-D-glucose-1,6-bisphosphate：acetamido-2-deoxy-D-glucose-1-phosphate phosphotransferase

2-乙酰氨基-2-脱氧-D-葡萄糖-1,6-二磷酸：2-乙酰氨基-2-脱氧-D-葡萄糖-1-磷酸转磷酸酶

别名：phosphoacetylglucosamine mutase　磷酸乙酰氨基葡萄糖变位酶

作用：催化磷酸基转移。

反应：2-乙酰氨基-2-脱氧-D-葡萄糖 1,6-二磷酸＋2-乙酰氨基-2-脱氧-D-葡萄糖 1-酸＝2-乙酰氨基-2-脱氧-D-葡萄糖 6-磷酸＋2-乙酰氨基-2-脱氧-D-葡萄糖 1,6-二磷酸

134. 磷酸甘油变位酶 （phosphoglyceromutase）EC 2.7.5.3

分类名：2,3-bisphospho-D-glycerate:2-phospho-D-glycerate phosphotransferase

2,3-双磷酸-D-甘油酸:2-磷酸-D-甘油酸磷酸转移酶

别名：glycerate phosphomutase　甘油酸磷酸变位酶

作用：催化磷酸基转移。

反应：2,3-双磷酸-D-甘油酸＋2-磷酸-D-甘油酸＝3-磷酸-D-甘油酸＋2,3-双磷酸-D-甘油酸

135. 双磷酸甘油酸变位酶 （bisphosphoglyceomutase）EC 2.7.5.4

分类名：3-phospho-D-glyceroyl-phosphate：3-phospho-D-glycerate phosphotransferase

3-磷酸-D-甘油酰磷酸：3-磷酸-D-甘油酸磷酸转移酶

别名：glycerate phosphomutase 甘油酸磷酸变位酶

作用：催化磷酸基转移。

反应：3-磷酸-D-甘油酰磷酸＋3-磷酸-D-甘油酸 ═3-磷酸-D-甘油酸＋2,3-双磷酸-D-甘油酸。

参看：phosphoglycerate phosphomutase EC 5.4.2.1。

136. 磷酸葡糖变位酶（葡萄糖-辅助因子）(phosphoglucomutase (glucose-cofa-ctor)) EC 2.7.5.5

分类名：D-glucose-1-phosphate：D-glucose 6-pospohotransferase

D-葡萄糖-1-磷酸：D-葡萄糖 6-磷酸转移酶

别名：glucose phosphomutase 葡糖磷酸变位酶

作用：催化磷酸基转移。

反应：D-葡萄糖-1-磷酸＋D-葡萄糖═D-葡萄糖＋D-葡萄糖 6-磷酸

特异性：果糖 1-磷酸可以作为磷酸基供体，其它己糖可以作为受体。

137. 磷酸戊糖变位酶（phosphopentomutase）EC 2.7.5.6

分类名：α-D-glucose-1,6-bisphosphate：deoxy-D-ribose-1-phosphate phosphotransferase

α-D-葡萄糖-1,6-二磷酸：脱氧-D-核糖-1-磷酸磷酸转移酶

别名：phosphodeoxyribomutase 磷酸脱氧核糖变位酶

作用：催化磷酸基在分子内转移。

反应：α-D-葡萄糖-1,6-二磷酸＋脱氧-D-核糖 1-磷酸 ═α-D-葡萄糖-1,6-二磷酸＋脱氧-D-核糖 5-磷酸

138. 磷酸核糖焦磷酸激酶（ribosephosphate pyrophosphokinase）EC 2.7.6.1

分类名：ATP：D-ribose-5-phosphate pyrophosphotransferase

ATP：D-核糖 5-磷酸焦磷酸转移酶

作用：催化二磷酸基转移。

反应：ATP＋D-核糖 5-磷酸═AMP＋5-磷酸-α-D-核糖 1-二磷酸

特异性：dATP 也可以作为磷酸供体。

139. 硫胺焦磷酸激酶（thiamin pyrophosphokinase）EC 2.7.6.2

分类名：ATP：thiamin pyrophosphotransferase

ATP：硫胺素焦磷酸转移酶

别名：thiamin kinase 硫胺素激酶

作用：催化二磷酸基转移。

反应：ATP＋硫胺素═AMP＋二磷酸硫胺素

140. 2-氨(基)-4-羟-6-羟甲基二氢蝶啶焦磷酸酶（2-amino-4-hydroxy-6-hydroxm-ethyl dihydropteridine pyrophos phokinase）EC 2.7.6.3

分类名：ATP：2-amino-4-hydroxy-6-hydroxymethyl-7,8-dihydropteridine 6'-pyrophos-photransferase

ATP：2-氨(基)-4-羟-6-羟甲基-7,8-二氢蝶啶 6'-焦磷酸转移酶

作用：催化二磷酸基转移。

反应：ATP＋2-氨(基)-4-羟-6-羟甲基-7,8-二氢蝶啶 ═AMP＋2-氨(基)-4-羟-6-羟甲基-7,8-二氢蝶啶-6-二磷酸

141. 核苷酸焦磷酸激酶（nucleotide pyrophosphokinase）EC 2.7.6.4

    分类名：ATP：nucleoside -5′-monophosphate pyrophosphotransferase

           ATP：核苷-5′-单磷酸焦磷酸转移酶

    作用：催化二磷酸基转移。

    反应：ATP+5′-磷酸核苷═AMP+5′-磷酸核苷 3′-二磷酸

    特异性：作用于嘌呤核苷的 5′-单、二和三磷酸衍生物。

142. NMN 腺苷酰基转移酶（NMN adenylyltransferase）EC 2.7.7.1

    分类名：ATP：NMN adenylyltransferace

           ATP：NMN 腺苷酰基转移酶

    别名：NAD^+ pyrophosphorylase NAD^+ 焦磷酸化酶

    作用：催化核苷酸基转移。

    反应：ATP+烟酰胺核糖核苷酸═焦磷酸+NAD^+

    特异性：烟酸核苷酸也可作为受体参加反应。

143. FMN 腺苷酰基转移酶（FMN adneylyltransferase）EC 2.7.7.2

    分类名：ATP：FMN adenylytransferase

           ATP：FMN 腺苷酰基转移酶

    别名：FAD pyrophosphorylase

           FAD 焦磷酸化酶

    作用：催化核苷酸基转移。

    反应：ATP+FMN═焦磷酸+FAD

144. 磷酸泛酰巯基乙胺腺苷酰基转移酶（pantetheinephosphate adenylyltrans-ferase）EC 2.7.7.3

    分类名：ATP：pantetheine-4′-phosphate adenylyltransferase

           ATP：泛酰巯基乙胺-4′-磷酸腺苷酰基转移酶

    别名：dephospho-CoA pyrophosphorylase   脱磷酸辅酶 A 焦磷酸化酶

    作用：催化核苷酸基转移。

    反应：ATP+4′-磷酸泛酰巯基乙胺═焦磷酸+脱磷酸-辅酶 A

145. 硫酸腺苷酰基转移酶（sulphate adenylyltransferase）EC 2.7.7.4

    分类名：ATP：sulphate adenylyltransferase

           ATP：硫酸腺苷酰基转移酶

    别名：ATP-sulphurylase   ATP-硫酸化酶

           sylphurylase   硫酸化酶

    作用：催化核苷酸基转移。

    反应：ATP+硫酸═焦磷酸+腺苷酰硫酸

146. 硫酸腺苷酰基转移酶(ADP)（sulphate adgnylyltransferase（ADP））EC 2.7.7.5

    分类名：ADP：sulphate adenylyltransferase

           ADP：硫酸腺苷酰基转移酶

    别名：ADP-sulphurylase   ADP-硫酸化酶

    作用：催化核苷酸基转移。

    反应：ADP+硫酸═磷酸+腺苷酰硫酸

147. RNA 核苷酸基转移酶（RNA nucleotidyltransferase）EC 2.7.7.6

分类名：nucleosidetriphosphate：RNA nucleotidyltransferase

三磷酸核苷：RNA 核苷酸基转移酶

别名：RNA polymerase　RNA 多聚合酶

作用：催化核苷酸基转移

反应[*]：n 三磷酸核苷$\Longrightarrow n$ 焦磷酸$+$RNA$_n$

[*] 需要 DNA 作为模板。

148. DNA 核苷酸基转移酶（DNA nucleotidyltransferase）EC 2.7.7.7

分类名：deoxynucleoside triphosphate：DNA deoxynucleotidyl transferase

脱氧核苷三磷酸：DNA 核苷酸基转移酶

别名：DNA polymerase　DNA 聚合酶

作用：催化核苷酸基转移。

反应：n 脱氧核苷三磷酸$\Longrightarrow n$ 焦磷酸$+$DNA$_n$

特异性：以一条 DNA 链作为模板，本酶催化形成一条互补 DNA 链。

149. 多（聚）核糖核苷酸核苷酸基转移酶（polyribonucleotide nucleotidyltransfer-ase）EC 2.7.7.8

分类名：polyribonucleotide：orthophosphate nucleotidyltransferase

多（聚）核糖核苷酸：正磷酸核苷酸基转移酶

别名：polynucleotide phosphorylase　多（聚）核苷酸磷酸化酶

作用：催化核苷酸基转移。

反应：RNA$_{n+1}$$+$磷酸$\Longrightarrow$RNA$_n$$+$二磷酸核苷

特异性：ADP、IDP、GDP、UDP 和 CDP 可作为磷酸供体

150. 葡萄糖-1-磷酸尿苷酰基转移酶（glucose-1-phosphate uridylyltransferase）EC 2.7.7.9

分类名：UTP：α-D-glucose-1-phosphate uridylyltransferase

UTP：α-D-葡萄糖-1-磷酸尿苷酰基转移酶

别名：UDP glucose pyrophosphorylase　UDP 葡萄糖焦磷酸化酶

作用：催化核苷酸基转移。

反应：UTP $+\alpha$-D-葡萄糖 1-磷酸$\Longrightarrow$焦磷酸$+$UDP 葡萄糖

151. 半乳糖-1-磷酸尿苷酰基转移酶（galactose-1-phosphate uridylyltransferase）EC 2.7.7.10

分类名：UTP：α-D-galactose-1-phospate uridylyltransferase

UTP：α-D-半乳糖-1-磷酸尿苷酰基转移酶

别名：galactose-1-phosphate uridylyltransferase　半乳糖-1-磷酸尿苷酰基转移酶

作用：催化核苷酸基转移。

反应：UTP $+\alpha$-D-半乳糖 1-磷酸$\Longrightarrow$焦磷酸$+$UDP 半乳糖

152. 1-磷酸-木糖尿苷酰基转移酶（xylose-1-phodphsyr uridylyltransferase）EC 2.7.7.11

分类名：UTP：α-D-xylose-1-phosphate uridylyltrasferase

UTP：α-D-木糖-1-磷酸尿苷基转移酶

作用：催化核苷酸基水解。

反应：UTP $+\alpha$-D-木糖 1-磷酸$\Longrightarrow$焦磷酸$+$UDP 木糖

153. UDP 葡萄糖己糖-1-磷酸尿苷酰基转移酶（UDP glucose-hexose-1-phosphate uridy-lytransferase）EC 2.7.7.12

　　分类名：UDP glucose：α-D-galactose-1-phosphate uridylyltransferase

　　　　　　UDP 葡萄糖：α-D-半乳糖-1-磷酸尿苷酰基转移酶

　　别名：uridyl transferase　尿苷酰基转移酶

　　　　　hexose-1-phosphate uridylyltransferase　己糖-1-磷酸尿苷酰基转移酶

　　作用：催化核苷酸基转移。

　　反应：UDP 葡萄糖＋α-D-半乳糖 1-磷酸＝α-D-葡萄糖 1-磷酸＋UDP 半乳糖

154. 甘露糖-1-磷酸鸟苷酰基转移酶（mannose-1-phosphate guanylyltransferase）EC 2.7.7.13

　　分类名：GTP：α-D-mannose-1-phosphate guanylyltransferase

　　　　　　GTP：α-D-甘露糖-1-磷酸鸟苷酰基转移酶

　　别名：GTP-mannose-1-phosphate guanylytransferase

　　　　　GTP-甘露糖-1-磷酸鸟苷酰基转移酶

　　作用：催化核苷酸基转移。

　　反应：GTP＋α-D-甘露糖 1-磷酸＝焦磷酸＋GDP 甘露糖

　　特异性：细菌来源的酶也可利用 ITP 和 dGTP 作为核苷酸基的供体。

155. 磷酸乙醇胺胞苷酰(基)转移酶（ethanolaminephosphate cytidyltransfer-ase）EC 2.7.7.14

　　分类名：CTP：ethmolaminephosphate cytidyltransferase

　　　　　　CTP：磷酸乙醇胺胞苷酰(基)转移酶

　　别名：phosphorylethanolamine transferase　磷酰(基)乙醇胺转移酶

　　作用：催化核苷酸基转移。

　　反应：CTP＋磷酸乙醇胺＝焦磷酸＋CDP 乙醇胺

156. 磷酸胆碱胞苷酰转移酶（cholinephosphate cytidylyltransferase）EC 2.7.7.15

　　分类名：CTP：cholinephosphate cytidylyltransferase

　　　　　　CTP：磷酸胆碱胞苷酰转移酶

　　别名：phosphorylcholine transferase　磷酰胆碱转移酶

　　作用：催化核苷酸（基）转移。

　　反应：CTP＋磷酸胆碱＝焦磷酸＋CDP 胆碱

157. 烟酸单核苷酸腺苷酰基转移酶（nicotinatemononucleotide adenylyltransfer-ase）EC 2.7.7.18

　　分类名：ATP：nicotinatemononucleotide adenylyltransferase

　　　　　　ATP：烟酸单核苷酸腺苷酰基转移酶

　　别名：deamido-NAD$^+$ pyrophosphorylase　脱酰胺-NAD$^+$焦磷酸化酶

　　作用：催化核苷酸基转移。

　　反应：ATP＋烟酸核糖核苷酸＝焦磷酸＋脱酰胺-NAD$^+$

158. 多(聚)核苷酸腺苷酰基转移酶（polynucleotide adenylyltransferase）EC 2.7.7.19

　　分类名：ATP：polynucleotide adenylyltransferase

ATP：多（聚）核苷酸腺苷酰基转移酶

别名：NTP polymerase　NTP 聚合酶

RNA adenylating enzyme　RNA 腺苷酸化酶

作用：催化核苷酸基转移。

反应：nATP ＋(核苷酸)$_m$ ＝n 焦磷酸＋(核苷酸)$_{m+n}$

特异性：也作用于 CTP，但反应较慢。

159. tRNA 胞苷酰基转移酶（tRNA cytidylyltransferase）EC 2.7.7.21

分类名：CTP：tRNA cytidylyltransferase

CTP：tRNA 胞苷酰基转移酶

别名：tRNA CCA-pyophosphorylase　tRNA CCA-焦磷酸化酶

作用：催化核苷酸基转移。

反应：CTP＋tRNA$_n$ ＝焦磷酸＋tRNA$_{n+1}$

160. 甘露糖-1-磷酸鸟苷酰基转移酶（GDP）(mamnose-1-phosphate guanylyltransf-erase (GDP)) EC 2.7.7.22

分类名：GDP：D-mannose-1-phosphate guanylyltransferase

GDP：D-甘露糖-1-磷酸鸟苷酰基转移酶

别名：GDP mannose phosphorylase　GDP 甘露糖磷酸化酶

作用：催化核苷酸基转移。

反应：GDP＋D-甘露糖 1-磷酸＝磷酸＋GDP 甘露糖

161. UDP 乙酰（基）葡糖胺焦磷酸化酶（UDP acetylglucosamine pyrophosphory-lase）EC 2.7.7.23

分类名：UDP：2-acetamido-2-deoxy-α-D-glucose-1-phosphate uridylyltransferase

UDP：2-乙酰氨（基）-2-脱氧-α-D-葡萄糖-1-磷酸尿苷酰基转移酶

作用：催化核苷酸基转移。

反应：UTP＋2-乙酰氨(基)-2-脱氧-α-D-萄葡糖 1-磷酸＝焦磷酸＋UDP-2-乙酰氨(基)-2-脱氧-D-葡萄糖

162. 葡萄糖-1-磷酸胸苷酰基转移酶（glucose-1-phosphate thymidylyltran-sferase）EC 2.7.7.24

分类名：dTTP：α-D-glucose-1-phosphate thymidylyltransferase

dTTP：α-D-葡萄糖-1-磷酸胸苷酰基转移酶

作用：催化核苷酸基转移。

反应：dTTP ＋α-D-葡萄糖 1-磺酸＝焦磷酸＋dTDP 葡萄糖

163. tRNA 腺苷酰基转移酶（tRNA adenylyltransferase）EC 2.7.7.25

分类名：ATP：tRNA adenylyltransferase

ATP：tRNA 腺苷酰基转移酶

别名：tRNA CCA-pyrophosphorylase　tRNA CCA-焦磷酸化酶

作用：催化核苷酸基转移。

反应：ATP＋tRNA$_n$ ＝焦磷酸＋tRNA$_{n+1}$

164. 葡萄糖-1-磷酸腺苷酰基转移酶（glucose-1-phosphate adenylyltransferase）EC 2.7.7.27

分类名：ATP：α-D-glucose-1-phosphate adenylyltransferase

ATP：α-D-葡萄糖-1-磷酸腺苷酰（基）转移酶

别名：ADP glucose pyrophosphorylase　ADP 葡萄糖焦磷酸化酶

作用：催化核苷酸基转移。

反应：ATP $+\alpha$-D-葡萄糖 1-磷酸══焦磷酸＋ADP 葡萄糖

165. 核苷三磷酸-己糖-1-磷酸核苷酸基转移酶（nucleosidetriphospate-hexose-1-phosphate nucleotidyltransferase）EC 2.7.7.28

分类名：NTP：hexose-1-phosphate nucleotidyltransferase

　　　　NTP：己糖-1-磷酸核苷酸基转移酶

别名：NDP hexose pyrophosphorylase　NDP 己糖焦磷酸化酶

作用：催化核苷酸基转移。

反应：核苷三磷酸＋己糖 1-磷酸══焦磷酸＋NDP 己糖

特异性：逆反应时 NDP 己糖中的 NDP 可以是鸟苷、次黄苷和腺苷二磷酸（反应活性依次递减），己糖是葡萄糖或甘露糖。

166. 己糖-1-磷酸鸟苷酰基转移酶（hexose-1-phosphate guanylyltransferase）EC 2.7.7.29

分类名：GTP：α-D-hexose-1-phosphate guanylyltransferase

　　　　GTP：α-D-己糖-1-磷酸鸟苷酰基转移酶

别名：GDP hexose pyrophosphorylase　GDP 己糖焦磷酸化酶

作用：催化核苷酸基转移 。

反应：GTP $+\alpha$-D-己糖-1-磷酸══焦磷酸＋GDP 己糖

167. 岩藻糖-1-磷酸鸟苷酰基转移酶（fucose-1-phosphate guanylyltransferase）EC 2.7.7.30

分类名：GTP：fucose-1-phosphate guanylytransferase

　　　　GTP：岩藻糖-1-磷酸鸟苷酰基转移酶

别名：GDP fucose pyrophosphorylase　GDP 岩藻糖焦磷酸化酶

作用：催化核苷酸基转移。

反应：GTP＋L-岩藻糖 1-磷酸══焦磷酸＋GDP-L-岩藻糖

168. DNA 核苷酸基外转移酶（DNA nucleotidylexotransferase）EC 2.7.7.31

分类名：nuclesidetriphosphate：DNA deoxynucleotidylexotransferase

　　　　三磷酸核苷：DNA 脱氧核苷酸基外转移酶

别名：terminal deoxyribonucleotidyl transferase　末端脱氧核糖核苷酸基转移酶

terminal addition enzyme　末端加成酶

作用：催化核苷酸基转移。

反应：n 三磷酸脱氧核苷＋（脱氧核苷酸）$_m$══n 焦磷酸＋（脱氧核苷酸）$_{m+n}$

特异性：核苷可以是核糖核苷或脱氧核糖核苷，n 一定要大于 3，要求有一个 $3'$-OH。

169. 半乳糖-1-磷酸胸苷酰基转移酶（galactose-1-phosphate thymidylyltransf-erasc）EC 2.7.7.32

分类名：dTTP：α-D-galactose-1-phosphate thymidylyltransferase

　　　　dTTP：α-D-半乳糖-1-磷酸胸苷酰基转移酶

别名：dTDP galactose pyrophosphorylase　dTDP 半乳糖焦磷酸化酶

作用：催化核苷酸基转移。

反应：dTTP＋α-D-半乳糖 1-磷酸══焦磷酸＋dTDP 半乳糖

170. 葡萄糖-1-磷酸胞苷酰基转移酶 （glucose-1-phosphate cytidylyltransferase）
　　EC 2.7.7.33

　　　　分类名：CTP：D-glucose-1-phosphate cytidylyltransferase

　　　　　　　　CTP：D-葡萄糖-1-磷酸胞苷酰基转移酶

　　　　别名：CDP glucose pyrophosphorylase　　CDP 葡萄糖焦磷酸化酶

　　　　作用：催化核苷酸基转移。

　　　　反应：CTP＋D-葡萄糖 1-磷酸──焦磷酸＋CDP 葡萄糖

171. 葡萄糖-1-磷酸鸟苷酰基转移酶 （glucose-1-phosphate guanylyltransferase） EC 2.7.7.34

　　　　分类名：GTP：α-D-glucose-1-phosphate guanylytransferase

　　　　　　　　GTP：α-D-葡萄糖-1-磷酸鸟苷酰基转移酶

　　　　别名：GDP glucose pyrophosphorylase　　GDP 葡萄糖焦磷酸化酶

　　　　作用：催化核苷酸基转移。

　　　　反应：GTP＋α-D-葡萄糖-1-磷酸──焦磷酸＋GDP 葡萄糖

　　　　特异性：也作用于 D-甘露糖 1-磷酸，但作用较慢。

172. 核糖-5-磷酸腺苷酰基转移酶 （ribose-5-phosphate adenylyltransferase） EC 2.7.7.35

　　　　分类名：ADP：D-ribose-5-phosphate adenylyltransferase

　　　　　　　　ADP：D-核糖-5-磷酸腺苷酰基转移酶

　　　　别名：ADP ribose phosphorylase　　ADP 核糖磷酸化酶

　　　　作用：催化核苷酸基转移。

　　　　反应：ADP＋5-磷酸 D-核糖──磷酸＋ADP 核糖

173. 1-磷酸-糖腺苷酰基转移酶 （sugar-1-phosphate adenylyltransferase） EC 2.7.7.36

　　　　分类名：ADP：sugar-1-phosphate adenylyltransferase

　　　　　　　　ADP：糖-1-磷酸腺苷酰基转移酶

　　　　别名：ADP sugar phosphorylase　　ADP 糖磷酸化酶

　　　　作用：催化核苷酸基转移。

　　　　反应：ADP＋1-磷酸糖──磷酸＋ADP 糖

174. 1-磷酸-糖核苷酸基转移酶 （sugar-1-phosphate nucleotidyltransferase） EC 2.7.7.37

　　　　分类名：NDP：sugar-1-phosphate nuceotidyltransferase

　　　　　　　　NDP：糖-1-磷酸核苷酸基转移酶

　　　　别名：NDP sugar phosphorylase　　NDP 糖磷酸化酶

　　　　作用：催化核苷酸基转移。

　　　　反应：NDP＋1-磷酸糖──磷酸＋NDP 糖

175. 3-脱氧-D-*manno*-辛酮酸胞苷酰基转移酶 （3-deoxy-D-*manno*-octulosonate cytidylyltransferase） EC 2.7.7.38

　　　　分类名：CTP：3-deoxy-D-*manno*-octulosonate cytidylytransferase

　　　　　　　　CTP：3-脱氧-D-*manno*-辛酮糖酸胞苷酰（基）转移酶

　　　　别名：CMP-3-deoxy-D-*manno*-oculosonate pyrophosphorylase

　　　　　　　CMP-3-脱氧-D-*manno*-辛酮糖酸焦磷酸化酶

　　　　作用：催化核苷酸（基）转移。

　　　　反应：CTP＋3-脱氧-D-*monno*-辛酮糖酸──焦磷酸＋CMP-3-脱氧-D-*manno*-辛酮糖酸

176. 甘油-3-磷酸胞苷酰基转移酶 (glycerol-3-phosphate cytidylyltransferase) EC 2.7.7.39

分类名：CTP：*sn*-glycerol-3-phosphate cytidylyltransferase

CTP：*sn*-甘油-3-磷酸胞苷酰基转移酶

别名：CDP glycerol pyrophosphorylase CDP 甘油焦磷酸化酶

作用：催化核苷酸基转移。

反应：CTP＋*sn*-甘油 3-磷酸═焦磷酸＋CDP 甘油

177. D-核糖醇-5-磷酸胞苷酰基转移酶 (D-ribitol-5-phosphate cytidylyltransf-erase) EC 2.7.7.40

分类名：CTP：D-ribitol-5-phosphate cytidylyltransferase

CTP：D-核糖醇-5-磷酸胞苷酰基转移酶

别名：CDP ribitol pyrophosphorylase CDP 核糖醇焦磷酸化酶

作用：催化核苷酸基转移。

反应：CTP＋D-核糖醇 5-磷酸═焦磷酸＋CDP 核糖醇

178. 磷脂酸胞苷酰基转移酶 (phosphatidate cytidylyltransferase) EC 2.7.7.41

分类名：CTP：phosphatidate cytidylyltransferase

CTP：磷脂酸胞苷酰转移酶

别名：CDP diglhyceride pyrophosphorylase CDP 甘油二酯焦磷酸化酶

作用：催化核苷酸基转移。

反应：CTP＋磷脂酸═焦磷酸＋CDP 二酰甘油

179. 谷氨酰胺合成酶腺苷酰基转移酶 (glutamine-synthetase adenylyltran-sferase) EC 2.7.7.42

分类名：ATP：〔L-glutamate：ammonia ligase（ADP-forming）〕adenylyltransferase

ATP：〔L-谷氨酸：氨连接酶（生成 ADP）〕腺苷酰基转移酶

作用：催化核苷酸基转移。

反应：ATP＋〔L-谷氨酸：氨连接酶（生成 ADP）〕═焦磷酸＋腺苷酰（基）-〔L-谷氨酸：氨连接酶（生成 ADP）〕

180. 酰基神经氨（糖）酸胞苷酸转移酶 (acylneuraminate cytidylyltransfer-ase) EC 2.7.7.43

分类名：CTP：*N*-acylneuraminate cytidylyltransferase

CTP：*N*-酰基神经氨（糖）酸胞嘧啶核苷酸转移酶

别名：CMP sialate phosphorylase CMP 唾液酸焦磷酸化酶

CMP sialate synthase CMP 唾液酸含酶

作用：催化核苷酸基转移。

反应：CTP＋*N*-酰基神经氨（糖）酸═焦磷酸＋CMP-*N*-酰基神经氨（糖）酸

特异性：作用于 *N*-乙酰-和 *N*-羟乙酰衍生物。

181. 葡糖醛酸-1-磷酸尿苷酰基转移酶 (glucuronate-1-phosphate uridylyltransfe-rase) EC 2.7.7.44

分类名：UTP：1-phospho-*α*-D-glucuronate uridylyltransferase

UTP：1-磷酸-*α*-D-葡糖醛酸尿苷酰基转移酶

作用：催化核苷酸基转移

反应*：UTP+1-磷酸-α-D-葡糖醛酸══焦磷酸+UDP-D-葡糖醛糖

  *CTP 可替代 UTP 参加反应，但作用较慢。

182. 鸟苷三磷酸鸟苷酰基转移酶 (guanosinetriphosphate guanylyltransferase) EC 2.7.7.45

分类名：GTP：GTP guanylyltransferase

   GTP：GTP 鸟苷酰基转移酶

作用：催化核苷酸基转移。

反应：2 GTP ══焦磷酸+P^1,P^4-双（5'-鸟苷基）四磷酸

特异性：也作用于 GDP，生成 P^1,P^4-双（5'-鸟苷基）三磷酸，但反应较慢。

183. 庆大霉素 2-核苷酸基转移酶 (gentamicin 2'-nucleotidyltransferase) EC 2.7.7.46

分类名：NTP：gentamicin 2'-nucleotidyltransferase

   NTP：庆大霉素 2'-核苷酸基转移酶

作用：催化核苷酸基转移。

反应：核苷三磷酸+庆大霉素══焦磷酸+2'-核苷酸基庆大霉素

特异性：ATP、dATP、CTP、ITP 和 GTP 可以作为供体；卡那霉素、tobramycin 和西索霉素也能作为受体参加反应。

184. 链霉素 3'-腺苷酰基转移酶 (streptomycin 3'-adenylyltransferase) EC 2.7.7.47

分类名：ATP：streptomycin 3'-adenylyltransferase

   ATP：链霉素 3'-腺苷酰基转移酶

作用：催化核苷酸基转移。

反应：ATP+链霉素══焦磷酸+3'-腺苷酰基链霉素

特异性：也作用于壮观霉素。

185. 磷酸乙醇胺转移酶 (ethanolaminephosphotransferase) EC 2.7.8.1

分类名：CDP ethanolamine：1,2-diacylglycerol ethanolamine-phosphotransferase

   CDP 乙醇胺：1,2- 二酰（基）甘油磷酸乙醇胺转移酶

作用：催化磷酸取代基转移。

反应：CDP 乙醇胺+1,2-二酰（基）甘油══CMP+磷脂酰乙胺

186. 磷酸胆碱转移酶 (cholinephosphotransferase) EC 2.7.8.2

分类名：CDP cholinc：1,2-diacylglycerol choline phosphotransferase

   CDP 胆碱：1,2-二酰（基）甘油磷酸胆碱转移酶

别名：phosphorylcholine-glyceride transferase   磷酸胆碱-甘油酯转移酶

作用：催化磷酸胆碱基团转移。

反应：CDP 胆碱+1,2-二酰(基)甘油══CMP+磷脂酰胆碱

187. 神经酰胺磷酸胆碱转移酶 (ceramide cholinephosphotransferase) EC 2.7.8.3

分类名：CDP choline：N-acylsphingosine choline phosphotransferase

   CDP 胆碱：N-乙酰(基)(神经)鞘氨醇磷酸胆碱转移酶

作用：催化磷酸胆碱基转移。

反应：CDP 胆碱+N-酰(基)(神经)鞘氨醇══CMP+(神经)鞘磷脂

188. 丝氨酸-磷酸乙醇胺合酶 (serine-phosphoethanolamin synthase) EC 2.7.8.4

分类名：CDP ethanolamine：L-serine ethanolamine phosphatransferase

　　　　CDP 乙醇胺：L-丝氨酸磷酸乙醇胺转移酶

　　作用：催化磷酸乙醇胺基团转移。

　　反应：CDP 乙醇胺＋L-丝氨酸═CMP＋L-丝氨酸-磷酸乙醇胺

189. 甘油磷酸磷脂酰基转移酶 (glycerophosphate phosphatidyltransferase) EC 2.7.8.5

　　分类名：CDP diacylglycerol：sn-glycerol-3-phoshate phosphatidyltransferase

　　　　　CDP 二酰基甘油：sn-甘油-3-磷酸磷脂酰基转移酶

　　作用：催化磷酸取代基转移。

　　反应：CDP 二酰基甘油＋sn-甘油-3-磷酸═CMP＋3-磷酯酰-磷酸-sn-甘油

190. 多(聚)(异戊二烯醇)-磷酸半乳糖磷酸转移酶 (poly (isoprenol)-phosphate galactose-phosphotransferase) EC 2.7.8.6

　　分类名：UDP galactose：C-55-poly-(isoprenol)-phosphate galactosephosphotransferase

　　　　　UDP 半乳糖：C-55-多(聚)-(异戊二烯醇)-磷酸半乳糖磷酸转移酶

　　作用：催化半乳糖磷酸基转移。

　　反应：UDP 半乳糖＋C-55-多(聚)(异戊二烯醇)磷酸═UMP＋D-半乳糖 1-二磷酸-C-55-多(聚)(异戊二烯醇)

191. 全[酰基载体蛋白]合酶(holo-[acyl-carrier-protein]synthase) EC 2.7.8.7

　　分类名：CoA：apo-[acyl-carrier-protein]pantetheinephosphotransferase

　　　　　辅酶 A：脱辅基-[酰基载体蛋白]磷酸泛酰基乙胺转移酶

　　作用：催化磷酸取代基转移。

　　反应：辅酶 A＋脱辅基-[酰基载体蛋白]═3′,5′-ADP＋全[酰基载体蛋白]

192. 磷脂酰丝氨酸合酶 (phosphatidylserine synthase) EC 2.7.8.8

　　分类名：CDP diacylglycerol：L-serine O-phosphatidyltransferase

　　　　　CDP 二酚甘油：L-丝氨酸 O-磷脂酰基转移酶

　　别名：CDP diglyceride-serine O-phosphatidyltransferase

　　　　　CDP 甘油二酯-丝氨酸 O-磷脂酰基转移酶

　　作用：催化磷脂酰基转移。

　　反应：CDP 二酰甘油＋L-丝氨酸═CMP＋磷脂酰丝氨酸

193. 磷酸甘露聚糖转移酶 (phosphomannan mannosephosphotransferase) EC 2.7.8.9

　　分类名：GDP mannose：phosphomannan mannnosephosphotransferase

　　　　　GDP 甘露糖：磷酸甘露聚糖磷酸甘露糖转移酶

　　作用：催化磷酸甘露糖转移。

　　反应：GDP 甘露糖＋(磷酸甘露聚糖)$_n$═GMP＋(磷酸甘露聚糖)$_{n+1}$

194. (神经)鞘氨醇磷酸胆碱转移酶 (sphingosine cholinephosphotransferase) EC 2.7.8.10

　　分类名：CDP choline：sphingosine cholinephosphotransferase

　　　　　CDP 胆碱：(神经) 鞘氨醇磷酸胆碱转移酶

　　作用：催化磷酸胆碱基团转移。

　　反应：CDP 胆碱＋(神经) 鞘氨醇═CMP＋(神经) 鞘氨醇基-磷酸胆碱

195. CDP 二酰(基)甘油-肌醇 3-磷脂酰基转移酶 (CDP diacylglycerol inositol 3-phosphatidyltransferase) EC 2.7.8.11

　　分类名：CDP diacylglycerol：myo-inositol 3-phosphatidyltransferase

CDP 二酰（基）甘油：*myo*-肌醇 3-磷脂酰基转移酶

别名：CDP-diglyceride-inositol phosphatidyltransferase

CDP-二甘油酯-肌醇磷脂酰基转移酶

作用：催化磷酸基转移。

反应：CDP 二酰（基）甘油＋*myo*-肌醇＝CMP＋D-*myo*-1-肌醇 1-磷脂

196. CDP 甘油磷酸甘油转移酶 (CDP glycerol glycerophosphotransferase) EC 2.7.8.12

分类名：CDP glycerol：poly-(glycerophosphate) glycerolphosphotransferase

CDP 甘油：多（聚）（磷酸甘油）磷酸甘油转移酶

作用：催化磷酸甘油基转移。

反应：CDP 甘油＋（磷酸甘油）$_n$＝CMP＋（磷酸甘油）$_{n+1}$

197. 磷酸-*N*-乙酰胞壁酰（基）-五肽-转移酶 (phospho-*N*-acetylmuramoyl-pentapeptide-transferase) EC 2.7.8.13

分类名：UDP-*N*-acetylmuramoyl-L-alanyl-D-γ-glutamyl-L-lysyl-D-alanyl-D-alanine：undecaprenoid-1-o1-phosphatephosphor-*N*-acetylmuramoyl-penta-peptidetransferase

UDP-*N*-乙酰胞壁酰（基）-L-丙氨酰（基）-D-γ-谷氨酰（基）-L-赖氨酰（基）-D-丙氨酰（基）-D-丙氨酸：十一碳类异戊二烯-1-醇-磷酸-*N*-乙酰胞壁酰（基）-五肽转移酶

作用：催化磷酸-*N*-乙酰胞壁酰（基）-五肽转移。

反应：UDP-*N*-乙酰胞壁酰（基）-L-丙氨酰（基）-D-γ-谷氨酰（基）-L-赖氨酰（基）-D-丙氨酰（基）-D-丙氨酸＋十一碳类异戊二烯-1-醇-磷酸＝UMP＋十一碳类异戊二烯-1-醇-二磷酸-*N*-乙酰胞壁酰（基）-L-丙氨酰（基）-D-γ-谷氨酰（基）-L-赖氨酰（基）-D-丙氨酰（基）-D-丙氨酸

198. 丙酮酸磷酸双激酶 (pyruvate orthophosphate dikinase) EC 2.7.9.1

分类名：ATP：pyruvate orthophospate Phosphotransferase

ATP：丙酮酸磷酸磷酸转移酶

作用：催化磷酸基转移，以丙酮酸和磷酸作为受体。

反应：ATP＋丙酮酸＋磷酸＝AMP＋磷酸烯醇丙酮酸＋焦磷酸

199. 丙酮酸水双激酶[*] (pyruvate water dikinase) EC 2.7.9.2

分类名：ATP：pyruate water phosphotransferase

ATP：丙酮酸 水磷酸转移酶

别名：phosphoenolpyruvate synthase　磷酸烯醇丙酮酸合酶

作用：催化磷酸基转移，以丙酮酸和水作为受体。

反应：ATP＋丙酮酸＋H_2O＝AMP＋磷酸烯醇丙酮酸＋磷酸

[*] 本酶含有 Mn。

第八节　催化含硫基团转移的酶

1. 硫代硫酸硫转移酶 (thiosulphate sulphurtransferase) EC 2.8.1.1

分类名：thiosulphate：cyanide sulphurtransferase

硫代硫酸：氰化物硫转移酶

别名：rhodanese　硫氰酸酶

　　　　thiosulphate cyanide transsulphurase　硫代硫酸氰化物转硫酶

作用：催化硫的转移。

反应：硫代硫酸＋氰化物═亚硫酸盐＋硫氰酸

特异性：几种其它硫化合物可以作为硫的供体。

2. 3-巯基丙酮酸硫转移酶[*]　（3-mercaptopyruvate sulphurtransferase）EC 2.8.1.2

分类名：3-mercaptopyruvate：cyanide sulphurtransferase

　　　　3-巯基丙酮酸：氰化物硫转移酶

作用：催化硫的转移。

反应：3-巯基丙酮酸＋氰化物═丙酮酸＋硫氰酸

特异性：亚硫酸、亚磺酸、巯基乙醇和巯基丙酮酸也可作为受体。

　　　　[*] 细菌来源的酶是一种含锌的蛋白质。

3. 芳（香）基磺基转移酶　（aryl-sulphotransferase）EC 2.8.2.1

分类名：3′-phosphoadenylylsulphate：phenol sulphotransferase

　　　　3′-磷酸腺苷酰（基）硫酸（酯）：酚磺基转移酶

别名：phenol sulphotransferase　酚磺基转移酶

　　　sulfokinase　磺基激酶

作用：催化磺基转移。

反应：3′-磷酸腺苷酰（基）磺酸（酯）＋酚═腺苷 3′,5′-磷酸＋芳（香）基磺酸（酯）

4. 3β-羟甾类磺基转移酶　（3β-hydroxysteroid sulphotransferase）EC 2.8.2.2

分类名：3′-phosphoadenlylsulphate：hydroxysterid sulphotransferase

　　　　3′-磷酸腺苷酰（基）硫酸（酯）：羟甾类磺基转移酶

作用：催化磺基转移。

反应：3′-磷酸腺苷酰（基）硫酸（酯）＋羟甾类═腺苷 3′,5′-二磷酸＋甾类化合物硫酸（酯）

特异性：脂（肪）族醇类也可作为受体参加反应。

5. 芳（香）基胺磺基转移酶　（arylamine sulphotransferase）EC 2.8.2.3

分类名：3′-phosphoadenylylsulphate：arylamine sulphotransferase

　　　　3′-磷酸腺苷酰（基）磺酸（酯）：芳（香）基胺磺基转移酶

作用：催化磺基的转移。

反应：3′-磷酸腺苷酰（基）磺酸（酯）＋芳（香）基胺 ═腺苷 3′,5′-二磷酸＋芳（香）基氨基磺酸（酯）

6. 雌（甾）酮磺基转移酶　（oestrone sulphotransferase）EC 2.8.2.4

分类名：3′-phosphoadenylylsulphate：oestrone 3-sulphotransferase

　　　　3′-磷酸腺苷酰（基）硫酸：雌（甾）酮 3-磺基转移酶

作用：催化磺基转移。

反应：3′-磷酸腺苷酰（基）硫酸＋雌（甾）酮═腺苷 3′,5′-二磷酸＋3-硫酸雌（甾）酮

7. 软骨素磺基转移酶　（chondroitin sulphotransferase ）EC 2.8.2.5

分类名：3′-phosphoadenylylsullphate：chondroitin 4′-sulphotransferase

　　　　3′-磷酸腺苷酰硫酸（酯）：软骨素 4′-磺基转移酶

作用：催化磺基转移。

反应：3′-磷酸腺苷酰硫酸(酯)＋软骨素＝腺苷 3′,5′-二磷酸＋4′-硫酸软骨素

特异性：含 2-乙酰(基)-D-氨基葡萄糖也可作为受体参与反应。

8. 胆碱磺基转移酶 (choline sulphotransferase) EC 2.8.2.6

分类名：3′-phosphoadenylylsulphate：choline sulphotransferase

3′-磷酸腺苷酰硫酸：胆碱磺基转移酶

作用：催化磺基转移。

反应：3′-磷酸腺苷酰硫酸＋胆碱＝腺苷 3′,5′-二磷酸 ＋硫酸胆碱

9. UDP-N-乙酰（基）半乳糖胺-4-硫酸磺基转移酶 （UDP-N-acetylgalactosamine-4-sulphate sulphotransferase） EC 2.8.2.7

分类名：3′-phosphoadenylylsulphate：UDP-2-acetamido-2-deoxy-D-galactose-4-sulphate 6-suphotransferase

3′-磷酸腺苷酰(基)硫酸：UDP-2-乙酰氨（基)-2-脱氧-D-半乳糖-4-硫酸-6-磺基转移酶

作用：催化磺基转移。

反应：3′-磷酸腺苷酰(基)硫酸＋UDP-2-乙酰氨(基)-2-脱氧-D-半乳糖-4-硫酸＝3′,5′-二磷酸腺苷＋UDP-2-乙酰氨(基)-2-脱氧-D-半乳糖 4,6-二硫酸

10. 脱磺基肝素磺基转移酶 (desulphoheparin sulphotransferase) EC 2.8.2.8

分类名：3′-phosphoadenylylsulphate：N-desulphoheparin N-sulphotransferase

3′-磷酸腺苷酰（基）硫酸：N-脱磺基肝素 N-磺基转移酶

作用：催化磺基转移。

反应：3′-磷酸腺苷酰（基）硫酸＋N-脱磺基肝素＝腺苷 3′,5′-二磷酸＋肝素

特异性：本酶也催化硫酸肝素的硫酸盐化作用，以及有限程度地催化 4-硫酸软骨素和硫酸皮肤素的硫酸盐化作用。

11. 酪氨酸酯磺基转移酶 (tyrosine-ester sulphotransferase) EC 2.8.2.9

分类名：3′-phosphoadenylysulphate：L-tryosine-methyl-ester sulphotransferase

3′-磷酸腺苷酰硫酸：L-酪氨酸甲酯磺基转移酶

作用：催化磺基转移 。

反应：3′-磷酸腺苷酰硫酸＋L-酪氨酸甲酯＝3′,5′-二磷酸腺苷酰＋L-酪氨酸甲酯 4-硫酸

特异性：只有羧基取代的酪氨酸可作为磺基受体。

12. 虫萤光素磺基转移酶 (luciferin sulphostransferase) EC 2.8.2.10

分类名：3′-phosphoadenylylsulphate：iuciferin sulphotransferase

3′-磷酸腺苷酰(基)硫酸：虫萤光素磺基转移酶

作用：催化磺基转移。

反应：3′-磷酸腺苷酰(基)硫酸＋虫萤光素＝腺苷 3′,5′-二磷酸＋虫萤光(素)基硫酸

13. 半乳糖(基)神经酰胺磺基转移酶 (galactosylceramide sulphotransferase) EC 2.8.2.11

分类名：3′-phosphoadenylylsulphate：galactosylceramide 3′-sulphotransferase

3′-磷酸腺苷酰硫酸：半乳糖(基)神经酰胺 3′-磺基转移酶

作用：催化磺基转移。

反应：3′-磷酸腺苷酰硫酸＋半乳糖(基)神经酰胺＝腺苷 3′,5′-二磷酸＋半乳糖(基)神经

酰胺硫酸

14. 类肝素磺基转移酶（heparitin sulphotransferase）EC 2.8.2.12

分类名：3-phosphoadenylylsulphate：heparitin N-sulphotransferase

3-磷酸腺苷酰（基）硫酸：类肝素 N-磺基转移酶

作用：催化磺基的转移。

反应：3-磷酸腺苷酰（基）硫酸＋类肝素——腺苷 3,5-二磷酸＋N-磺基类肝素

15. （神经）鞘氨醇半乳糖苷磺基转移酶（psychosine sulphotransferase）EC 2.8.2.13

分类名：3′-phosphoadenylylsulphate：galactosylsphingosine sulphotransferase

3′-磷酸腺苷酰（基）硫酸（酯）:半乳糖（基）（神经）鞘氨醇磺基转移酶

作用：催化磺基转移。

反应：3′-磷酸腺苷酰（基）硫酸（酯）＋半乳糖（基）（神经）鞘氨醇——3,5′-二磷酸腺苷＋（神经）鞘氨醇半乳糖苷硫酸（酯）

16. 胆汁盐磺基转移酶（bile-salt sulphotransferase）EC 2.8.2.14

分类名：3′-phosphoadenylylsulphate：taurohlitholate sulphotransferase

3′-磷酸腺苷酰（基）硫酸：牛磺石胆酸磺基转移酶

作用：催化磺基转移。

反应：3′-磷酸腺苷酰（基）硫酸＋牛磺石胆酸盐——腺苷 3′,5′-二磷酸＋牛磺石胆酸硫酸

特异性：结合胆汁盐和非结合胆汁盐均可作为受体。

17. 丙酸辅酶 A-转移酶（propionate CoA-transferase）EC 2.8.3.1

分类名：acetyl-CoA：propionate CoA-transferase

乙酰-辅酶 A：丙酸辅酶 A-转移酶

作用：催化辅酶 A 转移。

反应：乙酰-辅酶 A＋丙酸——乙酸＋丙酰-辅酶 A

特异性：丁酸和乳酸也可以作为辅酶 A 受体。

18. 草酸辅酶 A-转移酶（oxalate CoA-transferase）EC 2.8.3.2

分类名：succinyl-CoA：oxalate CoA-transferase

琥珀酰-辅酶 A：草酸辅酶 A-转移酶

别名：succinyl-β-ketoacyl-CoA transferase　琥珀酰-β-酮酰-辅酶 A 转移酶

作用：催化辅酶 A 转移。

反应：琥珀酰-辅酶 A＋草酸——琥珀酸＋草酰-辅酶 A

19. 丙二酸辅酶 A-转移酶（malonate CoA-transferase）EC 2.8.3.3

分类名：acetyl-CoA：malonate CoA-transferase

乙酰-辅酶 A：丙二酸辅酶 A-转移酶

作用：催化辅酶 A 转移 。

反应：乙酰-辅酶 A＋丙二酸——乙酸＋丙二酰-辅酶 A

20. 3-酮酸-辅酶 A-转移酶（3-ketoacid CoA-transferase）EC 2.8.3.5

分类名：succinyl CoA：3-oxo-acid　CoA-transferase

琥珀酰-辅酶 A：3-氧（代）酸　辅酶 A 转移酶

作用：催化辅酶 A 转移。

反应：琥珀酰-辅酶 A＋3-氧(代)酸══琥珀酸＋3-氧(代)酰-辅酶 A

特异性：乙酰乙酸可以为辅酶 A 受体；丙二酸半醛、3-氧(代)戊酸、3-氧 (代) 异己酸或 3-氧(代)己酸也可以作为受体，但反应较慢；丙二酰-辅酶 A 可替代琥珀酰-辅酶 A 参与反应。

21. 3-氧(代)己二酸辅酶 A-转移酶 （3-oxoadipate CoA-transferase）EC 2. 8. 3. 6

分类名：succinyl-CoA：3-oxoadipate CoA-transferase

琥珀酰-辅酶 A：3-氧(代)己二酸辅酶 A-转移酶

作用：催化辅酶 A 转移。

反应：琥珀酰-辅酶 A＋3-氧(代)己二酸══琥珀酸＋3-氧(代)己二酸单酰辅酶 A

22. 柠苹酸辅酶 A 转移酶 （citramalate CoA-transferase）EC 2. 8. 3. 7

分类名：succin-CoA：citramalate CoA-transferase

琥珀酰-辅酶 A：柠苹酸辅酶 A-转移酶

作用：催化辅酶 A 转移。

反应：琥珀酰-辅酶 A＋柠苹酸══琥珀酸＋柠苹酰-辅酶 A

23. 乙酸：辅酶 A 转移酶 （acetate CoA-transferase）EC 2. 8. 3. 8

分类名：Acetyl-CoA：acetate CoA-transferase

酰基辅酶 A：乙酸辅酶 A 转移酶。

作用：催化辅酶 A 的转移。

反应：酰基-辅酶 A＋乙酸══1 个脂肪酸阴离子＋乙酰-辅酶 A

特异性：也催化丁醚-辅酶 A 和戊酰-辅酶 A。

第五章 催化底物（反应物）水解反应的酶

水解酶是催化底物的水解反应的酶，是一种催化化学键水解的酶，例如：催化以下化学反应的，就是水解酶：

$$A—B+H_2O \longrightarrow A—OH+B—H$$

水解酶是以"（底物）水解酶"这种格式来命名。但是，一般的名称却是"（底物）酶"，如 DNA 水解酶，一般称为 DNA 酶。DNA 即脱氧核糖核酸（deoxyribonucleic acid），其基本组成单位是核苷酸，而核苷酸又是由核酸、戊糖和磷酸组成（DNA 中的戊糖为脱氧核糖）的。DNA 水解酶可以将组成 DNA 分子的脱氧核糖核苷酸之间的连接（$3',5'$-磷酸二酯键）打开的酶。DNA 是基因的组成，因此，该类酶在基因工程中起着很重要作用。又如：蛋白水解酶（protease，proteinase）可简称蛋白酶。它广泛分布于动、植物及细菌中，种类繁多，在动物的消化道及体内各种细胞内，含量尤为丰富。蛋白酶对机体及生物调控起重要作用。

第一节 催化酯键水解的酶

1. 羧酸酯酶（carboxylesterase）EC 3. 1. 1. 1

分类名：carboxylic-ester hydrolase

　　　　羧酸酯水解酶

别名：all-esterase　脂族酯酶

　　　β-esterase　β-酯酶

　　　methylbutyrase　丁酸甲酯酶

　　　monobutyrace　单丁酸酶

cocain esterase　柯卡因酯酶

procaine esterase　普鲁卡因酯酶

作用：催化羧酸酯水解，作用于酯键。

反应：羧酸酯＋H_2O＝醇＋羧酸阴离子

特异性：广泛，也催化维生素 A 酯水解。

2. 芳(香)基酯酶 (arylesterase) EC 3. 1. 1. 2

分类名：aryl-ester hydrolase

芳（香）基-酯水解酶

别名：A-esterase　A-酯酶

Paraoxonase　Paraoxon 酶

作用：催化苯乙酸水解。

反应：苯乙酸＋H_2O＝酚＋乙酸

特异性：可作用于许多种酚酯；由羊血清提取的酶也催化 paraoxon 水解。

3. 三酰甘油脂(肪)酶 (triacylglycerol lipase) EC 3. 1. 1. 3

分类名：triacylglycerol acylhydrolase

三酰甘油酰基水解酶

别名：steapsin　胰脂酶

tributyrase　三丁酸甘油酯酶

triglyceride lipase　甘油三酯脂（肪）酶

lipase　脂（肪）酶

作用：催化羧酸酯水解，作用于酯键。

反应：三酰甘油＋H_2O＝二酰甘油＋脂肪酸阴离子

特异性：胰源性酶只能作用于酯-水接触面；外部的酯键先被水解掉。

4. 磷酸脂(肪)酶 A_2 (phospholipase A_2) EC 3. 1. 1. 4

分类名：phosphatide：2-acylhydrolase

磷脂：2-酰基水解酶

别名：lecithinase A　卵磷脂酶 A

phosphatidase　磷脂酶

phosphatidolipase　磷脂脂（肪）酶

作用：催化羧酸酯水解，作用于酯键。

反应：卵磷脂＋H_2O＝1-酰（基）甘油磷酸胆碱＋不饱和脂肪酸阴离子

特异性：也作用于磷脂酰乙醇胺、胆碱缩醛磷脂和磷脂，水解掉连接在 2-位上的脂肪酸。

5. 溶血磷酸脂酶 (lysophospholipase) EC 3. 1. 1. 5

分类名：lysolecithin acylhydrolase

溶血卵磷脂酰基水解酶

别名：lecithinase B　卵磷脂酶

lysolecithinase　溶血卵磷脂酶

phospholipase B　磷（酸）脂酶

作用：催化羧酸酯水解，作用于酯键。

反应：溶血卵磷脂＋H_2O＝甘油磷酸胆碱＋脂肪酸阴离子

6. 乙酰酯酶（acetylesterase）EC 3. 1. 1. 6

分类名：acetic-ester acetylhydrolase

乙酸酯乙酰水解酶

别名：C-esterase C-酯酶（在动物组织中）

作用：催化羧酸酯水解。

反应：乙酸酯＋H_2O＝醇＋乙酸

7. 乙酰胆碱酯酶（acetylcholine sterase）EC 3. 1. 1. 7

简称：AchE（也称真性胆碱酯酶），一种主要分布于神经末梢的酶。

催化作用和反应：活性高，选择性水解 Ach 的必需酶，能使乙酰胆碱（AcH）水解成胆碱和乙酸，从而使之失去活性。

8. 胆碱酯酶（cholinesterase）EC 3. 1. 1. 8

分类名：acylcholine acylhydrolase 酰基胆碱酰基水解酶

别名：pseudocholinesterase 拟胆碱酯酶

butyrylcholine esterase 丁酰（基）胆碱酯酶

choline esterase Ⅱ（unspecific） 胆碱酯酶Ⅱ（非特异性的）

benzoylcholinesterase 苯（甲）酰胆碱酯酶

作用：催化羧酸酯水解，作用于酯键。

反应：酰基胆碱＋H_2O＝胆碱＋羧酸阴离子

特异性：也作用于各种胆碱酯和一些其它化合物。

9. 托品酯酶（tropinesterase）EC 3. 1. l. 10

分类名：atropine acylhydrolase

阿托品酰基水解酶

作用：催化羧酸酯水解，作用于酯键。

反应：阿托品＋H_2O＝托品＋托品酸

特异性：也作用于柯卡因和其它托品酯。

10. 果胶(甲)酯酶（pectinesterase）EC 3. 1. 1. 11

分类名：pectin pectylhydrolasc 果胶酰水解酶

别名：pectin demethoxylase 果胶脱甲氧基酶

pectin methoxylase 果胶甲氧基酶

pectin methylesterase 果胶甲基酯酶

作用：催化羧酸酯水解，作用于酯键。

反应：果胶＋$n\,H_2O$＝n 甲醇＋果胶酸

11. 胆甾醇酯酶（cholesterol esterase）EC 3. 1. 1. 13

分类名：sterol-ester acylhydrolase 甾醇酯酰（基）水解酶

作用：催化羧酸酯水解，作用于酯键。

反应：胆甾醇酯＋H_2O＝胆甾醇＋脂肪酸阴离子

特异性：也作用于一些其它的甾醇酯。

12. 叶绿素酶（chlorophyllase）EC 3. 1. 1. 14

分类名：chlorophyll chlorophyllidohydrolase 叶绿素脱植基叶绿素水解酶

作用：催化羧酸酯水解，作用于酯键。

反应：叶绿素 + H_2O == 植醇 + 脱植基叶绿素

特异性：也催化脱植基叶绿素转移，即将叶绿素转化为甲基脱植基叶绿素。

13. 阿拉伯糖酸内酯酶（arabinonolactonase）EC 3.1.1.15

分类名：L-arabinono-γ-lactone lactonohydrolase　L-阿拉伯糖酸-γ-内酯内酯水解酶

作用：催化羧酸酯水解，作用于酯键。

反应：L-阿拉伯糖酸-γ-内酯 + H_2O == L-阿拉伯糖酸

14. 葡糖酸内酯酶（gluconolactonase）EC 3.1.1.17

分类名：D-glucono-δ-lactone lactonohydrolase　D-葡糖酸-δ-内酯内酯水解酶

别名：lactonase　内酯酶

作用：催化羧酸酯水解，作用于酯键。

反应：D-葡糖酸-δ-内酯 + H_2O == D-葡糖酸

15. 醛糖酸内酯酶（aldonolactonase）EC 3.1.1.18

分类名：L-gulcono-δ-lactone lactonohydrolase　L-古洛糖酸-δ-内酯内酯水解酶

作用：催化羧酸酯水解，作用于酯键。

反应：L-古洛糖酸-δ-内酯 + H_2O == 古洛糖酸

16. 糖醛酸内酯酶（uronolactonase）EC 3.1.1.19

分类名：D-glucurono-δ-lactone lactonohydrolase　D-葡糖醛酸-δ-内酯乳糖水解酶

作用：催化羧酸酯水解，作用于酯键。

反应：D-葡糖醛酸-δ-内酯 + H_2O == D-葡糖醛酸

17. 鞣酸酶（tannase）EC 3.1.1.20

分类名：tannin acylhydrolase　鞣酸类物酰基水解酶

反应：双没食子酸* + H_2O == 2 没食子酸

特异性：也催化其它鞣酸类物中的酯键水解。

　　　　* 即鞣酸。

18. 视黄醇-棕榈酸酯酶（retinol-palmitate esterase）EC 3.1.1.21

分类名：retinol-palmitate palmitohydrolase　视黄醇-棕榈酸棕榈酸水解酶

作用：催化羧酸酯水解，作用于酯键。

反应：视黄醇棕榈酸 + H_2O == 视黄醇 + 棕榈酸

19. 羟丁酸二(聚)体水解酶（hydroxybutyrate-dimer hydrolase）EC 3.1.1.22

分类名：3-D-(3-D-hydroxybutyryloxy)butyrate hydroxybutyrohydrolase

　　　　3-D-(3-D-羟丁酰(基)氧)丁酸 羟丁酸水解酶

作用：催化羧酸酯水解，作用于酯键。

反应：3-D-(3-D-羟丁酰(基)氧)丁酸 + H_2O == 2 3-D-羟丁酸

20. 3-氧(代)己二酸烯醇-内酯酶（3-oxoadipate enol-lactonase）EC 3.1.1.24

分类名：4-crboxymethylbut-3-enolide(1,4)enol-lactonohydrolase

　　　　4-羧甲基丁-3-烯羟酸内酯（1,4）烯醇-内酯水解酶

作用：催化羧酸酯水解，作用于酯键。

反应：4-羧甲基丁-3-烯烃酸内酯（1,4） + H_2O == 3-氧(代)己二酸

21. γ-内酯酶（γ-lactonase）EC 3.1.1.25

分类名：γ-lactone hydroxyacylhydrolase　γ-内酯羟酰水解酶

作用：催化羧酸酯水解，作用于酯键。

反应：*γ-内酯＋H_2O ＝4-羟酸

特异性：特异地作用于 4～8 碳 γ-内酯，但不能水解脂（肪）族酯、乙酰胆碱、糖内酯或取代的脂（肪）族内酯，如 3-羟-4-丁酸内酯。

*需要 Ca^{2+}。

22. 半乳糖脂(肪)酶（galactolipase）EC 3.1.1.26

分类名：2,3-di-O-abyl-1-O(β-D-galactosyl)-D-glycerolacylhydrolase

2,3-二-O -酰基-1-O(β-D-半乳糖基)-D-甘油酰基水解酶

作用：催化羧酸酯水解，作用于酯键。

反应：2,3-二-O -酰基-1-O-(β-D-半乳糖基)-D-甘油＋2H_2O ＝1-O-(β-D-半乳糖基)-D-甘油＋2 脂肪酸阴离子

特异性：也催化 2,3-二-O-酰基-1-O -(6-O -α-D-半乳糖基-β-D-半乳糖基)-D-甘油,磷脂酰胆碱和其它一些磷脂的水解。

23. 4-吡哆酸内酯酶（4-pyridoxolactonase）EC 3.1.1.27

分类名：4-pyridoxolactone lactonohydrolase　4-吡哆酸内酯内酯水解酶

作用：催化羧酸酯水解，作用于酯键。

反应：4-吡哆酸内酯＋H_2O ＝4-吡哆酸

24. 酰化肉碱水解酶（acylcarnitine hydolase）EC 3 1.1.28

分类名：O-acylcarritine acylhydrolase

O-酰化肉碱酰基水解酶

作用：催化羧酸酯水解，作用于酯键。

反应：O-酰化肉碱＋H_2O ＝脂肪酸＋L-肉碱

特异性：作用于 C_6～C_{18} 的 L-肉碱脂肪酸酯；O-癸酰(基)-L 肉碱的水解活性最高。

25. 氨酰(基)-tRNA 水解酶（amininoacyl-tRNA hydrolase）EC 3.1.1.29

分类名：aminoacyl-tRNA aminoacylhydrolase

氨酰 (基)-tRNA 氨酰(基)水解酶

作用：催化羧酸酯水解，作用于酯键。

反应：N-取代的氨酰(基)-tRNA＋H_2O ＝N-取代的氨基酸＋tRNA

26. D-阿拉伯糖酸内酯酶（D-arabinonolactonase）EC 3.1.1.30

分类名：D-arabinono-γ-lactone ladonlhydrolase

D-阿拉伯糖酸-γ-内酯内酯水解酶

作用：催化羧酸酯水解，作用于酯键。

反应：D-阿拉伯糖酸-γ-内酯＋H_2O ＝D-阿拉伯糖酸

27. 6-磷酸葡糠酸内酯酶（6-phosphogluconolactonase）EC 3.1.1.31

分类名：6-phospho-D-gluconate-δ-lactone lactonohydrolase

6-磷酸-D-葡糖酸-δ-内酯内酯水解酶

作用：催化羧酸酯水解，作用于酯键。

反应：6-磷酸-D-葡糖酸 δ-内酯＋H_2O ＝6-磷酸-D-葡糖酸

28. 磷酸脂(肪)酶 A₁ (phospholipase A₁) EC 3. 1. 1. 32

分类名：phosphatidate 1-acylhydrolase　磷脂酸 1-酰基水解酶

作用：催化羧酸酯水解，作用于酯键。

反应：卵磷脂＋H_2O＝2-酰（基）甘油磷酸胆碱＋脂肪酸阴离子

29. 6-*O*-乙酰葡萄糖脱乙酰基酶 (6-*O*-acetyglucose deacetylase) EC 3. 1. 1. 33

分类名：6-*O*-acetyl-D-glucose acetyhydrolase　6-*O*-乙酰（基）-D-葡萄糖乙酰基水解酶

作用：催化羧酸酯水解，作用于酯键。

反应：6-*O*-乙酰（基）-D-葡萄糖＋H_2O＝葡萄糖＋乙酸

30. 脂蛋白脂(肪)酶 (lipoprotein lipase) EC 3. 1. 1. 34

分类名：triacylglycero-protein acylhdrolase　三酰（基）甘油-蛋白酰基水解酶

别名：clearing factor lipase　清除因子脂（肪）酶

　　　diglyceride lipase　二甘油脂（肪）酶

　　　diacylglycerol lipase　二酰甘油脂（肪）酶

作用：催化羧酸酯水解，作用于酯键。

反应：三酰（基）甘油＋H_2O＝三酰（基）甘油＋脂肪酸阴离子

特异性：催化乳糜（微）粒和低度脂蛋白的三酰（基）甘油水解，也作用于二酰（基）甘油。

31. 二氢香豆素水解酶 (dihydrocoumarin hydrolase) EC 3. 1. 1. 35

分类名：dihydrocoumarin lactonohydrolase　二氢香豆素内酯水解酶

作用：催化羧酸酯水解，作用于酯键。

反应：二氢香豆素＋H_2O＝黄木樨酸

32. 柠檬苦酸-D-环-内酯酶 (limonin-D-ring-lactonase) EC 3. 1. 1. 36

分类名：limonoate-D-ring-lactone lactonohydrolase　柠檬苦酸-D-环内酯内酯水解酶

作用：催化羧酸酯水解，作用于酯键。

反应：柠檬苦酸 D-环-内酯＋H_2O＝柠檬苦酸

33. 类固醇-内酯酶 (steroid-lactonase) EC 3. 1. 1. 37

分类名：testololactone lactonohydrolase　睾酸内酯内酯水解酶

作用：催化羧酸酯水解，作用于酯键。

反应：睾酸内酯＋H_2O＝睾酸

34. 三乙酸内酯酶 (triacetate-lactonase) EC 3. 1. 1. 38

分类名：triacetolactone lactonohydrolase　三乙酸内酯内酯水解酶

作用：催化羧酸酯水解，作用于酯键。

反应：三乙酸内酯＋H_2O＝三乙酸

35. 放线菌素内酯酶 (actinomycin lactonase) EC 3. 1. 1. 39

分类名：actinomycin lactonohydrolase　放线菌素内酯水解酶

作用：催化羧酸酯水解，作用于酯键。

反应：放线菌素＋H_2O＝放线菌素单内酯

36. 苔色酸-缩酚酸（类）水解酶 (orsellinate-depside hydrolase) EC 3. 1. 1. 40

分类名：orsellinate-depside hydrolase　苔色酸-缩酚酸（类）水解酶

别名：lecanorate hydrolase　地衣缩酚酸水解酶

作用：催化羧酸酯水解，作用于酯键。

反应：苔色酸-缩酚酸＋H_2O＝2 苔色酸

37. 头孢菌素 C 脱乙酰基酶（cephalosporin-C deacetylase）EC 3. 1. 1. 41

分类名：cephalosporin-C acethlhydrolas　头孢菌素 C 乙酰（基）水解酶

作用：催化羧酸酯水解，作用于酯键。

反应：头孢菌素 C＋H_2O＝脱乙酰（基）头孢菌素 C＋乙酸

特异性：催化 10-位上的乙酰酯键水解。

38. 乙酰辅酶 A 水解酶（acetyl-CoA hydrolase）EC 3. 1. 2. 1

分类名：acetyl-CoA hydrolase　乙酰-辅酶 A 水解酶

别名：acetyl-CoA deacylase　乙酰-辅酶 A 脱酰酶

　　　acetyl-CoA acylase　乙酰-辅酶 A 酰基转移酶

作用：催化硫醇酯水解。

反应：乙酰-辅酶 A＋H_2O＝辅酶 A＋乙酸

39. 棕榈酰-辅酶 A 水解酶（palmitoyl-CoA hydrolase）EC 3. 1. 2. 2

分类名：palmitoyl-CoA hydrolase　棕榈酰-辅酶 A 水解酶

作用：催化巯酸酯水解，作用于酯键。

反应：棕榈酰-辅酶 A＋H_2O＝辅酶 A＋棕榈酸

40. 琥珀酰-辅酶 A 水解酶（succinyl-CoA hydrolase）EC 3. 1. 2. 3

分类名：succinyl-CoA hydrolase　琥珀酰-辅酶 A 水解酶

别名：succinyl-CoA acylase　琥珀酰-辅酶 A 酰化酶

作用：催化巯酸酯水解。

反应：琥珀酰-辅酶 A＋H_2O＝辅酶 A＋琥珀酸

41. 3-羟异丁酰-辅酶 A（3-hydroxyisobutyryl-CoA hydrolase）水解酶　EC 3. 1. 2. 4

分类名：3-hydroxyisobutyryl-CoA hydrolase　3-羟异丁酰-辅酶 A　水解酶

作用：催化巯酸酯水解，作用于酯键 。

反应：3-羟异丁酰辅酶 A＋H_2O＝辅酶 A＋3-羟异丁酸

特异性：也催化 3-羟丙酰-辅酶 A 水解。

42. 羟甲基戊二酰-辅酶 A 水解酶（hydroxymethylglutaryl-CoA hydrolase）EC 3. 1. 2. 5

分类名：3-hydroxy-3-methylglutaryl-CoA hydrolase

　　　　3-羟-3-甲基戊二酰-辅酶 A 水解酶

作用：催化巯酸酯水解，作用于酯键。

反应：3-羟-3-甲基戊二酰-辅酶 A＋H_2O＝辅酶 A＋3-羟-3-甲基戊二酸

43. 羟酰基谷胱甘肽水解酶（hydroxyacylglutathione hydrolase）EC 3. 1. 2. 6

分类名：S-2-hydroxyacylglutathione hydrolase　S-2-羟酰基谷胱甘肽水解酶

别名：glyoxalase　乙二醛酶 11

作用：催化巯酸酯水解，作用于酯键。

反应：S-2-羟酰基谷胱甘肽＋H_2O＝谷胱甘肽＋2-羟酸阴离子

特异性：也催化 S-乙酰乙酰基谷胱甘肽水解，但反应较慢。

44. 谷胱甘肽巯酸酯酶（glutathione thiolesterase）EC 3. 1. 2. 7

分类名：S-acylglutathione hydrolase　S-酰基谷胱甘肽水解酶

作用：催化巯酸酯水解，作用于酯键。

反应：5-酰基谷胱甘肽＋H_2O ═ 谷胱甘肽＋羧酸阴离子

45. 甲酰-辅酶 A 水解酶（formyl-CoA hydrolase）EC 3.1.2.10

分类名：formyl-CoA hydrolase　甲酰-辅酶 A 水解酶

作用：催化硫醇酯水解，作用于酯键。

反应：甲酰-辅酶 A＋H_2O ═ 辅酶 A＋甲酸

46. 乙酰乙酰-辅酶 A 水解酶（acetoacetyl-CoA hydrolase）EC 3.1.2.11

分类名：acetoacetyl-CoA hydrolase　乙酰乙酰-辅酶 A 水解酶

作用：催化硫醇酯水解。

反应：乙酰乙酰-辅酶 A＋H_2O ═ 辅酶 A＋乙酰乙酸

47. S-甲酰谷胱甘肽水解酶（S-formylglutathione hydrolase）EC 3.1.2.12

分类名：S-formylglutathione hydrolase　S-甲酰谷胱甘肽水解酶

作用：催化硫醇酯水解，作用于酯键。

反应：S-甲酰谷胱甘肽＋H_2O ═ 甘胱甘肽＋甲酸

特异性：也催化 S-乙酰谷胱甘肽水解，但反应较慢。

48. S-琥珀酰谷胱甘肽水解酶（S-succinylglutathione hydrolase）EC 3.1.2.13

分类名：S-succinylglutathione hydrolase　S-琥珀酰谷胱甘肽水解酶

作用：催化巯酸酯水解，作用于酯键。

反应：S-琥珀酰谷胱甘肽＋H_2O ═ 谷胱甘肽＋琥珀酸

49. 碱性磷酸酶（alkaline phosphatase）EC 3.1.3.1

分类名：orthophosphoric-monoester phosphohydrolase（alkaline optimum）
　　　　磷酸-单酯磷酸水解酶（最适宜于碱性条件）

别名：aldaline phosphomonoesterase　碱性磷酸单酯酶

　　　phosphomonoesterase　磷酸单酯酶

　　　glycerophosphatas　磷酸甘油酶

作用：催化磷酸单酯水解，作用于酯键。

反应：磷酸单酯＋H_2O ═ 醇＋磷酸

特异性：广泛，也催化转磷酸反应；有些酶可水解焦磷酸。

50. 酸性磷酸酶（acid phosphatase）EC 3.1.3.2

分类名：orthophosphoric monoester phosphohydrolase（acid optimum）
　　　　磷酸单酯磷酸水解酶（最适于酸性）

别名：acid phosphomonoesterase　酸性磷酸单酯酶

　　　phosphomonoesterase　磷酸单酯酶

　　　glycerophosphatase　甘油磷酸酶

作用：催化磷酸单酯水解，作用于酯键。

反应：磷酸单酯＋H_2O ═ 醇＋磷酸

特异性：广泛，也催化磷酸基转移。

51. 磷酸丝氨酸磷酸(酯)酶（phosphoserine phosphatase）EC 3.1.3.3

分类名：O-phosphoserine phosphohydrolase　O-磷酸丝氨酸磷酸水解酶

作用：催化磷酸单酯水解，作用于酯键。

反应：L（或 D)-O-磷酸丝氨酸＋H_2O＝L（或 D)-丝氨酸＋磷酸

52. 磷脂酸磷酸(酯)酶（phosphatidate phosphatase）EC 3.1.3.4

分类名：L-α-phosphatidate phosphohydrolase　L-α-磷脂酸磷酸水解酶

作用：催化磷酸单酯水解。

反应：L-α-磷脂酸＋H_2O＝D-2,3-(或 L-1,2)甘油二酯＋磷酸

53. 5′-核苷酸酶（5′-nucleotidase）EC 3.1.3.5

分类名：5′-ribonucleotide phosphohydrolase　5′-核糖核苷酸磷酸水解酶

作用：催化磷酸单酯水解，作用于酯键。

反应：5′-核糖核苷酸＋H_2O＝核糖核苷＋磷酸

特异性：广泛地作用于 5′-核苷酸。

54. 3′-核苷酸酶（3′-nucleotidase）EC 3.1.3.6

分类名：3′-ribonucleotide phosphohydrolase　3′-核糖核苷酸磷酸水解酶

作用：催化磷酸单酯水解，作用于酯键。

反应：3′-核糖核苷酸＋H_2O＝核糖核苷＋磷酸

特异性：广泛地作用于 3′-核苷酸。

55. 磷酸腺苷酸 3′-核苷酸酶（phosphooadenylate 3′-nucleotidase）EC 3.1.3.7

分类名：adenosine-3′,5′-bisphosphate 3′-phosphohydrolase

　　　　腺苷-3′,5′-双磷酸（酯）3′-磷酸水解酶

作用：催化磷酸单酯水解，作用于酯键。

反应：3′,5′-双磷酸腺苷＋H_2O＝5′-AMP＋磷酸

特异性：也作用于 3′-磷酸腺苷酰（基）硫酸（酯）。

56. 3-肌醇六磷酸酶（3-phytase）EC 3.1.3.8

分类名：myo-inositol-hexokisphosphate 3-phosphohydrolase

　　　　myo-肌醇-六磷酸（酯）3-磷酸水解酶

作用：催化磷酸单酯水解，作用于酯键。

反应：myo-肌醇-六磷酸（酯）＋H_2O＝D-myo-肌醇-1,2,4,5,6-五磷酸（酯）＋磷酸

57. 葡萄糖-6-磷酸酶（glucose-6-phosphatase）EC 3.1.3.9

分类名：D-glucose-6-phosphate phosphohydrolase

　　　　D-葡萄糖-6-磷酸磷酸水解酶

作用：催化磷酸单酯水解，作用于酯键。

反应：D-葡萄糖 6-磷酸＋H_2O＝D-葡萄糖＋磷酸

特异性：也催化以下的磷酸根转移：氨甲酰基磷酸、己糖磷酸、焦磷酸、磷酸烯醇丙酮酸、核苷二磷酸和核苷三磷酸上的酸根转移到 D-葡萄糖、D-甘露糖、3-O-甲基-D-葡萄糖或 2-脱氧-D-葡萄糖上。

58. 葡萄糖-1-磷酸酶（glucosc-1-phosphatse）EC 3.1.3.10

分类名：D-glucose-1-phosphate phorphohydrolase　D-葡萄糖-1-磷酸磷酸水解酶

作用：催化磷酸单酯水解，作用于酯键。

反应：D-葡萄糖 1-磷酸＋H_2O＝D-葡萄糖＋磷酸

特异性：也催化 D-半乳糖 1-磷酸水解，但反应慢。

59. 果糖-二磷酸酶 （fructose-bisphosphatase) EC 3. 1. 3. 11

分类名：D-fructose-1,6-bisphosphate 1-phosphohydrolase

D-果糖-1,6-二磷酸　1-磷酸水解酶

别名：hexosediphosphatase　己糖二磷酸（酯）酶

作用：催化磷酸单酯水解，作用于酯键。

反应：D-果糖 1,6-二磷酸＋H_2O＝6-磷酸 D-果糖＋磷酸

60. 海藻糖-磷酸(酯)酶 （trehalose-phosphoatase) EC 3. 1. 3. 12

分类名：trehalose-6-phosphate phosphohydrolase　海藻糖-6-磷酸（酯）磷酸水解酶

作用：催化磷酸单酯水解，作用于酯键。

反应：6-磷酸海藻糖＋H_2O＝海藻糖＋磷酸

61. 双磷酸甘油酸磷酸(酯)酶 （bisphosphoglycerate phosphatase) EC 3. 1. 3. 13

分类名：2,3-bisphospho-D-glycerate 2-phosphohydrolase

2,3-双磷酸-D-甘油酸　2-磷酸水解酶

作用：催化磷酸单酯水解，作用于酯键。

反应：2,3-双磷酸-D-甘油酸＋H_2O＝3-磷酸-D-甘油酸＋磷酸

62. 甲硫基磷酸甘油酸磷酸(酯)酶 （methylthiophosphoglycerate phosphatase) EC 3. 1. 3. 14

分类名：1-methylthio-3-phospho-D-glycerate phosphohydrolase

1-甲硫基-3-磷酸-D-甘油酸磷酸水解酶

作用：催化磷酸单酯水解，作用于酯键。

反应：1-甲硫基-3-磷酸-D-甘油酸＋H_2O＝甲硫基-D-甘油酸＋磷酸

63. 组氨醇磷酸(酯)酶 （histidinol phosphatase) EC 3. 1. 3. 15

分类名：histidinol-phosphate phosphohydrolase　磷酸组氨醇磷酸水解酶

作用：催化磷酸单酯水解。

反应：L-组氨醇磷酸（酯）＋H_2O＝L-组氨醇＋磷酸

64. 磷蛋白磷酸(酯)酶 （phosphoprotein phosphatase) EC 3. 1. 3. 16

分类名：phosphoprotein phosphohydrolase　磷蛋白磷酸水解酶

别名：protein phosphatase　蛋白磷酸（酯）酶

作用：催化磷酸单酯水解，作用于酯键。

反应：磷蛋白＋nH_2O＝蛋白质＋n 磷酸

特异性：作用于酪蛋白和其它磷蛋白；由脾脏提取的酶也催化酚磷酸（酯）和磷（酸）酰胺水解。

65. 磷酸化酶磷酸(酯)酶 （phosphorylase phosphatase) EC 3. 1. 3. 17

分类名：phosphorylase A phosphohydrolase　磷酸化酶 A 磷酸水解酶

别名：PR-enzyme　PR-酶

作用：催化磷酸单酯水解，作用于酯键。

反应：磷酸化酶 A＋$4H_2O$＝2 磷酸化酶 B＋4 磷酸

66. 磷酸羟基乙酸磷酸(酯)酶 （phosphoglycollate phosphatase) EC 3. 1. 3. 18

分类名：2-phosphoglycollate phosphohydrolase　2-磷酸羟基乙酸磷酸水解酶

作用：催化磷酸单酯水解，作用于酯键。

反应：2-磷酸羟基乙酸＋H_2O＝羟基乙酸＋磷酸

67. 甘油-2-磷酸(酯)酶 （glycerol-2-phosphatase） EC 3.1.3.19

分类名：glycerol-2-phosphat phosphohydrolase　甘油-2-磷酸磷酸水解酶

作用：催化磷酸单酯水解。

反应：甘油 2-磷酸＋H_2O＝甘油＋磷酸

68. 磷酸甘油酸磷酸(酯)酶 （phosphoglycerate phosphatase） EC 3.1.3.20

分类名：D-glycerate-2-phosphate phosphohydrolase

　　　　D-甘油酸-2-磷酸 （酯）磷酸水解酶

作用：催化磷酸单酯水解，作用于酯键。

反应：D-甘油酸-2-磷酸(酯)＋H_2O＝D-甘油酸＋磷酸

69. 甘油-1-磷酸酶 （glycerol-1-phosphatase） EC 3.1.3.21

分类名：glycerol-1-phosphate phosphohydrolase　甘油-1-磷酸　磷酸水解酶

作用：催化磷酸单酯水解，作用于酯键。

反应：1-磷酸甘油＋H_2O＝甘油＋磷酸

特异性：也作用于 1-丙二醇磷酸；但对其它磷酸酯无作用。

70. 甘露(糖)醇-1-磷酸(酯)酶 （mannitol-1-phosphatase） EC 3.1.3.22

分类名：D-mannitol-1-phosphate phosphohydrolase

　　　　D-甘露 （糖） 醇-1-磷酸磷酸水解酶

作用：催化羧酸单酯水解，作用于酯键。

反应：D-甘露 （糖） 醇-1-磷酸＋H_2O＝D-甘露 （糖） 醇＋磷酸

71. 糖-磷酸(酯)酶 （sugar-phosphatase） EC 3.1.3.23

分类名：sugar-phosphate phosphohydrolase　糖-磷酸磷酸水解酶

作用：催化磷酸单酯水解，作用于酯键。

反应：磷酸糖＋H_2O＝糖＋磷酸

特异性：广泛。作用于 1-磷酸己醛糖、1-磷酸己酮糖、6-磷酸己醛糖、6-磷酸己酮糖、1,6-二磷酸果糖的两个磷酸酯键。磷酸二糖、磷酸五糖和磷酸三糖的磷酸酯键，但反应较慢。

72. 蔗糖-磷酸(酯)酶 （sucrose-phosphatase） EC 3.1.3.24

分类名：sucrose-6^F-phosphate phosphohydrolase　蔗糖-6^F-磷酸磷酸水解酶

作用：催化磷酸单酯水解，作用于酯键。

反应：6^F-磷酸蔗糖＋H_2O＝蔗糖＋磷酸

73. lL-*myo*-肌醇-1-磷酸(酯)酶 （1L-*myo*-inositol-1-phosphatase） EC 3.1.3.25

分类名：lL-*myo*-inositol-1-phosphate phosphohydrolase

　　　　lL-*myo*-肌醇-1-磷酸 （酯） 磷酸水解酶

作用：催化磷酸单酯水解。

反应：lL-*myo*-肌醇 1-磷酸＋H_2O＝*myo*-肌醇＋磷酸

特异性：主要作用于二级平伏 （向） 羟基的磷酸酯。

74. 6-肌醇六磷酸酶 （6-phytase） EC 3.1.3.26

分类名：*myo*-inositol-hexakisphosphate 6-phosphohydrolase

　　　　myo-肌醇-六磷酸 （酯） 6-磷酸水解酶

别名：phytase　肌醇六磷酸酶

phytate 6-phosphatase 肌醇六磷酸 6-磷酸（酯）酶

作用：催化磷酸单酯水解，作用于酯键。

反应：myo-肌醇-六磷酸(酯)＋H_2O＝1L-myo-肌醇-1,2,3,4,5-五磷酸(酯)＋磷酸

75. 磷脂酰甘油磷酸（酯）酶 （phosphatidylglycerophosphatase） EC 3.1.3.27

分类名：phosphatidylglycerophosphate phosphohydrolase

　　　磷脂酰甘油磷酸(酯)磷酸水解酶

作用：催化磷酸单酯水解，作用于酯键。

反应：磷脂酰甘油磷酸(酯)＋H_2O＝磷脂酰甘油＋磷酸

76. ADP 磷酸甘油酸磷酸(酯)酶 （ADP-phosphoglycerate phosphatase） EC 3.1.3.28

分类名：ADP phosphoglycerate phosphohydrolase

　　　ADP 磷酸甘油酸磷酸水解酶

作用：催化磷酸单酯水解，作用于酯键。

反应：ADP 磷酸甘油酸＋H_2O＝ADP 甘油酸＋磷酸

特异性：也作用于 2,3-二磷酸甘油酸。

77. N-酰基神经氨（糖）磷-9-磷酸酶 （N-acylneumminate-9-phosphatase） EC 3.1.3.29

分类名：N-acylneuraminate-9-phosphate phosphohydrolase

　　　N-酰基神经氨(糖)酸-9-磷酸磷酸水解酶

作用：催化磷酸单酯水解，作用于酯键。

反应：N-酰基神经氨(糖)酸 9-磷酸＋H_2O＝N-酰基神经氨(糖)酸＋磷酸

78. 3′-磷酸腺苷酰（基）硫酸（酯） 3′-磷酸（酯）酶 （3′-phospoadenylylsulphate 3′-phosphatase） EC 3.1.3.30

分类名：3′-phospoadenylylsulphate 3′-phosphohydrolase

　　　3′-磷酸腺苷酰(基)硫酸(酯)3′-磷酸水解酶

作用：催化磷酸单酯水解，作用于酯键。

反应：3′-磷酸腺苷(基)硫酸(酯)＋H_2O＝腺苷酰(基)硫酸(酯)＋磷酸

79. 核苷酸酶 （nucleotidase） EC 3.1.3.31

分类名：nucleotide phosphohydrolase　核苷酸磷酸水解酶

作用：催化磷酸单酯水解，作用于酯键。

反应：核苷酸＋H_2O＝核苷＋磷酸

特异性：广泛地作用于 2′-、3′-和 5′-核苷酸；也能催化磷酸甘油和 4-硝基苯磷酸水解。

80. 多(聚)核苷酸 3′-磷酸(酯)酶 （polynucleotide 3′-phosphatase） EC 3.1.3.32

分类名：polynucleotide 3′-phosphohydrolase

　　　多(聚)核苷酸 3′-磷酸水解酶

别名：2′(3′)-polynucleotidase　2′(3′)-多(聚)核苷酸酶

作用：催化磷酸单酯水解。

反应：3′-磷酸多(聚)核苷酸＋H_2O＝多(聚)核苷酸＋磷酸

特异性：也作用于 2′-、3′-和 5′-单磷酸核苷以及 2′-磷酸多(聚)核苷酸。

81. 多(聚)核苷酸 5′-磷酸(酯)酶 （polynucleotide 5′-phosphatase） EC 3.1.3.33

分类名：polyncleotide 5′-phosphohydrolase　多(聚)核苷酸 5′-磷酸水解酶

别名：5′-polynucleotidase　5′-多（聚）核苷酸酶

作用：催化磷酸单酯水解。

反应：5′-磷酸多（聚）核苷酸＋H_2O＝多（聚）核苷酸＋磷酸

特异性：不能催化单磷酸核苷水解。

82. 脱氧核苷酸 3′-磷酸酶（deoxynucleotide 3′-phosphatase）EC 3. 1. 3. 34

分类名：deoxyribonucleotidc 3′-phosphohydrolase

　　　　脱氧核糖核苷酸 3′-磷酸水解酶

别名：3′-deoxynucleotidase　3′-脱氧核苷酸酶

作用：催化磷酸单酯水解，作用于酯键。

反应：脱氧核苷 3′-磷酸＋H_2O＝脱氧核苷＋磷酸

83. 胸苷酸 5′-磷酸（酯）酶（thymidylate 5′-phosphatase）EC 3. 1. 3. 35

分类名：thymidylate 5′-phosphohydrolase

　　　　胸苷酸 5′-磷酸水解酶

别名：thymidylate 5′-nucleotidase　胸苷酸 5′-核苷酸酶

作用：催化磷酸单酯水解，作用于酯键。

反应：胸苷酸＋H_2O＝胸苷＋磷酸

特异性：也作用于 5′-甲基-dCMP 和 5′-核糖胸苷酸，但反应较慢。

84. 磷脂酰-肌醇-双磷酸（酯）磷酸（酯）酶（phosphatidyl-inositol-bisphosphate pho-sphatase）EC 3. 1. 3. 36

分类名：phosphatidyl-*myo*-inositol-4,5-bisphosphate phosphohydrolase

　　　　磷脂酰-*myo*-肌醇-4,5-双磷酸（酯）磷酸水解酶

别名：triphosphoinositide phosphatase　三磷酸肌醇 磷酸（酯）酶

作用：催化磷酸单酯水解，作用于酯键。

反应：磷脂酰-*myo*-肌醇-4,5-双磷酸（酯）＋H_2O＝磷脂酰-肌醇单磷酸（酯）＋磷酸

85. 景天庚酮糖-双磷酸（酯）酶（sedoheptulose-bisphosphatase）EC 3. 1. 3. 37

分类名：sedoheptulose-1,7-bisphosphate 1-phosphohydrolase

　　　　景天庚酮糖-1,7-双磷酸（酯）1-磷酸水解酶

作用：催化磷酸单酯水解，作用于酯键。

反应：1,7-双磷酸景天庚酮糖＋H_2O＝7-磷酸景天庚酮糖＋磷酸

86. 3-磷酸甘油酸磷酸（酯）酶（3-phosphoglycerate phosphatase）EC 3. 1. 3. 38

分类名：D-glycerate-3-phosphate phosphohydrolase

　　　　D-甘油酸-3-磷酸（酯）磷酸水解酶

作用：催化磷酸单酯水解，作用于酯键。

反应：D-甘油酸-3-磷酸（酯）＋H_2O＝D-甘油酸＋磷酸

特异性：有广泛的催化磷酸单酯水解的作用，但以 3-磷酸甘油酸为最有效的作用基质。

87. 链霉素-6-磷酸（酯）酶（streptomycin-6-phosphatase）EC 3. 1. 3. 39

分类名：streptomycin-6-phosphate phosphohydrolase

　　　　链霉素-6-磷酸（酯）磷酸水解酶

作用：催化磷酸单酯水解，作用于酯键。

反应：6-磷酸链霉素＋H_2O ＝链霉素＋磷酸

特异性：也作用于双氢链霉素 $3'\alpha$,6-二磷酸(酯)和 6-磷酸链霉胍。

88. 胍基脱氧-*scyllo*-肌醇-4-磷酸(酯)酶（guanidinodeoxy-*scyllo*-inositol-4-phosphatase）EC 3. 1. 3. 40

分类名：1-guanidino-1-deoxy-*scyllo*-inositol-4-phosphate 4-phosphohydrolase

1-胍基-1-脱氧-*scyllo*-肌醇-4-磷酸 4-磷酸水解酶

作用：催化磷酸单酯水解，作用于酯键。

反应：1-胍基-1-脱氧-*scyllo*-肌醇 4-磷酸＋H_2O ＝1-胍基-1-脱氧-scyllo-肌醇＋磷酸

89. 4-硝基苯磷酸酶（4-nitrophenylphosphatase）EC 3. 1. 3. 41

分类名：4-nitrophenylphosphate phosphohydrolase

4-硝基苯磷酸磷酸水解酶

作用：催化磷酸单酯水解，作用于酯键。

反应：4-硝基苯磷酸＋H_2O ＝4-硝基苯酚＋磷酸

特异性：磷酸苯酯、4-硝基苯硫酸、乙酰磷酸和甘油磷酸等都不能作为本酶的基质，为本酶水解。

90. 糖原-合酶-D 磷酸(酯)酶（glycogen-synthase-D phosphatase）EC 3. 1. 3. 42

分类名：[UDP glucose-glycogen glucosyltransferase-D]phosphohydrolase

[UDP 葡萄糖-糖原葡糖基转移酶-D]磷酸水解酶

作用：催化磷酸单酯水解。

反应：糖原-合酶 D ＝糖原-合酶 1＋磷酸

91. [丙酮酸脱氢酶(硫辛酰胺)]-磷酸(酯)酶[*]（[pyruvate dehydrogenase(lipoamide)]-phosphatase）EC 3. 1. 3. 43

分类名：[pyruvate dehydrogenase(lipoamide)]-phosphate phosphohydrolase

[丙酮酸脱氢酶(硫辛酰胺)]-磷酸(酯)磷酸水解酶

作用：催化磷酸单酯水解，作用于酯键。

反应：[丙酮酸脱氢酶(硫辛酰胺)]磷酸(酯)＋H_2O ＝(丙酮酸脱氢酶(硫辛酰胺))＋磷酸

[*] 本酶是一种与丙酮酸脱氢酶复合物有关的线粒体酶。

92. 磷酸二酯酶 1（phosphodiesterase 1）EC . 3. 1. 4. 1

分类名：oligonucleate 5'-nucleotidohydrolase

低(聚)核酸 5'-核苷酸水解酶

别名：5'-exonuclease 5'-核苷酸外切酶

作用：催化磷酸二酯水解。

反应：从 3'-羟基末端的低(聚)核苷酸链的 3'-羟基端连续地水解移去 5'-核苷酸。

特异性：对多(聚)核苷酸的催化活性较低，3'-磷酸末端的核苷酸链会抑制本酶的活性。

93. 甘油磷酸胆碱磷酸二酯醇（glycerophosphocholine phosphodiesterase）EC 3. 1. 4. 2

分类名：L-3-glycerophosphocholine glycerophosphohydrolase

L-3-甘油磷酸胆碱甘油磷酸水解酶

作用：催化磷酸二酯水解，作用于酯键。

反应：L-3-甘油磷酸胆碱 ＋ H_2O ＝胆碱＋ 1-磷酸甘油

特异性：也催化 L-3-甘油磷酸乙醇胺的水解

94. 磷酸脂(肪)酶 C （phospholipase C） EC 3.1.4.3

分类名：phosphatidylcholine cholinephosphohydrolase
磷脂酰胆碱磷酸胆碱水解酶

别名：lipophosphodiesterase Ⅰ　脂磷酸二酯酶 Ⅰ
lecithinase C　卵磷脂酶 C
Clostridim welchii α-toxin　韦氏梭菌 α-毒素
Clostridium oedematiens β-and γ-toxins　水肿梭菌 β-和 γ-毒素

作用：催化磷酸二酯水解，作用于酯键。

反应：磷脂酰胆碱＋H_2O＝1,2-二酰（基）甘油＋磷酸胆碱

特异性：也作用于（神经）鞘磷脂。

95. 磷酸脂(肪)酶 D （phospholipase D） EC 3.1.4.4

分类名：phosphatidylcholine phosphatidohydrolase
磷脂酰胆碱磷脂水解酶

别名：lipophosphodiesterase Ⅱ　脂磷酸二酯酶 Ⅱ
lecithinase D　卵磷脂酶 D
choline phosphatase　胆碱磷酸（酯）酶

作用：催化磷酸二酯水解，作用于酯键。

反应：磷脂酰胆碱 ＋ H_2O＝胆碱＋磷脂酸

特异性：也作用于其它磷脂酰酯类。

96. 肌苷三磷酸磷酸二酯酶 （triphosphoinositide phosphodiesterase） EC 3.1.4.11

分类名：triphosphoinositide inositol-trisphosphohydrolase
肌苷三磷酸肌醇-三磷酸水解酶

作用：催化磷酸二酯水解，作用于酯键。

反应：肌苷三磷酸＋H_2O＝肌醇三磷酸 ＋ 二酰(基)甘油

特异性：也催化肌苷二磷酸水解。

97. (神经)鞘磷脂磷酸二酯酶 （sphingomyelin phosphodiesterase） EC 3.1.4.12

分类名：sphingomyelin cholinephosphohydrolase
（神经）鞘磷脂磷酸胆碱水解酶

作用：催化磷酸二酯水解，作用于酯键。

反应：(神经)鞘磷脂＋H_2O＝N-酰基(神经)鞘氨醇＋磷酸胆碱

特异性：对磷脂酰胆碱的催化作用很小。

98. 丝氨酸-磷酸乙醇胺磷酸二酯酶 （serine-ethanolaminephosphate phosphodiesterase） EC 3.1.4.13

分类名：serine-phospho-ethanolamine ethanolaminephosphohydrolase
丝氨酸-磷酸-乙醇胺磷酸乙醇胺水解酶

作用：催化磷酸二酯水解。

反应：丝氨酸-磷酸-乙醇胺＋H_2O＝丝氨酸＋磷酸乙醇胺

特异性：只作用于含乙醇胺的磷酸二酯分子。

99. [酰基载体蛋白]磷酸二酯酶 ([acyl-carrier-protein]phosphodiesterase) EC 3. 1. 4. 14

分类名：[acyl- carrier-protein]4′-pantetheinephosphohydrolase

[酰基载体蛋白]4′-泛酰巯基乙胺磷酸水解酶

作用：催化磷酸二酯水解，作用于酯键。

反应：[酰基载体蛋白]＋H_2O ═4′-泛酰巯基乙胺＋脱辅基蛋白

100. 腺苷酰(基)-[谷氨酸合成酶]水解酶 (adenylyl-[glutamine-synthetase]hydrolase) EC 3. 1. 4. 15

分类名：adenylyl[L-glutmate:ammonia ligase(ADP-forming)]adenylylhydrolase

腺苷酰(基)-[L-谷氨酸:氨连接酶(生成 ADP)]腺苷酰(基)水解酶

作用：催化磷酸二酯水解，作用于酯键。

反应：腺苷酰(基)-[L-谷氨酸:氨连接酶(生成 ADP)]＋H_2O ═腺苷酸＋[L-谷氨酸:氨连接酶(生成 ADP)]

101. 2′:3′-环-核苷酸 2′-磷酸二酯酶 (2′:3′-cyclic-nucleotide 2′-phosphodiesterase) EC 3. 1. 4. 16

分类名：nucleoside-2′:3′-cyclic-phosphate 3′-nucleotidohydrolase

核苷-2′:3′-环-磷酸 3′-核苷酸水解酶

作用：催化磷酸二酯水解，作用于酯键。

反应：核苷 2′:3′-环磷酸＋H_2O ═核苷 3′-磷酸

特异性：也催化 3′-核苷单磷酸和双对硝基苯磷酸的水解，但不作用于 3′-脱氧核苷酸。

102. 3′:5′-环-核苷酸磷酸二酯酶 (3′:5′-cyclic-nucleotide phosphodiesterase)
EC 3. 1. 4. 17

分类名：3′:5′-cyclic-nucleotide 5′-nucleotidohydrolase

3′:5′-环-核苷酸 5′-核苷酸水解酶

作用：催化磷酸二酯水解，作用于酯键。

反应：核苷 3′:5′-环磷酸＋H_2O ═核苷 5′-磷酸

特异性：作用于 3′:5′-环 AMP、3′:5′-环 dAMP、3′:5′-环 IMP、3:5-环 GMP 和 3′:5′-环 CMP。

103. 3′:5′-环-GMP 磷酸二酯酶 (3′:5′-cyclic-GMP phosphodiesterase) EC 3. 1. 4. 35

分类名：3′:5-cylic-GMP 5′-nucleotidohydrolase

3′:5′-环-GMP 5′-核苷酸水解酶

作用：催化磷酸二酯水解，作用于酯键。

反应：鸟苷 3′:5′-环磷酸＋H_2O ═鸟苷 5′-磷酸

104. 1:2-环-肌醇-单磷酸磷酸二酯酶 (1: 2-cyclic-inositol-monophosphate phosphodiesterase)
EC 3. 1. 4. 36

分类名：D-*myo*-inositol-1:2-cyclic-phosphate 2-inositol phosphohydrolase

D-*myo*-肌醇-1:2-环-磷酸 2-肌醇磷酸水解酶

作用：催化磷酸二酯水解，作用于酯键。

反应：D-*myo*-肌醇 1:2-环磷酸＋H_2O ═D-*myo*-肌醇 1-磷酸

105. 2′:3′-环-核苷酸 3′-磷酸二酯酶（2′:3′-cyclic-nucleotide 3′-phosphodiesterase）

    EC 3.1.4.37

    分类名：nucleoside-2′:3′-cyclic-phosphate 2′-nucleotidohydrolase

            核苷-2′:3′-环-磷酸 2′-核苷酸水解酶

    作用：催化磷酸二酯水解，作用于酯键。

    反应：核苷 2′:3′-环磷酸＋H_2O ═核苷 2′-磷酸

106. 甘油磷酸胆碱胆碱磷酸二酯酶（glycerophosphocholine cholinephosphodiesterase）

    EC 3.1.4.38

    分类名：L-3- glycerophosphocholine cholinephosphohydrolase

            L-3-甘油磷酸胆碱胆碱磷酸水解酶

    作用：催化磷酸二酯水解，作用于酯键。

    反应：L-3-甘油磷酸胆碱＋H_2O ═甘油＋磷酸胆碱

    特异性：对 L-3-甘油磷酸乙醇胺无催化水解作用。

107. 烷基甘油磷酸乙醇胺磷酸二酯酶（alkylglycerophosphoethanolamine phosphodiesterase）

    EC 3.1.4.39

    分类名：1-alkyl-*sn*-glycero-3-phosphoethanolamine ethanolaminehydrolase

            1-烷基-*sn*-甘油-3-磷酸乙醇胺乙醇胺水解酶

    别名：lysophospholipase D　溶血磷脂酶 D

    作用：催化磷酸二酯水解，作用于酯键。

    反应：1-烷基-*sn*-甘油-3-磷酸乙醇胺＋H_2O ═1-烷基-*sn*-甘油 3-磷酸＋乙醇胺

    特异性：也作用于酰基和胆碱类似物。

108. CMP-*N*-酰基神经氨(糖)酸磷酸二酯酶（CMP-*N*-acylneuraminate phosphodiesterase）

    EC 3.1.4.40

    分类名：CMP-*N*-acylneuraminate *N*-acylneuraminohydrolase

            CMP-*N*-酰基神经氨(糖)酸 *N*-酰基神经氨(糖)酸水解酶

    别名：CMP-sialate hydrolase　CMP 唾液酸水解酶

    作用：催化磷酸二酯水解，作用于酯键。

    反应：CMP-*N*-酰基神经氨(糖)酸＋H_2O ═CMP＋*N*-酰基神经氨(糖)酸

109. (神经)鞘磷脂磷酸二酯酶 D（sphingomyelin phosphodiesterase D）EC 3.1.4.41

    分类名：sphingomyelin ceramide-phosphohydrolase

            (神经)鞘磷脂神经酰胺-磷酸水解酶

    作用：催化磷酸二酯水解，作用于酯键。

    反应：(神经)鞘磷脂 ═磷酸神经酰胺＋胆碱

    特异性：不能催化磷脂酰胆碱水解，但可催化 2-溶血磷脂酰胆碱水解，生成溶血磷脂酸和胆碱。

110. dGTP 酶（dGTPase）EC 3.1.5.1

    分类名：dGTP triphosphohydrolase

            dGTP 三磷酸水解酶

    别名：deoxy-GTPase　脱氧 GTP 酶

作用：催化三磷酸单酯，作用于酯键。

反应：dGTP＋H_2O＝脱氧鸟苷＋三磷酸

特异性：也作用于 GTP。

111. 芳(香)基硫酸(酯)酶 (arylsulphatase) EC 3.1.6.1

分类名：aryl-sulphate sulphohydrolase

芳(香)基-硫酸(酯)磺基水解酶

别名：sulphatase 硫酸酯酶

作用：催化硫酸酯水解，作用于酯键。

反应：硫酸酚＋H_2O＝酚＋硫酸

112. 甾醇-硫酸(酯)酶 (sterol-sulphatase) EC 3.1.6.2

分类名：sterol-sulphate sulphohydrolase

甾醇-硫酸(酯)硫酸水解酶

作用：催化硫酸酯水解，作用于酯键。

反应：3β-羟雄甾-5-烯-17-酮-3-硫酸(酯)＋H_2O＝3β-羟雄甾-5-烯-17-酮＋硫酸

特异性：也作用于一些相关的甾醇-硫酸 (酯)。

113. 葡糖硫酸(酯)酶 (glycosulphatase) EC 3.1.6.3

分类名：sugar-sulphate sulphohydrolase

糖-硫酸磺基水解酶

别名：glucosulphatase 葡糖硫酸 (酯) 酶

作用：催化硫酸酯水解。

反应：D-葡萄糖 6-硫酸＋H_2O＝D-葡萄糖＋硫酸

特异性：也作用于其它单糖和双糖硫酸(酯)，以及腺苷 5- 硫酸酯。

114. 软骨素硫酸酯酶 (chondroitinsulphatase) EC 3.1.6.4

分类名：chondroitin-sulphate sulphohydrolase

硫酸软骨素磺基水解酶

别名：chondroitinase 软骨素酶

作用：催化硫酸酯水解，作用于酯键。

反应：硫酸软骨素的 2-乙酰氨(基)-2-脱氧-D-半乳糖 6-硫酸

单位的 6-硫酸基团的水解。

115. 胆碱硫酸酯酶 (cholinesulphatase) EC 3.1.6.6

分类名：choline-sulphate sulphohydrolase

硫酸胆碱磺基水解酶

作用：催化硫酸酯水解，作用于酯键。

反应：硫酸胆碱＋H_2O＝胆碱＋硫酸

116. 纤维素多(聚)硫酸酯酶 (cellulose polysulphatase) EC 3.1.6.7

分类名：cellulose-sulphate sulphohydrolase

硫酸纤维素磺基水解酶

作用：催化硫酸酯水解，作用于酯键。

反应：纤维素的多(聚)硫酸酯中 2-和-3-硫酸基团的水解。

117. 脑苷硫酸酯酶（cerebroside sulphatase）EC 3. 1. 6. 8

分类名：cerebroside-3-sulphate 3-sulphohydrolase

　　　　脑苷-3-硫酸 3-磺基水解酶

作用：催化硫酸酯水解，作用于酯键。

反应：脑苷-3-硫酸＋H_2O══脑苷＋硫酸

118. 软骨素-4-硫酸(酯)酶（chondro-4-sulphatase）EC 3. 1. 6. 9

分类名：$\Delta^{4,5}$-β-D-glucuronosyl-（1，4）-2-acetamido-2-deoxy-D-galactose-4-sulphate 4-sulphohydrolase

　　　　$\Delta^{4,5}$-β-D-葡糖苷酸基-(1,4)-2-乙酰氨基-2-脱氧-D-半乳糖-4-硫酸(酯)4-磺基水解酶

作用：催化硫酸酯水解，作用于酯键。

反应：$\Delta^{4,5}$-β-D-葡糖苷酸基-(1,4)-2-乙酰氨基-2-脱氧-D-半乳糖-4-硫酸(酯)＋H_2O══

　　　　$\Delta^{4,5}$-β-D-葡糖苷酸基-(1,4)-2-乙酰氨基-2-脱氧-D-半乳糖＋硫酸

特异性：也作用于饱和的同类化合物，但不能催化较高级的寡糖或任何 6-硫酸(酯)。

119. 软骨素-6-硫酸(酯)酶（chondro-6-sulphatase）EC 3. 1. 6. 10

分类名：$\Delta^{4,5}$-β-D-glucuronosyl-（1，4）-2-acetamido-2-deoxy-D-galactose-6-sulphate 6-sulphohydrolase

　　　　$\Delta^{4,5}$-β-D-葡糖苷酸基-(1,4)-2-乙酰氨基-2-脱氧-D-半乳糖-6-硫酸(酯)6-磺基水解酶

作用：催化硫酸酯水解，作用于酯键。

反应：$\Delta^{4,5}$-β-D-葡糖苷酸基-(1,4)-2-乙酰氨基-2-脱氧-D-半乳糖 6-硫酸(酯)＋ H_2O══

　　　　$\Delta^{4,5}$-β-D-葡糖苷酸基-(1,4)-2-乙酰氨基-2-脱氧-D-半乳糖＋硫酸

特异性：也作用于饱和的同类化合物和乙酰氨基脱氧半乳糖 4,6-二硫酸(酯)，但不能催化较高级的寡糖或任何 4-硫酸(酯)。

120. 二磺基葡糖胺-6-硫酸酯酶（disulphoglucosamine-6-sulphatase）EC 3. 1. 6. 11

分类名：2-sulphamido-2-deoxy-6-O-sulpho-D-glucose-6-sulphohydrolase

　　　　2-磺酰胺-2-脱氧-6-O-磺(基)-D-葡萄糖 6-磺基水解酶

作用：催化硫酸酯水解。

反应：2-磺酰胺-2-脱氧-6 -O-磺（基）-D-葡萄糖＋H_2O══2-磺酰胺-2-脱氧-D-葡萄糖＋硫酸

121. 多聚异戊二烯醇焦磷酸酶（prenol pyrophosphatase）EC 3. 1. 7. 1

分类名：prenol diphosphate pyrophosphohydrolase

　　　　多聚异戊二烯醇二磷酸焦磷酸水解酶

作用：催化二磷酸单酯水解，作用于酯键。

反应：多聚异戊二烯醇二磷酸＋H_2O══多聚异戊二烯醇＋焦磷酸

122. 脱氧核糖核酸外切酶Ⅰ（exodeoxyribonuclease Ⅰ）EC 3. 1. 11. 1

别名：*E. coli* exonuclease Ⅰ　大肠杆菌核酸外切酶Ⅰ

　　　　mammalian DNase Ⅲ　哺乳动物 DNA 酶 Ⅲ

　　　　exonuclease Ⅳ　核酸外切酶 Ⅳ

T$_2$ and T$_4$ induced exodeoxyribonucleases

T$_2$ 和 T$_4$ 诱导的脱氧核糖核酸外切酶

作用：催化脱氧核糖核酸外切，生成 5′-磷酸单酯。

反应：核酸沿 3′→5′方向外切；产生 5′-磷酸单核苷酸。

特异性：优先水解单股 DNA。大肠杆菌酶水解糖基化 DNA。

123. 脱氧核糖核酸外切酶 Ⅲ（exodeoxyribonuclease Ⅲ）EC 3.1.11.2

别名：*E. coli* exonuclease Ⅲ　大肠杆菌核酸外切酶Ⅲ

　　　Haemophilus influenzae exonuclease　流感嗜血杆菌核酸外切酶

作用：催化脱氧核糖核酸外切，生成 5′-磷酸单核苷酸。

反应：核酸沿 3′→5′方向外切，产生 5′-磷酸单核苷酸。

特异性：优先水解双股 DNA。对 DNA 链上无嘌呤核苷酸附近的位点具有核酸内切酶
　　　　的活性。

124. 脱氧核糖核酸外切酶(lambda-诱导)（exodeoxyribonuclease(lambda-induced)）
EC 3.1.11.3

别名：Lambda exonuclease　Lambda　核酸外切酶

　　　T$_4$，T$_5$ and T$_7$ exonuclease　T$_4$、T$_5$ 和 T$_7$ 核酸外切酶

　　　mammalian DNaseⅣ　哺乳动物 DNA 酶Ⅳ

作用：催化脱氧核糖核酸外切，生成 5′-磷酸单酯。

反应：核酸沿 3′→5′方向外切，产生 5′-磷酸单核苷酸。

特异性：优先水解双股 DNA。不能水解单股 DNA。

125. 脱氧核糖核酸外切酶(受噬菌体 SP$_3$ 诱导)（exodeoxyribonuclease(phage SP$_3$-induced)）
EC 3.1.11.4

别名：phage SP$_3$ DNase　噬菌体 SP$_3$ DNA 酶

　　　DNA 5′-dinucleotidohydrolase　DNA 5′-二核苷酸水解酶

作用：催化脱氧核糖核酸外切，生成 5′-磷酸单酯。

反应：核酸沿 3′→5′方向外切，产生 5′-磷酸单核苷酸。

特异性：优先水解单股 DNA。

126. 脱氧核糖核酸外切酶 Ⅴ（exodeoxyribonuclease Ⅴ）EC 3.1.11.5

别名：*E. coli* exonuclease Ⅴ　大肠杆菌核酸外切酶Ⅴ

　　　H. influenzae ATP-dependent DNase　流感嗜血杆菌依赖 ATP DNA 酶

作用：催化脱氧核糖核酸外切，生成 5′-磷酸单酯。

反应：核酸 ATP 存在的情况下，沿 5′→3′或 3′→5′方向外切，产生 5′-磷酸寡核苷酸。

特异性：优先水解双股 DNA，具有依赖 DNA 的 ATP 酶活性也催化单股环状 DNA 上
　　　　的核苷酸内切。

127. 脱氧核糖核酸外切酶Ⅶ（exodeoxyribonuclease Ⅶ）EC 3.1.11.6

别名：*E. coli* exonuclease Ⅶ　大肠杆菌核酸外切酶Ⅶ

　　　Micrococcus luteus exonuclease　藤黄微球菌核酸外切酶

作用：催化脱氧核糖核酸外切，生成 5′-磷酸单酯。

反应：核酸沿 5′→3′或 3′→5′方向外切，产生 5′-磷酸单核苷酸。

特异性：优先水解单股 DNA。

128. 核糖核酸酶Ⅱ（Ribonuclease Ⅱ） EC 3.1.13.1

别名：exoribonuclease 核糖核酸外切酶

Lactobacillus plantarum RNase 植物乳杆菌 RNA 酶

mousenuclear RNase 鼠细胞核 RNA 酶

oligoribonuclease of *E. coli* 大肠杆菌寡核糖核酸酶

作用：催化核糖核酸外切水解。

反应：核酸由 $3' \rightarrow 5'$ 方向外切，水解产生 $5'$-磷酸单核苷。

特异性：优先催化单股 RNA 水解。

129. 核糖核酸外切酶 H* （exoribonuclease H） EC 3.1.13.2

作用：催化核糖核酸外切，生成 $5'$-磷酸单酯。

反应：沿 $5' \rightarrow 3'$ 和 $3' \rightarrow 5'$ 方向核糖核酸外切，产生 $5'$-磷酸单酯寡核苷酸。

特异性：催化与 DNA 链配对的双股链中的 RNA 链。

*本酶存在于某些致肿瘤 RNA 病毒和动物细胞中。

130. 低（聚）核苷酸酶（oligonucleotidase） EC 3.1.13.3

作用：催化核苷酸外切水解，产生 $5'$-磷酸单酯。

反应：低（聚）核苷酸外切水解产生 $5'$-磷酸单核苷酸。

特异性：也催化 NAD^+ 水解，生成 NMN 和 AMP。

131. 酵母核糖核酸酶（yeast ribonuclease） EC 3.1.14.1

别名：RNase U_4 RNA 酶 U_4

作用：催化核糖核酸外切水解。

反应：核糖核酸外切水解成为 $3'$-磷酸单核苷酸。

132. 毒液核酸外切酶（venom exonuclease） EC 3.1.15.1

别名：hog kidney phosphodiesterase 猪肾磷酸二酯酶

Lactobacillus exonuclease 乳杆菌核酸外切酶

作用：催化核糖核酸，或脱氧核糖核酸外切水解。

反应：核酸由 $3' \rightarrow 5'$ 方向外切水解，产生 $5'$-磷酸单核苷酸。

特异性：优先催化单股核酸水解，毒液酶也作用于超螺旋结构。

133. 脾核酸外切酶（spleen exonuclease） EC 3.1.16.1

别名：$3'$-exonucleace $3'$-核酸外切酶

spleen phosphodiesterase 脾磷酸二酯酶

Lactobacillus acidophilus nuclease 嗜酸乳杆菌核酸酶

R. subtilis nuclease 枯草杆菌核酸酶

salmon testis nucleace 鲑鱼睾丸核酸酶

作用：催化核酸外切水解。

反应：在核酸 $5' \rightarrow 3'$ 方向外切水解核酸，产生 $3'$-磷酸单核苷酸。

特异性：优先水解单链核酸。

134. 脱氧核糖核酸酶Ⅰ（deoxyribonuclease Ⅰ） EC 3.1.21.1

别名：pancreatic DNAse 胰 DNA 酶

DNase　DNA 酶

Streptococcus DNase（streptodornase）　链球菌 DNA 酶（链道酶）

T_4 endonuclease Ⅱ　T_4 核酸内切酶 Ⅱ

T_7 endonuclease Ⅱ　T_7 核酸内切酶 Ⅱ

E. coli endonuclease Ⅰ　"Nicking" nuclease of calfthymus

小牛胸腺的大肠杆菌核酸内切酶 Ⅰ　"缺口"核酸酶

colicin E_2 and E_3　大肠杆菌素 E_2 和 E_3

作用：催化脱氧核糖核酸内切水解，生成 $5'$-磷酸单酯。

反应：多核苷酸水解为 $5'$-磷酸二核苷酸和 $5'$-磷酸低（聚）核苷酸。

特异性：优先水解双链 DNA。

135. 脱氧核糖核酸内切酶Ⅳ（受噬菌体 T_4 诱导）（endodeoxyribonuclease Ⅳ（phage T_4-induced）） EC 3. 1. 21. 2

别名：*E. coli* endonuclease Ⅳ　大肠杆菌核酸内切酶 Ⅳ

DNase Ⅴ（mammalian）　DNA 酶 Ⅴ（哺乳动物）

Aspergillus sojae DNase　酱油曲霉 DNA 酶

B. subtilis endonuclease　枯草杆菌核酸内切酶

T_4 endonuclease Ⅲ　T_4 核酸内切酶 Ⅲ

T_7 endonuclease Ⅰ　T_7 核酸内切酶 Ⅰ

Aspergillus DNase K_2　曲霉 DNA 酶 K_2

Vaccinia virus DNase Ⅵ　牛痘病毒 DNA 酶 Ⅵ

yeast DNase　酵母 DNA 酶

chlorella DNase　小球藻 DNA 酶

作用：催化脱氧核糖核酸内切，生成 $5'$-磷酸单酶。

反应：多核苷酸水解为 $5'$-磷酸低（聚）核苷酸。

特异性：优先水解单链 DNA。

136. 脱氧核糖核酸酶Ⅱ（deoxyribonuclease Ⅱ）EC 3. 1. 22. 1

别名：DNase Ⅱ　DNA 酶 Ⅱ

pancreatic DNase Ⅱ　胰 DNA 酶 Ⅱ

crab testes DNase　蟹壳 DNA 酶

snail DNase　蜗牛 DNA 酶

salmon testis DNase　鲑睪丸 DNA 酶

liver acid DNase　肝酸性 DNA 酶

human acid DNase of gastric mucosa and cervix

人胃黏膜和子宫颈酸性 DNA 酶

作用：催化脱氧核糖核酸水解，生成 $3'$-磷酸单酯。

反应：多核苷酸水解为 $3'$-磷酸核苷酸和 $3'$-磷酸低（聚）核苷酸。

137. 曲霉脱氧核糖核酸酶 K_1（*Aspergillus* deoxyribonuclease K_1）EC 3. 1. 22. 2

别名：*Aspergillus* DNase K_1　曲霉 DNA 酶 K_1

作用：催化核酸内切，生成 $3'$-磷酸-单和低（聚）核苷酸。

特异性：优先作用于单键 DNA。

138. 脱氧核糖核酸内切酶 V （endodeoxyribonuclease V） EC 3. 1. 22. 3

别名：thymus endonuclease 胸腺核酸内切酶

E. coli endonuclease Ⅱ 大肠杆菌核酸内切酶Ⅱ

human placenta endonuclease 人胎盘核酸内切酶

作用：催化脱氧核糖核酸内切，生成 $3'$-磷酸单酯。

反应：在无嘌呤和无嘧啶的位置上脱氧核糖核酸水解，生成 $3'$-磷酸产物。

139. 脱氧核糖核酸内切酶 Alu Ⅰ* （endodeoxyribonuclease Alu Ⅰ） EC 3. 1. 23. 1

作用：催化脱氧核糖核酸在专一位置上内切，水解特异性顺序的链。

反应：AG↓CT

＊由藻黄节杆菌中提取。

140. 脱氧核糖核酸内切酶 Asu Ⅰ* （endodeoxyribonuclease Asu Ⅰ） EC 3. 1. 23. 2

作用：催化脱氧核糖核酸在专一位置上内切，水解特异性顺序的链。

反应：G↓GNCC

＊由 Anabaena subcylindrica 中提取。

141. 脱氧核糖核酸内切酶 Ava Ⅰ* （endodeoxyribonuclease Ava Ⅰ） EC 3. 1. 23. 3

作用：催化脱氧核糖核酸在专一位置上内切，水解特异性顺序的链。

反应：C↓YCGRG

＊由 Anabaena varibilis 中提取。

142. 脱氧核糖核酸内切酶 Ava Ⅱ* （endodeoxyribonuclease Ava Ⅱ） EC 3. 1. 23. 4

作用：催化脱氧核糖核酸在专一位置上内切，水解特异性顺序的链。

反应：C↓G（A 或 T）CC

＊由 Anabaena varibilis 中提取。

143. 脱氧核糖核酸内切酶 Bal Ⅰ* （endodeoxyribonuclease Bal Ⅰ） EC 3. 1. 23. 5

作用：催化脱氧核糖核酸在专一位置上内切，水解特异性顺序的链。

反应：TGG↓CCA

＊由呈白短杆菌中提取。

144. 脱氧核糖核酸内切酶 Bam HI* （endodeoxyribonuclease Bam HI） EC 3. 1. 23. 6

别名：endodeoxyribonuclease Bam FI 或 Bacillus amyloliquefaciens F（Bom FI）

脱氧核糖核酸内切酶 Bam FI 或解淀粉芽孢杆菌 F（Bam FI）

endodeoxyribonuclease Bam KI 或 Bacillus amyloliquefaciens F（Bam KI）

脱氧核糖核酸内切酶 Bam KI 或解淀粉芽孢杆菌 F（Bam KI）

endodeoxyribonuclease Bam NI 或 Bacillus amyloliquefaciens F（Bam NI）

脱氧核糖核酸内切酶 Bam NI 或解淀粉芽孢杆菌 F（Bam NI）

endodeoxyribonuclease Bst Ⅰ 或 Bacillus sterrothermophilus （Bst Ⅰ）

脱氧核糖核酸内切酶 Bst Ⅰ 或嗜热脂肪芽孢杆菌（Bst Ⅰ）

作用：催化脱氧核糖核酸在专一位置上内切，水解特异性顺序的链。

反应：G↓GATCC

＊由解淀粉芽孢杆菌 H 中提取。

145. 脱氧核糖核酸内切酶 Bbv Ⅰ* （endodeoxyribonuclease Bbv Ⅰ） EC 3. 1. 23. 7

作用：催化脱氧核糖核酸在专一位置上内切，水解特异性顺序的链。

反应：GC（A 或 T）GC

　　*由短芽孢杆菌中提取。

146. 脱氧核糖核酸内切酶 Bcl Ⅰ*（endodeoxyribonuclease Bcl Ⅰ）EC 3. 1. 23. 8

作用：催化脱氧核糖核酸在专一位置上内切，水解特异性顺序的链

反应：T↓GATCA

　　*由 *Bacillus caldolyticus* 中提取。

147. 脱氧核糖核酸内切酶 Bgl Ⅰ*（endodeoxyribonuclease Bgl Ⅰ）EC 3. 1. 23. 9

作用：催化脱氧核糖核酸在专一位置上内切，水解特异性顺序的链。

反应：不清楚。

　　*由 *Bacillus globigii* 中提取。

148. 脱氧核糖核酸内切酶 Bgl Ⅱ*（endodeoxyribonuclease Bgl Ⅱ）EC 3. 1. 23. 10

作用：催化脱氧核糖核酸在专一位置上内切，水解特异性顺序的链。

反应：A↓GATCT

　　*由 *Bacillus globigii* 中提取。

149. 脱氧核糖核酸内切酶 Bpu Ⅰ*（endodeoxyribonuclease Bpu Ⅰ）EC 3. 1. 23. 11

作用：催化脱氧核糖核酸在专一位置上内切，水解特异性顺序的链。

反应：不清楚。

　　*由短小芽孢杆菌中提取。

150. 脱氧核糖核酸内切酶 Dpn Ⅰ*（endodeoxyribonuclease Dpn Ⅰ）EC 3. 1. 23. 12

作用：催化脱氧核糖核酸在专一位置上内切，水解特异性顺序的链。

反应：Gm6ATC

特异性：不能催化未被甲基化的序列的水解，水解位置尚不清楚。

　　*由肺炎球菌中分离提取。

151. 脱氧核糖核酸内切酶 Eco R Ⅰ*（endodeoxyribonuclease Eco R Ⅰ）EC 3. 1. 23. 13

作用：催化脱氧核糖核酸在专一位置上内切，水解非特异性顺序的链。

反应：G↓AATTC

　　*由带有 fi⁺ 质粒的大肠杆菌中分离提取。

152. 脱氧核糖核酸内切酶 Eco RⅡ*（endodeoxyribonuclease Eco RⅡ）EC 3. 1. 23. 14

作用：催化脱氧核糖核酸在专一位置上内切，水解特异性顺序的链。

反应：↓CC（A 或 T）GG

　　*由带有 fi⁺ 质粒的大肠杆菌中分离提取。

153. 脱氧核糖核酸内切酶 Hae Ⅰ*（endodeoxyribonuclease Hae Ⅰ）EC 3. 1. 23. 15

作用：催化脱氧核糖核酸在专一位置上内切，水解特异性顺序的链。

反应：（A 或 T）GG↓CC（A 或 T）

　　*由埃及嗜血菌中提取。

154. 脱氧核糖核酸内切酶 Hae Ⅱ*（endodeoxyribonuclease Hae Ⅱ）EC 3. 1. 23. 16

别名：endodeoxyribonuclease Hin H Ⅰ and Ngo Ⅰ

　　　脱氧核糖核酸内切酶 Hin H Ⅰ 和 Ngo Ⅰ

作用：催化脱氧核糖核酸在专一位置上内切，水解特异性顺序的链。

反应：RGCGC↓Y

    * 由埃及嗜血菌中提取。

155. 脱氧核糖核酸内切酶 Hae Ⅲ * (endodeoxyribonuclease Hae Ⅲ) EC 3. 1. 23. 17

别名：endonuclease Z　核酸内切酶 Z

        endodeoxyribonuclease Bsp RⅠ或 *Bacillus sphaericus* （Bsp RⅠ）

        脱氧核糖核酸内切酶 Bsp RⅠ或球形芽孢杆菌 （Bsp RⅠ）

        endodeoxyribonuclease BsuⅠ或 *Bacillus subtillis* X5 （BsuⅠ）

        脱氧核糖核酸内切酶 BsuⅠ或枯草杆菌 X 5 （BsuⅠ）

        endodeoxyribonuclease BluⅡ或 *Brevibactercrium luteum* （BluⅡ）

        脱氧核糖核酸内切酶 BluⅡ或 Luteum 短杆菌 （BluⅡ）

        endodeoxyribonuclease PalⅠ或 *Providencia alcaiifaciens* （PalⅠ）

        脱氧核糖核酸内切酶 PalⅠ或 *Alcalifaciens* 普罗威登斯菌 （PalⅠ）

        endodeoxyribonuclease HhgⅠ或 *Haenmophilus haemoglobinophilus* （HhgⅠ）

        脱氧核糖核酸内切酶 HhgⅠ或嗜血红素嗜血菌 （HhgⅠ）

        endodeoxyribonuclease SfaⅠ或 *Streptococcus faecalis* （SfaⅠ）

        脱氧核糖核酸内切酶 SfaⅠ或粪链球菌 （SfaⅠ）

作用：催化脱氧核糖核酸在专一位置上内切，水解特异性顺序的链。

反应：GG↓CC

特异性：催化单股 DNA 中折叠成双链的区域水解。

    * 由埃及嗜血菌中分离提取。

156. 脱氧核糖核酸内切酶 Hga Ⅰ * (endodeoxyribonuclease Hga Ⅰ) EC 3. 1. 23. 18

作用：催化脱氧核糖核酸在专一位置上内切，水解特异性烦序的链。

反应：$(5'{\rightarrow}3')$GACGCNNNNN↓$(3'{\rightarrow}5')$CTGCGNNNNNNNNNN↓

    * 由鸡嗜血菌中提取。

157. 脱氧核糖核酸内切酶 Hha Ⅰ * (endodeoxyribonuclease Hha Ⅰ) EC 3. 1. 23. 19

作用：催化脱氧核糖核酸在专一位置上内切，水解特异性顺序的链。

反应：GCG↓C

特异性：催化单股 DNA 中折叠成双链的区域水解。

    * 由溶血嗜血杆菌中提取。

158. 脱氧核糖核酸内切酶 Hind Ⅱ * (endodeoxyribonuclease Hind Ⅱ) EC 3. 1. 23. 20

别名：endonuclease R　核酸内切酶 R

        endodeoxyribonuclease ChuⅡ或 *Corynebacterium humiferum* （ChuⅡ）

        脱氧核糖核酸内切酶 ChuⅡ或土生棒杆菌 （ChuⅡ）

        endodeoxyribonuclease HincⅡ或 *Haemophilus influenzae* serotype c （HincⅡ）

        脱氧核糖核酸内切酶 HincⅡ或流感嗜血杆菌血清型 c （HincⅡ）

        endodeoxyribonuclease MnnⅠ或 *Moraxella nonliquefaciens* （MnnⅠ）

        脱氧核糖核酸内切酶 MnnⅠ或不液化莫拉菌 （MnnⅠ）

作用：催化脱氧核糖核酸在专一位置上内切，水解特异性顺序的链。

反应：CTY↓RAC

    * 由流感嗜血杆菌血清型 d 中提取。

159. 脱氧核糖核酸内切酶 Hind Ⅲ * （endodeoxyribonuclease Hind Ⅲ） EC 3. 1. 23. 21

别名：endodeoxyribonuclease Bbr Ⅰ 或 *Bordetella bronchiseptica* （Bbr Ⅰ）

脱氧核糖核酸内切酶 Bbr Ⅰ 或支气管炎博德特菌 （Bbr Ⅰ）

endodeoxyribonuclease Chu Ⅰ 或 *Corynebacterium humiferum* （Chu Ⅰ）

脱氧核糖核酸内切酶 Chu Ⅰ 或土生棒杆菌 （Chu Ⅰ）

endodeoxyribonuclease Hinb Ⅱ或 *Haemophilus influenzae* serotypeb （Hinb Ⅱ）

脱氧核糖核酸内切酶 Hinb Ⅱ 或流感嗜血杆菌血清型 b （Hinb Ⅱ）

endodeoxyribonuclease Hinf Ⅱ或 *Haemophilus influenzae* serotype f （Hinf Ⅱ）

脱氧核糖核酸内切酶 Hinf Ⅱ 或流感嗜血杆菌血清型 f （Hinf Ⅱ）

endodeoxyribonuclease Hsu Ⅰ 或 *Haemophilus suis* （Hsu Ⅰ）

脱氧核糖核酸内切酶 Hsu Ⅰ 或猪流感嗜血杆菌 （Hsu Ⅰ）

作用：催化脱氧核糖核酸在专一位置上内切，水解特异性顺序的链。

反应：A↓AGCTT

* 由流感嗜血杆菌血清型 d 中提取。

160. 脱氧核糖核酸内切酶 Hinf Ⅰ * （endodeoxyribonuclease Hinf Ⅰ） EC 3. 1. 23. 22

别名：endodeoxyribonuclease Hha Ⅱ *Haemophilus haemolyticus* （Hha Ⅱ）

脱氧核糖核酸内切酶 Hha Ⅱ 或溶血嗜血杆菌 （Hha Ⅱ）

作用：催化脱氧核糖核酸在专一位置上内切，水解特异性顺序的链。

反应：G↓ANTC

* 由流感嗜血杆菌血清型 f 中分离提取。

161. 脱氧核糖核酸内切酶 Hpa Ⅰ * （endodeoxyribonuclease Hpa Ⅰ） EC 3. 1. 23. 23

作用：催化脱氧核糖核酸在专一位置上内切，水解特异性顺序的链。

反应：GTT↓AAC

* 由副流感嗜血杆菌中分离提取。

162. 脱氧核糖核酸内切酶 Hpa Ⅱ * （endodeoxyribonuclease Hpa Ⅱ） EC 3. 1. 23. 24

别名：endodeoxyribonuclease Hpa Ⅱ 或 *Haemophilus aphrophilus* （Hap Ⅱ）

脱氧核糖核酸内切酶 Hap Ⅱ 或嗜沫嗜血杆菌 （Hap Ⅱ）

endodeoxyribonuclease Mno Ⅰ 或 *Moraxella nonliquefaciens* （Mno Ⅰ）

脱氧核糖核酸内切酶 Mno Ⅰ 或不液化莫拉菌 （Mno Ⅰ）

作用：催化脱氧核糖核酸在专一位置上内切，水解特异性顺序的链。

反应：C↓CGG

* 由副流感嗜血杆菌中分离提取。

163. 脱氧核糖核酸内切酶 Hph Ⅰ * （endodeoxyribonuclease Hph Ⅰ） EC 3. 1. 23. 25

作用：催化脱氧核糖核酸在专一位置上内切，水解特异性顺序的链。

反应：（5′→3′） GGTGANNNNNNNN↓

（3′→5′） CCACTNNNNNNN↓

* 由副溶血嗜血杆菌中分离提取。

164. 脱氧核糖核酸内切酶 Kpn Ⅰ * （endodeoxyribonuclease Kpn Ⅰ） EC 3. 1. 23. 26

作用：催化脱氧核糖核酸在专一位置上内切，水解特异性顺序的链。

反应：GGTAC↓C

　　*由肺炎克雷伯菌中分离提取。

165. 脱氧核糖核酸内切酶 Mbo Ⅰ* (endodeoxyribonuclease Mbo Ⅰ) EC 3. 1. 23. 27

别名：endodeoxyribonuclease Dpn Ⅱ *Diplococcus pneumoniae* (Dpn Ⅱ)

　　　脱氧核糖核酸内切酶 Dpn Ⅱ 或肺炎双球菌 (Dpn Ⅱ)

　　　endodeoxyribonuclease Mos Ⅰ *Moraxella osloensis* (Mos Ⅰ)

　　　脱氧核糖核酸内切酶 Mos Ⅰ 或奥斯陆莫拉菌 (Mos Ⅰ)

　　　endodeoxyribonuclease Ssu 3A Ⅰ *Staphylococcs aureus* (Sau 3A Ⅰ)

　　　脱氧核糖核酸内切酶 Sau 3A Ⅰ 或金黄色葡萄球菌 (Sau 3A Ⅰ)

作用：催化脱氧核糖核酸在专一位置上内切，水解特异性顺序的链。

反应：↓GATC

　　*由牛莫拉菌中分离提取。

166. 脱氧核糖核酸内切酶　Mbo Ⅱ* (endodeoxyribonuclease Mbo Ⅱ) EC 3. 1. 23. 28

作用：催化脱氧核糖核酸在专一位置上内切，水解特异性顺序的链。

反应：$(5'→3')$ GAAGANNNNNNNN↓

　　　$(3'→5)$ NNNNN↓

　　*由牛莫拉菌中分离提取。

167. 脱氧核糖核酸内切酶 Mnl Ⅰ* (endodeoxyribonuclease Mnl Ⅰ) EC 3. 1. 23. 29

作用：催化脱氧核糖核酸在专一位置上内切，水解特异性顺序的链。

反应：CCTC 水解的位置不清楚，只知道有这样的片段被水解下来。

　　*由不液化莫拉菌中分离提取。

168. 脱氧核糖核酸内切酶 Pfa Ⅰ* (endodeoxyribonuclease pfa Ⅰ) EC 3. 1. 23. 30

作用：催化脱氧核糖核酸在专一位置上内切，水解特异性顺序的链。

反应：不清楚。

　　*由敏捷假单胞菌中分离提取。

169. 脱氧核糖核酸内切酶 pst Ⅰ* (endodeoxyribonuclease Pst Ⅰ) EC 3. 1. 23. 31

别名：endodeoxyribonucleas Bsu 1247 或 *Bacillus subtilis* (Bsu 1247)

　　　脱氧核糖核酸内切酶 Bsu 1247 或枯草杆菌 (Bsu 1247)

　　　endodeoxyribonucleas Sal PⅠ 或 *Streptomyces albus* (Sal PⅠ)

　　　脱氧核糖核酸内切酶 Sal PⅠ 或白色链霉素 (Sal PⅠ)

　　　endodeoxyribonucleas Xma Ⅱ 或 *Xanthomonas malvacearum* (Xma Ⅱ)

　　　脱氧核糖核酸内切酶 Xma Ⅱ 或锦葵黄单胞菌 (Xma Ⅱ)

作用：催化脱氧核糖核酸在专一位置上内切，水解特异性顺序的链。

反应：CTGCA↓G

　　*由 *Stuartii* 普罗威登斯菌中分离提取。

170. 脱氧核糖核酸内切酶 Pvu Ⅰ* (endodeoxyribonuclease Pvu Ⅰ) EC 3. 1. 23. 32

作用：催化脱氧核糖核酸在专一位置上内切，水解特异性顺序的链。

反应：不清楚。

　　*由普通变形菌中分离提取。

171. 脱氧核糖核酸内切酶 Pvu Ⅱ * （endodeoxyribonuclease Pvu Ⅱ） EC 3. 1. 23. 33

作用：催化脱氧核糖核酸在专一位置上内切，水解特异性顺序的链。

反应：CAG↓CTG

* 由 *Stuartii* 普罗威登斯菌中分离提取。

172. 脱氧核糖核酸内切酶 Sac Ⅰ * （endodeoxyribonuclease Sac Ⅰ） EC 3. 1. 23. 34

别名：endodeoxyribonuclease Sst Ⅰ或 *Streptomyces stanford* （Sst Ⅰ）

脱氧核糖核酸内切酶 Sst Ⅰ或 *stanford* 链霉菌（Sst Ⅰ）

作用：催化脱氧核糖核酸在专一位置上内切，水解特异性顺序的链。

反应：G↓AGCTC

* 由不产色链霉菌中分离提取。

173. 脱氧核糖核酸内切酶 Sac Ⅱ * （endodeoxyribonuclease Sac Ⅱ） EC 3. 1. 23. 35

别名：endodeoxyribonuclease Sst Ⅱ或 *Streptomuces stanford* （Sst Ⅱ）

脱氧核糖核酸内切酶　Sst Ⅱ或 *stanford* 链霉菌（Sst Ⅱ）

endodeoxyribonuclease Tgl Ⅰ或 *Thermopolysporaglauca* （Tgl Ⅰ）

脱氧核糖核酸内切酶 Tgl Ⅰ或青色高温多孢菌（Tgl Ⅰ）

作用：催化脱氧核糖核酸在专一位置上内切，水解特异性顺序的链。

反应：CCGC↓GG

* 由不产色链霉菌中分离提取。

174. 脱氧核糖核酸内切酶 Sac Ⅲ * （endodeoxyribonuclease Sac Ⅲ） EC 3. 1. 23. 36

别名：endodeoxyribonuclease Sst Ⅲ或 *Streptomyces stanford* （Sst Ⅲ）

脱氧核糖核酸内切酶 Sst Ⅲ或 *stanford* 链霉菌（Sst Ⅲ）

作用：催化脱氧核糖核酸在专一位置上内切 ，水解特异性顺序的链。

反应：不清楚。

* 由不产色链霉菌中分离提取。

175. 脱氧核糖核酸内切酶 Sal Ⅰ * （endodeoxyribonuclease Sal Ⅰ） EC 3. 1. 23. 37

别名：endodeoxyribonuclease Xam Ⅰ *Xanthmonas amaranthicola* （Xam Ⅰ）

脱氧核糖核酸内切酶 Xam Ⅰ或青苋黄单胞菌（Xam Ⅰ）

作用：催化脱氧核糖核酸在专一位置上内切，水解特异性顺序的链。

反应：G↓TCGAC

* 由白色链霉菌 G 中分离提取。

176. 脱氧核糖核酸内切酶 Sgr Ⅰ * （endodeoxyribonuclease Sgr Ⅰ） EC 3. 1. 23. 38

作用：催化脱氧核糖核酸在专一位置上内切，水解特异性顺序的链。

反应：不清楚。

* 由灰色链霉菌中分离提取。

177. 脱氧核糖核酸内切酶 Taq Ⅰ * （endodeoxyribonuclease Taq Ⅰ） EC 3. 1. 23. 39

作用：催化脱氧核糖核酸在专一位置上内切，水解特异性顺序的链。

反应：T↓CGA

* 由水生栖热菌中提取

178. 脱氧核糖核酸内切酶 Taq Ⅱ * （endodeoxyribonuclease Taq Ⅱ） EC 3. 1. 23. 40

作用：催化脱氧核糖核酸在专一位置上内切，水解特异性顺序的链。

　　反应：不清楚。

　　　　* 由水生栖热菌中分离提取。

179. 脱氧核糖核酸内切酶 Xba Ⅰ*（endodeoxyribonuclease Xba Ⅰ）EC 3. 1. 23. 41

　　作用：催化脱氧核糖核酸在专一位置上内切，水解特异性顺序的链。

　　反应：T↓CTAGA

　　　　* 由巴氏黄单胞菌中分离提取。

180. 脱氧核糖核酸内切酶 Xho Ⅰ*（endodeoxyribonuclease Xho Ⅰ）EC 3. 1. 23. 42

　　别名：endodeoxyribonuclease Blu Ⅰ 或 *Brevibacterium luteum*（Blu Ⅰ）

　　　　　脱氧核糖核酸内切酶 Blu Ⅰ 或 *luteum* 短杆菌（Blu Ⅰ）

　　　　　endodeoxyribonuclease Xpa Ⅰ 或 *Xanthomonas papavericola*（Xpa Ⅰ）

　　　　　脱氧核糖核酸内切酶 Xpa Ⅰ 或罂粟黄单胞菌（Xpa Ⅰ）

　　作用：催化脱氧核糖核酸在专一位置上内切，水解特异性顺序的链。

　　反应：C↓TCGAG

　　　　* 由绒毛草黄单胞菌中分离提取。

181. 脱氧核糖核酸内切酶 Xho Ⅱ*（endodeoxyribonuclease Xho Ⅱ）EC 3. 1. 23. 43

　　作用：催化脱氧核糖核酸在专一位置上内切，水解特异性顺序的链。

　　反应：不清楚。

　　　　* 由绒毛草黄单胞菌中分离提取。

182. 脱氧核糖核酸内切酶 Xma Ⅰ*（endodeoxyribonuclease Xma Ⅰ）EC 3. 1. 23. 44

　　别名：endodeoxyribonuclease Sma Ⅰ 或 *Serratia mercescens*（Sma Ⅰ）

　　　　　脱氧核糖核酸内切酶 Sma Ⅰ 或黏质沙雷菌（Sma Ⅰ）

　　作用：催化脱氧核糖核酸在专一位置上内切，水解特异性顺序的链。

　　反应：C↓CCGGG

　　　　* 由锦葵黄单胞菌中分离提取。

183. 脱氧核糖核酸内切酶 Xni Ⅰ*（endodeoxyribonuclease Xni Ⅰ）EC 3. 1. 23. 45

　　作用：催化脱氧核糖核酸在专一位置上内切，水解特异性顺序的链。

　　反应：不清楚。

　　　　* 由黑斑黄单胞菌中分离提取。

184. 脱氧核糖核酸内切酶 Eco B*（endodeoxyribonuclease Eco B）EC 3. 1. 24. 1

　　作用：催化脱氧核糖核酸在专一位置上内切，水解非特异性顺序的链。

　　反应：不清楚。但一定要有 ATP（或 dATP）和 S-腺苷（基）-L-甲硫氨酸存在才有催化活力；在有 DNA 存在的情况下，本酶有 ATP 酶活性。

　　　　* 由大肠杆菌 B 分离提取。

185. 脱氧核糖核酸内切酶 Eco K*（endodeoxyribonuclease Eco K）EC 3. 1. 24. 2

　　作用：催化脱氧核糖核酸在专一位置上内切，水解非特异性顺序的链。

　　反应：不清楚。但一定要有 ATP（或 dATT）和 S-腺苷（基）-L-甲硫氨酸存在，才有催化活力；在有 DNA 存在的情况下，本酶有 ATP 酶活性。

　　　　* 由大肠杆菌 K 分离提取。

186. 脱氧核糖核酸内切酶 Eco P10*（endodeoxyribonuclease Eco P10）EC 3. 1. 24. 3

　　作用：催化脱氧核糖核酸在专一位置上内切，水解非特异性顺序的链。

反应：不清楚。但需要有 S-腺苷-L-甲硫氨酸存在。

　　　　* 由大肠杆菌 P10 溶原分离提取。

187. 脱氧核糖核酸内切酶 Eco P15 *（endodeoxyribonuclease Eco P15）EC 3.1.24.4

作用：催化脱氧核糖核酸在专一位置上内切，水解非特异性顺序的链。

反应：不清楚。但需要有 S-腺苷-L-甲硫氨酸存在。

　　　　* 由大肠杆菌 P15 溶原分离提取。

188. 脱氧核糖核酸内切酶(嘧啶二聚体)（endodeoxyribonuclease(pyrimidine dimer)）EC 3.1.25.1

别名：T_4 endonuclease V　　T_4 核酸内切酶 V

　　　$E.\,coli$ endonuclease Ⅲ and Ⅴ　　大肠杆菌核酸内切酶 Ⅲ 和 Ⅴ

作用：催化脱氧核糖核酸在专一位置上内切。

反应：在靠近嘧啶二聚体位置上，脱氧核糖核酸内切，生成 $5'$-磷酸产物。

189. 脱氧核糖核酸内切酶(无嘌呤或无嘧啶核酸)（endodeoxyribonuclease(apurinic or apyrimidinic)）EC 3.1.25.2

作用：催化脱氧核糖核酸在专一位置上内切。

反应：在靠近无嘌呤或无嘧啶位置上，脱氧核酸内切水解生成 $5'$-磷酸产物。

190. 核糖核酸酶(多头绒泡菌)（ribonuclease(*Physarum polycephalum*)）EC 3.1.26.1

别名：pig liver nuclease　　猪肝核酸酶

　　　HeLa cell RNase　　海拉细胞 RNA 酶

　　　$E.\,coli$ RNase　　大肠杆菌 RNA 酶

　　　bovine adrenal　cortex RNase 牛肾上腺皮质 RNA 酶

作用：催化核糖核酸内切水解。

反应：核酸内切水解，产生 $5'$-磷酸单酯。

191. 核糖核酸酶 α（ribonuclease *alpha*）EC 3.1.26.2

作用：催化核糖核酸内切水解。

反应：核酸内切水解产生 $5'$-磷酸单酯。

特异性：专一地作用于 O-甲基化 RNA。

192. 核糖核酸酶 Ⅲ（Ribonuclease Ⅲ）EC 3.1.26.3

别名：calf thymus RNase　　小牛胸腺 RNA 酶

作用：催化核糖核酸内切水解。

反应：核酸内切水解，产生 $5'$-磷酸单酯。

特异性：专一地作用于双股 RNA。

193. 核糖核酸内切酶 H(小牛胸腺) *（endoribonuclease H(calf thymus)）EC 3.1.26.4

作用：核糖核酸内切，生成 $5'$-磷酸单酯。

反应：多核苷酸水解成为 $5'$-磷酸单酯。

特异性：作用于 RNA·DNA 杂交体。

　　　　* 相似的酶还有来自大肠杆菌、鸡胚、人 KB 细胞、鼠肝、酒酵母（H2）等。

194. 核糖核酸酶 P（ribonuclease P）EC 3.1.26.5

别名：RNase NU from KB cell　KB 细胞 RNA 酶 NU

作用：催化核糖核酸内切水解。

反应：核酸内切水解，产生 $5'$-磷酸单酯。

特异性：专一地作用于 tRNA 前体。

195. 核糖核酸酶 T$_2$（ribonuclease T$_2$）EC 3. 1. 27. 1

别名：ribonuclease Ⅱ　核糖核酸酶Ⅱ

plant RNase　植物 RNA 酶

E. coli RNase Ⅰ　大肠杆菌 RNA 酶Ⅰ

RNase N$_2$　RNA 酶 N$_2$

microbial RNase Ⅱ　微生物 RNA 酶Ⅱ

作用：催化核糖核酸内切水解。

反应：两个阶段的内切水解，$3'$-使核酸水解为磷酸单核苷酸和具有 $2'3'$-环磷酸中间体的寡核苷酸。

196. 核糖核酸酶(枯草杆菌)（ribonuclease(*Bacellus subtilis*)）EC 3. 1. 27. 2

别名：*Azotobacter agilis* RNase　敏捷固氮菌 RNA 酶

Proteus mirabilis RNase　奇异变形杆菌 RNA 酶

作用：催化核糖核酸内切水解。

反应：核酸内切水解产生 $2',3'$-环核苷酸。

197. 核糖核酸酶 T$_1$（ribonuclease T$_1$）EC 3. 1. 27. 3

别名：guanyloribonuclease　鸟苷酸核糖核酸酶

Aspergillus oryazal ribonuclease　米曲霉核糖核酸酶

RNase N$_1$ and N$_2$　RNA 酶 N$_1$ 和 N$_2$

N. crassa RNase N$_1$ and N$_2$　粗糙脉孢菌 RNA 酶 N$_1$ 和 N$_2$

Ustilago sphaerogena RNase　稗粒黑粉菌 RNA 酶

Chalaropsis RNase　*Chalaropsis* RNA 酶

B. subtilis RNase　枯草杆菌 RNA 酶

microbial RNase Ⅰ　微生物 RNA 酶Ⅰ

作用：催化核糖核酸内切水解。

反应：核酸两个阶段的内切水解，产生 $3'$-磷酸单核苷酸和末端为 Gp（具有 $2',3'$-环磷酸中间体）的寡核苷酸。

198. 核糖核酸酶 U$_2$（ribonuclease U$_2$）EC 3. 1. 27. 4

别名：RNase U$_2$　RNA 酶 U$_2$

Pleospora RNase　格孢腔菌 RNA 酶

Trichoderma koningil RNase Ⅲ　康宁木霉 RNA 酶Ⅲ

作用：催化核糖核酸内切水解。

反应：核酸两个阶段的内切水解，产生 $3'$-磷酸单核苷酸和末端为具有 $2,3'$-环磷酸中间体的 Ap 或 Gp 的寡核苷酸。

199. 核糖核酸酶(胰的)（ribonuclease(pancreatic)）EC 3. 1. 27. 5

别名：RNase　RNA 酶

RNase Ⅰ　RNA 酶Ⅰ

pancreatic RNase　胰 RNA 酶

ribonuclease Ⅰ　核糖核酸酶 Ⅰ

venom RNase　毒液 RNA 酶

Thiobacillus thioparus RNase　排硫硫杆菌 RNA 酶

Xenopus laevis RNase　爪蟾 RNA 酶

Rhizopus oligosporus RNase　少孢根霉 RNA 酶

作用：催化核糖核酸内切水解。

反应：核酸内切水解，产生 $3'$-磷酸单核苷酸或末端为 Cp（UP）（具有 $2',3'$-环磷酸）的寡核苷酸中间体。

200. 核糖核酸酶(肠道细菌)（ribonuclease(*enterobacter*)）EC 3. 1. 27. 6

作用：催化核糖核酸内切水解。

反应：核酸内切水解产生 $3'$-磷酸单核苷酸或末端为 $2',3'$-环磷酸的寡核苷酸。

特异性：优先水解 CpA；不能催化 A、U 或 C 的同聚物水解。

201. 核酸内切酶 S_1(曲霉)（endonuclease S_1(*Aspergillus*)）EC 3. 1. 30. 1

别名：*Aspergillus* nuclease S_1　曲霉核酸酶 S_1

single-stranded-nucleate endonuclease　单链核酸核酸内切酶

deoxyribonuclease S_1　脱氧核糖核酸酶 S_1

N. crassa nuclease　粗糙脉孢菌核酸酶

mung bean nuclease　绿豆核酸酶

Penicillium citrium nuclease P_1　橘青霉核酸酶 P_1

作用：催化核糖核酸或脱氧核糖核酸内切，生成 5-磷酸单酯。

反应：多核苷酸水解，生成 $5'$-磷酸单酯和低(聚)核苷酸。

特异性：优先水解单股链核酸。

202. 核酸内切酶(黏质沙雷菌)（endonuclease(*Serratia marcescens*)）EC 3. 1. 30. 2

别名：silkworm nuclease　蚕核酸酶

potato nuclease　马铃薯核酸酶

azotobactre nuclease　固氮菌核酸酶

作用：催化核糖核酸或脱氧核糖核酸内切，生成 $5'$-磷酸单酯。

反应：多核苷酸水解，生成 $5'$-磷酸单酯和低(聚)核苷酸。

特异性：可催化双股或单股链核酸水解。

第二节　催化糖苷键水解反应的酶

1. α-淀粉酶（α-amylase）EC 3. 2. 1. 1

分类名：1,4-α-D-glucan glucanohydrolase

1,4-α-D-葡聚糖葡聚糖水解酶

别名：diastase 淀粉糖化酶，ptyalin 唾液淀粉酶

作用：催化糖苷键水解。

反应：含有三或三个以上 1,4-α-键的 D-葡萄糖单位的多(聚)糖中 1,4-α-D-糖苷键的内切水解。

特异性：随机地作用于淀粉、糖原和有关的多（聚）糖与低（聚）糖；释出的还原基团是
　　　　α-构型。

2. β-淀粉酶（β-amylase）EC 3. 2. 1. 2

分类名：1,4-2-D-glucan maltohydrolase
　　　　1,4-α-D-葡聚糖麦芽水解酶

别名：diastase　淀粉糖化酶
　　　saccharogen amylase　糖化淀粉酶
　　　glycogenase　糖原酶

作用：催化糖苷键水解

反应：多（聚）糖中的 1,4-α-D-糖苷键水解，以使不断地从糖链的非还原性末端除去麦
　　　芽糖。

特异性：作用于淀粉、糖原和有关的多（聚）糖与低（聚）糖。

3. 1,4-α-D-葡糖苷外切酶（exo-1,4-α-D-glucosidase）EC 3. 2. 1. 3

分类名：1,4-α-D-glucan glucanohydrolase
　　　　1,4-α-D-葡聚糖葡聚糖水解酶

别名：glucoamylase　葡糖淀粉酶
　　　amyloglucosidase　淀粉葡糖苷酶
　　　γ-amylase　γ-淀粉酶
　　　lysosmal α-glucosidase　溶酶体 α-葡糖苷酶
　　　acid maltase　酸性麦芽糖酶

作用：催化糖苷键水解。

反应：多糖链非还原性末端的 1,4-α-D-葡萄糖残基不断地水解出 β-D-葡萄糖。

特异性：多数情况下也能迅速地水解与 1,4-糖苷键邻接的 1,6-α-D-糖苷键；有的酶制剂
　　　　还可水解其它多糖中的 1,6-α-D-糖苷键和 1,3-α-D-糖苷键。

4. 纤维素酶（cellulase）EC 3. 2. 1. 4

分类名：1,4(1,3;1,4)-β-D-glucan 4-glucanohydrolase
　　　　1,4-(1,3;1,4)-β-D-葡聚糖 4-葡聚糖水解酶

别名：endo-1,4-β-glucanase　1,4-β-葡聚糖内切酶

作用：催化糖苷键水解。

反应：纤维素、地衣淀粉和谷类 β-D-葡聚糖中 1,4-β-糖苷键的水解。

特异性：也催化含 1,3-键的 β-D-葡聚糖中 1,4-键的水解。

5. 1,3(4)-β-D-葡聚糖内切酶（endo-1,3(4)-β-D-glucanase）EC 3. 2. 1. 6

分类名：1,3-(1,3;1,4)-β-D-glucan3(4)-glucanohydrolase
　　　　1,3-(1,3;1,4)-β-D-葡聚糖 3(4)-葡聚糖水解酶

别名：endo-1,3-β-D-glucanase　1,3-β-D-葡聚糖内切酶
　　　laminarinase　地衣多糖酶

作用：催化糖苷键水解。

反应：β-D-葡聚糖的 1,3-或 1,4-键的水解

6. 菊糖酶（inulinase）EC 3. 2. 1. 7

分类名：2,1-β-D-fructan fructanohydrolase

2,1-β-D-果聚糖果聚糖水解酶

别名：inulase　菊粉酶

作用：催化糖苷键水解。

反应：菊粉分子内部 2,1-β-D-果糖苷键水解

7. 1,4-β-D-木聚糖内切酶（endo-1,4-β-D-xylanase）EC 3.2.1.8

分类名：1,4-β-D-xylan xylanohydrolase

　　　　1,4-β-D-木聚糖木聚糖水解酶

作用：催化糖苷键水解。

反应：木聚糖中 1,4-β-D-木糖苷键的水解

8. 低(聚)-1,6-葡糖苷酸（oligo-1,6-glucosidase）EC 3.2.1.10

分类名：dextrin 6-α-D-glucanohydrolase

　　　　糊精 6-α-D-葡聚糖水解酶

别名：limit dextrinase　极限糊精酶

　　　isomaltase　异麦芽糖酶

作用：催化糖苷键水解。

反应：异麦芽糖和糊精（α-淀粉酶水解淀粉和糖原的产物）的 1,6-α-D-葡糖苷键的水解

9. 葡聚糖酶（dextranase）EC 3.2.1.11

分类名：1,6-α-D-glucan 6-glucanohydrolase

　　　　1,6-α-D-葡聚糖 6-葡聚糖水解酶

作用：催化糖苷键水解。

反应：葡聚糖中 1,6-α-D-糖苷键的水解

10. 壳多糖酶（chitinase）EC 3.2.1.14

分类名：poly[1,4-β-(2-acetamido-2-deoxy-D-glucoside)]glucanohydrolase

　　　　多(聚)[1,4-β-(2-乙酰氨基-2-脱氧-D-葡糖苷)]聚糖水解酶

别名：chitodextrinase　壳糊精酶

　　　1,4-β-poly-N-acetylglucosaminidase　1,4-β-多(聚)-N-乙酰氨基葡糖苷酶

　　　poly-β-glucosaminidase　多(聚)-β-氨基葡糖苷酶

作用：催化糖苷键水解。

反应：壳多糖和壳糊精中 1,4-β-乙酰氨基-2-脱氧-D-葡糖苷键的随机水解

11. 多(聚)半乳糖醛酸苷（polygalacturonase）EC 3.2.1.15

分类名：poly(1,4-α-D-galacturonide)glucanohydrolase

　　　　多(聚)(1,4-α-D-半乳糖醛酸苷)葡聚糖水解酶

别名：pectin depolymerase　果胶解聚酶

　　　pedinase　果胶酶

作用：催化糖苷键水解。

反应：果胶酸和其它多(聚)半乳糖醛酸苷中 1,4-α-D-半乳糖苷酸的随机水解

12. 溶菌酶（lysozyme）EC 3.2.1.17

分类名：mucopeptide N-acetylmuramoylhydrolase

黏肽 N-乙酰(基)胞壁酰基水解酶

别名：muramidase 胞壁质酶

mucopeptide glycohydrolase 黏肽糖水解酶

作用：催化糖苷键水解。

反应：黏多糖 v 黏肽中 N-乙酰(基)胞壁酸与 2-乙酰氨基-2-脱氧-D-葡萄糖残基之间的 1,4-β-键水解

13. 神经氨(糖)酸苷酶 （neuraminidase） EC 3.2.1.18

分类名：acylneuraminyl hydrolase

酰基神经氨(糖)酰基水解酶

别名：sialidase 唾液酸酶

作用：催化糖苷键水解。

反应：寡(聚)糖、糖蛋白、糖脂或多(聚)乙酰神经氨(糖)酸中，连接末端非还原性 N-(或 O-)酰基神经氨(糖)酰残基与半乳糖，N-乙酰(基)己糖胺或 N-(或 O-)酰基化的神经氨(糖)酰残基的 2,3-、2,6-和 2,8-糖苷键的水解。

14. α-D-葡糖苷酶 （α-D-Glucosidase） EC 3.2.1.20

分类名：α-D-glucoside glucohydrolase

α-D-葡糖苷葡糖水解酶

别名：maltase 麦芽糖酶

glucoinvertase 葡糖转化酶

glucosidosucrase 葡糖甘蔗糖酶

作用：催化糖苷键水解。

反应：末端非还原性 1,4-键连接的 α-D-葡萄糖残基水解释出 α-葡萄糖

特异性：本酶主要水解 1,4-α-葡糖苷键，对寡糖水解较快，对多糖较慢或根本不能水解。

15. β-D-葡糖苷酶 （β-D-glucosidase） EC 3.2.1.21

分类名：β-D-glucoside glucohydrolase

β-D-葡糖苷葡糖水解酶

别名：gentiobiase 龙胆二糖酶

cellobiase 纤维二糖酶

amygdalase 苦杏仁苷酶

作用：催化糖苷键水解。

反应：末端非还原性 β-D-葡萄糖残基水解，释出 β-D-葡萄糖

特异性：对 β-D-葡糖苷水解有广泛的特异性，有些酶也催化以下糖苷水解：β-D-半乳糖苷、α-L-阿拉伯糖苷、β-D-木糖苷。

16. α-D-半乳糖苷酶 （α-D-galactosidase） EC 3.2.1.22

分类名：α-D-galactoside galactohydrolase

α-D-半乳糖苷半乳糖水解酶

别名：melibiase 蜜二糖酶

作用：催化糖苷键水解。

反应：α-D-半乳糖苷 （包括半乳糖低聚糖、半乳甘露聚糖和半乳糖脂) 的末端非还原性

　　　　α-D-半乳糖残基水解

　　特异性：也催化 α-D-岩藻糖苷的水解。

17. β-D-半乳糖苷酶（β-D-galactosidase）EC 3. 2. 1. 23

　　分类名：β-D-galactoside galactohydrolase

　　　　　　β-D-半乳糖苷半乳糖水解酶

　　别名：lactase　乳糖酶

　　作用：催化糖苷键水解。

　　反应：β-D-半乳糖苷的末端非还原性 β-D-半乳糖残基水解

　　特异性：本类酶中有些酶能催化 α-L-阿拉伯糖苷；一些动物来源的酶也可催化 β-D-岩藻糖苷和 β-D-葡糖苷水解。

18. α-D-甘露糖苷酶（α-D-mannosidase）EC 3. 2. 1. 24

　　分类名：α-D-mannoside mannohydrolase

　　　　　　α-D-甘露糖苷甘露糖水解酶

　　作用：催化糖苷键水解。

　　反应：α-D-甘露糖苷中末端非还原性 α-D-甘露糖残基的水解

　　特异性：也催化 C_2、C_3 和 C_4 具有与甘露糖相同构型的 α-D-来苏糖苷和庚吡喃糖苷的水解。

19. β-D-甘露糖苷酶（β-D-mannosidase）EC 3. 2. 1. 25

　　分类名：β-D-mannoside mannohydrolase

　　　　　　β-D-甘露糖苷甘露糖水解酶

　　别名：mannanase　甘露聚糖酶

　　　　　mannase　甘露糖酶

　　作用：催化糖苷键水解。

　　反应：β-D-甘露糖苷的末端非还原性 β-D-甘露糖残基的水解

20. β-D-呋喃果糖苷酶（β-D-fructofuranosidase）EC 3. 2. 1. 26

　　分类名：β-D-frudofuranoside fructohydrolase

　　　　　　β-D-呋喃果糖苷果糖水解酶

　　别名：invertase　转化酶

　　　　　invertin　转化酶

　　　　　saccharase　蔗糖酶

　　　　　β-H-fructosidase　β-H-果糖苷酶

　　作用：催化糖苷键水解。

　　反应：β-D-呋喃果糖苷链的末端非还原性 β-D-呋喃果糖苷残基的水解

　　特异性：反应基质包括蔗糖，也催化果糖转移酶的反应。

21. α,α-海藻糖酶（α,α-trehalase）EC 3. 2. 1. 28

　　分类名：α,α-trehalose glucohydrolase

　　　　　　α,α-海藻糖葡萄糖水解酶

　　作用：催化糖苷键水解。

　　反应：α,α-海藻糖＋H_2O＝2D-葡萄糖

22. β-N-乙酰(基)-D-氨基葡糖苷酶（β-N-acetyl-D-glucosaminidase）EC 3. 2. 1. 30

　　分类名：2-acetamido-2-deoxy-β-D-glucoside acetamidodeoxyglucohydrolase

　　　　　　　2-乙酰氨基-2-脱氧-β-D-葡糖苷乙酰氨基脱氧葡萄糖水解酶

　　作用：催化糖苷键水解。

　　反应：催化壳二糖（和其较高级的类似物）和糖蛋白末端的非还原性 2-乙氨酰基-2-脱

　　　　　氧-β-D-葡萄糖残基。

23. β-D-葡糖苷酸酶（β-D-glucuronidase）EC 3. 2. 1. 31

　　分类名：β-D-glucuronide glucurnosohydrolase

　　　　　　　β-D-葡糖苷酸葡糖醛酸苷水解酶

　　作用：催化糖苷键水解。

　　反应：β-D-葡糖苷酸＋H_2O ══ 乙醇＋D-葡糖醛酸

24. 1,3-β-D-木聚糖内切酶（endo-1,3-β-D-xylanase）EC 3. 2. 1. 32

　　分类名：1,3-β-D-xylan xylanohydrolase

　　　　　　　1,3-β-D-木聚糖木聚糖水解酶

　　别名：xylanase　木聚糖酶

　　作用：催化糖苷键水解。

　　反应：1,3-β-D 木聚糖的 1,3-β-D-木聚苷键的随机水解

25. 淀粉-1,6-葡糖苷酶（amylo-1,6-glucosidase）EC 3. 2. 1. 33

　　分类名：dextrin 6-α-D-glucosidase

　　　　　　　糊精 6-α-D-葡糖苷酶

　　作用：催化糖苷键水解。

　　反应：1,4-α-D-葡萄糖链的分枝点上的 1,6-α-D-葡糖苷的内水解

26. 透明质酸氨基葡糖苷酶（hyaluronoglucosaminidase）EC 3. 2. 1. 35

　　分类名：hyaluronate 4-glycanohydrolase

　　　　　　　透明质酸 4-聚糖水解酶

　　别名：mucinase　黏多糖酶

　　　　　hyaluronidase　透明质酸

　　　　　hyaluronoglucosidase　透明质酸葡糖苷酶

　　作用：催化糖苷键水解。

　　反应：透明质酸的 2-乙酰氨基-2-脱氧-β-D-葡萄糖和 D-葡糖醛酸残基之间的 1,4-键的随

　　　　　机水解

　　特异性：本酶也催化软骨素、4-硫酸软骨素、6-硫酸软骨素和皮肤素中 N-乙酰基半乳

　　　　　糖胺（或 N-乙酰基半乳糖胺硫酸酯）与葡糖醛酸残基之间的 1,4-β-糖苷键

　　　　　水解。

27. 透明质酸葡糖醛酸酶（hyaluronoglucuronidase）EC 3. 2. 1. 36

　　分类名：hyaluonate 3-glycanohydrolase

　　　　　　　透明质酸 3-聚糖水解酶

　　别名：mucinase　黏多糖酶

　　　　　hyalurondase　透明质酸酶

作用：催化糖苷键水解。

反应：透明质酸的 2-乙酰氨基-2-脱氧-D-葡萄糖和 β-D-葡糖醛酸残基之间的 1,4-糖苷键的随机水解。

28. 1,4-β-D-木糖苷外切酶（exo-1,4-β-D-xylosidase）EC 3. 2. 1. 37

分类名：1,4-β-D-xylan xylohydrolase

　　　　1,4-β-D-木聚糖木聚糖水解酶

别名：xylobiase　木二糖酶

　　　β-xylosidase　β-木糖苷酶

作用：催化糖苷键水解。

反应：1,4-β-D-木聚糖的水解，借此除去非还原性末端连续的 D-木糖单位。

特异性：也催化木二糖的水解。

29. β-D-岩藻糖苷酶（β-D-fucosidase）EC 3. 2. 1. 38

分类名：β-D-fucoside fucohydrolase

　　　　β-D-岩藻糖苷岩藻糖水解酶

作用：催化糖苷键水解。

反应：β-D-岩藻糖苷的末端非还原性 β-D-岩藻糖残基的水解。

特异性：也催化 β-D-半乳糖苷水解。

30. 1,3-β-D-葡聚糖内切酶* （endo-1,3-β-D-glucanase）EC 3. 2. 1. 39

分类名：1,3-β-D- glucan glucanohydrolase

　　　　1,3-β-D-葡聚糖葡聚糖水解酶

别名：laminarinase　地衣多糖酶

作用：催化糖苷键水解。

反应：1,3-β-D-葡聚糖的 1,3-β-D-葡糖苷键的水解。

特异性：本酶与 1,3(4)- β-D-葡聚糖内切酶的作用不同，对 1,3-和 1,4-混合的 β-D-葡聚糖的水解作用十分有限。本酶系催化地衣多糖和对位尼龙的水解。

　　　　* 参看 endo-1,3(4)-β-D- glucanase EC 3.2.1.6。

31. α-L-鼠李糖苷酶（α-L-rhamnosidase）EC 3. 2. 1. 40

分类名：α-L-rhamnoside rhamnohydrolase

　　　　α-L-鼠李糖苷鼠李糖水解酶

作用：催化糖苷键水解。

反应：α-L-鼠李糖苷末端，非还原性 α-L-鼠李糖残基水解。

32. 支链淀粉酶（pullulanase）EC 3. 2. 1. 41

分类名：pullulan 6-glucanohydrolase

　　　　支链淀粉 6-葡聚糖水解酶

别名：R-enzyme　R 酶

　　　limit dextrinase　极限糊精

　　　debranchinge enzyme　脱支酶

　　　amylopectin 6-glucanohydrolase　支链淀粉 6-葡聚糖水解酶

作用：催化糖苷键水解。

反应：支链淀粉和糖原中 1,6-α-D-葡糖苷键的水解。

33. GDP 葡糖苷酶 (GDP glucosidase) EC 3.2.1.42

分类名：GDP glucose glucohydrolase

GDP 葡萄糖葡糖水解酶

作用：催化糖苷键水解。

反应：GDP 葡萄糖＋H_2O ＝GDP＋D-葡萄糖

34. β-L-鼠李糖苷酶 (β-L-rhamnosidase) EC 3.2.1.43

分类名：β-L-rhamnoside rhamnohydrolase

β-L-鼠李糖苷鼠李糖水解酶

作用：催化糖苷键水解。

反应：β-L-鼠李糖苷的末端，非还原性 β-L-鼠李糖残基水解。

35. 岩藻多糖酶 (fucoidanase) EC 3.2.1.44

分类名：poly(1,2-α-L-fucoside-4-sulphate)glycanohydrolase

多(聚) (1,2-α-L-岩藻糖苷-4-硫酸) 聚糖水解酶

作用：催化糖苷键水解。

反应：岩藻多糖的 1,2-α-L-岩藻糖苷键水解，不释出硫酸。

36. 葡糖苷(脂)酰鞘氨醇酶 (glucoylceramidase) EC 3.2.1.45

分类名：D-glucosyl-N-acylsphingosine glucohydrolase

D-葡糖(基)-N-酰基(神经)鞘氨醇葡糖水解酶

作用：催化糖苷键水解。

反应：D-葡糖(基)-N-酰基(神经)鞘氨醇＋H_2O ＝D-葡萄糖＋N-酰基(神经)鞘氨醇

37. 半乳糖(基)神经酰胺酶 (galactosylceramidase) EC 3.2.1.46

分类名：D-galactosyl-N-acylsphingosine galactohydrolase

D-半乳糖(基)-N-(脂)酰基(神经)鞘氨醇半乳糖水解酶

作用：催化糖苷键水解。

反应：D-半乳糖(基)-N-(脂)酰基(神经)鞘氨醇＋H_2O ＝D-半乳糖＋N-(脂)酰基(神经)鞘氨醇

38. 半乳糖(基)半乳糖(基)葡糖(基)神经酰胺酶 (galactosylgalactosylglucosylceramidase) EC 3.2.1.47

分类名：D-galactosyl-D-galactosyl-D-glucosylceramide galactohydrolase

D-半乳糖(基)-D-半乳糖(基)-D-葡糖(基)神经酰胺乳糖水解酶

作用：催化糖苷键水解。

反应：半乳糖(基)半乳糖(基)葡糖(基)神经酰胺＋H_2O ＝乳糖(基)神经酰胺＋半乳糖

39. 蔗糖 α-D-葡糖水解酶 (sucrose α-D-glucohydrolase) EC 3.2.1.48

分类名：sucrose α-D-glucohydrolase

蔗糖 α-D-葡糖水解酶

别名：sucrase 蔗糖酶

作用：催化糖苷键水解。

反应：通过一种 α-D-葡糖苷酶类型的作用机制使蔗糖和麦芽糖水解。

特异性：由肠黏膜分离提取的酶复合物也表现出水解异麦芽糖的活性（即低聚-1,6-葡糖苷酶，EC 3.2.1.10 的作用）。

40. α-N-乙酰(基)-D-氨基半乳糖苷酶（α-N-acetyl-D-galactosaminidose）EC 3.2.1.49

分类名：2-acetamido-2-deoxy-α-D-galactoside acetamido-deoxygalactohydrolase

2-乙酰氨基-2-脱氧-α-D-半乳糖苷乙酰氨基脱氧半乳糖水解酶

作用：催化糖苷键水解。

反应：R-2-乙酰氨基-2-脱氧-α-D-半乳苷糖 $+ H_2O =$ ROH $+$ 2-乙酰氨基-2-脱氧-D-半乳糖

特异性：也催化丝氨酰基和苏氨酰基衍生物水解，但不能催化 N-乙酰-α-D-氨基葡萄糖苷水解。

41. α-N-乙酰(基)-D-氨基葡糖苷酶（α-N-acetyl-D-glucosaminidase）EC 3.2.1.50

分类名：2-acetamido-2-deoxy-α-D-glucoside acetamido-deoxyglucohyhydrolase

2-乙酰氨基-2-脱氧-α-D-葡糖苷乙酰氨基脱氧葡萄糖水解酶

作用：催化糖苷键水解。

反应：R-2-乙酰氨基-2-脱氧-α-D-葡糖苷 $+ H_2O =$ ROH $+$ 2-乙酰氨基-2-脱氧-D-葡萄糖

特异性：能催化 UDP-N-乙酰氨基葡萄糖水解，但不能作用于 N-乙酰-α-D-氨基半乳糖苷。

42. α-L-岩藻糖苷酶（α-L-fucosidase）EC 3.2.1.51

分类名：α-L-fucoside fucohydrolase

α-L-岩藻糖苷岩藻糖水解酶

作用：催化糖苷键水解。

反应：α-L-岩藻糖苷 $+ H_2O =$ （乙）醇 $+$ L-岩藻糖

43. β-N-乙酰(基)-D-氨基己糖苷酶（β-N-acety-D-hexosaminidase）EC 3.2.1.52

分类名：2-acetamido-2-deoxy-β-D-hexoside acetamido-deoxyhexohydrolase

2-乙酰氨基-2-脱氧-β-D-己苷糖乙酰氨基脱氧己糖水解酶

作用：催化糖苷键水解。

反应：R-2-乙酰氨基-2-脱氧-β-D-己苷糖 $+ H_2O =$ ROH $+$ 2-乙酰氨基-2-脱氧-己糖

特异性：可催化葡萄糖苷和半乳糖苷水解，也催化一些低聚糖的水解。

44. 环化麦芽糖糊精酶（cyclomaltodextrinase）EC 3.2.1.54

分类名：cyclomaltodextrin dextrin-hydrolase(decyclizing)

环化麦芽糖糊精糊精水解酶（去环化）

作用：催化糖苷键水解。

反应：环化麦芽糖糊精 $+ H_2O =$ 直链麦芽糖糊精

特异性：也催化直链麦芽糖糊精水解。

45. α-L-阿拉伯呋喃糖苷酶（α-L-arabinofuranosidase）EC 3.2.1.55

分类名：α-L-abrainofuranoside arabinofuranohydrolase

α-L-阿拉伯呋喃糖苷阿拉伯呋喃糖水解酶

别名：arabinosidase　阿拉伯糖苷酶

作用：催化糖苷键水解

反应：α-L-阿拉伯糖苷中末端非还原性 α-L-阿拉伯呋喃糖苷水解。

特异性：作用于 α-L-阿拉伯呋喃糖苷、含（1,3）-和/或（1,5）-键的 α-L-阿拉伯聚糖、阿拉伯木聚糖和阿拉伯半乳聚糖。

46. 葡糖苷酸(基)-二磺基葡糖胺葡糖苷酸酶（glucuronosyl-disulphoglucosamine glucuronidase）EC 3. 2. 1. 56

分类名：1,3-D-glucuronosyl-2-sulphamido-2-deoxy-6-O-sulpho-β-D-glucose glucurono-hydrolase

1,3-D-葡糖苷酸(基)-2-磺酰胺-2-脱氧-6-O-磺基-β-D-葡糖葡糖苷酸水解酶

作用：催化糖苷键水解。

反应：1,3-D-葡糖苷酸(基)-2-磺酰胺-2-脱氧-6-O-磺基 β-D-葡糖＋H_2O ══ 2-磺酰胺-2-脱氧-6-O-磺基-D-葡糖＋葡糖醛酸

47. 异支链淀粉酶（isopullulanase）EC 3. 2. 1. 57

分类名：pullulan 4-glucanohydrolase

支链淀粉 4-葡聚糖水解酶

作用：催化糖苷键水解。

反应：支链淀粉水解成为 6-α-麦芽糖基葡萄糖。

特异性：本酶对淀粉没有水解作用，催化 4-α-异麦芽糖基葡萄糖水解，成为异麦芽糖和葡萄糖。

48. 1,3-β-D-葡糖苷外切酶（exo-1,3-β-D-glucosidase）EC 3. 2. 1. 58

分类名：1,3-β-D-glucan glucohydrolase

1,3-β-D-葡聚糖葡糖水解酶

作用：催化糖苷键水解

反应：1,3-β-D-葡聚糖中非还原性末端 β-D-葡萄糖残基连续水解，释出 α-葡萄糖。

特异性：催化寡糖水解，但对昆布二糖的作用很慢。

49. 1,3-α-D-葡聚糖内切酶（endo-1,3-α-D-glucanase）EC 3. 2. 1. 59

分类名：1,3(1,3;1,4)- α-D-glucan 3- glucanohydrolase

1,3(1,3;1,4)- α-D-葡聚糖 3-葡聚糖水解酶

作用：催化糖苷键水解。

反应：异地衣多糖、假黑曲霉多糖和黑曲霉多糖的 1,3-α-D-葡糖苷键的水解，假黑曲霉多糖(1,3-α-D-葡聚糖)水解生成曲霉多糖和 α-D-葡萄糖。

50. 麦芽四糖外切水解酶（exo-maltotetraohydrolase）EC 3. 2. 1. 60

分类名：1,4-α-D-glucan maltotetraohydrolase

1,4-α-D-葡聚糖麦芽四糖水解酶

作用：催化糖苷键水解。

反应：淀粉多糖中 1,4-α-D-糖苷键的水解，借此从非还原性末端除去麦芽四糖残基。

51. 糖基神经酰胺酶（glycosylceramidase）EC 3. 2. 1. 62

分类名：glycosyl-N-acylsphingosine glycohydrolase

糖基-N-酰基(神经)鞘氨醇糖水解酶

别名：phlorizin hydrolase　根皮苷水解酶

phloretin-glucosidase　根皮素-葡糖苷酶

作用：催化糖苷键水解。

反应：糖基-N-酰基(神经)鞘氨醇＋H_2O＝＝糖＋N-酰基(神经)鞘氨醇

特异性：具有广泛特异性，有葡糖基神经酰胺酶（EC 3.2.1.45）和半乳糖基神经酰胺酶（EC 3.2.1.46）的作用，也催化根皮苷水解，生成根皮素和葡萄糖。

52. 1,2-α-L-岩藻糖苷酶 （1,2-α-L-fucosidase） EC 3.2.1.63

分类名：2-O-α-L-fucopyranosyl-β-D-galactoside fucohydrolase

2-O-α-L-岩藻吡喃糖(基)-β-D-半乳糖苷岩藻糖水解酶

作用：催化糖苷键水解。

反应：2-O-α-L-岩藻吡喃糖(基)- β-D-半乳糖苷＋H_2O＝＝L-岩藻糖＋D-半乳糖

特异性：水解以 1,2-α-键连接到 D-半乳糖残基上的非还原性末端 L-岩藻糖残基，具有高度专一性。

53. 2,6-β-D-果聚糖 6-果聚二糖水解酶 （2,6-β-D-frutan 6-levanbiohydrolase） EC 3.2.1.64

分类名：2,6-β-D-fructan 6-β-D-fructofuranosyl fructohydrolase

2,6-β-D-果聚糖 6-β-D-呋喃果糖苷呋喃水解酶

作用：催化糖苷键水解。

反应：2,6-β-D-果聚糖的水解，从链的末端移去连续的果聚二糖。

54. 果聚糖酶 （levanase） EC 3.2.1.65

分类名：2,6-β-D-fructan fructanohydrolase

2,6-β-D-果聚糖果聚糖水解酶

作用：催化糖苷键水解。

反应：含有两个以上果糖单位的 2,6-β-D-果聚糖（左聚糖）中 2,6-β-D-呋喃果糖苷键的随机水解。

55. 槲皮苷酶 （quercithrinase） EC 3.2.1.66

分类名：quercitrin 3-rhamnohydrolase

槲皮苷 3-鼠李糖水解酶

作用：催化糖苷键水解。

反应：槲皮苷＋H_2O＝＝鼠李糖＋槲皮苷糖苷配基

56. 多(聚)半乳糖醛酸外切酶 （exopolygalacturonase） EC 3.2.1.67

分类名：poly(1,4-α-D-galacturonide)galacturonohydrolase

多(聚)(1,4-α-D-半乳糖苷酸)半乳糖醛酸水解酶

别名：poly (galacturonate) hydrolase　多(聚)(半乳糖醛酸)水解酶

作用：催化糖苷键水解。

反应：(1,4-α-D-半乳糖苷酸)$_n$＋H_2O＝＝(1,4-α-D-半乳糖苷酸)$_{n-1}$＋ D-半乳糖醛酸

57. 异淀粉酶 （isoamylase） EC 3.2.1.68

分类名：glymgen 6-glucanohydrolase

糖原 6-葡聚糖水解酶

别名：debranching enzyme　脱支酶

作用：催化糖苷键水解。

反应：糖原、支链淀粉和它们的 β-极限糊精的 1，6-α-D-葡糖苷分支键的水解。

特异性：本酶与支链淀粉酶（EC 3.2.1.41）的区别在于本酶没有催化支链淀粉水解的能力，以及对 α-极限糊精的有限的水解作用；但与支链淀粉酶对糖原有限的水解相比较，细菌来源的酶对糖原具有完全的水解作用。本酶只水解分支点的 1，6-键。

58. 1,6-α-D-葡糖苷外切酶（exo-1,6-α-D-glucosidase）EC 3.2.1.70

分类名：1,6-α-D-glucan glucohydrolase

　　　　1,6-α-D-葡聚糖葡萄糖水解酶

别名：glucodextranase　葡糖葡聚糖酶

作用：催化糖苷键水解。

反应：1,6-α-D-葡聚糖和衍生的寡糖中连续的葡萄糖单位的水解。

特异性：产物通过转化成为 β-D-葡萄糖。本酶作用于葡聚糖和异麦芽糖类，但对异麦芽糖的作用很慢。

59. 1,2-β-D-葡聚糖内切酶（endo-1,2-β-D-gluconase）EC 3.2.1.71

分类名：1,2-β-D-glucan glucanohydrolase

　　　　1,2-β-D-葡聚糖葡糖水解酶

作用：催化糖苷键水解。

反应：1,3-β-D-葡聚糖的 1,2-葡糖苷键的随机水解。

60. exo-1,3-β-D-木糖苷外切酶（exo-1,3-β-D-xylosidase）EC 3.2.1.72

分类名：1,3-β-D-xylan xylohydrolase

　　　　1,3-β-D 木聚糖木糖水解酶

作用：催化糖苷键水解。

反应：1,3-β-D-木聚糖中非还原性末端木糖残基的连续水解。

61. 地衣多糖酶（lichenase）EC 3.2.1.73

分类名：1,3;1,4-β-D-glucan 4-glucanohydrolase

　　　　1,3;1,4-β-D-葡聚糖 4-葡聚糖水解酶

作用：催化糖苷键水解。

反应：含有 1,3-与 1,4-键的 β-D-葡聚糖中 1,4-β-D-葡糖苷键的水解。

特异性：作用于地衣淀粉和谷类 β-D-葡聚糖，但不能作用于只含 1,3-键或 1,4-键的 β-D-葡聚糖。

62. 1,4-β-D-葡糖苷外切酶（exo-1,4-β-D-glucosidase）EC 3.2.1.74

分类名：1,4-β-D-glucan glucohydrolase

　　　　1,4-β-D-葡聚糖葡糖水解酶

作用：催化糖苷键水解。

反应：1,4-β-D-葡聚糖中 1,4-键的水解，借此除去连续的葡萄糖单位。

特异性：作用于 1,4-β-D-葡聚糖和有关的寡糖，对纤维二糖的作用很慢。

63. 1,6-β-D-葡聚糖内切酶 （endo-1,6-β-D- glucanase） EC 3.2.1.75

分类名：1,6-β-D- glucan glucanohydrolase

　　　　1,6-β-D-葡聚糖葡聚糖水解酶

作用：催化糖苷键水解。

反应：1,6-β-D-葡聚糖的1,6-键随机水解。

64. L-艾杜糖苷酸酶 （L-iduronidase） EC 3.2.1.76

分类名：mucopolysaccharide α-L-iduronohydrolase

　　　　黏多糖 α-L-艾杜糖醛酸水解酶

作用：催化糖苷键水解。

反应：脱硫酸皮肤素的 α-L-艾杜糖苷酸键

65. 1,2:1,3-α-D-甘露糖苷外切酶 （exo-1,2:1,3-α-D-mannosidase） EC 3.2.1.77

分类名：1,2:1,3-α-D-mannan mannohydrolase

　　　　1,2:1,3-α-D-甘露聚糖甘露糖水解酶

作用：催化糖苷键水解。

反应：酵母甘露聚糖中1,2-和1,3-键的水解，释出甘露糖；保留下来的1,6-α-D-甘露聚糖链进一步被酶水解，但作用缓慢。

66. 1,4-β-D-甘露聚糖内切酶 （endo-1,4-β-D-mannanase） EC 3.2.1.78

分类名：1,4-β-D-mannan mannanohydrolase

　　　　1,4-β-D-甘露聚糖甘露聚糖水解酶

作用：催化糖苷键水解。

反应：甘露聚糖、半乳甘露聚糖和葡甘露聚糖的1,4-β-D-甘露糖苷键的水解。

67. β-D-果糖苷外切酶 （exo-β-D-fructosidase） EC 3.2.1.80

分类名：β-D-fructan fructohydrolase

　　　　β-D-果聚糖果糖水解酶

作用：催化糖苷键水解。

反应：果聚糖中末端非还原性的2,1-和2,6-连接的β-D-呋喃果糖残基水解。

特异性：催化菊粉和果聚糖水解，也水解蔗糖。

68. 琼脂酶 （agarase） EC 3.2.1.81

分类名：agarose 3-glycanohydrolase

　　　　琼脂糖 3-聚糖水解酶

作用：催化糖水解。

反应：琼脂糖的1,3-β-D-半乳糖苷键的水解，生成的主要产物为四聚体。

69. 多(聚)-α-D-半乳糖苷酸外切酶 （exo-poly-α-D-galacturonosidase） EC 3.2.1.82

分类名：poly(1,4-α-D-galacturonide)digalacturonohydrolase

　　　　多(聚)(1,4-α-D 半乳糖醛酸)二半乳糖醛酸水解酶

作用：催化糖苷键水解。

反应：非还原性末端的果胶酸的水解，释出二半乳糖醛酸。

70. K-角叉菜胶酶 （K-carrageenase） EC 3.2.1.83

分类名：K-carrageenan 4-β-D-glycanhydrolase

　　K-角叉菜胶 4-β-D-聚糖水解酶

作用：催化糖苷键水解。

反应[*]：各种角叉菜胶中 4-硫酸 D-半乳糖和 3,6-脱水-D-半乳糖之间的 1,4-β-键的水解。

　　　[*] 主要产物是低聚物［3-O-(3,6-脱水-α-D-半乳糖吡喃糖基)-D-半乳糖 4-O-硫酸］$_{1\sim4}$

71. 1,3-α-葡聚糖外切酶 （exo-1,3-α-glucanase） EC 3.2.1.84

分类名：1,3-α-D-glucan 3-glucohydrolase

　　　　1,3-α-D 葡聚糖 3-葡糖水解酶

作用：催化糖苷键水解。

反应：1,3-α-D-葡聚糖中末端 1,3-α-D-糖苷键的水解。

特异性：不能作用于黑曲霉多糖。

72. 6-磷酸-β-D-半乳糖苷酶 （6-phospho-β-D-galactosidase） EC 3.2.1.85

分类名：6-phospho-β-D-galactoside 6-phosphogaladohydrolase

　　　　6-磷酸-β-D-半乳糖苷 6-磷酸半乳糖水解酶

作用：催化糖苷键水解。

反应：6-磷酸-β-D-半乳糖苷＋H_2O══醇＋6-磷酸-D-半乳糖

73. 6-磷酸-β-D-葡糖苷酶 （6-phospho-β-D-glucosidase） EC 3.2.1.86

分类名：6-phospho-β-D-glucoyl-(1,4)-D-glucose glucohydrolase

　　　　6-磷酸-β-D-葡糖(基)-(1,4)-D-葡萄糖葡糖水解酶

作用：催化糖苷键水解。

反应：6-磷酸-β-D-葡糖(基)(1,4)-D-葡萄糖＋H_2O══D-葡萄糖 6-磷酸＋D-葡萄糖

特异性：也作用于一些其它磷酸-β-D-葡糖苷，但不能水解非磷酸化的葡糖苷。

74. 荚膜多糖半乳糖水解酶 （capsular-polysaccharide galactohydrolase） EC 3.2.1.87

分类名：aerobacter-capsular-polysaccharide galactohydrolase

　　　　气杆菌荚膜多糖半乳糖水解酶

别名：polysaccharide depolymerase　多糖解聚酶

作用：催化糖苷键水解。

反应：对产气气杆菌荚膜多糖的 1,3-α-D-半乳糖苷键的随机水解。

特异性：只催化复合物中半乳糖(基)-α-1,3-D-半乳糖键的水解，引起解聚作用。

75. β-L-阿拉伯糖苷酶 （β-L-arabinosidase） EC 3.2.1.88

分类名：β-L-arabinoside arabinohydrolase

　　　　　β-L-阿拉伯糖苷阿拉伯糖水解酶

作用：催化糖苷键水解。

反应：β-L-阿拉伯糖苷＋H_2O══醇＋L-阿拉伯糖

76. 1,4-β-D-半乳聚糖内切酶 （endo-1,4-β-D-galactanase） EC 3.2.1.89

分类名：arbinogalactan 4-β-D-galactanohydrolase

　　　　阿拉伯半乳聚糖 4-β-D-半乳聚糖水解酶

别名：galactanase　半乳聚糖酶

　　　arbinogalactanase　阿拉伯半乳聚糖酶

作用：催化糖苷键水解。

反应：阿拉伯半乳聚糖的 1,4-β-D-半乳糖苷键的水解。

77. 1,3-β-D-半乳聚糖内切酶 （endo-1,3-β-D-galactanase） EC 3.2.1.90

分类名：arabinogalactan 3-β-D-galactanohydrolase

阿拉伯半乳聚糖 3-β-D-半乳聚糖水解酶

别名：galactanase　半乳聚糖酶

arabinogalactanase　阿拉伯半乳聚糖酶

作用：催化糖苷键水解。

反应：阿拉伯半乳聚糖的 1,3-β-D-半乳糖苷键的水解。

78. 纤维二糖外切水解酶 （exo-cellobiohydrolase） EC 3.2.1.91

分类名：1,4-β-D-glupan cellobiohydrolase

1,4-β-D-葡聚糖纤维二糖水解酶

别名：C1 enzyme　C1 酶

作用：催化糖苷键水解。

反应：纤维素和纤维四糖中 1,4-β-D-糖苷键的水解，从链的非还原性末端释出纤维二糖。

79. β-N-乙酰胞壁质外切酶 （exo-β-N-acetylmuramidase） EC 3.2.1.92

分类名：mucopolysaccharide-β-N-acetylmuramoylexohydrolase

黏多糖 β-N-乙酰胞壁酰（基）外水解酶

作用：催化糖苷键水解。

反应：末端非还原性 N-乙酰胞壁酸残基的水解。

80. α,α-磷酸海藻糖酶 （α,α-phosphotrehalase） EC 3.2.1.93

分类名：α,α-trehalose-6-phosphate phosphoglucohydrolase

α,α-海藻糖-6-磷酸磷酸葡萄糖水解酶

作用：催化糖苷键水解。

反应：α,α-海藻糖-6-磷酸＋H_2O ══D-葡萄糖＋D-葡萄糖 6-磷酸

81. 异麦芽糖外切水解酶 （exo-isomaltohydrolase） EC 3.2.1.94

分类名：1,6-α-D-glucan isomaltohydrolase

1,6-α-D-葡聚糖异麦芽糖水解酶

别名：isomalto-dextranase　异麦芽糖葡聚糖酶

作用：催化糖苷键水解。

反应：多糖中 1,6-α-D-糖苷键的水解，借此从非还原性末端除去异麦芽糖单位。

特异性：催化 1,6-α-D-葡聚糖水解；对含有 6～8 个葡萄糖单位的葡聚糖催化活力最大，对含 3～5 个单位的催化活力较低。

82. 异麦芽三糖外切水解酶 （exo-isomaltotriohydrolase） EC 3.2.1.95

分类名：1,6-α-D-glucan isomaltotriohydrolase

1,6-α-D-葡聚糖异麦芽三糖水解酶

作用：催化糖苷键水解。

反应：葡聚糖中 1,6-α-D-糖苷键的水解，借此从非还原性末端除去异麦芽三糖单位。

83. β-N-乙酰氨基葡糖苷内切酶* （endo-β-N-acetylglucosaminidase） EC 3.2.1.96

分类名：mannasyl-glycoprotein 1,4-N-acetamidodeoxy-β-D-glycohydrolase

甘露糖(基)-糖蛋白 1,4-N-乙酰氨基脱氧-β-D-葡糖水解酶

作用：催化糖苷键水解。

反应：甘露糖(基)-糖蛋白的 1,4-N-乙酰氨基脱氧-β-D-葡糖苷键水解。

特异性：参看 peptidoglvcan endopetididase EC 3.4.99.17。

84. α-N-乙酰氨基半乳糖苷内切酶（endo-α-N-acetylgalactosaminidase) EC 3.2.1.97

分类名：　D-galadosyl-N-acetamidodeoxy-α-D-galadoside-D-galactosyl-N-acetamidode-oxy-D-galactohydrolase

D-半乳糖(基)-N-乙酰氨基脱氧-α-D-半乳糖苷-D-半乳糖(基)-N-乙酰氨基脱氧-D-半乳糖水解酶

作用：催化糖苷键水解。

反应*：从糖肽和糖蛋白水解其末端 D-半乳糖(基)-N-乙酰氨基脱氧-α-D-半乳糖苷残基。

* 糖苷配基可能是鸟氨酸或苏氨酸。

85. 麦芽己糖外切水解酶 （exo-maltohexaohydrolase) EC 3.2.1.98

分类名：1,4-α-D-glucan maltohexaohydrolase

1,4-α-D-葡聚糖麦芽己糖水解酶

作用：催化糖苷键水解。

反应：淀粉多糖中 1,4-α-D-糖苷键的水解，借此从非还原性末端除去麦芽己糖残基。

86. 核苷酶 （nucleosidase) EC 3.2.2.1

分类名：N-ribosyl-purine ribohydrolase

N-核糖(基)-嘌呤核糖水解酶

别名：purine nucleosidase　嘌呤核苷酶

作用：催化糖苷键水解。

反应：N-核糖(基)-嘌呤＋H_2O═嘌呤＋D-核糖

87. 次黄苷核甘酶 （inosine nucleosidase) EC 3.2.2.2

分类名：inosine ribohydrolase

次黄苷核糖水解酶

别名：inosinase　次黄苷酸

作用：催化糖苷键水解。

反应：次黄苷＋H_2O═次黄嘌呤＋D-核糖

88. 尿苷核苷酶 （uridine nucleosidase) EC 3.2.2.3

分类名：uridine ribohydrolase

尿苷核糖水解酶

作用：催化糖苷键水解。

反应：尿苷＋H_2O═尿嘧啶＋D-核糖

89. AMP 核苷酶 （AMP nucleosidase) EC 3.2.2.4

分类名：AMP phosphoribohydrolase

AMP 磷酸核糖水解酶

作用：催化糖苷键水解。

反应：AMP＋H_2O＝腺嘌呤＋D-核糖 5-磷酸

90. NAD^+ 核苷酶（NAD^+ nucleosidase） EC 3. 2. 2. 5

分类名：NAD^+ glycohydrolase

NAD^+ 糖水解酶

别名：NADase　NAD 酶

DPNase　DPN 酶

DPN hydrolase　DPN 水解酶

作用：催化糖苷键水解。

反应：NAD^+＋H_2O＝烟酰胺＋ADP 核糖

特异性：也催化 ADP 核糖残基转移。

91. $NAD(P)^+$ 核苷酶（$NAD(P)^+$ nucleosidase） EC 3. 2. 2. 6

分类名：$NAD(P)^+$ glycohydrolase

$NAD(P)^+$ 糖水解酶

作用：催化糖苷键水解。

反应：$NAD(P)^+$＋H_2O＝烟酰胺＋ADP 核糖（P）

特异性：也催化 ADP 核糖（P）残基的转移。

92. 腺（嘌呤核）苷核苷酶（adenosine nucleosidase） EC 3. 2. 2. 7

分类名：adenosine ribohydrolase

腺（嘌呤核）苷核糖水解酶

别名：adenosinase　腺苷酶

作用：催化糖苷水解。

反应：腺苷＋H_2O＝腺嘌呤＋D-核糖

特异性：也作用于腺苷 N-氧化物。

93. N-核糖基嘧啶核苷酶（N-ribosylpyrimidine nucleosidase） EC 3. 2. 2. 8

分类名：nucleoside ribohydrolase

核苷核糖水解酶

作用：催化糖苷键水解。

反应：N-核糖基嘧啶＋H_2O＝嘧啶＋D-核糖

特异性：也催化嘌呤核糖核苷水解，但反应较慢。

94. 腺苷高半胱氨酸核苷酶（adenosylhomocysteine nucleosidase） EC 3. 2. 2. 9

分类名：S-adenosyl-L-homocysteine homocysteinylribohydrolase

S-腺苷-L-高半胱氨酸高半胱氨酰（基）核糖水解酶

作用：催化糖基化合物水解。

反应：S-腺苷-L-高半胱氨酸＋H_2O＝腺嘌呤＋S-核糖（基）-L-高半胱氨酸

特异性：此酶也作用于 $5'$-甲硫腺苷，生成腺嘌呤和 5-甲硫核糖。

95. 嘧啶-$5'$-核苷酸核苷酶（pyrimidine-$5'$-nucleotide nucleosidase） EC 3. 2. 2. 10

分类名：pyrimidine-$5'$-nucleotide phosphoribo(deoxyribo)hydrolase

嘧啶-$5'$-核苷酸磷酸核糖（脱氧核糖）水解酶

作用：催化核苷键水解。

反应：嘧啶-5'-核苷酸＋H_2O ══ 嘧啶＋D-核糖 5-磷酸

特异性：也作用于 dUMP、dTMP 和 dCMP。

96. β-天冬氨酰（基）乙酰氨基葡糖苷酶 （β-aspartylacetylglucosaminidase） EC 3.2.2.11

分类名：1-β-aspartyl-2-acetamido-1,2-dideoxy-D-glucosylamine-L-asparagino-hydrolase

1-β-天冬氨酰（基）-2-乙酰氨基-1,2-双脱氧-D-葡糖（基）胺-L-天冬酰胺水解酶

作用：催化糖苷键水解。

反应：1-β-天冬氨酰（基）-2-乙酰氨基-1,2-双脱氧-D-葡糖（基）胺＋H_2O ══ 2-乙酰氨基-2-脱氧-D-葡糖＋L-天冬酰胺

97. 次黄苷酸核苷酶 （inosinate nucleosidase） EC 3.2.2.12

分类名：5'-lnosinate phosphoribohydrolase

5'-次黄苷酸磷酸核糖水解酶

作用：催化糖苷键水解。

反应：5'-次黄苷酸＋H_2O ══ 次黄嘌呤＋D-核糖 5-磷酸

98. 1-甲基腺苷核苷酶 （1-methyladenosine nucleosidase） EC 3.2.2.13

分类名：1-methyladenosine ribohydrolase

1-甲基腺苷核糖水解酶

作用：催化糖苷键水解。

反应：1-甲基腺苷＋H_2O ══ 1-甲基腺嘌呤＋D-核糖

99. NMN 核苷酶 （NMN nucleosidase） EC 3.2.2.14

分类名：nicotinamidenucleotide phosphoribohydrolase

烟酰胺核苷酸磷酸核糖水解酶

别名：NMN ase NMN 酶

作用：催化糖苷键水解。

反应：烟酰胺 D-核糖核苷酸＋H_2O ══ 烟酰胺＋D-核糖 5-磷酸

100. 葡糖硫苷酶 （thioglucosidase） EC 3.2.3.1

分类名：thioglucoside glucohydrolase

葡糖硫苷葡糖水解酶

别名：myrosinase 黑芥子硫苷酸酶

sinigrinase 黑芥子硫苷酸钾酶

sinigrase 黑芥子苷酶

作用：催化糖苷键水解。

反应：葡糖硫苷＋H_2O ══ 硫醇＋糖

特异性：对葡糖硫苷有广泛的特异性。

第三节 催化醚键水解反应的酶

1. 腺苷高半脱氨酸酶 （adenosylhomocysteinase） EC 3.3.1.1

分类名：S-adenosyl-L-homocysteine hydrolase

S-腺苷-L-高半胱氨酸水解酶

作用：催化硫醚水解，作用于醚键。

反应：S-腺苷-L-高半胱氨酸＋H_2O＝腺苷＋L-高半胱氨酸

2. 腺苷甲硫氨酸水解酶（adenosylmethionine hydrolase）EC 3. 3. 1. 2

分类名：S-adenosyl-L-methionie hydrolase

S-腺苷-L-甲硫氨酸水解酶

别名：S-adenosylmethionine cleaving enzyme　S-腺苷甲硫氨酸裂解酶

methylmethionine-sulphonium-salt hydrolase　甲基甲硫氨酸-锍化物（盐）水解酶

作用：催化硫醚水解，作用于醚键。

反应：S-腺苷-L-甲硫氨酸＋H_2O＝甲硫腺苷＋L-高丝氨酸

特异性：此酶也催化甲基甲硫氨酸锍化物（盐）水解，生成二甲基硫化物和高丝氨酸。

3. 核糖基高半胱氨酸酶（ribosylhomocysteinase）EC 3. 3. 1. 3

分类名：S-ribosyl-L-homocysteine ribohydrolase

S-核糖基-L-高半胱氨酸核糖水解酶。

作用：催化硫醚水解，作用于醚键

反应：S-核糖基-L-高半胱氨酸＋H_2O＝核糖＋L-高半胱氨酸

4. 异分支酸酶（isochorismatase）EC 3. 3. 2. 1

分类名：isochorismate pyruvate-hydrolase

异分支酸丙酮酸水解酶

别名：2,3-dihydro-2,3-dihydroxy-benzoate synthase　2,3-二氢-2,3-二羟苯甲酸合酶

作用：催化异分支酸水解。

反应：异分支酸＋H_2O＝2,3-二羟-2,3-二氢苯甲酸＋丙酮酸

**5. 链烯(基)-甘油磷酸胆碱水解酶（alkenyl-glycerophosphocholine hydurolase）
EC 3. 3. 2. 2**

分类名：1-(1-alkenyl)-glycero-3-phosphocholine aldehydohydrolase

1-(1-链烯(基))甘油-3-磷酸胆碱醛水解酶

作用：催化醚键水解。

反应：1-(1-链烯(基))-甘油-3-磷酸胆碱＋H_2O＝醛＋甘油-3-磷酸胆碱

6. 环氧化物水解酶（epoxide hydralase）EC 3. 3. 2. 3

分类名：epoxide hydrolase　环氧化物水解酶

别名：epoxide hydratase　环氧化物水化酶

arene-oxide hydratasc　芳烃氧化物水化酶

作用：催化醚水解，作用于醚键。

反应：环氧化物＋H_2O＝乙二醇

特异性：催化各种环氧化物和芳烃氧化物水解。

第四节　催化肽键水解反应的酶

1. 氨肽酶（细胞溶质）（aminopeptidase（cytosol））EC 3. 4. 11. 1

分类名：α-aminoacyl-peptide hydrolasc（cytosol）

α-氨酰(基)-肽水解酶（细胞溶质）

别名：leucine amino-peptidase('LAP')　亮氨酸氨肽酶('LAP')

作用：催化 α-氨酰(基)肽水解，作用于肽键。

反应：氨酰(基)肽＋H_2O＝氨基酸＋肽

特异性：由猪肾、牛晶状体分离得到的酶具有广泛特异性，催化 L-肽水解，但对赖氨酰(基)和精氨酰(基)肽无作用，被重金属离子激活。

2. 氨肽酶(微粒体)（aminopeptidase(microsomal)）EC 3.4.11.2

分类名：α-aminoacyl-peptide hydrolase（microsomal）

　　　　α-氨肽(基)-肽水解酶(微粒体)

作用：催化 α-氨酰(基)肽水解，作用于肽键。

反应：氨酰(基)肽＋H_2O＝氨基酸＋低(聚)肽

特异性：催化肽、酰胺和对硝基酰基苯胺水解，裂解出 α-氨基酸。不被重金属离子激活。

3. 胱氨酰(基)氨肽酶（cystyl aminopeptidase）EC 3.4.11.3

分类名：α-aminoacyl-peptide hydrolase

　　　　α-氨酰-肽水解酶

别名：oxytocinase　催产素酶

作用：催化 α-氨酰肽水解，作用于肽键。

反应：胱氨酰(基)肽＋H_2O＝氨基酸＋肽

特异性：催化胱氨酸肽类，如催产素和后叶加压素水解。

4. 三肽氨基肽酶（tripeptide aminopeptidase）EC 3.4.11.4

分类名：α-aminoacyl-dipeptide hydrolase

　　　　α-氨酰(基)-二肽水解酶

作用：催化 α-氨酰肽水解，作用于肽键。

反应：氨酰(基)二肽＋H_2O＝氨基酸＋二肽

5. 脯氨酸亚氨肽酶（proline iminopeptidase）EC 3.4.11.5

分类名：L-prolyl-peptide hydrolase

　　　　L-脯氨酰-肽水解酶

作用：催化 α-氨酰肽水解，作用于肽键。

反应：L-脯氨酰肽＋H_2O＝L-脯氨酸＋肽

特异性：由大肠杆菌中提取的酶需要 Mn^{2+} 参与反应，只能水解掉 N-端的脯氨酸。

6. 精氨酸氨肽酶（arginine aminopeptidase）EC 3.4.11.6

分类名：L-arginyl(L-lysyl)-peptide hydrolase

　　　　L-精氨酰(基)(L-赖氨酰(基))-肽水解酶

作用：催化肽键以外的、环状脒的 C—N 键水解。

反应：L-精氨酰(基)肽＋H_2O＝L-精氨酸＋肽

特异性：只能水解掉 N-端的 L-精氨酸或 L-赖氨酸；受 Cl^- 的激活。

7. 天冬氨酸氨肽酶（asparate aminopeptidase）EC 3.4.11.7

分类名：L-α-aspanyl(L-α-glutamyl)-peptide hydrolase

L-α-天冬氨酰(L-α-谷氨酰(基))-肽水解酶

作用：催化 α-氨酰(基)肽水解，作用于肽键。

反应：L-α-天冬氨酰(基)肽＋H_2O＝L-天冬氨酸＋肽

特异性：也作用于 L-α-谷氨酰(基)-肽。

8. 焦谷氨酰(基)氨基肽酶 (pyroglutamyl aminopeptidase) EC 3.4.11.8

分类名：L-pyroglutamyl-peptide hydrolase

L-焦谷氨酰(基)-肽水解酶

别名：pyrrolidone-carboxylate peptidase 吡咯烷酮羧酸肽酶

作用：催化 α-氨酰肽水解，作用于肽键。

反应：焦谷氨酰肽＋H_2O＝焦谷氨酸＋肽

9. 氨肽酶 P (aminopeptidase P) EC 3.4.11.9

分类名：aminoacylprolyl peptide hydrolase

氨酰脯氨酰(基)-肽水解酶

别名：aminoacylproline aminopeptidase 氨酰（基）脯氨酸氨肽酶

作用：催化 α-氨酰(基)肽水解，作用于肽键。

反应：氨酰脯氨酰(基)肽＋H_2O＝氨基酸＋脯氨酰(基)-肽

特异性：仅催化释出邻接脯氨酸的 N-末端氨基酸。由大肠杆菌提取的酶需要 Mn^{2+} 参加反应。

10. 解朊单胞菌氨肽酶* (aeromonas proteolytica aminopeptidase) EC 3.4.11.10

分类名：α-aminoacyl-peptide hydrolase(Aeromonas proteolytica)

α-氨酰水解酶(解朊单胞菌)

作用：催化 α-氨酰肽水解。

反应：氨酰肽＋H_2O＝氨基酸＋肽

特异性：对 L-亮氨酰肽、酰胺和 β-萘酰胺的作用最迅速。不能水解 Glu-键和 Asp-键。
　　　　* 由大肠杆菌和嗜热葡萄球菌中能分离出同样的酶。

11. 氨肽酶 (aminopeptidase) EC 3.4.11.11

分类名：α-aminoacyl-peptide hydrolase

α-氨酰(基)-肽水解酶

别名：peptidase a 肽酶 a

作用：催化 α-氨酰(基)肽水解，作用于肽键。

反应：中性或芳香族氨酰(基)肽＋H_2O＝中性或芳香族氨基酸＋肽

12. 嗜热氨基肽酶 (thermophilic aminopeptidase) EC 3.4.11.12

分类名：α-aminoacyl-peptide hydrolase

α-氨酰基-肽水解酶

别名：APⅠ，APⅡ，APⅢ

作用：催化 α-氨酰酞水解。

反应：氨酰基肽＋H_2O＝氨基酸＋肽

特异性：本酶是一种对高温稳定的金属酶，具有广泛的特异性，本酶催化 α-氨酰肽的
　　　　N-末端氨基酸，包括-Arg 和-Lys 水解。

13. 溶组织梭菌氨肽酶 (*clostridium histolyticum* aminopeptidase) EC 3. 4. 11. 13

分类名：α-aminoacyl-peptide hydrolase

α-氨酰（基）肽水解酶

别名：CAP

作用：催化 α-氨酰肽水解，作用于肽键。

反应：氨酰（基）肽＋H_2O＝氨基酸＋肽

特异性：催化氨酰肽水解，释放 N-末端氨基酸，包括脯氨酸和羟脯氨酸，但不能裂解

氨基酸-脯氨酸键；需要 Mn^{2+} 或 Co^{2+} 参与反应。

14. 氨肽酶（人肝）(aminopeptidase(human liver)) EC 3. 4. 11. 14

分类名：α-aminoacyl-peptide hydrolase

α-氨酰（基）肽水解酶

别名：HLA

作用：催化 α-氨酰（基）肽水解，作用于肽键。

反应：氨酰（基）肽＋H_2O＝氨基酸＋肽

特异性：也水解氨基酸酰胺。

15. 氨酰（基）-组氨酸二肽酶 (aminoacyl-histidine dipeptidase) EC 3. 4. 13. 3

分类名：aminoacyl-L-histidine hydrolase

氨酰（基）-L-组氨酸水解酶

别名：carnosinase 肌肽酶

作用：催化二肽水解，作用于肽键。

反应：氨酰（基）-L-组氨酸＋H_2O＝氨基酸＋L-组氨酸

特异性：用于许多种氨酰（基）-L-组氨酸二肽和它们的酰胺，被 Zn^+ 或 Mn^{2+} 激活。

16. 氨酰（基）-赖氨酸二肽酶 (amindacyl-lysine dipeptidase) EC 3. 4. 13. 4

分类名：aminoacyl-L-lysine(L-arginine)hydrolase

氨酰（基）-L-赖氨酸（L-精氨酸）水解酶

别名：N_2-(4-aminobutyryl)-L-lysine hydrolase

N_2-(4-氨基丁酰)-L-赖氨酸水解酶

作用：催化二肽水解，作用于肽键。

反应：氨酰（基）-L-赖氨酸＋H_2O＝氨基酸＋L-赖氨酸

17. 氨酰（基）-甲基组氨酸二肽酶 (aminoacyl-methylhistidine dipeptidase) EC 3. 4. 13. 5

分类名：aminoacyl-pros methyl-L-histidine hydrolase

氨酰（基）-pros 甲基-L-组氨酸水解酶

别名：anserinase 鹅肌肽酶

作用：催化二肽水解，作用于肽键。

反应：鹅肌肽＋H_2O＝β-丙氨酸＋pros 甲基-L-组氨酸

18. 半胱氨酰（基）-甘氨酸二肽酶 (cysteinyl-glycine dipeptidase) EC 3. 4. 13. 6

分类名：L-cysteinyl-glycine hydrolase

L-半胱氨酰（基）甘氨酸水解酶

作用：催化二肽水解，作用于肽键。

反应：L-半胱氨酰(基)-甘氨酸＋H_2O —— L-半胱氨酸＋甘氨酸

19. α-谷氨酰(基)-谷氨酸二肽酶 (α-glutamyl-glutamate dipeptidase) EC 3.4.13.7

分类名：2-L-glutamyl-L-glutamate hydrolase

2-L-谷氨酰(基)-L-谷氨酸水解酶

作用：催化二肽水解。

反应：2-L-谷氨酰(基)-L-谷氨酸＋H_2O —— 2L-谷氨酸

20. 脯氨酰二肽酶 (prolyl dipeptidase) EC 3.4.13.8

分类名：L-prolyl-amino acid hydrolase

L-脯氨酰-氨基酸水解酶

别名：iminodipeptidase 亚氨二肽酶

polinase 脯氨酰氨基酸(二肽)酶

L-prolylglycine dipeptidase L-脯氨酰(基)甘氨酸二肽酶

作用：催化二肽水解，作用于肽键。

反应：L-脯氨酰-氨基酸＋H_2O —— L-脯氨酸＋氨基酸

特异性：也作用于羟脯氨酸衍生物和酰胺。

21. 脯氨酸二肽酶 (proline dipeptidase) EC 3.4.13.9

分类名：aminoacyl-L-proline hydrolase

氨酰(基)-L-脯氨酸水解酶

别名：prolidase 氨酰基脯氨酸(二肽)酶

iminodipeptidase 亚氨基二肽酶

作用：催化二肽水解，作用于肽键。

反应：氨酰(基)-L-脯氨酸＋H_2O —— 氨基酸＋L-脯氨酸

特异性：也作用于羟脯氨酸二肽和酰胺。

22. β-天冬氨酰(基)二肽酶 (β-aspartyldipeptidase) EC 3.4.13.10

分类名：β-L-apartyl-aminoacid hydrolase

β-L-天冬氨酰(基)-氨基酸水解酶

别名：β-aspartyl peptidase β-天冬氨酰 (基) 肽酶

作用：催化二肽水解，作用于肽键。

反应：β-L-天冬氨酰(基)-L-亮氨酸＋H_2O —— L-天冬氨酸＋L-亮氨酸

特异性：专一地催化 β-天冬氨酰(基)二肽水解。

23. 二肽酶 (dipeptidase) EC 3.4.13.11

分类名：dipeptide hydrolase 二肽水解酶

作用：催化二肽水解，作用于肽键。

反应：二肽＋H_2O —— 2 氨基酸

特异性：各种来源的二肽酶的特异性相类似，优先水解疏水性二肽。

24. 甲硫氨酰(基)二肽酶 (methionyl dipeptidase) EC 3.4.13.12

分类名：L-methionyl amino acid hydrolase L-甲硫氨酰(基)-氨基酸水解酶

别名：dipeptidase M 二肽酶 M

作用：催化二肽水解，作用于肽键。

反应：L-甲硫氨酰(基)氨基酸＋H_2O＝L-甲硫氨酸＋氨基酸

25. 二肽(基)肽酶Ⅰ（dipeptidyl peptidase Ⅰ）EC 3.4.14.1

分类名：dipeptidyl peptide hydrolase　二肽(基)肽水解酶

别名：cathepsin C　组织蛋白酶C

　　　dipeptidyl-amino-peptidase Ⅰ　二肽(基)-氨肽酶Ⅰ

　　　dipeptidyl transferase　二肽(基)转移酶

作用：催化二肽(基)肽水解，作用于肽键。

反应：二肽(基)-多肽＋H_2O＝二肽＋多肽

特异性：也催化二肽酰胺的聚合和二肽残基的转移。

26. 二肽(基)肽酶Ⅱ（dipeptidyl peptidase Ⅱ）EC 3.4.14.2

分类名：dipeptidyl peptide hydrolase　二肽(基)肽水解酶

别名：dipeptidyl-aminopeptidase Ⅱ　二肽(基)-氨肽酶Ⅱ

作用：催化二肽(基)肽水解，作用于肽键。

反应：二肽(基)-多肽＋H_2O＝二肽＋多肽

特异性：本酶为二肽(基)肽酶Ⅰ（EC 3.4.14.1）的同类物，两种酶的催化作用互相补
　　　　充；本酶可催化 Lys-Ala-萘基酰胺水解。

27. 酰化氨基酸释放酶（actlaminol-acidreleasing enzyme）EC 3.4.14.3

分类名：N-acylaminoacyl-peptide hydrolase　N-酰化氨酰-肽水解酶

作用：催化二肽基肽水解，作用于肽键。

反应：肽化氨酰-肽＋H_2O＝酰化氨基酸＋肽

28. 二肽(基)羧肽酶（dipeptidyl carboxypeptidase）EC 3.4.15.1

分类名：peptidyldipeptide hydrolase　肽(基)二肽水解酶

别名：angiotensin converting enzyme　血管紧张肽转化酶

　　　peptidage P　肽酶P

　　　kinase Ⅱ　激酶Ⅱ

　　　carboxycathepsin　羧基组织蛋白酶

作用：催化肽(基)二肽水解，作用于肽键。

反应：多肽(基)-二肽＋H_2O＝多肽＋二肽；也催化以下反应：

　　　血管紧张肽Ⅰ＋H_2O＝血管紧张肽Ⅱ＋组氨酸-亮氨酸

特异性：作用于含有（血管）舒缓激肽和血管紧张肽Ⅰ的多肽，水解其C-末端二肽。

29. 肽基羧基酰胺酶（peptidyl carboxyamidase）EC 3.4.15.2

分类名：peptidylaminoacylamide hydrolase
　　　　肽基氨酰基酰胺水解酶

别名：carboxyamidase　羧基酰胺酶

作用：催化肽基二肽水解。

反应：肽基-甘氨酰胺＋H_2O＝肽＋甘氨酰胺

30. 丝氨酸羧肽酶（serine carboxypeptidase）EC 3.4.16.1

分类名：peptidyl-L-amino-acid hydrolase
　　　　肽(基)-L-氨基酸水解酶

作用：催化丝氨酸羧基肽水解。

反应：肽（基）L-氨基酸＋H_2O＝肽＋L-氨基酸

特异性：广泛地水解羧基肽类，最适 pH 值为 4.5～6.0。

31. 脯氨酸羧肽酶 （proline carboxypeptidase） EC 3. 4. 16. 2

分类名：peptidylprolyl-amino acid hydrolase　肽基脯氨酰-氨基酸水解酶

别名：angiotensinase C　血管紧张肽酶 C

　　　lysosomal carboxypeptidase C　溶酶体羧肽酶 C

作用：催化羧基肽水解，作用于肽键。

反应：肽基脯氨酸-L-氨基酸＋H_2O＝肽基-脯氨酸＋氨基酸

特异性：本酶作用使血管紧张素 II 失活。

32. 酪氨酸羧肽酶 （tyrosine carboxypeptidase） EC 3. 4. 16. 3

分类名：peptidyl-L-tyrosine hydrolase　肽基-L-酪氨酸水解酶

别名：thyroid peptide carboxypeptidase　甲状腺肽羧肽酶

　　　thyroid peptidase　甲状腺肽酶

作用：催化羧基肽水解，作用于肽键。

反应：肽基- L-酪氨酸＋H_2O＝肽＋L-酪氨酸

特异性：专一地作用于至少带有一个芳族氨基酸或疏水氨基酸的肽。

33. 羧肽酶 A （carboxypeptidase A） EC 3. 4. 17. 1

分类名：peptidyl-L-amino-acid hydrolase　肽（基）-L-氨基酸水解酶

别名：carboxypolypeptidase　羧基多肽酶

作用：催化羧基肽水解，作用于肽键。

反应：肽（基）-L-氨基酸＋H_2O＝肽＋L-氨基酸

特异性：催化多种肽（基）水解，但不能作用于 C-端为 Arg、Lys 和 Pro 的肽。

34. 羧肽酶 B （carboxypeptidase B） EC 3. 4. 17. 2

分类名：peptidyl-L-lysine （L-arginine） hydrolase

　　　　肽（基）-L-赖氨酸(L-精氨酸)水解酶

别名：protaminase　鱼精蛋白酶

作用：催化羧基肽水解，作用于肽键。

反应：肽（基）-L-赖氨酸(L-精氨酸)＋H_2O＝肽＋L-赖氨酸（或 L-精氨酸）

特异性：优先催化 C-末端为 L-Lys 或 Larg 的肽水解。

35. 精氨酸羧肽酶 （arginine carboxypeptidase） EC 3. 4. 17. 3

分类名：peptidyl-L-arginine hydrolase　肽（基）-L-精氨酸水解酶

别名：carboxypeptidase N　羧肽酶 N

作用：催化肽（基）-L-精氨酸水解，作用于肽键。

反应：肽（基）-L-精氨酸＋H_2O＝肽＋L-精氨酸

特异性：能使血清中的(血管)舒缓激肽失活。

36. 甘氨酸羧肽酶 （glycine carboxypeptidase） EC 3. 4. 17. 4

分类名：peptidyl-glycine hydrolase　肽基甘氨酸水解酶

别名：yeast carboxypeptidase　酵母羧肽酶

作用：催化蛋白质水解，作用于肽键。

反应：肽基甘氨酸＋H_2O＝肽＋甘氨酸

特异性：也催化 C-末端为 L-亮氨酸残基的肽水解。

37. 天冬氨酸羧肽酶（aspartate carboxypeptidase）EC 3. 4. 17. 5

分类名：peptidyl-L-aspartate hydrolase 肽基-L-天冬氨酸水解酶

作用：催化羧基肽水解，作用于肽键。

反应：肽基-L-天冬氨酸＋H_2O＝肽＋L-天冬氨酸

特异性：反应式中的肽基可以为蝶酰（基）或酰（基）替代。

38. 丙氨酸羧肽酶（alanine carboxypeptidase）EC 3. 4. 17. 6

分类名：peptidyl-L-alanine hydrolase 肽基-L-丙氨酸水解酶

作用：催化羧基肽水解，作用于肽键。

反应：肽基-L-丙氨酸＋H_2O＝肽＋L-丙氨酸

特异性：各种蝶酰（基）或酰（基）可以替代肽（基）。

39. 酰基胞壁酰(基)丙氨酸羧肽酶（acylmuramoyl-alanine carboxypeptidase）EC 3. 4. 17. 7

分类名：N-acylmuramoyl-L-alanine hydrolase N-酰基胞壁酰（基）-L-丙氨酸水解酶

别名：acylmuramoylalaninase 酰基胞壁酰（基）丙氨酸酶

作用：催化羧基肽水解，作用于肽键。

反应：N-酰基-胞壁酰（基）-L-丙氨酸＋H_2O＝N-酰基-胞壁酸＋L-丙氨酸

40. 胰凝乳蛋白酶（chymotrypsin）EC 3. 4. 21. 1

别名：chymotrypsin A and B 胰凝乳蛋白酶 A 和 B

作用：催化蛋白质水解。

反应：优先水解 Tyr-、Trp-、Phe-、Leu-。

特异性：胰凝乳蛋白酶 A 由牛和猪的胰凝乳蛋白酶原 A 转变而来，可水解肽、酰胺和酯，优先水解疏水氨基酸的羧基，受甲苯磺酰苯丙氨酸氯甲基酮的抑制。胰凝乳蛋白酶 B 由胰凝乳蛋白酶原 B 转变而来，是胰凝乳蛋白酶 A 的同系物，两者特异性相似；已由牛、猪 、羊、鲸、鸡、鲑鱼和大黄蜂中分离得到胰凝乳蛋白酶 B。

41. 胰凝乳蛋白酶 C（chymotrypsin C）EC 3. 4. 21. 2

作用：催化蛋白质水解。

反应：优先水解 Leu-、Tyr-、Phe-、Met-、Trp-、Gln-、Asn-。

特异性：由猪的胰凝乳蛋白酶原 C 和牛的羧肽酶原亚单位Ⅱ转变而来；容易与 N-甲苯磺酰-L-亮氨酸氯甲基酮起反应，与苯丙氨酸衍生物次之。

42. 蛋白酶 A（metridium proteinase A）EC 3. 4. 21. 3

别名：sea anemone proteinase A 海葵蛋白酶 A

作用：催化蛋白质水解，作用于肽键。

反应：优先水解 Tyr-、Phe-、Leu。

特异性：不作用于胰高血糖素中的色氨酰键。

43. 胰蛋白酶（trypsin）EC 3. 4. 21. 4

别名：α-trypsin α-胰蛋白酶

β-trypsin　β-胰蛋白酶

作用：催化蛋白质水解，作用于肽键。

反应：优先水解 Arg-、Lys-。

特异性：胰蛋白酶原的一个肽键断裂形成 β-胰蛋白酶；后者断裂一个键生成 α-胰蛋白酶，断裂两个肽键生成 Ψ-胰蛋白酶；本酶催化含有 L-Arg 或 L-Lys 的肽，酰胺和酯（在 L-Arg 或 L-Lys 的羧基键上）水解；受有取代基的 Arg 和 Lys、氯甲基酮和许多中性多肽抑制剂的抑制。

44. 凝血酶 (thrombin) EC 3.4.21.5

别名：fibrinogenase　血纤维蛋白酶原

作用：催化蛋白质水解，作用于肽键。

反应：优先水解 Arg，使血纤维蛋白质活化成为血纤维蛋白。

特异性：本酶来自凝血酶原，较胰蛋白酶和血纤维蛋白溶酶选择性。一种由马来西亚洼地毒蛇（*Ancistrodom rhtoma*）中提取的蛋白酶与本酶有相似的特性。

45. 凝血因子 Xa* (coagulation factor Xa) EC 3.4.21.6

别名：Stuart factor　司徒因子

　　　　thrombokinase　凝血酶原激酶

作用：催化肽键水解，作用于肽键。

反应：优先水解 Arg-Ile、Arg-Gly、使凝血酶原活化成为凝血酶。

　　*本酶可由 X 酶原通过有限的（蛋白）水解作用形成。

46. 血纤维蛋白溶酶* (plasmin) EC 3.4.21.7

别名：fibrinase　血纤维形成酶

　　　　fibrinolysin　血纤维蛋白溶酶

作用：催化蛋白质水解，作用于肽键。

反应：优先水解 Lys>Arg。

特异性：水解 Lys-和 Arg-的特异性较胰蛋白酶（EC 3.4.21.4）强；本酶可水解血纤维蛋白成为可溶性产物；本酶与链激酶一起形成活性复合物。

　　*血纤维蛋白溶酶原经水解可产生多种形式的有活性的血纤维蛋白溶酶。

47. 激肽释放酶 (kallikrein) EC 3.4.21.8

别名：kininogenine　激肽原酶

　　　　kininogenase　激肽原酶

作用：催化蛋白质水解，作用于肽键。

反应：优先水解 Arg-、Lys-；通过有限的蛋白水解作用，激肽原成为激肽。

特异性：至少已知道有三类激肽释放酶：血浆激肽释放酶催化(血管)舒缓激肽的释放，并激活 Hageman 因子；胰激肽释放酶催化激肽原释放赖氨酰-(血管)舒缓激肽，激活(酸)溶胶原(蛋白)和释放其它有生物学活性的多肽，肾(尿的)激肽释放酶作用于激肽原，对肾素-血管紧张素系统有拮抗作用。本酶也催化酰(基)-精氨酸酯的水解。

48. 肠肽酶 (enteropeptidase) EC 3.4.21.9

别名：enterokinase　肠激酶

　　作用：催化蛋白质水解，作用于肽键。

　　反应：选择水解胰蛋白酶原中的 Lys^6 – Ile^7 键。

　　特异性：激活胰蛋白酶原，也作用于苯甲酰精氨酸乙酯，不受胰蛋白酶抑制。

49. 精虫头粒蛋白酶*（acrosin）EC 3. 4. 21. 10

　　作用：催化蛋白质水解，作用于肽键。

　　反应：水解精氨酸键和赖氨酸键；裂解优势：Arg-X≫Lys-Lys＞Lys-X。

　　特异性：本酶存在于精虫中，由精虫头粒蛋白原水解而来。天然存在的胰蛋白酶的抑制
　　　　　　可抑制其活性。L-精氨酸可完全抑制其酯解活性，但 L-赖氨酸无此作用。

　　　　　　* 又名精子顶体蛋白酶。

50. 弹性蛋白酶*（elastase）EC 3. 4. 21. 11

　　作用：催化蛋白质水解，作用于肽键。

　　反应：优先水解含有不带电荷的非芳（族）侧链氨基酸羰基的键。

　　　　　* 由哺乳动物胰脏的弹性蛋白酶原转化而来，由猪胰脏（弹性蛋白酶Ⅱ）多形核白
　　　　　细胞的溶酶体（溶酶体弹性蛋白酶）和血小板中分离得到的弹性蛋白水解酶，在组
　　　　　成和动力学参数方面都不同。

51. 黏液菌-α-溶解蛋白酶（*myxobacter-α*-lytic proteinase）EC 3. 4. 21. 12

　　作用：催化蛋白质水解，作用于肽键。

　　反应：蛋白质水解，特别是与 L-丙氨酸残基邻接的键的水解。

52. 枯草杆菌蛋白酶（subtilisin）EC 3. 4. 21. 14

　　作用：催化蛋白质水解，作用于肽键。

　　反应：蛋白质和酰胺化肽的水解。

　　特异性：催化卵清蛋白转化为片清蛋白。

53. 节杆菌丝氨酸蛋白酶（arthrobacter serine proteinase）EC 3. 4. 21. 14

　　作用：催化蛋白质水解，作用机制尚不清楚。

　　特异性：尚不清楚；由铜绿假单胞菌（即绿脓杆菌）提取的蛋白酶。
　　　　　　催化 PZ-Pro-Leu-Gly-Pro-D-Arg 中的 Pro-Leu 键受 EDTA 抑制。

54. 曲霉碱性蛋白酶（*Aspergillus alkaline* proteinase）EC 3. 4. 21. 14

　　别名：*Aspegillus* proteinase B　曲霉蛋白酶 B

　　作用：催化蛋白质水解，不能水解肽酰胺。

55. 解脂假丝酵母丝氨酸蛋白酶（*Candida lipolytica* serine proteinase）EC 3. 4. 21. 14

　　作用：催化蛋白质水解。

　　特异性：水解鲑精蛋白和乙酰（基）酪氨酸乙酯，受二异丙基氟磷酸的抑制。

56. 大肠杆菌固质蛋白酶（*Eacherichia coli* periplasmic proteinase）EC 3. 4. 21. 14

　　别名：*E. coli* proteinase Ⅰ　大肠杆菌蛋白酶 Ⅰ

　　作用：催化蛋白质水解，作用于肽键。

　　反应：优先水解疏水氨基酸之间的键。

　　特异性：不能水解 AC-Phe 乙（基）酯。

57. 假单胞菌丝氨酸蛋白酶（*Pseudomonas* serine proteinase）EC 3. 4. 21. 14

　　作用：催化蛋白质水解，作用于肽键。

反应：蛋白质水解，无明显特异性。

特异性：由绿脓杆菌中提取的是细胞外蛋白酶；水解 PZ-Pro-Leu-Gly-Pro-D-Arg 中的 *Pro*-Leu 键；EDTA 抑制本酶。

58. 真核胞外酶* (thermomycolin) EC 3. 4. 21. 14

分类名：thermomycolase

真核胞外酶

作用：催化蛋白质水解，作用于肽键。

反应：优先水解：Ala-、Tyr-、Phe-。

  * 本酶受 Z-Phe-氯甲基酮抑制。

59. 碱性蛋白酶 (*tritirachium*) EC 3. 4. 21. 14

别名：proteinase K 蛋白酶 K

作用：催化蛋白质水解，作用于肽键。

反应：天然蛋白质和角蛋白的芳族氨基酸或疏水氨基酸残基的羧基水解。

60. 嗜热链霉菌丝氨酸蛋白酶 (*Thermophilic Streptomyces* serine proteinase) EC 3. 4. 21. 14

作用：催化蛋白质水解，作用于肽键。

反应：蛋白质无极性顺序水解。

特异性：由直丝链霉菌提取的嗜热蛋白酶受氟磷酸和有机汞化合物的抑制。

61. 链格孢丝氨酸蛋白酶* (alternaria serine proteinase) EC 3. 4. 21. 16

作用：催化蛋白质水解，没有显著的专一性。

  * 系一种真菌蛋白酶。

62. *Tenebrio* α-蛋白酶 (*Tenebrio* α-proteinase) EC 3. 4. 21. 18

作用：催化蛋白质水解，作用于肽键。

反应：蛋白质水解。

特异性：由昆虫 *Tenebrio molitor* 中提取，水解天然蛋白质，不能水解精氨酸和酪氨酸的 NH_2 被取代的酯；本酶无显著特异性，受硫(代)氟化物抑制。

63. 葡萄球菌丝氨酸蛋白酶 (*Staphylococcal* serine proteinase) EC 3. 4. 21. 19

作用：催化蛋白质水解，作用于肽键。

反应：优先水解 Glu-、Asp-。

特异性：由金黄色葡萄球菌中提取的酶，在适当的缓冲液中专一地水解 Glu-，对疏水氨基酸中庞大侧链的水解速度较慢。

64. 组织蛋白酶 G* (cathepsin G) EC 3. 4. 21. 20

作用：催化蛋白质水解。

特异性：与胰凝乳蛋白酶相类似。

  * 存在于多形核白细胞的溶酶体中。

65. 凝血因子 Ⅶa(牛)* (coagulation factor Ⅶa(bovine)) EC 3. 4. 21. 21

作用：催化肽键水解，作用于肽键。

反应：凝血因子 Ⅹ 中的 Arg-Ile 键水解，形成凝血因子 Ⅹa。

  * 二异丙基氟磷酸可抑制酶活性；凝血因子 Ⅹa 和凝血酶可活化单链的凝血因子 Ⅶ 成为双链形式。

66. 凝血因子Ⅸa*（coagulation factor Ⅸa*）EC 3.4.21.22

别名：活化的克雷司马因子

作用：催化肽键水解，作用于肽键。

反应：Arg-Ile 键水解，使凝血因子Ⅹ转变为凝血因子Ⅹa。

　　　*本酶是与维生素 K 相关的凝血因子酶类中的一种，可激活凝血因子Ⅸ酶原。

67. Russell 氏蛇毒蛋白酶（*Vipera russelli* proteinase）EC 3.4.21.23

别名：coagulant protein of Russell's Vipera venom　Russell 氏蛇毒凝血蛋白

作用：催化蛋白质水解，作用于肽键。

反应：将凝血因子Ⅴ和Ⅹ转变为活性形式。

特异性：本酶是一种精氨酸酯酶；与凝血酶相反，本酶既不能催化血纤维蛋白原凝块，
　　　　也不催化凝血酶原水解。

68. 红细胞中性肽链内切酶（red cell neutral endopeptidase）EC 3.4.21.24

作用：催化蛋白质水解，作用于肽键。

反应：优先水解低分子量蛋白质中的疏水区肽键，不能水解分子量大的蛋白质。

69. 黄瓜素*（cucumisin）EC 3.4.21.25

作用：催化蛋白质水解。

反应：优先水解酸性氨基酸残基的羧基。

　　　*由黄瓜（*Cucumis melo*）的果肉中提取。

70. 后脯氨酸肽内切酶（post-proline endopeptidase）EC 3.4.21.26

别名：post-proline cleaving enzyme　后脯氨酸分裂酶

作用：催化蛋白质水解，作用于肽键。

反应：专一地水解脯氨酰（基）键。

特异性：不能水解 Pro-D、L-Pro 键。

71. 凝血因子Ⅺa（coagulation fator Ⅺa）EC 3.4.21.27

作用：催化肽键水解，作用于肽键。

反应：凝血因子Ⅸ转变为凝血因子Ⅸa。

72. 丝氨酸蛋白酶 *Agkistrodon*（serine proteinase *Agkistrodon*）EC 3.4.21.28

别名：Ancrod

作用：催化蛋白质水解，使血纤维蛋白原转化成血纤维蛋白。

反应：优先水解多肽中的 Arg-。

73. 丝氨酸蛋白酶 *Bothrops atrox*（serine proteinase *Bothrops atrox*）EC 3.4.21.29

别名：reptilase　蛇毒凝血酶

　　　B. atrox coagulant enzyme　*B. atrox* 凝血酶

作用：催化蛋白质水解。

反应：优先水解血纤维蛋白原 α 链（A 链）的 Arg-Gly。

特异性：不能活化人凝血因子Ⅷ或血纤维蛋白溶酶原，对血纤维蛋白原的 β-链无水解
　　　　作用。

74. *crotalus adamanteus* 丝氨酸蛋白酶（*crotalus adamanteus* serine proteinase）EC 3.4.21.30

别名：Crotalase

作用：催化蛋白质水解。

反应：优先水解血纤维蛋白原 β (B) 链中的 Arg-Gly 键。

75. 尿激酶（urokinase）EC 3. 4. 21. 31

别名：plasminogen activator　血纤维蛋白溶酶原激活剂

作用：催化蛋白质水解，作用于肽键。

反应：优先水解血纤维蛋白溶酶原的 Arg-Val。

特异性：本酶可由尿液和肾细胞中分离得到，专一地催化血纤维蛋白溶酶原水解成为血纤维蛋白溶酶。

76. 溶解胶原蛋白酶（*uca pugilaotor*）EC 3. 4. 21. 32

作用：催化蛋白质水解，作用于肽键。

反应：天然胶原的降解

特异性：广泛地作用于天然胶原，也水解胰蛋白酶和胰凝乳蛋白酶；甲苯磺酰赖氨酸氯甲酮抑制本酶，酸性 pH 激活本酶。

77. 虫霉胶原水解蛋白酶（*Entomophthora* collagenolytic proteinase）EC 3. 4. 21. 33

作用：催化蛋白质水解，作用于肽键。

反应：水解天然胶原，具有广泛特异性。

特异性：水解 Z-Pro-Leu-Gly-Ala-D-Arg，不能水解胰蛋白酶。

78. 组织蛋白酶 B（cathepsin B）EC 3. 4. 22. 1

别名：cathepsin B_1　组织蛋白酶 B_1

作用：催化蛋白质水解。

特异性：与木瓜蛋白酶相类似，最适 pH 6.0(蛋白质)和 4.0(低分子量底物)。

79. 木瓜蛋白酶（papain）EC 3. 4. 22. 2

别名：papainase　木瓜蛋白酶

作用：催化蛋白质水解，作用于肽键。

反应：优先水解 Arg-、Lys-、Phe-X-（指连接到苯丙氨酸羧基的键），天然免疫球蛋白的有限水解。

特异性：由番木瓜乳液中提取的酶也具有酯酶、硫(代)酯酶、转酰胺酶和转酯酶等活性。

80. 无花果蛋白酶（ficin）EC 3. 4. 22. 3

作用：催化蛋白质水解，作用于肽键。

反应：优先水解 Lys-、Ala-、Tyr-、Gly-、Asn-、Leu-、Val-键。

特异性：广泛地催化蛋白质水解。

81. 菠萝蛋白酶（bromelain）EC 3. 4. 22. 4

作用：催化蛋白质水解。

反应：优先水解 Lys-、Ala-、Tyr-、Gly-。

特异性：由菠萝茎提取的两种菠萝蛋白酶（A 和 B）具有同样的专一性。

82. 木瓜凝乳蛋白酶（chymopapain）EC 3. 4. 22. 6

作用：催化蛋白质水解。

特异性：与木瓜蛋白酶很相似，但并不完全相同。

83. 萝摩蛋白酶（asclepain）EC 3. 4. 22. 7

别名：*Clostridium histolyticum* proteinase B′　溶组织梭菌蛋白酶 B′

作用：水解蛋白质。

特异性：类似于木瓜蛋白酶。

84. 梭菌蛋白酶（clostripain）EC 3.4.22.8

别名：clostridiopeptidase B　梭菌肽酶 B

Clostridium histolyticum proteinase B　溶组织梭菌蛋白酶 B

作用：催化蛋白质水解。

反应：优先水解 Arg、Arg-PrO 键。

特异性：Ca^{2+} 激活酶活性，氯甲基酮精氨酸和氯甲基酮赖氨酸抑制酶活性。

85. 酵母蛋白酶 B（yeast proteinase B）EC 3.4.22.9

别名：Baker's yeast proteinase　面包酵母蛋白酶

Brewer's yeast proteinase　啤酒酵母蛋白酶

作用：催化蛋白质水解，作用于肽键。

反应：蛋白质水解，无显著特异性。

特异性：本酶受 DFP 和对氯（高）汞苯甲酸的抑制；面包酵母蛋白酶 B、面包酵母蛋白酶 C 以及啤酒酵母蛋白酶 β（即肽酶 β）均属本酶组，但它们的最适 pH 不相同。

86. 链球菌蛋白酶（*Streptococcal* proteinase）EC 3.4.22.10

作用：催化蛋白质水解。

反应：含有庞大侧链的氨基酸之间的肽键水解。

87. γ-谷氨酰(基)水解酶（γ-glutamyl hydrolase）EC 3.4.22.12

别名：conjugase　结合酶

carboxypeptidase G　羧肽酶 G

作用：催化蛋白质水解，作用于肽键。

反应：N-蝶酰(基)-γ-低聚谷氨酸的 γ-谷氨酰(基)键的水解，蝶酰(基)-γ-二谷氨酸是反应的主要产物。

88. 葡萄球菌硫醇蛋白酶（*Staphylococcal thiol* proteinase）EC 3.4.22.13

别名：*Staphylococcal* proteinase Ⅱ　葡萄球菌蛋白酶Ⅱ

作用：催化蛋白质水解，作用于肽键。

反应：蛋白质水解。

特异性：广泛。

89. 猕猴桃素* （actinidin）EC 3.4.22.14

别名：*Actinidia* anionic proteinase　*Actinidia* 阴离子蛋白酶

作用：催化硫醇蛋白水解，作用于肽键。

反应：反应专一性接近木瓜蛋白酶。

＊由中国鹅霉（醋栗）中分离提取。

90. 组织蛋白酶 L* （cathepsin L）EC 3.4.22.15

作用：催化蛋白质水解

特异性：不能催化酰化氨基酸酯水解。

＊存在于鼠肝的溶酶体中。

91. 胃蛋白酶 A（pepsin A）EC 3. 4. 23. 1

别名：pepsin　胃蛋白酶

作用：催化蛋白质水解，作用于肽键。

反应：优先水解 Phe-、Leu-。

特异性：本酶为一单多肽链，由猪胃蛋白酶原水解一个肽键而来；酶活性受重氮乙酰-正亮氨酸甲酯的抑制。猪胃蛋白酶 D 就是去磷酸化的胃蛋白酶 A。

92. 胃蛋白酶 B（pepsin B）EC 3. 4. 23. 2

作用：催化蛋白质水解，作用于肽键。

反应：白明胶的降解。

特异性：与胃蛋白酶 A 相比，有较严格的特异性；也作用于血红蛋白，但反应较慢。本酶由猪胃蛋白酶原 B 水解而来；本酶水解乙酰(基)-L-苯基丙氨酰-L-二碘酪氨酸。

93. 胃蛋白酶 C（pepsin C）EC 3. 4. 23. 3

作用：催化蛋白质水解，作用于肽键。

反应：水解血红蛋白。

特异性：与胃蛋白酶 A 相比，有较严格的特异性，作用于血红蛋白，有较高活性，最适 pH 是 3。

94. 凝乳酶（chymosin）EC 3. 4. 23. 4

别名：rennin　凝乳酶

　　　chymase　食糜酶

作用：催化蛋白质水解。

反应：水解酪蛋白 K 中的单键。

95. 组织蛋白酶 D（cathepsin D）EC 3. 4. 23. 5

作用：催化蛋白质水解。

特异性：与胃蛋白酶 A 相类似，受重氮乙酰正亮氨酸甲基酯的抑制。

96. 内座壳羧(基)蛋白酶*（*Endothia* carboxyl proteinase）EC 3. 4. 23. 6

作用：催化蛋白质水解。

反应：乳汁凝结成块。

　　　* 由寄生内座壳（栗疫菌）中分离提取，能水解 Z-L-Glu-L-Tyr。

97. 绒泡菌羧基蛋白酶（*Physarum* carboxyl proteinase）EC 3. 4. 23. 6

作用：催化蛋白质水解，作用于肽键。

反应：凝乳。

98. (梨形)四膜虫羧基蛋白酶（*Tetrahymena* carboxyl proteinase）EC 3. 4. 23. 6

作用：催化蛋白质水解，作用于肽键。

99. 疟原虫羧基蛋白酶（*Plasmodium* carboxyl proteinase）EC 3. 4. 23. 6

作用：催化蛋白质水解，作用于肽键。

100. 黑曲霉变种 macrosporus 羧基蛋白酶（*Aspergillus niger* var. macrospous carboxyl proteinase）EC 3. 4. 23. 6

作用：优先水解胰岛素 B 链中的 Asn3-Gln4、Gly13、-Ala14、Tyr26-Thr27。

101. 白假丝酵母羧基蛋白酶（*Candida albicans* carboxyl proteinase）EC 3. 4. 23. 6

作用：催化蛋白质水解，作用于肽键。

反应：优先水解疏水氨基酸残基的羧基。

102. 米曲霉羧基蛋白酶 (*Aspergillus oryzae* carboxyl proteinase) EC 3.4.23.6

别名：takadiastase　高峰淀粉酶

　　　trypsinogen kinase　胰蛋白酶原激酶

作用：活化胰蛋白酶原。

103. 拟青霉羧基蛋白酶 (*Paecilomyces varioti* carboxyl proteinase) EC 3.4.23.6

作用：催化蛋白质水解，作用于肽键。

特异性：广泛地水解蛋白质，但不能水解低分子量的合成蛋白质。

104. 微紫青霉羧基蛋白酶 (*Penicillium janthinellum* carboxyl proteinase) EC 3.4.23.6

别名：penicillopepsin　青霉胃蛋白酶

　　　peptidase A　肽酶 A

作用：催化蛋白质水解，作用于肽键。

反应：活化胰蛋白酶原。

特异性：本酶的结构与猪胃蛋白酶相似，具有广泛特异性；水解 Z-Giy-Gly-Phe-Phe-Y
　　　　肽中的 Phe-Phe 键。

105. 斋藤霉羧基蛋白酶 (*Aspergillus saitoi* carboxyl proteinase) EC 3.4.23.6

别名：aspergillopeptidase A　曲霉肽酶 A

作用：活化胰蛋白酶原。

106. 根霉羧基蛋白酶* (*Rhizopus* carboxyl proteinase) EC 3.4.23.6

作用：催化蛋白质水解，作用于肽键。

反应：激活胰蛋白酶原，使乳凝块。

　　　* 重氮乙酰(基)正亮氨酸甲酯抑制本酶活性。

107. 红酵母羧基蛋白酶* (*Rhodotorula* cabroxyl proteinase) EC 3.4.23.6

作用：催化蛋白质水解，作用于肽键。

　　　* 重氮乙酰(基)正亮氨酸甲酯抑制本酶活性。

108. 酵母羧基蛋白酶 (*Saccharomyces* carboxyl proteinase) EC 3.4.23.6

别名：Baker's yeast proteinase A　面包酵母蛋白酶 A

作用：催化蛋白质水解，作用于肽键。

反应：蛋白质水解

特异性：具有广泛的特异性，但不作用于酪氨酸和精氨酸酯。

109. 甲状腺羧基蛋白酶 (thyroid carboxyl proteinase) EC 3.4.23.11

作用*：催化蛋白质水解，作用于肽键。

　　　* 受重氮乙酰基正亮氨酸甲酯的抑制。

110. *Nepenthes** 羧基蛋白酶 (*Nepenthes* carboxyl proteinase) EC 3.4.23.12

作用：催化蛋白质水解，作用于肽键。

反应：优先水解-Asp、Asp、Lys-、Ala-。

　　　* 一种食虫植物。

111. 莲羧基蛋白酶* (*lotus* carboxyl proteinase) EC 3.4.23.13

作用：催化蛋白质水解，作用于肽键。

* 由莲籽中提取。

112. 高粱羧基蛋白酶（sorghum carboxyl proteinase）EC 3.4.23.14

作用：催化蛋白质水解，作用于肽键。

反应：优先水解 Asp-、Glu-键。

特异性：本酶由高粱中提取，不能水解 Asp-Lys 键。

113. *Crotalus atrox* 金属蛋白酶*（*Crotalus atrox* metalloproteinase）EC 3.4.24.1

作用：催化蛋白质水解。

反应：优先水解 Leu-、Phe-、Val-、Ile-键。

　　　* 由蛇毒中提取。

114. 乌贼蛋白酶（*septa* proteinase）EC 3.4.24.2

作用：催化蛋白质水解，作用于肽键。

特异性：氯甲基酮不抑制本酶活性，但受 EDTA 和邻菲啰啉抑制。

115. 溶组织梭菌胶原酶（*Clostridium histolyticum* collagenase）EC 3.4.24.3

别名：clostridiopeptidase　梭菌肽酶 A

　　　collagenase A　胶原酶 A

　　　collagenase Ⅰ　胶原酶Ⅰ

作用：催化蛋白质水解。

反应：天然胶原的螺旋区降解小片段，优先水解 Z-Pro-X-Gly-Pro-X 序列中的-Gly。

116. 黏液菌 β-溶解蛋白酶（*myxobacter-β*-lytic proteinase）EC 3.4.24.4

作用：催化蛋白质水解，作用于肽键。

反应：优先水解与疏水氨基酸残基邻接的键。

117. 绿脓杆菌碱性蛋白酶（*Pseudomonas aeruginosa* alkaline proteinase）EC 3.4.24.4

作用：催化蛋白质水解，作用于肽键。

反应：优先水解与疏水氨基酸残基相邻接的键。

特异性：不能水解弹性蛋白，本酶含 Ca^{2+}。

118. 绿脓杆菌中性蛋白酶（*Pseudomonas aeruginosa* neutral proteinase）EC 3.4.24.4

作用：催化蛋白质水解，作用于肽键。

反应：优先水解与疏水氨基酸残基相邻接的键。

特异性：本酶可以水解弹性蛋白和凝乳，可能含 Zn^{2+}。

119. 黏质沙雷菌细胞外蛋白酶（*Serratia marvescens* extracellular proteinase）EC 3.4.24.4

作用：催化蛋白质水解。

反应：优先水解脯氨酸残基的羧基。

特异性：金属螯合物使本酶失活，但能被 Fe^{2+} 重激活。

120. 嗜热链球菌细胞内蛋白酶（*Streptococcal thermophilus* intracellular proteinase）EC 3.4.24.4

作用：催化蛋白质水解。

反应：优先水解-Lcu、-Phe、-Tyr、-Ala。

特异性：不能催化二基被取代的二肽，最适 pH 为 6.5，受 EDTA 抑制，但被 Mn^{2+} 再活化。

121. 灰色链霉菌中性蛋白酶 (*Streptomyces griseus* neutral proteinase) EC 3. 4. 24. 4

别名："Pronase"（component) "链霉蛋白酶"（组分)

作用：催化蛋白质水解，作用于肽键。

反应：优先水解邻接疏水氨基酸残基的键。

特异性：在其它链霉菌中有类似的酶。

122. 八叠球菌中性蛋白酶* (*Sarcina* neutral proteinase) EC 3. 4. 24. 4

别名：coccus P proteinase 球菌 P 蛋白酶

作用：催化蛋白质水解，作用于肽键。

反应：优先水解邻接疏水氨基酸残基的键。

　　　* 本酶是 Ca^{2+} 蛋白。

123. 解肮单胞菌中性蛋白酶 (*Aeromonas proteolytica* neutral proteinase) EC 3. 4. 24. 4

作用：催化蛋白质水解，作用于肽键。

反应：优先水解-Val、-Leu、-Ile、-Phe。

124. 米曲霉中性蛋白酶 (*Aspergillus oryzae* neutral proteinase) EC 3. 4. 24. 4

作用：催化蛋白质水解。

特异性：优先水解与疏水氨基酸残基邻接的键。

125. 枯草杆菌中性蛋白酶* (*Bacillus subtilis* neutral proteinase) EC 3. 4. 24. 4

作用：催化蛋白质水解。

反应：优先水解与疏水氨基酸残基邻接的键。

　　　* 是嗜热菌蛋白酶的同系物。

126. 嗜热溶肮芽孢杆菌中性蛋白酶 (*Bacillus thermoproteolyticus* neutral proteinase)
EC 3. 4. 24. 4

别名：thermolysin 嗜热菌蛋白酶*

作用：催化蛋白质水解。

反应：优先水解-Leu＞-Phe。

　　　* 80℃仍具有酶活性

127. 娄地青霉中性蛋白酶 (*Penicillium roqueforti* neutral proteinase) EC 3. 4. 24. 4

别名：*P. roqueforti* proteinase Ⅱ 娄地青霉蛋白酶Ⅱ

作用：催化蛋白质水解，作用于肽键。

反应：优先水解与疏水氨基酸残基相邻接的键。

特异性：金属螯合剂能使本酶失活，本酶不能催化二基取代了的二肽水解。

128. 弗氏埃希菌蛋白酶 (*Escherichia freundii* proteinase) EC 3. 4. 24. 4

作用：催化蛋白质水解，作用于肽键。

反应：优先水解与疏水氨基酸残基邻接的键。

特异性：使弹性蛋白降解、牛乳凝结，可能含有 Zn^{2+}。

129. 金黄色葡萄球菌中性蛋白酶* (*Staphylococcus aureus* neutral proteinase) EC 3. 4. 24. 4

别名：proteinase Ⅲ 蛋白酶Ⅲ

　　　staphylokinase 葡萄球菌激酶

作用：催化蛋白质水解，作用于肽键。

反应：血纤维蛋白溶酶原转化成为血纤维蛋白溶酶。

* Ca^{2+} 对酶的稳定性有重要作用，本酶有 A、B、C 三种形式。

130. 晶状体中性蛋白酶* (lens neutral proteinase) EC 3. 4. 24. 5

作用：催化蛋白质水解，作用于肽键。

反应：α_2-(眼)晶体蛋白降解。

* 本酶受 Ca^{2+}、Mg^{2+} 激活。

131. *Leucostoma* 中性蛋白酶 (*Leucostoma* neutral proteinase) EC 3. 4. 24. 6

作用：催化蛋白质水解，作用于肽键。

反应：优先水解-亮氨酸、-苯丙氨酸、-缬氨酸。

132. 脊椎动物胶原酶 (vertebrate collagenase) EC 3. 4. 24. 7

作用：催化蛋白质水解，作用于肽键。

反应：水解天然胶原。

133. 解毒无色杆菌胶原酶 (*Achromobacter iophagus* collagenase) EC 3. 4. 24. 8

作用：催化金属蛋白水解，作用于肽键。

反应：天然胶原的螺旋区降解成大片段。

134. 舍恩莱发癣菌胶原酶 (*Trichophyton schoenleinii* collagenase) EC 3. 4. 24. 9

作用：催化蛋白质水解，作用于肽键。

反应：在酸性 pH 范围内天然胶原的水解。

135. 须发癣菌角蛋白酶 (*Trichophyton mentagropytas* keratinase) EC 3. 4. 24. 10

作用：催化蛋白质水解，作用于肽键。

反应：水解角蛋白，优先水解疏水残基。

136. 肾刷状缘中性蛋白酶* (kidney brush border neutral proteinase) EC 3. 4. 24. 11

作用：催化蛋白质水解，作用于肽键。

反应：优先水解胰岛素 B 链的疏水性残基的氨基。

* 由兔肾提取的酶受 EDTA 的抑制，但 Zn^+ 可使之重新活化。

137. 海胆孵化蛋白酶 (sea urchin hatching proteinase) EC 3. 4. 24. 12

分类名：hatching enzyme

　　　　孵化酶

作用：催化蛋白质水解，作用于肽键。

反应：优先水解 Glu-、Asp-。

特异性：酶活性与细胞外的 Ca^{2+} 浓度有关。

138. 琼脂糖 3-聚糖水解酶(分类名) (agarose 3-glycanohydrolase) EC 3. 4. 99. 2

参看：Agarose agavain。

作用：催化蛋白质水解，但作用机制尚不清楚。

139. 血管紧张肽酶 (angiotensinase) EC 3. 4. 99. 3

作用：催化蛋白质水解，但作用机制尚不清楚。

反应：通过有选择地水解 Tyr-Ile 键，使血管紧张肽Ⅱ失活。

140. 蝲蛄低分子量蛋白酶 (crayfish low-molecular-weight proteinase) EC 3. 4. 99. 6

作用：催化蛋白质水解，作用机制尚不清楚。

141. 大戟素（euphorbain）EC 3. 4. 99. 7

作用：催化蛋白质水解，作用机制不清楚。

142. 黏帚霉蛋白酶（*Gliocladium* proteinase）EC 3. 4. 99. 8

作用：肠激酶上肠黏膜分泌出的一种酶，将不活跃的胰蛋白酶原转化为消化性胰蛋白酶。

143. 链霉菌嗜碱性角蛋白酶（*Streptomyces* alkalophilic keratinase）EC 3. 4. 99. 11

作用：催化蛋白质水解，作用于肽键。

反应：水解角蛋白和多-(聚)-L-赖氨酸；优先水解 Ser-His、Leu-Val、Phe-Tyr、Lys-Ala。

特异性：酶作用最适 pH 为 13。

144. 特异青霉细胞外蛋白酶（*Penicallium notatum* extracellular proteinase）EC 3. 4. 99. 16

作用：催化蛋白质水解，作用于肽键。

特异性：具有广泛地水解蛋白质的性能。

145. 肽聚糖肽链内切酶（peptidoglycan endopeptidase）EC 3. 4. 99. 17

分类名：glycyl-glycine endopeptidase　甘氨酰-甘氨酸肽链内切酶

endo-*β*-N-acetyl-glucosaminidase　*β*-N-乙酰氨基葡糖苷内切酶

作用：催化蛋白质水解。

反应：细胞壁肽聚糖中 D-丙氨酰甘氨酸和甘氨酰甘氨酸键上五甘氨酸横桥的水解。

146. renin 血管紧张肽原酶 EC 3. 4. 99. 19

作用：催化蛋白质水解，作用于肽键。

反应：血管紧张肽原转化成为血管紧张肽 I

特异性：本酶受类似于牛磷脂酰丝氨酸的磷脂抑制。

147. 茄蛋白酶(solanain) EC 3. 4. 99. 21

作用：催化蛋白质水解，作用于肽键。

148. *Echis carnatus* 凝血酶原活化蛋白酶（*Echis carnatus* prothrombin activating proteinase）EC 3. 4. 99. 27

别名：Echarin

作用：催化蛋白质水解，机制尚不清楚。

反应[*]：专一地水解凝血酶原中的 Arg-Ile 键。

[*] DFP 不能抑制本酶活性。

149. *Oxyuranus scutellatus* 活化凝血酶原蛋白酶（*Oxyuranus scutellatus* prothrombin-activating proteinase）EC 3. 4. 99. 28

作用：催化蛋白质水解，作用于肽键。

反应：凝血酶原水解生成凝血酶和两个无生物活性片段。

特异性：不受二异丙基氟磷酸、汞制剂和碘乙酸的抑制，不能水解精氨酸酯类。

150. 黏液菌 AL-1 蛋白酶 I（*Myxobacter* AL-l proteinase I）EC 3. 4. 99. 29

作用：催化蛋白质水解，作用于肽键。

反应：优先水解与疏水氨基酸残基邻接的键。

151. 黏液菌 AL-1-蛋白酶 II（*Myxobacter* AL-1 proteinase II）EC 3. 4. 99. 30

作用：催化蛋白质水解，作用于肽键。

反应：优先水解-Lys。

152. 组织肽链内切酶(降解胶原酶合成的底物)（tissue endopeptidase degrading collagenase synthetic substrate） EC 3.4.99.31

作用：催化蛋白质水解，作用于肽键。

反应：专一地降解 Z-Pro-Leu-Gly-Pro-D-Arg，不降解天然胶原。

特异性：专一地降解胶原（由脊椎动物组织的胶原酶合成）。

153. 假蜜环菌中性蛋白酶（*Armillaria mellea* neutral proteinase） EC 3.4.99.32

作用：催化中性蛋白质水解，作用机制尚不清楚。

反应：优先水解-Lys。

特异性：也可催化 2-氨乙酰基脱氨酸的氨基部位的肽键水解。

第五节　催化 C—N 键(不包括肽键)水解反应的酶

1. 天冬酰胺酶（asparaginase） EC 3.5.1.1

分类名：L-asparagine amidohydrolase

L-天冬酰胺酰胺水解酶

别名：asparaginase Ⅱ　天冬酰胺酶Ⅱ

作用：催化肽键以外的、直链酰胺的 C—N 键水解。

反应：L-天冬酰胺＋H_2O＝L-天冬氨酸＋NH_3

2. 谷氨酰胺酶（glutaminase） EC 3.5.1.2

分类名：L-glutamine amidohydrolase

L-谷氨酰胺酰胺水解酶

作用：催化非肽键的直链酰胺的 C—N 键水解。

反应：L-谷氨酰胺＋H_2O＝L-谷氨酸＋NH_3

3. ω-酰胺酶（ω-amidase） EC 3.5.1.3

分类名：ω-amidodicarboxylate amidohydrolase

ω-酰胺二羧酸酰胺水解酶

作用：催化肽键以外的、直链酰胺的 C—N 键水解。

反应：ω-酰胺二羧酸＋H_2O＝二羧酸＋NH_3

特异性：作用于戊酰胺酸、琥珀酰胺酸和相应的 α-酮-ω-酰胺酸。

4. 酰胺酶（amidase） EC 3.5.1.4

分类名：acylamide amidohydrolase

酰基酰胺酰胺水解酶

别名：acylamidase　酰基酰胺酶

acylase　酰基酶

作用：催化肽键以外的、直链酰胺的 C—N 键水解。

反应：羧酸酰胺＋H_2O＝羧酸＋NH_3

5. 尿素酶（urease） EC 3.5.1.5

分类名：urea midohydrolase

尿素酰胺水解酶

作用：催化非肽键的、直链酰胺的 C—N 键水解。

反应：尿素＋H_2O══CO_2＋$2NH_3$

6. β-脲基丙酸酶 (β-ureidopropionase) EC 3.5.1.6

分类名：N-carbamoyl-β-alanine amidohydrolase

N-氨甲酰基-β-丙氨酸酰胺水解酶

作用：催化非肽键的直链酰胺的 C—N 键水解。

反应：N-氨甲酰基-β-丙氨酸＋H_2O══β-丙氨酸＋CO_2＋NH_3

特异性：动物来源的酶也作用于 β-脲基异丁酸。

7. 脲基琥珀酸酶 (ureidosuccinase) EC 3.5.1.7

分类名：N-carbamoyl-L-aspartate amidohydrolase

N-氨甲酰基-L-天冬氨酸酰胺水解酶

作用：催化非肽键的直链酰胺的 C—N 键水解。

反应：N-氨甲酰基-L-天冬氨酸＋H_2O══L-天冬氨酸＋CO_2＋NH_3

8. 甲酰天冬氨酸脱甲酰基酶 (formylaspartate deformylase) EC 3.5.1.8

分类名：N-formyl-L-aspartate amidohydrolase

N-甲酰(基)-L-天冬氨酸酰胺水解酶

作用：催化非肽链的直链酰胺的 C—N 键水解。

反应：N-甲酰(基)-L-天冬氨酸＋H_2O══甲酸＋L-天冬氨酸

9. 甲酰胺酶 (formamidase) EC 3.5.1.9

分类名：aryl-formylamine amidohydrolase

芳(香)基-甲酰胺酰胺水解酶

别名：kynurenine formamidase 犬尿氨酸甲酰胺酶

formylase 甲酰基酶

formylkynureninase 甲酰犬尿氨酸酶

作用：催化非肽键的直链酰胺的 C—N 键水解。

反应：N-甲酰(基)-犬尿氨酸＋H_2O══甲酸＋L-犬尿氨酸

特异性：也催化其它芳烃甲酰胺的水解。

10. 甲酰四氢叶酸脱甲酰基酶 (formyltetrahydrofolate deformylase) EC 3.5.1.10

分类名：10-formyltetrahydrofolate amidohydrolase

10-甲酰四氢叶酸酰胺水解酶

作用：催化非肽链的直链酰胺的 C—N 键水解。

反应：10-甲酰四氢叶酸＋H_2O══甲酸＋四氢叶酸

11. 青霉素酰胺酶 (penicillin amidase) EC 3.5.1.11

分类名：penicillin amidohydrolase

青霉素酰胺水解酶

作用：催化非肽键的、直链酰胺的 C—N 键水解。

反应：青霉素＋H_2O══penicin＋羧酸阴离子

12. 生物素酰胺酶 (biotinidase) EC 3.5.1.12

分类名：biotin-amide amidohydrolase 生物素酰胺酰胺水解酶

作用：催化非肽键的、直链酰胺的 C—N 键水解。

反应：生物素酰胺＋H_2O ＝生物素＋NH_3

特异性：也作用于其它一些生物素酰胺。

13. 芳(香)基酰化酰胺酶 (aryl acylamidase) EC 3.5.1.13

分类名：aryl-acylamide aminohydrolase

芳(香)基-酰化酰胺酰胺水解酶

作用：催化肽键以外的、直链酰胺的 C—N 键水解。

反应：酰基苯胺＋H_2O ＝脂肪酸阴离子＋苯胺

特异性：也作用于 1,4-取代的酰化酰基苯胺。

14. 酰化氨基酸水解酶 (aminoacylase) EC 3.5.1.14

分类名：N-acylaminoacid amidohydrolase

N-酰化氨基酸酰胺水解酶

别名：dehydropeptidase Ⅱ　脱氢肽(水解)酶　Ⅱ

histozyme　马尿酸酶

hippuricase　马尿酸酶

benzamidase　苯基酰胺酶

作用：催化肽键以外的、直链酰胺的 C—N 键水解。

反应：N-酰化氨基酸＋H_2O ＝脂肪酸阴离子＋氨基酸

特异性：广泛。也作用于脱氢肽水解。

15. 天冬氨酸酰基转移酶 (aspartoacylase) EC 3.5.1.15

分类名：N-acyl-L-asparate amidohydrolase

N-酰基-L-天冬氨酸酰胺水解酶

别名：aminoacylase Ⅱ　氨酰基转移酶　Ⅱ

作用：催化肽键以外的、直链酰胺的 C—N 键水解。

反应：N-酰基-L-天冬氨酸＋H_2O ＝脂肪酸阴离子＋天冬氨酸

16. 乙酰鸟氨酸脱酰基酶 (acetylornithine deacetylase) EC 3.5.1.16

分类名：N^2-acetyl-L-ornithine amidohydrolase

N^2-乙酰(基)-L-鸟氨酸酰胺水解酶

作用：催化肽键以外的、直链酰胺的 C—N 键水解。

反应：N^2-乙酰(基)-鸟氨酸＋H_2O ＝乙酸＋L-鸟氨酸

特异性：也催化 N-乙酰甲硫氨酸水解。

17. 酰基赖氨酸脱酰基酶 (acyl-lysine deacylase) EC 3.5.1.17

分类名：N^6-acyl-L-lysine amidohydrolase

N^6-酰基-L-赖氨酸酰胺水解酶

作用：催化肽键以外的、直链酰胺的 C—N 键水解。

反应：N^6-酰基-L-赖氨酸＋H_2O ＝脂肪酸阴离子＋L-赖氨酸

18. 琥珀酰-二氨基庚二酸脱琥珀酰基酶 (succinyl-diaminopimelate desuccinylase) EC 3.5.1.18

分类名：N-succinyl-L,L-2,6-diaminopimelate amidohydrolase

N-琥珀酰-L,L-2,6-二氨基庚二酸酰胺水解酶作用：催化非肽键的、直链酰胺的 C—N 键水解。

反应：N-琥珀酰-L,L-2,6-二氨基庚二酸酰胺＋H_2O ═N-琥珀酰-L,L-2,6-二氨基庚二酸＋NH_3

19. 烟酰胺酶（nicotinamidase）EC 3.5.1.19

分类名：nicotinamide amidohydrolase

　　　　烟酰胺酰胺水解酶

作用：催化非肽键的、直链酰胺的 C—N 键水解。

反应：烟酰胺＋H_2O ═烟酸＋NH_3

20. 瓜氨酸酶（citrullinase）EC 3.5.1.20

分类名：L-citulline N^5-carbamoyldihydrolase

　　　　L-瓜氨酸 N^5-氨甲酰基双水解酶

作用：催化非肽键的、直链酰胺的 C—N 键水解。

反应：L-瓜氨酸＋$2H_2O$ ═L-鸟氨酸＋CO_2＋NH_3

21. N-乙酰-β-丙氨酸脱乙酰(基)酶（N-acetyl-β-alanine deacetylase）EC 3.5.1.21

分类名：N-acetyl-β-alanine amidohydrolase

　　　　N-乙酰-β-丙氨酸酰胺水解酶

作用：催化肽键以外的、直链酰胺的 C—N 键水解。

反应：N-乙酰-β-丙氨酸＋H_2O ═乙酸 ＋β-丙氨酸

22. 泛酸酶（pantothenase）EC 3.5.1.22

分类名：pantothenate amidohydrolase

　　　　泛酸酰胺水解酶

作用：催化非肽键的、直链酰胺的 C—N 键水解。

反应：泛酸＋H_2O ═泛解酸 ＋β-丙氨酸

23. 酰基(神经)鞘氨醇脱酰基酶（acylsphingosine deacylase）EC 3.5.1.23

分类名：N-acylsphingosine amidohydrolase

　　　　N-酰基(神经)鞘氨醇酰胺水解酶

作用：催化肽键以外的、直链酰胺的 C—N 键水解。

反应：N-酰基(神经)鞘氨醇＋H_2O ═(神经)鞘氨醇＋脂肪酸阴离子

特异性：不作用于 N-乙酰(神经)鞘氨醇。

24. 胆酰(基)甘氨酸水解酶（choloylglycine hydrolase）EC 3.5.1.24

分类名：3α,7α,12α-trihydroxy-5β-cholan-24-oylglycine amidohydrolase

　　　　3α,7α,12α-三羟-5β-胆(甾)烷-24-酰(基)甘氨酸酰胺水解酶

别名：glycocholase　甘氨胆酸酶

作用：催化非肽键的、直链酰胺的 C—N 键水解。

反应：3α,7α,12α-三羟-5β-胆(甾)烷-24-酰(基)甘氨酸＋H_2O ═3α,7α,12 α-三羟-5β-胆(甾)烷酸＋甘氨酸

特异性：也作用于 3α,12α-二羟衍生物。

25. N-乙酰氨基葡萄糖-6-磷酸脱乙酰基酶（N-acetyglucosamine-6-phosphatedeacetylase）EC 3.5.1.25

分类名：2-acetamido-2-deoxy-D-glucose-6-phosphate amidohydrolase

2-乙酰氨基-2-脱氧-D-葡萄糖-6-磷酸酰胺水解酶

作用：催化肽键以外的 C—N 键水解。

反应：2-乙酰氨基-2-脱氧-D-葡萄糖-6-磷酸＋H_2O ＝2-氨基-2-脱氧-D-葡萄糖-6-磷酸＋乙酸

26. N^4-((2-β-D-氨基葡糖基)-L-天冬酰胺酶 (N^4-(2-β-D-glucosaminyl)-L-asparaginase) EC 3.5.1.26

分类名：N^4-(2-acetamido-2-deoxyl-β-D-glucopyranosyl)-L-asparagine amidohydrolase

N^4-(2-乙酰氨基-2-脱氧-β-D-吡喃型葡糖基)-L-天冬酰胺酰胺水解酶

别名：aspartylglucosylamine deaspartylase

天冬氨酰(基)葡糖(基)胺脱天冬氨酰(基)酶

aspartylglucosyl-aminase 天冬氨酰(基)葡糖(基)-胺化酶

作用：催化非肽键的、直链酰胺的 C—N 键水解。

反应：N^4-(2-乙酰氨基-2-脱氧-β-D-吡喃型葡糖基)-L-天冬酰胺＋H_2O ＝2-乙酰氨基-1,2-二脱氧-β-D-吡喃型葡糖基胺＋L-天冬氨酸

27. N-甲酰甲硫酰氨酰 tRNA 脱甲酰基酶 (N-formylmethionylaminoacyl-tRNA deformylase) EC 3.5.1.27

分类名：N-formyl-L-methionylaminoacyl-tRNA amidohydrolase

N-甲酰(基)-L-甲硫酰氨酰 tRNA 酰胺水解酶

作用：催化非肽键的、直链酰胺的 C—N 键水解。

反应：N-甲酰(基)-L-甲硫酰氨酰 tRNA＋H_2O ＝甲酸＋L-甲硫酰氨酰 tRNA

28. N-乙酰(基)胞壁酰(基)-L-丙氨酸酰胺酶 (N-acetylmuamoyl-L-alanine amidase) EC 3.5.1.28

分类名：mucopeptide amidohydrolase

黏肽酰胺水解酶

作用：催化肽键以外的、直链酰胺的 C—N 键水解。

反应：水解一些细胞壁糖肽中的 N-乙酰(基)胞壁酰(基)残基与 L-氨基酸之间的键。

29. α-(乙酰氨基亚甲基)琥珀酸水解酶 (α-(acetamidomethylene)succinate hydrolase) EC 3.5.1.29

分类名：α-(acetamidomethylene)succinate amidohydrolase(deaminating，decarboxylating)

α-(乙酰氨基亚甲基)琥珀酸酰胺水解酶(脱氨、脱羧)

作用：催化肽键以外的、直链酰胺的 C—N 键水解。

反应：α-(乙酰氨基亚甲基)琥珀酸＋$2H_2O$ ＝乙酸＋琥珀酸半醛＋NH_3＋CO_2

30. 5-氨(基)戊酰胺酶 (5-aminovaleramidase) EC 3.5.1.30

分类名：5-amino-n-valeramide amidohydrolase

5-氨基正戊酰胺酰胺水解酶

作用：催化肽键以外的、直链酰胺的 C—N 键水解。

反应：5-氨(基)正戊酰胺＋H_2O ＝5-氨(基)正戊酸＋NH_3

特异性：从恶臭假单胞菌提取的酶也催化 4-氨(基)丁酰胺和 6-氨(基)己酰胺水解，但对后者作用较慢。

31. 甲酰甲硫氨酸脱甲酰基酶 （formylmethionine deformylase） EC 3.5.1.31

分类名：N-formyl-L-methionine amidohydrolase

　　　　N-甲酰（基）-L-甲硫氨酸酰胺水解酶

作用：催化非肽键的、直链酰胺的 C—N 键水解。

反应：N-甲酰基-L-甲硫氨酸＋H_2O＝甲酸＋L-甲硫氨酸

32. 马尿酸水解酶 （hippurate hydrolase） EC 3.5.1.32

分类名：N-benzoylamino acid amidohydrolase

　　　　N-苯甲酰（基）氨基酸酰胺水解酶

作用：催化非肽键的、直链酰胺的 C—N 键水解。

反应：马尿酸＋H_2O＝苯甲酸＋甘氨酸

特异性：作用于各种 N-苯甲酰（基）氨基酸。

33. N-乙酰氨基葡萄糖脱乙酰（基）酶 （N-acetyl-glucosamine deacetylase） EC 3.5.1.33

分类名：2-acetamido-2-deoxy-D-glucose amidohydrolase

　　　　2-乙酰氨基-2-脱氧-D-葡萄糖酰胺水解酶

作用：催化肽键以外的 C—N 键水解。

反应：2-乙酰氨基-2-脱氧-D-葡萄糖＋H_2O＝2-氨基-2-脱氧-D-葡萄糖＋乙酸

34. 乙酰组氨酸脱乙酰基酶 （acetylhistidine deacetylase） EC 3.5.1.34

分类名：N-acetyl-L-histidine amidohydrolase

　　　　N-乙酰（基）-L-组氨酸酰胺水解酶

作用：催化肽键以外的、直链酰胺的 C—N 键水解。

反应：N-乙酰（基）-L-组氨酸＋H_2O＝L-组氨酸＋乙酸

35. D-谷氨酰胺酶 （D-glutaminase） EC 3.5.1.35

分类名：D-glutamine amidohydrolase

　　　　D-谷氨酰胺酰胺水解酶

作用：催化非肽键的、直链酰胺的 C—N 键水解

反应：D-谷氨酰胺＋H_2O＝D-谷氨酸＋NH_3

36. N-甲基-2-酮戊酰胺酸水解酶 （N-methyl-2-oxoglutaramate hydrolase） EC 3.5.1.36

分类名：N-methyl-2-oxoglutaramate methlamidohydrolase

　　　　N-甲基-2-酮戊酰胺酸甲基酰胺水解酶

别名：5-hydroxy-N-methylpyroglutamate synthase

　　　5-羟基-N-甲基焦谷氨酸合酶

作用：催化非肽键的直链酰胺的 C—N 键水解。

反应：N-甲基-2-酮戊酰胺酸＋H_2O＝2-酮戊二酸＋甲胺

特异性：在逆反应时，产物环化（非酶途径）成为 5-羟-N-甲基焦谷氨酸。

37. 谷氨酰胺-（天冬酰胺）酶 （glutamin(asparagin)ase） EC 3.5.1.38

分类名：L-glutamine(L-asparagine)amidohydrolase

　　　　L-谷氨酰胺(L-天冬酰胺)酰胺水解酶

作用：催化非肽键的、直链酰胺的 C—N 键水解。

反应：L-谷氨酰胺＋H_2O＝L-谷氨酸＋NH_3

特异性：L-天冬酰胺被本酶水解的速率是 L-谷氨酰胺的 80%。

本酶也催化 D-谷氨酰胺和 D-天冬酰胺水解，但反应慢。

38. 烷基酰胺酶 （alkylamidase） EC 3. 5. 1. 39

分类名：N-methylhexanoamide amidohydrolase

N-甲基己糖酸酰胺酰胺水解酶

作用：催化肽键以外的、直链酰胺的 C—N 键水解。

反应：N-甲基己糖酰胺＋H_2O＝己糖酸＋甲胺

特异性：催化 N-单取代基酰胺和 N,N-双取代基酰胺的水解，对一级酰胺也有一定的催化能力，但对短酰胺没有或只有很低的活性。

39. 壳多糖脱乙酰基酶 （chitin deacetylase） EC 3. 5. 1. 41

分类名：chitin amidohydrolase

壳多糖酰胺水解酶

作用：催化非肽键的、直链酰胺的 C—N 键水解。

反应：壳多糖＋H_2O＝脱乙酰壳多糖＋乙酸

40. 烟酰胺核苷酸酰胺酶 （nicotinamidenucleotide amidase） EC 3. 5. 1. 42

分类名：nicotinamidenucleotide amidohydrolase

烟酰胺核苷酸酰胺水解酶

作用：催化非肽键的直链酰胺的 C—N 键水解。

反应：β-烟酰胺 D-核糖核苷酸＋H_2O＝β-烟酸 D-核糖核苷酸＋NH_3

特异性：也作用于 β-烟酰胺 D-核糖核苷，但反应较慢。

41. 肽基-谷氨酰胺酶 （peptidyl-glutaminase） EC 3. 5. 1. 43

分类名：peptidyl-L-glutamine amidohydrolase

肽基-L-谷氨酰胺酰胺水解酶

别名：peptidoglutaminase Ⅰ   肽谷氨酰胺酶 Ⅰ

作用：催化非肽键的直链酰胺的 C—N 键水解。

反应：α-N-肽基-L-谷氨酰基酰胺＋H_2O＝α-N-肽基-L-谷氨酰胺＋NH_3

特异性：本酶专一地水解 α-氨基有取代基的谷氨酰胺的 γ-酰胺，例如：甘氨酰-L-谷氨酰胺、N-乙酰基-L-谷氨酰胺和 L-亮氨酰甘氨酰基-L-谷氨酰胺。

42. 谷氨酰胺酰(基)-肽谷氨酰胺酶 （glutaminyl-peptide glutaminase） EC 3. 5. 1. 44

分类名：L-glutaminyl-peptide aminohydrolase

L-谷氨酰胺酰(基)-肽酰胺水解酶

别名：peptidoglutaminase Ⅱ   肽谷氨酰胺酶Ⅱ

作用：催化非肽键的直链酰胺的 C—N 键水解。

反应：L-谷氨酰胺酰(基)-肽＋H_2O＝L-谷氨酰(基)-肽＋NH_3

特异性：专一水解谷氨酰胺的 γ-酰胺(指 L-谷氨酰胺酰(基)甘氨酸和 L-苯丙氨酰(基)-L-谷氨酰胺酰(基)甘氨酸，这种在羧基位置上或 α-氨基和羧基位置上都有取代基的谷氨酰胺)。

43. 尿素酶(水解 ATP) （urease(ATP-hydrolysing)） EC 3. 5. 1. 45

分类名：urea amidohydrolase（ATP-hydrolysing）

尿素酰胺水解酶（水解 ATP）

作用：催化非肽键的直链酰胺的 C—N 键水解。

反应：$ATP + 尿素 + H_2O = ADP + 磷酸 + CO_2 + 2NH_3$

特异性：也作用于丙酰胺、乙酰胺、甲酰胺、甲脲、氨基腈和缩二脲，但反应较慢。

44. 巴比妥盐酶（Bariturase）EC 3.5.2.1

分类名：Babiturate amidohydrolase

　　　　巴比妥盐酰胺水解酶

作用：催化巴比妥盐水解，作用于环状酰胺的 C—N 键。

反应：巴比妥盐 $+ H_2O =$ 丙二酸盐 $+$ 脲

45. 二氢嘧啶酶（dihydropyrimidinase）EC 3.5.2.2

分类名：5,6-dihydropyrimidine amidohydrolase

　　　　5,6-二氢嘧啶酰胺水解酶

别名：hydantoinase　己内酰脲酶

作用：催化非肽键的环状酰胺的 C—N 键水解。

反应：5,6-二氢尿嘧啶 $+ H_2O =$ 3-脲基丙酸

特异性：也作用于二氢胸腺嘧啶和己内酰脲。

46. 二氢乳清酸酶（dihydro-orotase）EC 3.5.2.3

分类名：L-5,6-dihydro-orotate amidohydrolase

　　　　L-5,6-二氢乳清酸酰胺水解酶

别名：carbamoylaspartic dehydrase　氨甲酰天冬氨酸脱水酶

作用：催化非肽键的环状酰胺的 C—N 键水解。

反应：L-5,6-二氢乳清酸 $+ H_2O = N$-氨甲酰-L-天冬氨酸

47. 羧甲基乙内酰脲酶（carboxymethylhydantoinase）EC 3.5.2.4

分类名：L-5-carboxymethylhydantoin amidohydrolase

　　　　L-5-羧甲基乙内酰脲酰胺水解酶

作用：催化非肽键的环状酰胺的 C—N 键水解。

反应：L-5-羧甲基乙内酰脲 $+ H_2O = N$-氨甲酰基-L-天冬氨酸

48. 尿囊素酶（allantoinase）EC 3.5.2.5

分类名：allantoin amidohydrolase

　　　　尿囊素酰胺水解酶

作用：催化肽键以外的、直链脒的 C—N 键水解。

反应：尿囊素 $+ H_2O =$ 尿囊酸

49. 青霉素酶（penicillinase）EC 3.5.2.6

分类名：penicillin amido-β-lactamhydrolase

　　　　青霉素酰胺-β-内酰胺水解酶

别名：β-lactamase Ⅰ　β-内酰胺酶 Ⅰ

　　　β-lactamase Ⅱ　β-内酰胺酶 Ⅱ

　　　cephalosporinase　头孢菌素酶

作用：催化非肽键的，环状酰胺的 C—N 键的水解。

反应：青霉素＋H_2O＝青霉酸

特异性：本酶是一类具有不同特异性的水解β-内酰胺的酶；有些酶能较快地水解青霉素抗生素，有些酶能较快地水解头孢菌素和头孢利定。

50. 咪唑酮丙酸酶 （imidazolonepropionase） EC 3.5.2.7

分类名：4-imidazolone-5-propionate amidohydrolase

4-咪唑酮-5-丙酸酰胺水解酶

作用：催化非肽键的环状酰胺的 C—N 键水解。

反应：4-咪唑酮-5-丙酸＋H_2O＝N-亚胺甲基-L-谷氨酸

51. 5-氧(代)脯氨酸酶（ATP 水解）（5-oxoprolinase(ATP-hydrolysing)） EC 3.5.2.9

分类名：5-oxo-L-proline amidohydrolase(ATP-hydrolysing)

5-氧(代)-L-脯氨酸酰胺水解酶(水解 ATP)

别名：pyroglutamase(ATP-hydrolysing) 焦谷氨酸酶(水解 ATP)

作用：催化非肽键的环状酰胺的 C—N 键水解。

反应：ATP＋5-氧(代)-L-脯氨酸＋$2H_2O$＝ADP＋磷酸＋ L-谷氨酸

52. 肌酸酐酶 （creatininase） EC 3.5.2.10

分类名：creatinine amidohydrolase

肌酸酐酰胺水解酶

作用：催化非肽键的环状酰胺的 C—N 键水解。

反应：肌酸酐＋H_2O＝肌酸

53. 精氨酸酶 （arginase） EC 3.5.3.1

分类名：L-arginine aminohydrolase

L-精氨酸脒(基)水解酶

别名：arginine amidinase 精氨酸脒基酶

canavanase 刀豆氨酸酶

作用：催化肽键以外的、直链脒的 C—N 键水解。

反应：L-精氨酸＋H_2O＝L-鸟氨酸＋脲

特异性：此酶也催化 α-N-L-精氨酸和 α-N-刀豆氨酸。

54. 胍基乙酸酶 （glycocyaminase） EC 3.5.3.2

分类名：guanidinoacetate amidinohydrolase

胍基乙酸脒基水解酶

作用：催化非肽键的直链脒的 C—N 键水解。

反应：胍基乙酸＋H_2O＝甘氨酸＋脲

55. 肌酸(脱水)酶 （creatinase） EC 3.5.3.3

分类名：creatine amidinohydrolase

肌酸脒(基)水解酶

作用：催化非肽键的直链脒的 C—N 键水解。

反应：肌酸＋H_2O＝肌氨酸＋脲

56. 尿囊酸酶 （allantoicase） EC 3.5.3.4

分类名：allantoate amidinohydrolase

尿囊酸脒基水解酶

作用：催化肽键以外的、直链脒的 C—N 键水解。

反应：尿囊酸＋H_2O ＝（—)-脲基乙醇酸＋脲

特异性：也催化（＋)-脲基乙醇酸水解，生成二羟醋酸和脲。

57. 亚胺甲基天冬氨酸脱亚氨酶（foriminoaspartate deiminase）EC 3.5.3.5

分类名：*N*-formimino-L-aspartatate iminohydrolase

　　　　N-亚氨甲基-L-天冬氨酸亚胺水解酶

作用：催化非肽键的直链脒的 C—N 键水解。

反应：*N*-亚氨甲基-L-天冬氨酸＋H_2O ＝*N*-甲酰(基)-L-天冬氨酸＋NH_3

58. 精氨酸脱亚氨(基)酶（arginine deiminase）EC 3.5.3.6

分类名：L-argnine iminohydrolase　　L-精氨酸亚胺(基)水解酶

别名：argnine dihydrolase　　精氨酸双水解酶

作用：催化肽键以外的、直链脒的 C—N 键水解。

反应：L-精氨酸＋H_2O ＝L-瓜氨酸＋NH_3

特异性：也作用于刀豆氨酸。

59. 胍基丁酸酶（guanidinobutyrase）EC 3.5.3.7

分类名：4-guanidinobutyrate amidinohydrolase

　　　　4-胍基丁酸脒基水解酶

作用：催化非肽键的、直链脒的 C—N 键水解。

反应：4-胍基丁酸＋H_2O ＝4-氨基丁酸＋脲

特异性：也作用于 3-胍基丙酸和 D-精氨酸，但不作用于 L-精氨酸。

60. 亚胺甲基谷氨酸酶（formiminoglutamase）EC 3.5.3.8

分类名：*N*-formimino-L-glutamate formiminohydrolase

　　　　N-亚胺甲基-L-谷氨酸亚胺甲基水解酶

作用：催化非肽键的直链脒的 C—N 键水解。

反应：*N*-亚胺甲基-L-谷氨酸＋H_2O ＝L-谷氨酸＋甲酰胺

61. 尿囊酸脱亚氨(基)酶（allantoate deiminase）EC 3.5.3.9

分类名：allantoate amidinohydrolase(decarboxylating)

　　　　尿囊酸脒基水解酶(脱羧)

作用：催化肽键以外的、直链脒的 C—N 键水解。

反应：尿囊酸＋H_2O ＝脲基甘氨酸＋NH_3＋CO_2

62. D-精氨酸（D-arginase）EC 3.5.3.10

分类名：D-arginine amidinohydrolase

　　　　D-精氨酸脒(基)水解酶

作用：催化肽键以外的、直链脒的 C—N 键水解。

反应：D-精氨酸＋H_2O ＝D-鸟氨酸＋脲

63. 鲱精胺酶（agmatinase）EC 3.5.3.11

分类名：agmatine amidinohydrolase

　　　　鲱精胺脒基水解酶

作用：催化肽键以外的、直链脒的 C—N 键水解。

反应：鲱精胺$+H_2O$══腐胺$+$脲

64. 鲱精胺脱亚氨基酶（agmatine deiminase）EC 3.5.3.12

分类名：agmatine iminohydrolase

鲱精胺亚氨基水解酶

作用：催化肽键以外的、直链脒的 C—N 键水解。

反应：鲱精胺$+H_2O$══N-氨甲醚(基)腐胺$+NH_3$

65. 亚胺甲基谷氨酸脱亚氨基酶（formiminoglutamate deiminase）EC 3.5.3.13

分类名：N-formimino-L-glutamate iminohydrolase

N-亚胺甲基-L-谷氨酸亚胺水解酶

作用：催化非肽键的直链脒的 C—N 键水解。

反应：N-亚胺甲基-L-谷氨酸$+H_2O$══N-甲酰(基)-L-谷氨酸$+NH_3$

66. 脒基天冬氨酸酶（amidinoaspartase）EC 3.5.3.14

分类名：N-amidino-L-asparate amidinohydrolase

N-脒基-L-天冬氨酸脒基水解酶

作用：催化肽键以外的、直链脒的 C—N 键水解。

反应：N-脒基-L-天冬氨酸$+H_2O$══L-天冬氨酸$+$脲

特异性：也催化 N-脒基-L-谷氨酸水解，但作用较慢。

67. 胞嘧啶脱氨基酶（cytosine deaminase）EC 3.5.4.1

分类名：cytosine aminohydrolase

胞嘧啶氨基水解酶

作用：催化非肽键的环状脒的 C—N 键水解。

反应：胞嘧啶$+H_2O$══尿嘧啶$+NH_3$

特异性：也催化 5-甲基胞嘧啶水解。

68. 腺嘌呤脱氨酶（adenine deaminase）EC 3.5.4.2

分类名：adenine aminohydrolase

腺嘌呤氨基水解酶

别名：adenase　腺嘌呤酶

adenine aminiase　腺嘌呤氨基酶

作用：催化肽键以外的，环状脒的 C—N 键水解。

反应：腺嘌呤$+H_2O$══次黄嘌呤$+NH_3$

69. 鸟嘌呤脱氨(基)酶（guanine deaminase）EC 3.5.4.3

分类名：guanine aminohydrolase

鸟嘌呤氨基水解酶

别名：guanase　鸟嘌呤(脱氨)酶

guanine aminase　鸟嘌呤氨基酶

作用：催化非肽键的环状脒的 C—N 键水解。

反应：鸟嘌呤$+H_2O$══黄嘌呤$+$氨

70. 腺(嘌呤核)苷脱氨酶（adenosine deaminase）EC 3.5.4.4

分类名：adenosine aminohydrolase

腺（嘌呤核）苷氨基水解酶

作用：催化肽键以外的、环状脒的 C—N 键水解。

反应：腺苷＋H_2O ⫫ 次黄苷＋NH_3

71. 胞苷脱氨(基)酶（cytidine deaminase）EC 3.5.4.5

分类名：cytidine aminohydrolase　胞（嘧啶核）苷氨基水解酶

作用：催化非肽键的环状脒的 C—N 键水解。

反应：胞苷＋H_2O ⫫ 尿苷＋NH_3

72. AMP 脱氨酶（AMP deaminase）EC 3.5.4.6

分类名：AMP aminohydrolase　AMP 氨基水解酶

别名：AMP aminase　AMP 氨基酶

作用：催化肽键以外的、环状脒的 C—N 键水解。

反应：AMP＋H_2O ⫫ IMP＋NH_3

73. ADP 脱氨酶（ADP deaminase）EC 3.5.4.7

分类名：ADP aminohydrolase　ADP 氨基水解酶

作用：催化肽键以外的、环状脒的 C—N 键水解。

反应：ADP＋H_2O ⫫ IDP＋NH_3

74. 氨基咪唑酶（aminoimidazolase）EC 3.5.4.8

分类名：4-aminoimidazole aminohydrolase

　　　　4-氨基咪唑氨基水解酶

作用：催化肽键以外的、环状脒的 C—N 键水解。

反应：4-氨基咪唑＋H_2O ⫫ 未确定产物＋NH_3

75. 次甲基四氢叶酸环化水解酶（methenyltetrahydrofolate cyclohydrolase）EC 3.5.4.9

分类名：5,10-methenyltetrahydrofolate 5-hydrolase（decyclizing）

　　　　5,10-次甲基四氢叶酸 5-水解酶（去环化）

作用：催化非肽键的环状脒的 C—N 键水解。

反应：5,10-次甲基四氢叶酸＋H_2O ⫫ 10-甲酰（基）四氢叶酸

76. IMP 环化水解酶（IMP cyclohydrolase）EC 3.5.4.10

分类名：IMP 1,2-hydrolase（decyclizing）

　　　　IMP 1,2-水解酶（去环化）

作用：催化非肽键的环状脒的 C—N 键水解。

反应：IMP＋H_2O ⫫ 5-磷酸核糖基-5-甲酰氨基-4-咪唑羧基酰胺

77. 蝶呤脱氨(基)酶（pterin deaminase）EC 3.5.4.11

分类名：2-amino-4-hydroxypteridine aminohydrolase

　　　　2-氨基-4-羟（基）蝶啶氨基水解酶

作用：催化非肽键的环状脒的 C—N 键水解。

反应：2-氨基-4-羟（基）蝶啶＋H_2O ⫫ 2,4-二烃（基）蝶啶＋NH_3

特异性：由动物体内提取的酶专一地水解蝶呤、异黄蝶呤和四氢蝶呤。

78. dCMP 脱氨(基)酶（dCMP deaminase）EC 3.5.4.12

分类名：dCMP aminohydrolase

dCMP 氨基水解酶

作用：催化非肽键的、环状脒的 C—N 键水解。

反应：$dCMP + H_2O = dUMP + NH_3$

79. dCTP 脱氨酶 （dCTP deaminase） EC 3.5.4.13

分类名：dCTP aminohydrolase

dCTP 氨（基）水解酶

作用：催化非肽键的环状脒的 C—N 键水解。

反应：$dCTP + H_2O = dUTP + NH_3$

80. 脱氧胞苷脱氨基酶 （deoxycytidine deaminase） EC 3.5.4.14

分类名：deoxycytidine aminohydrolase

脱氧胞苷氨基水解酶

作用：催化非肽键的环状脒的 C—N 键水解。

反应：脱氧胞苷 $+ H_2O =$ 脱氧尿苷 $+ NH_3$

81. 鸟苷脱氨（基）酶 （guanosine deaminase） EC 3.5.4.15

分类名：guanosine aminohydrolase

鸟苷氨基水解酶

别名：guanosine aminase　鸟苷氨基酶

作用：催化非肽键的环状脒的 C—N 键水解

反应：鸟苷 $+ H_2O =$ 黄苷 $+ NH_3$

82. GTP 环水解酶 （GTP cyclohydrolase） EC 3.5.4.16

分类名：GTP7,8:8,9-dihydrolase

GTP7,8:8,9-双水解酶

作用：催化非肽键的环状脒的 C—N 键水解。

反应[*]：$GTP + H_2O =$ 甲酸 $+$ 2-氨基-4-羟基-6-(赤-1′,2′,3′-三羟丙基)二氢蝶啶三磷酸

[*] 本反应包含两个 C—N 键的水解和戊糖单位的异构化，重新环化可能不是酶的作用。

83. 腺苷-磷酸脱氨酶 （adenosine-phosphate deaminase） EC 3.5.4.17

分类名：adenosine-phosphate aminohydrolase

腺（嘌呤核）苷-磷酸氨基水解酶

作用：催化肽键以外的、环状脒的 C—N 键水解。

反应：$5'-AMP + H_2O = 5'-IMP + NH_3$

特异性：本酶的催化活性依次递增：腺苷、NAD^+、ATP、ADP 和 $5'-AMP$，细菌来源的酶也作用于脱氧衍生物。

84. ATP：脱氨（基）酶 （ATP deaminase） EC 3.5.4.18

作用：催化非肽键的环状脒的 C—N 键水解，脱去氨基。

反应：$ATP + H_2O = ITP + NH_3$

85. 磷酸核糖基-AMP 环水解酶 （phosphoribosyl-AMP cyclohydrolase） EC 3.5.4.19

分类名：1-N-(5′-phospho-D-ribosyl)-AMP 1,6-hydrolase

1-N-(5′-磷酸-D-核糖基)-AMP 1,6-水解酶

别名：phosphoribosyl-ATP pyrophosphohydrolase　磷酸核糖基-ATP 焦磷酸水解酶

phosphoribosyl-AMP pyrophosphorydlase　磷酸核糖基-AMP 焦磷酸化酶

作用：催化非肽键的环状脒的 C—N 键水解。

反应：1-N-(5′-磷酸-D-核糖基)-AMP＋H_2O ＝5-(5′-磷酸-D-核糖基氨基亚胺甲基)-1-(5″-磷酸核糖基)咪唑-4-甲酰胺

特异性：由粗糙脉孢菌中提取的酶也具有组氨醇脱氢酶（EC 1.1.1.23）的催化作用，同时能水解 1-N-（5′-磷酸核糖基）-ATP 产生焦磷酸。

86. 吡啶(代噻唑)硫胺素脱氨(基)酶 (pyrithiamin deaminase) EC 3.5.4.20

分类名：1-(4-amino-2-methylpyrimid-5-ylmethyl)-3-(β-hydroxyethyl)-2-methyl-pyridinium-bromide aminohydrolase

1-(4-氨基-2-甲基嘧啶基-5-甲基)-3-(β-羟乙基)-2-甲基吡啶溴化物氨基水解酶

作用：催化非肽键的环状脒的 C—N 键水解。

反应：1-(4-氨基-2-甲基嘧啶基-5-甲基)-3-(β-羟乙基)-2-甲基吡啶溴化物＋H_2O ＝1-(4-羟-2-甲基嘧啶基-5-甲基)-3-(β-羟乙基)-2-甲基吡啶溴＋NH_3

87. 肌酸酐脱亚胺酶 (creatinine deiminase) EC 3.5.4.21

分类名：creatinine iminohydrolase

肌酸酐亚胺水解酶

作用：催化非肽键的环状脒的 C—N 键水解。

反应：肌酸酐＋H_2O ＝N-甲(基)乙内酰脲＋NH_3

88. 1-二氢吡咯-4-羟-2-羧酸脱氨(基)酶 (l-pyrroline-4-hydroxy-2-carboxylate deaminase) EC 3.5.4.22

分类名：1-pyrroline-4-hydroxy-2-carboxylate aminohydrolase (decyclizing)

1-二氢吡咯-4-羟-2-羧酸氨基水解酶（去环化）

作用：催化非肽键的环状脒的 C—N 键水解。

反应：1-二氢吡咯-4-羟-2-羧酸＋H_2O ＝2,5-二氧(代)戊酸＋NH_3

89. 杀稻瘟菌素 S 脱氨酶 (Blasticidin-S deaminase) EC 3.5.4.23

分类名：Blasticidin-S aminohydrolase

杀稻瘟菌素 S 氨基水解酶

作用：催化非肽键的环状脒的 C—N 键水解。

反应：杀稻瘟菌素 S＋H_2O ＝脱氨羟基杀稻瘟菌素 S＋NH_3

特异性：催化杀稻瘟菌素 S、胞霉素和乙酰杀稻瘟菌素 S 的胞嘧啶部分脱氨基。

90. 墨蝶呤脱氨酶 (sepiapterin deaminase) EC 3.5.4.24

分类名：sepiapterin aminohydrolase

墨蝶呤氨基水解酶

作用：催化非肽键的环状脒的 C—N 键水解。

反应：墨蝶呤＋H_2O ＝黄蝶呤 B_2＋NH_3

特异性：也作用于异墨蝶呤，但反应较慢。

91. 腈水解酶 (nitrilase) EC 3.5.5.1

分类名：nitrile aminohydrolase

腈氨基水解酶

作用：催化非肽键的腈的 C—N 键水解。

反应：腈＋H_2O＝羧酸＋NH_3

特异性：广泛地作用于芳族腈（包括 3-吲哚乙腈）的环，也作用于一些脂族腈。

92. 蓖麻碱腈水解酶（ricinine nitrilase）EC 3.5.5.2

分类名：ricinine aminohydrolase

蓖麻碱氨基水解酶

作用：催化非肽键的腈的 C—N 键水解。

反应：蓖麻碱腈＋H_2O＝N-甲基-3-羧基-4-甲氧(基)-2-吡啶酮＋NH_3

93. 氰酸水解酶（cyanate hydrolase）EC 3.5.5.3

分类名：cyanate aminohydrolase

氰酸氨基水解酶

别名：cyanase 氰酸酶

作用：催化非肽键的直链脒的 C—N 键水解。

反应：氰酸＋H_2O＝CO_2＋NH_3

94. 核黄素酶（riboflavinase）EC 3.5.99.1

分类名：riboflavin hydrolase

核黄素水解酶

作用：催化非肽键的 C—N 键水解。

反应：核黄素＋H_2O＝核糖醇＋光色素

95. 硫胺素酶（thiaminase）EC 3.5.99.2

分类名：thiamin hydrolase

硫胺素水解酶

别名：thiaminase Ⅱ 硫胺素酶 Ⅱ

作用：催化非肽键的 C—N 键水解。

反应：硫胺素＋H_2O＝2-甲基-4-氨基-5-羟甲基嘧啶＋4-甲基-5-($2'$-羟乙基)噻唑

第六节 催化酸酐键水解反应的酶

1. 无机焦磷酸酶（inorganic pyrophosphatase）EC 3.6.1.1

分类名：pyrophosphate phosphohydrolase

焦磷酸磷酸水解酶

作用：催化含磷的酸酐水解。

反应：焦磷酸＋H_2O＝2 磷酸

2. 三偏磷酸酶（trimetaphosphatase）EC 3.6.1.2

分类名：trimetaphosphate hydrolase

三偏磷酸水解酶

作用：催化含磷的酸酐水解。

反应：三偏磷酸＋H_2O＝3 磷酸

3. 腺苷三磷酸酶（adenosinetriphosphatase）EC 3. 6. 1. 3

分类名：ATP phosphohydrolase

　　　　ATP 磷酸水解酶

别名：adenylpyrophosphatase　腺苷焦磷酸酶

　　　ATP monophosphatase　ATP 单磷酸(酯)酶

　　　triphosphatase　三磷酸(酯)酶

　　　ATPase　ATP 酶

　　　adenosinetriphosphatase（Na^+，K^+-activated）　腺苷三磷酸酶（被 Na^+、K^+ 激活）

作用：催化含磷的酸酐水解。

反应：ATP＋H_2O ＝ADP＋磷酸

特异性：肌球蛋白和肌动球蛋白、线粒体、微粒体和细胞膜都有酶活性，在一些情况下，ATP 酶被 Mg^{2+} 激活，另一些被 Ca^{2+}，或者被 Mg^{2+} 和 Ca^{2+} 共同激活。另一种形式的 ATP 酶被 Na^+ 和 K^+ 激活，被乌苯（箭毒）苷抑止。有些 ATP 酶也催化 ITP 和其它核苷 $5'$-三磷酸、三磷酸以及核苷四磷酸水解。催化基质的特异性可能取决于活化的两价阳离子和存在的单价阳离子。

4. 腺苷三磷酸双磷酸酶（apyrase）EC 3. 6. 1. 5

分类名：ATP diphosphohydrolase　ATP 二磷酸水解酶

别名：ATP-diphosphatase　ATP-二磷酸酶

　　　adenosine diphosphatase　腺苷二磷酸酶

　　　ADPase　ADP 酶

作用：催化 ATP 水解。

反应：ATP＋$2H_2O$ ＝AMP＋2 磷酸

特异性：受 Ca^{2+} 激活，也催化 ADP 水解，也作用于其它核苷三磷酸和核苷二磷酸。

5. 核苷二磷酸酶（nucleosidediphosphatase）EC 3. 6. 1. 6

分类名：nucleosidediphosphate phosphohydrolase

　　　　核苷二磷酸磷酸水解酶

作用：催化含磷的酸酐水解。

反应：核苷二磷酸＋H_2O ＝核苷酸＋磷酸

特异性：作用于 IDP、GDP、UDP，也作用于 D-核糖-5-二磷酸。

6. 酰基磷酸酶（acylphosphatase）EC 3. 6. 1. 7

分类名：acylphosphate phosphohydrolase

　　　　酰基磷酸磷酸水解酶

作用：催化含磷的酸酐水解。

反应：酰基磷酸＋H_2O ＝脂肪酸阴离子＋磷酸

7. ATP 焦磷酸酶（ATP pyrophosphatase）EC 3. 6. 1. 8

分类名：ATP pyrophosphohydrolase

　　　　ATP 焦磷酸水解酶

别名：ATPase　ATP 酶

作用：催化含磷的酸酐水解。

反应：$ATP + H_2O = AMP + 焦磷酸$

特异性：也作用于 ITP、GTP、CTP 和 UTP。

8. 核苷酸焦磷酸酶 （nucleotide pyrosphosphatase） EC 3. 6. 1. 9

分类名：dinucleotide nucleotidohydrolase

二核苷酸核苷酸水解酶

作用：催化含磷的酸酐水解。

反应：二核苷酸 $+ H_2O =$ 2 单核苷酸

特异性：本酶作用的基质有 NAD^+、$NADP^+$、FAD、CoA、ATP 和 ADP。

9. 多(聚)磷酸(酯)内切酶 （endopolyphosphatase） EC 3. 6. 1. 10

分类名：polyphosphate polyphosphohydrolase

多(聚)磷酸多(聚)磷酸水解酶

别名：polyphosphate depolymerase　多(聚)磷酸解聚酶

metaphosphatase　偏磷酸酶

polyphosphatase　多(聚)磷酸酶

作用：催化含磷的酸酐水解。

反应：多(聚)磷酸 $+ nH_2O = n$ 五(聚)磷酸

10. 多(聚)磷酸(酯)外切酶 （exopolyphosphatase） EC 3. 6. 1. 11

分类名：polyphosphate phosphohydrolase

多(聚)磷酸 (酯) 磷酸水解酶

别名：metaphosphatase　偏磷酸酶

作用：催化含磷的酸酐水解。

反应：(多(聚)磷酸)$_n + H_2O = $ (多(聚)磷酸)$_{n-1} +$ 磷酸

11. 脱氧胞苷三磷酸酶 （deoxycytidinetriphosphatase） EC 3. 6. 1. 12

分类名：dCTP hucleotidohydrolase

dCTP 核苷酸水解酶

别名：deoxy-CTPase　脱氧 CTP 酶

作用：催化含磷的酸酐水解。

反应：$dCTP + H_2O = dCMP +$ 焦磷酸

特异性：也催化 dCDP 水解，生成 dCMP 和磷酸。

12. ADP 核糖焦磷酸酶 （ADP-ribose pyrosphatase） EC 3. 6. 1. 13

分类名：ADP ribose ribophosphohydrolase

ADP 核糖核糖磷酸水解酶

作用：催化含磷的酸酐水解。

反应：ADP 核糖 $+ H_2O = AMP +$ D-核糖 5-磷酸

13. 腺苷四磷酸酶 （adenosinetetraphosphatase） EC 3. 6. 1. 14

分类名：adenosinetetraphosphate phosphohydrolase

腺苷四磷酸磷酸水解酶

作用：催化含磷的酸酐水解。

反应：腺苷 $5'$-四磷酸 $+ H_2O = ATP +$ 磷酸

特异性：也作用于次黄苷四磷酸和三（聚）磷酸，但对其它核苷酸或多（聚）磷酸的作用活性很小，或无活性。

14. 核苷三磷酸酶（nucleoside triphosphatase）EC 3.6.1.15

分类名：unspecific diphosphate phosphohydrolase

非特异性二磷酸磷酸水解酶

作用：催化含磷的酸酐水解。

反应：$NTP + H_2O = NDP + 磷酸$

特异性：也催化其它核苷三磷酸、核苷二磷酸、硫胺素二磷酸和 FAD 水解。

15. CDP 甘油焦磷酸酶（CDP glycerol pyrophosphatase）EC 3.6.1.16

分类名：CDP glycerol phosphoglycerlhydrolase

CDP 甘油磷酸甘油（基）水解酶

作用：催化含磷的酸酐水解。

反应：$CDP 甘油 + H_2O = CMP + sn\text{-}甘油 3\text{-}磷酸$

16. 双(5′-鸟苷)四磷酸(酯)酶（bis(5′-guanosyl)tetraphosphatase）EC 3.6.1.17

分类名：P^1,P^4-bis(5′-guanosyl)tetraphosphate guanylohydrolase

P^1,P^4-双(5′-鸟苷)四磷酸鸟嘌呤(基)水解酶

别名：diguanosinetetraphospatase　二鸟苷四磷酸（酯）酶

作用：催化双鸟苷四磷酸水解。

反应：P^1,P^4-双(5′-鸟苷)四磷酸 $+ H_2O = GTP + GMP$

17. FAD 焦磷酸酶（FAD pyrophosphatase）EC 3.6.1.18

分类名：FAD nucleotidohydrolase

FAD 核苷酸水解酶

作用：催化含磷的酸酐水解。

反应：$FAD + H_2O = AMP + FMN$

特异性：也催化 NAD^+ 和 NADH 水解。

18. 核苷三磷酸焦磷酸酶（nucleosidetriphosphate pyrophosphatase）EC 3.6.1.19

分类名：nucleosidetriphosphate pyrophosphohydrolase

核苷三磷酸焦磷酸水解酶

作用：催化含磷的酸酐水解。

反应：核苷三磷酸 $+ H_2O =$ 核苷酸 $+$ 焦磷酸

19. 5′-酰基磷酸腺苷水解酶（5′-acylphosphoadenosine hydrolase）EC 3.6.1.20

分类名：5′-acylphosphoadenosine acylhydrolase

5′-酰基磷酸腺苷酰基水解酶

作用：催化含磷的酸酐水解。

反应：5′-酰基磷酸腺苷 $+ H_2O = AMP +$ 脂肪酸阴离子

特异性：也作用于次黄嘌呤核苷和尿嘧啶核苷化合物。

20. ADP-糖焦磷酸酶（ADP-sugar pyrophosphatase）EC 3.6.1.21

分类名：ADP-sugar sugarphosphohydrolase

ADP 糖磷酸糖水解酶

作用：催化含磷的酸酐水解。

反应：ADP 糖＋H_2O＝AMP＋糖 1-磷酸

21. NAD$^+$焦磷酸酶 （NAD$^+$ pyrophosphatase） EC 3.6.1.22

分类名：NAD$^+$ phosphohydrolase

NAD$^+$磷酸水解酶

作用：催化含磷的酸酐水解。

反应：NAD$^+$＋H_2O＝AMP＋NMN

特异性：也作用于 NADP$^+$、NAD$^+$ 和 NADP$^+$ 的 3-乙酰（基）吡啶和硫代烟酰胺的类似物。

22. 脱氧尿苷三磷酸酶 （deoxyuridinetriphosphatase） EC 3.6.1.23

分类名：dUTP nucleotidohydrolase

dUTP 核苷酸水解酶

别名：dUTPase　dUTP 酶

作用：催化含磷的酸酐水解。

反应：dUTP＋H_2O＝dUMP＋焦磷酸

23. 核苷磷酸酰基水解酶 （nucleoside phosphoacylhydrolase） EC 3.6.1.24

分类名：nucleoside-5$'$-phosphoacylate acylhydrolase

核苷-5$'$-磷酸酰化物酰基水解酶

作用：催化含磷的酸酐水解。

反应：磷酸混合酐键的水解。

特异性：催化核糖核苷 5$'$-硝基苯磷酸水解，但不能作用于磷酸二酯。

24. 三磷酸(酯)酶* （triphosphatase） EC 3.6.1.25

分类名：triphosphate phosphohydrolase

三磷酸（酯）磷酸水解酶

作用：催化含磷的酸酐水解。

反应：三磷酸（酯）＋H_2O＝焦磷酸＋磷酸

　　　*是腺苷三磷酸酶 （EC 3.6.1.3）的别名。

25. CDP 二酰(基)甘油焦磷酸酶 （CDP diacylglycerol pyrophosphatase） EC 3.6.1.26

分类名：CDP diacylglycerol phosphatidylhydrolase

CDP 二酰（基）甘油磷脂酰基水解酶

作用：催化含磷的酸酐水解。

反应：CDP 二酰（基）甘油＋H_2O＝CMP＋磷脂酸

26. C-55-异戊间二烯(基)二磷酸酶 （C-55-isoprenyldiphosphatase） EC 3.6.1.27

分类名：C-55-isoprenyl-diphosphate phosphohydrolase

C-55-异戊间二烯（基）二磷酸磷酸水解酶

作用：催化含磷的酸酐水解。

反应：C-55-异戊间二烯（基）二磷酸＋H_2O＝C-55-异戊间二烯（基）磷酸＋磷酸

27. 硫胺素-三磷酸(酯)酶 （thiamin -triphosphatase） EC 3.6.1.28

分类名：thiamin-triphosphate phosphohydrolase

三磷酸硫胺素磷酸水解酶

作用：催化含磷的酸酐水解。

反应：三磷酸硫胺素＋H_2O ＝二磷酸硫胺素＋磷酸

28. 双(5′-腺苷)三磷酸(酯)酶 (bis(5′-adenosyl)triphosphatase) EC 3. 6. 1. 29

分类名：P^1,P^3-bis(5′-adenosyl)-triphosphate adenylohydrolase

P^1,P^3-双(5′-腺苷)三磷酸腺嘌呤(基)水解酶

别名：dinucleoside-triphosphatase 二核苷三磷酸(酯)酶

作用：催化双腺苷三磷酸水解。

反应：P^1,P^3-双(5′-腺苷)三磷酸＋H_2O ＝ADP＋AMP

29. $m^7G(5′)pppN$ 焦磷酸酶 ($m^7G(5′)pppN$ pyrophosphatase) EC 3. 6. 1. 30

分类名：7-methylguanosine-5′-triphosphoryl-5′-polynucleotide 7-methylguanosine-5′-phosphohydrolase

7-甲基鸟苷 5′-三磷酰(基)-5′-多(聚)核苷酸 7-甲基鸟苷-5′-磷酸水解酶

别名：decapase 去冠酶

作用：催化含磷的酸酐水解。

反应：7-甲基鸟苷-5′-三磷酰(基)-5′-多(聚)核苷酸＋H_2O ＝7-甲基鸟苷-5′-磷酸＋多(聚)核苷酸

30. 腺苷酰(基)硫酸(酯)酶 (adenylylsulphatase) EC 3. 6. 2. 1

分类名：adenylylsulphate sulphohydrolase

腺苷酰(基)硫酸(酯)硫酸水解酶

作用：催化含磺酰的酸酐水解。

反应：腺苷酰(基)硫酸(酯)＋H_2O ＝AMP＋硫酸(酯)

31. 磷酸腺苷酰(基)硫酸(酯)酶 (phosphoadenylylsulphatase) EC 3. 6. 2. 2

分类名：3′-phosphoadenylylsulphate sulphohydrolase

3′-磷酸腺苷酰(基)硫酸(酯)硫酸水解酶

作用：催化含磺酰基的酸酐水解。

反应*：3′-磷酸腺苷酰(基)硫酸(酯)＋H_2O ＝3′,5′-双磺酸腺苷＋硫酸

* Mn^{2+}能活化本酶。

第七节 催化 C—C 键水解反应的酶

1. 草酰乙酸酶 (oxaloacetase) EC 3. 7. 1. 1

分类名：oxaloacetate acetylhydrolase

草酰乙酸乙酰基水解酶

作用：催化 C—C 键水解。

反应：草酰乙酸＋H_2O ＝草酸＋乙酸

2. 延胡索酰乙酰乙酸酶 (fumarylacetoacetase) EC 3. 7. 1. 2

分类名：4-fumarylacetoacetate fumarylhydrolase

4-延胡索酰乙酰乙酸延胡索酰基水解酶

别名：β-diketonase　β-二酮酶

作用：催化 C—C 键水解。

反应：4-延胡索酰乙酰乙酸＋H_2O＝乙酰乙酸＋延胡索酸

特异性：也催化其它 3,5-和 2,4-二酮酸。

3. 犬尿氨酸酶（kynureninase）EC 3. 7. 1. 3

分类名：L-kynurenine hydrolase

L-犬尿氨酸水解酶

作用：催化 C—C 键水解。

反应：L-犬尿氨酸＋H_2O＝邻氨基苯甲酸＋L-丙氨酸

特异性：也作用于 $3'$-羟犬尿氨酸和一些其它[3-芳(香)羰基]丙氨酸。

4. 根皮素水解酶（phloretin hydrolase）EC 3. 7. 1. 4

分类名：2,4,4,6-tetrahydroxy-dehydrochalcone 1,3,5-trihydroxybenzene hydrolase

2,4,4,6- 四羟脱氢苯基苯乙烯酮 1,3,5-三羟基苯水解酶

作用：催化 C—C 键水解。

反应：根皮素＋H_2O＝根皮酸＋间苯三酚

特异性：也作用于与根皮素有关的 C-酰化了的酚。

5. 酰基丙酮酸水解酶（acylpyruvate hydrolase）EC 3. 7. 1. 5

分类名：acylpyruvate acylhydrolase

酰基丙酮酸酰基水解酶

作用：催化 C—C 键水解。

反应：酰基丙酮酸＋H_2O＝脂肪酸＋丙酮酸

特异性：作用于甲酰(基)丙酮酸、2,4-二氧戊酸、2,4-二氧己酸和 2,4-二氧庚酸。

第八节　催化卤键水解反应的酶

1. 2-卤代酸脱卤(素)酶（2-haloacid dehalogenase）EC 3. 8. 1. 2

分类名：2-haloacid halidohydrolase

2-卤代酸卤化物水解酶

作用：催化卤化物键水解。

反应：L-2-卤代酸＋OH^-＝D-2-羟酸＋卤化物

特异性：作用于短链（$C_2 \sim C_4$）酸。

2. 卤代乙酸脱卤(素)酶（haloacetate dehalogenase）EC 3. 8. 1. 3

分类名：haloacetate halidohydrolase

卤代乙酸卤化物水解酶

作用：催化卤化物键水解。

反应：卤代乙酸＋OH^-＝羟基乙酸＋卤化物

3. 二异丙(基)氟磷酸酶（di-isopropyl-fluorophosphatase）EC 3. 8. 2. 1

分类名：di-isopropyl-fluorophosphate fluorohydrolase

二异丙(基)氟磷酸氟水解酶

别名：diisopropylfluorophosphonate halogenase　二异丙(基)氟磷酸卤化酶

　　　　tabunase　塔崩酶

　　　　DFPase DFP　酶

　　　　di-isopropyl phosphorofluoridase　二异丙(基)磷酸氟化物酶

作用：催化卤化物水解。

反应：二异丙(基)氟磷酸＋H_2O＝二异丙(基)磷酸＋氟化物

特异性：也作用于其它一些有机的亚磷酸化合物和神经性毒气。

第九节　催化 P—N 键水解反应的酶

磷酸酰胺酶（phosphoamidase）EC 3.9.1.1

分类名：phosphoamide hydrolase

　　　　磷酸酰胺水解酶

作用：催化 C—N 键水解。

反应：N-磷酸肌酸＋H_2O＝肌酸＋磷酸

特异性：也作用于 N-磷酸精氨酸和其它磷酸酰胺。

第十节　催化 S—N 键水解的酶

1. 磺基葡糖胺硫酰胺酶（sulphoglucosamine sulphamidase）EC 3.10.1.1

分类名：2-sulphamido-2-deoxy-D-glucose sulphamidase

　　　　2-硫酰胺-2-脱氧-D-葡萄糖硫酰胺酶

作用：催化 S-N 键水解。

反应：2-硫酰胺-2-脱氧-D-葡萄糖＋H_2O＝2-氨基-2-脱氧-D-葡萄糖＋硫酸

2. 环酰胺酸磺酰胺酶（cyclamate sulphamidase）EC 3.10.1.2

分类名：cyclohexylsulphamate sulphamidase

　　　　氨基磺酸环己酯磺酰胺酶

别名：cyclamate sulphamatase　环酰胺酸氨基磺酸酶

作用：催化 S—N 键水解。

反应：氨基磺酸环己酯＋H_2O＝环己胺＋硫酸

特异性：也容易水解脂（肪）族的 $C_3 \sim C_8$ 的氨基磺酸。

3. 乙醛磷酸水解酶（phosphonoacetaldehyde hydrolase）EC 3.11.1.1

分类名：(2-oxoethyl) phosphonate phosphohydrolase

　　　　[2-氧（代）乙基] 磷酸磷酸水解酶

作用：催化 C—P 键水解。

反应：乙醛磷酸＋H_2O＝乙醛＋磷酸

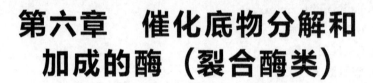

第六章 催化底物分解和加成的酶（裂合酶类）

　　裂合酶是催化一种化合物分解为两种化合物或两种化合物合成为一种化合物的酶类。该类酶催化底物中化学基团的移去和加入反应，包括双键形成及其加成反应。催化过程中通常会形成一个新的双键或一个新的环状结构。举例来说，若一种酶能催化以下的反应，就是裂合酶：

$$ATP \longrightarrow cAMP + PP_i$$

　　裂合酶与其他酶不同的是它只需要一个底物就能催化反应，或在逆向反应中需要两个底物。裂合酶是以〔（底物｜底物团）裂合酶〕这种格式来命名。当逆向反应较重要时，会使用合酶的名称。

　　如：脱羧酶、脱水酶、醛缩酶、碳酸酐酶、柠檬酸合成酶及其它。

第一节 催化 C—C 键裂解的裂合酶

1. 丙酮酸脱羧酶（pyruvate decarboxylase）EC 4. 1. 1. 1

　　分类名：2-oxo-acid carboxy-lyase

　　　　　　2-氧(代)酸羧基裂解酶

　　别名：α-carboxylase　α-羧化酶

　　　　　pyruvic decarboxylase　丙酮酸脱羧酶

　　　　　α-ketoacid carboxylase　α-酮酸羧化酶

　　作用：催化 C—C 键裂解。

　　反应：2-氧(代)酸━醛＋CO_2

　　特异性：也催化形成偶姻（两分子的醛，合成醇酮）。

2. 草酸脱羧酶（oxalate decarboxylase）EC 4. 1. 1. 2

　　分类名：oxalate carboxylyase

　　　　草酸羧基裂解酶

作用：催化 C—C 键裂解。

反应：草酸═甲酸＋CO_2

3. 草酰乙酸脱羧酶（oxaloacetate decarboxylase）EC 4. 1. 1. 3

分类名：oxaloacetate carboxylyase

　　　　草酰乙酸羧基裂解酶

别名：oxaloacetate β-decarboxylase

　　　　草酰乙酸 β-脱羧酶

作用：催化 C—C 键裂解。

反应：草酰乙酸═丙酮酸＋CO_2

特异性：来自产气气杆菌的酶是一种生物素-蛋白质，需要 Na^+ 参与反应；一些动物来
　　　　源的酶需要 Mn^{2+}；来自卵状假单胞菌的酶受乙酰-辅酶 A 抑制。

4. 乙酰乙酸脱羧酶（acetoacetate decarboxylase）EC 4. 1. 1. 4

分类名：acetoacetate carboxylyase

　　　　乙酰乙酸羧基裂解酶

作用：催化 C—C 键裂解。

反应：乙酰乙酸═丙酮＋CO_2

5. 乙酰乳酸脱羧酶（acetolcactate decarboxylase）EC 4. 1. 1. 5

分类名：2-hydroxy-2-methyl-3-oxobutyrate carboxlyase

　　　　2-羟-2-甲-3-氧丁酸羧基裂解酶

作用：催化 C—C 键裂解。

反应：（＋）-2-羟-2-甲-3-氧丁酸═（－）-2-羟基 3-丁酮＋CO_2

6. 苯(甲)酰甲酸脱羧酶（benzoylformate decarboxylase）EC 4. 1. 1. 7

分类名：benzoylformate carboxylyase

　　　　苯(甲)酰甲酸羧基裂解酶

作用：催化苯(甲)酰甲酸脱羧（C—C 键裂解）。

反应：苯(甲)酰甲酸═苯甲醛＋CO_2

7. 草酰-辅酶 A 脱羧酶（oxalyl-CoA decarboxylase）EC 4. 1. 1. 8

分类名：oxalyl-CoA carboxylyase

　　　　草酰-辅酶 A 羧基裂解酶

作用：催化 C—C 键裂解。

反应：草酰-辅酶 A ═甲酰-辅酶 A＋CO_2

8. 丙二酸单酰-辅酶 A 脱羧酶（malonyl-CoA decarboxylase）EC 4. 1. 1. 9

分类名：malonyl-CoA carboxylyase

　　　　丙二酸单酰-辅酶 A 羧基裂解酶

作用：催化 C—C 键裂解。

反应：丙二酸单酰-辅酶 A ═乙酰-辅酶 A＋CO_2

特异性：专一地作用于丙二酸单酰-辅酶 A。

9. 天冬氨酸 4-脱羧酶（asparate 4-decarboxylase）EC 4. 1. 1. 12

分类名：L-aspartate 4-carboxylyase

L-天冬氨酸 4-羧基裂解酶

别名：desulphinase　脱亚磺酸酶

作用：催化 C—C 键裂解脱羧。

反应：L-天冬氨酸＝L-丙氨酸＋CO_2

特异性：也催化氨基丙二酸脱羧和催化 L-半胱氨酸亚磺酸（盐）脱亚磺酸，生成亚硫酸（盐）和丙氨酸。

10. 缬氨酸脱羧酶（valine decarboxylase）EC 4.1.1.14

分类名：L-valine carboxylyase

L-缬氨酸羧基裂解酶

作用：催化 C—C 键裂解。

反应：L-缬氨酸＝异丁胺＋CO_2

特异性：也作用于 L-亮氨酸。

11. 谷氨酸脱羧酶（glutamate decarboxylase）EC 4.1.1.15

分类名：L-glutamate 1-carboxylyase

L-谷氨酸 1-羧基裂解酶

作用：催化 C—C 键裂解。

反应：L-谷氨酸＝4-氨基丁酸＋CO_2

特异性：由脑组织提取的酶也作用于 L-天冬氨酸、L-磺基丙氨酸和 L-半胱亚磺酸。

12. 羟谷氨酸脱羧酶（hydroxyglutamate decarboxylase）EC 4.1.1.16

分类名：3-hydroxy-L-glutamate 1-carboxylyase

3-羟-L-谷氨酸 1-羧基裂解酶

作用：催化 C—C 键裂解。

反应：3-羟-L-谷氨酸＝4-氨基-3-羟丁酸＋CO_2

13. 鸟氨酸脱羧酶（ornithine decarboxylase）EC 4.1.1.17

分类名：L-ornithine carboxylyase

L-鸟氨酸羧基裂解酶

作用：催化 C—C 键裂解。

反应：L-鸟氨酸＝腐胺＋CO_2

14. 赖氨酸脱羧酶（lysine decarboxylase）EC 4.1.1.18

分类名：L-lysine decarboxylase

L-赖氨酸羧基裂解酶

作用：催化 C—C 键裂解。

反应：L-赖氨酸＝尸胺＋CO_2

特异性：也作用于 5-羟-L-赖氨酸。

15. 精氨酸脱羧酶（arginine decarboxylase）EC 4.1.1.19

分类名：L-argnine carboxylyase

L-精氨酸解羧酶

作用：催化 C—C 键的裂解。

反应：L-精氨酸＝鲜精胺＋CO_2

16. 二氨基庚二酸脱羧酶（diaminopimelate decarboxylase）EC 4. 1. 1. 20

分类名：meso-2,6-diaminopimelate carboxylyase

meso-2,6-二氨基庚二酸羧基裂解酶

作用：催化 C—C 键裂解。

反应：meso-2,6-二氨基庚二酸══L-赖氨酸＋CO_2

17. 磷酸核糖基氨基咪唑羧化酶（phosphoribosylaminoimidazole carboxylyase）EC 4. 1. 1. 21

分类名：5'-phosphoribosyl-5-amino-4-imidazolecarboxy-carboxylyase

5'-磷酸核糖基-5-氨基-4-咪唑甲酸羧基裂解酶

作用：催化 C—C 键裂解。

反应：5'-磷酸核糖基-5-氨基-4-咪唑甲酸══5'-磷酸核糖基-5-氨基咪唑＋CO_2

18. 组氨酸脱羧酶[*]（histidine decarboxylase）EC 4. 1. 1. 22

分类名：L-histidine carboxylyase

L-组氨酸羧基裂解酶

作用：催化 C—C 键裂解。

反应：L-组氨酸══组胺＋CO_2

　　[*] 动物来源的酶的辅基是磷酸吡哆醛；细菌来源的酶不以磷酸吡哆醛为辅基，如乳
　　杆菌组氨酸脱羧酶的辅基是丙酮酸残基。

19. 乳清酸核苷-5'-磷酸脱羧酶（orotidine-5'-phosphate decarboxylase）EC 4. 1. 1. 23

分类名：orotidine-5'-phosphate carboxylyase

乳清酸核苷-5'-磷酸羧基裂解酶

作用：催化 C—C 键裂解。

反应：乳清酸核苷 5'-磷酸══UMP＋CO_2

20. 氨基苯甲酸脱羧酶（aminobenzoate decarboxylase）EC 4. 1. 1. 24

分类名：amninobenzoate carboxylyase

氨基苯甲酸解羧酶

作用：催化 C—C 键的裂解。

反应：4-(或 2-)氨基苯甲酸══苯胺＋CO_2

21. 酪氨酸脱羧酶（tyrosine decarboxylase）EC 4. 1. 1. 25

分类名：L-tyrosine carboxylyase

L-酪氨酸羧基裂解酶

作用：催化 C—C 键裂解。

反应：L-酪氨酸══酪胺＋CO_2

特异性：细菌源性的酶也作用于 3-羟酪氨酸和 3-羟苯丙氨酸，但对后者作用较慢。

22. 芳(香)族-L-氨基酸脱羧酶（aromatic-L-aminoacid decarboxylase）EC 4. 1. 1. 28

分类名：aromatic-L-aminoacid carboxylyase

芳(香)族-L-氨基酸解羧酶

别名：DOPA decarboxylase　DOPA 脱羧酶

tryptophan decarboxylase　色氨酸脱羧酶

hydroxytryptophan decarboxylase　羟基色氨酸脱羧酶

作用：催化 C—C 键的裂解。

反应：L-色氨酸＝色胺＋CO_2

特异性：作用于 L-色氨酸 5-羟-L-色氨酸和二羟苯丙氨酸。

23. 半胱氨酸亚磺酸脱羧酶（cysteine sulphinate decarboxylase）EC 4.1.1.29

分类名：L-cysteine-sulphinate carboxylyase

L-半胱氨酸-亚磺酸羧基裂解酶

作用：催化 C—C 键裂解，脱去羧基。

反应：L-半胱氨酸亚磺酸＝亚牛磺酸＋CO_2

特异性：也作用于 L-磺基丙氨酸。

24. 泛酰半胱氨酸脱羧酶（pantothenoylcysteine decarboxylase）EC 4.1.1.30

分类名：N-(L-pantothcnoyl)-L-cysteine carboxylyase

N-(L-泛酰基)-L-半胱氨酸羧基裂解酶

作用：催化 C—C 键裂解。

反应：N-(L-泛酰基)-L-半胱氨酸＝泛酰巯基乙胺＋CO_2

25. 磷酸烯醇丙酮酸羧基酶（phosphoenolpyruvate carboxylase）EC 4.1.1.31

分类名：orthophosphate：oxaloacetate carboxylyase(phosphorylating)

磷酸：草酰乙酸羧基裂解酶(磷酸化)

作用：催化 C—C 键裂解。

反应：磷酸＋草酰乙酸＝H_2O＋磷酸烯醇丙酮酸＋CO_2

26. 磷酸烯醇丙酮酸羧基激酶(GTP)（phosphoenolpyruvate carboxykinase(GTP)）EC 4.1.1.32

分类名：GTP：oxaloacetate carboxylyase(transphosphorylating)

GTP：草酰乙酸羧基裂解酶(转磷酸化)

别名：phosphoenolpyruvate carboxylase　磷酸烯醇丙酮酸羧基酶

phosphopyruvate carboxylase　磷酸丙酮酸羧基酶

作用：催化 C—C 键裂解。

反应：GTP＋草酰乙酸＝GDP＋磷酸烯醇丙酮酸＋CO_2

特异性：ITP 可以作为磷酸供体。

27. 焦磷酸甲羟戊酸脱羧酶（pyrophosphomevalonate decarboxylase）EC 4.1.1.33

分类名：ATP：5-diphosphomevalonate carboxylyase(dehydrating)

ATP：5-二磷酸甲羟戊酸羧基裂解酶(脱水)

作用：催化 C—C 键裂解。

反应：ATP＋5-二磷酸甲羟戊酸＝ADP＋磷酸＋异戊烯(基)二磷酸＋CO_2

28. 酮-L-葡糖酸脱羧酶（keto-L-gulonate decarboxylase）EC 4.1.1.34

分类名：3-keto-L-gulonate：$NAD(P)^+$ carboxylyase

3-酮-葡糖酸羧基裂解酶

作用：催化 C—C 键裂解。

反应：3-酮-L-葡糖酸＝L-木酮糖＋CO_2

29. UDP 葡糖醛酸脱羧酶（UDP glucuronate decarboxylase）EC 4.1.1.35

分类名：UDP glucuronate carboxylyase

UDP 葡糖醛酸羧基裂解酶

作用：催化 C—C 键裂解。

反应*：UDP 葡糖醛酸＝UDP 木糖＋CO_2

　　* 需要 NAD^+ 参与。

30. 磷酸泛酰(基)-半胱氨酸脱羧酶 （phosphopantothenoyl-cysteine decarboxylase）

EC 4. 1. 1. 36

分类名：4′-phospho-N- (L-pantothenoyl) -L-cysteine carboxylyase

　　　　4′-磷酸-N- (L-泛酰) -L-半胱氨酸羧基裂解酶

作用：催化 C—C 键裂解。

反应：4′-磷酸-N-(L-泛酰)-L-半胱氨酸＝泛酰巯基乙胺 4′-磷酸＋CO_2

31. 尿卟啉原脱羧酶 （uropohyrinogen decarboxylase） EC 4. 1. 1. 37

分类名：uroporphyhnogenⅢcarboxylyase

　　　　尿卟啉原Ⅲ羧基裂解酶

作用：催化 C—C 键裂解。

反应：尿卟啉原Ⅲ＝粪卟啉原＋$4CO_2$

特异性：也作用于一些卟啉原化合物上。

32. 磷酸烯醇丙酮酸羧基激酶(焦磷酸) （phosphoenolpyruvate carboxykinase(pyrophosphate)) EC 4. 1. 1. 38

分类名：pyrophosphate：oxaloacetate carboxylyase(transphosphorylating)

　　　　焦磷酸：草酰乙酸羧基裂解酶(转磷酸化)

别名：phosphopyruvate carboxylase 　磷酸丙酮酸羧基酶

　　　phosphoenolpyruvate caroxylase 　磷酸烯醇丙酮酸羧基酶

　　　PEP carboxyphosphotransferase 　PEP 羧基磷酸转移酶

作用：催化 C—C 键裂解。

反应：焦磷酸＋草酰乙酸＝磷酸＋磷酸烯醇丙酮酸＋CO_2

特异性：本酶也催化以下反应：磷酸烯醇丙酮酸＋磷酸＝丙酮酸＋焦磷酸。

33. 核酮糖双磷酸羧化酶 （ribulosebisphosphate carboxylase） EC 4. 1. 1. 39

分类名：3-phospho-D-glycerate carboxylyase(dimerizing)

　　　　3-磷酸-D-甘油酸羧基裂解酶(二聚体化)

别名：carboxydismutase 　羧基歧化酶

作用：催化 C—C 键裂解。

反应：D-核酮糖 1,5-双磷酸＋CO_2 ＝2,3-D-磷酸-D-甘油酸

特异性：如果以上反应式中 CO_2 用 O_2 来替代，反应产物为 3-磷酸-D-甘油酸和 2-磷酸

　　　　羟基乙酸。

34. 羟丙酮酸脱羧酶 （hydroxypyruvate decarboxylase） EC 4. 1. 1. 40

分类名：hydroxypyruvate carboxylyase

　　　　羟丙酮酸羧基裂解酶

作用：催化 C—C 键裂解。

反应：羟丙酮酸＝羟乙醛＋CO_2

35. 丙酰-辅酶 A 羧化酶 (propionyl-CoA carboxylase) EC 4.1.1.41

分类名：(R)-methylmalonyl-CoA carboxylyase

(R)-甲基丙二酸单酰-辅酶 A 羧基裂解酶

别名：methylmalonyl-CoA decarboxylase　甲基丙二酸单酰-辅酶 A 脱羧酶

作用：催化 C—C 键裂解。

反应：(R)-甲基丙二酸单酰-辅酶 A ══ 丙酰-辅酶 A + CO_2

36. 肉碱脱羧酶 (carnitine decarboxylase) EC 4.1.1.42

分类名：carnitine carboxylyase

肉碱羧基裂解酶

作用：催化肉碱脱羧 (C—C 键裂解)。

反应*：肉碱 ══ 2-甲基胆碱 + CO_2

　　　*需要 ATP 参与反应。

37. 苯丙酮酸脱羧酶 (phenylpyruvate decarboxylase) EC 4.1.1.43

分类名：phenylpyruvate carboxylyase

苯丙酮酸羧基裂解酶

作用：催化 C—C 键裂解。

反应：苯丙酮酸 ══ 苯乙醛 + CO_2

特异性：也作用于吲哚丙酮酸。

38. 4-羧基黏康酸内酯脱羧酶 (4-carboxymuconolactone decarboxylase) EC 4.1.1.44

分类名：4-carboxymuconolactone carboxylyase

4-羧基黏康酸内酯羧基裂解酶

作用：催化 C—C 键的裂解。

反应：4-羧基黏康酸内酯 ══ 3-氧 (代) 己二酸烯醇-内酯 + CO_2

39. 氨羧基己二烯二酸-半醛脱羧酶 (aminocarboxymuconate-semialdehyde decarboxylase) EC 4.1.1.45

分类名：$(3'$-oxo-prop-$2'$-enyl)- 2-aminobut-2-ene-dioate carboxylyase

$(3'$-氧 (代) 丙-$2'$-烯基)-2-氨丁基-2-烯-二酸羧基裂解酶

作用：催化 C—C 键裂解。

反应*：$(3'$-氧 (代) 丙-$2'$-烯基)-2-氨丁基-2-烯-二酸 ══ 2-氨基己二烯二酸半醛 + CO_2

　　　*反应产物重排，形成吡啶羧酸。

40. 邻 (焦) 儿茶酸脱羧 (基) 酶 (o-pyrocatechuate decarboxylase) EC 4.1.1.46

分类名：2,3-dihydroxybenzoate carboxylyase

2,3-二羟苯甲酸羧基裂解酶

作用：催化 C—C 键裂解。

反应：2,3-二羟苯甲酸 ══ 儿茶酚 + CO_2

41. 羟基丙二酸-半醛合酶 (tartronate-semialdehyde synthase) EC 4.1.1.47

分类名：glyoxylate carboxylyase(dimerizing)

乙醛酸羧基裂解酶 (二聚化)

别名：tartronate-semialdehyde carboxylase　羟基丙二酸-半醛羧化酶

glyoxylate carboligase 乙醛酸醛连接酶

作用：催化 C—C 键裂解。

反应：2 乙醛酸=羧基丙二酸半醛＋CO_2

42. 吲哚-3-甘油磷酸合酶 （indole-3-glycerol-phosphate synthase） EC 4. 1. 1. 48

分类名：1-(2′-carboxyphenylamino)-1-deoxyriibulose-5-phosphate carboxylyase(cyclizing)

　　　　1-（2′-羧苯氨基）-1-脱氧核酮糖-5-磷酸羧基裂解酶（环化）

作用：催化 C—C 键裂解。

反应：1-(2′-羧苯氨基)-1-脱氧核酮糖-5-磷酸=1-C-(3′-吲哚基)-甘油 3-磷酸＋CO_2＋H_2O

43. 磷酸烯醇丙酮酸羧基激酶(ATP) （phosphoenolpyruvate carboxykinase(ATP)） EC 4. 1. 1. 49

分类名：ATP：oxaloacete carboxylyase （transphosphorylating）

　　　　ATP：草酰乙酸羧基裂解酶(转磷酸化)

别名：phosphopyruvate carboxylase(ATP) 磷酸丙酮酸羧基酶(ATP)

　　　phosphoenolpyruvate carboxylase 磷酸烯醇丙酮酸羧基酶

　　　phosphoenolpyruvate caroxykinase 磷酸烯醇丙酮酸羧基激酶

作用：催化 C—C 键裂解。

反应：ATP＋草酰乙酸=ADP＋磷酸烯醇丙酮酸＋CO_2

44. 腺苷甲硫氨酸脱羧酶 （adenosylmethionine decarboxylase） EC 4. 1. 1. 50

分类名：S-adenosyl-L-methionine carboxy-lyase

　　　　S-腺苷-L-甲硫氨酸羧基裂解酶

作用：催化 C—C 键裂解。

反应：S-腺苷-L-甲硫氨酸=(5′-脱氧-5′-腺苷)(3-氨丙基)甲基锍化物(盐)＋CO_2

45. 3-羟-2-甲基吡啶-4,5-二羧酸 4-脱羧酶 （3-hydroxy-2-methyl-pyridine-4,5-dicarboxylate 4-decarboxylase） EC 4. 1. 1. 51

分类名：3-hydroxy-2-methyl-pyridine-4,5-dicarboxylate 4-carboxylyase

　　　　3-羟-2-甲基吡啶-4,5-二羧酸 4-羧基裂解酶

作用：催化 C—C 键裂解。

反应：3-羟-2-甲基吡啶-4,5-二羧酸=3-羟-2-甲基吡啶-5-羧酸＋CO_2

46. 6-甲基水杨酸脱羧酶 （6-methylsalicylate decarboxylase） EC 4. 1. 1. 52

分类名：6-methylsalicylate carboxylyase

　　　　6-甲基水杨酸羧基裂解酶

作用：催化 C—C 键裂解。

反应：6-甲基水杨酸=3-甲(苯)酚＋CO_2

47. 苯丙氨酸脱羧酶 （phenylalanine decarboxylase） EC 4. 1. 1. 53

分类名：L-phenylalanine carboxylyase

　　　　L-苯丙氨酸羧基裂解酶

作用：催化 C—C 键裂解。

反应：L-苯丙氨酸=苯乙胺＋CO_2

特异性：也作用于酪氨酸和其它芳族氨基酸。

48. 二羟延胡索酸脱羧酶（dihydroxyfumarate decarboxylase）EC 4.1.1.54

分类名：dihydroxyfumarate carboxylyase

二羟延胡索酸羧基裂解酶

作用：催化 C—C 键裂解。

反应：二羟延胡索酸＝羟基丙二酸半醛＋CO_2

49. 4,5-二羟(基)苯二酸脱羧酶（4,5-dihydroxyphthalate decarboxylase）EC 4.1.1.55

分类名：4,5-dihydroxyphthalate carboxylyase

4,5-二羟(基)苯二酸羧基裂解酶

作用：催化 C—C 键裂解。

反应：4,5-二羟(基)苯二酸＝原儿茶酸＋CO_2

50. 3-氧(代)月桂酸脱羧酶（3-oxolaurate decarboxylase）EC 4.1.1.56

分类名：3-oxolaurate carboxylyase

3-氧(代)月桂酸羧基裂解酶

作用：催化 C—C 键裂解。

反应：3-氧(代)月桂酸＝2-十一烷酮＋CO_2

特异性：也催化其它 $C_{14}\sim C_{16}$ 的 3-氧(代)酸脱羧。

51. 甲硫氨酸脱羧酶（methionine decarboxylase）EC 4.1.1.57

分类名：L-methionine carboxylyase

L-甲硫氨酸羧基裂解酶

作用：催化 C—C 键裂解。

反应：L-甲硫氨酸＝3-甲硫基丙胺＋CO_2

52. 苔色酸脱羧酶（orsellinate decarboxylase）EC 4.1.1.58

分类名：orsellinate carboxylyase

苔色酸羧基裂解酶

作用：催化 C—C 键裂解。

反应：2,4-二羟-6-甲基苯甲酸＝5-甲基间苯二酚(地农酚)＋CO_2

53. 没食子酸脱羧酶（gallate decarboxylase）EC 4.1.1.59

分类名：gallate carboxylyase

没食子酸羧基裂解酶

作用：催化 C—C 键裂解。

反应：3,4,5-三羟基苯甲酸＝邻苯三酚＋CO_2

54. 密挤青霉酸脱羧酶（stipitatonate decarboxylase）EC 4.1.1.60

分类名：stipitatonate carboxylyase(decyclizing)

密挤青霉酸羧基裂解酶(去环化)

作用：催化 C—C 键裂解。

反应：密挤青霉酸＝细柄酸＋CO_2

55. 4-羟苯甲酸脱羧酶（4-hydroxybenzoate decarboxylase）EC 4.1.1.61

分类名：4-hydroxybenzoate carboxylyase

4-羟苯甲酸羧基裂解酶

作用：催化 C—C 键裂解。

反应：4-羟苯甲酸＝酚＋CO_2

56. 龙胆酸脱羧酶（gentisate decarboxylase）EC 4.1.1.62

分类名：gentisate carboxylyase

龙胆酸羧基裂解酶

作用：催化 C—C 键裂解。

反应：2,5-二羟苯甲酸＝氢醌＋CO_2

57. 原儿茶酸脱羧酶（protocatechuate decarboxylase）EC 4.1.1.63

分类名：protocatechuate carboxylyase

原儿茶酸羧基裂解酶

作用：催化 C—C 键裂解。

反应：3,4-二羟苯甲酸＝儿茶酚＋CO_2

58. 二烷（基）氨基酸脱羧酶（丙酮酸）（dialkylaminoacid decarboxylase(pyruvate)）
EC 4.1.1.64

分类名：2,2-dialk-L-aminoacid carboxylyase(amino-transferring)

2,2-二烷（基）-L-氨基酸羧基裂解酶（转移氨基）

作用：催化 C—C 键裂解。

反应：2,2-二烷（基）-L-氨基酸＋丙酮酸＝二烷（基）酮＋CO_2＋L-丙氨酸

特异性：作用于异缬氨酸、2-氨基异丁酸和环化亮氨酸。

59. 磷脂酰丝氨酸脱羧基酶（phosphatidylserine decarboxylase）EC 4.1.1.65

分类名：phosphatidylserinew caroxylyase

磷脂酰丝氨酸羧基裂解酶

作用：催化 C—C 键裂解。

反应：磷脂酰丝氨酸＝磷脂酰乙醇胺＋CO_2

60. 尿嘧啶-5-羧酸脱羧酶（uracil-5-carboxylate decarboxylase）EC 4.1.1.66

分类名：uracil-5-carboxylate carboxylyase

尿嘧啶-5-羧酸羧基裂解酶

作用：催化 C—C 键裂解。

反应：尿嘧啶 5-羧酸＝尿嘧啶＋CO_2

61. 酮丁糖-磷酸醛缩酶（ketotetrose-phosphate aldolase）EC 4.1.2.2

分类名：erythrulose-1-phosphate formaldehydelyase

赤藓酮糖-1-磷酸甲醛裂解酶

别名：phosphoketotetrose aldolase　磷酸酮丁糠醛缩酶

erythrulose-1-phosphate synthetase　赤藓酮糖-1-磷酸合成酶

作用：催化 C—C 键裂解。

反应：赤藓酮糖-1-磷酸＝磷酸二羟丙酮＋甲醛

62. 脱氧核糖-磷酸醛缩酶（deoxyribose-phosphate aldolase）EC 4.1.2.4

分类名：2-deoxy-D-ribose-5-phosphate acetaldehydelyase

2-脱氧-D-核糖-5-磷酸乙醛裂解酶

别名：phosphodeoxyriboaldolase　磷酸脱氧核糖醛缩酶

deoxyriboaldolase　脱氧核糖醛缩酶

作用：催化 C—C 键裂解。

反应：2-脱氧-D-核糖 5-磷酸＝D-甘油醛 3-磷酸＋乙醛

63. 苏氨酸醛缩酶*（threonine aldolase）EC 4. 1. 2. 5

分类名：L-threonine acetaldehydelyase

L-苏氨酸乙醛裂解酶

作用：催化 C—C 键裂解。

反应：L-苏氨酸＝甘氨酸＋乙醛

＊是丝氨酸羟甲基转移酶（EC2. 1. 2. 1）的别名。

64. 磷酸酮酶（phosphoketolase）EC 4. 1. 2. 9

分类名：D-xylulose-5-phosphate D-glyceldehyde-3-phosphatelyase（phosphate-acetylating）

D-木酮糖-5-磷酸 D-甘油醛-3-磷酸裂解酶（磷酸乙酰化）

作用：催化 C—C 键裂解。

反应：D-木酮糖 5-磷酸＋磷酸＝乙酰磷酸＋D-甘油醛 3-磷酸＋H_2O

65. 扁桃腈裂解酶（mandelonitrile lyase）EC 4. 1. 2. 10

分类名：mandelonitrile benzaldehydelyase

扁桃腈苯甲醛裂解酶

作用：催化 C—C 键裂解。

反应：扁桃腈＝HCN＋苯甲醛

66. 羟扁桃腈裂解酶（hydroxymandelonitrile lyase）EC 4. 1. 2. 11

分类名：4-hydroxymandelonitrile hydroxybenzaldehydelyase

4-羟扁桃腈羟基苯(甲)醛裂解酶

作用：催化 C—C 键裂解。

反应：4-羟扁桃腈＝HCN＋4-羟苯(甲)醛

67. 酮泛解酸醛缩酶（ketopantoaldolase）EC 4. 1. 2. 12

分类名：2-oxopantoate formaldehydelyase

2-氧(代)泛解酸甲醛裂解酶

作用：催化 C—C 键裂解。

反应：2-氧(代)泛解酸＝2 氧(代)异戊酸＋甲醛

68. 果糖-二磷酸醛缩酶（fructose-bisphosphate aldolase）EC 4. 1. 2. 13

分类名：D-fructose-1,6-bisphosphate D-glyceraldehyde-3-phosphatelyase

D-果糖-1,6-二磷酸 D-甘油醛-3-磷酸裂解酶

别名：fructose-1,6-bisphosphate triosephosphatelyase　D-果糖-1,6 二磷酸磷酸丙糖裂解酶

zymohexase　醛醇缩合酶

aldolase　醛缩酶

作用：催化 C—C 键裂解。

反应：D-果糖 1,6-二磷酸＝磷酸二羟丙酮＋3-磷酸 D-甘油醛

特异性：也催化 1-磷酸($3S$,$4R$)- 酮糖裂解。

69. 磷酸-2-酮-3-脱氧葡萄糖酸醛缩酶（phospho-2-keto-3-deoxy-gluconate aldolase）EC 4. 1. 2. 14

分类名：6-phospho-2-keto-3-deoxy-D-gluconate D-glyceral-dehyde-3-phosphatelyase

　　　　6-磷酸-2-酮-3-脱氧-D-葡糖酸 D-甘油醛-3-磷酸裂解酶

作用：催化 C—C 键裂解。

反应：6-磷酸-2-酮-3-脱氧-D-葡糖酸═丙酮酸＋D-甘油醛 3-磷酸

特异性：也作用于氧(代)丁酸。

70. 磷酸-2-酮-3-脱氧-庚糖酸醛缩酶（phospho-2-keto-3-deoxy-heptonate aldolase）EC 4. 1. 2. 15

分类名：7-phospho-2-keto-3-deoxy-D-arabinoheptonate D-erythrose-4-phosphatelyase

　　　　(pyruvate-phosphorylating)

　　　　7-磷酸-2-酮-3-脱氧-D-Arabino 庚糖酸 D-赤藓糖-4-磷酸裂解酶(丙酮酸磷化)

别名：DHAP synthase　DHAP 合酶

　　　KDHP synthetase　KDHP 合成酶

作用：催化 C—C 键裂解。

反应：7-磷酸-2-酮-3-脱氧-D-Arabino 庚糖酸＋磷酸═磷酸烯醇丙酮酸＋D-赤藓糖-4-磷酸＋H_2O

71. 磷酸-2-酮-3-脱氧辛糖酸醛缩酶（phospho-2-keto-3-deoxy-octonate aldolase）EC 4. 1. 2. 16

分类名：8-phospho-2-keto-3-deoxy-D-octonate D-arabinose-5-phosphatelyase(pyruvate-

　　　　phosphorylating)

　　　　8-磷酸-2-酮-3-脱氧-D-辛糖酸-D-阿拉伯糖-5-磷酸-裂解酶(丙酮磷酸化)

作用：催化 C—C 键裂解。

反应：8-磷酸-2-酮-3-脱氧-D-辛糖酸＋磷酸═磷酸烯醇丙酮酸＋D-阿拉伯糖 5-磷酸＋H_2O

72. 磷酸 L-岩藻酮糖醛缩酶（L-fuculosephosphate aldolase）EC 4. 1. 2. 17

分类名：L-fuculose-1-phosphate L-lactaldehydelyase

　　　　L-岩藻酮糖-1-磷酸 L-乳醛裂解酶

作用：催化 C—C 键裂解。

反应：L-岩藻酮糖＋1-磷酸═磷酸二羟丙酮＋L-乳醛

73. 2-酮-3-脱氧-L-戊糖酸醛缩酶（2-keto-3-deoxy-L-pentonate aldolase）EC 4. 1. 2. 18

分类名：2-keto-3-deoxy-L-pentonate glycolladehydelyase

　　　　2-酮-3-脱氧-L-戊糖酸羟乙醛裂解酶

别名：2-keto-3-deoxy-L-arabonate aldolase　2-酮-3-脱氧-L-阿拉伯糖酸醛缩酶

作用：催化 C—C 键裂解。

反应：2-酮-3-脱氧-L-戊糖酸═丙酮酸＋羟乙醛

74. 磷酸鼠李酮糖醛缩酶（rhamnulosephosphate aldolase）EC 4. 1. 2. 19

分类名：L-rhamnulose-1-phosphate L-lactaldehydelyase

　　　　L-鼠李酮糖-1-磷酸 L-乳醛裂解酶

作用：催化 C—C 键裂解。

反应：1-磷酸 L-鼠李酮糖━磷酸二羟丙酮＋L-乳醛

75. 2-酮-3-脱氧-D-葡糖二酸醛缩酶 （2-keto-3-deoxy-D-glucarate aldolase） EC 4.1.2.20

分类名：2-keto-3-deoxy-D-glucarate tartronate-semialdehydelyase

2-酮-3-脱氧-D-葡糖二酸羟基丙二酸-半醛裂解酶

作用：催化 C—C 键裂解。

反应：2-酮-3-脱氧-D-葡糖二酸━丙酮酸＋羟基丙二酸半醛

76. 6-磷酸-2-酮-3-脱氧-半乳糖酸醛缩酶 （6-phospho-2-keto-3-deoxy-galactonate aldolase） EC 4.1.2.21

分类名：2-keto-3-deoxy-D-galactonae-6-phosphate D-glyceraldehyde-3-phosphatelyase

2-酮-3-脱氧-D-半乳糖酸-6-磷酸 D-甘油醛-3-磷酸裂解酶

作用：催化 C—C 键裂解。

反应：2-酮-3-脱氧-D-半乳糖酸-6-磷酸━丙酮酸＋D-甘油醛 3-磷酸

77. 果糖-6-磷酸磷酸酮酶 （fructose-6-phosphate phosphoketolase） EC 4.1.2.22

分类名：D-fructose-6-phosphate D-erythrose-4-phospatelyase(phosphate-acetylating)

D-果糖-6-磷酸 D-赤藓糖-4-磷酸裂解酶（磷酸乙酰化）

作用：催化 C—C 键裂解。

反应：6-磷酸 D-果糖＋磷酸━乙酰磷酸＋4-磷酸 D-赤藓糖＋H_2O

特异性：也催化 5-磷酸 D-木酮糖的 C—C 键裂解，生成乙酰磷酸。

78. 3-脱氧-D-manno-辛酮糖酸醛缩酶 （3-deoxy-D-manno-octulosonate aldolase） EC 4.1.2.23

分类名：3-deoxy-D-manno-octulosonate D-arabinoselyase

3-脱氧-D-monno-辛酮糖酸-D-阿拉伯糖裂解酶

作用：催化 C—C 键裂解。

反应：3-脱氧-D-manno-辛酮糖酸━丙酮酸＋D-阿拉伯糖

79. 二甲(基)苯胺-N-氧化物醛缩酶 （dimethylaniline-N-oxide aldolase） EC 4.1.2.24

分类名：N,N-dimethylaniline-N-xide formaldehydelyase

N,N-二甲(基)苯胺-N-氧化物甲醛裂解酶

作用：催化 C—C 键裂解。

反应：N,N-二甲(基)苯胺-N-氧化物━N-甲(基)苯胺＋甲醛

特异性：催化各种 N,N-二烷（基）芳基酰胺。

80. 二氢新蝶呤醛缩酶 （dihydroneopterin aldolase） EC 4.1.2.25

分类名：2-amino-4-hydroxy-6-(D-erythro-1′,2′,3′-trihydroxypropyl)-7,8-dihydrop-teridineglycoladhydelyase

2-氨(基)-4-羟(基)-6-(D-erythro-1′,2′,3′-三羟丙基)-7,8-二氢蝶啶羟乙醛裂解酶

作用：催化 C—C 键裂解。

反应：2-氨(基)-4-羟(基)-6-(D-erythro-1′,2′,3′-三羟丙基)-7,8-二氢蝶啶━2-氨(基)-4-羟(基)-6-羟甲(基)-7,8-二氢蝶啶＋羟乙醛

81. 苯丝氨酸醛缩酶 （phenylserine aldolase） EC 4.1.2.26

分类名：L-threo-3-phenylserine benzaldehydelyase

L-*thero*-3-苯丝氨酸苯甲醛裂解酶

作用：催化 C—C 键裂解。

反应：L-*thero*-3-苯丝氨酸══甘氨酸＋苯甲醛

82. 二氢(神经)鞘氨醇-1-磷酸醛缩酶 （dihydrosphingosine-l-phosphate aldolase）

EC 4. 1. 2. 27

分类名：dihydrosphingosine-l-phosphate palmitaldehydelyase

二氢(神经)鞘氨醇-1-磷酸棕榈醛裂解酶

作用：催化 C—C 键裂解。

反应：二氢(神经)鞘氨醇-1-磷酸══磷酸乙醇胺＋棕榈醛

83. 2-酮-3-脱氧-D-戊糖酸醛缩酶 （2-keto-3-deoxy-D-pentonate aldolase） EC 4. 1. 2. 28

分类名：2-keto-3-deoxy-D-pentonate glycollaldehydelyase

2-酮-3-脱氧-D-戊糖酸羟乙醛裂解酶

作用：催化 C—C 键裂解。

反应：2-酮-3-脱氧-D-戊糖酸══丙酮酸＋羟乙醛

84. 磷酸-5-酮-2-脱氧葡萄糖酸醛缩酶 （phospho-5-keto-2-deoxy-gluconate aldolase）

EC 4. 1. 2. 29

分类名：6-phospho-5-keto-2-deoxy-D-gluconate malonate-semialdehydelyase

6-磷酸-5-酮-2-脱氧-D-葡萄糖酸丙二酸-半醛裂解酶

作用：催化 C—C 键裂解。

反应：6-磷酸-5-酮-2-脱氧-D-葡萄糖酸══磷酸二羟丙酮＋丙二酸半醛

85. 17α-羟黄体酮醛缩酶 （17α-hydroxyprogesterone aldolase） EC 4. 1. 2. 30

分类名：17α-hydroxyprogesterone acetaldehydelyase

17α-羟黄体酮乙醛裂解酶

作用：催化 C—C 键裂解。

反应：17α-羟黄体酮══4-雄(甾)烯-3,17-二酮＋乙醛

86. 2-氧(代)-4-羟戊二酸醛缩酶 （2-*oxo*-4-hydroxyglutarate aldolase） EC 4. 1. 2. 31

分类名：2-*oxo*-4-hydroxyglutarate glyoxylatelyase

2-氧(代)-4-羟戊二酸乙醛酸裂解酶

作用：催化 C—C 键裂解。

反应：2-氧(代)-4-羧戊二酸══丙酮酸＋乙醛酸

特异性：也作用于其它羟基酮酸，包括 2-酮-4-羟丁酸，但反应较慢。

87. 三甲胺-氧化物醛缩酶 （trimethylamine-oxide aldolase） EC 4. 1. 2. 32

分类名：trimethylamine-*N*-oxide formaldehydelyase

三甲胺-*N*-氧化物甲醛裂解酶

作用：催化 C—C 键裂解。

反应：$(CH_3)_3NO$══$(CH_3)_2NH$＋甲醛

88. 异柠檬酸裂解酶 （isocitrate lyase） EC 4. 1. 3. 1

分类名：*threo-ds*-isocitrate glyoxylatelyase

threo-ds-异柠檬酸乙醛酸裂解酶

别名：isocitrase　异柠檬酸酶

isocitritrase　异柠檬酸酶

isocitrase　异柠檬酸酶

作用：催化 C—C 键裂解。

反应：*threo-ds*-异柠檬酸═琥珀酸＋乙醛酸

89. 苹果酸合酶 （malate synthase） EC 4. 1. 3. 2

分类名：L-malate glyoxylate-lyase(CoA-acetylating)

L-苹果酸乙醛酸裂解酶（辅酶 A 乙酰化）

别名：malate condensing enzyme　苹果酸缩合酶

glyoxylate transacetylase　乙醛酸转乙酰基酶

malate synthetase　苹果酸合成酶

作用：催化 C—C 键裂解。

反应：L-苹果酸＋辅酶 A ═乙酰-辅酶 A＋H_2O＋乙醛酸

90. N-乙酰神经氨(糖)酸裂解酶 （N-acetylneuraminate lyase） EC 4. 1. 3. 3

分类名：*N*-acetylneuraminate pyruvatelyase

N-乙酰神经氨(糖)酸丙酮酸裂解酶

别名：*N*-acetylneuaminic acid aldolase

N-乙酰神经氨(糖)酸醛缩酶

作用：催化 C—C 键裂解。

反应：*N*-乙酰神经氨(糖)酸═2-乙酰氨基-2-脱氧-D-甘露糖＋丙酮酸

特异性：也作用于 *N*-羟乙酰神经氨 （糖） 酸。

91. 羟甲基戊二酰-辅酶 A 裂解酶 （hydroxymethylglutaryl-CoA lyase） EC 4. 1. 3. 4

分类名：3-hydroxy-3-methylglutaryl-CoA acetoacetatelyase

3-羟-3-甲基戊二酰-辅酶 A 乙酰乙酸裂解酶

作用：催化 C—C 键裂解。

反应：3-羟-3-甲基戊二酰-辅酶 A ═乙酰-辅酶 A＋乙酰乙酸

92. 羟甲基戊二酰-辅酶 A 合酶 （hydroxymethylglutaryl-CoA synthase） EC 4. 1. 3. 5

分类名：3-hydroxy-3-methylglutaryl-CoA acetoacetyl-CoA-lyase(CoA-acetylating)

3-羟-3-甲基戊二酰-辅酶 A 乙酰乙酰-辅酶 A 裂解酶（辅酶 A 乙酰化）

作用：催化 C—C 键裂解。

反应：3-羟-3-甲基戊二酰-辅酶 A＋辅酶 A ═乙酰-辅酶 A＋H_2O＋乙酰乙酸-辅酶 A

93. 柠檬酸(*pro-3S*)-裂解酶 （citrate(*pro-3S*)lyase） EC 4. 1. 3. 6

分类名：citrate oxaloacetate-lyase(*pro*-3S-CH_2COO→acetate)

柠檬酸草酰乙酸-裂解酶(*pro*-3S-CH_2COO→乙酸)

别名：citrase　柠檬酸酶

citratase　柠檬酸酶

citritase　柠檬酸酶

citridesmolase　柠檬酸碳链（裂解）酶

citrate aldolase　柠檬酸醛缩酶

作用：催化柠檬酸裂解。

反应：柠檬酸＝乙酸＋草酰乙酸

94. 柠檬酸(SI)-合酶（citrate(SI)-synthase）EC 4.1.3.7

分类名：citrate oxaloacetatelyase(pro-3R-CH$_2$COO$^-$→acety-CoA)

柠檬酸草酰乙酸裂解酶

别名：condensing enzyme 缩合酶

citrate condensing enzyme 柠檬酸缩合酶

cilrogenase 柠檬酸合酶

oxaloacetate transacetase 草酰乙酸转乙酰基酶

作用：催化 C—C 键裂解。

反应：柠檬酸＋辅酶 A ＝乙酰-辅酶 A＋H$_2$O＋草酰乙酸

95. ATP 柠檬酸（pro-3S)-裂解酶（ATP citrate(pro-3S)lyase）EC 4.1.3.8

分类名：ATP:citrate oxaloacetatelyase(pro-3S-CH$_2$COO$^-$→acetyl-CoA;ATP-dephos-phorylating)

ATP：柠檬酸草酰乙酸-裂解酶(pro-3S-CH$_2$COO$^-$乙酰-辅酶 A;ATP-去磷酸化)

别名：citrate cleavage enzyme 柠檬酸裂解酶

作用：催化 C—C 键裂解。

反应：ATP＋柠檬酸＋辅酶 A ＝ADP＋磷酸＋乙酰-辅酶 A＋草酰乙酸

96. 2-羟戊二酸合酶（2-hydroxyglutarate synthase）EC 4.1.3.9

分类名：2-hydroxyglutarate glyoxylatelyase(CoA-propionylating)

2-羟戊二酸乙醛酸裂解酶(辅酶 A-丙酰化)

作用：催化 C—C 键裂解。

反应：2-羟戊二酸＋辅酶 A ＝丙酰-辅酶 A＋H$_2$O＋乙醛酸

97. 2-乙基苹果酸合酶（2-ethylmalate synthase）EC 4.1.3.10

分类名：2-ethylmalate glyoxylatelyase(CoA-butyrylating)

2-乙基苹果酸乙醛酸裂解酶(辅酶 A-丁酰化)

作用：催化 C—C 键裂解。

反应：2-乙基苹果酸＋辅酶 A ＝丁酰-辅酶 A＋H$_2$O＋乙醛酸

特异性：也作用于 2-正丙基苹果酸。

98. 3-丙基苹果酸合酶（3-propylmalate synthase）EC 4.1.3.11

分类名：3-propylmalate glyoxylatelyase(CoA-valerylating)

3-丙基苹果酸乙醛酸裂解酶(辅酶 A 戊酰化)

作用：催化 C—C 键裂解。

反应：3-丙基苹果酸＋辅酶 A ＝戊酰-辅酶 A＋H$_2$O＋乙醛酸

99. 2-异丙基苹果酸合酶（2- isopropylmalate synthase）EC 4.1.3.12

分类名：3-hydroxy-4-methyl-3-carboxyvalerate 2-oxo-3-methylbutyratelyase（CoA-acetylating)

3-羟-4-甲基-3-羧基戊酸 2-氧(代)-3-甲基丁酸裂解酶(辅酶 A-乙酰化)

作用：催化 C—C 键裂解。

反应*：3-羟-4-甲基-3-羧基戊酸＋辅酶 A ══乙酰-辅酶 A＋2-氧(代)-3-甲基丁酸＋H_2O

* 需要 K^+ 参与反应。

100. 草酰苹果酸裂解酶 （oxalomalate lyase） EC 4.1.3.13

分类名：3-oxalomalate glyoxylatelyase

3-草酰苹果酸乙醛酸裂解酶

作用：催化 C—C 键裂解。

反应：3-草酰苹果酸══草酸乙酸＋乙醛酸

101. 3-羟天冬氨酸醛缩酶 （3-hydroxyaspartate aldolase） EC 4.1.3.14

分类名：erythro-3-hydroxy-*LS*-aspartate glyoxylatelyase

苏-3-羟-*LS*-天冬氨酸乙醛酸裂解酶

作用：催化 C—C 键的裂解。

反应：苏-3-羟-*LS*-天冬氨酸══甘氨酸＋乙醛酸

102. 2-羟-3-氧(代)己二酸羧解酶 （2-hydroxy-3-oxoadipate carboxylase） EC 4.1.3.15

分类名：2-hydroxy-3-oxoadipate glyoxylatelyase(carboxylating)

2-羟-3-氧(代)己二酸乙醛酸裂解酶(羧化)

作用：催化 C—C 键裂解。

反应：2-羟-3-氧(代)己二酸＋CO_2══2-酮戊二酸＋乙醛酸

特异性：细菌来源的酶需要硫胺素二磷酸，乙醛可替代乙醛酸参与反应。

103. 4-羟-2-酮戊二酸醛缩酶 （4-hydroxy-2-oxoglutarate aldolase） EC 4.1.3.16

分类名：4-hydroxy-2-oxoglutarate glyoxylatelyase

4-羟-2-酮戊二酸乙醛酸裂解酶

作用：催化 C—C 键裂解。

反应：4-羟-2-酮戊二酸══丙酮酸＋乙醛酸

特异性：由大肠杆菌提取的酶专一地作用于 L-构型基质，由肝提取的酶对两种立体异构体都有催化作用。

104. 4-羟-4-甲基-2-酮戊二酸醛缩酶 （4-hydroxy-4-methyl-2-oxoglutarate aldolase） EC 4.1.3.17

分类名：4-hydroxy-4-methyl-2-oxoglutarate pyruatelyase

4-羟-4-甲基-2-酮戊二酸丙酮酸裂解酶

作用：催化 C—C 键裂解。

反应：4-羟-4-甲基-7-酮戊二酸══2 丙酮酸

特异性：也作用于 4-羟-4-甲基-7-氧(代)己二酸。

105. 乙酰乳酸合酶 （acetolactate synthase） EC 4.1.3.18

分类名：acetolactate pyruvatelyase(carboxylating)

乙酰乳酸丙酮酸裂解酶(羧化)

作用：催化 C—C 键裂解。

反应：2-乙酰乳酸＋CO_2══2 丙酮酸

特异性：本酶是一种黄素蛋白，需要有硫胺素二磷酸存在；也催化形成 2-乙酰基-2-羟丁酸。

106. N-乙酰神经氨(糖)酸合酶 (N-acetylneuraminate synthase) EC 4. 1. 3. 19

分类名：N-acetylneuraminate pyruvate-lyase(pyruvate phosphorylating)

N-乙酰神经氨(糖)酸丙酮酸裂解酶(丙酮酸磷酸化)

作用：催化 C—C 键裂解。

反应：N-乙酰神经氨(糖)酸＋磷酸══2-乙酰氨基-2-脱氧-D-甘露糖＋磷酸烯醇丙酮酸＋H_2O

107. N-酰基神经氨(糖)酸-9-磷酸合酶 (N-acylneuraminate-9-phosphate synthase)
EC 4. 1. 3. 20

分类名：N-acylneuraminate-9-phosphate pyruate-lyase(pyruvate-phosphorylating)

N-酰基神经氨(糖)酸-9-磷酸丙酮酸裂解酶(丙酮酸磷酸化)

作用：催化 C—C 键裂解。

反应：N-酰基神经氨(糖)酸 9-磷酸＋磷酸══2-乙酰氨基-2-脱氧-D-甘露糖 6-磷酸＋磷酸烯醇丙酮酸＋H_2O

特异性：作用于 N-羟乙酰衍生物和 N-乙酰衍生物。

108. 高柠檬酸合酶 (homocitrate synthase) EC 4. 1. 3. 21

分类名：3-hydroxy-3-carboxyadipate 2-oxoglutarate-lyase(CoA-acetylating)

3-羟基-3-羧基己二酸 2-酮戊二酸裂解酶(辅酶 A-乙酰化)

作用：催化 C—C 键裂解。

反应：3-羟基-3-羧基己二酸＋辅酶 A══乙酰-辅酶 A＋H_2O＋2-酮戊二酸

109. 柠苹酸裂解酶 (citramalate lyase) EC 4. 1. 3. 22

分类名：citramalate pyruvatelyase

柠苹酸丙酮酸裂解酶

作用：催化 C—C 键裂解。

反应：柠苹酸══乙酸＋丙酮酸

110. 癸(基)柠檬酸合酶 (dcylcitrate synthase) EC 4. 1. 3. 23

分类名：3,4-dicarboxy-3-hydroxytetradecanoate oxaloacetatelyase(CoA-acylating)

3,4-二羧(基)-3-羟(基)十四(烷)酸草酰乙酸裂解酶(辅酶 A-酰化)

作用：催化 C—C 键裂解。

反应：(—)-二羧(基)-3-羟(基)十四(烷)酸＋辅酶 A══月桂酰-辅酶 A＋H_2O＋草酰乙酸

111. 苹果酰-辅酶 A 裂解酶 (malyl-CoA lyase) EC 4. 1. 3. 24

分类名：malyl-CoA glyoxylate-lyase

苹果酰-辅酶 A 乙醛酸裂解酶

作用：催化 C—C 键裂解。

反应：苹果酰-辅酶 A══乙酰-辅酶 A＋乙醛酸

112. 柠苹酰-辅酶 A 裂解酶 (citramalyl-辅酶 A lyase) EC 4. 1. 3. 25

分类名：citramaly-CoA pyruvatelyase

柠苹酰-辅酶 A 丙酮酸裂解酶

作用：催化 C—C 键裂解。

反应：柠苹酰-辅酶 A ══乙酰-辅酶 A＋丙酮酸

113. 3-羟-3-异己烯(基)戊二酰-辅酶 A 裂解酶 (3-hydroxy-3-isohexenylglutary1-CoA lyase) EC 4.1.3.26

分类名：3-hydroxy-3-isohex-3-enylglutaryl-CoA isopentenylacetoacetyl-CoA-lyase

3-羟-3-异己-3-烯(基)戊二酰-辅酶 A 异戊烯(基)乙酰-辅酶 A-裂解酶

作用：催化 C—C 键裂解。

反应：3-烃-3-异己-3-烯(基)戊二酰-辅酶 A ══异戊-2-烯(基)2-乙酰乙酰-辅酶 A＋乙酸

特异性：也作用于法呢酰-辅酶 A 的羟基衍生物。

114. 邻氨基苯甲酸合酶 (anthranilate synthase) EC 4.1.3.27

分类名：chrismate pyruvatelyase(amino-accepting)

分支酸丙酮酸-裂解酶(接受氨基)

作用：催化 C—C 键的裂解。

反应：分支酸＋L-谷氨酰胺══邻氨基苯甲酸＋丙酮酸＋L-谷氨酸

特异性：天然的酶与邻氨基苯甲酸磷酸核糖(基)转移酶结合为一种复合物,存在于肠部细菌中;这种复合物(酶)可以利用谷氨酰胺,或(效率较低地)利用 NH_3 起催化作用;但由这种复合物(酶)分离出来的本酶只能利用 NH_3 起催化作用。

115. 柠檬酸(RE)合酶 (citrate(RE)-synthase) EC 4.1.3.28

分类名：citrate oxaloamcetate-lyase(pro-3R-CH_2COO→Acety-CoA)

柠檬酸草酰乙酸-裂解酶(pro-3R-CH_2COO→乙酰-辅酶 A)

作用：催化 C—C 键裂解。

反应：柠檬酸＋辅酶 A ══乙酰-辅酶 A＋H_2O＋草酰乙酸

116. 癸(基)高柠檬酸合酶 (decylhomocitrate synthase) EC 4.1.3.29

分类名：4,5-dicarboxy-4-hydroxypentadecanoate 2-oxoglutarate-lyase(CoA-acylating)

4,5-二羧(基)-4-羟(基)十五(烷)酸 2-酮戊二酸-裂解酶(辅酶 A-酰化)

作用：催化 C—C 键裂解。

反应：4,5-二羧(基)-4-羟(基)十五(烷)酸＋辅酶 A ══月桂酰-辅酶 A＋H_2O＋2-酮戊二酸

特异性：在逆反应时癸酰-辅酶 A 可以替代月桂酰-辅酶 A 起作用,但不能用草酰乙酸或丙酮酸替代 2-酮戊二酸。

117. 甲基异柠檬酸裂解酶 (methylisocitrate lyase) EC 4.1.3.30

分类名：$threo$-DS-2-methylisocitrate pyruvatelyase

$threo$-DS-2-甲基异柠檬酸丙酮酸裂解酶

作用：催化 C—C 键裂解。

反应：$threo$-DS-2-甲基异柠檬酸══丙酮酸＋琥珀酸

特异性：本酶不作用于 $threo$-DS-异柠檬酸、$threo$-DL-异柠檬酸或 $threo$-L-异柠檬酸。

118. 甲基柠檬酸合酶 (methylcitrate synthase) EC 4.1.3.31

分类名：methylcitrate oxaloacetate-lyase

甲基柠檬酸草酰乙酸裂解酶

作用：催化 C—C 键裂解。

反应：2-甲基柠檬酸＋辅酶 A ═丙酰-辅酶 A＋H_2O＋草酰乙酸

特异性：本酶作用于乙酰-辅酶 A、丙酰-辅酶 A、丁酰-辅酶 A 和戊酰-辅酶 A；乙酰-辅酶 A 与草酰乙酸缩合的反应速率较丙酰-辅酶 A 与草酰乙酸缩合的反应速率快，前者是后者的 140%。反应式中的草酰乙酸不能被乙醛酸、丙酮酸或 2-酮戊二酸替代。

119. 色氨酸酶（tryptophanase[*]）EC 4. 1. 99. 1

分类名：L-tryptophan indole-lyase(deaminating)

L-色氨酸吲哚-裂解酶(脱氨)

作用：催化 C—C 键裂解。

反应：L-色氨酸＋H_2O═吲哚＋丙酮酸＋NH_3

特异性：也催化一些被吲哚取代的 L-半胱氨酸、L-丝氨酸和它 3-取代氨基酸的色氨酸类似物发生 2,3-消去反应和 β-置换反应。

[*] 是色氨酸 2,3-双（加）氧酶（EC1. 13. 11）的别名。

120. 酪氨酸酚-裂解酶（tyrosine phenollyase）EC 4. 1. 99. 2

分类名：L-tyrosine phenollyase（deaminating）

L-酪氨酸酚裂解酶（脱氨）

别名：β-tyrosinase　β-酪氨酸酶

作用：催化 C—C 键裂解。

反应：L-酪氨酸＋H_2O═酚＋丙酮酸＋NH_3

特异性：也催化 D-酪氨酸、5-甲基-L-半胱氨酸、L-半胱氨酸、L-丝氨酸和 D-丝氨酸裂解生成丙酮酸，但作用较慢。

121. 脱氧核糖二嘧啶光裂合酶（deoxyribodipyrimidine photolyase）EC 4. 1. 99. 3

分类名：deoxyribocyclobutadipyrimidine pyrimidinelyase

脱氧核糖环丁二嘧啶嘧啶裂解醇

别名：photoreativating enzyme　光复活酶

PR-enzyme　PR-酶

作用：催化 C—C 键裂解。

反应[*]：环丁二嘧啶(在 DNA 中)═2 嘧啶残基(在 DNA 中)

[*] 酶的催化作用系由光照射在 DNA 上所引起。

第二节　催化　C—O 键裂解的裂合酶

1. 碳酸脱水酶（carbonate dehydratase）EC 4. 2. 1. 1

分类名：carbonate hydrolyase

碳酸水裂解酶

别名：carbonic dehydrase　碳酸酐酶

作用：催化 C—O 键裂解。

反应：H_2CO_3（或 $H^+＋HCO_3^-$）═CO_2＋H_2O

2. 延胡索酸水合酶（fumarate hydratase）EC 4. 2. 1. 2

分类名：L-malate hydrolyase

苹果酸水-裂解酶

别名：fumarase　延胡索酸酶

作用：催化 C—C 键裂解。

反应：L-苹果酸═延胡索酸＋H_2O

3. 柠檬酸脱水酶 （citrate dehydratase） EC 4.2.1.4

分类名：citrate hydrolyase

柠檬酸水-裂解酶

作用：催化 C—O 键裂解。

反应：柠檬酸═顺马头酸＋H_2O

特异性：不催化异柠檬酸脱水。

4. 阿拉伯糖酸脱水酶 （arabinonate dehydratase） EC 4.2.1.5

分类名：D-arabinonate hydrolyase

D-阿拉伯糖酸水裂解酶

作用：催化 C—O 键裂解。

反应：D-阿拉伯糖酸═2-酮-3-脱氧-D-阿拉伯糖酸＋H_2O

5. 半乳糖酸脱水酶 （galactonate dehydratase） EC 4.2.1.6

分类名：D-galactonate hydrolyase

D-半乳糖酸水-裂解酶

作用：催化 C—O 键裂解。

反应：D-半乳糖酸═2-酮-3-脱氧-D-半乳糖酸＋H_2O

6. 阿卓糖酸脱水酶 （altronate dehydratase） EC 4.2.1.7

分类名：D-altonate hydrolyase

D-阿卓糖酸水-裂解酶

作用：催化 C—O 键的裂解。

反应：D-阿卓糖酸═2-酮-3-脱氧-D-葡糖酸＋H_2O

7. 甘露糖酸脱水酶 （mannonate dehydratase） EC 4.2.1.8

分类名：D-mannonate hydrolyase

D-甘露糖酸水-裂解酶

作用：催化 C—O 键裂解。

反应：D-甘露糖酸═2-酮-3-脱氧-D-葡糖酸＋H_2O

8. 二羟酸脱水酶 （dihydroxyacid dehydratase） EC 4.2.1.9

分类名：2,3-dihydroxyacid hydrolyase

2,3-二羟酸水-裂解酶

作用：催化 C—O 键裂解。

反应：2,3-二羟(基)异戊酸═2-氧(代)异戊酸＋H_2O

9. 3-脱氢奎尼酸脱水酶 （3-dehydroquinate dehydratase） EC 4.2.1.10

分类名：3-dehydroquinate hydrolyase

3-脱氢奎尼酸水-裂解酶

作用：催化 C—O 键裂解。

反应：3-脱氢奎尼酸＝3-脱氢莽草酸＋H_2O

10. 烯醇酶（enolase）EC 4. 2. 1. 1l

分类名：2-phospho-D-glycerate hydrolase

2-磷酸-D-甘油酸水解酶

别名：phosphopyruvate hydratase 磷酸丙酮酸水化酶

2-phosphoglycerate dehydratase 2-磷酸甘油酸脱水酶

作用：催化 C—O 键裂解（磷酸甘油脱水）。

反应：2-磷酸-D-甘油酸＝磷酸烯醇丙酮酸＋H_2O

特异性：也催化 3-磷酸-D-赤酮酸脱水。

11. 磷酸葡糖酸脱水酶（phosphogluconate dehydratase）EC 4. 2. 1. 12

分类名：6-phospho-D-gluconate hydrolyase

6-磷酸-D-葡糖酸水-裂解酶

作用：催化 C—O 键裂解。

反应：6-磷酸-D-葡糖酸＝6-磷酸-2-酮-3-脱氧-D-葡糖酸＋H_2O

12. L-丝氨酸脱水酶[*]（L-serine dehydratase）EC 4. 2. 1. 13

分类名：L-serine hydrolyase(deaminating)

L-丝氨酸水-裂解酶(脱氨)

别名：serine deaminase 丝氨酸脱氨酶

L-hydroxyaminoacid dehydratase L-羟氨基酸脱水酶

作用：催化 C—O 键裂解。

反应：L-丝氨酸＋H_2O＝丙酮酸＋NH_3＋H_2O

[*] 是苏氨酸脱水酶（EC 4.2.1.16）的别名。

13. D-丝氨酸脱水酶（D-serine dehydratase）EC 4. 2. 1. 14

分类名：D-serine hydrolyase(deaminating)

D-丝氨酸水-裂解酶(脱氨)

别名：D-hydroxyaminoacid dehydratase D-羟氨基酸脱水酶

作用：催化 C—O 键裂解。

反应：D-丝氨酸＋H_2O＝丙酮酸＋NH_3＋H_2O

特异性：也作用于 D-苏氨酸，但反应较慢。

14. 苏氨酸脱水酶（threonine dehydratase）EC 4. 2. 1. 16

分类名：L-threonine hydrolyase(deaminating)

L-苏氨酸水-裂解酶(脱氨)

别名：threonine deaminase 苏氨酸脱氨(基)酶

L-serine dehydratase L-丝氨酸脱水酶

serine deaminase 丝氨酸脱氨(基)酶

作用：催化 C—O 键裂解。

反应：L-苏氨酸＋H_2O＝2-氧(代)丁酸＋NH_3＋H_2O

特异性：有些来源的酶也作用于 L-丝氨酸。

15. 烯酰(基)-辅酶 A 水化酶（enoyl-CoA hydratase）EC 4. 2. 1. 17

分类名：L-3-hydroxyacyl-CoA hydrolyase

L-3-羟酰(基)-辅酶 A 水-裂解酶

别名：crotonase　巴豆酸酶

enoyl hydrase　烯酰(基)水化酶

unsaturated acyl-CoA hydratase　不饱和酰基-辅酶 A 水化酶

作用：催化 C—O 键裂解。

反应：L-3-羟酰(基)辅酶 A $\Longrightarrow$ 2,3-(或 3,4-)反(式)烯酰(基)-辅酶 A+H_2O

特异性：在逆反应时也催化顺（式）化合物反应，生成 D-3-羟酰（基）辅酶 A。

16. 甲基戊烯二酸单酰-辅酶 A 水化酶 (methylglutaconyl-CoA hydratase) EC 4.2.1.18

分类名：3-hydroxy-3-methylgutaryl-CoA hydrolyase

3-羟-3-甲基戊二酸单酰-辅酶 A 水-裂解酶

作用：催化 C—O 键裂解。

反应：3-羟-3-甲基戊二酸单酰-辅酶 A $\Longrightarrow$ 反-3-甲基戊烯二酸单酰-辅酶 A+H_2O

17. 咪唑甘油磷酸脱水酶 (imidazoleglycerol-phosphate dehydratase) EC 4.2.1.19

分类名：D-erythro-imidazoleglycero-phosphte hydrolyase

D-erythro-咪唑甘油磷酸水-裂解酶

作用：催化 C—O 键裂解。

反应：D-erythro -咪唑甘油磷酸 $\Longrightarrow$ 咪唑丙酮醇磷酸+H_2O

18. 色氨酸合酶 (tryptophan synthase) EC 4.2.1.20

分类名：L-serine hydrolyase(adding indoleglycerol-phosphate)

L-丝氨酸水-裂解酶(加吲哚甘油-磷酸)

别名：tryptophan desmolase　色氨酸碳链(裂解)酶

作用：催化 C—O 键裂解。

反应：L-丝氨酸+磷酸吲哚甘油 $\Longrightarrow$ L-色氨酸+磷酸甘油醛

特异性：也催化丝氨酸+吲哚 $\Longrightarrow$ 色氨酸+H_2O 和磷酸吲哚甘油 $\Longrightarrow$ 吲哚+磷酸甘油醛的逆反应。

19. 胱硫醚 β 合酶 (cystathionine β-synthase) EC 4.2.1.22

分类名：L-serine hydrolyase(adding homocysteine)

L-丝氨酸水-裂解酶(加高半胱氨酸)

别名：serine sulphhydrase　丝氨酸巯基酶

β-thionase　β-硫醚酶

methylcysteine synthase　甲基半胱氨酸合酶

作用：催化 C—O 键裂解。

反应：L-丝氨酸+L-高半胱氨酸 $\Longrightarrow$ 胱硫醚+H_2O

特异性：本酶为一种多功能酶蛋白；也催化 L-丝氨酸、L-半胱氨酸半胱氨酸硫醚（或一些其它 β-取代基取代的 α-氨基酸）与各种硫醇之间的置换反应。

20. 胆色素原合酶 (porphobilinogen synthase) EC 4.2.1.24

分类名：5-aminolaevulinate hydrolyase(adding 5-aminolaevulinate and cyclizing)

5-氨基乙酰丙酸水-裂解酶(5-氨基乙酰丙酸加成与环化)

别名：aminolaevulinate dehydratase　氨基乙酰丙酸脱水酶

作用：催化 C—O 键裂解。

反应：2,5-氨基乙酰丙酸＝胆色素原＋$2H_2O$

21. 阿拉伯糖酸脱水酶（L-arabinonate dehydratase）EC 4. 2. 1. 25

分类名：L-atobinonatehydrolyase

L-阿拉伯糖酸水裂解酶

作用：催化 C—O 键的裂解。

反应：L-阿拉伯糖酸＝2-酮-3-脱氧-L-阿拉伯糖酸＋H_2O

22. 氨基脱氧葡糖酸脱水酶（aminodeoxygluconate dehydratase）EC 4. 2. 1. 26

分类名：2-amino-2-deoxy-D-gluconate hydrolyase(deaminating)

2-氨基-2-脱氧-D-葡糖酸水-裂解酶(脱氨)

作用：催化 C—O 键的裂解。

反应：2-氨基-2-脱氧-D-葡糖酸＋H_2O＝2-酮-3-脱氧-D-葡糖酸＋NH_3＋H_2O

23. 丙二酸-半醛脱水酶（malonate-semialdehyde dehydratase）EC 4. 2. 1. 27

分类名：malonate-semialdehydehydrolyase

丙二酸半醛水－裂解酶

作用：催化 C—O 键裂解。

反应：丙二酸半醛＝亚次乙基-羧酸＋H_2O

24. 丙二醇脱水酶（propanediol dehydratase）EC 4. 2. 1. 28

分类名：1,2-propanediol hydrolyase

1,2-丙二醇水-裂解酶

作用：催化 C—O 键裂解。

反应：1,2-丙二醇＝丙醛＋H_2O

特异性：需要钴胺酰胺辅酶，本酶也催化乙二醇脱水成为乙醛。

25. 吲哚乙醛肟脱水酶（indoleacetaldoxime dehydratase）EC 4. 2. 1. 29

分类名：3-indoleacetaldoxime hydrolyase

3-吲哚乙醛肟水-裂解酶

作用：催化 C—O 键裂解。

反应：3-吲哚乙醛肟＝3-吲哚乙腈＋H_2O

26. 甘油脱水酶（glycerol dehydratase）EC 4. 2. 1. 30

分类名：glycerol hydrolyase

甘油水-裂解酶

作用：催化 C—O 链裂解。

反应*：甘油＝3-羟基丙醛＋H_2O

*需要钴胺酰胺参与反应。

27. 马来酸水化酶（maleate hydratase）EC 4. 2. 1. 31

分类名：D-malate hydrolyase

D-苹果酸水-裂解酶

作用：催化 C—O 键裂解。

反应：D-苹果酸＝马来酸＋H_2O

28. 酒石酸脱水酶 （tartrate dehydratase） EC 4.2.1.32

分类名：L-(＋)-tartrate hydrolyase

L-(＋)-酒石酸水-裂解酶

作用：催化 C—O 键裂解。

反应：L-(＋)-酒石酸══草酰乙酸＋H_2O

29. 3-异丙基苹果酸脱水酶 （3-isopropylmalate dehydratase） EC 4.2.1.33

分类名：2-hydroxy-4-methyl-3-carboxyvalerate hydrolyase

2-羟-4-甲基-3-羧基戊酸水-裂解酶

作用：催化 C—O 键裂解。

反应：2-羟-4-甲基-3-羧基戊酸══二甲基柠康酸＋H_2O

特异性：本酶可催化以上反应产物水合成为 3-羟-4-甲基-3-羧基戊酸，故以上反应成为两个异构体的分子间转变。

30. 甲基延胡索酸水化酶 （mesoconate hydratase） EC 4.2.1.34

分类名：（＋）-citramalate hydrolyase

（＋）-柠苹酸水-裂解酶

作用：催化 C—O 键裂解。

反应：（＋）-柠苹酸══甲基延胡索酸＋H_2O

特异性：也催化延胡索酸水合成为 L-苹果酸。

31. 柠康酸水化酶 （citraconate hydratase） EC 4.2.1.35

分类名：（—）-citramalate hydrolyase

（—）-柠苹酸水-裂解酶

作用：催化 C—C 键裂解。

反应[*]：（—）-柠苹酸══柠康酸＋H_2O

[*] 需要 Fe^{2+} 参与。

32. 同型(顺)乌头酸水化酶 （homoaconitate hydratase） EC 4.2.1.36

分类名：2-hydoxy-3-carboxyadipate hydrolyase

2-羟基-3-羧基己二酸水-裂解酶

作用：催化 C—O 键裂解。

反应：2-羟基-3-羧基己二酸══3-羧基-己-2-烯-二酸＋H_2O

33. 反(式)-环氧琥珀酸水化酶 （*tran*-epoxysuccinate hydratase） EC 4.2.1.37

分类名：*meso*-tartrate-hydrolyase   *meso*-酒石酸水-裂解酶

作用：催化 C—O 键裂解。

反应：*meso*-酒石酸══反(式)-2,3-环氧琥珀酸＋H_2O

特异性：本酶对反(式)-2,3-环氧琥珀酸的两种旋光异构体都有作用。

34. *erythro*-3-羟-天冬氨酸脱水酶 （*erythro*-3-hydroxyaspartate dehydratase） EC4.2.1.38

分类名：*erythro*-3-hydroxy-L,S-aspartate hydrolyase(deaminating)

erythro-3-羟-L,S-天冬氨酸水-裂解酶(脱氨)

作用：催化 C—O 键裂解。

反应：*erythro*-3-羟-L,S-天冬氨酸＋H_2O══草酰乙酸＋NH_3＋H_2O

35. 葡糖酸脱水酶（gluconate dehydratase）EC 4.2.1.39

分类名：D-gluconate hydrolyase

D-葡糖酸水-裂解酶

作用：催化 C—O 裂解。

反应：D-葡糖酸=2-酮-3-脱氧-D-葡糖酸$+H_2O$

36. 葡糖二酸脱水酶（glucarate dehydratase）EC 4.2.1.40

分类名：D-glucarate hydrolyase

D-葡糖二酸水-裂解酶

作用：催化 C—O 裂解。

反应：D-葡糖二酸=5-酮-4-脱氧-D-葡糖二糖$+H_2O$

37. 5-酮-4-脱氧-D-葡糖二酸脱水酶（5-keto-4-deoxy-D-glucarate dehydratase）EC 4.2.1.41

分类名：5-keto-4-deoxy-D-glucarate hydrolyase(decarboxylating)

5-酮-4-脱氧-D-葡糖二酸水-裂解酶（脱羧）

作用：催化 C—O 键裂解。

反应：5-酮-4-脱氧-D-葡糖二酸=2,5-二酮戊酸$+H_2O+CO_2$

38. 半乳糖二酸脱水酶（galactarate dehydratase）EC 4.2.1.42

分类名：D-galactarate hydrolyase

D-半乳糖二酸水-裂解酶

作用：催化 C—O 键裂解。

反应：D-半乳糖二酸=5-酮-4-脱氧-D-葡糖二酸$+H_2O$

39. 2-酮-3-脱氧-L-阿拉伯糖酸脱水酶（2-keto-3-deoxy-L-arabonate-dehydratase）EC 4.2.1.43

分类名：2-keto-3-deoxy-L-arabonate hydrolyase

2-酮-3-脱氧-L-阿拉伯糖酸水-裂解酶

作用：催化 C—O 键裂解。

反应：2-酮-3-脱氧-L-阿拉伯糖酸=2-酮戊二酸半醛$+H_2O$

40. *myo*-肌醇单酮-2 脱水酶（*myo*-inositol-2- dehydratase）EC 4.2.1.44

分类名：2,4,6/3,5-pentahydroxycyclohexanone hydrolyase

2,4,6/3,5-五羟环己酮水-裂解酶

作用：催化 C—O 键裂解。

反应*：2,4,6/3,5-五羟环己酮=4,5/6-三羟环己-1,2-二酮$+H_2O$

* 需要 Co^{2+} 或 Mn^{2+} 参与反应。

41. CDP 葡萄糖 4,6-脱水酶（CDP glucose 4,6-dehydratase）EC 4.2.1.45

分类名：CDP glucose 4,6-hydrolyase

CDP 葡萄糖 4,6-水-裂解酶

作用：催化 CDP 葡萄糖脱水

反应：CDP 葡萄糖=CDP-4-酮-6-脱氧-D-葡萄糖$+H_2O$

42. dTDP 葡萄糖 4,6-脱水酶（dTDP glucose 4,6-dehydratase）EC 4.2.1.46

分类名：dTDPglucose 4,6-hydrolyase

dTDP 葡萄糖 4,6-水-裂解酶

作用：催化 C—O 键裂解。

反应*：dTDP 葡萄糖＝dTDP-4-酮-6-脱氧-D-葡萄糖＋H_2O

   * 需要 NAD^+ 参与。

43. GDP 甘露糖 4,6-脱水酶（GDP mannose 4,6-dehydratase）EC 4.2.1.47

分类名：GDP mannose 4,6-hydrolyase

    GDP 甘露糖 4,6-水-裂解酶

作用：催化 C—O 裂解。

反应：GDP 甘露糖＝GDP-4-酮-6-脱氧-D-甘露糖＋H_2O

44. 谷氨酸环化酶（D-glutamate cyclase）EC 4.2.1.48

分类名：D-glutamate hydrolyase(cyclizing)

    D-谷氨酸水-裂解酶（环化）

作用：催化 C—O 键裂解。

反应：D-谷氨酸＝D-吡咯烷酮羧酸＋H_2O

特异性：也作用于各种 D-谷氨酸衍生物。

45. 尿刊酸水化酶（urocanate hydratase）EC 4.2.1.49

分类名：4-imidazolone-5-propionate hydrolyase

    4-咪唑酮-5-丙酸水-裂解酶

别名：urocanase   尿刊酸酶

作用：催化 C—O 键裂解。

反应：4-咪唑酮-5-丙酸＝尿刊酸＋H_2O

46. 吡唑丙氨酸合酶（pyrazolylalanine synthase）EC 4.2.1.50

分类名：L-serine hydrolyase(adding pyrazole)

    L-丝氨酸水裂解酶（加吡唑）

作用：催化 C—O 键裂解。

反应：L-丝氨酸＋吡唑＝3-吡唑-1-丙氨酸＋H_2O

47. 预苯酸脱水酶（prephenate dehydratase）EC 4.2.1.51

分类名：prephenate hydrolyase(decarboxylating)

    预苯酸水-裂解酶（脱羧）

作用：催化 C—O 键裂解。

反应：预苯酸＝苯基丙酮酸＋H_2O＋CO_2

特异性：由肠道细菌提取的酶也具有分支酸变位酶活性，可催化分支酸转变为预苯酸。

48. 二氢二吡啶羧酸合酶（dihydrodipicolinate synthase）EC 4.2.1.52

分类名：L-aspartate-β-semialdehyde hydrolyase(adding pyruvate and cyclizing)

    L-天冬氨酸-β-半醛水-裂解酶（加丙酮酸和环化）

作用：催化 C—O 键裂解。

反应：L-天冬氨酸-β-半醛水＋丙酮酸＝二氢二吡啶羧酸＋$2H_2O$

49. 油酸水化酶（oleate hydratase）EC 4.2.1.53

分类名：10-D-hydroxyatearate 10-hydrolyase

    10-D-羟(基)硬脂酸 10-水-裂解酶

作用：催化 C—O 键裂解。

反应：10-D-羟(基)硬脂酸═油酸＋H_2O

特异性：也作用于一些 10-羟(基)-酸。

50. 乳酰-辅酶 A 脱水酶 (lactoyl-CoA dehydratase) EC 4. 2. 1. 54

　　分类名：lactoyl-CoA hydrolyase

　　　　　　乳酰-辅酶 A 水-裂解酶

　　作用：催化 C—O 键裂解。

　　反应：乳酰-辅酶 A ═丙烯酰-辅酶 A＋H_2O

51. D-3-羟丁酰-辅酶 A 脱水酶 (D-3-hydroxybutyryl-CoA dehydratase) EC 4. 2. 1. 55

　　分类名：D-3-hydroxybutyryl-CoA hydrolyase

　　　　　　D-3-羟丁酰-辅酶 A 水-裂解酶

　　作用：催化 C—O 键裂解。

　　反应：D-3-羟丁酰-辅酶 A ═巴豆酰-辅酶 A＋H_2O

　　特异性：也作用于泛酰酰巯基乙胺和酰基载体蛋白的巴豆酰硫酯。

52. 衣康酰-辅酶 A 水化酶 (itaconyl-CoA hydratase) EC 4. 2. 1. 56

　　分类名：citramalyl-CoA hydrolyase

　　　　　　柠苹酰-辅酶 A 水-裂解酶

　　作用：催化 C—O 键裂解。

　　反应：柠苹酰-辅酶 A ═衣康酰-辅酶 A＋H_2O

53. 异己烯(基)戊烯二酰-辅酶 A 水化酶 (isohexenylglutaconyl-CoA hydratase) EC 4. 2. 1. 57

　　分类名：3-hydroxy-3-isohexenylglutaryl-CoA hydrolyase

　　　　　　3-羟-3-异己烯(基)戊二酰-辅酶 A 水-裂解酶

　　作用：催化 C—O 键裂解。

　　反应：3-羟-3-异己烯(基)戊二酰-辅酶 A ═3-异己烯(基)戊烯二酰-辅酶 A＋H_2O

　　特异性：也作用于二甲基丙烯酰-辅酶 A 和法呢酰-辅酶 A。

54. 巴豆酰-[酚基载体蛋白]水化酶 (crotonoyl-[acyl-carrier-protein]hydratase) EC 4. 2. 1. 58

　　分类名：D-3-hydroxybutyry-[acyl-carrier-protein]hydrolyase

　　　　　　D-3-羟丁酰(基)-[酰基载体蛋白]水-裂解酶

　　作用：催化 C—O 键裂解。

　　反应：D-3-羟丁酰(基)-[酰基载体蛋白]═巴豆酰-[酰基载体蛋白]＋H_2O

　　特异性：作用于短链($C_4 \sim C_8$)的 3-羟酰(基)-[酰基载体蛋白]的衍生物。

55. 3-羟辛酰(基)-[酰基载体蛋白]脱水酶 (3-hydroxyoctanoyl-[acyl-carrier-protein] dehydratase) EC 4. 2. 1. 59

　　分类名：3-hydroxyoctanoyl-[acyl-carrier-protein]hydrolyase

　　　　　　3-羟辛酰(基)[酰基载体蛋白]水-裂解酶

　　作用：催化 C—O 键裂解。

　　反应：3-羟辛酰(基)-[酰基载体蛋白]═2-辛酰(基)-[酰基载体蛋白]＋H_2O

特异性：专一地作用于 3-羟酰(基)-[酰基载体蛋白]衍生物（$C_6 \sim C_{12}$）。

56. D-3-羟癸酰(基)-[酰基载体蛋白]脱水酶（D-3-hydroxydecanoyl-[acyl-carrier-protein] dehydratase） EC 4. 2. 1. 60

分类名：D-3-hydroxydecanoyl-[acyl-carrier-protein] hydrolyase

D-3-羟癸酰（基）-[酰基载体蛋白] 水-裂解酶

作用：催化 C—O 键裂解。

反应：D-3-羟癸酰（基）-[酰基载体蛋白]━2,3-壬烯双酰-[酰基载体蛋白] 或 3,4-壬烯双酰-[酰基载体蛋白]＋H_2O

特异性：专一地作用于链长为 C_{10} 的分子。

57. 3-羟棕榈酰(基)-[酰基载体蛋白]脱水酶（3-hydroxypalmitoyl-[acyl-carrier-protein]） dehydratase EC 4. 2. 1. 61

分类名：3-hydroxypalmitoyl-[acyl-carrier-protein]hydrolyase

3-羟棕榈酰(基)-[酰基载体蛋白]水-裂解酶

作用：催化 C—O 键裂解。

反应：3-羟棕榈酰(基)-[酰基载体蛋白]━2-十六碳烯酰(基)-[酰基载体蛋白]＋H_2O

特异性：专一地作用于 3-羟酰(基)-[酰基载体蛋白]衍生物（$C_{12} \sim C_{16}$），对 C_{16} 衍生物作用的活力最高。

58. 5α-羟甾醇脱水酶（5α-hydroxysterol dehydratase） EC 4. 2. 1. 62

分类名：5α-ergosta-7,22-diene-3β,5-diol 5,6-hydrolyase

5α-麦角甾-7,22-二烯-3β,5-二醇 5,6-水-裂解酶

作用：催化 C—O 键裂解。

反应：5α-麦角甾-7,22-二烯-3β,5-二醇━麦角甾醇＋H_2O

59. 3-氰基丙氨酸水化酶（3-cyanoalanine hydratase） EC 4. 2. 1. 65

分类名：L-asparagine hydrolyase

L-天冬酰胺水-裂解酶

作用：催化 C—O 键裂解。

反应：L-天冬酰胺━3-氰基丙氨酸＋H_2O

60. 氰化物水化酶（cyanide hydratase） EC 4. 2. 1. 66

分类名：eormamide hydrolyase

甲酰胺水-裂解酶

作用：催化 C—O 键裂解。

反应：甲酰胺━氰化氢＋H_2O

61. D-岩藻糖酸脱水酶（D-fuconate dehydratase） EC 4. 2. 1. 67

分类名：D-fuconate hydrolyase

D-岩藻糖酸水-裂解酶

作用：催化 C—O 键裂解。

反应：D-岩藻糖酸━2-酮-3-脱氧-D-岩藻糖酸＋H_2O

特异性：也作用于 L-阿拉伯糖酸。

62. L-岩藻糖酸脱水酶（L-fuconate dehydratase） EC 4. 2. 1. 68

分类名：L-fuconate hydrolyase

L-岩藻糖酸水-裂解酶

作用：催化 C—O 键裂解。

反应：L-岩藻糖酸——2-酮-3-脱氧-L-岩藻糖酸＋H_2O

特异性：也作用于 D-阿拉伯糖酸，但反应慢。

63. 氨基氰水化酶（cyanamide hydratase）EC 4.2.1.69

分类名：urea hydrolyase

脲水-裂解酶

作用：催化 C—O 键裂解。

反应：脲——氨基氰＋H_2O

64. 假尿苷酸合酶（pseudouridylate synthase）EC 4.2.1.70

分类名：uracil hydrolyase(adding D-ribose 5-phosphate)

尿嘧啶水-裂解酶(加 D-核糖 5-磷酸)

作用：催化 C—O 键裂解。

反应：尿嘧啶＋D-核糖 5-磷酸——假尿苷 5′-磷酸＋H_2O

65. 乙炔单羧酸水化酶（acetylenemonocarboxylate hydrolyase）EC 4.2.1.71

分类名：3-hydroxyacrylate hydrolyase

3-羟丙烯酸水-裂解酶

作用：催化 C—O 键裂解。

反应：3-羟基丙烯酸——乙炔单羧酸＋H_2O

特异性：产物经水合作用形成丙二酸半醛。

66. 乙炔二羧酸水化酶（acetylenedicarboxylate hydrase）EC 4.2.1.72

分类名：2-hydroxyethylenedicarboxylate hydrolyase

2-羟乙烯二羧酸水-裂解酶

作用：催化 C—O 键裂解。

反应：2-羟乙烯二羧酸——乙炔二羧酸＋H_2O

特异性：产物经水合作用形成丙酮酸和 CO_2。

67. 原蚜色素-葡糖苷配基脱水酶（环化）（protoaphin-aglucone dehydratase(cyclizing)）

EC 4.2.1.73

分类名：protoaphin-aglucone hydrolyase(cyclizing)

原蚜色素-葡糖苷配基水-裂解酶(环化)

作用：催化 C—O 键裂解。

反应[*]：原蚜色素-葡糖苷配基——蚜黄素＋H_2O

[*] 反应产物转化(非酶作用)为蚜红素。

68. 透明质酸裂解酶(hyaluronate lyase)EC 4.2.2.1

分类名：hyaluronate lyase

透明质酸裂解酶

别名：hyaluronidase 透明质酸酶

mucinase 黏多糖酶

作用：催化 C—O 键裂解。

反应:透明质酸=N^3-($\Delta^{4,5}$-β-D-葡糖苷糖基)-2-乙酰氨基-2-脱氧-D-葡萄糖

特异性：也作用于软骨素。

69. 果胶酸裂解酶 (pectate lyase) EC 4.2.2.2

分类名：poly(1,4-α-D-galacturonide)lyase

多(聚)(1,4-α-D-半乳糖醛酸苷)裂解酶

别名：pectate transeliminase 果胶酸反式消去酶

作用：催化 C—O 键裂解。

反应：果胶酸中 $\Delta^{4,5}$-D-半乳糖醛酸残基的消去，导致果胶酸解聚。

特异性：也作用于其它多(聚)半乳糖醛酸苷，但不能作用于果胶。

70. 藻酸裂解酶 (alginate lyase) EC 4.2.2.3

分类名：poly(1,4-β-D-mannuronide)lyase

多(聚)(1,4-β-D-甘露糖醛酸苷)裂解酶

作用：催化 C—O 键的裂解。

反应：消化除去藻酸的 $\Delta^{4,5}$-D-甘露糖醛酸残基，引起解聚作用。

71. 软骨素 ABC 裂解酶 (chondroitin ABC lyase) EC 4.2.2.4

分类名：chondroitin ABC lyase

软骨素 ABC 裂解酶

别名：chondroitin ABC eliminase 软骨素 ABC 消去酶

chondroitinase 软骨素酶

作用：从含 1,4-β-D-氨基己糖基和 1,3-β-D-葡糖苷酸基或 1,3-α-L-艾杜糖苷酸基键的多糖中消去 $\Delta^{4,5}$-D-葡糖醛酸残基，导致解聚。

特异性：作用于 4-硫酸软骨素、6-硫酸软骨素和硫酸皮肤素，也作用于透明质酸，但反应较慢。

72. 软骨素 AC 裂解酶 (chondroitin AC lyase) EC 4.2.2.5

分类名：chondroitin AC lyase

软骨素 AC 裂解酶

别名：chondroitinase 软骨素酶

chondroitin sulphate lyase 硫酸软骨素裂解酶

chondroitin AC eliminase 软骨素 AC 消去酶

作用：从含 1,4-β-D-氨基己糖基和 1,3-β-D-葡糖苷酸基键的多糖中消去 $\Delta^{4,5}$-D-葡糖醛酸残基，导致解聚。

特异性：作用于 4-硫酸软骨素和 6-磺酸软骨素，也作用于透明质酸，但反应慢。

73. 低(聚)半乳糖醛酸苷裂解酶 (oligogalacturonide lyase) EC 4.2.2.6

分类名：oligogalacturonide lyase

低(聚)半乳糖醛酸苷裂解酶

作用：催化 C—O 键裂解。

反应：从 O-(4-脱氧-β-L-5-*thero*-吡喃己糖-4-烯基糖醛酸)-(1,4)D-半乳糖醛酸,和有关的少寡糖中除去 4-脱氧-5-己酮糖-糖醛酸残基,导致解聚作用。

74. 肝素裂解酶 (heparin lyase) EC 4.2.2.7

分类名：heparin lyase

　　　　肝素裂解酶

别名：heparin eliminase　肝素消去酶

　　　heparinase　肝素酶

作用：催化 C—O 键裂解。

反应：含有 1,4(键)-葡糖醛酸或艾杜糖醛酸残基和 1,4-α(键)-2-硫酰胺-2-脱氧-6-O-硫代-D-葡萄糖残基的多聚糖的 $\Delta^{4,5}$-D-葡糖醛酸残基的消去反应。

75. 硫酸类肝素裂解酶 （heparitin sulphate lyase） EC 4.2.2.8

分类名：heparin-sulphate lyase

　　　硫酸肝素裂解酶

别名：heparin-sulphate elimimase　硫酸肝素消去酶

作用：催化 C—O 键裂解。

反应：硫酸(酯)的消去反应，可能作用于 N-乙酰氨基-2-脱氧-D-葡萄糖和糖醛酸之间的键，产物是一个不饱和糖。

76. 多(聚)半乳糖醛酸外切裂解酶 （exopolygalacturonate lyase） EC 4.2.2.9

分类名：poly(1,4-α-D-galacturonide)exo-lyase

　　　多(聚)(1,4-α-D-半乳糖醛酸)外切-裂解酶

作用：催化 C—O 键裂解。

反应：去酯(化)果胶中还原性末端的 $\Delta^{4,5}$-D-半乳糖醛酸苷-D-半乳糖醛酸残基的消去反应。

77. 果胶裂解酶 （pectin lyase） EC 4.2.2.10

分类名：poly(methoxygalacturonide)lyase

　　　多(聚)(甲氧(基)半乳糖醛酸苷)裂解酶

作用：催化 C—O 键裂解。

反应：果胶中 6-甲基-$\Delta^{4,5}$-D-半乳糖醛酸残基的消去，导致果胶解聚。

特异性：不能作用于脱酯果胶。

78. 苏氨酸合酶 （threonine sythase） EC 4.2.99.2

分类名：O-phosphohomoserine phospholyase(adding water)

　　　O-磷酸高丝氨酸磷酸-裂解酶(加水)

作用：催化 C—O 键裂解。

反应：O-磷酸高丝氨酸＋H_2O＝苏氨酸＋磷酸

79. 磷酸乙醇胺磷酸(基)-裂解酶 （ethanolaminephosphate phospholyase） EC 4.2.99.7

分类名：ethanolaminephosphate phospholyase(deaminating)

　　　磷酸乙醇胺磷酸(基)-裂解酶(脱氨)

作用：催化磷酸乙醇胺裂解。

反应：磷酸乙醇胺＋H_2O＝乙醛＋NH_3＋磷酸

特异性：也催化 D(或 L)-1-氨丙基-2-醇-O-磷酸裂解。

80. D-乙酰丝氨酸(硫醇)-裂解酶 （D-acetylserine(thiol)-lyase）EC 4.2.99.8

分类名：O-acetyl-L-serine acetatelyase(adding hydrogen sulphide)

　　　O-乙酰(基)-L-丝氨酸乙酸裂解酶(加硫化氢)

别名：cystcine synthase　半胱氨酸合酶

作用：催化 C—O 键的裂解。

反应：O-乙酰（基）-L-丝氨酸＋硫化氢＝半胱氨酸＋乙酸

特异性：也可用一些烷基硫醇替代硫化氢。

81. O-琥珀酰高丝氨酸(巯酸)-裂解酶　(O-succinylhomoserine(thiol)-lyase)　EC 4.2.99.9

分类名：O-succinyl-L-homoserine succinatelyase(adding cysteine)

　　　　O-琥珀酰-L-高丝氨酸琥珀酸-裂解酶(半胱氨酸加成)

别名：cystathionine γ-synthase　脱硫醚 γ-合酶

作用：催化 C—O 键裂解。

反应：O-琥珀酰-L-高丝氨酸＋L-半胱氨酸＝胱硫醚＋琥珀酸

特异性：也与硫化氢和甲基硫酸可替代 L-半胱氨酸参与反应，依次生成高半胱氨酸和甲硫氨酸；如果缺少硫氢基团，本酶也可以催化 β-γ-消去反应，生成 2-氧(代)丁酸、琥珀酸和氨。

82. O-乙酰高丝氨酸(硫醇)裂解酶　(O-acetylhomoserine(thiol)-lyase)　EC 4.2.99.10

分类名：O-acetyl-L-homoserine acetatelyase(adding methanethiol)

　　　　O-乙酰(基)-L-高丝氨酸乙酸裂解酶(加甲烷硫醇)

别名：methionine synthase　甲硫氨酸合酶

作用：催化 C—O 键裂解。

反应：O-乙酰-L-高丝氨酸＋甲烷硫醇＝L-甲硫氨酸＋乙酸

特异性：也与其它硫醇或 H_2S 反应，产生高半胱氨酸。

83. 甲基乙二醛合酶　(methylglyoxal synthase)　EC 4.2.99.11

分类名：dihydroxyacetone-phosphate phospholyase

　　　　磷酸二羟丙酮磷酸(基)-裂解酶

作用：催化 C—O 键裂解。

反应：磷酸二羟丙酮＝甲基乙二醛＋磷酸

特异性：不作用于 D-甘油醛 3-磷酸。

84. 羧甲基羟琥珀酸裂解酶　(carboxymethyloxysuccinatelyase)　EC 4.2.99.12

分类名：carboxymethyloxysuccinate glycollatelyase

　　　　羧甲基羟琥珀酸乙醇酸裂解酶

作用：催化 C—O 键裂解。

反应：羧甲基羟琥珀酸＝延胡索酸＋乙醇酸

第三节　催化　C—N 裂解的裂合酶

1. 天冬氨酸解氨酶　(aspartate ammonia-lyase)　EC 4.3.1.1

分类名：L-aspartate ammonia-lyase

　　　　L-天冬氨酸氨-裂解酶

别名：aspartase　天冬氨酸酶

　　　fumaric aminase　延胡索酸胺化酶

作用：催化 C—N 键的裂解。

反应：L-天冬氨酸＝延胡索酸＋NH_3

2. 甲基天冬氨酸氨-裂解酶（methylaspartate ammonia-lyase）EC 4.3.1.2

分类名：L-*threo*-3-methylaspartate ammonialyase

L-*threo*-3-甲基天冬氨酸氨-裂解酶

别名：β-methylaspartase β-甲基天冬氨酸酶

作用：催化 C—N 链裂解。

反应：L-*threo*-3-甲基天冬氨酸＝甲基延胡索酸＋NH_3

3. 组氨酸氨-裂解酶（histidine ammonia-lyase）EC 4.3.1.3

分类名：L-histidine ammonia-lyase

L-组氨酸氨-裂解酶

别名：histidase 组氨酸酶

histidinase 组氨酸酶

histidine α-deaminase 组氨酸 α-脱氨酶

作用：催化 C—N 键裂解。

反应：L-组氨酸＝尿刊酸＋NH_3

4. 亚胺甲基四氢叶酸环化脱氨酶（formiminotetrahydrofolate cyclodeaminase）EC 4.3.1.4

分类名：5-formiminotetrahydrofolate ammnonialyase(cyclizing)

5-亚胺甲基四氢叶酸氨-裂解酶(环化)

作用：催化 C—N 键裂解。

反应：5-亚胺甲基四氢叶酸＝5,10-次甲基四氢叶酸＋NH_3

5. 苯丙氨酸氨-裂解酶（phenylalanine ammonia-lyase）EC 4.3.1.5

分类名：L-phenylalanine ammonialyase

L-苯丙氨酸氨-裂解酶

作用：催化 C—N 键裂解。

反应：L-苯丙氨酸＝反(式)-肉桂酸＋NH_3

特异性：也作用于 L-酪氨酸和其它芳族氨基酸。

6. β-丙氨酰-辅酶 A 氨裂解酶（β-alanyl-CoA ammonia-lyase）EC 4.3.1.6

分类名：β-alanyl-CoA ammonialyase

β-丙氨酰-辅酶 A 氨裂解酶。

作用：催化 C—N 键的裂解。

反应：β-丙氨酰-辅酶 A＝丙烯酰-辅酶 A＋NH_3

7. 乙醇胺氨-裂解酶（ethanolamine ammonia-lyase）EC 4.3.1.7

分类名：ethanolamine ammonia-lyase

乙醇胺氨-裂解酶

作用：催化 C—N 键裂解。

反应[*]：乙醇胺＝乙醛＋NH_3

[*] 需要钴胺酰胺辅酶。

8. 尿卟啉原 I 合酶（uroporphyrinogen I synthase）EC 4.3.1.8

分类名：porphobilinogen ammonia-lyase(polymerizing)

胆色素原氨-裂解酶(聚合)

作用：催化 C—N 键裂解。

反应：4 胆色素原═尿卟啉原Ⅰ＋4NH$_3$

9. 氨基葡糖酸氨-裂解酶 (glucosaminate ammonialyase) EC 4.3.1.9

分类名：2-amino-2-deoxy-D-gluconate ammonia-lyase(isomerizing)

2-氨基-2-脱氧-D-葡糖酸氨-裂解酶(异构化)

作用：催化 C—N 键裂解。

反应：2-氨基-2-脱氧-D-葡糖酸═2-酮-3-脱氧-D-葡糖酸＋NH$_3$

10. 硫酸丝氨酸氨-裂解酶 (serinesulphate ammonia-lyase) EC 4.3.1.10

分类名：L-serine-6-sulphate ammonia-lyase(pyruvate-forming)

L-丝氨酸-6-硫酸(脂)氨-裂解酶(生成丙酮酸)

作用：催化 C—N 键裂解。

反应：L-丝氨酸 6-硫酸(酯)＋H$_2$O ═丙酮酸＋NH$_3$＋硫酸

11. 二羟(基)苯丙氨酸氨-裂解酶 (dihydroxyphenylalanine ammonia-lyase) EC 4.3.1.11

分类名：3,4-dihydroxy-L-phenylalanine ammonia-lyase

3,4-二羟(基)-L-苯丙氨酸氨-裂解酶

作用：催化 C—N 键裂解。

反应：3,4-二羟(基)-L-苯丙氨酸═反(式)-咖啡酸＋NH$_3$

12. 鸟氨酸环化脱氢酶 (ornithine cyclodeaminase) EC 4.3.1.12

分类名：L-ornithine ammonia-lyase(cyclizing)

L-鸟氨酸氨-裂解酶(环化)

作用：催化 C—N 键裂解。

反应*：L-鸟氨酸═L-脯氨酸＋NH$_3$

*需要 NAD$^+$参与反应。

13. 氨甲酰基丝氨酸解氨酶 (carbamoylserine ammonia-lyase) EC 4.3.1.13

分类名：O-carbamoyl-L-serine ammonia-lyase(pyruvate-forming)

O-氨甲酰基-L-丝氨酸-氨裂解酶(生成丙酮酸)

别名：O-carbamoyl-L-serine deaminase O-氨甲酰基-L-丝氨酸脱氨酶

作用：催化 C—N 键裂解。

反应：O-氨甲酰基-L-丝氨酸＋H$_2$O ═丙酮酸＋2NH$_3$＋CO$_2$

14. 精氨(基)琥珀酸裂解酶 (argininosuccinate lyase) EC 4.3.2.1

分类名：L-argininosuccinate arginine-lyase

L-精氨(基)琥珀酸精氨酸裂解酶

别名：argininosuccinase 精氨(基)琥珀酸酶

作用：催化 C—N 键的裂解。

反应：L-精氨(基)琥珀酸═延胡索酸＋L-精氨酸

15. 腺苷酸琥珀酸裂解酶 (adenylosuccinate lyase) EC 4.3.2.2

分类名：adenylosuccinate AMP-lyase

腺苷酸琥珀酸 AMP 裂解酶

别名：adenylosuccinase　腺苷酸琥珀酸酶

作用：催化 C＝N 双键的加成反应。

反应：腺苷酸琥珀酸＝延胡索酸＋AMP

特异性：此酶也作用于 5-氨基咪唑-4-(N-琥珀酸草氨酸)- 5′-核苷酸。

16. 脲基羟基乙酸裂解酶（ureidoglycollate lyase）EC 4.3.2.3

分类名：(—)-ureidoglycollate urea-lyase

(—)-脲基羟基乙酸脲-裂解酶

作用:催化 C—N 键裂解。

反应:(—)-脲基羟基乙酸＝乙醛酸＋脲

第四节　催化　C－S 键裂解的裂合酶

1. 胱硫醚 γ-裂解酶（cystathionine γ-lyase）EC 4.4.1.1

分类名：L-cystathionine cysteine-lyase(deaminating)

L-胱硫醚半胱氨酸-裂解酶(脱氨)

别名：homoserine deaminase　高丝氨酸脱氨酶

homoserine dehydratase　高丝氨酸脱水酶

cystine desulphhydrase　胱氨酸脱巯基酶

cysteine desulphhydrase　半胱氨酸脱巯基酶

γ-cystathionase　γ-胱硫醚酶

cystathionase　胱硫醚酶

作用：催化 C—S 键裂解。

反应：L-胱硫醚＋H_2O＝L-半胱氨酸＋NH_3＋2-氧(代)丁酸

特异性：本酶为一种多功能酶蛋白，也催化高丝氨酸的消去反应生成水、氨和 2-氧(代)丁酸；催化 L-胱氨酸产生硫(代)半胱氨酸、丙酮酸和氨；催化半胱氨酸产生丙酮酸、氨和硫化氢。

2. 高半胱氨酸脱巯基酶（homocycteine desulfhydrase）EC 4.4.1.2

分类名：L-homocycteine hydrogen-sulphide-lyase(deaminating)

L-高半胱氨酸硫化氢-裂解酶(脱氨)

作用：催化 C—S 键裂解。

反应：L-高半胱氨酸＋H_2O＝2-氧(代)丁酸＋NH_3＋硫化氢

3. 二甲(基)丙基噻亭脱硫(代)甲基酶（dimethylpropiothetin dethiomethylase）EC 4.4.1.3

分类名：S-dimethyl-β-propiothetin dimethyl-sulphide-lyase

S-二甲(基)-β-丙基噻亭二甲(基)-硫化物-裂解酶

作用:催化 C—S 键裂解。

反应:5-二甲(基)-β-丙基噻亭＝丙烯酸＋二甲基硫化物

4. 蒜氨酸裂解酶（alliin lyase）EC 4.4.1.4

分类名：alliin alky-sulphenate-lyase

蒜氨酸烷基次磺酸裂解酶

别名：alliinase　蒜氨酸酶

作用：催化 C—S 键的裂解。

反应：S-烷基-L-半脱氨酸亚砜＝2-氨基丙烯酸＋烷基次磺酸

5. 乳酰-谷胱甘肽裂解酶 (lactoyl-glutathione lyase) EC 4.4.1.5

分类名：S-D-lactoyl-glutathione methylglyoxal-lyase(isomerizing)

S-D-乳酰-谷胱甘肽甲基乙二醛-裂解酶(异构化)

别名：glyoxalase I　乙二醛酶 I

methylglyoxalase　甲基乙二醛酶

aldoketomutase　醛-酮变位酶

ketone-aldehydemutase　酮-醛变位酶

作用：催化 C—S 键裂解。

反应：S-D-乳酰-谷胱甘肽＝谷胱甘肽＋甲基乙二醛

特异性：也作用于 3-磷酸甘油-谷胱甘肽。

6. S-烷基半胱氨酸裂解酶 (S-alkylcysteine lyase) EC 4.4.1.6

分类名：S-alkyl-L-cysteine alkylthiol-lyase(deaminatine)

S-烷基-L-半胱氨酸烷基硫醇裂解酶(脱氨)

作用：催化 C—S 键的裂解。

反应：S-烷基-L-半胱氨酸＋H_2O＝丙酮酸＋NH_3＋ 烷基硫醇

7. 胱硫醚 β-裂解酶 (cstathionine β-lyase) EC 4.4.1.8

分类名：cystathionine-L-homocysteine-lyase(deaminating)

胱硫醚 L-高半胱氨酸-裂解酶(脱氨)

别名：β-cystathionase　β-胱硫醚酶

作用：催化 C—S 键裂解。

反应：胱硫醚＋H_2O＝丙酮酸＋NH_3＋L-高半胱氨酸

8. β-氰基丙氨酸合酶 (β-cyanoalanine synthase) EC 4.4.1.9

分类名：L-cysteine hydrogen-sulphide-lyase(adding HCN)

L-半脱氨酸硫化氢-裂解酶(加 HCN)

作用：催化 C—S 键裂解。

反应：L-半脱氨酸＋HCN＝3-氰基丙氨酸＋硫化氢

9. 半胱氨酸裂解酶 (cysteinelyase) EC 4.4.1.10

分类名：L-cysteine hydrogen-sulphide-lyase(adding sulphite)

L-半脱氨酸硫化氢-裂解酶(加亚硫酸)

作用：催化 C—S 键裂解。

反应：L-半脱氨酸＋亚磷酸＝L-磺基丙氨酸＋硫化氢

10. L-甲硫氨酸 γ-裂解酶 (L-methionineγ-lyase) EC 4.4.1.11

分类名：L-methionine methnethiol-lyase(deaminating)

L-甲硫氨酸甲基硫醇-裂解酶(脱氨)

别名：L-methioninase　L-甲硫氨酸酶

作用：催化 C—S 键裂解。

反应：L-甲硫氨酸＋H_2O＝甲基硫醇＋NH_3＋2-氧(代)丁酸

11. 磺基乙醛裂解酶（sulpoacetaldehyde lyase）EC 4.4.1.12

分类名：sulphoacetaldehyde sulpho-lyase

磺基乙醛磺基-裂解酶

作用：催化 C—S 键裂解。

反应*：磺基乙醛＋H_2O ＝亚硫酸＋乙酸

　　　* 需要二磷酸硫胺素参与反应。

第五节　催化裂解碳-卤键的裂合酶

DDT-脱氯化氢酶（DDT-dehydrochlorinase）EC 4.5.1.1

分类名：1,1,1-trichloro-2,2-bis-(4-chlorophenyl)-ethane hydrogen chloride-lyase

1,1,1-三氯-2,2-双(4-氯苯基)乙烷氯化氢-裂解酶

作用：催化 C—Cl 键裂解。

反应：1,1,1-三氯-2,2-双(4-氯苯基)-乙烷＝1,1-二氯-2,2-双(4-氯苯基)-乙烯＋HCl

第六节　催化裂解 P—O 键的裂合酶

1. 腺苷酸环化酶（adenylate cyclase）EC 4.6.1.1

分类名：ATP pyrophophate-lyase(cyclizing)

ATP 焦磷酸裂解酶(环化)

别名：adenylyl cyclase　腺苷酰(基)环化酶

adenyl cyclase　腺苷酸环化酶

作用：催化 P—O 键的裂解。

反应：ATP ＝$3':5'$-环 AMP＋焦磷酸

特异性：此酶也作用于 dATP，$3':5'$生成 $3'5'$-环 dAMP，需要丙酮酸参与反应。

2. 鸟苷酸环化酶（guanylate cyclase）EC 4.6.1.2

分类名：GTP pyrophosphate-lyase(cyclizing)

GTP 焦磷酸-裂解酶(环化)

别名：guanylyl cyclase　鸟苷酰(基)环化酶

guanyl cyclase　鸟嘌呤(基)环化酶

作用：催化 P—O 键裂解。

反应：GTP ＝$3':5'$-环 GMP＋焦磷酸

特异性：也作用于 ITP 和脱氧-GTP。

3. 3-脱氢奎尼酸合酶（3-dehydroquinate synthase）EC 4.6.1.3

分类名：7-phospho-3-deoxy-D-arabino-heptulosonate phosphate-lyase(cyclizing)

7-磷酸(基)-3-脱氧-D-arabino-庚酮糖酸磷酸-裂解酶(环化)

作用：催化 P—O 键裂解。

反应：7-磷酸(基)-3-脱氧-D- arabino-庚酮糖酸＝3-脱氢奎尼酸＋磷酸

4. 分支酸合酶（chorismate synthase）EC 4.6.1.4

分类名：3-phospho-5-enolpyruvoyl-shikimate phosphate-lyase

3-磷酸-5-烯醇丙酮酸基-莽草酸磷酸-裂解酶

作用：催化 P—O 键裂解。

反应：3-磷酸-5-烯醇丙酮酸（基）莽草酸═分支酸＋磷酸

第七节　其它裂合酶

亚铁螯合酶（ferrochelatase）EC 4.99.1.1

分类名：protohaem ferro-lyase

　　　　血红素亚铁-裂合酶

作用：催化原卟啉与 Fe^{2+} 螯合。

反应：原卟啉＋Fe^{2+}═血红素＋$2H^+$

第七章 催化底物分子异构化反应的酶（异构酶类）

异构酶是催化同分异构体转换的酶，该类酶催化底物分子的空间异构化反应。它催化以下的反应：

$$A \longrightarrow B$$

异构酶是以〔（底物）异构酶〕这种格式来命名，如：脂酰辅酶 A 脱氢酶。或是以〔（底物）（异构酶种类）〕来命名，如：磷酸葡萄糖变位酶。

第一节 消旋及差向异构化酶

1. 丙氨酸消旋酶（alanine racemase）EC 5.1.1.1

分类名：alanine racemase
　　　　丙氨酸消旋酶

作用：消旋酶类，作用于丙氨酸。

反应：L-丙氨酸⟶D-丙氨酸

2. 甲硫氨酸消旋酶（methionine racemase）EC 5.1.1.2

分类名：methionine racemase
　　　　甲硫氨酸消旋酶

作用：催化甲硫氨酸消旋。

反应：L-甲硫氨酸⟶D-甲硫氨酸

3. 谷氨酸消旋酶（glutamate recemase）EC 5.1.1.3

分类名：glutamate recemase
　　　　谷氨酸消旋酶

作用：催化谷氨酸消旋互变。

反应：L-谷氨酸══D-谷氨酸

4. 脯氨酸消旋酶（proline racemase）EC 5.1.1.4

分类名：proline racemase
脯氨酸消旋酶

作用：催化氨基酸消旋。

反应：L-脯氨酸══D-脯氨酸

5. 赖氨酸消旋酶（lysine racemase）EC 5.1.1.5

分类名：lysine racemase
赖氨酸消旋酶

作用：催化赖氨酸消旋。

反应：L-赖氨酸══D-赖氨酸

6. 苏氨酸消旋酶（threonine racemase）EC 5.1.1.6

分类名：threonine racemase
苏氨酸消旋酶

作用：催化苏氨酸消旋。

反应：L-苏氨酸══D-苏氨酸

7. 二氨基庚二酸表异构酶（diaminopimelate epimerase）EC 5.1.1.7

分类名：2,6-L,L-diaminopimelate 2-epimerase
2,6-L,L-二氨基庚二酸 2-表异构酶

作用：表异构酶类，作用于氨基酸。

反应：2,6-L,L-二氨基庚二酸══*meso*-二氨基庚二酸

8. 羟脯氨酸表异构酶（hydroxyproline epimerase）EC 5.1.1.8

分类名：hydroxyproline 2-epimerase
羟脯氨酸 2-表异构酶

作用：催化羟脯氨酸差向（立体）异构。

反应：L-羟脯氨酸══D-别羟脯氨酸

特异性：也催化 D-羟脯氨酸和 L-别羟脯氨酸的相互转变。

9. 精氨酸消旋酶（arginine racemase）EC 5.1.1.9

分类名：argnine racemase
精氨酸消旋酶

作用：消旋酶类，作用于精氨酸。

反应：L-精氨酸══D-精氨酸

10. 氨基酸消旋酶（aminoacid racemase）EC 5.1.1.10

分类名：aminoacid racemase
氨基酸消旋酶

作用：消旋酶类，作用于氨基酸。

反应：L-氨基酸══D-氨基酸

11. 苯丙氨酸消旋酶(ATP 水解)（phenylalanine racemase(ATP-hydrolysing)）EC 5.1.1.11

分类名：phenylalanine racemase（ATP-hydrolysing）

　　　　　　苯丙氨酸消旋酶（ATP 水解）

　　作用：催化苯丙氨酸消旋。

　　反应：ATP＋L-苯丙氨酸＋H_2O ＝AMP 焦磷酸＋D-苯丙氨酸

12. 鸟氨酸消旋酶（ornithine racemase）EC 5.1.1.12

　　分类名：ornithine racemase

　　　　　　　鸟氨酸消旋酶

　　作用：催化氨基酸消旋。

　　反应：L-鸟氨酸＝D-鸟氨酸

13. 天冬氨酸消旋酶（aspartate racemase）EC 5.1.1.13

　　分类名：aspartate racemase

　　　　　　　天冬氨酸消旋酶

　　作用：消旋酶类，作用于天冬氨酸。

　　反应：L-天冬氨酸＝D-天冬氨酸

　　特异性：也作用于 L-丙氨酸，但催化速率是 L-天冬氨酸的一半。

14. 乳酸消旋酶（lactate racemase）EC 5.1.2.1

　　分类名：lactate racemase

　　　　　　　乳酸消旋酶

　　别名：hydroxyacid racemase　　羟酸消旋酶

　　　　　lacticoracemase　　乳酸消旋酶

　　作用：催化乳酸消旋。

　　反应：L-乳酸＝D-乳酸

15. 扁桃酸消旋酶（mandelate racemase）EC 5.1.2.2

　　分类名：mandelate racemase

　　　　　　　扁桃酸消旋酶

　　作用：催化扁桃酸消旋。

　　反应：L-扁桃酸＝D-扁桃酸

16. 3-羟丁酰-辅酶 A 表异构酶（3-hydroxybutyryl-CoA epimerase）EC 5.1.2.3

　　分类名：3-hydroxybutyryl-CoA 3-epimerase

　　　　　　　3-羟丁酰-辅酶 A 3-表异构酶

　　作用：催化 3-羟丁酰-辅酶 A 差向（立体）异构。

　　反应：L-3-羟丁酰-辅酶 A ＝D-3-羟丁酰-辅酶 A

17. 3-羟基丁酮消旋酶（acetoin racemase）EC 5.1.2.4

　　分类名：acetoin racemase

　　　　　　　3-羟基丁酮消旋酶

　　别名：acetylmethylcarbinol racemase　　乙酰甲基甲醇消旋酶

　　作用：消旋酶类，作用于羟酸及其衍生物。

　　反应：L-3-羟基丁酮＝D-3-羟基丁酮

18. 酒石酸表异构酶（tartrate epimerase）EC 5.1.2.5

　　分类名：tartrate epimerase

酒石酸表异构酶

作用：催化酒石酸消旋。

反应：L-酒石酸⇌meso-酒石酸

19. 核酮糖磷酸 3-表异构酶 （ribulosephosphate 3-epimerase） EC 5. 1. 3. 1

分类名：D-ribulose-5-phosphate 3-epimerase

D-核酮糖-5-磷酸 3-表异构酶

别名：phosphoribulos epimerase 磷酸核酮糖表异构酶

作用：催化磷酸核酮糖和磷酸木酮糖互变。

反应：D-核酮糖 5-磷酸⇌D-木酮糖 5-磷酸

20. UDP 葡萄糖 4-表异构酶 （UDP glucose 4-epimerase） EC 5. 1. 3. 2

分类名：UDP glucose 4-epimerase

UDP 葡萄糖 4-表异构酶

别名：galactowal denase 半乳糖瓦尔登转化酶

作用：催化糖类差向异构。

反应：UDP 葡萄糖⇌UDP 半乳糖

特异性：NAD^+为本酶的辅助因子，本酶也作用于 UDP-2-脱氧葡萄糖。

21. 醛糖 1-表异构酶 （aldose-1-epimerase） EC 5. 1. 3. 3

分类名：aldose1-epimerase

醛糖 1-表异构酶

别名：mutarotase 变旋酶

aldose mutarotase 醛糖变旋酶

作用：表异构酶类，作用于葡萄糖等醛糖。

反应：α-D-葡萄糖⇌β-D-葡萄糖

特异性：也作用于 L-阿拉伯糖、D-木糖、D-半乳糖、麦芽糖和乳糖。

22. L-核酮糖磷酸 4-表异构酶 （L-ribulosephosphate 4-epimerase） EC 5. 1. 3. 4

分类名：L-ribulose-5-phosphate 4-epimerase

L-核酮糖-5-磷酸 4-表异构酶

作用：催化磷酸核酮糖和磷酸木酮糖互变。

反应：L-核酮糖 5-磷酸⇌D-木酮糖 5-磷酸

23. UDP 阿拉伯糖 4-表异构酶 （UDP arabinose 4-epimerase） EC 5. 1. 3. 5

分类名：UDP-L-arabinose 4-epmerase

UDP-L-阿拉伯糖 4-表异构酶

作用：催化糖类差向异构。

反应：UDP-L-阿拉伯糖⇌UDP-D-木糖

24. UDP 葡糖醛酸 4-表异构酶 （UDP glucuronate 4-epimerase） EC 5. 1. 3. 6

分类名：UDP glucuronate 4-epimerase

UDP 葡糖醛酸 4-表异构酶

作用：催化糖类分子差向异构。

反应：UDP-D-葡糖醛酸⇌UDP-D-半乳糖醛酸

25. 乙酰(基)葡糖胺 4-表异构酶 （UDP acetylglucosamine 4-epimerase） EC 5. 1. 3. 7

分类名：UDP-2-acetamido-2-deoxy-D-glucose 4-epimerase

UDP-2-乙酰氨（基）-2-脱氧-D-葡萄糖 4-表异构酶

作用：催化糖类差向异构。

反应：UDP-2-乙酰氨（基）-2-脱氧-D-葡萄糖══UDP-2-乙酰氨（基）-2-脱氧-D-半乳糖

26. 酰氨基葡糖 2-表异构酶 （acylglucosamine 2-epimerase） EC 5.1.3.8

分类名：2-acylamido-2-deoxy-D-glucose 2-epimerase

2-酰氨基-2-脱氧-D-葡萄糖 2-表异构酶

作用：表异构酶类，作用于糖类。

反应：2-酰氨基-2-脱氧-D-葡萄糖══2-酰氨基-2-脱氧-D-甘露糖

特异性：需要一定量的 ATP 参与反应。

27. 酰氨基葡糖-6-磷酸 2-表异构酶 （acylglucosamine-6-phosphate 2-epimerase） EC 5.1.3.9

分类名：2-acylamido-2-deoxy-D-glucose-6-phosphate 2-epimerase

2-酰氨基-2-脱氧-D-葡萄糖-6-磷酸 2-表异构酶

作用：表异构酶类，作用于糖类。

反应：2-酰氨基-2-脱氧-D-葡萄糖 6-磷酸══2-酰氨基-2-脱氧-D-甘露糖 6-磷酸

28. CDP 阿比可糖表异构酶 （CDP abequose epimerase） EC 5.1.3.10

分类名：CDP abequose 2-epimerase

CDP 阿比可糖 2-表异构酶

别名：CDP paratose epimerase　CDP 泊雷糖表异构酶

作用：表异构酶类作用于 D-葡萄糖。

反应[*]：CDP-3,6-双脱氧-D-葡萄糖══CDP-3,6-双脱氧-D-甘露糖

[*] 需要 NAD$^+$ 参与反应。

29. 纤维二糖表异构酶 （cellobiose epimerase） EC 5.1.3.11

分类名：cellobiose 2-epimerase

纤维二糖 2-表异构酶

作用：表异构酶类作用于纤维二糖。

反应：纤维二糖══葡糖（基）甘露糖

30. UDP 葡糖醛酸 5′-表异构酶 （UDP glucuronate 5′-epimerase） EC 5.1.3.12

分类名：UDP glucuronate 5′-epimerase

UDP 葡糖醛酸 5′-表异构酶

作用：催化糖类分子差向异构。

反应[*]：UDP-D-葡糖醛酸══UDP-L-艾杜糖醛酸

[*] 需要 NAD$^+$ 参与。

31. dTDP-4-酮鼠李糖 3,5-表异构酶 （dTDP-4-ketorhamnose 3,5-epimerase） EC 5.1.3.13

分类名：dTDP-4-keto-6-deoxy-D-glucose 3,5-epimerase

dTDP-4-酮-6-脱氧-D-葡萄糖 3,5-表异构酶

作用：催化表异构作用，作用于糖类。

反应：dTDP-酮-6-脱氧-D-葡萄糖══dTDP-4-酮-6-脱氧-L-甘露糖

32. UDP 乙酰（基）葡糖胺 2-表异构酶 （UDP acetylglucosamine 2-epimerase） EC 5.1.3.14

分类名：UDP-2-acetamido-2-deoxy-D-glucose 2-epimerase

UDP-2-乙酰氨(基)-2-脱氧-D-葡萄糖 2-表异构酶

作用：催化糖类差向异构。

反应：UDP-2-乙酰氨(基)-2-脱氧-D-葡萄糖══UDP-2-乙酰氨(基)-2-脱氧-D-甘露糖

特异性：本酶水解以上反应产物成为 UDP 和 2-乙酰氨(基)-2-脱氧-D-甘露糖。

33. 6-磷酸葡糖 1-表异构酶 (glucose-6-phosphate 1-epimerase) EC 5. 1. 3. 15

分类名：glucose-6-phosphate 1-epimerase 6-磷酸葡糖 1-表异构酶

作用：催化葡萄糖差向异构。

反应：α-D-葡萄糖 6-磷酸══β-D-葡萄糖 6-磷酸

34. 甲基丙二酸单酰-辅酶 A 消旋酶 (methylmalonyl-CoA racemase) EC 5. 1. 99. 1

分类名：methylmaionyl-CoA racemase

甲基丙二酸单酰-辅酶 A 消旋酶

作用：催化甲基丙二酸单酰-辅酶 A 消旋。

反应：R-甲基丙二酸单酰-辅酶 A══S-甲基丙二酸单酰-辅酶 A

35. 16-羟甾类表异构酶 (16-hydroxysteroid epimerase) EC 5. 1. 99. 2

分类名：16-hydroxysteroid 16-epimerase

16-羟甾类 16-表异构酶

作用：催化羟甾类差向（立体）异构。

反应：16α-羟甾类══16β-羟甾类

36. 尿囊素消旋酶 (allantoin racemase) EC 5. 1. 99. 3

分类名：allantoin racemase

尿囊素消旋酶

作用：消旋酶类，作用于尿囊素。

反应：(S)(+)-尿囊素══(R)(−)-尿囊素

第二节 催化几何异化的酶

1. 马来酸异构酶 (maleate isomerase) EC 5. 2. 1. 1

分类名：maleate *cis-trans*-isomerase

马来酸顺-反-异构酶

作用：催化马来酸顺-反异构。

反应：马来酸══延胡索酸

2. 马来酰乙酰乙酸异构酶 (maleylacetoacetate isomerase) EC 5. 2. 1. 2

分类名：4-maleylacetoacetate *cis-trans*-isomerase

4-马来酰乙酰乙酸顺-反-异构酶

作用：催化马来酰乙酰乙酸和马来酰丙酮酸顺-反异构。

反应：4-马来酰乙酰乙酸══4-延胡索酰乙酰乙酸

特异性：也作用于马来酰丙酮酸。

3. 视黄醛异构酶 (retinal isomerase) EC 5. 2. 1. 3

分类名：all-*trans*-retinal Ⅱ-*cis-trans*-isomerase

全反(式)-视黄醛　Ⅱ-顺-反(式)-异构酶

别名：retinene isomerase　视黄醛异构酶

作用：催化视黄醛的顺-反异构。

反应：全反(式)-视黄醛══11-顺(式)-视黄醛

4. 马来酰丙酮酸异构酶（maleylpyruvate isomerase）EC 5.2.1.4

分类名：3-maleylpyruvate *cis-trans*-isomerase

3-马来酰丙酮酸顺-反-异构酶

作用：催化马来酰丙酮酸顺-反-异构。

反应：3-马来酰丙酮酸══3-延胡索酰丙酮酸

5. 亚油酸异构酶（linoleate isomerase）EC 5.2.1.5

分类名：linoleate Δ^{12}-*cis*-Δ^{11}-*trans*-isomerase

亚油酸 Δ^{12}-顺-Δ^{11}-反-异构酶

作用：催化分子的顺反异构。

反应：9-顺-12-顺-十八碳二烯酸══9-顺-11-反-十八碳二烯

6. 呋喃基糠酰胺异构酶（furylfuramide isomerase）EC 5.2.1.6

分类名：2-(2-furyl)-3-(5-nitro-2-furyl)acrylamide *cis-trans*-isomerase

2-(2-呋喃基)-3-(5-硝基-2-呋喃基)丙烯酰胺顺-反-异构酶

作用：催化顺-反异构反应。

反应*：2-(2-呋喃基)-3-顺-(5-硝基-2-呋喃基)丙烯酰胺══2-(2-呋喃基)-3-反-(5-硝基-2-

呋喃基)丙烯酰胺

*需要 NADH 参与。

第三节　催化分子内的氧化还原酶

1. 磷酸丙糖异构酶（triosephosphate isomerase）EC 5.3.1.1

分类名：D-glyceraldehyde-3-phosphate ketol-isomerase

D-甘油醛-3-磷酸乙酮醇-异构酶

别名：phosphotriose isomerase　磷酸丙糖异构酶

triosephosphate mutase　磷酸丙糖变位酶

作用：催化分子内醛基与酮基互变。

反应：3-磷酸 D-甘油醛══磷酸二羟丙酮

2. 阿拉伯糖异构酶（arabinose isomerase）EC 5.3.1.3

分类名：D-arabinose isomerase

D-阿拉伯糖异构酶

作用：催化醛糖与酮糖互变。

反应：D-阿拉伯糖══D-核酮糖

特异性：也作用于 L-岩藻糖和 L-半乳糖与 D-阿卓糖，对后两者的作用较慢。

3. L-阿拉伯糖异构酶（L-arabinose isomerase）EC 5.3.1.4

分类名：L-arabinose ketol-isomerase

L-阿拉伯糖酮-异构酶

作用：催化醛糖与酮糖互变。

反应：L-阿拉伯糖═L-核酮糖

4. 木糖异构酶（xylose isomerase）EC 5. 3. 1. 5

分类名：D-xylose ketol-isomerase

D-木糖乙酮醇-异构酶

作用：催化分子内醛糖与酮糖互变。

反应：D-木糖═D-木酮糖

特异性：有些酶也催化 D-葡萄糖与 D-果糖互变。

5. 磷酸核糖异构酶（ribosephospbate isomerase）EC 5. 3. 1. 6

分类名：D-ribose-5-phosphate ketol-isomerase

D-核糖-5-磷酸乙酮醇-异构酶

别名：phosphopentoisomerase　磷酸戊糖异构酶

phsphoriboisomerase　磷酸核糖异构酶

作用：催化分子内醛糖与酮糖互变。

反应：5-磷酸 D-核糖═5-磷酸 D-核酮糖

特异性：也作用于 5-二磷酸 D-核糖和 5-三磷酸 D-核糖。

6. 甘露糖异构酶（mannose isomerase）EC 5. 3. 1. 7

分类名：D-mannose ketol-isomerase

D-甘露糖乙酮醇-异构酶

作用：催化醛糖与酮糖互变。

反应：D-甘露糖═D-果糖

特异性：也作用于 D-来苏糖和鼠李糖。

7. 磷酸甘露糖异构酶（mannosephosphate isomerase）EC 5. 3. 1. 8

分类名：D-mannose-6-phosphate ketol-isomerase

D-甘露糖与-6-磷酸乙酮醇-异构酶

别名：mannose-6-phosphate isomerase　甘露糖-6-磷酸异构酶

phosphomannose isomerase　磷酸甘露糖异构酶

phosphohexoisomerase　磷酸己糖异构酶

phosphohexomutase　磷酸己糖变位酶

作用：催化醛糖与铜糖互变。

反应：D-甘露糖 6-磷酸═D-果糖 6-磷糖

8. 葡糖磷酸异构酶（glucosephosphate isomerase）EC 5. 3. 1. 9

分类名：D-glucose-6-phosphate kitol-isomerase

D-葡萄糖-6-磷酸乙酮醇-异构酶

别名：phosphohexose isomerase　磷酸己糖异构酶

phosphohexomutase　磷酸己糖变位酶

oxoisomerase　磷酸己糖异构酶

hexosephosphate isomerase　己糖磷酸异构酶

glucose-6-phosphate　6-磷酸葡糖异构酶

phosphosaccharomutase　磷酸糖变位酶

phosphoglucoisomerase　磷酸葡萄糖异构酶

phosphohexoisomrase　磷酸己糖异构酶

作用：催化醛糖和酮糖互变。

反应：D-葡糖 6-磷酸 ⇌ D-果糖 6-磷酸

特异性：也催化 D-葡糖 6-磷酸的 α-β 异构。

9. 氨基葡糖磷酸异构酶 （glucosaminephosphate isomerase） EC 5. 3. 1. 10

分类名：2-amino-2-deoxy-D-glucose-6-phosphate ketol-isomerase （deaminating）

　　　2-氨基-2-脱氧-D-葡萄糖-6-磷酸乙酮醇-异构酶（脱氨）

作用：催化醛糖与酮糖互变。

反应：2-氨基-2-脱氧-D-葡萄糖 6-磷酸＋H_2O ⇌ D-果糖 6-磷酸＋NH_3

特异性：乙酰氨基葡糖 6-磷酸可以活化本酶。

10. 葡糖醛酸异构酶 （glucuronate isomerase） EC 5. 3. 1. 12

分类名：D-glucronate ketol-isomerase

　　　D-葡糖醛酸乙酮醇异构酶

别名：uronic isomerase　糖醛酸

作用：催化醛糖和酮糖互变。

反应：D-葡糖醛酸 ⇌ D-果糖醛酸

特异性：也催化 D-半乳糖醛酸转变为 D-塔格糖醛酸。

11. 磷酸阿拉伯糖异构酶 （arabinosephosphate isomerase） EC 5. 3. 1. 13

分类名：D-arabinose-5-phosphate ketol-isomerase

　　　D-阿拉伯糖-5-磷酸酮-异构酶

作用：催化醛糖与酮糖互变。

反应：D-阿拉伯糖 5-磷酸 ⇌ D-核酮糖 5-磷酸

12. L-鼠李糖异构酶 （L-rhamnose isomerase） EC 5. 3. 1. 14

分类名：L-rhamnose ketol-isomerase

　　　L-鼠李糖乙酮醇-异构酶

作用：催化分子内醛糖与酮糖互变。

反应：D-鼠李糖 ⇌ L-鼠李酮糖

13. D-来苏糖乙酮醇-异构酶 （D-lyxose ketol-isomerase） EC 5. 3. 1. 15

分类名：D-lyxose ketol-isomerase

　　　D-来苏糖乙酮醇-异构酶

作用：催化醛糖与酮糠互变。

反应：D-来苏糖 ⇌ D-木酮糖

14. N-(5′-磷酸-D-核糖基亚胺甲基)-5-氨基-1-(5′-磷酸核糖基)-4-咪唑甲酰胺异构酶 （N-(5′-phospho-D-ribosylformimino)-5-amino-1-(5′-phosphoriboxyl)-4-imidazolecarbox-amide isomerase） EC 5. 3. 1. 16

分类名：N-(5′-phospho-D-ribosylfomimino)-5-amino-1-(5′-phosphoribosyl)-4-imidazolecarboxamid ketol-isomerase

N-(5'-磷酸-D-核糖基亚胺甲基)-5-氨基-1-(5'-磷酸核糖基)-4-咪唑甲酰胺乙酮醇-异构酶

作用：催化醛糖与酮糖互变。

反应：N-(5'-磷酸-D-核糖基亚胺甲基)-5-氨基-1-(5'-磷酸核糖基)-4-咪唑甲酰胺——N-(5'-磷酸-D-1'-核酮糖基亚胺甲基)-5-氨基-1-(5'-磷酸核糖基)-4-咪唑甲酰胺

15. 4-脱氧-L-*threo*-5-己酮糖-糖醛酸乙酮醇-异构酶 （4-deoxy-L-*threo*-5-hexosulose-uronate ketol-isomerase）EC 5. 3. 1. 17

分类名：4-deoxy-L-*threo*-5-hexosulose-uronate ketol-isomerase

4-脱氧-L-*threo*-5-己酮糖-糖醛酸乙酮醇-异构酶

作用：催化分子内醛糖与酮糖互变。

反应：4-脱氧-L-*threo*-5-己酮糖（糖）醛酸——3-脱氧-D-glycero-2,5-己二酮糖酸

16. 氨基葡糖磷酸异构酶（生成谷氨酰胺） （glucosaminephosphate isomerase（glutamine-forming））EC 5. 3. 1. 19

分类名：2-amino-2-deoxy-D-glucose-6-phosphate ketol-isomerase （aminotransferring）

2-氨基 2-脱氧-D-葡萄糖-6-磷酸乙酮醇-异构酶 （氨基转移）

别名：hexosephosphate aminotransferase　磷酸己糖氨基转移酶

glutamine-fructose-6-phosphate aminotransferase　谷氨酰胺-果糖-6-磷氨基转移酶

作用：催化醛糖与酮糖互变。

反应：2-氨基-2-脱氧-D-葡萄糖 6-磷酸＋L-谷氨酸——D-果糖 6-磷酸＋L-谷氨酰胺

17. 核糖异构酶 （ribose isomerase）EC 5. 3. 1. 20

分类名：D-ribose ketol-isomerase

D-核糖乙酮醇-异构酶

作用：催化分子内醛糖与酮糖互变。

反应：D-核糖——D-核酮糖

特异性：也作用于 L-来苏糖和 L-鼠李糖。

18. 苯丙酮酸互变异构酶 （phenylpyruvate tautomerase）EC 5. 3. 2. 1

分类名：phenylpyruvate keto-enol-isomerase

苯丙酮酸酮-烯醇-异构酶

作用：催化酮基与烯醇基互变。

反应：酮-苯丙酮酸——烯醇-苯丙酮酸

特异性：也作用于其它酰基丙酮酸。

19. 草酰乙酸互变异构酶 （oxaloacetate tautomerase）EC 5. 3. 2. 2

分类名：oxaloacetate keto-enol-isomerase

草酰乙酸酮-烯醇-异构酶

作用：催化分子内酮基与烯醇基互变。

反应：酮-草酰乙酸——烯醇-草酰乙酸

20. 类固醇 Δ-异构酶 （steroidΔ-isomerase）EC 5. 3. 3. 1

分类名：3-oxosteroid Δ^5-Δ^4-isomerase

3-氧（代）类固醇 Δ^5-Δ^4 异构酶

作用：催化 C═C 键变换位置。

　　反应：3-氧(代)-Δ^5-类固醇⇌3-氧(代)-Δ^4-类固醇

21. 异戊烯(基)二磷酸 Δ-异构酶（isopentenyldiphosphate Δ-isomerase）EC 5.3.3.2

　　分类名：isopentenyldiphosphate Δ^3-Δ^2-isomerase

　　　　　　异戊烯(基)二磷酸 Δ^3-Δ^2-异构酶

　　作用：催化分子内 C=C 键改变位置。

　　反应：异戊烯(基)二磷酸⇌二甲基烯丙基二磷酸

22. 乙烯基乙酰-辅酶 A Δ-异构酶（vinylacetyl-CoA Δ-isomerase）EC 5.3.3.3

　　分类名：vinylacetyl-CoAΔ^3-Δ^2 isomerase

　　　　　　乙烯基乙酰-辅酶 A Δ^3-Δ^2 异构酶

　　作用：催化 C=C 键变换位置。

　　反应：乙烯基乙酰-辅酶 A⇌巴豆酰-辅酶 A

　　特异性：也作用于 3-甲基-乙烯基乙酰-辅酶 A。

23. 胆甾烯醇 Δ-异构酶（cholestenol Δ-isomerase）EC 5.3.3.5

　　分类名：Δ^7-cholestenol Δ^7-Δ^8-isomerase

　　　　　　Δ^7-胆甾烯醇 Δ^7-Δ^8-异构酶

　　作用：催化分子内的烯键变换位置。

　　反应：5α-胆甾-7-烯-3β-醇⇌5α-胆甾-8-烯-3β-醇

24. 甲基衣康酸 Δ-异构酶（methylitaconate Δ-isomerase）EC 5.3.3.6

　　分类名：methylitaconate Δ^2-Δ^3-isomerase

　　　　　　甲基衣康酸 Δ^2-Δ^3 异构酶

　　作用：催化分子内 C=C 键变换位置。

　　反应：甲基衣康酸⇌二甲基马来酸

25. 乌头酸 Δ-异构酶（aconitate-Δ-isomerase）EC 5.3.3.7

　　分类名：aconitateΔ^2-Δ^3-isomerase

　　　　　　乌头酸 Δ^2-Δ^3-异构酶

　　作用：催化 C=C 键变换位置。

　　反应：乌头酸⇌顺乌头酸

　　特异性：直接顺-反互变或等位重排都可发生异构作用，本酶的作用是等位重排。

26. 十二碳烯酰-辅酶 A Δ-异构酶（dodecenoyl-CoA Δ-isomerase）EC 5.3.3.8

　　分类名：dodecenoyl-CoA Δ^3-*cis*-Δ^2-*trans*-isomerase

　　　　　　十二碳烯酰-辅酶 A Δ^3-顺(式)-Δ^2-反(式)-异构酶

　　别名：Δ^3-*cis*-Δ^2-*trans*-enoyl-CoA isomerase　　Δ^3-顺(式)-Δ^2-反(式)-烯酰(基)-辅酶 A 异构酶

　　作用：催化分子内 C=C 键变换位置。

　　反应：3-顺式-十二碳烯酰-辅酶 A⇌2-反(式)-十二碳烯酰-辅酶 A

27. 前列腺素-A₁ Δ-异构酶（prostaglandin-A₁ Δ-isomerase）EC 5.3.3.9

　　分类名：prostaglandin-A$_1$ Δ^{10}-Δ^{11}-isomerase

　　　　　　前列腺素-A$_1$ Δ^{10}-Δ^{11}-异构酶

　　作用：催化 C=C 键变换位置。

　　反应：前列腺素 A$_1$⇌前列腺素 C$_1$

28. 蛋白质二硫化物-异构酶（protein disulphide-isomerase）EC 5. 3. 4. 1

分类名：protein disulphide-isomerase

　　　　蛋白质二硫化物-异构酶

别名：S'—S rearrangase'　S'—S 重排酶

作用：催化、S—S 键变换位置。

反应*：蛋白质分子中 S—S 键的重排。

　　　　*需要还原剂或部分还原酶参与反应。

29. 氢过氧化物异构酶（hydroperoxide isomerase）EC 5. 3. 99. 1

分类名：fatty-acid-hydroperoxide isomerase

　　　　脂肪酸-氢过氧化物异构酶

作用：催化分子内化学基团转移。

反应：13-过氧氢-十八碳-9,11-二烯酸══12-氧(代)-13-羟基十八碳-9-烯酸

30. 前列腺素 R_2 D-异构酶（prostaglandin R_2 D-isomerase）EC 5. 3. 99. 2

分类名：prostaglandin R_2 D-isomerase

　　　　前列腺素 R_2 D-异构酶

作用*：催化分子内氧化还原反应。

反应：前列腺素 R_2══前列腺素 D_2

　　　　*导致过氧化物环打开。

31. 前列腺素 R_2 E-异构酶（prostaglandin R_2 E-isomerase）EC 5. 3. 99. 3

分类名：prostaglandin R_2 E-isomerase

　　　　前列腺素 R_2 E-异构酶

作用：催化分子内氧化还原反应。

反应*：前列腺素 R_2══前列腺素 E_2

　　　　*导致过氧化物环打开。

第四节　催化分子内基团转移的酶

1. 溶血卵磷脂酰基变位酶（lysolecithin acylmutase）EC 5. 4. 1. 1.

分类名：lysolecithin 2,3-acylmutase

　　　　溶血卵磷脂 2,3-酰基变位酶

别名：lysolecithin migratase　溶血卵磷脂移动酶

作用：催化分子内酰基转移。

反应：2-溶血卵磷脂══3-溶血卵磷脂

2. 磷酸甘油酸磷酸变位酶（phosphoglycerate phosphomutase）EC 5. 4. 2. 1

分类名：D-phosphoglycerate 2,3-phosphomutase

　　　　D-磷酸甘油酸 2,3-磷酸变位酶

别名：bisphosphoglyceromutase　双磷酸甘油变位酶

作用：催化分子内磷酸基转移。

反应：2-磷酸-D-甘油酸══3-磷酸-D-甘油酸

3. 赖氨酸 2,3-氨基变位酶（lysine 3-aminomutase）EC 5.4.3.2

分类名：L-lysine 2,3-aminomutase

　　　　L-赖氨酸 2,3-氨基变位酶

作用：催化分子内氨基转移。

反应：L-赖氨酸=L-3,6-二氨基己酸

特异性：S-腺苷(基)-L-甲硫氨酸和磷酸吡哆醛可激发本酶活性。

4. β-赖氨酸 5,6-氨基变位酶*（β-lysine 5,6-aminomutase）EC 5.4.3.3

分类名：L-3,6-diaminohexanoate aminomutase

　　　　L-3,6-二氨基己酸氨基变位酶

别名：β-lysine mutase　　β-赖氨酸变位酶

作用：催化分子内氨基转移。

反应：L-3,6-二氨基己酸=3,5-二氨基己酸

　　* 需要钴胺酰胺为辅酶。

5. D-赖氨酸 5,6-氨基变位酶*（D-lysine 5,6-aminomutase）EC 5.4.3.4

分类名：D-2,6-diaminohexanoate aminomutase

　　　　D-2,6-二氨基己酸氨基变位酶

别名：D-α-lysine mutase　　D-α-赖氨酸变位酶

作用：催化分子内氨基转移。

反应：D-赖氨酸=2,5-二氨基己酸

　　* 需要钴胺酰胺为辅酶。

6. D-鸟氨酸 4,5-氨基变位酶（D-ornithine 4,5-aminomutase）EC 5.4.3.5

分类名：D-ornithine 4,5-aminomutase

　　　　D-鸟氨酸 4,5-氨基变位酶

作用：催化分子内氨基转移。

反应*：D-鸟氨酸=D-threo-2,4-二氨基戊酸

　　* 需要钴胺酰胺辅酶和二硫苏糖醇参与。

7. 酪氨酸 2,3-氨基变位酶（tyrosine 2,3-aminomutase）EC 5.4.3.6

分类名：L-tyrosine 2,3-aminomutase

　　　　L-酪氨酸 2,3-氨基变位酶

作用：催化分子内氨基转移。

反应*：1-酪氨酸=3-氨基-3-(4-羟苯基)丙酸

　　* 需要 ATP 参与反应。

8. 甲基天冬氨酸变位酶（methylaspartate mutase）EC 5.4.99.1

分类名：L-threo-3-methylaspartate carboxy-aminomethylmutase

　　　　L-threo-3-甲基天冬氨酸羧基-氨甲基变位酶

别名：glutamate mutase　　谷氨酸变位酶

作用：催化甲基天冬氨酸分子内转移。

反应*：L-threo-3-甲基天冬氨酸=L-谷氨酸

　　* 需要钴胺酰胺为辅酶。

9. S-甲基丙二酸单酰-辅酶 A 变位酶 (S-methylmalonyl-CoA mutase) EC 5.4.99.2

分类名：methylmalonyl-CoA CoA-carbonylmutase

　　　　甲基丙二酸单酰-辅酶 A 辅酶 A-羰基变位酶

作用：催化分子内辅酶 A-羰基变位。

反应：S-甲基丙二酸单酰-辅酶 A ══琥珀酰-辅酶 A（需要钴胺酰胺作为辅酶）

10. 2-乙酰乳酸变位酶 (2-acetolactate mutase) EC 5.4.99.3

分类名：2-acetolactate methylmutase

　　　　2-乙酰乳酸甲基变位酶

作用：催化分子内化学基团转移。

反应：2-乙醚乳酸══3-羟-2-氧异戊酸

特异性：需要抗坏血酸存在，也催化 2-羟-2-乙酰丁酸转化为 2-羟-2-氧-3-甲基戊酸。

11. 2-次甲基戊二酸变位酶 (2-methylene-glutarate mutase) EC 5.4.99.4

分类名：2-methylene-glutarate carboxyl-methylenemethylmutase

　　　　2-次甲基戊二酸羧基-次甲基甲基变位酶

作用：催化次甲基戊二酸分子内转移。

反应*：2-次甲基戊二酸══2-次甲基-3-甲基-琥珀酸

　　　* 需要钴胺酰胺为辅酶。

12. 分支酸变位酶 (chorismate mutase) EC 5.4.99.5

分类名：chorismate pyruvatemutase

　　　　分支酸丙酮酸变位酶

作用：催化分子内分支酸-预苯酸变位。

反应：分支酸══预苯酸

13. 异分支酸合酶 (isochorismate synthase) EC 5.4.99.6

分类名：isocharismate hydroxymutase

　　　　异分支酸羟基变位酶

作用：催化分支酸分子内变位。

反应：分支酸══异分支酸

14. 2,3-氧化(角)鲨烯羊毛甾醇-环化酶 (2,3-oxidosqualene lanosterol-cyclase) EC 5.4.99.7

分类名：2,3-oxidosqualene muatase (cyclizing, lanosterol-forming)

　　　　2,3-氧化(角)鲨烯变位酶(环化，生成羊毛甾醇)

作用：催化分子内化学基团变位。

反应：2,3-氧化(角)鲨烯══羊毛甾醇

15. 2,3-氧化(角)鲨烯环阿屯醇-环化酶 (2,3-oxidosqualene cycloartenol-cyclase) EC 5.4.99.8

分类名：2,3-oxidosqualene mutase (cyclizing, cycloarltenol-forming)

　　　　2-3-氧化(角)鲨烯变位酶（环化，生成环阿屯醇）

作用：催化分子内化学基团变位。

反应：2,3-氧化(角)鲨烯══环阿屯醇

第五节　催化分子内基团裂合的酶

1. 3-羧基-顺-顺-黏康酸环化异构酶 (3-carboxy-cis-cis-muconate cycloisomerase) EC 5.5.1.2

分类名：4-carboxymuconolactone lyase (decyclizing)

4-羧基黏康酸内酯裂解酶（去环化）

作用：催化分子内裂解。

反应：4-羧基黏康酸内酯══3-羧基-顺-顺-黏康酸

2. 四烃蝶啶环异构酶（tetrahydroxypteridine cycloisomerase）EC 5.5.1.3

分类名：tetrahydroxypteridine lyase（isomerizing）

四羟蝶啶裂解酶（异构化）

作用：催化分子内化学基团的裂合反应。

反应：四羟蝶啶══黄嘌呤-8-羧酸

3. *myo*-肌醇-1-磷酸(酯)合酶（*myo*-inositol-1-phosphate synthase）EC 5.5.1.4

分类名：1L-*myo*-inositol-1-phosphate lyase（isomerizing）

1L-*myo*-肌醇-1-磷酸(酯)裂解酶（异构化）

作用：催化分子内部的裂合反应。

反应[*]：D-葡萄糖 6-磷酸══1L-*myo*-肌醇 1-磷酸

[*] 需要 NAD^+ 参与反应。

4. 羧基-顺-顺-黏康酸环化酶（carboxy-*cis*-*cis*-muconate cyclase）EC 5.5.1.5

分类名：3-carboxymuconolactone lyase（decyclizing）

3-羧基黏康酸内酯裂解酶（去环化）

作用：催化分子内裂解。

反应：3-羧基黏康酸内酯══3-羧基-顺-顺-黏康酸

5. 苯基苯乙烯酮异构酶（chalcone isomerase）EC 5.5.1.6

分类名：flavanone lyase（decyclizing）

黄烷酮裂解酶（去环化）

作用：催化分子内裂解。

反应：苯基苯乙烯酮══黄烷酮

第六节　其它异构酶

硫氰酸异构酶（thiocyanate isomerase）EC 5.99.1.1

分类名：benzyl-thiocyanate isomerase

苄(基)-硫氰酸异构酶

作用：催化分子内化学基团转移。

反应：苄(基)异硫氰酸══苄(基)硫氰酸

第八章　催化与 ATP 分解偶联形成各种键反应的酶（连接酶类）

连接酶，或称连结酶及结合酶，是催化两种大型分子以一种新的化学键结合一起的酶，该类酶催化 ATP（adenosine 5′-triphosphate，腺苷 5′-三磷酸）及其它高能磷酸键断裂的同时，使另外两种物质分子产生缩合作用，又称为合成酶。

一般会涉及水解其中一个分子的基团。一般连结酶催化以下的反应：

$$Ab+C \rightarrow A-C+b$$

或有时是：

$$Ab+cD \rightarrow A-D+b+c$$

其中小写字母代表小基团。

连接酶通常是包括"连接酶"这个字，就如 DNA 连接酶是将去氧核糖核酸（DNA）片段连接。其他普遍的名称包括"合成酶"，因为这些酶是用作合成新的分子，或当它们是将二氧化碳加入一个分子时则称为"羧化酶"。

需要留意的是"合成酶"是与合酶有所区别，合成酶是会使用三磷腺苷（ATP），但合酶不会使用 ATP，且属于裂合酶。

第一节　催化形成 C—O 键的连接酶

1. 酪氨酰-tRNA 合成酶（tyrosyl-tRNA synthetase）EC 6. 1. 1. 1

　　分类名：L-tyrosine：tRNA^{Tyr} ligase（AMP-forming）

　　　　　　L-酪氨酸：tRNA^{Tyr} 连接酶（生成 AMP）

　　作用：催化形成氨酰基-tRNA^{Tyr}。

反应：ATP＋L-酪氨酸＋tRNA^{Tyr} ＝AMP＋焦磷酸＋L-酪氨酰-tRNA^{Tyr}

2. 色氨酰-tRNA 合成酶 （tryptophanyl-tRNA synthetase） EC 6. 1. 1. 2

分类名：L-tryptophan：tRNA^{Trp} ligase （AMP-forming）

L-色氨酸：tRNA^{Trp} 连接酶 （生成 AMP）

作用：催化形成氨酰基-tRNA^{Trp}。

反应：ATP＋L-色氨酸＋tRNA^{Trp} ＝AMP＋焦磷酸＋L-色氨酰-tRNA^{Trp}

3. 苏氨酰-tRNA 合成酶 （threonyl-tRNA synthetase） EC 6. 1. 1. 3

分类名：L-threonine：tRNA^{Thr} ligase （AMP-forming）

L-苏氨酸：tRNA^{Thr} 连接酶 （生成 AMP）

作用：催化形成氨酰基-tRNA^{Thr}。

反应：ATP＋L-苏氨酸＋tRNA^{Thr} ＝AMP＋焦磷酸＋L-苏氨酰-tRNA^{Thr}

4. 亮氨酸(基)-tRNA 合成酶 （leucyl tRNA synthetase） EC 6. 1. 1. 4

分类名：L-leucin：tRNA^{Leu} ligase （AMP-forming）

L-亮氨酸：tRNA^{Leu} 连接酶 （生成 AMP）

作用：催化形成氨酰基-tRNA^{Leu}。

反应：ATP＋L-亮氨酸＋tRNA^{Leu} ＝AMP＋焦磷酸＋L-亮氨酰(基)-tRNA^{Leu}

5. 异亮氨酰-tRNA 合成酶 （isoleucyl-tRNA synthetase） EC 6. 1. 1. 5

分类名：L-isoleucine：tRNA^{Ile} ligase （AMP-forming）

L-异亮氨酸：tRNA^{Ile} 连接酶 （生成 AMP）

作用：催化形成氨酰基-tRNA^{Ile}。

反应：ATP＋L-异亮氨酸＋tRNA^{Ile} ＝AMP＋焦磷酸＋L-异亮氨酰-tRNA^{Ile}

6. 赖氨酰-tRNA 合成酶 （lysyl-tRNA synthetase） EC 6. 1. 1. 6

分类名：L-lysine：tRNA^{Lyg} ligase （AMP-forming）

L-赖氨酸：tRNA^{Lyg} 连接酶 （生成 AMP）

作用：催化形成氨酰基-tRNA^{Lyg}。

反应：ATP＋L-赖氨酸＋tRNA^{Lyg} ＝AMP＋焦磷酸＋L-赖氨酰-tRNA^{Lyg}

7. 丙氨酰-tRNA 合成酶 （alanl-tRNA synthetase） EC 6. 1. 1. 7

分类名：L-alanine：tRNA^{Ala} ligase （AMP-forming）

L-丙氨酸：tRNA^{Ala} 连接酶 （生成 AMP）

作用：催化形成氨酰基-tRNA^{Ala}。

反应：ATP＋L-丙氨酸＋tRNA^{Ala} ＝AMP＋焦磷酸＋L-丙氨酰-tRNA^{Ala}

8. 缬氨酰-tRNA 合成酶 （valyl-tRNA synthetase） EC 6. 1. 1. 9

分类名：L-valine：tRNA^{Val} ligase （AMP-forming）

L-缬氨酸：tRNA^{Val} 连接酶 （生成 AMP）

作用：催化形成氨酰基-tRNA^{Val}。

反应：ATP＋L-缬氨酸＋tRNA^{Val} ＝AMP＋焦磷酸＋L-缬氨酰-tRNA^{Val}

9. 甲硫氨酰-tRNA 合成酶 （methionyl-tRNA synthetase） EC 6. 1. 1. 10

分类名：L-methionine：tRNA^{Met} ligase （AMP-forming）

L-甲硫氨酸：tRNA^{Met} 连接酶 （生成 AMP）

作用：催化形成氨酰（基）-tRNA^{Met}。

反应：ATP+L-甲硫氨酸+tRNA^{Met} ══AMP+焦磷酸+L-甲硫氨酰-tRNA^{Met}

10. 丝氨酰-tRNA 合成酶（seryl-tRNA synthetase）EC 6.1.1.11

分类名：L-serine：tRNA^{Ser} ligase（AMP-forming）

L-丝氨酸：tRNA^{Ser}连接酶（生成 AMP）

作用：催化形成氨酰基-tRNA^{Ser}。

反应：ATP+L-丝氨酸+tRNA^{Ser} ══AMP+焦磷酸+L-丝氨酰-tRNA^{Ser}

11. 天冬氨酰(基)-tRNA（aspartyl-tRNA synthetase）合成酶 EC 6.1.1.12

分类名：L-asparate：tRNA^{Asp} ligase（AMP-forming）

L-天冬氨酸：tRNA^{Asp} 连接酶（生成 AMP）

作用：催化形成氨酰（基）-tRNA^{Asp}。

反应：ATP+L-天冬氨酸+tRNA^{Asp} ══AMP+焦磷酸+L-天冬氨酰(基)-tRNA^{Asp}

12. D-丙氨酰-多（聚）磷酸核糖（醇）合成酶（D-alanyl-poly(phosphoribitol) synthetase）EC 6.1.1.13

分名类：D-alanine：poly(phosphoribitol)ligase（AMP-forming）

D-丙氨酸：多(聚)(磷酸核糖醇)连接酶（生成 AMP）

作用：催化形成 C—O 键*。

反应：ATP+D-丙氨酸+多（聚）（磷酸核糖醇）══AMP+焦磷酸+O-D-丙氨酰-多（聚）（磷酸核糖醇）

* 与磷壁（酸）质的合成有关。

13. 甘氨酰(基)-tRNA 合成酶（glycyl-tRNA synthetase）EC 6.1.1.14

分类名：glycine：tRNA^{Gly} ligase（AMP-forming）

甘氨酸：tRNA^{Gly}连接酶（生成 AMP）

作用：催化形成氨酰基-tRNA^{Gly}。

反应：ATP+甘氨酸+tRNA^{Gly} ══AMP+焦磷酸+甘氨酰(基)-tRNA^{Gly}

14. 脯氨酰-tRNA 合成酶（prolyl-tRNA synthetase）EC 6.1.1.15

分类名：L-proline：tRNA^{Pro} ligase（AMP-forming）

L-脯氨酸：tRNA^{Pro}连接酶（生成 AMP）

作用：催化形成氨酰基-tRNA^{Pro}。

反应：ATP+L-脯氨酸+tRNA^{Pro}══AMP+焦磷酸+L-脯氨酰基-tRNA^{Pro}

15. 半胱氨酰(基)-tRNA 合成酶（cysteinyl-tRNA synthetase）EC 6.1.1.16

分类名：L-cysteine-tRNA^{Cys} ligase（AMP-forming）

L-半胱氨酸-tRNA^{Cys}连接酶（生成 AMP）

作用：催化形成氨酰(基)-tRNA^{Cys}。

反应：ATP+L-半胱氨酸+tRNA^{Cys} ══AMP+焦磷酸+L-半胱氨酰-tRNA^{Cys}

16. 谷氨酰-tRNA 合成酶（glutamyl-tRNA synthetase）EC 6.1.1.l7

分类名：L-glutamate：tRNA^{Glu} ligase（AMP-forming）

L-谷氨酸：tRNA^{Glu}连接酶（生成 AMP）

作用：催化形成氨酰基-tRNA^{Glu}。

反应：ATP+L-谷氨酰胺+tRNA^{Glu} ══AMP+焦磷酸+L-谷氨酰(基)-tRNA^{Glu}

17. 谷氨酰胺酰(基)-tRNA 合成酶 （glutaminyl-tRNA synthetase）EC 6.1.1.18

分类名：L-glutamine：tRNA^{Gln} ligase（AMP-forming）

　　　　L-谷氨酰胺：tRNA^{Gln} 连接酶（生成 AMP）

作用：催化形成氨酰基-tRNA^{Gln}。

反应：ATP+L-谷氨酰胺+tRNA^{Gln} ══AMP+焦磷酸+L-谷氨酰胺酰(基)-tRNA^{Gln}

18. 精氨酰(基)-tRNA 合成酶 （arginyl-tRNA synthetase）EC 6.1.1.19

分类名：L-arginine：tRNA^{Arg} ligase（AMP-forming）

　　　　L-精氨酸：tRNA^{Arg} 连接酶（生成 AMP）

作用：催化形成氨酰(基)-tRNA^{Arg}。

反应：ATP+L-精氨酸+tRNA^{Arg} ══AMP+焦磷酸+L-精氨酰(基)-tRNA^{Arg}

19. 苯丙氨酰-tRNA 合成酶 （phenylalanyl-tRNA synthetase）EC 6.1.1.20

分类名：L-phenylalanine：tRNA^{Phe} ligase（AMP-forming）

　　　　L-苯丙氨酸：tRNA^{Phe} 连接酶（生成 AMP）

作用：催化形成氨酰基-tRNA^{Phe}。

反应：ATP+L-苯丙氨酸+tRNA^{Phe} ══AMP+焦磷酸+苯丙氨酰-tRNA^{Phe}

20. 组氨酰-tRNA 合成酶 （histidyl-tRNA synthetase）EC 6.1.1.21

分类名：L-histidine tRNA^{His} ligase（AMP-forming）

　　　　L-组氨酸：tRNA^{His} 连接酶（生成 AMP）

作用：催化形成氨酰基-tRNA^{His}。

反应：ATP+L-组氨酸+tRNA^{His} ══AMP+焦磷酸+L-组氨酰-tRNA^{His}

21. 天冬酰胺酰(基)-tRNA 合成酶 （asparaginyl-tRNA synthetase）EC 6.1.1.22

分类名：L-asparagine：tRNA ligase（AMP-forming）

　　　　L-天冬酰胺：tRNA 连接酶（生成 AMP）

作用：催化形成氨酰基-tRNA。

反应：ATP+L-天冬酰胺+tRNA ══AMP+焦磷酸+L-天冬酰胺酰(基)-tRNA

第二节　催化形成 C—S 键的连接酶

1. 乙酰-辅酶 A 合成酶 （acetyl-CoA synthetase）EC 6.2.1.1

分类名：acetate：CoA ligase（AMP-forming）

　　　　乙酸：辅酶 A 连接酶（生成 AMP）

别名：acetyl activatting enzyme　乙酰(基)激活酶

　　　acetate thiokinase　乙酸硫激酶

　　　acyl-activating enzyme　酰(基)激活酶

作用：催化 C—S 键的形成。

反应：ATP+乙酸+辅酶 A ══AMP+焦磷酸+乙酰-辅酶 A

特异性：也作用于丙酸和丙烯酸。

2. 丁酰-辅酶 A 合成酶 （butyryl-CoA synthetase）EC 6.2.1.2

分类名：buttyrate：CoA ligase（AMP-forming）

丁酸：辅酶 A 连接酶（生成 AMP）

别名：fatty acid thiokinase（medium chain）　脂肪酸硫激酶（中等长度链）

acyl-activating enzyme　酰基活化酶

作用：催化形成 C—S 键。

反应：ATP＋酸＋辅酶 A ＝AMP＋焦磷酸＋酰（基）-辅酶 A

特异性：作用于 $C_4 \sim C_{11}$ 的酸和相应的 3-羟不饱和酸以及 2,3 或 3,4-不饱和酸。

3. 酰基辅酶 A 合成酶（acyl-CoA synthetase）EC 6.2.1.3

分类名：acid：CoA ligase（AMP-forming）

酸：辅酶 A 连接酶（生成 AMP）

别名：fatty acid thiokinase（long chain）　脂肪酸硫激酶（长链）

acyl-activating enzyme　酰基活化酶

作用：催化 C—S 键的形成。

反应：ATP＋酸＋辅酶 A ＝AMP＋焦磷酸＋酰基-辅酶 A

特异性：作用于 $C_6 \sim C_{20}$ 的酸。

4. 琥珀酰-辅酶 A 合成酶(生成 GDP)（succinyl-CoA synthetase(GDP-forming)）EC 6.2.1.4

分类名：succinate：CoA ligase（GDP-forming）

琥珀酸：辅酶 A 连接酶（生成 GDP）

别名：succinic thiokinase　琥珀酸硫激酶

作用：催化形成酸-硫醇键。

反应：GTP＋琥珀酸＋辅酶 A ＝GDP＋磷酸＋琥珀酸-辅酶 A

特异性：衣康酸可替代琥珀酸，ITP 可替代 GTP。

5. 琥珀酰-辅酶 A 合成酶(生成 ADP)（succinyl-CoA synthetase(ADP-forming)）EC 6.2.1.5

分类名：succinate：CoA ligase（ADP-forming）

琥珀酸：辅酶 A 连接酶（生成 ADP）

别名：succinic thiokinase　琥珀酸硫激酶

作用：催化形成酸-硫醇键。

反应：ATP＋琥珀酸＋辅酶 A ＝ADP＋磷酸＋琥珀酰-辅酶 A

6. 戊二酰-辅酶 A 合成酶（glutaryl-CoA synthetase）EC 6.2.1.6

分类名：glutarate：CoA ligase（ADP-forming）

戊二酸：辅酶 A 连接酶（生成 ADP）

作用：催化形成 C—S 键。

反应：ATP＋戊二酸＋辅酶 A ＝ADP＋磷酸＋戊二酰-辅酶 A

特异性：GTP 或 ITP 可替代 ATP 参与反应。

7. 胆酰-辅酶 A 合成酶（choloyl-CoA synthetase）EC 6.2.1.7

分类名：cholate：CoA ligase（AMP-forming）

胆酸：辅酶 A 连接酶（生成 AMP）

别名：cholate thiokinase　胆酸硫激酶

作用：催化形成 C—S 键。

反应：ATP＋胆酸＋辅酶 A ＝AMP＋焦磷酸＋胆酰-辅酶 A

8. 草酰-辅酶 A 合成酶 (oxalyl-CoA synthetase) EC 6. 2. 1. 8

分类名：oxalate：CoA ligase (AMP-forming)

草酸：辅酶 A 连接酶（生成 AMP）

作用：催化形成 C—S 键。

反应：ATP＋草酸-辅酶 A ＝AMP＋焦磷酸＋草酰-辅酶 A

9. 苹果酰-辅酶 A 合成酶 (malyl-CoA synthetase) EC 6. 2. 1. 9

分类名：malate：CoA ligase (ADP-forming)

苹果酸：辅酶 A 连接酶（生成 ADP）

作用：催化形成 C—S 键。

反应：ATP＋苹果酸＋辅酶 A ＝ADP＋磷酸＋苹果酰-辅酶 A

10. 酰基辅酶 A 合成酶(生成 GDP) (Acyl-CoA synthetase(GDP-forming)) EC 6. 2. 1. 10

分类名：acid：CoA ligase (GDP-forming)

酸：辅酶 A 连接酶（生成 GDP）

作用：催化 C—S 键的形成。

反应：GTP＋酸＋辅酶 A ＝GDP＋磷酸＋酰基-辅酶 A

11. 生物素酰基辅酶 A 合成酶 (biotinyl-CoA synthetase) EC 6. 2. 1. 11

分类名：biotin：CoA ligase (AMP-forming)

生物素：辅酶 A 连接酶（生成 AMP）

作用：催化生物素酰-辅酶 A 的合成，形成 C—S 键。

反应：ATP＋生物素＋辅酶 A ＝AMP＋焦磷酸＋生物素酰-辅酶 A

12. 4-香豆酰-辅酶 A 合成酶 (4-coumaroyl-CoA synthetase) EC 6. 2. 1. 12

分类名：4-coumarate：CoA ligase (AMP-forming)

4-香豆酸：辅酶 A 连接酶（生成 AMP）

作用：催化形成 C—S 键。

反应：ATP＋4-香豆酸＋辅酶 A ＝AMP＋焦磷酸＋4-香豆酰-辅酶 A

13. 乙酰-辅酶 A 合成酶(生成 ADP) (acetyl-CoA synthetase)(ADP-forming) EC 6. 2. 1. 13

分类名：acetate：CoA ligase (ADP-forming)

乙酸：辅酶 A 连接酶（生成 ADP）

作用：催化 C—S 键的形成。

反应：ATP＋乙酸＋辅酶 A ＝ADP＋磷酸＋乙酰-辅酶 A

特异性：也作用于丙酸和正丁酸，对正丁酸的作用很慢。

第三节　催化形成 C—N 键的连接酶

1. 天冬酰胺合成酶 (asparagine synthetase) EC 6. 3. 1. 1

分类名：L-aspartate：ammonia ligase (AMP-forming)

L-天冬氨酸：氨连接酶（生成 AMP）

作用：催化形成 C—N 键。

反应：ATP＋L-天冬氨酸＋NH_3＝AMP＋焦磷酸＋L-天冬酰胺

2. 谷氨酰胺合成酶 (glutamine synthetase) EC 6. 3. 1. 2

分类名：L-glutamate：ammonia ligase (ADP-forming)

L-谷氨酸：氨连接酶（生成 ADP）

作用：催化形成 C—N 键。

反应：$ATP+L-谷氨酸+NH_3 \Longleftrightarrow ADP+磷酸+L-谷氨酰胺$

3. 天冬酰胺合成酶(生成 ADP) (asparagine synthetase)(ADP forming) EC 6.3.1.4

分类名：L-aspartate：ammonia ligase （ADP-forming）

L-天冬氨酸：氨连接酶 （生成 ADP）

作用：催化形成 C—N 键。

反应：$ATP+L-天冬氨酸+NH_3 \Longleftrightarrow ADP+磷酸+L-天冬酰胺$

4. NAD⁺合成酶 （NAD⁺ synthetase） EC 6.3.1.5

分类名：deamido-NAD⁺：ammonia ligase （AMP-forming）

脱酰胺-NAD⁺：氨连接酶 （生成 AMP）

作用：催化形成 C—N 键。

反应：$ATP+脱酰胺-NAD^+ +NH_3 \Longleftrightarrow AMP+焦磷酸+NAD^+$

特异性：L-谷氨酰胺也可以作为酰胺供体，但反应较慢。

5. N^5-乙基-L-谷氨酰胺合成酶 （N^5-ethyl-L-glutamine synthetase） EC 6.3.1.6

分类名：L-glutamate：ethylamine ligase （ADP-forming）

L-谷氨酸：乙胺连接酶 （生成 ADP）

别名：theanine synthetase 茶氨酸合成酶

作用：催化形成 C—N 键。

反应：$ATP+L-谷氨酸+乙胺 \Longleftrightarrow ADP+磷酸+N^5-乙基-L-谷氨酰胺$

6. 泛酸合成酶 （pantothenate synthetase） EC 6.3.2.1

分类名：L-pantoate：β-alanine ligase （AMP-forming）

L-泛解酸：β-丙氨酸连接酶 （生成 AMP）

别名：pantoate activating enzyme 泛解酸活化酶

作用：催化形成 C—N 键。

反应：$ATP+L-泛解酸+\beta-丙氨酸 \Longleftrightarrow AMP+焦磷酸+L-泛酸$

7. γ-谷氨酰(基)半胱氨酸合成酶 （γ-glutamylcysteine synthetase） EC 6.3.2.2

分类名：L-glutamate：L-cysteine γ-ligase （ADP-forming）

L-谷氨酸：L-半胱氨酸 γ-连接酶 （生成 ADP）

作用：催化形成 C—N 键。

反应：$ATP+L-谷氨酸+L-半胱氨酸 \Longleftrightarrow ADP+磷酸+\gamma-L-谷氨酰-L-半胱氨酸$

8. 谷胱甘肽合成酶 （glutathione synthetase） EC 6.3.2.3

分类名：γ-L-glutamyl-L-cycteine：glycine ligase （ADP-forming）

γ-L-谷氨酰(基)-L-半胱氨酸：甘氨酸连接酶 （生成 ADP）

作用：催化形成 C—N 键。

反应：$ATP+\gamma-L-谷氨酰(基)-L-半胱氨酸+甘氨酸 \Longleftrightarrow ADP+磷酸+谷胱甘肽$

9. 丙氨酰(基)丙氨酸合成酶 （D-alanylalanine synthetase） EC 6.3.2.4

分类名：D-alanine：D-alanine ligase （ADP-forming）

D-丙氨酸：D-丙氨酸连接酶 （生成 ADP）

作用：催化形成 C—N 键。

反应：ATP＋D-丙氨酸＋D-丙氨酸═ADP＋磷酸＋D-丙氨酰丙氨酸

10. 磷酸泛酰(基)半胱氨酸合成酶（phosphopantothenoylcysteine synthetase）EC 6.3.2.5

分类名：4′-phospho-L-pantothenate：L-cysteine ligase

4′-磷酸-L 泛酸：L-半胱氨酸连接酶

作用：催化形成 C—N 键。

反应：CTP＋4′-磷酸-L-泛酸＋L-半胱氨酸═组成不明的 CTP 分解产物＋4′-磷酸-L-泛酰-L-半胱氨酸

特异性：有些半胱氨酸衍生物可以替代半胱氨酸。

11. 磷酸核糖基氨基咪唑-琥珀基甲酰胺合成酶（phosphoribosylaminoimidazole-succino-carboxamide synthetase）EC 6.3.2.6

分类名：5′-phosphoribosyl-4-carboxy-5-anlinoimidazole：L-aspartate ligase（ADP-forming）

5′-磷酸核糖基-4-羧基-5-氨基咪唑：L-天冬氨酸连接酶（生成 ADP）

作用：催化形成 C—N 键。

反应：ATP＋5′-磷酸核糖基-4-羧基-5-氨基咪唑＋L-天冬氨酸═ADP＋磷酸＋5′-磷酸核糖基-4-(N-琥珀基甲酰胺)-5-氨基咪唑

12. UDP-N-乙酰(基)胞壁酰(基)-L-丙氨酰-D-谷氨酸-L-赖氨酸合酶（UDP-N-acetylmuramoyl-L-alanyl-D-glutamyl-L-lysine synthetase）EC 6.3.2.7

分类名：UDP-N-acetylmuramoyl-L-alanyl-D-glutamate：L-lysine ligase（ADP-forming）

UDP-N-乙酰胞壁酰(基)-L-丙氨酰-D-谷氨酸：L-赖氨酸连接酶（生成 ADP）

作用：催化形成 C—N 键。

反应：ATP＋UDP-N-乙酰胞壁酰(基)-L-丙氨酰-D-谷氨酸＋L-赖氨酸═ADP＋磷酸＋UDP-N-乙酰胞壁酰(基)-L-丙氨酰-D-谷氨酰-L-赖氨酸

13. UDP-N-乙酰(基)胞壁酰(基)丙氨酸合成酶（UDP-N-acetylmuramoylalanine synthetase）EC 6.3.2.8

分类名：UDP-N-acetylmuramate L-alanine ligase（ADP-forming）

UDP-N-乙酰(基)胞壁酸 L-丙氨酸连接酶（生成 ADP）

作用：催化形成 C—N 键。

反应：ATP＋UDP-N-乙酰(基)胞壁酸＋L-丙氨酸═ADP＋磷酸＋UDP-N-乙酰(基)胞壁酰(基)-L-丙氨酸

14. UDP-N-乙酰(基)胞壁酰(基)-L-丙氨酸-D-谷氨酸合成酶（UDP-N-acetylmuramoyl-L-ala-nyl-D-glutamate synthetase）EC 6.3.2.9

分类名：UDP-N-acetylmuramoyl-L-alanyl：D-glutamate ligase（ADP-forming）

UDP-N-乙酰(基)胞壁酰(基)-L-丙氨酸：D-谷氨酸连接酶（生成 ADP）

作用：催化形成 C—N 键。

反应：ATP＋UDP-N-乙酰(基)胞壁酰(基)-L-丙氨酸＋D-谷氨酸═ADP＋磷酸＋UDP-N-乙酰(基)胞壁酰(基)-L-丙氨酰-D-谷氨酸

15. UDP-N-乙酰胞壁酰(基)-L-丙氨酰-D-谷氨酰-L-赖氨酰-D-丙氨酰-D-丙氨酸合成酶（UDP-N-acetylmuramoyl-L-alanyl-D-glutamyl-L-lysyl-D-alanyl-D-alanine synthetase）EC 6.3.2.10

分类名：UDP-N-acetylmuramoyl-L-alanyl-D-glutamyl-L-lyine：D-alanyl-D-alanine ligase（ADP-forming）

UDP-N-乙酰胞壁酰（基）-L-丙氨酰-D-谷氨酰-L-赖氨酸：D-丙氨酰-D-丙氨酸连接酶（生成 ADP）

作用：催化形成 C—N 键。

反应：ATP＋UDP-N-乙酰胞壁酰（基）-L-丙氨酰-D-谷氨酰-L-赖氨酰-D-丙氨酰-D-丙氨酸＝ADP＋磷酸＋UDP-N-乙酰胞壁酰（基）-L-丙氨酰-D-谷氨酰-L-赖氨酰-D-丙氨酰-D-丙氨酸

16. 肌肽合成酶（carnosine synthetase）EC 6. 3. 2. 11

分类名：L-histidine β-alanine ligase（AMP-forming）

L-组氨酸：β-丙氨酸连接酶（生成 AMP）

作用：催化形成 C—N 键。

反应：ATP＋L-组氨酸＋β-丙氨酸＝AMP＋焦磷酸＋肌肽

17. 二氢叶酸合成酶（dihydrofolate synthetase）EC 6. 3. 2. 12

分类名：7,8-dihydropteroate：L-glutamate ligase（ADP forming）

二氢叶酸：L-谷氨酸连接酶（生成 ADP）

作用：催化形成 C—N 键。

反应：ATP＋二氢叶酸＋L-谷氨酸＝ADP＋磷酸＋二氢叶酸谷氨酰胺

18. UDP-N-乙酰胞壁酰（基）-L-丙氨酰-D-谷氨酰-meso-2，6-二氨基庚二酸合成酶（UDP-N-acetylmuramoyl-L-alanyl-D-glutamyl-meso-2，6-diaminopimelate synthetase）EC 6. 3. 2. 13

分类名：UDP-N-acetylmuramoyl-L-alanyl-D-glutamate-meso-2,6-diaminopimelate：D-alanyl-D-alanine ligase（ADP-forming）

UDP-N-乙酰（基）胞壁酰（基）-L-丙氨酰-D-谷氨酰-meso-2,6-二氨基庚二酸：D-丙氨酰-D-丙氨酸连接酶（生成 ADP）

作用：催化形成 C—N 键。

反应：ATP＋UDP-N-乙酰（基）胞壁酰（基）-L-丙氨酰-D-谷氨酸＋meso-2,6-二氨基庚二酸＝ADP＋磷酸＋UDP-N-乙酰（基）胞壁酰（基）-L-丙氨酰-D-谷氨酰-meso-2,6-二氨基庚二酸

19. 2,3-二羟苯甲酰(基)丝氨酸合成酶（2,3-dihydroxybenzoylserine synthetase）EC 6. 3. 2. 14

分类名：2,3-dihydroxybenzoate：L-serine ligase

2,3-二羟苯甲酸：L-丝氨酸连接酶

作用：催化形成 C—N 键。

反应：ATP＋2,3-二羟苯甲酸＋L-丝氨酸＝ATP 断裂后的产物＋2,3-二羟苯甲酰（基）-L-丝氨酸

20. UDP-N-乙酰胞壁酰(基)-L-丙氨酰-D-谷氨酰-meso-2,6-二氨基庚二酰-D-丙氨酰-D-丙氨酸合成酶（UDP-N-acetylmuramoyl-L-alanyl-D-glutamyl-meso-2,6-diaminopimeloyl-D-alanyl-D-alamine synthetase）EC 6. 3. 2. 15

分类名：UDP-N-acetylmuramoyl-L-alanyl-D-glutamyl-meso-2，6-diaminopimelate：D-alanyl-D-alanine ligase （ADP-forming）

UDP-N-乙酰（基）胞壁酰（基）-L-丙氨酰-D-谷氨酰-*meso*-2,6-二氨基庚二酸：
D-丙氨酰-D-丙氨酸连接酶（生成 ADP）

作用：催化形成 C—N 键。

反应：ATP＋UDP-N-乙酰（基）胞壁酰（基）-L-丙氨酰-D-谷氨酰-*meso*-2,6-二氨基庚二
酸＋D-丙氨酰-D-丙氨酸══ADP＋磷酸＋UDP-N-乙酰胞壁酰（基）-L-丙氨酰-D-谷
氨酰-*meso*-2,6-二氨基庚二酰-D-丙氨酰丙氨酸

特异性：由枯草杆菌提取的酶催化以上逆反应（需要有 Co^{2+} 参与），但未观察到 ATP
的生成。

21. D-丙氨酰（基）-丙氨酰（基）-多（聚）（磷酸甘油）合成酶 （D-alanyl-alanyl-poly(glycero-phosphate)synthetase） EC 6.3.2.16

分类名：D-alanine：alanyl-poly(glycerophosphate)ligase （ADP-forming）

D-丙氨酸：丙氨酰（基）-多（聚）（磷酸甘油）连接酶（生成 ADP）

别名：D-alanine：membrane acceptor ligase　D-丙氨酸：膜受体连接酶

作用：催化形成 C—N 键*。

反应：ATP＋D-丙氨酸＋丙氨酰-多（聚）（磷酸甘油）══ADP＋磷酸＋D-丙氨酰丙氨酰-多
（聚）（磷酸甘油）

＊ 与胞壁（酸）质的合成有关。

22. 磷酸核糖基氨基咪唑合成酶 （phosphoribosylaminoimidazole synthetase） EC 6.3.3.1

分类名：5′-phosphoribosylformyl-glycinamidine cyclo-ligase （ADP-forming）

5′-磷酸核糖基甲酰（基）-甘氨脒环-连接酶（生成 ADP）

作用：催化形成 C—N 键。

反应：ATP＋5′-磷酸核糖基甲酰（基）甘氨脒══ADP＋磷酸＋5′-磷酸核糖基-5-氨基咪唑

23. 5,10-次甲基四氢叶酸合成酶 （5,10-methenyltetrahydrofolate synthetase） EC 6.3.3.2

分类名：5-formyltetrahydrofolate cyclo-ligase （ADP forming）

5-甲酰（基）四氢叶酸环化-连接酶（生成 ADP）

别名：5-formyltetrahydrofolate cyclo-ligase　5-甲酰（基）四氢叶酸环化-连接酶

作用：催化形成 C—N 键。

反应：ATP＋5-甲酰（基）四氢叶酸══ADP＋磷酸＋5,10-次甲基四氢叶酸

24. 脱硫生物素合成酶 （dethiobiotin synthetase） EC 6.3.3.3

分类名：7,8-diaminononanoate：carbon-dioxide cyclo-ligase （ADP-forming）

7,8-二氨基壬酸：二氧化碳环化-连接酶（生成 ADP）

作用：催化形成 C—N 键。

反应：ATP＋7,8-二氨基壬酸＋CO_2══ADP＋磷酸＋脱硫生物素

特异性：CTP 可替代 ATP 参加反应，其活性为 ATP 的一半。

25. GMP 合成酶 （GMP synthetase） EC 6.3.4.1

分类名：xanthosin-5′-phosphate：ammnonia ligase （AMP-forming）

黄苷-5′-磷酸：氨连接酶（生成 AMP）

作用：催化形成 C—N 键。

反应：ATP＋黄苷 5′-磷酸＋NH_3 ＝AMP＋焦磷酸＋GMP

26. CTP 合成酶（CTP synthetase）EC 6.3.4.2

分类名：UTP：ammonia ligase（ADP-forming）

UTP：氨连接酶（生成 ADP）

作用：催化形成 C—N 键。

反应[*]：ATP＋UTP＋NH_3 ＝ADP＋磷酸＋CTP

[*] 谷氨酰胺可以替代 NH_3 参加反应。

27. 甲酰四氢叶酸合成酶（formyltetrahydrofolate synthetase）EC 6.3.4.3

分类名：formate：tetrahydrofolate ligase（ADP-forming）

甲酸：四氢叶酸连接酶（生成 ADP）

作用：催化形成 C—N 键。

反应：ATP＋甲酸＋四氢叶酸＝ADP＋磷酸＋10-甲酰四氢叶酸

28. 腺苷酸琥珀酸合成酶（adenylosuccinate synthetase）EC 6.3.4.4

分类名：IMP：L-aspartate ligase（GDP-forming）

IMP：L-天冬氨酸连接酶（生成 GDP）

别名：adenylosuccinate synthetase

腺苷酸琥珀酸合酶

作用：催化形成 C—N 键。

反应：GTP＋IMP＋L-天冬氨酸＝GDP＋磷酸＋腺苷酸（基）琥珀酸。

29. 精氨（基）琥珀酸合成酶（argininosuccinate synthetase）EC 6.3.4.5

分类名：L-citrulline：L-aspartate ligase（AMP-forming）

L-瓜氨酸：L-天冬氨酸连接酶（生成 AMP）

作用：催化形成 C—N 键。

反应：ATP＋L-瓜氨酸＋L-天冬氨酸＝AMP＋焦磷酸＋L-精氨（基）琥珀酸

30. 尿素羧化酶(水解)（urea carboxytlase(hydrolysing)）EC 6.3.4.6

分类名：urea：carbon-dioxide ligase（ADP-forming）（decarboxylating，deaminating）

尿素：二氧化碳连接酶（生成 ADP）（脱羧，脱氨）

作用：催化形成 C—N 键。

反应：ATP＋尿素＋CO_2 ＝ADP＋磷酸＋$2NH_3$＋$2CO_2$

31. 5′-磷酸核糖基胺合成酶（5′-phosphoribosylamine synthetase）EC 6.3.4.7

分类名：ribose-5-phosphate：ammonia ligase（ADP-forming）

核糖-5-磷酸：氨连接酶（生成 ADP）

作用：催化形成 C—N 键。

反应：ATP＋5-磷酸核糖＋NH_3 ＝ADP＋磷酸＋5′-磷酸核糖基胺

32. 5′-磷酸核糖基咪唑乙酸合成酶（5′-phosphoribosylimidazoleacetate synthetase）EC 6.3.4.8

分类名：imidazoleacetate：5′-phosphoribosyldiphosphate ligase（ADP and pyrophosphate-forming）

咪唑乙酸：5′-磷酸核糖基二磷酸连接酶（生成 ADP 和焦磷酸）

作用：催化形成 C—N 键。

反应：ATP＋咪唑乙酸＋5′-磷酸核糖基二磷酸＝ADP＋磷酸＋5′-磷酸核糖基咪唑乙酸＋焦磷酸

33. 生物素-[甲（基）丙二酰-辅酶 A-羧基转移酶]合成酶 （biotin-[methylmalonyl-CoA-carboxyltransferase]synthetase） EC 6. 3. 4. 9

分 类 名：biotin：apo-[methylmalonyl-CoA：pyruvate carboxyltransferase] ligase （AMP-forming）

生物素：脱辅基-[甲（基）丙二酰-辅酶 A：丙酮酸羧基转移酶]连接酶（生成 AMP）

作用：催化形成 C—N 键。

反应：ATP＋生物素＋脱辅基-[甲（基）丙二酰-辅酶 A：丙酮酸羧基转移酶]＝AMP＋焦磷酸＋[甲（基）丙二酰-辅酶 A：丙酮酸羧基转移酶]

34. 生物素-[丙酰-辅酶 A-羧化酶(水解 ATP)]合成酶 （biotin-[propionyl-CoA-carboxylase(ATP-hydrolysing)]synthetase） EC 6. 3. 4. 10

分类名：biotin：apo-propionyl-CoA：carbon-dioxide ligase(ADP-forming)ligase(AMP-forming)

生物素：脱辅基-[丙酰-辅酶 A：二氧化碳连接酶（生成 ADP）]连接酶（生成 AMP）

作用：催化形成 C—N 键。

反应：ATP＋生物素＋脱辅基-[丙酰-辅酶 A：二氧化碳连接酶（生成 ADP）]＝AMP＋焦磷酸＋[丙酸-辅酶 A：二氧化碳连接酶（生成 ADP）]

35. 生物素-[甲（基）丁烯酰-辅酶 A-羧化酶]合成酶 （biotin-[methylcrotonoyl-CoA-carboxylase]synthetase） EC 6. 3. 4. 11

分 类 名：biotin：apo-[3-methylcrotonoyl-CoA：carbon-dioxide ligase（ADP-forming）]ligase(AMP-foming)

生物素：脱辅基-[3-甲（基）丁烯酰-辅酶 A：二氧化碳连接酶（生成 ADP）]连接酶（生成 AMP）

作用：催化形成 C—N 键。

反应：ATP＋生物素＋脱辅基[3-甲（基）丁烯酰-辅酶 A：二氧化碳连接酶（生成 ADP）]＝AMP＋焦磷酸＋[3-甲（基）丁烯酸-辅酶 A：二氧化碳连接酶（生成 ADP）]

36. γ-谷氨酰甲基酰胺合成酶 （γ-glutamylmethylamide synthetase） EC 6. 3. 4. 12

分类名：L-glutamate：methylamine ligase （ADP-forming）

L-谷氨酸：甲胺连接酶（生成 ADP）

作用：催化形成 C—N 键。

反应：ATP＋L-谷氨酸＋甲胺＝ADP＋磷酸＋N-甲基-L-谷氨酰胺

37. 磷酸核糖基甘氨酰胺合成酶 （phosphoribosylglycinamide synthetase） EC 6. 3. 4. 13

分类名：5-phosphoribosylamine：glycine ligase （ADP-forming）

5-磷酸核糖基胺：甘氨酸连接酶（生成 ADP）

别名：glycinaminde ribonucletide synthetase　甘氨酰胺核糖核苷酸合成酶

作用：催化形成 C—N 键。

反应：ATP＋5-磷酸核糖基胺＋甘氨酸＝ADP＋磷酸＋5′-磷酸核糖基甘氨酰胺

38. 生物素羧化酶（biotin carboxylase）EC 6. 3. 4. 14

分类名：biotin-carboxyl-carrier-protein：carbon-dioxide ligase（ADP-forming）

生物素-羧基-载体蛋白：二氧化碳连接酶（生成 ADP）

作用：催化生物素羧化（形成 C—N 键）。

反应：ATP＋生物素-羧基-载体蛋白＋CO_2＝ADP＋磷酸＋羧基生物素-羧基载体蛋白

39. 生物素-［乙酰-辅酶 A 羧化酶］合成酶 （biotin-［acetyl-CoA carboxylase］synthetase）EC 6. 3. 4. 15

分类名：biotin：apo-［acetyl-CoA：carbon-dioxide ligase（ADP-forming）］ligase （AMP-forming）

生物素：脱辅基-［乙酰-辅酶 A：二氧化碳连接酶（生成 ADP）］连接酶（生成 AMP）

作用：催化形成 C—N 键。

反应：ATP＋生物素＋脱辅基-［乙酰-辅酶 A：二氧化碳连接酶（ADP 生成）］＝AMP＋焦磷酸＋［乙酰-辅酶 A：二氧化碳连接酶（生成 ADP）］

40. 氨甲酰基-磷酸合成酶(氨) （carbamoyl-phosphate synthetase(ammonia)）EC 6. 3. 4. 16

分类名：carbon-dioxide：ammonia ligase（ADP-forming carbamate-phosphorylating）

二氧化碳：氨连接酶 （生成 ADP，氨基甲酸磷酸化）

别名：carbamoyl-phosphate synthetase(ammonia)　氨甲酰基-磷酸合酶(氨)

作用：催化形成 C—N 键。

反应：$2ATP＋NH_3＋CO_2＋H_2O$＝2ADP＋磷酸＋氨甲酰基磷酸

41. NAD^+ 合成酶(水解谷氨酰胺) （NAD^+ synthetase(glutamine-hydrolysing)）EC 6. 3. 5. 1

分类名：deamido-NAD^+：L-glutamine amido-ligase （AMP-forming）

脱酰胺-NAD^+：L-谷氨酰胺酰胺-连接酶 （生成 AMP）

作用：催化形成 C—N 键。

反应：ATP＋脱酰胺-NAD^+＋ L-谷氨酰胺＋H_2O＝AMP＋焦磷酸＋NAD^+＋ L-谷氨酸

特异性：NH_3 可以替代谷氨酰胺参加反应。

42. GMP 合成酶(水解谷氨酰胺) （GMP synthetase(glutamine-hydrolysing)）EC 6. 3. 5. 2

分类名：xanthosine-5′-phosphate：L-glutamine amido-ligase （AMP-forming）

黄苷-5′-磷酸：L-谷氨酰胺酰胺连接酶 （生成 AMP）

作用：催化形成 C—N 键。

反应：ATP＋黄苷-5′-磷酸＋L-谷氨酰胺＋H_2O＝AMP＋焦磷酸＋GMP＋L-谷氨酸

43. 磷酸核糖基甲酰(基)甘氨脒合成酶 （phorisphohbosylformylglycinamidine synthetase）EC 6. 3. 5. 3

分类名：5′-phosphoribosylformyl-glycinamide：L-glutamineamido ligase（ADP-forming）

5′-磷酸核糖基甲酰(基)-甘氨酰胺：L-谷氨酰胺酰胺连接酶 （生成 ADP）

作用：催化形成 C—N 键。

反应：ATP＋5′-磷酸核糖基甲酰(基)甘氨酰胺＋L-谷氨酰胺＋H_2O ＝ADP＋磷酸＋5′-磷酸核糖基甲酰(基)甘氨脒＋L-谷氨酸

44. 天冬酰胺合成酶（谷酰胺水解）（asparagine synthetase（glutamine-hydrolysing））EC 6.3.5.4

分类名：L-aspartate：L-glutamine amido-ligase （AMP-forming）

L-天冬氨酸：L-谷酰胺酰胺-连接酶 （生成 AMP）

作用：催化形成 C—N 键。

反应：ATP＋L-天冬氨酸＋L-谷酰胺＝AMP＋焦磷酸＋L-天冬酰胺＋谷氨酸

45. 氨甲酰基-磷酸合成酶（水解谷氨酰胺）carbamoyl-phosphate synthetase（glutamine-hydrolysing）EC 6.3.5.5

分类名：carbon-dioxide：L-glutamine amido-ligase （ADP-forming, carbamate-phospho-rylating）

二氧化碳：L-谷氨酰胺酰胺-连接酶 （生成 ADP，氨基甲酸磷酸化）

别名：carbamoyl-phosphate synthetase(glutamine) 氨甲酰基-磷酸合酶 （谷氨酰胺）

作用：催化形成 C—N 键。

反应：2ATP＋谷氨酰胺＋CO_2＋H_2O ＝2ADP＋磷酸＋谷氨酸＋氨甲酰基磷酸

第四节 催化形成 C—C 键的连接酶

1. 丙酮酸羧化酶（pyruvate carboxylase）EC 6.4.1.1

分类名：pyruvate：carbon-dioxide ligase （ADP-forming）

丙酮酸：二氧化碳连接酶 （生成 ADP）

别名：pyruvic carboxylase 丙酮酸羧化酶

作用：催化形成 C—C 键。

反应*：ATP＋丙酮酸＋CO_2＋H_2O ＝ADP＋磷酸＋草酰乙酸

*动物来源的酶需要乙酰-辅酶 A 参与反应。

2. 乙酰-辅酶 A 羧化酶 （acetyl-CoA carboxylase）EC 6.4.1.2

分类名：acetyl-CoA：carbon dioxide ligase （ADP-forming）

乙酰-辅酶 A：二氧化碳连接酶 （生成 ADP）

作用：催化形成 C—C 键。

反应：ATP＋乙酰-辅酶 A＋CO_2＋H_2O ＝ADP＋磷酸＋丙二酰-辅酶 A

特异性：本酶是一种生物素蛋白，也催化转羧基反应；植物来源的酶对丙酰-辅酶 A 和丁酰-辅酶 A 也有催化作用。

3. 丙酰-辅酶 A 羧化酶（ATP 水解）（propionyl-CoA carboxylase（ATP-hydrolysing））EC 6.4.1.3

分类名：propionyl-CoA：carbon-dioxide ligase （ADP-forming）

丙酰-辅酶 A：二氧化碳连接酶 （生成 ADP）

作用：催化 C—C 键形成。

反应：ATP＋丙酰-辅酶 A＋CO_2＋H_2O ＝ADP＋磷酸＋甲基丙二酸单酰-辅酶 A

特异性：也催化丁酰-辅酶 A 羧化和催化转羧基作用。

4. 甲基巴豆酰辅酶 A 羧化酶（methylcrotonoyl-CoA carboxylase）EC 6.4.1.4

分类名：3-methylcrotonoyl-CoA：carbon-dioxide ligase（ADP-forming）

3-甲基巴豆酰-辅酶 A：二氧化碳连接酶（生成 ADP）

作用：催化形成 C—C 键。

反应：ATP＋3-甲基巴豆酰-辅酶 A＋CO_2＋H_2O＝ADP＋磷酸＋3-甲基戊烯二酸单酰-辅酶 A

5. 牻牛儿酰-辅酶 A 羧化酶（geranoy-CoA carboxylase）EC 6.4.1.5

分类名：geranoyl-CoA：carbon-dioxide ligase（ADP-forming）

牻牛儿酰-辅酶 A：二氧化碳连接酶（生成 ADP）

作用：催化形成 C—C 键。

反应：ATP＋牻牛儿酰-辅酶 A＋CO_2＋H_2O＝ADP＋磷酸＋3-异己烯（基）戊烯二酰-辅酶 A

特异性：也催化丁酰-辅酶 A 羧化和催化转羧作用。

第五节　催化形成磷酯键的连接酶

1. 多（聚）脱氧核糖核苷酸合成酶（ATP）（polydeoxyribonucleotide synthetase（ATP））EC 6.5.1.1

分类名：poly(deoxyribonucleotide)：poly（deoxyribonucleotide）ligase（AMP-forming）

多(聚)(脱氧核糖核苷酸)：多(聚)(脱氧核糖核苷酸)连接酶（生成 AMP）

别名：polynucleotide ligase　多(聚)核苷酸连接酶

sealase　封合酶

DNA repair enzyme　DNA 修补酶

DNA joinase　DNA 接合酶

DNA ligase　DNA 连接酶

作用：催化形成磷酸酯键。

反应：ATP＋(脱氧核糖核苷酸)$_n$＋(脱氧核糖核苷酸)$_m$＝AMP＋焦磷酸＋(脱氧核糖核苷酸)$_{n+m}$

特异性：对 RNA 也有一定作用。

2. 多（聚）脱氧核糖核苷酸合成酶（NAD⁺）（polydeoxyribonucleotide synthetase（NAD⁺））EC 6.5.1.2

分类名：poly(deoxyribonucleotide)：poly(deoxyribonucleotide)ligase(AMP-forming，NMN-forming)

多(聚)(脱氧核糖核苷酸)：多（聚）（脱氧核糖核苷酸）连接酶（生成 AMP，生成 NMN）

别名：polynucleotide ligase（NAD⁺）　多(聚)核苷酸连接酶（NAD⁺）

DNA rapair enzyme　DNA 修补酶

DNA joinase　DNA 接合酶

DNA ligase　DNA 连接酶

作用：催化形成磷酸酯键。

反应：$NAD^+ +$（脱氧核糖核苷酸）$_n$＋（脱氧核糖核苦酸）$_m$＝$AMP+NMN+$（脱氧核糖核苷酸）$_{n+m}$

特异性：对 RNA 也有一定作用。

3. 多(聚)核糖核苷酸合成酶(ATP) (polyribonucleotide synthetase(ATP)) EC 6.5.1.3

分类名：poly(ribonucleotide)：poly(ribonucleotide)ligase(AMP-forming)

多(聚)(核糖核苷酸)：多(聚)(核糖核苷酸)连接酶(生成 AMP)

别名：RNA ligase　RNA 连接酶

作用：催化形成磷酸酯键。

反应：$ATP+$（核糖核苷酸）$_n$＋（核糖核苷酸）$_m$＝$AMP+$焦磷酸＋（核糖核苷酸）$_{m+n}$

特异性：通过 $5'$-磷酸转移到 $3'$-羟基末端，直链 RNA 转变为环 RNA。

第九章　酶制剂

　　酶工程是指通过化学化工方法、酶学方法和 DNA 重组技术改善自然界中酶的组成、结构和性能，提高酶的催化效率，提取、浓集、纯化和制造各种酶制剂，并在工业生产中应用。酶工程包括酶的制备，酶和细胞的固定化，酶反应器的设计和放大，反应条件的控制和优化等。酶工程中的核心和关键物质就是具有生物活力的催化剂——酶制剂。

　　酶制剂的工业应用：现已发现在自然界中存在 3000 多种酶，而制成酶制剂在工业和日常生活中应用的还不足 200 种。它们目前的应用范围大致可分为五方面。

　　① 食品加工方面：包括制糖工业，啤酒发酵，蛋白质制品加工，水果、蔬菜加工，乳品工业，肉类、鱼类、蛋品加工，食品制造和保藏等。

　　② 轻工业方面：包括原料处理、轻工产品等。

　　③ 医学方面：包括疾病诊断、治疗，药物生产，生物医疗工程等。

　　④ 能源开发方面：包括乙醇生产，制氢，生物电池等。

　　⑤ 环境保护方面：包括水净化、石油和工业废油处理、白色污染处理等。

　　本章将简要介绍已生产的酶制剂。

第一节　氧化还原酶类的酶制剂

1. 醇脱氢酶（alcohol dehydrogenase）

　　法定编号：EC 1.1.1.1

　　性状：类白色冻干粉。单体相对分子质量为 35000，每一亚基有一原子锌和两个巯基的
　　　　　活性中心，溶于水。此酶在辅酶 I 的存在下，相应地催化醇的氧化和醛或酮的还

原。乙醇氧化的最适 pH 值为 8.6～9.0、醛还原最适 pH 值为 7.0。等电点为 5.4。激活剂有巯基乙醇、二巯基苏糖醇、半胱氨酸、重金属螯合剂。抑制剂有重金属和巯基试剂。人血白蛋白、谷胱甘肽或半胱氨酸可使其稀溶液稳定，在 pH 值低于 6.0 和高于 8.5 时不稳定。在纯水中和近中性的高浓度酶溶液于 5℃ 时可稳定几天。商品有①含有蔗糖及磷酸盐的冻干粉，在 4℃ 时储存，6 个月内其活性可能降低 10％；②含有磷酸盐的结晶悬浊液，在 4℃ 时储存，6 个月内其活性可能降低 40％。

制法：以马肝为原料，经抽提、过滤以及离心分离后取上层清液，用硫酸铵分级沉淀，得到的粗制酶液用乙醇结晶而得。

用途：用于测定乙醇、血液中醇的浓度，临床诊断糖尿病、肝脏坏死及醇中毒，定性测定辅酶Ⅰ及还原辅酶Ⅰ。

生产厂家：中国科学院生物物理研究所生化试剂厂（北京）、阿法埃莎（中国）化学有限公司。

2. 乙醇脱氢酶（alcohol dehydrogenase）

法定编号：EC 1.1.1.2

别名：ADH

性状：从马肝中制得的乙醇脱氢酶相对分子质量约 73000，从酵母中制得的相对分子质量约为 151000，均含有活性有关的巯基。商品有含蔗糖及磷酸盐的冷冻干燥体（贮存在 4℃，6 个月内活力可能降低 10％）和含有磷酸盐的结晶悬浮液（贮存在 4℃，6 个月内活力可能降低 40％）。

制法：以马肝为原料，绞碎后提取，取上清液用硫酸铵分级沉淀得粗品，再经透析、重结晶后得纯品。

用途：常用诊断用酶。测定血液和尿中乙醇的浓度，糖尿病、肝脏坏死及醇中毒的临床诊断，脱羧酶的检定，NAP 及 $NADH_2$ 的定性测定。

生产厂家：中国科学院生物物理研究所生化制剂厂（北京）。

3. L-乳酸脱氢酶（L-lactate dehydrogenase）

法定编号：EC 1.1.1.27

性状：近白色冷冻干粉、针状结晶或 3.2mol/L 硫酸铵的结晶悬浮液，相对分子质量为 140000，等电点 4.6。酶反应：乳酸盐＋辅酶Ⅰ$\Longleftrightarrow$丙酮酸盐＋还原辅酶Ⅰ＋H^+。作用的最适 pH 值 7.0（乳酸盐氧化反应）、pH 值 6.0（丙酮酸盐还原反应，最适作用温度 39℃，最适底物浓度 3×10^{-3} mol/L）。激活剂有 2-氨基-2-甲基-1-丙醇、二乙醇胺、氟化物和肝素（氧化作用）。抑制剂：氧化反应（乳酸→丙酮酸）有焦磷酸或磷酸缓冲剂和在碱性时从辅酶Ⅰ形成的非竞争性抑制剂；还原反应有过量的乳酸、从还原辅酶Ⅰ形成的非竞争性抑制剂。正逆反应都受以下试剂所抑制：过量的丙酮酸、过量的辅酶Ⅰ、草酸、草酸酰胺、丙二酸、羟基丙二酸、尿素、重金属离子、4-氯汞苯甲酸。乳酸脱氢酶在 25℃，pH 值 5.0～11.0 时稳定；在 pH 值小于 5 时，2 h 后活力完全丧失（放置同样时间，在 pH 值 5.0 时有 100 ％活力，在 pH 值 6.0 时有 84 ％活力，在 pH 值 7.0～11.0 时有 78 ％活力）。在温度小于 60℃ 时制剂稳定，大于或等于 60℃ 时则很不稳定。结晶酶溶液放置 6～8 周不丧失活力；极稀溶液不稳定；硫酸铵悬浮液活力可稳定保持一年以上。

制法：以猪心或兔肌为原料，提取液经磷酸钙凝胶处理、硫酸铵分级、结晶精制而得。

用途：用于生化研究，丙酮酸盐的检定，心肌梗死及白血病的诊断。

生产厂家：上海丽珠东风生物技术有限公司、中国科学院生物物理研究所化学试剂厂。

4. 苹果酸脱氢酶（malate dehydrogenase）

法定编号：EC 1.1.1.37

性状：商品为含稳定剂的冻干粉，溶于水，相对分子质量为 70000。此酶由两个相同的多肽组成，一个分子有两个辅酶结合部位。酶反应：苹果酸盐 ＋ 辅酶Ⅰ═草酰乙酸盐 ＋ 还原辅酶Ⅰ＋ H^+。作用的最适 pH 值为 9.2～9.5（苹果酸氧化反应）；7.4～7.5（草酰乙酸还原反应）。等电点为 6.1～6.4。激活剂有磷酸盐、砷酸盐、Mg^{2+}、Zn^{2+}。抑制剂有过量苹果酸盐、过量草酰乙酸盐、碘、甲状腺素、三碘甲腺氨酸、苯酚、亚硫酸盐、腺嘌呤、腺苷一磷酸、腺苷三磷酸、氰化碘、噻吩甲酰三氟丙酮。4℃存放 6 个月活力下降约 10%。

制法：以猪心为原料，蒸馏水粗提，匀浆分批用乙酸沉淀分离，滤液分别用羟甲基纤维素、DEAE 纤维素负吸附，DEAE 纤维素色谱分离后硫酸铵分级沉淀，经羟基磷灰石色谱分离、洗脱处理得到产品。

用途：用于生化研究。

生产厂家：德国 Boeheringer Mannheim。

5. 葡萄糖-6-磷酸脱氢酶（glucose-6-phosphate dehydrogenase）

法定编号：EC 1.1.1.49

别名：6-磷酸葡萄糖脱氢酶；G-6-脱氢酶

性状：白色结晶，溶于水。商品有冻干粉和 3.2 mol/L 硫酸铵溶液的悬浮液。相对分子质量为 110000，等电点为 4.6。酶反应：D-葡糖-6-磷酸＋辅酶Ⅱ──→D 葡糖酸-1,5-内酯-6-磷酸＋还原辅酶Ⅱ＋H^+。作用的最适 pH 值为 7.8。激活剂为 Mg^{2+}（5～10mmol/L）。抑制剂有 Mg^{2+}（大于 10mmol/L）、其他二价金属离子、腺苷一磷酸、腺苷二磷酸、腺苷三磷酸、鸟苷三磷酸、尿苷三磷酸、5-磷酸吡哆醛、1-氟-2,4-二硝基苯。当 pH 值为 5～11 时，室温下可以稳定 3h，当 pH 值小于 5 时，则很不稳定。50% 硫酸铵悬浮液在冰箱中保存数月活力不丧失。

制法：以酵母为原料，EDTA 抽提后，DEAE 纤维柱色谱分离除核酸，再经磷酸纤维素柱色谱分离、CM-Sephadex 色谱分离，最后结晶得产品。

用途：常用于诊断用酶；生化研究；测定血、尿中葡萄糖及肌酸激酶的偶联反应。

贮藏：密封 4℃保存，防冻结。

生产厂家：北京索莱宝科技有限公司、北京冬歌博业生物科技有限公司

6. 乳酸脱氢酶(兔肌)（lactic dehydrogenase）（rabbit muscle）

法定编号：EC 1.1.2.3

别名：乳酸去氢酵素；L-乳酸脱氢酶（兔肌）；LAD；LDH；lactic acid dehydrogenase

分子量：单体相对分子质量约 35000，四聚体约 140000。

性状：近白色冻干粉，溶于水或硫酸铵的悬浮液。来源与兔肌的乳酸脱氢酶分成 H 和 M 两类。其最适情况为 39℃，pH 值为 7.4，3×10^{-3} mol/L 丙酮酸盐。极稀溶液不稳定，硫酸铵的悬浮液可稳定一年以上。

用途：常用诊断用酶；检定丙酮酸盐、心肌梗死及白血病的诊断。

生产厂家：中国科学院上海生化研究所东风生化试剂厂，上海丽珠东风生物技术有限公司。

7. 葡萄糖氧化酶（glucose oxidase）

法定编号：EC 1.1.3.4

性状：近乎白色至浅棕黄色粉末，或黄色至棕色液体。溶于水，水溶液一般呈淡黄色。几乎不溶于乙醇、氯仿和乙醚。葡萄糖氧化酶存在于青霉和曲霉等霉菌及蜂蜜中，一般商品中都含有过氧化氢酶，使葡萄糖氧化为葡萄糖酸-δ-内酯：

① β-D-葡萄糖氧化酶（EC1.1.3.4）：

$$\beta\text{-D-葡萄糖} + O_2 \xrightarrow{\text{葡萄糖氧化酶}} \text{D-葡萄糖酸-}\delta\text{-内酯} + H_2O_2$$

② 过氧化氢酶（EC1.11.1.6）：

$$H_2O_2 + H_2O \xrightarrow{\text{过氧化氢酶}} 2\,H_2O + O_2 \uparrow$$

由黑曲霉制得的葡萄糖氧化酶，相对分子质量约为 152000。在 pH 值 3～7 的范围内有活性，作用的最适 pH 值为 5.0，当 pH 值在 4～6 时，稳定性最高。

由青霉菌制得的葡萄糖氧化酶，相对分子质量为 138000～154000，作用的最适 pH 值为 5.8～6.0，最适作用温度 25～50℃。酶液在 pH 值在 4～6 时最稳定。葡萄糖也会提高它的稳定性。此酶反应不受底物浓度的影响，如当葡萄糖浓度保持在 5%～20% 的范围内，反应速率几乎不变。蔗糖、食盐对酶反应有抑制作用。精制酶对底物的专一性高。

制法：美国用黑曲霉变种，日本多用青霉菌，前苏联则用青霉菌。亦可用金黄色青霉菌、点青霉在受控条件下进行深层发酵，用乙醇、丙酮使之沉淀，经高岭土或氢氧化铝吸附后再用硫酸铵盐析、精制而得。

用途：主要用于从蛋液中除去葡萄糖，以防蛋白成品在储藏期间的变色、变质，最高用量 500 mg/kg；用于柑橘类饮料及啤酒等的脱氧，以防色泽增深、降低风味和金属溶出，最高用量为 10mg/kg；用于全脂奶粉、谷物、可可、咖啡、虾类、肉等食品。可防止由葡萄糖引起的褐变；制药工业（如维生素 C 及维生素 B_{12} 制剂的稳定剂），用作生化和临床诊断试剂。

生产厂家：保定长城临床试剂公司、丹麦诺和诺德公司、中国科学院微生物研究所北京化工厂。

8. 葡萄糖氧化酶（glucose oxidase；GOD；β-D-glucose-pyranose aerodehydrogenase）

法定编号：EC 1.1.3.4

性状：淡黄色或灰黄色粉末，溶于水成黄绿色溶液，不溶于醚、氯仿、丁醇、吡啶、甘油、乙二醇、二噁烷、1,3-丙二醇和甲酰胺。能被 50% 丙酮或 66% 甲醇沉淀。来自霉菌的葡萄糖氧化酶的相对分子质量约为 150000，等电点 pH 值为 4.2～4.3。最适 pH 值为 5.5～5.8，最适温度 30～35℃，酸、碱和高温能使其破坏。

用途：常用诊断用酶，葡萄糖的分析。除去过量的葡萄糖或氧，是维生素 C 及维生素 B_{12} 制剂的稳定剂、罐头酒类的贮藏、制药工业等。

生产厂家：中国科学院微生物研究所化工厂（北京），上海市医学化验所。

9. 甘油醛-3-磷酸脱氢酶（glyceraldehyde-3-phosphate dehydrogenase）

法定编号：EC 1.2.1.12

性状：白色结晶，悬浮于含 0.1mmol/L 的 EDTA、pH 值为 7.5 的硫酸铵溶液中，相对分子质量为 36000。酶反应：D-甘油醛-3-磷酸＋辅酶I＋无机磷＝1,3-二磷酸-D-甘油酸＋还原辅酶I。在聚丙烯酰胺凝胶电泳中呈均一带。每一分子含 3.8～4.0 高活性的半胱氨酸残基，并能与 4 分子的辅酶I（NAD$^+$）或还原辅酶I（NADH）结合。在 5℃时，悬浮液保存几个月仍稳定，如需长期保存，需不定时地更换新的介质。在液氮中冻结往往造成活力的损失。

制法：以兔的骨骼肌为原料，在 0～5℃用氢氧化钾抽提，硫酸铵分级分离沉淀、过滤除去杂质，离心分离后的清液经过 Sephadex G-50 色谱分离、CM-Sephadex 柱色谱分离后用硫酸铵沉淀结晶而得。

用途：用于生化研究。

生产厂家：上海丽珠东风生物技术有限公司、中国科学院生物物理研究所生化试剂厂。

10. 黄嘌呤氧化酶（xanthine oxidase）

法定编号：EC 1.17.3.2

别名：XOD；xanthopterin-oxidase

性状：浅黄色液体，系结晶悬浮于 2.3mol/L 硫酸铵、10mmol/L 磷酸钠缓冲溶液中，含 1mmol/L EDTA、1mmol/L 水杨酸钠，pH 值约为 7.8，是含铁-钼的黄素蛋白。能氧化次黄嘌呤、黄嘌呤和醛等。作用的最适 pH 值为 8.2，等电点为 5.3～5.4。激活剂为氧。抑制剂有重金属离子、氰化物、醛类、别嘌呤醇、磷酸盐、咪唑、氯化钠和氯化钾。粗酶在 2℃时可保存数周，活力不降低；在结冻状况下可长期保存。

制法：以新鲜生奶油为原料，新鲜生奶油→机械搅拌→胰蛋白酶消化和加热→硫酸铵分级→氢氧化铝凝胶吸附和洗脱→磷酸钙凝胶吸附和洗脱→硫酸铵沉淀→产品。

用途：用于生化研究，黄嘌呤、肌苷和鸟苷等的测定。

生产厂家：上海丽珠东风生物技术有限公司

11. 黄嘌呤氧化酶(奶油)（xanthine oxidase(cream)）

法定编号：EC 1.2.3.2

别名：XOD；xanthopterin-oxidase

性状：近似黄色液体。相对分子质量 18100。

用途：常用诊断用酶；测定黄嘌呤、肌苷和鸟苷等。

生产厂家：中国科学院上海生物化学研究所东风生化试剂厂。

12. 谷氨酸脱氢酶（glutamic acid(glutamate)dehydrogenase）

法定编号：EC 1.4.1.4

别名：GLDH；glutamate dehydrogenase

性状：存在于酵母、高等植物与动物中，商品通常是从牛肝中提取得到的结晶，悬浮在 2mol/L 硫酸铵溶液的悬浮液，pH 值为 7，每毫升含 20mg 酶，活力为每毫克含酶 45 单位。

制法：发酵法，经过谷氨酸梭杆菌发酵、制备粗酶液、离子交换色谱分离、疏水色谱分离、凝胶过滤色谱分离、超滤、浓缩干燥后，获得谷氨酸脱氢酶成品，其比酶活高于 260U/mg，酶活回收率高于 14%，纯化倍数约 75 倍。密封干燥 4℃ 保存，12 个月内无降低活性现象。

用途：常用诊断用酶，可将 L-谷氨酸转变为 α-胶酮酸；测定血氨。

贮藏：密封干燥 4℃ 保存，12 个月内无降低活性现象。

生产厂家：上海恒远生物科技有限公司，上海抚生实业有限公司。

13. 尿酸酶（uricase factor-independent urate hydroxylase）

法定编号：EC 1.7.3.3

性状：微绿色结晶或光泽透明条纹片，商品有冷冻干粉（用碳酸钠作稳定剂）、硫酸铵悬浮液和甘油溶液，几乎不溶于水，相对分子质量为 125000，等电点为 6.3。此酶由 4 个亚基组成，每一个酶分子含有 1 个铜原子。酶反应：尿酸＋O_2＋H_2O ⟶ 尿囊素＋H_2O_2＋CO_2。作用的最适 pH 值为 9.0，最适作用温度为 45℃。激活剂有 Mg^{2+}，抑制剂有尿酸的各种嘌呤类似物、氰化物和其他铜螯合剂等。在 pH 值 7.5~10.5 的溶液中相当稳定。酶溶液蛋白浓度低至 0.01% 保存于 2℃ 过夜或冻结几天都能保持全部活力。反复结冻和解冻也不致使酶失活。如果结冻的酶存放两周以上，活力逐渐下降。

制法：以牛肾或猪肝为原料，制成丙酮粉后，用碳酸钠抽提得粗酶液，经硫酸铵分级，凝胶处理，叔丁醇溶解，三羟基甲基氨基甲烷、巴比妥沉淀精制而得。

用途：用于检定血清和尿中的尿酸。

生产厂家：德国 Boeheringer Mannheim。

14. 抗坏血酸氧化酶（ascorbate oxidase；ascorbinase）

法定编号：EC 1.10.3.3

性状：白色至淡黄色或灰白色至淡绿色粉末，或为透明至淡黄色或淡绿至绿色液体。能使抗坏血酸氧化而成脱氢抗坏血酸，从而防止由抗坏血酸所导致的褐变作用。作用的最适 pH 值 5~7，最适作用温度 30~70℃，不溶于水，溶于乙醇，吸湿性强。

制法：由瓜类、南瓜、甘蓝、黄瓜及菠菜等榨汁或用室温以下的水浸提后用冷丙酮处理而得。或由木霉或放线菌的培养液经除去菌体后浓缩而得。

用途：酶制剂，用于肉糜及鱼糜类制品等。

生产厂家：上海抚生实业有限公司，上海博湖生物科技有限公司。

15. 过氧化氢酶（catalase）

法定编号：EC 1.11.1.6

别名：血中氧化酶；氧化酵素；过氧化氢放氧酶；CAT；caperase；optidase；H_2O_2 oxidoreouctase

性状：近乎白色至浅棕黄色无定形粉末或液体。天然品广泛存在于好气性微生物、哺乳动物的红细胞、肝脏（极丰富）、植物的叶绿素等中。相对分子质量约为 24 万。可溶于水，水溶液一般呈浅棕黄色至棕色，几乎不溶于乙醇、氯仿和乙醚。

1 分子的过氧化氢酶在 1min 内约可使 500 万个过氧化氢分子破坏。主要作用原理为：

$$2H_2O_2 \xrightarrow{\text{过氧化氢酶}} 2H_2O + O_2$$

作用的最适 pH 值为 7.0，在稀酸溶液中活性降低。最适作用温度 0～10℃，温度过高或过氧化氢浓度过大均能破坏其活性。另外，过氧化氢酶还会被氰化物、苯酚类、叠氮化物、过氧化氢、尿素及碱所抑制。

由肝脏所得的过氧化氢酶在 pH 值 5.3～8.0 之间活性很高，其中最适为 7.0 左右，5.0 以下则活性很快下降。由黑曲霉所得的过氧化氢酶在 pH 值 2～7 之间均很活跃，而由小球菌制得者的最适 pH 值为 7～9。由植物制备的过氧化氢酶稳定性很差，常温下保存 24h 后，活性剂减少一半，在接近 0℃ 的条件下方可保存较长时间。

制法：1. 由牛肝或猪肝抽取物经纯化而得；

2. 由黑曲霉变种在通风搅拌等条件下培养而得；

3. 由溶纤维蛋白小球菌及酵母等的培养液，用低于室温的水提取后，加温溶菌，再除去菌体残渣，在低于室温下浓缩，再由低温乙醇处理而得。

用途：主要用于干酪、牛奶和蛋制品等的生产，以消除由紫外线照射时产生过氧化氢而造成的特异臭味；亦可用作面包制造时的疏松剂。在牛奶中的最高用量为 20mg/kg。与过氧化氢同时使用，用于橡胶成型、塑料及多泡性黏合剂，在纤维和毛染色之前进行漂白。

生产厂家：上海丽珠东风生物技术有限公司。

16. 过氧化氢酶（牛肝）（catalase(bovine liver)）

法定编号：EC 1.11.1.6

别名：血中氧化酶；氧化酵素；过氧化氢放氧酶；CAT；caperase；optidase；H_2O_2 oxi-doreouctase

性状：相对分子质量 244000～250000。一般商品有结晶、水悬浮液（4℃时稳定）、甘油乙醇溶液（4℃数月后可微量浑浊）、冷冻干燥品（4℃六个月后无活力降低现象）及干燥粉末。活力范围 pH 值为 6～9，最适 pH 值约为 6.8，最适温度 40℃。含有 0.5% 麝香草酚及 30% 甘油的结晶水悬液，0～4℃ 可稳定一年以上。

用途：常用诊断用酶。配合偶联反应，测定葡萄糖等。食物防腐、分解过氧化氢。生化试剂。

生产厂家：中国科学院上海生物化学研究所东风生化试剂厂。

17. 过氧化物酶（peroxidase）

法定编号：EC 1.11.1.7

性状：淡黄色至黑褐色粉末、粒状、块状或液体。溶于水，不溶于乙醇。过氧化物酶广泛存在于动植物组织中。哺乳动物的肝脏、红细胞、植物的叶绿体等含有大量的过氧化氢酶。相对分子质量为 40000～44000。等电点 7.2。以过氧化氢或过氧化物作为氢的载体，使物质氧化。作用的最适 pH 值 7.0，最适作用温度 25℃。此酶很稳定，冷冻干燥制剂在 0～4℃ 可保存几年。高纯酶的水溶液在 5℃ 保存 1 年，活力基本不会下降。

制法：1. 由萝卜及黄瓜等榨汁后提取、浓缩，再用乙醇处理而得；

2. 丝状菌和细菌的培养液中提取、浓缩后，用乙醇处理而得。

用途：主要用作分析试剂，用于检测胆固醇酶、葡萄糖氧化酶等，作用于底物时所产生的 H_2O_2。常与其他氧化酶进行偶联反应，以测定酶的活性或某些化合物的含量。也用于测定生物液体中的葡萄糖和半乳糖。

生产厂家：上海丽珠东风生物技术有限公司。

18. 过氧化物酶(辣根菜)（peroxidase(horse radish)）

法定编号：EC 1.11.1.7

别名：辣根过氧化物酶；POD；Donor；hydrogen-peroxide oxidoreductase

性状：棕褐色结晶，商品为冷冻干燥粉或硫酸铵悬浮液。相对分子质量 40200 最适 pH 值约为 7.0，等电点 pH 值为 7.2，最大吸收值 275nm（蛋白带 protein band），403nm（索瑞氏滞 soret band），500nm（其它滞）。干燥制剂和 2.8mol/L 硫酸铵溶液（pH 值为 6.0），在 0～4℃至少可稳定一年。

用途：常用诊断用酶，生物液体中葡萄糖和半乳糖的测定及作酶标，配合偶联反应与色素原反应为色素。

19. 乳过氧化物酶（lactoperoxidase）

法定编号：EC 1.11.1.7

性状：淡黄至黑褐色粉末、颗粒、块状或液体。溶于水，不溶于醇。有吸湿性。作用的最适 pH 值为 6.0，最适作用温度 25℃。存在于牛乳中的过氧化氢分解酶。在氢存在下可使过氧化氢还原分解。

制法：由脱脂生乳或乳清用离子交换树脂处理后精制而得。

用途：需使过氧化氢分解的食品或容器。

生产厂家：法国 Armor Proteines Co。

20. 脱氧合酶（lipoxygenase；lipoxidase）

法定编号：EC 1.13.11.12

性状：淡黄至深褐色粉末、颗粒或液体。溶于水，不溶于乙醇，有吸湿性。相对分子质量约为 108000，作用的最适 pH 值 9.0，最适作用温度 25℃。

可使小麦粉中的脂质和蛋白质组成强固的复合体，赋予良好弹性，并使面粉和面包增白，也能使不饱和脂肪酸氧化。存在于大豆粉、豌豆及酵母菌等中。

制法：用水从植物油粕中提取。或由根霉的培养液用水提取而得。

用途：用于小麦粉的漂白、面包香味的增强等。

生产厂家：上海远慕生物科技有限公司。

21. 多酚氧化酶（polyphenol oxidase；tyrosinase；phenolase）

法定编号：EC 1.14.18.1

性状：淡黄至暗褐色粉末或液体。溶于水，不溶于乙醇，有吸湿性。相对分子质量为 125000，作用的最适 pH 值 6.5，最适作用温度 25℃。可将多酚的羟基氧化分解成醌。

制法：由丝状菌或担子菌的培养液，用室温以下的水提取后，再在低温下用冷的乙醇、含水乙醇或丙酮处理而得。亦可由蘑菇提取而得。

用途：用于红茶制造等。

生产厂家：上海谷研科技有限公司，上海博湖生物科技有限公司。

22. 超氧化物歧化酶（superoxide dismutase(SOD)）

法定编号：EC 1.15.1.1

性状：蓝灰色或淡绿色粉末、粒状或块状，也可以是透明至深褐色液体，溶于水，不溶于乙醇，有吸湿性。广泛存在于动植物和微生物中。它的作用是使生物体内产生的超氧阴离子发生歧化反应，使 O_2^- 变成无毒性的 H_2O 和 O_2，消除有毒性的活性氧 O_2^- 和 H_2O_2 对机体的危害。作用的最适 pH 为值为 8.2，最适作用温度 25℃。抑制剂有氰化物、无机磷、EDTA、过氧化氢。溶液现用现配，在 pH 值 6.0～10.2 时，稳定 10min。

制法：从大豆、胚芽、芝麻、薏米、茶等植物，或动物血液中提取；或由细菌或绿色木霉培养后的培养液用水提取而得。

如以牛血为原料，用乙醇/氯仿液除去血红蛋白，再加热处理以除去杂蛋白，用有机溶剂和硫酸铵分级沉淀，最后经离子交换柱色谱精制后冷冻干燥而得。得自牛血者呈蓝绿色，称"Cu-Zn-SOD"；得自鸡肝者呈紫红色，称"Mn-SOD"；得自原核细胞者，呈黄褐色，称"Fe-SOD"。

用途：有捕捉活性氧的能力，能除去诱发脂质过氧化作用的氧自由基，及防御自由基对生命物质的破坏，对心血管病、辐射损伤、肿痛、肿瘤和衰老等均可起到预防和治疗作用。常用于保健食品、清凉饮料等中提高保健功能。

生产厂家：武汉市安渡制药总厂、上海东华生物化学公司、中国科学院华南植物研究所、湖北黄石制药厂。

第二节　转移酶类的酶制剂

1. 转谷氨酰胺酶（transglutaminase；TG）

法定编号：EC 2.3.2.13

性状：白色至淡黄色至深褐色粉末或颗粒，或为澄清的淡黄色至深褐色液体。可溶于水，不溶于乙醇，有吸湿性。转谷氨酰胺酶是一种可以催化转酰基反应，从而导致蛋白质之间发生共价交联。作用的最适 pH 值 6～7，最适作用温度 55℃。

制法：可从动物肝脏中提取，但工业上常由微生物如放线菌或细菌培养后，将培养液在室温下用水提取以除菌后用冷乙醇处理而得。

用途：能将蛋白质中的分子彼此交联在一起，如可使 α-谷氨酰胺残基与赖氨酸残基交联成 ε-(γ-谷氨酰胺) 赖氨酸。蛋白质改性剂，广泛用于面食、肉食品加工、植物蛋白和水产品加工，提高含蛋白质食品的持水能力和弹性，以克服筋力差的缺点。

生产厂家：中国无锡轻工业大学。

2. α-葡糖基转移酶（α-glucosyltransferase）

法定编号：EC 2.4.1.5

别名：α-葡聚糖转移酶

性状：淡黄色至褐色液体，或透明至褐色液体。溶于水，不溶于乙醇。能使蔗糖在 α-葡糖基转移酶的作用下分解成帕拉金糖（异麦芽酮糖）和海藻糖（α-葡糖基-1,1-果糖）。按基质的特异性作用分为 4-α-葡聚糖转移酶和 6-α-葡聚糖转移酶两种。

制法：由细菌的培养液或马铃薯的块茎在室温以下除菌后用冷水提取并浓缩而得。

用途：用于生产帕拉金糖（一般先将酶固定化后连续作业）。也可用于将葡萄糖基嫁接于甜菊糖苷上而成为改型的甜菊糖苷。

生产厂家：湖北佳诺信生物化工有限公司。

3. 麦芽糖酶（maltase）

法定编号：EC 2.4.1.8

性状：澄清的琥珀色至棕色液体制剂，或为白色至浅黄色粉末。主要作用酶为 α-淀粉酶（液化酶）和 β-淀粉酶（麦芽糖化酶）。α-淀粉酶的主要作用是使淀粉、糖原之类多糖中的 α-1,4-葡聚糖苷键水解而成糊精、低聚糖、单糖；β-淀粉酶的主要作用是使淀粉、糖原之类多糖中的 α-1,4-葡聚糖苷键水解而成 β-极限糊精。

制法：以大麦在控制温度条件下发芽后经打浆、过滤等处理后即得产品制剂；或通过枯草芽孢杆菌种发酵获得。

用途：麦芽糖酶作为酶制剂添加在饲料中，与淀粉酶作用相似，加速对饲料中的各类淀粉类物质的分解，以利于动物的消化与吸收。

生产厂家：河北邢台翔宇生物工程有限责任公司，无锡赛德生物工程有限公司。

4. 环糊精葡聚糖转移酶（cyclodextrin glucanotransferase）

法定编号：EC 2.4.1.19

性状：白色或淡黄至深褐色粉末，或黄褐色至深褐色液体或悬浮液。溶于水，不溶于乙醇，有吸湿性。能作用于 α-1,4-葡糖苷键，完成糖的转移。

制法：由软化包芽杆菌、嗜热脂肪芽孢杆菌、杆菌 AL6 的培养液，用低于室温的水提取、除菌后在低于室温浓缩，再用含水乙醇处理而得。

用途：用于淀粉加工制品的生产和制备酶改性甘草提取物等。

生产厂家：湖北鑫源顺医药化工有限公司。

5. 木聚糖酶（xylanase）

法定编号：EC 2.4.2.24

别名：内 1,4-β-木聚糖酶；pentopan mono

性状：产品为乳白色粉末，Pentopan mono BG 为淡棕色、自由流动的聚集粉末，颗粒大小平均为 $150\mu m$，1% 颗粒小于 $50\mu m$。适宜反应条件：pH 值为 $4.0\sim6.0$，温度 $75℃$ 以下，木聚糖酶可以水解植物材料中的半纤维素，产生低聚木糖。

制法：由米曲霉或经腐质霉发酵、提纯制成。

用途：木聚糖酶作为饲料添加剂使用，不仅有助于分解饲料中的半纤维素，而且可分解、消除"抗营养因子"戊聚糖，以达到提高配合饲料的营养价值。

生产厂家：上海宝丰生化有限公司，广东广州裕立宝生物科技有限公司，北京中农博特生物工程技术有限公司，山东沂水隆大生物工程有限责任公司。

6. 谷草转氨酶（aminotransferase，aspartate）

法定编号：EC 2.6.1.1

性状：黄色液体。肝内的谷草转氨酶有两种同工酶，分别存在于肝细胞的线粒体（mAST）和胞浆内（sAST）。在肝细胞轻度病变时，仅 sAST 释放入血，而当病变严重时，mAST 也会相继释放入血，故血清 AST 活性随肝细胞损害的程度而增高。在 HBV 感染的肝炎和肝病时，AST 随 ALT 较小幅度升高，或虽幅度较大而时间短暂，可能主要是 sAST，临床意义与 ALT 相同；AST 增高超过 ALT，虽幅度并不太大而持续时间很长，可能主要是 mAST，提示病变的慢性化和进展性。

用途：用于生化研究。诊断心肌梗死和肝脏、胆道疾病。检测血清中谷草转氨酶，用于连续监测的生化仪器。可以用作固化剂，无论是常温或加热固化，均能获得良好的力学性能、电气性能和化学性能的树脂；由本品参与制成的树脂产品，除用于电器外，也大量用于涂料、土建和黏合剂。

制法：由猪心脏提取。

生产厂家：上海研生实业有限公司、上海恒远生物科技有限公司。

7. 谷-丙转氨酶 (glutamate pyruvate transtraminase)

法定编号 EC 2.6.1.2

别名：SGPT；GPT；ALT

性状：ALT 是由两条相同的多肽链亚单位组成的二聚体，相对分子质量为 110。$5'$-磷酸吡哆醛 (P-$5'$-P) 即维生素 B_6 是 ALT 的辅酶。血浆 ALT 的半衰期为 37～57h，从血管内空间消除的速率常数为 0.43～0.70u/h。ALT 两种同工酶，一种为可溶性胞浆 ALT (s-ALT)，另一种为线粒体 ALT (m-ALT)。正常人血清 ALT 以 s-ALT 为主，m-ALT 只占一小部分（约 11%）。s-ALT 至少有 20 多种变异体。人肝 s-ALT 的 3 种普通型变异体分别是 s-ALT1、s-ALT2-1 和 s-ALT2。s-ALT1 和 s-ALT2 由常染色体 ALT 位点上的 Gpt1 和 Gpt2 等位基因表达，s-ALT2-1 为其杂合子。三种 s-ALT 变异体的相对分子质量相同，均为 110±5。但是，它们的电泳和酶动力学特性存在明显差别。在等电聚焦电泳上 s-ALT1 和 s-ALT2 均为单一条带，等电点（pI）分别为 6.45 和 6.1，而 s-ALT2-1 为 3 条带，pI 分别为 6.1、6.2 和 6.45。P-$5'$-P 对三种 s-ALT 变异体均有激活作用，但程度有异，以 s-ALT1 增高幅度最大（54.1% 以上），而 s-ALT2-1 次之（48.5% 以上），s-ALT2 最小（13.7% 以上）。此外，三种变异体的表现 K_m 值以及对热和尿素处理的稳定性也存在明显差别。

用途：常用诊断用酶。测定血清谷-丙转氨酶，可作定性及半定量，肝功能评估。

生产厂家：上海试剂三厂，上海市医学化验所，上海科华生化试剂实验所，沈阳试剂三厂。

8. 己糖激酶 (hexokinase；ATP)

法定编号：EC 2.7.1.1

别名：己糖磷酸激酶；HK；heterophosphatase

性状：商品为不含盐的冻干粉。相对分子质量为 99000～104000，等电点为 4.5～4.8。己糖激酶从酵母中可以分出两种类型：P-Ⅰ和 P-Ⅱ，它们是单独存在、不能相互转换的同工酶，二者都含有相同的缬氨酸氨基末端，和相同的丙氨酸羧基末端。酶反应：D-己糖＋ATP ⟶ 己糖-6-磷酸＋ADP。作用的最适 pH 值为 7.6～9.0。能把 D-果糖、5-酮-D-果糖、D-葡糖、2-脱氧-D-葡糖、D-甘露糖、D-氨基葡糖磷酸化。激活剂有 Mg^{2+}、儿茶酚胺。抑制剂有葡糖-6-磷酸、来苏糖、山梨糖-1-磷酸、6-脱氧-6-氟葡糖、EDTA、硫醇封阻剂和多磷酸。

制法：以酵母为原料，磷酸氢二钠溶液抽提，抽提液在冰水浴中用硫酸铵分级沉淀、离心分离弃去清液，硫酸铵沉淀用乙酸钠缓冲溶液进行透析，透析的清液分别经 DEAE-Sephadex 柱和 DEAE-纤维素柱色谱分离，得到 P-Ⅰ和 P-Ⅱ混合物，用羟基磷灰石柱色谱分离可使 P-Ⅰ 和 P-Ⅱ 分离，最后用硫酸铵结晶而得产品。

用途：常用诊断用酶。用于生化研究，测定生物体液中葡萄糖水平和 ATP 水准及肌酸激酶的偶联反应。

生产厂家：德国 Boeheringer Mannheim。

9. 己糖激酶(酵母) (hexokinase (from yeast))

法定编号：EC 2.7.1.1

别名：己糖磷酸激酶；HK；heterophosphatase

性状：细针状结晶。商品有冷冻干燥粉、70％饱和硫酸铵结晶悬浮液和 50％甘油溶液。

用途：常用诊断用酶。生化研究，检定生物液体中葡萄糖水准和 ATP 水准及肌酸激酶的偶联反应。

10. 蛋白激酶 (protein kinase)

法定编号：EC 2.7.11.1

性状：白色冷冻粉末。酶反应：腺苷三磷酸＋蛋白质⇌腺苷二磷酸＋磷酸化蛋白质。受环化腺苷酸所激活；活化磷酸化酶激酶；活化糖原合成酶的 a 型成为 b 型。

制法：以兔肌为原料，经提取、硫酸铵沉淀、柱色谱精制而得。

用途：用于临床检验。

生产厂家：德国 Boeheringer Mannheim。

11. 丙酮酸激酶 (pyruvate kinase)

法定编号：EC 2.7.1.40

别名：丙酮酸磷酸转移酶；PK (rabbit muscle)；phosphopyruvate；transphosphorylase；pyruvate phosphoferase

性状：细针状结晶，商品有 3.2 mol/L 硫酸铵的悬浮液、冷冻干燥粉和 50％甘油液，相对分子质量为 237000。此酶为四聚体，具有 4 个金属结合部位，在亚基解离时形成一个二聚体中间物。4 个巯基在活性部位起作用。酶反应：丙酮酸＋腺苷三磷酸⇌腺苷二磷酸＋磷酸烯醇丙酮酸。作用的最适 pH 值为 7.0～7.5，等电点为 5.98。磷酸也可以转移到腺苷二磷酸、鸟苷二磷酸、尿苷二磷酸、胞苷二磷酸，其活力依次序减小。激活剂绝对需要一个二价金属离子和一个一价金属离子。在体内 Mg^{2+}、K^+ 满足此要求。抑制剂有 Ca^{2+}、腺苷三磷酸（通过除去 Mg^{2+}）、氟磷酸、5′-磷酸吡哆醛。

制法：以兔肌为原料，匀浆用水抽提，经硫酸铵分级沉淀、乙醇分级、加热除去无活性蛋白后，用硫酸铵沉淀进一步除去无活性蛋白，然后再用硫酸铵结晶而得。

用途：用于生化研究，测定腺苷二磷酸、腺苷一磷酸、磷酸烯醇丙酮酸盐和磷酸甘油酸盐。

生产厂家：德国 Boeheringer Mannheim，中国科学院生物物理研究所生化试剂厂（北京）。

12. 丙酮酸激酶(兔肌) (pyruvate kinase)

法定编号：EC 2.7.1.40

别名：丙酮酸磷酸转移酶；PK (rabbit muscle)；phosphopyruvate transphosphorylase；pyruvate phosphoferase

性状：悬浮于 50％甘油

用途：常用诊断用酶。生物化学反应和酶的分析，定量测定磷酸烯醇丙酮酸（PEP）、

ADP、血糖、甘油三酯等及一些酶的催化转磷作用。

生产厂家：中国科学院生物物理研究所生化试剂厂（北京）。

13. T₄ 多核苷酸激酶(噬菌体 T₄ 感染大肠杆菌 B)（T₄ polynucleotide kinase，phage T₄ infected *Escherichia coli* B)

法定编号：EC 2.7.1.78

别名：polynucleotide 5′-hydroxylkinase

性状：商品为冷冻干粉悬浮于 50% 甘油中。酶反应：腺苷三磷酸＋5′-脱磷酸脱氧核糖酸═腺苷二磷酸＋5′-磷酸脱氧核糖核酸；也作用于 5′-脱磷酸脱氧核糖核酸 3′-单核苷酸，显示 3′-磷酸酶活力。

制法：以菌体 T₄ 感染大肠杆菌 B 为原料，经培养、提取、柱色谱纯化而得。

用途：用于生化研究，多核苷酸 5′-标记用。

生产厂家：Boeheringer Mannheim（德国）。

14. 3-磷酸甘油酸激酶 （3-phosphoglycerate kinase）

法定编号：EC 2.7.2.3

性状：商品为 3.2 mol/L 硫酸铵，Tris-HCl 缓冲液（pH 值为 7.5）的悬浮液。酶反应：腺苷三磷酸＋3-磷酸-D-甘油酸═腺苷二磷酸＋1,3-二磷酸-D-甘油酸。作用的最适 pH 值为 6.0～9.2，等电点为 7.2。激活剂为活力所必需的二价阳离子，镁比锰更为有效。EDTA 一类螯合剂能保护酶免被重金属离子所抑制。抑制剂有重金属离子、鸟苷二磷酸、鸟苷一磷酸、肌苷二磷酸。不受氟化物、草酸盐、肝素或柠檬酸盐所抑制。

制法：以兔肌为原料，经抽提、精制而得。

用途：用于测定腺苷三磷酸及其他核苷-3-磷酸的含量。

生产厂家：德国 Boeheringer Mannheim。

15. 肌酸激酶 （creatine phosphokinase）

法定编号：EC 2.7.3.2

别名：磷酸肌酸激酶

性状：近白色无盐冻干粉，溶于水，相对分子质量为 81000。酶反应：肌酸＋腺苷三磷酸═腺苷二磷酸＋磷酸肌酸。正反应的最适 pH 值为 6.0～7.0，逆反应的最适 pH 值为 9.0。激活剂有 Mg^{2+}、Mn^{2+}、硫醇 N-乙酰半胱氨酸、2-巯基乙醇、二硫苏糖醇和谷胱苷肽。抑制剂有对氯汞苯甲酸、碘乙酸、螯合剂、一些腺苷一磷酸化合物、正磷酸、焦磷酸、三聚磷酸、腺苷、碘、硫酸盐、亚硝酸盐、溴化物、亚硫酸盐、氯化物、氟化物。在 0.1 mol/L 咪唑缓冲溶液中，pH 值 6.6 的酶液在 −20℃ 时可稳定 4 周，要注意避免反复的结冻与解冻。最适稳定度为 pH 值 7.0，pH 值低于 5.0 的溶液不稳定，但中性 60% 的乙醇溶液中稳定。稀溶液可用 0.1% 白蛋白或 β-巯基乙醇作稳定剂。

制法：以兔肌为原料，进行热处理后用乙醇做第一次分级处理，将变形的蛋白质除去，用硫酸镁进行抽提，用乙醇进行第二次分级，重结晶得到产品。

用途：用于测定肌酸及磷酸肌酸。

生产厂家：上海丽珠东风生物技术有限公司。

16. 肌酸激酶（兔肌）（creatine phosphokinase）

法定编号：EC 2.7.3.2

别名：肌酸磷酸激酶（兔肌）；creatin kinase；phosphocreatine phosphokinase

性状：近白色无盐冻干粉，相对分子质量81000，能溶于水。最适pH值为7.0，低于pH值为5.0的溶液不稳定。但pH值为中性时，60%乙醇溶液稳定。稀溶液可用0.1%白蛋白或β-巯基乙醇作稳定剂。

用途：常用诊断用酶。测定肌酸及肌酸磷酸。

生产厂家：中国科学院上海生物化学研究所东风生化试剂厂，中国科学院生物物理研究所生化试剂厂。

17. 肌激酶（myokinase）

法定编号：EC 2.7.4.3

别名：腺苷酸激酶；AMP磷酸转移酶

性状：商品为3.2mol/L硫酸铵的结晶悬浮液，相对分子质量为21000。酶反应：$ATP + AMP = ADP + ADP$。作用的最适pH值约为8，等电点为6.1。此酶需要有二价阳离子才具有活力，其次序为$Mg^{2+} \geqslant Ca^{2+} > Mn^{2+} > Ba^{2+}$，金属离子与核苷二磷酸或核苷三磷酸形成络合物。抑制剂有银、锌、铜等阳离子、氟化物、柠檬酸盐、对氯汞甲酸盐、腺苷-5'-磷酸。悬浮液密封在4℃保存时，6个月没有降低活性现象。

制法：以兔肌为原料，酶变性后用柠檬酸铵抽提，抽提液经硫酸铵分级沉淀，把酶注入磷酸纤维素柱中进行色谱分离，最后加硫酸铵进行沉淀、结晶而得。

用途：用于生化研究。

生产厂家：德国 Boeheringer Mannheim

18. 核糖核酸聚合酶（ribonucleic acid polymerase）

法定编号：EC 2.7.7.6

性状：商品为含50%甘油的无色液体，相对分子质量为500000。此酶有4个核亚基，专一性为单链或双链脱氧核糖核酸、多聚脱氧核苷酸。酶反应：n核苷三磷酸 $= n$ 焦磷酸盐 $+ n$ 核糖核酸，需要DNA作为模板。激活剂为二价阳离子，如Mg^{2+}、Mn^{2+}、Co^{2+}。抑制剂有利福平（专一地和β-亚基结合）、曲张链菌素、链霉溶菌素和巯基试剂。此酶溶液在-20℃保藏时不结冻，可稳定保存6个月以上。

制法：以大肠杆菌B为原料，经培养，DNA酶处理，硫酸铵沉淀，柱色谱分离纯化而得。

用途：用于生化研究。

生产厂家：上海世泽生物科技有限公司。

19. 脱氧核糖核酸聚合酶（大肠杆菌B）（DNA polymerase，*Escherichia coli* B）

法定编号：EC 2.7.7.7

别名：Komberg polymerase；DNA-directed DNA polymerase

性状：商品为无色溶液，含有 50mmol/L Tris-HCl，0.1mmol/L EDTA，1mmol/L 二硫苏糖醇，50%甘油，pH 值为 7.5。酶反应：n（脱氧核苷三磷酸）＝n（焦磷酸盐）＋（脱氧核糖核酸）$_n$，需要脱氧核糖核酸作为模板。

制法：以 *Escherichia coli* B 细胞发酵液为原料制取。方法如下：

Escherichia coli B 细胞发酵液→离心收集→双甘氨肽缓冲液、还原性谷胱甘肽中混合→离心抽提→链霉素，沉淀→自溶→硫酸铵，分级→磷酸纤维素色谱分离→DNA-纤维素色谱分离→羟基磷灰石色谱分离→产品

用途：其它性能、用途参见 T$_4$ 脱氧核糖核酸聚合酶I（噬菌体 T$_4$ 感染大肠杆菌 B）。

生产厂家：华美生物工程公司 SABC，Boeheringer Mannhein（德国）。

20. T$_4$ 噬菌体 DNA 聚合酶（T$_4$ phage DNA polymerase）

法定编号：EC 2.7.7.7

性状：T$_4$ 噬菌体 DNA 聚合酶来源于 T$_4$ 噬菌体感染大肠杆菌，与大肠杆菌 DNA 聚合酶 I klenow 片段相似的是：它们都具有 $5'→3'$ 聚合酶活性及 $3'→5'$ 外切酶活性。而且 $3'→5'$ 外切酶活性比 klenow 片段强 200 倍。由于 T$_4$ 噬菌体 DNA 聚合酶不从单链 DNA 模板上置换寡核苷酸引物，因此在体外诱变反应中，它的效率比大肠杆菌 DNA 聚合酶 I klenow 片段更强。

用途：补平或标记限制酶消化后产生的 $3'$-凹端；对带有 $3'$-突出端的 DNA 分子进行末端转化成平端，使结合于单链 DNA 模板上的诱变寡核苷酸引物得到延伸。

生产厂家：Sigma 公司。

21. 大肠杆菌 DNA 聚合酶 I（全酶）（DNA polymerase(holoenzyme)）

法定编号：EC 2.7.7.7

性状：DNA 聚合酶 I 由单条多肽链（相对分子质量为 109000D）组成，它具有 3 种活性，$5'→3'$DNA 聚合酶活性，$5'→3'$ 及 $3'→5'$ 外切酶活性，同时它还固有 RNA 酶 H 活性。RNA 酶 H 活性是大肠杆菌细胞存在所必需的，但在分子克隆中未用到此活性。

用途：用切口平移方法标记 DNA；用于对 DNA 分子的 $3'$ 突出尾进行末端标记。

生产厂家：Sigma。

22. 大肠杆菌 DNA 聚合酶I大片段(klenow 片段)（DNA polymerase I；klenow fragment）

法定编号：EC 2.7.7.7

性状：作为商品提供的大肠杆菌 DNA 聚合酶 klenow 片段，是用枯草杆菌蛋白酶裂解完整的 DNA 聚合酶 I 而产生或者通过克隆技术而得到的单一多肽。

用途：补平限制酶切割 DNA 的 $3'$-凹端；用 [^{32}P] dNTP 补平 $3'$-凹端，对 DNA 片段进行末端标记；对带 $3'$-突出端的 DNA 进行末端标记，在 CDNA 克隆中，用于合成 CDNA 第二链。在体外诱变中，用于从单链模板合成双链 DNA；应用 Sanger 双脱氧链末端终止法进行 DNA 测序；大肠杆菌 DNA 聚合酶 I 的 klenow 片段也可用聚合酶链式反应，以体外扩增基因组 DNA 序列。

生产厂家：Sigma 公司。

23. 多核苷酸磷酸化酶(大肠杆菌 B)（polynucleotide phosporylase，*Escherichia coli* B）

法定编号：EC 2.7.7.8

别名：多核苷酸转核苷酰酶；polyribonucleotide nucleotidyltransferase

性状：商品为含有 50％蛋白质和含约 50％三羟甲基氨基甲烷缓冲盐的冷冻干燥粉或从微球菌 *Micrococcus lysodeikticus* 制取的喷雾干燥粉。酶反应：

$$RNA_{n+1} ＋ 正磷酸盐 ＝ RNA_n ＋ 核苷二磷酸_n$$

制法：以微球菌 *Micrococcus lysodeikticus* 为原料，经抽提、精制而得。

用途：在生化研究中用于同聚物或无视共聚多核苷酸的合成。

生产厂家：Boeheringer Mannheim（德国）。

24. 反转录酶（鸟类成髓细胞性白血病病毒）（revers transcriptase，AMV）

法定编号：EC 2.7.7.49

别名：deoxynucleoside-tripho；DNA deoxynucletidyltransferase（RNA-directed）

性状：类白色稠状液体。含有两个不同的亚基，其一同时具有 $5'→3'$ 聚合酶，$5'$-核糖核酸酶和 $3'$-核糖核酸酶（RNA 酶）的活力。酶反应：

n 脱氧核苷三磷酸 ＝ n 焦磷酸盐 ＋ DNA_n

$$\begin{bmatrix} dATP \\ dCTP \\ dGTP \\ dTTP \end{bmatrix}_n ＋ RNA \xrightarrow[Mg^{2+}]{RNA} RNA\text{-} \begin{bmatrix} dAP \\ dCP \\ dGP \\ dTP \end{bmatrix}_n ＋ (ppi)_n$$

制法：以鸡成髓细胞白血病病毒为原料，经处理释放出 DNA 聚合酶，再柱色谱精制而得。

用途：用于生化研究。

生产厂家：Boeheringer Mannheim（德国）。

25. 末端转移酶（小牛胸腺）（terminal transferase(calf thymus)）

法定编号：EC 2.7.7.31

别名：nucleoside-triphosphate；DNA deoxynucleotidy-exotransferase

性状：冷冻干燥含氯化钾的固体。商品保存于 50％甘油中。酶反应：

n 脱氧核苷三磷酸 ＋（脱氧核苷酸）$_m$ ＝ n 焦磷酸 ＋（脱氧核苷酸）$_{m+n}$

核苷可以是核糖或脱氧核糖，n 必须大于 3，并且需要一 3-OH。聚合条件需要一寡核苷酸引物和一、二价的阳离子。

制法：以小牛胸腺为原料，经抽提、精制而得。

用途：用于生化研究。

生产厂家：Boeheringer Mannheim（德国）。

第三节 水解酶类的酶制剂

1. 羧酸酯酶（esterase；carboxylesterase）

法定编号：EC 3.1.1.1

性状：淡黄色至深褐色粉末，溶于水，不溶于乙醇，有吸湿性。也可以是浅褐至深褐色液体。可将各种酯类分解成酸和醇。作用的最适 pH 值为 7.5～9.5。

制法：用水从动物肝脏和鱼类中提取，或通过对曲霉、细菌和酵母的培养后，用水

　　提取再除菌浓缩而得。或在室温下用乙醇或含水乙醇处理而得。

　　用途：用于油脂食品等。

　　生产厂家：上海沪震实业有限公司。

2. 脂酶（lipase；triacylglycerol lipase；TGase）

　　法定编号：EC 3.1.1.3

　　别名：脂肪分解酶；脂肪酶

　　性状：一般为近白色至淡棕黄色结晶性粉末。由米曲霉制成者可为粉末或脂肪状，可溶于水（水溶液一般呈淡黄色），不溶于乙醇、氯仿和乙醚。广泛存在于动植物界，以在动物胰脏、植物种子中含量为多。工业品大多由微生物产生。脂肪酶是油脂工业中最重要的酶，属脂肪加水分解酶类，和蛋白酶、淀粉酶并称三大水解酶类。它的基本作用是使三甘油酯水解为甘油和脂肪酸：

$$三甘油酯 + H_2O \longrightarrow 双甘油酯 + 脂肪酸$$
$$\longrightarrow 单甘油酯$$
$$\longrightarrow 甘油 + 脂肪酸$$

　　作用的最适 pH 值为 7～8.5，唯植物性者为 pH 值 5。最适作用温度 30～40℃。

　　制法：1. 由动物组织制备：小牛、小山羊或小羊羔的可食部分的前胃组织，或动物的胰腺组织。由上述两种可食组织净化后用水抽提而得。

　　2. 由黑曲霉变种、米曲霉变种、毛根霉或假囊酵母等培养后，将发酵液过滤，用 50％饱和硫酸铵溶液盐化，用丙酮分段沉淀，再经透析、结晶而成。

　　　　此外，在日本可作为产酶的微生物，尚有盛泡曲霉、宇佐没曲霉、腐殖菌、米氏毛霉、爪哇毛霉、青霉、代氏根霉、日本米氏毛根霉、沙门柏干酪青霉、娄地干酪青霉、白地霉、链霉菌、产碱杆菌、节杆菌、极毛杆菌、黏质赛氏杆菌等。

　　3. 我国多用假丝酵母 AS2.1203 及米曲霉来采用深层通风发酵培养。

　　用途：主要用于干酪制造（脱脂和使产品产生特殊香味，最高用量 100mg/kg）、脂类改性、脂类水解，以防止某些乳制品和巧克力等中的油脂变质。是使牛奶巧克力和奶油蛋糕产生特殊风味的优良制剂。加入蛋白中以分解其中可能混入的脂肪，从而提高其发泡能力。酒类酿造时加入脂肪酶能促进酒的发酵，增加酒的香味。我国规定用于焙烤工业和面食加工，以 GMP 为限，也可用于洗涤剂的添加剂。

　　生产厂家：深圳市绿微康生物工程有限公司、郑州君凯化工产品有限公司。

3. 胰脂酶（lipase）

　　法定编号：EC 3.1.1.3

　　别名：脂肪酶；脂肪分解酶；porcine panreas

　　性状：本品为类白色或乳黄色冻干粉，溶于水。由米曲霉制成者可为粉末或脂肪状。其基本作用是使三甘油酯水解成甘油和脂肪酸，它只能在异相系统即油水的界面上作用，对均匀分散或水溶性底物无作用，即使有作用也极其缓慢。

　　制法：以猪胰为原料制取，取 3kg 猪胰脏绞碎后经三氯甲烷和丁醇二次脱酯，再经乙醇抽提，然后冷冻干燥制得 365g 胰脂酶。

　　用途：可用作酶制剂，主要用于干酪制造（脱脂和使产品产生特殊香味，最高用量 100mg/kg）、脂类改性、脂类水解，以防止某些乳制品和巧克力中的油脂变质，是使牛奶巧克力和奶油蛋糕产生特殊风味的优良制剂。加入蛋白中以分解可能混入的脂肪,从而提高其发泡能力。酒类酿造时加入脂肪酶能促进酒的发酵,增加酒的香味。

4. 脂肪酶(猪胰) (lipase(porcine pancreas))

法定编号:EC 3.1.1.3

别名:脂肪分解素;triacylglycerol lipase

性状:近白色冻干粉或乳黄色粉末,相对分子质量48000。最适温度35～37℃,溶于水。

用途:常用诊断用酶。定量分析血清中甘油三酯、前列腺素酯、脂肪分析,生化试剂。

生产厂家:中国科学院上海生物化学研究所东风生化试剂厂。

5. 鞣酸酶 (tannase;tannin acylhydrolase)

法定编号:EC 3.1.1.20

别名:丹宁酶

性状:淡黑色粉末。可溶于水,不溶于乙醇。它能使鞣质水解成鞣酸、葡萄糖和没食子酸。作用的最适pH值为5.5～6.0,最适作用温度为33℃。

制法:一般由黑曲霉、米曲霉或灰绿青霉在含有2%鞣酸和0.2%酪蛋白水解物的蔡氏培养基中受控培养,取出菌丝,用水提取后用丙酮沉析后干燥而成。

用途:主要用于生产速溶茶时分解其中的鞣质,以提高成品的冷溶性和避免热溶后在冷却时产生浑浊。使用时在pH值为5.5～6的茶叶抽取液中,按每升加2.5g鞣酸酶制剂的比例加入,然后在30℃下搅拌70min,再升温至90℃以灭酶,离心除去鞣酸酶,即可。也用于其它含有单宁或单宁与绿原酸的结合物的除涩作用。

生产厂家:美国纽约开发公司、日本Kikkoman生物工程公司。

6. 单宁酶 (tannase)

法定编号:EC 3.1.1.20

别名:鞣酸酶

性状:淡黑色粉末。最适作用温度33℃,最适pH值为5.5～6.0。主要作用是使鞣质分解为鞣酸、葡萄糖和没食子酸。

制法:由黑曲霉或灰绿青霉在含有2%鞣酸和0.2%酪蛋白水解物的蔡氏培养基中受控培养后,取出菌丝,再用丙酮沉淀后干燥而得。

用途:可用作酶制剂,主要用于生产速溶茶时分解其中的鞣质,以提高成品的冷溶性和避免热溶后在冷却时产生浑浊。使用时,在pH值为5.5～6.0的茶叶抽提液中,按每升加2.5g鞣酸酶制剂的比例加入,然后在30℃下搅拌70min,再升温至90℃灭酶,然后离心除去鞣酸酶。

7. 磷脂酶 (phospholipase;lecithinase;phosphatidase)

法定编号:(A_1)EC 3.1.1.32;(A_2)EC 3.1.1.4;(B)EC 3.1.1.5;(C)EC 3.1.4.3;(O)EC 3.1.4.4

性状:淡黄色至深褐色粉末、颗粒、块状,或透明至深褐色液体。溶于水,不溶于乙醇。有A、B、C、O等多种酶,可分解各种磷脂,如(用磷脂酶A、B)将磷脂酰胆碱分解成溶血磷脂酰胆碱和甘油磷酸胆碱;用磷脂酶C将其分解成甘油二酯和胆碱磷酸;用磷脂酶O分解成磷脂酸和胆碱。A存在于蛇毒腺及细菌中,B存在于丝状菌、米糠、动物胰脏和细菌中,C存在于细菌、动物肝脏和植物中,

O 存在于各种植物中。

制法：从动物胰脏或从甘蓝用低于室温的水提取；或从米曲霉、黑曲霉、担子菌、放线菌及细菌的培养液用室温以下的水提取后除菌、低温浓缩，或用含水乙醇、含水丙酮处理再经树脂精制，并用碱性水溶液处理而得。

用途：分解磷脂及其部分分解物。用于油脂食品的分解等。还可用于蛋黄改性，制色拉酱、色拉油。

生产厂家：合肥博美生物科技有限责任公司；上海宝丰生化有限公司。

8. 脂肪酶 (lipase)

法定编号：EC 3.1.1.34

物化性质：本品为近白色至浅棕黄色粉末，由米曲霉制成的产品为粉状或脂肪状。基本作用是使三甘油酯水解为甘油和脂肪酸，最适宜 pH 值为 7～8.5、温度为 30～40℃。可溶于水、乙醇、氯仿和乙醚。

制法：由动物胃脏或胰腺组织经过水浸提而制得；或用黑曲霉变种菌、米曲霉变种菌等培养、发酵后，经饱和硫酸铵溶液盐析，丙酮沉淀、结晶而获得。

用途：脂肪酶作为酶制剂添加在饲料中，作用于脂肪成分中的酯键，将脂肪分解成脂肪酸和甘油。

生产厂家：天津生物化学制药厂，广东省江门市英恒生物饲料有限公司。

9. 碱性磷酸单酯酶(大肠杆菌) (alkaline phosphomonoesterase(*Escherichia coli*))

法定编号：EC 3.1.3.1

别名：碱性磷酸酯酶（大肠杆菌）alkaline phosphatase（*Escherichia coli*）

性状：相对分子质量 100000。近白色冻干粉或 3.2mol/L 硫酸铵悬浮液。最适 pH 值为 9.6。

用途：常用诊断用酶。生化试剂，酶标。核酸研究及临床诊断：骨病、肝脏病。

生产厂家：中国科学院上海生物化学研究所东风生化试剂厂，中科院生物物理研究所生化试剂厂。

10. 碱性磷酸单酯酶 (alksline phosphatase)

法定编号：EC 3.1.3.1

性状：以小牛小肠黏膜为原料获得者为近白色冻干粉，相对分子质量为 100000，商品为 3.2mol/L 硫酸铵溶液的悬浮液；以大肠杆菌为原料获得者，商品为 pH 值 7.4。1mol/L 氯化钠溶液的悬浮液，均溶于水和稀缓冲溶液。在 pH 值高于 7 的情况下，水解正磷酸单酯，产物为醇和正磷酸。作用的最适 pH 值为 8.0～10.5（视底物浓度而定）。测酶活时采用 pH 值为 9.8。等电点为 5.7。激活剂有二价金属离子（Mg^{2+}、Mn^{2+}、Co^{2+}）、氨基醇（2-氨基-2-甲基-1-丙醇、二乙醇胺）、Tris 缓冲剂、低浓度的锌。抑制剂有无机盐、一乙醇胺、铍（二价）、二价金属离子的螯合剂（EDTA、草酸盐、柠檬酸盐、半胱氨酸、组氨酸）、pH 酸性或中性、芳香族氨基酸（苯丙氨酸、色氨酸）、L-高精氨酸、尿素、碘乙酰胺、高浓度的锌。4℃保存 6 个月，活力无明显下降。干燥物在氯化钙真空干燥器中，0℃保存 12 个月，活力损失约 40 ％。

制法：以小牛小肠黏膜为原料，匀浆、过滤后酸沉淀，用正丁醇抽提、乙醚和丙酮沉淀，再经活性炭处理精制得产品。

用途：常用诊断用酶，生化试剂，酶标。核酸研究及临床诊断：骨病、肝脏病。

生产厂家：中国科学院上海生物化学研究所东风生化试剂厂，中国科学院生物物理研究所生化试剂厂。

11. 碱性磷酸单酯酶（牛小肠）（alkaline phosphomonoesterase（calf-intestinal mucosa））

法定编号：EC 3.1.3.1

别名：碱性磷酸酯酶（牛小肠）alkaline phosphatase（calf-intestinal mucosa）

性状：冻干粉。

用途：常用诊断用酶，生化研究，用于免疫酶标测定。

生产厂家：中国科学院生物物理研究所生化试剂厂（北京）、中国科学院新疆化学所实验工厂（乌鲁木齐）。

12. 酸式磷酸酯酶（acid phosphatase）

法定编号：EC 3.1.3.2

性状：磷酸酯酶中的一种，其活性的最适 pH 值在 7.0 以下（最适 pH 值 4.8），故名。最适温度 25℃。能使磷酸酯中的无机磷酸盐游离出来，也能使磷酸单酯或磷蛋白产生水解。

制法：由黑曲霉、米曲霉的培养液，用温水提取，除菌后用室温以下温度浓缩，再用冷的乙醇或含水乙醇处理而得。也可以从麦芽中提取。

用途：酶制剂。

13. 酸性磷酸酶（麦胚）（acid phosphatase（wheat germ））

法定编号：EC 3.1.3.2

别名：酸性磷酸酵素（麦胚）phosphatase acid（wheat germ）

性状：棕黄褐色鳞片或粉状。存在于血浆中，能促使血中磷酸酯游离出无机磷酸盐。pH 值为 5 最适宜，其活力比碱性磷酸酯酶稍弱。

用途：常用诊断用酶，生化研究，诊断前列腺癌。

生产厂家：成都化夏化学试剂有限公司。

14. 植酸酶（phytase）

法定编号：EC 3.1.3.8；EC.3.1.3.26

别名：肌醇六磷酸酶

性状：黄褐色粉状物，具有发酵香味，无异味。因来源不同，有 3-植酸酶和 6-植酸酶两种。植酸酶能催化植酸向正磷酸盐、肌醇衍生物转化。植酸中的磷基被植酸水解，释放出 6 个磷离子。作用的最适 pH 值为 2.5～5.6，与动物胃肠道的 pH 值变化相接近。相对分子质量约为 20000。

制法：由黑曲霉的培养液或固体培养物用水浸提后超滤浓缩、沉降分离、低温干燥并粉碎而得。

用途：植酸通常以植酸盐的形式存在于植物体中，它影响人体对矿物质和蛋白质的利用。植酸酶能将植酸分解为肌醇和无机盐，提高人体对植物性物质的利用率。

生产厂家：湖北佳诺信生物化工有限公司、上海基免实业有限公司。

15. 磷酸二酯酶Ⅰ（phosphodiesterase Ⅰ）

法定编号：EC 3.1.4.1

性状：白色至褐色粉末或透明至褐色液体。溶于水，不溶于乙醇，有吸湿性。能使核糖核酸分解而生成各种 5′-腺苷酸（5′-肌苷酸、5′-鸟苷酸、5′-胞苷酸、5′-尿苷酸）。最适作用条件因菌体而异：得自橘青霉者为 65℃，pH 值为 5；得自金黄色链球菌者为 37℃、pH 值 7.8。

存在于蛇毒、小肠黏膜、麦芽等中，并可从中提取制品。

制法：用麦芽糖培养丝状菌（橘青霉、金黄色链球菌或黑曲霉）所得培养液，用低于室温的水提取后用冷乙醇处理而得。

用途：在由酵母菌体提取核酸的同时，生产各种 5′-腺苷酸（肌苷酸、鸟苷酸、胞苷酸、尿苷酸），用于核酸调味料的制造。

生产厂家：上海基兔实业有限公司、上海酶联生物科技有限公司。

16. 磷酸二酯酶 Ⅱ（phosphodiesterase Ⅱ）

法定编号：EC 3.1.16.1

别名：脾外切核酸酶

性状：冷冻干粉，溶于水和稀缓冲溶液。酶反应：

$$寡聚脱氧核糖核苷酸 \atop 多聚核糖核苷酸 \xrightarrow[\text{向 } 3'-\text{端酶切}]{\text{从 } 5'-\text{OH 端顺序}} 3'-单核苷酸$$

酶对嘌呤和嘧啶碱基无专一性。对嘌呤较对嘧啶分解稍快些。作用的最适 pH 值约为 7。激活剂有 EDTA、二硫苏糖醇、2-巯基乙醇。抑制剂有二价阳离子、亚砷酸盐、氟化物。干燥剂保存于 −20℃，6～12 个月稳定。纯酶加热至 60℃、pH 值 7.1 或 3.3 时迅速丧失活力，5min 后只剩 20% 活力。

制法：以猪脾脏为原料，猪脾→丙酮粉抽提→第一次硫酸铵分级→加热和透析→丙酮分级→氧化铝凝胶处理→产品。

用途：用于生化研究，核酸的序列分析。

生产厂家：德国 Boeheringer Mannheim、上海基兔实业有限公司。

17. 脱氧核糖核酸酶 Ⅰ（deoxyribonuclease Ⅰ；bovine pancrease；pancreatic dnase）

法定编号：EC 3.1.21.1

别名：DNA 酶 Ⅰ

性状：近白色冻干粉，溶于水，微溶于 30% 的乙醇及丙酮中。相对分子质量 31000。脱氧核糖核酸酶 Ⅰ 作用于单链 DNA 和双股 DNA 和染色质。它能裂解邻近嘧啶核苷酸的磷酸二酯键，产生 5′-末端磷酸多聚核苷酸。限制消化的平均链长为四核苷酸。牛胰有 DNA 酶 A、DNA 酶 B、DNA 酶 C 和 DNA 酶 D，均为糖蛋白，彼此间在糖侧链或多肽组成上有差异，DNA 酶 A 是主要的形式。最适 pH 值为 7.8。激活剂为二价金属离子，最大激活可以从 Mg^{2+} 和 Ca^{2+} 得到。抑制剂有 EDTA 和十二烷基硫酸钠。可加 5mmol/L Ca^{2+} 或二异丙基氟磷酸作为稳定剂，以对抗蛋白水解酶的消化。

制法：以牛胰为原料制取，用稀硫酸抽提，硫酸铵对抽提液沉淀进行初步纯化，用硫酸铵分级沉淀后，再用乙醇进行第二次分级，硫酸铵沉淀结晶得到产品。

18. 脱氧核糖核酸酶 Ⅰ（deoxyribonuclease Ⅰ；DNAase Ⅰ）

法定编号：EC 3.1.21.1

性状：既能消化单链，又能消化双链 DNA，产生 $5'$-磷酸的单核苷酸和寡聚核苷酸。DNase I 可独立地、随机地水解双链 DNA 中的任意一条链。

用途：用于各个不同的方面，包括缺口翻译、DNase 指纹分析图谱、重亚硫酸盐介导。用于生化研究，临床上常用作祛痰药，也可局部用于脓肿、血肿以及鞘内注射治疗脑膜炎。

生产厂家：上海恒远生物科技有限公司、Sigma 公司。

19. 限制性核酸内切酶 Alu I （restriction endonuclease Alu I ）

法定编号：EC 3.1.21.4

性状：商品为含 50％甘油的类白色稠状溶液，其识别特异性对离子环境具有敏感性，酶反应：脱氧核糖核酸—→专一的双链带 $5'$-磷酸末端的片段，识别序列及裂解位点：

$$5'\cdots AG^{\blacktriangledown} CT\cdots3'；3'\cdots TC_{\blacktriangle}GA\cdots5'。$$

制法：以藤黄节杆菌（*Arthrobacter luteus*）为原料，按所需条件进行培养，再经菌体破碎，除去核酸，硫酸铵沉淀，柱色谱纯化而得。

用途：在遗传工程的生化研究中用作工具酶。

生产厂家：上海丽珠东风生物技术有限公司。

20. 限制性核酸内切酶 Asu II （restriction endonuclease Asu II ）

法定编号：EC 3.1.21.4

性状：商品为含 50％甘油的类白色稠状溶液。其识别特异性对离子环境具有敏感性。

酶反应：脱氧核糖核酸—→专一的双链带 $5'$-磷酸末端的片段，识别序列及裂解位点：

$$5'\cdots TT^{\blacktriangledown} CGAA\cdots3'；3'\cdots AAGC_{\blacktriangle}TT\cdots5'。$$

制法：以柱状链蓝藻形球菌（*Anabaena subcylindrica*）为原料，按所需条件进行培养，再经菌体破碎，除去核酸，硫酸铵沉淀，柱色谱纯化而得。

用途：在遗传工程的生化研究中用作工具酶。

生产厂家：Boeheringer Mannheim （德国）。

21. 限制性核酸内切酶 Bsu R I （restriction endonuclease Bsu R I ）

法定编号：EC 3.1.21.4

性状：商品为含 50％甘油的类白色稠状溶液，其识别特异性对离子环境具有敏感性。

酶反应：脱氧核糖核酸—→专一的双链带 $5'$-磷酸末端的片段，识别序列及裂解位点：

$$5'\cdots CG^{\blacktriangledown} CC\cdots3'；3'\cdots CC_{\blacktriangle}GG\cdots5'。$$

制法：以枯草芽孢杆菌 R（*Bacillus subtilis* R）为原料，按所需条件进行培养，再经菌体破碎，除去核酸，硫酸铵沉淀，柱色谱纯化而得。

用途：在遗传工程的生化研究中用作工具酶。

生产厂家：Boeheringer Mannheim （德国）。

22. 限制性核酸内切酶 Dde I （restriction endonuclease Dde I ）

法定编号：EC 3.1.21.4

性状：商品为含 50％甘油的类白色稠状溶液。其识别特异性对离子环境具有敏感性。

酶反应：脱氧核糖核酸—→专一的双链带 $5'$-磷酸末端的片段，识别序列及裂解位点：

$$5'\cdots C^{\blacktriangledown} TNAG\cdots3'；3'\cdots GANT_{\blacktriangle}C\cdots5'。$$

制法：以脱硫弧菌（*Desulfouibrio desulfuricans*）为原料，按所需条件进行培养，再经菌体破碎，除去核酸，硫酸铵沉淀，柱色谱纯化而得。

用途：在遗传工程的生化研究中用作工具酶。

生产厂家：Boeheringer Mannheim（德国）。

23. 限制性核酸内切酶 Dra I（restriction endonuclease Dra I）

法定编号：EC 3.1.21.4

性状：商品为含 50％甘油的类白色稠状溶液。其识别特异性对离子环境具有敏感性。

酶反应：脱氧核糖核酸——专一的双链带 5′-磷酸末端的片段，识别序列及裂解位点：

$$5'\cdots TTT^{\triangledown} AAA\cdots 3';\ 3'\cdots AAA_{\blacktriangle} TTT\cdots 5'。$$

制法：以嗜放射地应球菌（*Deinococcus radiophilus*）为原料，按所需条件进行培养，再经菌体破碎，除去核酸，硫酸铵沉淀，柱色谱纯化而得。

用途：在遗传工程的生化研究中用作工具酶。

生产厂家：Boeheringer Mannheim（德国）。

24. 限制性核酸内切酶 Hpa I（restriction endonuclease Hpa I）

法定编号：EC 3.1.21.4

性状：商品为含 50％甘油的类白色稠状溶液。其识别特异性对离子环境具有敏感性。

酶反应：脱氧核糖核酸——专一的双链带 5′-磷酸末端的片段，识别序列及裂解位点：

$$5'\cdots GTT^{\triangledown} AAC\cdots 3';\ 3'\cdots CAA_{\blacktriangle} TTG\cdots 5'。$$

制法：以副流感嗜血（杆）菌（*Haemophilus para-influenzae*）为原料，按所需条件进行培养，再经菌体破碎，除去核酸，硫酸铵沉淀，柱色谱纯化而得。

用途：在遗传工程的生化研究中用作工具酶。

生产厂家：华美生物工程公司 SABC，Boeheringer Mannheim（德国）。

25. 限制性核酸内切酶 Hpa II（restriction endonuclease Hpa II）

法定编号：EC 3.1.21.4

性状：商品为含 50％甘油的类白色稠状溶液。其识别特异性对离子环境具有敏感性。

酶反应：脱氧核糖核酸——专一的双链带 5′-磷酸末端的片段，识别序列及裂解位点：

$$5'\cdots C^{\triangledown} CGG\cdots 3';\ 3'\cdots GGC_{\blacktriangle} C\cdots 5'。$$

制法：以副流感嗜血（杆）菌（*Haemophilus para-influenzae*）为原料，按所需条件进行培养，再经菌体破碎，除去核酸，硫酸铵沉淀，柱色谱纯化而得。

用途：在遗传工程的生化研究中用作工具酶。

生产厂家：华美生物工程公司 SABC，Boeheringer Mannheim（德国）。

26. 限制性核酸内切酶 Pvu I（restriction endonuclease Pvu I）

法定编号：EC 3.1.21.4

性状：商品为含 50％甘油的类白色稠状溶液。其识别特异性对离子环境具有敏感性。

酶反应：脱氧核糖核酸——专一的双链带 5′-磷酸末端的片段，识别序列及裂解位点：

$$5'\cdots CGAT^{\triangledown} CG\cdots 3';\ 3'\cdots GC_{\blacktriangle} TAGC\cdots 5'。$$

制法：以普通变形杆菌（*Proteus vulgaris*）为原料，按所需条件进行培养，再经菌体破碎，除去核酸，硫酸铵沉淀，柱色谱纯化而得。

用途：在遗传工程的生化研究中用作工具酶。

生产厂家：华美生物工程公司 SABC，Boeheringer Mannheim（德国）。

27. 限制性核酸内切酶 Pvu Ⅱ（restriction endonuclease Pvu Ⅱ）

法定编号：EC 3.1.21.4

性状：商品为含 50％甘油的类白色稠状溶液。其识别特异性对离子环境具有敏感性。

酶反应：脱氧核糖核酸——专一的双链带 5′-磷酸末端的片段，识别序列及裂解位点：

$$5′\cdots CAG^{▼}CTG\cdots 3′；3′\cdots GTC_{▲}GAC\cdots 5′。$$

制法：以普通变形杆菌（*Proteus vulgaris*）为原料，按所需条件进行培养，再经菌体破碎，除去核酸，硫酸铵沉淀，柱色谱纯化而得。

用途：在遗传工程的生化研究中用作工具酶。

生产厂家：华美生物工程公司 SABC，Boeheringer Mannheim（德国）。

28. 限制性核酸内切酶 Sph Ⅰ（restriction endonuclease Sph Ⅰ）

法定编号：EC 3.1.21.4

性状：商品为含 50％甘油的类白色稠状溶液，其识别特异性对离子环境具有敏感性。

酶反应：脱氧核糖核酸——专一的双链带 5′-磷酸末端的片段，识别序列及裂解位点：

$$5′\cdots GCATG^{▼}C\cdots 3′；3′\cdots C_{▲}GTACG\cdots 5′。$$

制法：以暗色产色链霉菌 G（*Streptomyces phaeochromogenes*）为原料，按所需条件进行培养，再经菌体破碎，除去核酸，硫酸铵沉淀，柱色谱纯化而得。

用途：在遗传工程的生化研究中用作工具酶。

生产厂家：华美生物工程公司 SABC，Boeheringer Mannheim（德国）。

29. 脱氧核糖核酸酶Ⅱ（deoxyribonucleaseⅡ；DNaseⅡ）

法定编号：EC 3.1.22.1

别名：DNA 酶Ⅱ

性状：灰褐色无盐冻干粉，溶于水和缓冲溶液，相对分子质量为 38000～41000。水解天然脱氧核糖核酸为核苷酸-3′-磷酸和寡聚核苷酸-3′-磷酸。最适 pH 值为 4.5～5.0，等电点 10.2。抑制剂有硫酸盐、碘代乙酸、N-溴代琥珀酰亚胺和过氧化氢。二异丙基氟磷酸不抑制。

制法：用稀硫酸制成猪脾，分离去除沉淀，硫酸铵分级提纯，最后沉淀对磷酸缓冲溶液透析，离心分离得到粗酶液，粗酶溶液依次经过 DEAE-Sephadex、羟基磷灰石和 CM-Sephadesx 柱色谱，浓缩干燥而得。

用途：用于生化研究及抗放射线研究。用于分子生物学研究。降解 DNA 各种酶，这些酶使糖-磷酸酯主链上的磷酸二酯键水解。

生产厂家：上海丽珠东风生物技术有限公司、中国科学院生物物理研究所化学试剂厂。

30. 限制性核酸内切酶 Bam H Ⅰ（restriction endonuclease Bam H Ⅰ）

法定编号：EC 3.1.21.4

性状：商品为含 50％甘油的类白色稠状溶液，其识别特异性对离子环境具有敏感性。

酶反应：脱氧核糖核酸——专一的双链带，识别序列及裂解位点：

$$5′\cdots G^{▼}GATCC\cdots 3′；3′\cdots CCTAG_{▲}G\cdots 5′。$$

制法：以液化的淀粉杆菌 H（*Bacillus amyliolique faciens* H）为原料，按所需条件进行培养再经菌体破碎，除去核酸，硫酸铵沉淀，柱色谱纯化而得。

用途：在遗传工程的生化研究中用作工具酶。

生产厂家：上海丽珠东风生物技术有限公司。

31. 限制性核酸内切酶 Bgl I （restriction endonuclease Bgl I ）

法定编号：EC 3.1.21.4

性状：商品为含50%甘油的类白色稠状溶液，其识别特异性对离子环境具有敏感性。

酶反应：脱氧核糖核酸——→专一的双链带 5′-磷酸末端的片段。识别序列及裂解位点：

$$5′…GCCNNNN^{\triangledown} NGGC…3′；3′…CGGN_{\blacktriangle} NNNNCCG…5′。$$

制法：以球芽孢杆菌（*Bacillus globigii*）为原料，按所需条件进行培养，再经菌体破碎，除去核酸，硫酸铵沉淀，柱色谱纯化而得。

用途：在遗传工程的生化研究中用作工具酶。

生产厂家：上海丽珠东风生物技术有限公司。

32. 限制性核酸内切酶 Bgl II （restriction endonuclease Bgl II ）

法定编号：EC 3.1.21.4

性状：商品为含50%甘油的类白色稠状溶液，其识别特异性对离子环境具有敏感性。

酶反应：脱氧核糖核酸——→专一的双链带 5′-磷酸末端的片段。识别序列及裂解位点：

$$5′…A^{\triangledown} GATCT…3′；3′…TCTAG_{\blacktriangle} A…5′。$$

制法：以球芽孢杆菌（*Bacillus globigii*）为原料，按所需条件进行培养，再经菌体破碎，除去核酸，硫酸铵沉淀，柱色谱纯化而得。

用途：在遗传工程的生化研究中用作工具酶。

生产厂家：上海丽珠东风生物技术有限公司。

33. 限制性核酸内切酶 Cfo I （restriction endonuclease Cfo I ）

法定编号：EC 3.1.21.4

性状：商品为含50%甘油的类白色稠状溶液，其识别特异性对离子环境具有敏感性。识别序列及裂解位点：

$$5′…GCG^{\triangledown} C…3′；3′…C_{\blacktriangle} GGG…5′。$$

制法：以甲酰乙酸梭菌（*Clostridium formicoaceticum*）为原料，按所需条件进行培养，再经菌体破碎。除去核酸，硫酸铵沉淀。柱色谱纯化而得。

用途：在遗传工程的生化研究中用作工具酶。

生产厂家：Boeheringer Mannheim（德国）。

34. 限制性核酸内切酶 Dpn I （restriction endonuclease Dpn I ）

法定编号：EC 3.1.21.4

性状：商品为含50%甘油的类白色稠状溶液，其识别特异性对离子环境具有敏感性。识别序列及裂解位点：

$$5′…GA^{m\triangledown} TC…3′；3′…CT_{\blacktriangle} A^{m}G…5′。$$

制法：以肺炎双球菌（*Diplococcus pneummoniae*）为原料，按所需条件进行培养，再经菌体破碎，除去核酸，硫酸铵沉淀，柱色谱纯化而得。

用途：在遗传工程的生化研究中用作工具酶。

生产厂家：Boeheringer Mannheim（德国）。

35. 限制性核酸内切酶 Eco R I （restriction endonuclease Eco R I ）

法定编号：EC 3.1.21.4

性状：商品为含50%甘油的类白色稠状溶液，其识别特异性对离子环境具有敏感性。

酶反应：脱氧核糖核酸——专一的双链带 $5'$-磷酸末端的片段。识别序列及裂解位点：
$$5'\cdots G^{\blacktriangledown}\ AATTC\cdots 3';\quad 3'\cdots CTTAA_{\blacktriangle}G\cdots 5'.$$

制法：以大肠杆菌 RY13（*Escherihia coli* RY13）为原料，按所需条件进行培养，再经菌体破碎，除去核酸，硫酸铵沉淀，柱色谱纯化而得。

用途：在遗传工程的生化研究中用作工具酶。

生产厂家：上海丽珠东风生物技术有限公司。

36. 限制性核酸内切酶 Hae Ⅲ（restriction endonuclease Hae Ⅲ）

法定编号：EC 3.1.21.4

性状：商品为含 50% 甘油的类白色稠状溶液。其识别序列及裂解位点：
$$5'\cdots GG^{\blacktriangledown}\ CC\cdots 3';\quad 3'\cdots CC_{\blacktriangle}GG\cdots 5'.$$
与限制性核酸内切酶 Bsp211 相同。

制法：以埃及嗜血病（*Haemophilus aegyptius*）为原料，按所需条件进行培养，再经菌体破碎，除去核酸，硫酸铵沉淀，柱色谱纯化而得。

用途：在遗传工程的生化研究中用作工具酶，以研究 DNA 重组、转录、顺序分析、结构与功能的关系。

生产厂家：华美生物工程公司 SABC，Boeheringer Mannheim（德国）。

37. 限制性核酸内切酶 Hind Ⅲ（restriction endonuclease Hind Ⅲ）

法定编号：EC 3.1.21.4

性状：商品为含 50% 甘油的类白色稠状溶液。其识别特异性对离子环境具有敏感性。

酶反应：脱氧核糖核酸——专一的双链带 $5'$-磷酸末端的片段。识别序列及裂解位点：
$$5'\cdots A^{\blacktriangledown}\ AGCTT\cdots 3';\quad 3'\cdots TTCGA_{\blacktriangle}A\cdots 5'.$$

制法：以流感嗜血（杆）菌（*Haemophilus influenzae* Rd）为原料，按所需条件进行培养，再经菌体破碎，除去核酸，硫酸铵沉淀，柱色谱纯化而得。

用途：在遗传工程的生化研究中用作工具酶，以研究 DNA 重组、转录、顺序分析、结构与功能的关系。

生产厂家：华美生物工程公司 SABC，Boeheringer Mannheim（德国）。

38. 限制性核酸内切酶 Hinf Ⅰ（restriction endonuclease Hinf Ⅰ）

法定编号：EC 3.1.21.4

性状：商品为含 50% 甘油的类白色稠状溶液。其识别特异性对离子环境具有敏感性。识别序列及裂解位点：
$$5'\cdots G^{\blacktriangledown}\ ANTC\cdots 3';\quad 3'\cdots CTNA_{\blacktriangle}G\cdots 5'.$$

制法：以流感嗜血菌（*Haemophilus influenzae* Rd）为原料，按所需条件进行培养，再经菌体破碎，除去核酸，硫酸铵沉淀，柱色谱纯化而得。

用途：在遗传工程的生化研究中用作工具酶。

生产厂家：华美生物工程公司 SABC，Boeheringer Mannheim（德国）。

39. 限制性核酸内切酶 Kpn Ⅰ（restriction endonuclease Kpn Ⅰ）

法定编号：EC 3.1.21.4

性状：商品为含 50% 甘油的类白色稠状溶液，其识别特异性对离子环境具有敏感性。识别序列及裂解位点：
$$5'\cdots GGTAC^{\blacktriangledown}\ C\cdots 3';\quad 3'\cdots C_{\blacktriangle}CATGG\cdots 5'.$$

制法：以肺炎克氏杆菌 OK 8（*Klebsiella pneumonia* OK 8）为原料，按所需条件进行培养，再经菌体破碎，除去核酸，硫酸铵沉淀，柱色谱纯化而得。

用途：在遗传工程的生化研究中用作工具酶。

生产厂家：华美生物工程公司 SABC，Boeheringer Mannheim（德国）。

40. 限制性核酸内切酶 Sac I （restriction endonuclease Sac I ）

法定编号：EC 3.1.21.4

性状：商品为含 50% 甘油的类白色稠状溶液。其识别特异性对离子环境具有敏感性。识别序列及裂解位点：

$$5'\cdots\text{GAGCT}^{\blacktriangledown}\text{C}\cdots3'；3'\cdots\text{C}_{\blacktriangle}\text{TCGAG}\cdots5'。$$

制法：以不产色链霉菌（*Streptomyces achromogenes*）为原料，按所需条件进行培养，再经菌体破碎，除去核酸，硫酸铵沉淀，柱色谱纯化而得。

用途：在遗传工程的生化研究中用作工具酶。

生产厂家：华美生物工程公司 SABC，Boeheringer Mannheim（德国）。

41. 限制性核酸内切酶 Sal I （restriction endonuclease Sal I ）

法定编号：EC 3.1.21.4

性状：商品为含 50% 甘油的类白色稠状溶液，其识别特异性对离子环境具有敏感性。识别序列及裂解位点：

$$5'\cdots\text{G}^{\blacktriangledown}\text{TCGAC}\cdots3'；3'\cdots\text{CAGCT}_{\blacktriangle}\text{G}\cdots5'。$$

制法：以白色链霉菌 G（*Streptomyces albus* G）为原料，按所需条件进行培养，再经菌体破碎，除去核酸，硫酸铵沉淀，柱色谱纯化而得。

用途：在遗传工程的生化研究中用作工具酶。

生产厂家：华美生物工程公司 SABC，Boeheringer Mannheim（德国）。

42. 限制性核酸内切酶 Taq I （restriction endonuclease Taq I ）

法定编号：EC 3.1.21.4

性状：商品为含 50% 甘油的类白色稠状溶液，其识别特异性对离子环境具有敏感性。识别序列及裂解位点：

$$5'\cdots\text{T}^{\blacktriangledown}\text{CGA}\cdots3'；3'\cdots\text{AGC}_{\blacktriangle}\text{T}\cdots5'。$$

制法：以水生栖热菌（*Thermus aquaticus*）为原料，按所需条件进行培养，再经菌体破碎，除去核酸，硫酸铵沉淀，柱色谱纯化而得。

用途：在遗传工程的生化研究中用作工具酶。

生产厂家：华美生物工程公司 SABC，Boeheringer Mannheim（德国）。

43. 限制性核酸内切酶 Xba I （restriction endonuclease Xba I ）

法定编号：EC 3.1.21.4

性状：商品为含 50% 甘油的类白色稠状溶液，其识别特异性对离子环境具有敏感性。识别序列及裂解位点：

$$5'\cdots\text{T}^{\blacktriangledown}\text{CTAGA}\cdots3'；3'\cdots\text{AGATC}_{\blacktriangle}\text{T}\cdots5'。$$

制法：以巴氏黄单胞菌（*Xanthomonas badrii*）为原料，按所需条件进行培养，再经菌体破碎，除去核酸，硫酸铵沉淀，柱色谱纯化而得。

用途：在遗传工程的生化研究中用作工具酶。

生产厂家：华美生物工程公司 SABC，Boeheringer Mannheim（德国）。

44. 限制性核酸内切酶 Xho I （restriction endonuclease Xho I ）

法定编号：EC 3.1.21.4

性状：商品为含 50％甘油的类白色稠状溶液，其识别特异性对离子环境具有敏感性。
识别序列及裂解位点：

$$5'\cdots C^{\blacktriangledown} TCGAG\cdots 3'；3'\cdots GAGCT_{\blacktriangle} C\cdots 5'。$$

制法：以绒毛黄单胞菌（*Xanthomonas holcicola*）为原料，按所需条件进行培养，再经
菌体破碎，除去核酸，硫酸铵沉淀，柱色谱纯化而得。

用途：在遗传工程的生化研究中用作工具酶。

生产厂家：华美生物工程公司 SABC，Boeheringer Mannheim（德国）。

45. 核糖核酸酶 T_1 （ribonuclease T_1 ）

法定编号：EC 3.1.27.3

性状：冷冻干粉，悬浮于 2.7mol/L 硫酸铵、0.02mol/L Tris-HCl 缓冲液，pH 值 6.0。
是一种高度专一的核酸内切酶，酶切核酸（或脱氧核酸）在鸟苷一磷酸残基（或
次黄苷和黄苷残基）的 $3'$-磷酸和邻近核苷酸的 $5'$-OH 残基之间的键，形成相应
的 $2',3'$-环磷酸中间体。作用的最适 pH 值为 7.5，等电点为 2.9。激活剂有组氨
酸、EDTA。抑制剂有 Hg^{2+}、Zn^{2+}、Cu^{2+}、Ag^+。

制法：以由米曲霉制成的高峰淀粉酶为原料，用硫酸铵分级沉淀、DEAE-纤维素色谱
后高岭土处理除去有色杂质，再用硫酸铵沉淀获得产品。

用途：用于生化研究。除去 DNA 抽取物中的 RNA；RNA 测序；核糖核酸酶保护分
析，与 RNAase 协同作用；除去重组蛋白抽提物中的 RNA；检测 G-lesscasset-
teDNA 模板体外转录合成的 RNA 转录子水平。

生产厂家：上海基免实业有限公司、上海酶联生物科技有限公司。

46. 核糖核酸酶 U_2 （ribornuclease U_2 ）

法定编号：EC 3.1.27.4

别名：RNAase；puryloribonuclease

性状：本品为白色结晶或冻干粉。易溶于水，等电点 pH 值为 8.0，相对分子质量 13000。
最适 pH 值为 7.0～8.0，在 pH 值为 2～4.5 最稳定，分解酵母 RNA 的最适温度为
65℃。活性受重金属抑制，结晶粉末（无盐）在 0～4℃ 可稳定数年。它能催化核
糖核酸的降解，能改变宿主细胞的新陈代谢，抑制病毒合成，在体外能抑制流感病
毒增值，在鸡胚内能抑制痘苗、疱疹病毒形成。核糖核酸酶 U_2 是一酸性蛋白。制
剂中应不含 $5'$-核苷酸酶和磷酸二酯酶。它的磷酸转移酶活力较水解酶活力大。此
酶制剂的比活力约为 1.4×10^3 单位/O. D. 280 单位，相当于约 1/5 核糖核酸酶 T_1
和 2 倍核糖核酸酶 T_2。稳定性：核糖核酸酶 U_2 和核糖核酸 T_1 一样稳定。在磷酸
钠缓冲液（pH6.9）中加热 80℃4min，完全能经受。它消化核糖核酸的最适 pH 值
是 4.5。最大吸收值在 277.5nm，最小吸收值在 251nm。$A_{277.5}/A_{251}=2.6$。

制法：由红霉素产生菌的发酵液提取。

用途：消炎酶制剂。不仅是一有用工具，用于核糖核酸的核苷酸顺序分析，而且也可用
于含腺苷酸和鸟苷残基的寡聚核苷酸的合成。

生产厂家：上海基免实业有限公司。

47. 核糖核酸酶（pancreatic ribonuclease）

法定编号：EC 3.1.27.5

别名：RNA 酶 I

性状：白色结晶，极易溶于水，相对分子质量为 13000～15000。酶反应：专一地催化核糖核酸的核糖部分 3'-与 5'-磷酸二酯键的裂开，形成具有 2',3'-环磷酸衍生物寡糖核苷酸，比较容易水解酵母核糖核酸的嘧啶核苷酸。水溶液在 25℃以下相当稳定，加热至较高的温度逐渐丧失酶的活力。最大稳定范围在 pH 值 2～4.5。冷藏冻干粉或结冻的酶液保存数年仍稳定。冷冻干燥和贮存会使其凝聚，对玻璃表面有亲和力。作用的最适 pH 值为 7.7，最适作用温度为 65℃，等电点为 7.8。抑制剂有 0.0005 mol/L Mg^{2+}、脱氧核糖核酸（竞争性抑制剂）、变性脱氧核糖核酸（比天然的更有效）。

制法：以牛胰为原料，用稀酸抽提，利用硫酸铵分级处理，然后在饱和硫酸铵溶液中结晶、乙醇中重结晶精制而成产品。

用途：主要用于生化研究，测定核酸结构、脱氧核糖核酸和核糖核酸的降解。

生产厂家：上海基免实业有限公司、上海恒远生物科技有限公司。

48. 核糖核酸酶 A（ribonuclease A）

法定编号：EC 3.1.27.5

性状：近白色结晶或冷冻干粉，易溶于水，相对分子质量为 13700。核糖核酸酶 A 中，8 个硫原子定量地变为 8 个磺酸基团，4 个甲硫氨酸残基变为砜，成为没有酶活性的氧化性核糖核酸酶 A，并在稀溶液中空间结构呈现无规则线团。酶反应：专一地催化核糖核酸的核糖部分 3'-与 5'-磷酸二酯键的裂开，形成具有 2',3'-环磷酸衍生物寡糖核苷酸，再开环生成最终产物 2'-磷酸或 3'-磷酸为末端的寡核苷酸。作用的最适 pH 值为 7.0～7.5，等电点为 9.45。抑制剂有重金属离子、脱氧核糖核酸、肝素、尿苷酸盐。在冷冻干燥和贮存时会出现凝集现象。应以磷酸缓冲液保存于 -20℃。

制法：以牛胰为原料，经稀硫酸匀浆、硫酸铵分级沉淀、重沉淀、结晶精制而成。

用途：用于生化研究，测定核酸的结构。医药上用于治疗外伤及关节疼痛，抑制流感及疱疹病毒，并适用于急性胰腺炎，核糖核酸酶为消炎酶制剂。

生产厂家：上海基免实业有限公司。

49. 淀粉酶（amylase；diastase）

法定编号：EC 3.2.1.1；EC 3.2.1.2

性状：白色至淡黄色无定形粉末，或半透明鳞片，微臭，溶于水，不溶于乙醇。也可以是深棕色浑浊液体。淀粉酶是加水分解淀粉的酶的总称，包括 α-淀粉酶、β-淀粉酶、异淀粉酶、葡糖淀粉酶、极限糊精酶等，其中与食品工业有关的酶主要是 α-淀粉酶、β-淀粉酶和葡糖淀粉酶。一般淀粉酶对于生的淀粉不起作用，只作用于糊化后的淀粉。可催化淀粉中 α-1,4-葡糖苷和 α-1,6-葡糖基进行加水分解成为低分子物质。混合酶的作用的最适 pH 值为 5.0～6.0，在 5.0～10.5 之间酶的活力稳定，一般在 4.1 以下容易失活。由黑曲霉制备的淀粉酶有较强的耐酸性，pH 值低于 2.5 时才失活。由细菌制备的淀粉酶具有很高的耐热性，即使是在 90℃的高温下仍能保持较高的活性。

制法：由黑曲霉、米曲霉、米根霉、木霉等变种细菌、霉菌在一定的条件下培养，采用不同的方法对母液进行干燥处理而得。

用途：是酶制剂中用途最广、消费量最大的一种。主要用于面包生产中的面团改良（如降低面团黏度、加速发酵进程、增加糖含量以及缓和面包老化）；用于婴幼儿食品中谷类原料的预处理；啤酒制造中供糖化及分解未分解的淀粉；清酒生产中淀粉的液化和糖化；酒精工业中的糖化及分解未分解的淀粉；果汁加工中的淀粉分解和提高过滤速度；以及蔬菜加工、糖浆制造、饴糖生产、粉状糊精、葡萄糖等的加工制造。

生产厂家：丹麦诺和诺得公司；义乌市朝阳生物工程有限公司。

50. α-淀粉酶（α-amylase；glucogenase；α-1,4-glucan-4-glucanhydrolase）

法定编号：EC 3.2.1.1

别名：液化淀粉酶；糊精化酶；α-1,4-葡聚糖-4-葡聚糖水解酶

性状：浅棕色无定形粉末（含 5%～8% 的水分，储存时常加入一定量的碳酸钙，以防止抗结），或为浅棕黄色至深棕色液体，可分散于食用级稀释剂中，也可含有稳定剂和防腐剂。水溶液中呈浑浊状态，几乎不溶于乙醇、氯仿和乙醚中。相对分子质量 50000 左右。

$\quad$ α-淀粉酶可以从多聚糖（淀粉分子）分子内部任意水解 α-1,4-糖苷键，水解产物为糊精、低聚糖或单糖。当作用于直链淀粉时，可将其水解成麦芽糖和葡萄糖。当作用于支链淀粉时，因不能切开其 α-1,6-键，故反应的最终产物中除麦芽糖和葡萄糖外，还会含有大量带有 α-1,6-葡聚糖键的糊精。

$\quad$ α-淀粉酶广泛分布于动植物和微生物体中。因此，不同来源的 α-淀粉酶，其最适反应温度、热稳定性、作用的最适 pH 值和其他特性各异。用于食品加工的耐高温 α-淀粉酶最适作用温度为 85～94℃，它能在此高温下迅速水解淀粉，从其内部任意切割成长短不一的短键糊精和少量的低聚糖，从而使糊化淀粉的黏度迅速下降，用量少，使用方便。α-淀粉酶长时间存放，糖化力将会减弱，在酸碱介质中活性也减弱。

$\quad$ Ca^{2+} 对 α-淀粉酶有激活作用，因此使用 α-淀粉酶之前需要用 Ca^{2+} 对其进行活化，同时钙离子和氯离子还可提高它的稳定性。氧化剂对其有抑制作用。

制法：采用地衣芽孢杆菌、枯草杆菌、各种曲霉和麦芽等，经深层发酵、提炼精制而成。

用途：使淀粉液化转变为糊精等。用于淀粉糖的制造、婴幼儿食品制造、谷物处理、啤酒生产、发酵工业、织物退浆。也可用于果汁生产中消除淀粉浑浊等，是酶制剂中用途最广、耗量最大的一种。

生产厂家：无锡星达生物工程有限公司；丹麦 NOVO 公司；美国 Genencor Int. Inc；北京生物化学制药厂；北京粮食科学研究所试验厂；天津生物化学制药厂；成都制药厂；上海第四油脂厂；上海生物化学制药厂；郑州化学制药厂；佳木斯生化制药厂；梨树淀粉厂。

51. 真菌淀粉酶（fungal amylase）

法定编号：EC 3.2.1.1

别名：α-真菌淀粉酶

性状：褐色液体，相对密度约为 1.25，或为琥珀色粉末状固体，可分散在水中。适宜条件：pH 值为 4.7，温度 50℃。

制法：由选择的米曲霉（*Aspergilus oryzaevar*）菌株经过发酵、精制而成。

用途：酶制剂。真菌淀粉酶用于水解直链淀粉和切断支链淀粉 1,4-α-葡萄糖苷键，以产生大量麦芽糖，故用来生产麦芽糖浆。本品在 5℃ 条件下贮存，其活力可保持 5 年。在温度 40℃、经过 30min 分解可溶性淀粉，生产相当于 10mg 葡萄糖的还原糖，所需的酶量为 1 个活力单位，以 u 表示。

生产厂家：北京诺维信公司。

52. β-淀粉酶（β-amylase）

法定编号：EC 3.2.1.2

别名：糖化淀粉酶；α-1,4-葡聚糖麦芽糖水解酶

性状：淡黄至深褐色粉末、颗粒、块状或透明至深褐色液体。可溶于水，不溶于乙醇，吸湿性强。分子量略大于 α-淀粉酶。β-淀粉酶广泛存在于粮食谷物中，尤其以大麦、小麦、山芋、大豆等粮食中的含量较高。

β-淀粉酶可水解淀粉、糖原等多糖中非还原性末端每一个 α-1,4-葡聚糖键，成为 β-极限糊精和麦芽糖。可使直链淀粉全部水解成麦芽糖。当水解支链淀粉时，因其不能切开 α-1,6-葡聚糖键，故作用停顿而留下分子量较大的极限糊精。作用的最适 pH 值为 4.0～5.0，最适作用温度 50～55℃。不耐酸，微耐热。

制法：由米曲霉、链霉菌、淀粉液化杆菌、多黏芽孢杆菌、枯草杆菌的培养液，或麦芽用低温至室温的水提取后浓缩而得，或由低温乙醇处理而得。

用途：主要用于酿酒和饴糖生产。与异淀粉酶同用以制造麦芽糖，防止蒸饼老化。

生产厂家：天津京津酶制剂厂、丹麦 NOVO 公司、无锡市酶制剂厂、上海丽珠东风生物技术有限公司。

53. 糖化酶（glucoamylase；amyloglucosidase；exo-1,4-α-D-glucosidase）

法定编号：EC 3.2.1.3

别名：葡萄糖淀粉酶；葡聚糖-1,4-α-葡糖苷酶

性状：近白色至浅棕色无定形粉末，或为浅棕色至深棕色液体。溶于水，几乎不溶于乙醇、氯仿和乙醚中，有吸湿性。相对分子质量约为 97000。可分散于食用级稀释剂或载体中，也可含有稳定剂和防腐剂。糖化酶水解淀粉能力很强，能从淀粉、糖原等的非还原性末端，依次水解 α-1,4-和 α-1,6-糖苷键，甚至 α-1,3-葡萄糖苷键而成葡萄糖：

$$淀粉 + nH_2O \longrightarrow n\beta\text{-D-葡萄糖}$$

作用的最适 pH 值为 4～5，最适作用温度为 55～60℃。

制法：由丝状菌、担子菌、细菌及酵母的培养液，用低于室温的水提取后经除菌、浓缩（均低于室温）后用乙醇、含水乙醇或丙酮处理而得。

用途：可广泛用于食品加工、酿酒、果糖、酒精、葡萄糖生产等行业。另外，还用于纺织业，用于处理原棉、水解棉中的低聚糖，减少纤维的粘连，以利纺纱。

生产厂家：无锡星达酶制剂厂、丹麦诺和诺德公司、美国 Genencor Int. Inc.

54. 纤维素酶（cellulase）

法定编号：EC 3.2.1.4

别名：纤维素分解酶

性状：灰白色无定形粉末或液体。可溶于水，几乎不溶于乙醇、氯仿和乙醚中。天然品存在于许多霉菌、细菌等中。在银鱼、蜗牛、白蚁等中亦有发现。纤维素酶是个多组分的酶系，至少由三种酶所组成：β-1,4-葡聚糖水解酶 [EC 3.2.1.4]、β-葡聚糖纤维二糖水解酶 [EC 3.2.1.91] 和 β-葡萄糖苷酶 [EC 3.2.1.21]。它们分别将纤维素的多糖中 β-1,4-葡聚糖水解为 β-糊精、寡糖、二糖和葡萄糖。纤维素酶的相对分子质量一般多在 45000～76000。作用的最适 pH 值为 4.5～5.5，对热比较稳定，即使在 100℃下保持 10min 仍可保持原活性的 20%，一般最适作用温度 50～60℃。

制法：一般用黑曲霉或里氏木霉菌进行分批发酵或流加发酵，然后将发酵液用盐析法使之沉淀并精制而成。由此所制得的商品中除纤维素酶外，尚含有半纤维素酶、果胶酶、蛋白酶、脂酶、木聚糖酶、纤维二糖酶和淀粉葡萄苷酶。

用途：主要用于谷类、豆类等植物性食品的软化、脱皮；控制（降低）咖啡抽提物的黏度，最高允许用量为 100mg/kg；酿造原料的预处理；脱脂大豆粉和分离大豆蛋白制造中的抽提；淀粉、琼脂和海藻类食品的制造；消除果汁、葡萄酒、啤酒等中由纤维素类所引起的浑浊；绿茶、红茶等的速溶化等。如于大豆浸渍时加 0.05%～0.5%，可提高豆腐出品率 4%～11%。

生产厂家：江苏盐城市农业微生物制剂厂、美国 Genencor Int. Inc.、北京中国食品发酵所、黑龙江省海林万力达集团公司。

55. 纤维素酶 （cellulase）

法定编号：EC 3.2.1.4

性状：纤维素酶是降解纤维素 β-1,4-葡萄糖苷键的一类酶的总称。通常包括 C_1 酶、C_X 酶和 β-葡萄糖苷酶。C_1 酶主要作用于天然纤维素，将其转变成水合非结晶纤维素。C_X 酶又可分为 C_{X1} 酶和 C_{X2} 酶，C_{X1} 酶是内断型纤维素酶，它从水合非晶纤维素分子内部作用于 β-1,4-糖苷键，生成纤维糊精和纤维二糖。C_{X2} 酶切断裂纤维素酶，它从水合非晶纤维分子的非还原性末端作用于 β-1,4-糖苷键。β-葡萄糖苷酶又称纤维二糖酶，它作用于纤维二糖，生成葡萄糖。这些酶协同作用可将纤维素彻底降解为葡萄糖。产品为灰白色无定形粉末或液体。作用的最适 pH 值为 4.5～5.5。对热比较稳定，即使在 100℃下保持 10min 仍可保持原活力的 20%，一般最适作用温度为 50～60℃。溶于水，微溶于乙醇、氯仿和乙醚。

制法：用黑曲霉或李氏木霉菌进行培养，然后通过盐析法将发酵液沉淀、精制而成。

用途：纤维素酶作为酶制剂添加在饲料中，可分解其中富含纤维的细胞壁，使其包含的蛋白质、淀粉等营养物质释放出来并加以利用，同时又可将纤维降解为可被畜禽机体消化吸收的还原糖，从而提高饲料利用率。纤维素酶一般还与半纤维素酶及其它相关的果胶酶、淀粉酶、蛋白酶等结合，以达到更好的效果。

生产厂家：宁夏和氏璧生物技术有限公司，唐水太博尔生物工程有限公司，湖南尤特尔生化有限公司，浙江国光生化股份有限公司。

56. β-葡糖酶 （endo-1,3(4)-β-glucanase）

法定编号：EC 3.2.1.6

别名：内型-1,3(4)-β 葡聚糖酶

性状：淡黄色至褐色粉末，或透明至褐色液体。溶于水，不溶于乙醇，有吸湿性。相对分子质量 23000。能使高分子的黏性葡聚糖分解而生成低黏度的异麦芽糖和异麦芽三糖。由细菌制备的葡聚糖酶作用的最适 pH 值为 6.0～6.5，由霉菌产生者作用的最适 pH 值为 4.0～4.5。葡聚糖酶在 pH 值为 6～9 的范围内均较稳定，如在 pH 值 8.0 及 35℃下保持 3h，活性基本不变。随着温度的升高，活性将会有不同程度地降低，当温度升高到 45℃时，活性约降低 20％，50℃时降低至原活性的 30％左右。在水溶液中，钙离子有利于提高葡聚糖酶的稳定性，而且也会提高它的耐热性能。甘油有助于防止活性降低，当甘油含量达到 40％～60％时效果最佳。

制法：由曲霉、担子菌、节杆菌、枯草杆菌、极毛杆菌及酵母的培养液，用温水或酸性水溶液提取后经除菌，在室温以下浓缩，再用冷乙醇或丙酮处理而得；或在除菌后用硫酸铵等处理后再脱盐而得。

用途：主要用于制糖工业中，降低由变质甘蔗使葡聚糖含量提高的甘蔗汁的黏度，以提高甘蔗汁的加热速度、缩短澄清和结晶时间。用法可为每升甘蔗汁加入 30 国际单位的葡聚糖酶，在 40℃下保持 20min，可使 68％的葡聚糖分解。

日本主要用于制造豆腐类及酱油等。

生产厂家：武汉鸿睿康试剂有限公司。

57. 菊糖酶（inulinase；inulase）

法定编号：EC 3.2.1.7

别名：β-果聚糖酶

性状：淡黄至深褐色粉末，溶于水，不溶于乙醇，有较强的吸湿性。也可是淡黄色至深褐色液体。能使菊糖的 2,1-β-D-果糖相结合的键水解而成 D-果糖。

制法：由曲霉、木霉等的培养液在室温下用水提取而得。

用途：使含有菊糖的食品水解而成果糖。使原来不被人体消化的菊糖水解成能被人体利用吸收的果糖。也可由菊糖生产果糖。

生产厂家：湖北佳诺信生物化工有限公司。

58. 木聚糖酶（xylanase；endo-1,4-β-xylanase）

法定编号：EC 3.2.1.8

性状：为乳白色粉末，Pentopan Mono BG 为淡棕色、自由流动的聚集粉末，其颗粒大小平均约为 150μm，1％颗粒小于 50μm。适宜反应条件：pH 值为 4.0～6.0，温度 75℃以下。焙烤时失去活性。

制法：由米曲霉经发酵、提纯制成。该菌种携带来源于疏毛嗜热放线菌（*Thermomyces lanuginosuys*）的编码木聚糖酶的基因。

用途：酶制剂。本品是一种内木聚糖酶，能够水解阿拉伯木糖键中的木糖苷键，使阿拉伯木糖解聚成小分子寡糖。本品无 α-淀粉酶活性，使用时可将 α-淀粉酶与木聚糖酶混合使用。

生产厂家：广东广州裕立宝生物科技有限公司，北京中农博特生物工程技术有限公司。

59. β-葡聚糖酶（dextranase）

法定编号：EC 3.2.1.11

性状：灰白色至棕色无定形粉末或液体，可加有载体和稀释剂。可溶于水，基本不溶于乙醇、氯仿和乙醚中。

可使高分子的黏性葡聚糖分解成低黏度的异麦芽糖和异麦芽三糖，使 β-D-葡聚糖中的 1,3-β-糖苷键和 1,4-β-糖苷键水解为寡糖和葡萄糖。作用的最适 pH 值：由细菌产生者为 6.0～6.5；由霉菌产生者为 4.0～4.5。一般在 pH 值 6～9 时稳定，如在 pH 值 8.0 及 35℃保持 3h，活性基本不变，至 45℃时活性约降低 20％，50℃时降低 70％。当水溶液中有钙离子存在时极为稳定，且耐热性亦有所增加，甘油有助于防止活性下降，且以含 40％～60％时最有效。表面活性剂可使活性下降。

制法：可由青霉、曲霉、轮酶、黑曲霉、双歧乳杆菌等制得。由青霉菌制造时，先用明串球菌在含有蔗糖的培养基上培养以产生葡聚糖，再用此葡聚糖培养青霉菌，培养基的 pH 值为 5.5～7.0，在 30℃下培养 4～5 天，滤出菌体，使其溶于 pH 值为 5.3 的醋酸缓冲溶液中而成。作为商品可同时存在有半纤维素酶和果胶酶。

用途：主要用于制糖工业中，降低由变质甘蔗导致葡聚糖含量提高的甘蔗汁的黏度，以提高甘蔗汁的加热速度，缩短澄清和结晶时间。用法可为每升蔗汁中加入 30 国际单位的葡聚糖酶，在 40℃下保持 20min，可使 68％的葡聚糖分解。

生产厂家：北京中国食品发酵研究所。

60. 甲壳质酶（chitinase；chytodextrinase）

法定编号：EC 3.2.1.14

性状：白色至淡黄褐色粉末或颗粒，或透明至褐色液体。溶于水，不溶于乙醇，有吸湿性。能将甲壳素分解为乙酰基葡萄糖胺。相对分子质量 30000～61000，属碱性蛋白质，作用的最适 pH 值 3.6～4.8，最适作用温度 30～50℃。

天然存在于蜗牛、白蚁和蛇的消化液中。

制法：由木霉、放线菌、链霉菌或产气单孢菌的培养液，用水提取后在低于室温下除菌、浓缩后用硫酸铵处理或乙醇处理而得。

用途：促使节足动物的甲壳质分解，以有利于虾等的自动化脱壳。也可促进细菌的胞膜中甲壳素的分解。制造含壳聚糖的营养食品。

生产厂家：上海基免实业有限公司、上海谷研科技有限公司。

61. 果胶酶（pectinase；ultrazym；polygalacturonase）

法定编号：EC 3.2.1.15

性状：一般为灰白色粉末，或为棕黄色液体。溶于水，不溶于乙醇。天然品在高等植物（如柑橘类、苹果、番茄等）和微生物中广泛存在。商业用果胶酶的有效成分主要有 3 种酶，一种是催化甲酯果胶以脱去甲酯基，产生聚半乳糖醛酸苷键和甲醇的果胶甲酯酶（EC 3.1.1.11）。另一种是水解果胶中以 α-1,4-键结合的半乳糖醛基为还原糖的聚半乳糖醛酸酶（EC 3.2.1.15）。第三种酶是使果胶断裂而成寡糖的果胶裂解酶（EC 4.2.2.10）。此外，起次要作用的尚有 β-葡聚糖酶（EC 3.2.1.6）、β-糖苷酶（EC 3.2.1.21）和木聚糖酶（EC 3.2.1.32）。作为商品，可加入硅藻土、葡萄糖等填充料以进行稀释并抗结，也可加有稳定剂和防腐剂。作用的最适 pH 值为 3.5～4.0，最适作用温度 40～50℃。铁、铜、锌离子对果胶酶活力有明显的抑制作用。

制法：一般用霉菌，如镰刀霉菌属、宇佐美曲霉或黑曲霉以及针状曲霉、蒜曲霉、泡盛曲霉、日本曲霉、粉状曲霉、米根霉、木霉、枯草杆菌、担子菌或酵母等在含有豆粕、苹果渣、蔗糖等的固体培养基中培养，然后用水抽提，用有机溶剂使之沉淀，再分离、干燥、粉碎而成。

用途：主要用于果汁澄清、提高果汁过滤速度、提高果汁得率、降低果汁黏度、防止果泥和浓缩果汁的凝胶化、加强葡萄汁的颜色以及果蔬下脚料的综合利用等方面。如葡萄汁用 0.2％果胶酶在 40～42℃下静置 3h，即可完全澄清。葡萄浆用 0.05％果胶酶在 30～35℃下处理，可提高得率 15％，提高过滤速度 1 倍。最高参考量 200mg/kg。也可用于麻类脱胶及木材防腐。

生产厂家：天津利华食品厂、无锡市酶制剂厂。

62. 溶菌酶（lysozyme）

法定编号：EC 3.2.1.17

性状：白色粉状结晶，无臭，微甜。含有 129 个氨基酸的多肽，相对分子质量约为 14500。等电点 10.7～11.0。溶于食盐水，遇丙酮、乙醇产生沉淀。天然品存在于人的组织及分泌物中以及动物组织中，其中以鸡蛋的含量最多。

溶菌酶是一种催化细菌细胞壁中的肽多糖水解的酶。它专一地作用于肽多糖分子中 N-乙酰胞壁酸与 N-乙酰氨基葡萄糖之间的 β-1,4 键，从而破坏细菌的细胞壁，使细菌溶解死亡。对革兰阳性菌、好气性孢子形成菌、枯草杆菌、地衣芽孢杆菌等有强烈的抗菌作用，而对没有细胞壁的人体细胞不会产生不利影响，是一种安全的食品杀菌剂。

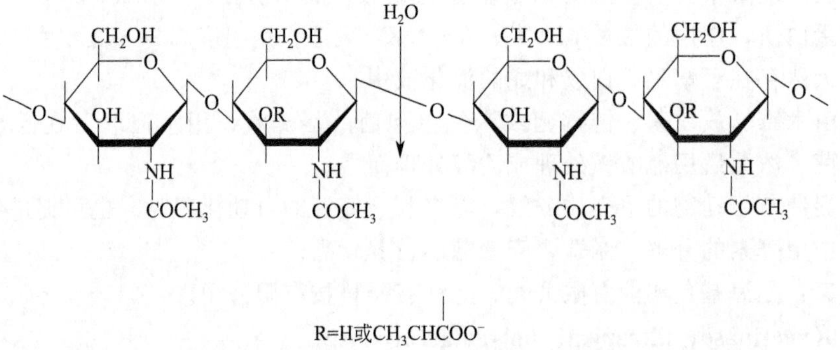

R=H或CH₃CHCOO⁻

酶促作用的最适 pH 值为 6～7，最适作用温度 50℃。在酸性溶液中较稳定，加热至 55℃活性也不受影响。在碱性溶液中不稳定，在 pH 值 7、100℃下，加热 10min 或 80℃加热 30min 就失活。水溶液在 62.5℃下维持 30min 而不失活。在 15％、20.5％的乙醇溶液中，在 62.5℃下维持 20min 不失活。低浓度的食盐能促进酶反应。

制法：可由蛋白中提取。用室温以下的碱性水溶液或盐水处理蛋白后，再用离子交换树脂吸附抽提后用 1mol/L 氯化钠洗脱液分次多级洗脱，冷冻干燥而得。得率约为 2％（以干蛋白原料计，含量可达 2.5％）。一般商品需再经盐酸化处理后，以供食品之用。

用途：主要用于牛奶的"人奶化"，人奶与牛奶之间的主要不同之处是溶菌酶的含量，把溶菌酶加在鲜牛奶中，可增强婴儿的抗病能力。此外，对牛奶兼有杀菌和增强双歧杆菌生长能力的作用。在每吨牛奶中加入 0.05~0.1mg 溶菌酶，37℃保温 3h，可使牛奶中的双歧杆菌含量与人奶的相当，从而保证婴儿肠内双歧杆菌的良好繁殖。

在半硬干酪中加入 0.001 ％的溶菌酶，可防止香味物质丁酸的损失并阻止延时产气。另外，加在食品中如香肠、肉类、干酪、奶油、糕点、饮料、清酒、鱼子酱等中可有效地防止和清除细菌对食品的污染，起到防腐保鲜的作用。溶菌酶在医学临床上是有效的消炎抗菌剂。

生产厂家：烟台金梓公司生物工程厂、大连生化制品有限公司、德国 Boeheringer Mannheim。

63. 神经氨酸苷酶 （neuraminidase；exo-α-sialidase）

法定编号：EC 3.2.1.18

别名：唾液酸苷酶

性状：白色至褐色粉末，或透明至褐色液体。溶于水，不溶于乙醇，有吸湿性。作用的最适 pH 值为 4.5，最适作用温度 37℃。神经氨酸是一种具有唾液酸构造的脱氧酮糖，同时也是一种氨基酸，本酶可将其水解。

制法：将链球菌的培养液用水提取而得。

用途：日本用于乳制品中环合糖的分解等。

生产厂家：上海基免实业有限公司、上海信裕生物科技有限公司。

64. 麦芽糖酶 （malt carbohydrase；maltase；α-glucosidase）

法定编号：EC 3.2.1.20

别名：α-葡糖苷酶

性状：澄清的琥珀色至暗棕色制剂，或为白色至浅棕黄色粉末。主要作用酶为 α-淀粉酶（液化酶）和 β-淀粉酶（麦芽糖化酶）。α-淀粉酶的主要作用是使淀粉、糖原之类多糖中的 α-1,4-葡聚糖键水解而成糊精、低聚糖和单糖。β-淀粉酶的主要作用是使淀粉、糖原之类多糖中的 α-1,4-葡聚糖键水解而成 β-极限糊精。作用的最适 pH 值为 6.8，最适作用温度 37℃。

制法：大麦在控制条件下发芽至麦粒长径的 1.5 倍左右时取出，此为"绿麦芽"，水分约为 40％~45％，经打浆、过滤等处理后即得液体制剂，如发芽后用 50~60℃气流干燥至含水 13％~15％，为风干品。如进一步干燥至含水量 3％~4％，则为干麦芽，用此磨粉过筛后即为粉状制剂。绿麦芽的糖化力约比干麦芽强三分之一。

也可将腐化米霉菌、霉菌、曲霉、细菌及酵母的培养液用低于室温的水提取后，在室温下浓缩后用冷乙醇处理而得。

用途：主要用于生产饴糖、酒精、啤酒、威士忌和酵母。在焙烤工业中作为小麦粉改良剂。FAO/WHO 规定可用于谷类婴幼儿食品，用量可视生产需要而定。

生产厂家：上海基免实业有限公司。

65. 花色素酶 （anthocyanase；β-glucosidase）

法定编号：EC 3.2.1.21

性状：淡黄色至褐色粉末，或透明至褐色液体。溶于水，不溶于乙醇，具有很强的吸湿性。是一种特异性很低的 β-葡糖苷酶，能使有色的花青素分解成花色素苷和葡萄糖，再进而分解成为无色的吖啶酮分解物和葡萄糖，从而达到消色的目的。作用的最适 pH 值 3.5 左右，最适作用温度 50℃。

制法：由米曲霉、黑曲霉、青霉和寄生曲霉的培养液用低温至室温的水浸提后用低温乙醇或含水乙醇处理而得。

用途：主要用作花色素的色素去除剂；在桃子、樱桃等罐头生产中，除去红色素，可防止由金属离子导致的变色。对果汁、果酱、果冻、果酒等色泽过深者，亦可用于改进成品的色泽。

生产厂家：西安大丰收生物科技有限公司、湖北鸿运隆生物科技有限公司。

66. β-葡糖苷酶 （β-glucosidase）

法定编号：EC 3.2.1.21

性状：淡黄至褐色粉末、颗粒、块状，或透明至褐色液体。溶于水，不溶于乙醇，有吸湿性。β-葡萄糖苷酶广泛存在于在植物（尤其是苦杏仁）、微生物及动物体内。

   β-葡糖苷酶是纤维素酶系中的一个组成部分，能将葡聚糖酶水解下来的纤维二糖再次降解成葡萄糖，也能水解纤维素。它能将水果中以键合态存在的香气组分释放出来，增加水果的香气，从而提高果制品的品质。作用的最适 pH 值为 5.0，最适作用温度 35℃。

制法：由铁苏科植物铁苏用微温的水提取而得。或由某些丝状菌或细菌的培养液，用微温的水提取并浓缩后用冷的乙醇或冷的含水乙醇处理而得。

用途：用于柑橘类等水果的果汁和罐头制造，也用于一般食品。也能使栀子黄转化为栀子蓝色素。

生产厂家：丹麦诺和诺德公司、美国 Genencor Int. Inc.。

67. α-半乳糖苷酶 （α-galactosidase；melibiase）

法定编号：EC 3.2.1.22

性状：黄灰色至褐色粉末或薄片状，溶于水，不溶于乙醇，有吸湿性；或为浅褐色至褐色液体。能分解棉子糖（蜜三糖），或使 α-D-半乳糖苷加水分解生成 D-半乳糖。

制法：由曲霉、白被孢霉及细菌（嗜热脂肪芽孢杆菌）的培养液，在室温至微温下用水、酸性水溶液或碱性水溶液提取后，经冷的含水乙醇处理及除菌后浓缩而得。

用途：在制糖工业中用于提高分蜜速度和得率。

68. 乳糖酶 （lactase；β-galactosidase）

法定编号：EC 3.2.1.23

别名：β-半乳糖苷酶

性状：淡黄至深褐色粉末、颗粒、块状或液体。溶于水，不溶于醇。有吸湿性。相对分子质量为 126000～850000。主要作用是使乳糖水解为葡萄糖和半乳糖。由于制备的原料不同，所得到的乳糖酶的适宜活性范围不同：由大肠杆菌制得者的最适作用 pH 值为 7.0～7.5；由酵母菌制得者最适作用 pH 值为 6.0～7.0；由霉菌制得者最适作用 pH 值为 5.0 左右。最适作用温度为 37～50℃。在正常使用浓度下，72h 内约可使 74% 的乳糖水解。

天然品存在于杏仁、桃、苹果、微生物以及哺乳动物的肠内。

制法：由制干酪时所得的乳清，在 pH 值为 4.5 和温度 85～105℃下加热凝固，在凝固物中加入 0.1% 的氨水，接入酵母菌种（如脆壁酵母）在 30℃下通气培养，收集酵母，用温水洗净后在低于-18℃下急速冷却，使其中所含的其他酶类失活，然后用酵母量1.5～3.0倍的乙醇进行处理。

也可由米曲霉、青霉、米根霉、环状杆菌、链球菌、酵母的培养液在室温下自溶后，经室温以下浓缩后用冷乙醇、含水乙醇或丙酮处理，经硫酸铵处理并脱盐后而得。

用途：主要用于乳品工业。可使低甜度和低溶解度的乳糖转变为较甜的、溶解度较大的单糖（葡萄糖和半乳糖）；使冰淇淋、浓缩乳、淡炼乳中乳糖结晶析出的可能性降低，同时增加甜度。在发酵和焙烤工业中，可使不能被一般酵母利用的乳糖因水解成葡萄糖而得以利用。有些婴儿由于肠内缺乏正常的乳糖分解酶而导致喂食牛奶后的腹泻，故欧洲不少国家常将乳糖酶和溶菌酶加入牛奶中，供婴儿饮用。

生产厂家：上海远慕生物科技有限公司、武汉宏信康精细化工有限公司。

69. 乳糖酶（lactase）

法定编号：EC 3.2.1.23

别名：β-半乳糖苷酶；β-galactosidase

性状：相对分子质量126000～850000。为深黄色至深褐色粉末、颗粒、块状或液体。可溶于水，不溶于醇。有吸湿性，无臭，微甜。最适作用pH值：由大肠杆菌制得者为7.0～7.5，由酵母菌制得者为6.0～7.0。由霉菌制得者为5.0左右。最适作用温度为37～50℃。在正常使用浓度时，72h内可使74%的乳糖水解。在人的胃和肠内易失活，与牛奶共存时较稳定。

制法：将制干酪时所得的乳清在pH值4.5和温度85～105℃下加热，在所得凝固物中加入0.1%氨水。然后接入酵母菌种在30℃下通气培养，收集酵母，再用温水洗净后在低于-18℃下急速冷却，使其中的其它酶类失活。然后用酵母量1.5～3.0倍的乙醇进行处理，可得乳糖酶。也可由米曲霉、青霉、米根霉、环状杆菌、链球菌的培养液在室温下自溶后，经室温以下浓缩，再用冷乙醇、含水乙醇或丙酮处理，然后经硫酸铵处理并脱盐后而制得。

用途：可作为酶制剂。主要用于乳品工业。

70. 蔗糖酶（invertase；sucrase；saccharase；β-fructofuranosidase）

法定编号：EC 3.2.1.26

别名：转化酶，β-D-呋喃果糖苷水解酶

性状：淡黄色至褐色粉末或是淡黄色微黏稠的液体，可溶于水，不溶于乙醇，有较强的吸湿性。主要作用是使蔗糖水解为葡萄糖和果糖（转化糖）。同时改变其旋光性：

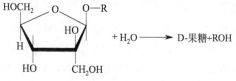

β-D-呋喃果糖苷

由酵母制成的蔗糖酶，在水解蔗糖时主要是切割果糖端，得到β-呋喃果糖苷；由曲霉生产者，则在葡萄糖端切割，得α-葡糖苷。作用的最适pH值为4.2～4.5，最适作用温度60℃。在pH值3.0、温度45℃以下，或在pH值5.0、温度55℃以下，或在pH值7.0、温度45℃以下，十分稳定。50%的蔗糖液加入

1～2g 的蔗糖酶，在 50℃ 左右下保持 12～24h，转化即可结束。80℃ 以上时酶的活性很弱，蔗糖酶广泛存在于植物界、酵母、菌体内酶细胞膜及动物消化液等中。

制法：用啤酒酵母或卡尔伯斯酵母的优良菌株，在含有 2‰ 蔗糖的培养基中通气培养，收集所得酵母，加入三氯甲烷、醋酸乙酯、甲苯进行自溶，使蔗糖酶向菌体外溶出，再加氢氧化铝、高岭土等吸附精制，用 50% 乙醇使酶沉淀而得。纯酶不稳定，需加入大量的甘油对其稀释保存。

在日本，也有用曲霉、细菌及酵母的培养液，在室温以下回收菌体，在低于室温下用碱性水溶液提取，在室温以下浓缩而得，或经丙酮、乙醇处理及离子交换树脂处理而得。

用途：主要使蔗糖分解成转化糖，从而得到比蔗糖的溶解度更高、不易有糖结晶析出的高浓度糖液，用于冰淇淋、液体巧克力、蜜饯、各种水果、果酱等中。亦用于生产人造蜂蜜及从食品中除去蔗糖。

生产厂家：上海恒远生物科技有限公司、上海基免实业有限公司。

71. β-葡萄糖醛酸苷酶（β-glucuronidase）

法定编号：EC 3.2.1.31

别名：β-葡糖醛酸酶；β-葡糖苷酸酶

性状：近白色至黄褐色粉末，溶于水，商品有冻干粉或含稳定剂丁醇的溶液，相对分子质量为 290000。酶反应：结合的 β-D-葡糖苷酸 + H_2O = 醇 + 葡糖醛酸。迅速水解甾类葡糖苷酸和其他葡糖苷酸，但不水解 α- 或 β-葡糖苷。作用的最适 pH 值为 4.5～5.0，等电点为 5.1。抑制剂有 D-半乳糖醛酸、有机过氧化物。4℃ 保存 12 个月，活力下降约 20%；6 个月活力下降 10%，可能有浑浊，但不影响活力。

制法：以小牛肝为原料制取，小牛肝→匀浆→硫酸铵沉淀→乙醇分级→有机溶剂分级→有机溶剂重分级→凝胶过滤→等电聚焦→二次等电聚焦→Sephadex G-200 色谱分离→产品。

用途：用于生化研究，尿甾体及血中甾体螯合物的检定。是一种具有生物催化剂功能的蛋白质。

生产厂家：上海丽珠东风生物技术有限公司、上海基免实业有限公司。

72. 透明质酸酶（hyaluronidase）

法定编号：EC 3.2.1.35

别名：玻璃酸酶

性状：无定形粉末或颗粒，易溶于水，不溶于丙酮、乙醇。含甘露糖、氨基己糖和唾液酸，是一种碱性糖蛋白，作用的最适 pH 值 5.6～6.2，最适作用温度 50℃ 左右。能催化透明质酸、硫酸软骨素 A 的 β-N-乙酰氨基己糖糖苷键水解，产物主要为四糖或六糖等偶数寡糖。透明质酸酶通过对黏性多糖透明质酸的解聚作用，能加速物质的扩散和吸收，有消除血肿和水肿的作用。

水溶液不稳定，需现配使用。

制法：主要从牛、羊睾丸中提取。

用途：主要用于加速药物的扩散与吸收。与其他药物合用时，可促使皮下注射液迅速吸收，促使局部麻醉剂的扩散，减轻注射部位的疼痛，与造影剂合用时，与利于 X

射线诊断。

生产厂家：湖北盛天恒创生物科技有限公司、上海研域商贸有限公司。

73. 柚苷酶（naringinase；β-L-rhamnosidase）

法定编号：EC 3.2.1.43

别名：脱苦酶

性状：白色或棕色粉末。柚苷酶溶于水，不溶于乙醇。它可以将柑橘类苦味成分分解成无味的野樱素和柚配质。这是因为它含有两种酶：一种是鼠里糖苷酶，可使苦味的柚苷（柚配质-7-鼠里糖苷）水解成鼠里糖和野樱素，另一种是 β-葡萄糖苷酶，它可使野樱素水解成无味的柚配质和葡萄糖。其过程为：

$$\text{柚苷} \xrightarrow{\text{鼠李糖苷酶}} \text{野樱素} + \text{鼠李糖} \xrightarrow{\beta\text{-葡萄糖苷酶}} \text{柚配质} + \text{葡萄糖}$$

柚苷酶的最适作用 pH 值 3.5～5.0，最适作用温度 50～60℃。

制法：可以采用双联分生霉、白腐核盘霉、宇佐美曲霉等微生物来生产柚苷酶。一般由黑曲霉在柠檬培养基上繁殖后，其抽提液用溶剂沉淀而得。由此所得的柚苷酶常含有一定量的果胶酶，若用于生产果汁就只能生产澄清型而不能生产浑浊型的，故当用于浑浊型果汁脱苦时，需用尿素破坏果胶酶活性（pH 值为 8，温度 37℃，保持 2h），再利用活性果胶酶和柚苷酶在酒精中的溶解度不同而使其分开后，再用于浑浊型果汁的脱苦。

用途：主要用于柚子和苦味橘子的果汁、果肉和果皮等的脱苦。用量为 0.01％～0.05％，在 pH 值为 3.5～5.0，温度 20～50℃ 的条件下，保持 1～4h 即可将果汁的苦味脱去。需要脱苦的浓缩果汁，脱苦前不宜稀释，因为体系中糖浓度过高会抑制 β-葡萄糖苷酶对野樱素的水解。

生产厂家：武汉宏信康精细化工有限公司、湖北鸿运隆生物科技有限公司。

74. 橘皮苷酶（hesperidinase；α-L-rhamnosidase）

法定编号：EC 3.2.1.40

别名：橙皮苷酶

性状：白色至暗褐色粉末或液体。溶于水，不溶于乙醇，有吸湿性。能使柑橘类果实中不溶于水的橙皮苷（橙皮素-7-鼠里糖苷）分解成鼠里糖和溶解度高的橙皮素-7-葡糖苷，并进一步分解为橙皮素和葡萄糖。作用的最适 pH 值为 3.5，最适作用温度 60℃，在 pH 值 3.0～8.5 的范围内活性稳定。

制法：由黑曲霉、青霉的培养液，用室温以下的条件提取、浓缩后用冷乙醇处理而得。

用途：主要用于橘子罐头的生产，以防止从果肉中溶出的橙皮柑而造成白色浑浊和果肉上出现白色斑点。

生产厂家：湖北盛天恒创生物科技有限公司、西安大丰收生物科技有限公司。

75. 茁霉多糖酶（pulluanase；R-enzyme）

法定编号：EC 3.2.1.41

别名：聚麦芽三糖酶；支链淀粉酶；普鲁士蓝酶

性状：白色至棕黄色细粉、粒状，或淡黄至深褐色液体。溶于水，几乎不溶于乙醇、氯仿和乙醚。主要作用酶是 α-糊精-6-葡聚糖水解酶，次要作用酶包括 α-淀粉酶、细菌性丝状胶蛋白酶和细菌性天冬氨酸蛋白酶，可水解苗霉多糖、支链淀粉和糖原等中的 1,6-α-葡糖苷键。而 α-淀粉酶和 β-淀粉酶则能使糊精中的支链淀粉和糖原水解成麦芽三糖和麦芽糖。作用的最适 pH 值为 5.0，最适作用温度 60℃。

制法：由产气克雷伯杆菌和其他某些细菌的培养液，用室温以下的水提取后，除菌、浓缩和用冷的乙醇、含水乙醇或丙酮处理而得，也可用硫酸铵等分开后再经脱盐处理而得。

用途：糖、蜂蜜、谷物、淀粉和饮料加工中除杂水解；淀粉糖的生产。

生产厂家：丹麦诺和诺德公司、上海远慕生物科技有限公司。

76. 外麦芽四糖水解酶 (exomaltotetraohyrolase)

法定编号：EC 3.2.1.60

别名：G_4 生成酶

性状：淡黄色至褐色粉末，溶于水，不溶于乙醇，有吸湿性。或为淡黄色至褐色液体。能使淀粉等分解成麦芽四糖单位。作用的最适 pH 值约为 8，40℃ 以上即失活。

制法：用假单胞菌的培养液在室温下除菌后，用超滤膜浓缩而得，或由乙醇处理而得。

用途：用于淀粉糖和低聚麦芽糖的生产。

生产厂家：湖北佳诺信生物化工有限公司、武汉远城科技有限公司。

77. 异淀粉酶 (isoamylase)

法定编号：EC 3.2.1.68

别名：脱支酶

性状：淡黄至深褐色粉末，或淡黄至深褐色液体。溶于水，不溶于乙醇，有吸湿性。异淀粉酶对支链淀粉的 α-1,6 糖苷键具有专一性，可使之分解成为 α-1,4 直链的聚葡萄糖。作用的最适 pH 值为 5.0，最适作用温度 50℃。

制法：由环状杆菌、黄杆菌、假单胞菌的培养液在低温至室温下除菌后，在低于室温下浓缩而得。该酶也存在于酵母等中。

用途：用于淀粉糖的制造等。

生产厂家：无锡星达生物工程公司、湖北鸿运隆生物科技有限公司。

78. 半纤维素酶 (hemicellulase; mannan endo-1,4-β-mannosidase)

法定编号：EC 3.2.1.78

别名：细胞质酶

性状：近白色至浅灰色无定形粉末或浅灰至深棕色液体。作为商品可含有食品级稀释剂、载体、稳定剂和防腐剂。溶于水，几乎不溶于乙醇、氯仿和乙醚中。是在水溶液中能分解构成植物细胞膜的多糖类（纤维素和果胶物质除外）的各种酶的总称。可使槐豆胶和古柯豆胶之类多糖中的 β-1,4-葡聚糖键水解成为 β-糊精。由所制得的半纤维素酶，作用的最适 pH 值为 3.0、5.0、5.5。在 30℃ 下维持 24h 活性仍为 100% 的 pH 值范围分别为 3.5~10.2、2.5~6、4~7；在 pH 值 5.6 下维持 15min 活性仍为 100% 的温度分别为 50℃、60℃、70℃。

制法：由枯草杆菌、某些曲霉等丝状菌或担子菌属的培养液在室温下提取、除菌、浓缩后用冷乙醇或含水乙醇处理而得；或由培养液固液分离、浓缩、过滤而得。也可由培养液的提取液经交联葡聚糖凝胶 (G-75 Sephadex) 的柱色谱精制而得。此外，枯草杆菌、青霉菌、米曲霉等亦能产生半纤维素酶。

用途：主要用于谷类和蔬菜加工，与果胶酶和纤维素酶合用可使柑橘类果汁澄清；用于处理咖啡豆，可使咖啡的抽提率增加；处理大豆，可提高植物油的浸出率；用于制清酒、烧酒等的酒精发酵，可以增加发酵原料的利用率，提高发酵率；对纸浆进行预漂白和获得高纯度纤维素浆。在处理废弃物方面，使用半纤维素酶可将木质纤维性材料生物转化为单细胞蛋白、乙醇或其它有用物质。

生产厂家：无锡上海谷研科技有限公司、湖北巨胜科技有限公司。

79. β-葡聚糖酶 （dextranase）

法定编号：EC 3.2.1.73

性状：产品为土黄色粉末或棕色液体。该酶为内切酶，作用于 β-葡聚糖中的 1,3 和 1,4-糖苷键，可将高分子的黏性葡聚糖分解成低黏度的麦芽糖和异麦芽三糖及葡萄糖。最适 pH 值为 5.5～7.0，温度为 55℃。

制法：用地衣芽孢杆菌 （*Bacillus licheniformis*） N4001 发酵法生产，经提取制得。

用途：酶制剂。

生产厂家：北京诺维信公司。

80. 地衣多糖酶 （lichenase）

法定编号：EC 3.2.1.73

性状：产品为土黄色粉末或棕色液体. 该酶为内切酶，作用于 β-葡聚糖中的 1,3 和 1,4 糖苷键，可将高分子的黏性葡聚糖分解成低黏度的麦芽糖和异麦芽三糖及葡萄糖。最适 pH 值为 5.5～7.0，温度为 55℃。

制法：用地衣芽孢杆菌 （*Bacillus licheniformis*） N4001 发酵法生产，经提取制得。

用途：酶制剂，可使 β-葡聚糖降解为低分子多糖。

生产厂家：北京诺维信公司、南京森贝伽生物科技有限公司。

81. 琼脂水解酶 （agarase；agarose 4-glycanohydrolase）

法定编号：EC 3.2.1.81

别名：β-琼脂糖酶

性状：白色至淡黄色至褐色粉末，或透明至褐色液体。相对分子质量 32000。适宜 pH 值 6.0，温度 40℃。可水解配糖体和碳水化合物中的醚键和缩醛键。使琼脂中的 D-半乳糖与 3,6-脱水-L-半乳糖残基之间的 β-1,4-半乳糖苷键进行加水分解，从而使琼脂分解。溶于水，不溶于乙醇。吸湿性强。

制法：由担子菌、细菌及极毛杆菌的培养液用水提取而得。

用途：食品用酶。用于琼脂的分解和琼脂寡糖的制造。

生产厂家：上海远慕生物科技有限公司、南京森贝伽生物科技有限公司。

82. 异麦芽糖葡聚糖酶 （isomalto-dextranase；exoisomaltohydrolase）

法定编号：EC 3.2.1.94

性状：淡黄至深褐色粉末，有很强的吸湿性，或为淡黄色至深褐色液体。能将葡聚糖分解成以 α-1,6-键结合的非直链的异麦芽糖。作用的最适 pH 值为 4.0，分解限度为 11％～64％。

制法：由节杆菌的培养液用水提取而得。

用途：可分解糊精，生成异麦芽糖。可用于制造淀粉糖。

生产厂家：湖北佳诺信生物化工有限公司。

83. 胰蛋白酶（trypsin）

法定编号：EC 3.4.4.4

性状：胰蛋白酶是从牛、羊胰脏中提取、结晶的冻干制剂。易溶于水，不溶于氯仿、乙醇、乙醚等有机溶剂。胰蛋白酶的相对分子质量为 24000，由 233 个氨基酸残基组成。

制法：牛胰脏 [H_2SO_4，0℃ 浸取]→浸取液 [分级盐析，$(NH_4)_2SO_4$]→沉淀物 [结晶，$(NH_4)_2SO_4$，NaOH]→滤液 [盐析 H_2SO_4，$(NH_4)_2SO_4$，pH3]→胰蛋白酶原粗品 [溶解，冷蒸馏水，pH3]→溶解液→ [分级盐析，$(NH_4)_2SO_4$]→胰蛋白酶原沉淀物 [活化，$CaCl_2$ 胰蛋白酶，pH7.5，72h]→活化液 [除钙，H_2SO_4，$(NH_4)_2SO_4$，pH3，48h]→滤液 [盐析 H_2SO_4]→沉淀物 [溶解，硼酸缓冲液，H_2SO_4，pH8]→溶解液 [透析]→透析液 [冻干]→胰蛋白酶成品。

用途：医用消炎剂，局部清洁，抗炎。

生产厂家：美国 Armour Pharmaceutical 公司、Natimal Drug 公司。

84. 弹性蛋白酶（elastase；pancreatic elastase；leukocyte elastase）

法定编号：EC 3.4.21.36；EC 3.4.21.37

性状：淡黄色至深黄色粉末，也可以是浅褐至深褐色液体。可溶于水，不溶于乙醇，有吸湿性。纯胰弹性蛋白酶，由 240 个氨基酸残基组成的单一肽链，相对分子质量约为 25000，等电点为 9.5。

弹性蛋白酶可使结缔组织蛋白质中的弹性蛋白消化分解，包括肽键结合的、酰胺结合的和酯结合的进行加水分解。作用的最适 pH 值为 7.8，最适作用温度 25℃。弹性蛋白酶具有明显的 β-脂蛋白酶作用，能活化磷酯酶 A，降低血清胆固醇，改善血清脂质，降低血浆胆固醇及低密度脂蛋白、甘油三酯，升高高密度脂蛋白、阻止脂质向动脉壁沉积和增大动脉的弹性，具有抗动脉粥样硬化及抗脂肪肝的作用。弹性蛋白酶稳定性差，对胰蛋白酶的水解作用有很强的抗性，而在酸性条件下很容易被胃蛋白酶水解而丧失活性，弹性蛋白酶溶液对温度非常敏感，该酶在 pH 值为 8.8，37℃下保温，其活力丧失较慢，在 pH 值为 4 时失活较快，pH 值为 3 时更易失活。

制法：一般由动物的胰脏用水提取而得，也可用细菌的培养液在低温下用水提取而得。

用途：肉类和水产加工中的嫩化。临床医学主要用于治疗高脂血症，防止动脉粥样硬化、脂肪肝。

生产厂家：上海恒远生物科技有限公司、上海劲马实验设备有限公司。

85. 无花果蛋白酶（ficin）

法定编号：EC 3.4.22.3

性状：白色至浅黄色或奶油色的粉末。有一定的吸湿性。可完全溶解于水中，呈浅棕色至深棕色。不溶于一般有机溶剂。如系无花果胶乳液的浓缩制剂，则为淡棕至暗棕色。相对分子质量约为 26000，等电点 9.0，2％水溶液的 pH 值为 4.1。稳定性极高，如常温密闭保存 1～3 年，其效力仅下降 10％～20％。100℃下，无花果蛋白酶在水溶液中方才失活，而粉末则可以保持数小时的高活性。水溶液在 pH 值 4～8.5 时活性稳定，可使明胶、凝固蛋白、干酪素、肉、肝脏等水解，使乳液凝固，并有消化蛔虫、鞭虫等寄生虫卵的作用，使多肽水解为低分子的肽。铁、铜、铅的存在会抑制它的活性。作用的最适 pH 值为 5.7，最适作用温度 65℃。

制法：由桑科植物无花果树的乳胶和 5～7 分成熟的果实乳汁用 pH 值 4.0 的水进行抽提，在乙二胺四乙酸（EDTA）存在下，用硫酸铵进行盐析两次，再用食盐盐析两次而成，得率为 11% 左右。

　　也可将未成熟鲜果预冷至 15℃，加入 15℃、pH 值等于 4.5 的水溶液，料水比为 3：5，捣碎，低温过滤，加 10% 鞣酸使之沉淀，再离心、干燥而得。本法得到的酶活力大约可以提高 40 倍。提酶后的渣仍可被用于提取果胶。

　　一个绿的质量为 10～15g 的无花果，可含有 100～150mg 商业性无花果蛋白酶。经阳光干燥后活力仅存 12%；100℃ 烘干的果实已无活性。

用途：主要用于啤酒耐寒（水解啤酒中的蛋白质，避免冷藏时引起浑浊）；肉质软化（水解肌肉蛋白质和胶原蛋白，使肉类嫩化）；焙烤时的面团调节剂；干酪制造时的乳液凝固剂（代替凝乳酶）；使虾的外壳与肉分离以达到机械化去壳，亦可使蛤肉与其内脏分离；也可作为驱蛔虫的杀虫剂。

生产厂家：湖北鸿运隆生物科技有限公司、西安大丰收生物科技有限公司。

86. 血纤维蛋白溶酶（plasmin）

法定编号：EC 3.4.21.7

性状：为水解 L-赖氨酸与 L-精氨酸的肽键与酯键的酶，具有溶解血纤维蛋白的性质。

制法：由人的血纤维蛋白溶酶原中获得，微生物中可从头孢霉、米曲霉中获得。

用途：用于心肌梗死、支气管炎的治疗，以及分解容器中凝固的血液，但只能由备有连续检查患者血液设备的医师使用。

生产厂家：中国科学院微生物研究所，上海植物生理研究所。

87. 链激酶（streptokinase，简称 SK）

法定编号：EC 3.4.22.10

全名：链球菌肽酶 A；链球菌纤溶酶

性状：针剂，链激酶水解肽键与酰胺键，但对连接在甘氨酸残基上的键不起作用。通过活化人类血清中的血纤维蛋白溶解酶，它可直接作用于血纤维蛋白与血纤维蛋白原而成为小分子，能溶解血饼与血纤维性浸出物。

制法：菌种培养→发酵液 [5% 胆固醇，pH7.5～8.0]→去除溶血素→3.5% 氢型树脂（724 吸附）[pH7.2]→解吸→盐析（40% 饱和度的硫酸铵）[离心]→（上清液含 SD）SK 沉淀 [溶解于 pH7.2 蒸馏水中，10% NaOH 调节 pH 值为 8.0～9.0，15.2% Na_3PO_4：22.6% 醋酸钙（1：0.5）]→磷酸钙处理 [甲醇终浓度 30%，pH5.2～5.4]→甲醇沉淀 [溶于 pH7.2 蒸馏水中]→DEAE-纤维素处理（悬浮处理）→DEAE-纤维素（装柱）处理 [pH6.0，0.1mol/L 磷酸缓冲液]→洗脱解吸 [6 号细菌漏斗，过滤]→无菌分装→冷冻干燥→SK 针剂。

用途：医用临床于多种血栓栓塞疾病，以急性广泛深静脉血栓形成、急性大块肺栓塞、周围动脉急性血栓栓塞最有效。具有促进体内纤维蛋白溶解系统活性的作用。能使纤维蛋白溶酶原激活因子前体物转变为激活因子，后者再使纤维蛋白原转变为有活性的纤维蛋白溶酶，使血栓溶解。

生产厂家：苏州第一制药厂、美国 Lederle 公司、欧洲 Leo Pharmaceutical 公司。

88. 白氨酸氨肽酶（leucine aminopeptidase）

法定编号：EC 3.4.11.1

别名：亮氨酸氨肽酶

性状：商品有悬浮液或红褐色液体，也有冷冻干粉。含氯化镁或硫酸镁作稳定剂。相对分子质量为 326000，每个亚基含一个锌原子。它从一些蛋白或多肽的 N-末端释放出氨基酸，能水解很多酰胺和硫酯，对白氨酸残基水解最快。最适 pH 值为 7.5～9.0。激活剂有 Mg^{2+}、Mn^{2+}。抑制剂有 Cd^{2+} 等重金属离子、EDTA、柠檬酸盐。干燥制剂 4℃可稳定几个月；含有硫酸镁 20mmol/L，三（羟甲基）氨基甲烷 20mmol/L，pH 值约为 8 的悬浮液，4℃存放 6 个月活力不降低。

制法：以猪肾为原料，经十六烷基三甲基溴化铵处理、硫酸铵分级沉淀精制而成。

用途：用于蛋白质顺序研究。

生产厂家：上海丽珠东风生物技术有限公司。

89. 氨肽酶（aminopeptidase）

法定编号：EC 3.4.11.11

制法：由产气单孢菌、干酪乳杆菌、乳酸乳球菌的培养液分离而得。能将多肽类的键自 N-末端连续水解的一种外肽酶。

用途：用于低肽类的生产。

90. 肽酶（peotidase）

法定编号：EC 3.4.11.14

性状：淡黄色至褐色粉末或液体。溶于水，不溶于乙醇，有吸湿性。其对肽键的分解作用可分为四大类：①作用于氨酰基肽键的；②作用于肽基氨基酸的；③作用于二肽的；④作用于多肽中间的肽键的。

制法：由丝状菌或细菌的培养液用室温以下的水提取而得；或由培养液进行固液分离后，浓缩再过滤而得，或用冷乙醇处理而得。

用途：用于肉类和水产品加工。近年来大量应用于具有保健作用的各种寡肽类制品的生产。

生产厂家：上海研域商贸有限公司、上海酶联生物科技有限公司。

91. 羧肽酶 A（carboxypeptidase A）

法定编号：EC 3.4.17.1

性状：白色冷冻干粉或乳白色乳浊液，加入甲苯作为防腐剂。每一分子酶含一原子锌。等电点 6.0。能将多肽类键中的氨基酸自 C-端加以水解分割。有 A 和 B 两种，羧肽酶 A 对大部分氨基酸的水解有催化作用，并从 C-端依次水解；羧肽酶 B 则仅对 C-端有赖氨酸和精氨酸的多肽键进行水解。作用的最适 pH 值为 7.5，最适作用温度 25℃。

制法：由小麦的种皮及麸皮用醋酸水溶液提取，或由曲霉及啤酒酵母的培养液用低于室温的水提取后，在室温以下进行浓缩并经冷乙醇处理而得。

用途：生产肽类保健食品，用于蛋白质、多肽的结构研究和分析。

生产厂家：上海丽珠东风生物技术有限公司。

92. 羧肽酶 B（carboxypeptidase B）

法定编号：EC 3.4.17.2

性状：白色冷冻干粉或乳白色乳浊液。能将多肽类键中的氨基酸自 C-端加以水解分割。羧肽酶 B 则仅对 C-端有赖氨酸和精氨酸的多肽键进行水解。作用的最适 pH 值为 7.0～9.0，等电点 6.0。在十二烷基硫酸钠（1mg/mL）和尿素（1mol/L）中稳定 EDTA、重金属、锌的其他螯合剂对其有抑制作用。

制法：以牛胰脏为原料，先制得羧肽酶原 B，再处理精制而得。

用途：用于蛋白质、多肽的结构研究和分析。

生产厂家：德国 Boeheringer Mannheim。

93. 糜蛋白酶（chymotrypsin）

法定编号：EC 3.4.21.1

别名：α-糜蛋白酶；α-胰凝乳蛋白酶

性状：糜蛋白酶在胰脏中以酶原的形式存在，通过激活而形成相应的糜蛋白酶。牛胰糜蛋白酶是由 241 个氨基酸残基组成的 3 条肽链，相对分子质量约为 25000，等电点为 8.6。

糜蛋白酶作用于血纤维蛋白溶酶，将其激活化后，即分解在细胞间隙沉积的纤维及引起发炎性的物质，起到抑制血液凝固或消炎的作用。

制法：

$$胰脏 \xrightarrow{\text{绞碎，提取}} 提取液 \xrightarrow{\text{分级盐析，透析}} 滤饼 \xrightarrow{\text{活化，透析}} 酶液$$

$$\xrightarrow{\text{树脂吸附，洗脱}} 洗脱液 \xrightarrow{\text{盐析，透析，干燥}} 糜蛋白酶$$

用途：常用于创伤或手术后创口愈合，抗炎及防止局部水肿、中耳炎等。

生产厂家：上海博湖生物科技有限公司湖北巨胜科技有限公司。

94. 蛋白酶（protease；proteinase）

法定编号：EC 3.4.23.18

性状：包括枯草芽孢杆菌和黑曲霉生产的蛋白酶。天然品存在于动物、植物及微生物等中，工业应用品以霉菌产生者为主。近乎白色至浅棕色粉末或液体，溶于水呈淡黄色。几乎不溶于乙醇、氯仿和乙醚。其作用是将蛋白质水解为低分子蛋白胨、朊、多肽及氨基酸。米曲霉生产的蛋白酶适宜 pH 值为 6.0，最适作用温度为 45～50℃。黑曲霉生产的蛋白酶适宜 pH 值为 2.5，最适作用温度 45℃。浓度为 2×10^{-3} mol/L 的铜离子或锰离子对蛋白酶有强烈的激活作用。铜离子或锰离子有激活作用。

制法：可由动物、鱼类和甲壳类的肌肉或内脏，用温水提取而得。或由某些曲霉等丝状菌、担子菌、放线菌、细菌及酵母的培养液，用室温以下的水提取、除菌并浓缩后，再在室温以下用树脂精制而成。也可将培养液用低温乙醇、含水乙醇及丙酮处理而得，或用硫酸铵分离后再经脱盐处理而得。商品中可含有食用级稀释剂、载体、稳定剂和防腐剂。

用途：黑曲霉生产者主要用于水解蛋白的生产，如浓缩鱼蛋白、氨基酸调味料之类；米曲霉生产者主要用于啤酒的抗寒（水解啤酒中蛋白质，避免冷藏后产生浑浊），焙烤制品（降低面团搅拌时间；水解面筋以增加面团的柔软性，防止苏打饼干片状面团进入烤炉时的卷曲；改进面包风味），肉类软化（水解肌肉蛋白和胶原蛋白，使肉类嫩化）等；酸性蛋白酶生产者主要用于凝乳，以制造干酪。最高用量为 500mg/kg。蛋白酶作为酶制剂添加在饲料中，有助于饲料的充分利用。常与淀粉酶结合使用，如添加蛋白酶可以使豆类饲料中残留的蛋白酶抑制因子失活。在玉米-豆粕日粮中添加了蛋白酶和非淀粉多糖酶，无论是单独添加还是同时添加，都可提高其中蛋白质的消化率。

生产厂家：南宁富谷科技有限公司，北京诺维信公司，广东广州裕立宝生物科技有限公司，广西南宁杰沃利生物制品有限公司，许昌元化生物科技有限公司，广东南方新元食品生物工程有限公司，丹麦诺和诺德公司，美国 Genencor Int. Inc.，无锡星达酶制剂公司。

95. 胰蛋白酶 （trypsin）

法定编号：EC 3.4.21.4

性状：白色至浅棕黄色无定形粉末，易溶于水，几乎不溶于乙醇、甘油、氯仿和乙醚等有机溶剂中。在 pH 值为 1.8 时，短时间煮沸几乎不失活；在热溶液中加盐，则蛋白质沉淀，滤液不显示酶作用。胰蛋白酶优先水解肽、酰胺、酯类的 L-精氨酸或 L-赖氨酸的羧基侧的肽键。Ca^{2+} 有保护和激活作用，重金属离子、有机磷化合物对胰蛋白酶有强烈的抑制作用。胰蛋白酶的等电点是 pH 值为 10.1，作用的最适 pH 值为 3，在低于 pH 值 6 的情况下稳定，pH 值大于 9 时，会发生自溶现象，最适作用温度 25～45℃。

牛胰蛋白酶原由 229 个氨基酸组成，含 6 对二硫键。在肠激酶或自身催化下，释放出 6 肽，变成有活性的胰蛋白酶。其相对分子质量为 24000，是由 223 个氨基酸残基组成的单一肽链。牛胰蛋白酶的等电点是 pH 值 10.8。

胰蛋白酶专一地作用于由碱性氨基酸精氨酸及亮氨酸羧基所组成的肽键。酶本身很容易自溶，由原先的 β-胰蛋白酶转化成 α-胰蛋白酶，再进一步降解为拟胰蛋白酶，乃至碎片，活力也逐步下降而丧失。猪胰蛋白酶的等电点是 pH 值 10.8，较牛胰蛋白酶稳定，比活力也较牛的高。

制法：由动物的胰脏、鱼类、甲壳类内脏用水或酸性水溶液提取后，在室温下用乙醇处理而得。

用途：可将多肽类水解为低分子的肽类，主要用于焙烤、肉类嫩化、蛋白质水解、皮革制造及生丝处理等。纯粹的酶在临床上适用于急性炎症、坏死组织、末梢血流阻碍、手术后浮肿、脓胸等。

生产厂家：南京制药厂、上海第六制药厂、西南制药一厂。

96. 胰酶 （pancreatin）

法定编号：EC 3.4.21.4

性状：白色或淡黄色无定形粉末。微臭，溶于水，不溶于乙醇，有吸湿性。遇酸、碱及热即丧失活性。是存在于胰脏中的混合酶，其中主要包括胰蛋白酶（最适 pH 值 7.7～9.1）、凝乳蛋白酶、胰淀粉酶（最适 pH 值是 6.8）和胰脂酶（最适 pH 值是 8～9）。工业上一般是以混合状态来使用的，因此本品能促进蛋白质、脂肪和糖类的消化吸收。过量氢氧化物或碳酸盐使之失活。

制法：由动物胰脏经激活后用水提取、沉淀、过滤，再用丙酮处理而得。

用途：用于肉类和鱼类加工及皮革制造。是动物消化药，能分解脂肪，可用作动物饲料添加剂以提高饲料的利用率。在医学临床上用于消化不良、食欲不振及胰液分泌不足而引起的各种疾病。

生产厂家：天津生物化学制药厂、北京生化制药厂、太原市生化制药厂、沈阳生化制药厂、上海生化制药厂、南京生化制药厂、济南生化制药厂、武汉生化制药厂。

97. 凝血酶（thrombin）

法定编号：EC 3.4.21.5

别名：凝血酵素；thrombase

性状：本品为牛血或猪血中提取的凝血酶原，经激活而得凝血酶的无菌冻干品，为白色或类白色的冻干块状物或粉末。每 1mL 中含 500 单位，其中 0.9% 的氯化钠溶液显浑浊。干粉贮存于 2~8℃ 很稳定。干粉溶于水，不溶于有机溶剂。水溶液室温 8h 内失活。遇热稀酸、碱、金属等活力降低。

凝血酶由两条肽链组成，多肽链之间以二硫键相连接，为蛋白质水解酶，相对分子质量为 335800。它可直接作用于血液中纤维蛋白原，使其转变为纤维蛋白，发挥止血作用，还有促进上皮细胞的有丝分裂而加速创伤愈合作用。

制法：动物血液经柠檬酸钠处理为血浆。用蒸馏水、HAc，pH5.3 条件下沉淀制成凝血酶原，用 NaCl、$CaCl_2$、丙酮条件下分离，沉淀，再将沉淀物用乙醚洗涤获得粗制凝血酶。再在 NaCl、HAc、0℃，pH5.5 条件下过滤得滤液，经丙酮沉淀，干燥获精制成品。

用途：局部止血药，用于局部出血及消化道出血。

生产厂家：北京第一生化制药厂，武汉生化制药，上海一药，天津金园，珠海生化制药，深圳海王药业集团。

98. 激肽释放酶（kallikrein）

法定编号：EC 3.4.21.34；EC 3.4.21.35

别名：血管舒缓苏；激肽原酶

性状：近白色冻干粉，溶于水。激肽释放酶是一种糖蛋白，在正常人体中以无活性的前激肽释放酶形式存在，它与激肽释放酶抑制剂以及激肽水解酶一起共同组成激肽体系，彼此相互制约，维持人体激肽的正常量。酶反应：激肽释放酶 + 激肽原→赖氨酰徐缓激肽。作用的最适 pH 值 8.2~8.7。激活剂有 Na^+、K^+、Li^+、Rb^+ 和 Ca^{2+}。抑制剂有重金属离子（如 Co^{2+}、Hg^{2+}、Cu^{2+}、Ni^{2+}、Mn^{2+}），某些胰蛋白酶抑制剂、二异丙基氟磷酸。冻干粉不稳定，要在水溶液或磷酸缓冲溶液中结冻保存。高纯酶制剂干燥保存于 -20℃ 能放数月；在 pH 值 7~9.5，20℃ 时可以稳定 5h；在 pH 值 4.4 时，酶活力只有很小损失。

制法：以猪胰为原料，抽提液经 DEAE-纤维素分批吸附、2-乙氧基-6,9-二氨基吖啶乳酸盐沉淀、pH 值为 4.2 时沉淀、丙酮沉淀、羟基磷灰石柱色谱分离、Sephadex G-100 凝胶过滤而得。

用途：用于生化研究，医学检验。医药上用作血管扩张药，用于治疗脑动脉硬化、闭塞性动脉内膜炎、原发性高血压、心绞痛、闭塞性血管炎、四肢皮肤溃疡、冻疮等症状。

生产厂家：上海丽珠东风生物技术有限公司、中国科学院新疆化学所实验工厂。

99. 弹性蛋白酶（elastase；pancreatic elastase）

法定编号：EC 3.4.21.11

性状：淡黄色至深黄色粉末，也可是浅褐至深褐色液体。可溶于水，不溶于乙醇，有吸湿性。纯胰弹性蛋白酶，由 240 个氨基酸残基组成的单一肽链，相对分子质量约为 25000，等电点为 9.5。

弹性蛋白酶可使结缔组织蛋白质中的弹性蛋白消化分解，包括肽键结合的、酰胺结合的和酯结合的进行加水分解。作用的最适 pH 值 7.8，最适作用温度 25℃。弹性蛋白酶具有明显的 β-脂蛋白酶作用，能活化磷酯酶 A，降低血清胆固醇，改善血清脂质，降低血浆胆固醇及低密度脂蛋白，甘油三酯，升高高密度脂蛋白，阻止脂质向动脉壁沉积和增大动脉的弹性，具有抗动脉粥样硬化及抗脂肪肝的作用。弹性蛋白酶稳定性差，对胰蛋白酶的水解作用有很强的抗性，而在酸性条件下很容易被胃蛋白酶水解而丧失活性，弹性蛋白酶溶液对温度非常敏感，该酶在 pH 值为 8.8，37℃保温，其活力丧失较慢，在 pH 值 4 时失活较快，pH 值 3 更易失活。

制法：一般由动物的胰脏用水提取而得，也可用细菌的培养液在低温下用水提取而得。

用途：肉类和水产加工中的嫩化。具有降低血清胆固醇、阻止动脉斑块形成、降低血压、扩张血管、增加心肌血流量和提高血中 cAMP 的含量等功能。医学临床主要用于治疗高脂血症，防止动脉粥样硬化、脂肪肝。

100. 枯草杆菌蛋白酶（subtilisin）

法定编号：EC 3.4.21.62

性状：浅褐色冷冻干粉，溶于水，相对分子质量为 27600。酶水解位置不具有专一性，但对中性和酸性的氨基酸优先。作用的最适 pH 值为 7.0～8.0，等电点为 7.8。激活剂有 Ca^{2+}，抑制剂有苯甲基磺酰氟、二异丙基氟磷酸、吲哚、苯酚、巨球蛋白 α_2、丝氨酸蛋白水解酶抑制剂。模型底物有苯甲酰精氨酸乙酯，发色底物有苄氧羰酰缬氨酰甘氨酰精氨酸、对硝基苯胺乙酸盐、乙酰酪氨酸乙酯、酪蛋白。在酸性 pH 值和温度大于 55℃时迅速变性。100～200mg/mL 酶液（在 0.1mol/L 硼酸缓冲液中，pH 值 8.0，含 0.1mol/L 氯化钙）4℃时可稳定 1～2 天。

制法：以枯草杆菌为原料，采用深层发酵培养，重结晶精制而得。

用途：用于生化研究，蛋白质的消化和分解研究。

生产厂家：上海丽珠东风生物技术有限公司。

101. 蛋白酶（protease；proteinase）

法定编号：EC 3.4.21.14；EC 3.4.23.6

性状：近乎白色至浅棕黄色无定形粉末或液体。溶于水，水溶液一般呈淡黄色。几乎不溶于乙醇、氯仿和乙醚。天然品存在于动物、植物及微生物等中，工业应用品以霉菌产生者为主。

主要作用是使蛋白质水解为低分子蛋白胨、多肽及氨基酸。由米曲霉制得者在 pH 值 6.0 的最适作用温度为 45～50℃。由黑曲霉和蜡状芽孢杆菌制得者亦称"酸性蛋白酶"，作用的最适 pH 值为 2.5，最适作用温度 45℃。浓度为 2×10^{-3} mol/L 的铜离子或锰离子对蛋白酶有强烈的激活作用，银离子和汞离子对其有抑制作用。

制法：可由动物、鱼类和甲壳类的肌肉或内脏，用温水提取而得。或由某些曲霉等丝状菌、担子菌、放线菌、细菌及酵母的培养液，用室温以下的水提取、除菌并浓缩后，再在室温以下用树脂精制而成。也可将培养液用低温乙醇、含水乙醇及丙酮处理而得，或用硫酸铵分离后再经脱盐处理而得。商品中可含有食用级稀释剂、载体、稳定剂和防腐剂。

用途：黑曲霉生产者主要用于水解蛋白的生产，如浓缩鱼蛋白、氨基酸调味料之类；米曲霉生产者主要用于啤酒的抗寒（水解啤酒中蛋白质，避免冷藏后发生浑浊），焙烤制品（降低面团搅拌时间；水解面筋以增加面团柔软性，防止苏打饼干片状面团进入烤炉时的卷曲；改进面包风味），肉类软化（水解肌肉蛋白和胶原蛋白，使肉类嫩化）等；酸性蛋白酶生产者主要用于凝乳，以制造干酪。最高用量为500mg/kg。

生产厂家：丹麦诺和诺德公司、美国 Genencor Int. Inc.、无锡星达酶制剂公司。

102. 尿激酶（UK）（urokinase）

法定编号：EC 3.4.21.68；EC 3.4.21.73

性状：尿激酶是由人肾小管上皮细胞产生的一种丝氨酸蛋白酶，是高相对分子质量尿激酶（HUK，54000）和低相对分子质量尿激酶（LUK，33000）的混合物。它是专一选择性很强的蛋白水解酶。本品作用于血纤维蛋白溶酶原上精氨酸-缬氨酸键，使血纤维蛋白溶酶原转化为有活性的纤溶酶。本品对合成底物的活性与胰蛋白酶和纤溶酶近似，也具有酯酶的活力。等电点为 8.4～8.7。无抗原性，不使体内产生抗体。体内 $t_{1/2}$ 为（14±6）min。冻干状态可稳定数年，稀释溶液性状不稳定，必须新鲜配用。本品为白色非结晶状粉末，易溶于水。

制法：1. 吸附法［硅藻土、724 树脂（H^+ 型）、D-160 树脂等］。由男性新鲜尿液在pH 8.5 沉淀，取上层清尿液，酸化 pH 5.2，用硅藻土吸附，用冷水洗涤硅藻土柱，用氨水洗脱，洗脱液经 QAE-Sephadex 柱脱色，入 CMC 柱吸附浓缩，再用氨水洗脱。洗脱液经透析，冻干，成为成品。

2. 组织培养法（美）。人胎儿肾细胞组织培养产生 UK，经精制获尿激酶。

用途：蛋白分解酶。高效血栓溶解剂，可促使血栓溶解，并有扩张局部血管的作用。临床用于急性心肌梗死、不稳定性心绞痛，治疗脑血管疾病、动脉栓塞性疾病、血栓性血小板减少性紫癜、系统性红斑狼疮等。还可用于治疗癌症。

生产厂家：常州生物化学制药厂，苏州第一制药厂，上海生物化学制药厂，北京生物化学制药厂，成都制药三厂，美国 Abbott，日本 Green Cross Corp，奥地利 Ebewe，日本 Wakamoto，意大利 Sclaro 等。

103. 碱性蛋白酶（alcalase；subtilisin）

法定编号：EC 3.4.21.62

别名：爱尔卡酶

性状：澄清透明褐色液体。主要成分为丝氨酸型蛋白酶的枯草菌素。混溶于水，相对密度约为 1.06。最适宜温度 50～60℃，pH 值 8.5（6～10）。

制法：由地衣状芽孢杆菌经深层发酵而得。

用途：蛋白水解酶制剂。主要用于明胶生产，可大大缩短萃取时间。亦用于植物蛋白、动物蛋白和鱼蛋白的水解。

生产厂家：上海劲马实验设备有限公司、上海信裕生物科技有限公司

104. 木瓜蛋白酶（papain）

法定编号：EC 3.4.22.2

性状：白色至浅棕黄色无定形粉末，或为液体。有一定的吸湿性。溶于水和甘油，水溶液无色至淡黄色，有时呈乳白色，几乎不溶于乙醇、氯仿和乙醚等有机溶剂。等电点 pH 值等于 8.75。在密封容器内，4℃的条件下或阴凉干燥处保存 6 个月，酶活力下降分别仅为 0～10％和 10％～20％。由木瓜制得的商品酶制剂中，含有如下 3 种酶：①木瓜蛋白酶，相对分子质量为 21000，约占可溶性蛋白质的 10％；②木瓜凝乳蛋白酶，相对分子质量为 36000，约占可溶性蛋白酶质的 45％；③溶菌酶，相对分子质量为 25000，约占可溶性蛋白质的 20％。

木瓜蛋白酶有较广的特异性，对蛋白质有极强的加水分解能力，凡肽键的 C-末端有精氨酸、赖氨酸、谷氨酸、组氨酸、甘氨酸、酪氨酸残基者均能切断，水解成容易消化吸收的小分子多肽或氨基酸。水解温度 10～80℃，pH 值为 3～9 时对底物均有作用，且稳定性较好。耐热性强，可在 50～60℃时使用，90℃时不会完全失活。作用的最适 pH 值为 5.0～7.0，最适作用温度 65℃。易受金属离子和氧化剂的抑制。

制法：由木瓜的未成熟果实，经提取乳液，过滤除去不溶物，经过硫酸铵、氯化钠分级沉淀后，二次重结晶而成。一般工业上以粗制品的应用为主。

用途：主要用于啤酒抗寒（水解啤酒中的蛋白质，避免冷藏后引起的浑浊）、肉质软化（水解肌肉蛋白和胶原蛋白，使肉质软化）、谷类预煮的准备、水解蛋白质的生产、羊毛的防缩、牙齿上蛋白质沉积物的去处和辅助消化等。促使饼干中面筋的分解，以使成品松脆。用量一般为 1～4mg/kg。

作为药用酶，对健康组织无任何不良影响，专门对坏死组织起作用，适用于挫伤、切断伤、热伤等和表面的各种溃疡。

生产厂家：广州国营园艺植物蛋白食品厂、广州酶制剂厂、广东江门拜奥生物化学厂、福建平和县蜜饯罐头厂、南宁华南生物工程公司。

105. 无花果蛋白酶（ficin）

法定编号：EC 3.4.22.3

性状：白色至浅黄色或奶油色的粉末。有一定的吸湿性。可完全溶解于水中，呈浅棕色至深棕色。不溶于一般有机溶剂。如系无花果胶乳液的浓缩制剂，则为淡棕至暗棕色。相对分子质量约为 26000，等电点 9.0，2％水溶液的 pH 值为 4.1。稳定性极高，如常温密闭保存 1～3 年，其效力仅下降 10％～20％。100℃下，无花果蛋白酶在水溶液中方才失活，而粉末则可以保持数小时的高活性。水溶液在 pH 值 4～8.5 时活性稳定，可使明胶、凝固蛋白、干酪素、肉、肝脏等水解，使乳液凝固，并有消化蛔虫、鞭虫等寄生虫卵的作用，使多肽水解为低分子的肽。铁、铜、铅的存在会抑制它的活性。作用的最适 pH 值为 5.7，最适作用温度 65℃。

制法：由桑科植物无花果树的乳胶和 5～7 成熟的果实乳汁用 pH 值 4.0 的水进行抽提，在乙二胺四乙酸（EDTA）存在下，用硫酸铵进行盐析两次，再用食盐盐析两次

而成，得率为 11％左右。

　　也可将未成熟鲜果预冷至 15℃，加入 15℃、pH 值等于 4.5 的水溶液，料水比为 3∶5，捣碎，低温过滤，加 10％鞣酸使之沉淀，再离心、干燥而得。本法得到的酶活力大约可以提高 40 倍。提酶后的渣仍可被用于提取果胶。

　　一个绿的质量 10～15g 的无花果，可含有 100～150mg 商业性无花果蛋白酶。经阳光干燥后活力仅存 12％；100℃烘干的果实已无活性。

用途：主要用于啤酒耐寒（水解啤酒中的蛋白质，避免冷藏时引起浑浊）；肉质软化（水解肌肉蛋白质和胶原蛋白，使肉类嫩化）；焙烤时的面团调节剂；干酪制造时的乳液凝固剂（代替凝乳酶）；使虾的外壳与肉分离，以达到机械化去壳，亦可使蛤肉与其内脏分离；也可作为驱蛔虫的杀虫剂。

106. 菠萝蛋白酶（bromelain）

法定编号：EC 3.4.22.32 ; EC 3.4.22.33

别名：ananase；bromeline；deazin；extranase；traumanase；plant protein concentrate

性状：白色至浅棕黄色无定形粉末、颗粒或块状，或为透明至褐色液体，属糖蛋白。微溶于水，水溶液无色至淡黄色，有时有乳白光，不溶于乙醇、氯仿和乙醚。相对分子质量为 28000～33000，等电点的 pH 值为 9.35。

　　菠萝蛋白酶优先水解碱性氨基酸或芳香族氨基酸的羧基侧上的肽键，尚有水解酰氨基键和酯类的作用，作用的最适 pH 值 6～8，最适作用温度 55℃。

制法：利用菠萝果实及茎的外皮，经压榨提取、盐析或丙酮、乙醇沉淀，然后分离、干燥而得。或用水提取后再处理而得。

用途：主要用于啤酒抗寒（水解啤酒中的蛋白质，避免冷藏后引起的浑浊）；肉类软化（水解肌肉蛋白和胶原蛋白，使肉类嫩化）；谷类预煮准备；提高从动植物中提取油和蛋白质的得率；控制和改良蛋白质的功能性质；制备水解蛋白质，以及面包、家禽、葡萄酒等中。临床上适用于外伤或手术后的浮肿和炎症。

生产厂家：美国 Miles Laboratories。

107. 菠萝蛋白酶（bromelain）

法定编号：EC 3.4.22.4

别名：ananase；bromeline；deazin；extranase；traumanase；plant protein concentrate

性状：本品系从菠萝汁或菠萝废皮中提取的一种蛋白水解酶，简称菠萝酶，为浅黄色无定形粉末，微有异臭。稍微溶于水，不溶于乙醇、丙酮、氯仿、乙醚。最适 pH 值为 7，相对分子质量 33000。

　　它是一种具有消炎、抗水肿作用的巯基酶。酶活力能被牛胱氨酸激活，而受重金属抑制。能水解纤维蛋白、酪蛋白及血红蛋白，使纤维蛋白与血凝块溶解，改善体液循环，增加组织通透性，导致炎症、水肿和血肿的消退。与木瓜蛋白酶不同，本品能分解肌纤维。

制法：菠萝皮加苯甲酸钠压榨，压出液经白陶土；10℃ 下吸附，再用 Na_2CO_3、$(NH_4)_2SO_4$ 液洗脱，洗脱液经 HCl、$(NH_4)_2SO_4$ 盐析并抽滤获粗制品，用自来水 pH7～7.5 溶解，取澄清液，用 HCl；pH4 沉淀得精制品，经干燥、粉碎获成品。

用途：用于各种原因所致的炎症、水肿、血肿、血栓症、支气管炎、支气管哮喘、急性肺炎、产后乳房充血、乳腺炎、产后血栓静脉炎、视网膜炎等。与抗菌药物合用治疗关节炎、关节周围炎、蜂窝组织、小腿溃疡、呼吸系统的各种炎症和尿路感染等。

生产厂家：上海生物化学制药厂、南京制药厂。

108. 猕猴桃碱（actinidine；actindia anionic proteinase）

法定编号：EC 3.4.22.14

别名：阴离子蛋白酶

性状：白色至绿色粉末，或透明的黄绿色液体。使蛋白质及水解中间产物中肽键和酰胺键分解。有很强的吸湿性。溶于水，不溶于乙醇。相对分子质量12.8万。存在于猕猴桃科和败酱科植物中。

制法：由中华猕猴桃的果肉榨汁后低温浓缩、干燥而得，或用冷水至室温的水浸提后经高分子膜浓缩后干燥而得。

用途：蛋白质的水解酶。用于肉类和水产加工品。

生产厂家：湖北巨胜科技有限公司、武汉大华伟业医药化工有限公司。

109. 胃蛋白酶（pepsin；avium pepsin）

法定编号：EC 3.4.23.1；EC 3.4.23.2；EC 3.4.23.3

性状：白色至淡棕黄色粉末，无臭，或为琥珀色糊状，或为澄清的琥珀色至棕色液体。吸湿性强，易溶于水，水溶液呈酸性。不溶于乙醇、氯仿和乙醚等有机溶剂中。胃蛋白酶广泛存在于哺乳动物、鸟类、爬虫类及鱼类等的胃液中。由猪胃所得的胃蛋白酶，其相对分子质量为33000，是由321个氨基酸组成的一条多肽链，等电点pH值1.0。药用胃蛋白酶是胃液中多种蛋白水解酶的混合物，含有胃蛋白酶、组织蛋白酶、胶原蛋白酶等。

　　主要作用是使多肽类水解为低分子的肽类。胃蛋白酶能水解大多数天然蛋白质底物，如角蛋白、黏蛋白、丝蛋白、精蛋白等，尤其是对两个相邻芳香族氨基酸构成的肽键最为敏感。但它对蛋白质水解不够彻底，产物中常有胨、肽和氨基酸的混合物。干燥的胃蛋白酶较稳定，在100℃加热10min也不失活。在水中，70℃以上或pH值在6.2以上开始失活，pH值8.0以上呈不可逆失活。在酸性介质中，胃蛋白酶有极高的活性，即使在pH值为1时仍为活化，作用的最适pH值为1.8，酶溶液在pH值5.0～5.5时最稳定。pH值为2时可发生自己消化。

制法：由猪、牛、羊等家畜胃的腺体层（黏膜）或禽鸟类嗉囊用稀盐酸自溶、过滤提取后，用乙醇或丙酮脱脂、去杂质、收集清液，在40℃以下经浓缩、干燥而得。

用途：主要用于鱼粉制造和其他蛋白质（如大豆蛋白）的水解，干酪制造的凝乳作用（与凝乳酶合用），亦可用于防止啤酒的冷藏浑浊。用作饲料添加剂，可提高饲料的转化率。能助消化，用于因缺乏胃蛋白酶产生消化机能减退的动物。在以大豆为主氮源的小猪日粮中添加胃蛋白酶，可提高饲料利用率80%～110%，增重10%～40%。也可应用于生产口香糖来清洁牙齿。医学临床上常用于消化不良、病后恢复期消化机能减退以及慢性胃炎等所致的胃蛋白酶缺乏症。

生产厂家：青岛肉联加工厂、天津第二生化制药厂、北京生物化学制药厂、保定市制药厂、太原市生物化学制药厂、南京生物化学制药厂。

110. 胃蛋白酶 (pepsin)

法定编号：EC 3.4.23.1　EC 3.4.23.2　EC 3.4.23.3

别名：胃液素；蛋白酵素；胃酶；百布圣；酸腈酶；pepsase；acid proteinase

性状：本品为自猪、羊或牛的胃黏膜中提取的胃蛋白酶，为白色或淡黄色的粉末。无霉败臭，有引湿性。溶于水，水溶液显酸性，难溶于乙醇、氯仿、乙醚。干酶较稳定，热至 100℃、10min 不失活。在水中受热 70℃ 以上或 pH 值为 6.2 以上开始失活。pH 值＞8 时呈不可逆失活。在酸性溶液中较稳定。

　　结晶胃蛋白酶相对分子质量为 34500，等电点 pH 值 1，最适 pH 值为 1.5～2。药用胃蛋白酶是多种蛋白水解酶的混合物，含有胃蛋白酶、组织蛋白酶、胶原酶等，为粗制的酶制剂。能水解多数天然蛋白底物，包括角蛋白、黏蛋白、丝蛋白、精蛋白等，尤其对两个相邻芳香族氨基酸构成的肽键最为敏感。对蛋白质水解不彻底，肽和氨基酸。其消化力以含 0.2%～0.4% 盐酸（pH 值为 1.6～1.8）时为最强，故常与稀盐酸合用。在自然界中，它存在可哺乳动物、鸟类、爬虫及鱼类的胃液中，以酶原形式存在于胃底的主细胞内，主要存在于胃黏膜基底部。

制法：猪胃黏膜用 H_2O_2、HCl；45℃ 下自溶，经过滤得脂溶液，经氯仿（或乙醚）脱脂，去杂质取上层清液，在 40℃ 以下浓缩、干燥获得胃蛋白酶成品。

用途：助消化药。

生产厂家：南京生物化学制药厂，无锡生物化学制药厂，北京生物化学制药厂，天津市第二生化制药厂，广州生物化学制药厂，大连生物化学制药厂，重庆生化制药厂等数十家生化制药厂。

111. 凝乳酶 (rennet；rennin；chymosin；chymase)

法定编号：EC 3.4.23.4

别名：皱胃酶

性状：澄清的琥珀色至暗棕色液体，或白色至浅棕黄色粉末，略有咸味和吸湿性。可溶于水，水溶液一般呈浅棕黄至深棕色。几乎不溶于乙醇、氯仿和乙醚。一种含硫的特殊蛋白酶。相对分子质量为 40000，等电点 pH 值为 4.5，干燥的凝乳酶活性稳定，在水溶液中不稳定，水溶液的 pH 值约为 5.8。凝乳酶对牛奶的最适凝固 pH 值为 5.8，最适作用温度为 37～43℃。在 15℃ 以下、55℃ 以上均没有活性。若在 35℃ 下，在 10L 牛奶中加入 1g 的商品凝乳酶，那么牛奶会在 40min 内凝固。所含的主要作用酶为蛋白酶，主要用于水解多肽类物质，尤其是胃蛋白酶难以水解的。

制法：1. 用水对小牛、小山羊或羊羔（亦可由牛、绵羊或山羊）第四胃（皱胃）进行抽提，抽提液一般经水洗、干燥、切片后在 4% 硼酸水溶液中于 30℃ 下浸渍 5 天抽提而得，或用食盐浸出后干燥而成。

　　2. 蜡状芽孢杆菌、栗疫菌的非致病菌菌种或米氏毛霉或微小毛霉、米氏根毛霉、大肠杆菌 K-12 等在受控条件下发酵后的培养液，用水或酸性溶液提取后在室温下浓缩后再用冷乙醇处理而得。

用途：广泛用于干酪制造，亦用于酶凝干酪素及凝乳布丁的制造。用量视生产需要而定。粉状体一般用量为 0.002%～0.004%，溶于 2% 食盐溶液中使用。

生产厂家：武汉大华伟业医药化工（集团）有限公司、西安大丰收生物科技有限公司。

112. 中性蛋白酶（neutrase；neutral proteinase）

法定编号：EC 3.4.24.39

性状：褐色颗粒或液体。易溶于水。作用的最适 pH 值 5.5～7.5，最适作用温度 45～55℃。可被 EDTA 和磷酸盐抑制。由微生物生产的中性蛋白酶，大多数是金属酶，一分子酶蛋白中含一原子锌，相对分子质量为 35000～40000，等电点为 8～9，是微生物蛋白酶中最不稳定的酶，易自溶，会造成相对分子质量的明显减少。钙离子对维持酶分子的构象起重要作用，对酶的热稳定性有明显保护作用。

制法：由选育的枯草杆菌经深层发酵后从培养基中提取而得。或由栖土曲霉的发酵液经离心后用硫酸铵盐析再过滤、干燥而得。

用途：从麦芽中提取蛋白质及含氮物质，以保证酵母的良好生长。用于酒精及酿造工业。

生产厂家：河北石家庄胜利酶厂。

113. 高峰淀粉酶（taka-diastase）

法定编号：EC 3.2.1.1

别名：淀粉酵素；糖化素；糖化酵素；aspergillus diastase

性状：本品为从米曲霉培养液提取的消化酶的混合物，是黄白色粉末，易吸潮，能催化 450 倍质量的淀粉水解为麦芽糖，使试管内淀粉于 5min 内液化，30min 内糖化。它内含 30 多种酶，主要是 α-淀粉酶和 β-淀粉酶，还有纤维素酶、麦芽糖酶、果胶酶、氨基葡萄糖苷酶、胰蛋白酶、肠肽酶、脂肪酶等。微臭，在水中成浑浊的溶液，几乎不溶于乙醚。久贮后糖化力减弱，溶液加热至 85℃ 以上失去糖化力；如有酸或碱存在时，糖化力减弱。它不仅能水解淀粉，而且还能消化蛋白质和脂肪。水解淀粉的能力是麦芽淀粉酶的 1.5～2 倍。最适 pH 值为 4～6，其活性不受红茶、绿茶、咖啡等影响。

用途：助消化药，用于治疗消化不良和食欲不振。

生产厂家：北京生物化学制药厂，天津生物化学制药厂，上海生物化学制药厂，成都制药一厂，黑龙江佳木斯生化制药厂等。

114. 胶原酶（collagenase）

法定编号：EC 3.4.24.3

别名：胶原蛋白酶

性状：由芽孢杆菌所得的胶原酶等电点为 5.0 左右。胶原酶能专一地作用于骨胶原、原胶原，使其断裂，进而被其它蛋白酶水解。但它不水解纤维蛋白、球蛋白，因而不会伤害血管和神经组织器官。

制法：主要由溶组织梭状芽孢杆菌经发酵培养、提取、精制而得。也可以从猪胰脏中提取而得。

用途：局部注射，能水解椎间盘突出或脱出中髓柱中增生的胶原蛋白、骨胶原，缓解症状。

生产厂家：上海信裕生物科技有限公司、上海研域商贸有限公司。

115. 尿激酶（urokinase）

法定编号：EC 3.4.99.26

性状：尿激酶，是一种碱性蛋白酶。由肾脏产生，主要存在于人及哺乳动物的尿中。它有多种相对分子质量形式，主要的有 31300 和 54700 两种。尿激酶是作用专一性很强的蛋白水解酶，溶液状态不稳定，冻干状态可稳定数年。

制法：

男性尿 —[沉淀]10℃以下 pH8.5→ 上清尿液 —[酸化]pH5.0～5.5→ 酸化尿 —[吸附]硅藻土5℃→ 硅藻土吸附物 —[洗涤]5℃冷水→ 硅藻

土柱 —[洗脱]0.02%氨水，0.02%氨水加 0.1mol/L 氯化钠→ 洗脱液 —[QAE-柱]pH8.0→ 流出液 —[浓缩]CMC-C pH4.2→ CMC-C

—[醋酸-醋酸钠]氨水＋氯化钠 pH11.5～11.8 洗脱→ 洗脱液 —[透析]H₂O，4℃→ 透析液 —[冻干]→ 成品

用途：临床上，尿激酶已广泛用于治疗各种心脏血栓形成或血栓梗死疾病。

生产厂家：山东鑫康生物科技有限公司。

116. L-天门冬酰胺酶（L-asparaginase）

法定编号：EC 3.5.1.1

性状：呈白色粉末状，微有湿性，溶于水，不溶于丙酮、氯仿、乙醚及甲醇。水溶液 20℃贮存 7 天，5℃贮存 14 天均不减少酶的活力。干品 5℃。15min 酶活力降低 30%，60℃，1h 内失活。最适宜 pH8.5，温度 37℃。

制法：大肠杆菌 [菌种培养（肉汤培养基）37℃，48h]→肉汤菌种 [种子培养（玉米浆）37℃，8h]→种子菌种 [玉米浆，37℃，6～8h]→发酵液 [丙酮]→干菌体 [硼酸缓冲液，pH8，37℃]→提取液 [HAc，pH4.2～4.4]→干粗酶 [甘氨酸，60℃，30min]→酶溶液 [精制，聚乙二醇，不同 pH 处理]→无热原酶液 [无菌分装]→产品。

用途：医用对癌症、白血病治疗。

生产厂家：美国 Enzon 公司、上海研域商贸有限公司。

117. 天冬酰胺酶（asparaginase）

法定编号：EC 3.5.1.1

别名：L-天冬酰胺酶

性状：白色结晶性粉末。易溶于水，不溶于乙醇、丙酮、氯仿、乙醛、苯等有机溶剂。微有吸湿性，对热稳定，在 50℃下持续 15min，活性降低 30%，60℃保持不足 1h 完全失活。冻干品在 2～5℃可稳定保存数月，但其溶液只能保存数日，如 20℃可贮存 7 天。最适 pH 值为 8.5。

最适作用温度为 37℃。

制法：由玉米浆经生物发酵制得。

用途：本品是一种对肿瘤细胞具有选择性抑制的药物，为抗肿瘤酶制剂，可用于静注 pH 值为 5.5～6.0 静滴、肌肉和鞘内注射。

118. 谷氨酰胺酶（glutaminase）

法定编号：EC 3.5.1.2

性状：白色或淡黄色至褐色粉末，或透明至褐色液体。溶于水，不溶于乙醇，有吸湿性。作用的最适 pH 值为 4.9，最适作用温度 37℃。能使谷氨酰胺生成谷氨酸。

制法：由枯草杆菌（*Bacillus subtilis*）、曲霉菌（*Aspergillus*）或酵母（*Candida*）的

培养液用低于室温的水提取，浓缩后用冷的乙醇或含水乙醇或丙酮处理而得。

用途：作为品质改进剂用于一般食品。

生产厂家：上海研生实业有限公司。

119. 谷氨酰胺酶（glutaminase）

法定编号：EC 3.5.1.2

性状：白色或淡黄色至褐色粉末，或透明至褐色液体。可溶于水，不溶于乙醇，有吸湿性。最适作用温度为37℃，能使谷氨酰胺生成谷氨酸。

制法：由枯草杆菌、曲霉菌或酵母的培养液用低于室温的水提取，浓缩。然后用冷的乙醇或含水乙醇或丙酮处理制得。

用途：可用作酶制剂。作为品质改良剂用于一般食品。

120. 酰基转氨酶（酰胺酶，酰化酶）（acylase；amidase；aminoacylase）

法定编号：EC 3.5.1.4

性状：白色至淡黄色至褐色粉末，或透明至褐色液体。有强吸湿性，溶于水，不溶于乙醇。纯酶冻干后长期保存活力不下降，粗酶制剂在5℃时稳定，粗酶溶液加入甲苯于冰箱中可保持1～2天。酶水溶液在pH值7.0、70℃水浴中保持60min活力仍不变，pH值低于5.0保温，迅速失活。

酰基转氨酶属水解酶类，能使大多数酰胺酸类（o-酰基衍生物、N-酰基衍生物、乙酰基磷酸、N-乙酰基氨基葡萄糖等，但酸性氨基酸除外）发生水解作用，并都具有大致相同的分拆能力和速度。具有光学特性，可将各种DL-型氨基酸分拆为D-型和L-型氨基酸。其作用举例：

乙酰基-DL-氨基酸 ——→ L-氨基酸 ＋ 乙酰基-D-氨基酸

最适pH值因作用对象而异，一般在7.0～8.0。除Ag外，无其它阻碍激活的金属离子。

制法：将丝状菌棕曲霉（*Aspergillus ochraceus* 及 *Aspergillus melleus*）或链霉菌进行培养，酰化酶即与蛋白酶一起作为胞外酶而存在于培养液中。在室温以下的温度下除去菌体后，用冷乙醇处理而得。或以猪肾为原料，经过离心沉淀、硫酸铵、丙酮、乙醇分级沉淀，再经过纤维素柱色谱纯化而成。

用途：使酰化氨基酸进行光学分拆作用，将DL-型氨基酸制备L-型氨基酸。

生产厂家：上海丽珠东风生物技术有限公司。

121. 脲酶（urease）

法定编号：EC 3.5.1.5

别名：尿素酶；大豆酵素；尿素（酰）氨基水解酶；urea-amidohydrolase

性状：本品系自植物刀豆提取的尿素水解酶，相对分子质量48900，为白色细微结晶性粉末。能溶于水，不溶于醇、醚、丙酮等有机溶剂。酶活性受重金属离子抑制。等电点pH值为5.0～5.1，最适pH值8.0。它能催化尿素水解成氨和二氧化碳。能刺激机体产生脲酶抗体，抑制胃肠道内脲酶的活性，从而减少尿素水解，降低血氨，达到防治肝昏迷的目的。

用途：防止肝昏迷，脲酶微囊和离子交换树脂微囊吸附剂组成人工肾，用于降低血中非蛋白质。

122. 脲酶（urease）

法定编号：EC 3.5.1.5

别名：尿素酶；大豆酵素

性状：白色或黄色细微结晶性粉末，或浅褐至深褐色液体，是含镍的蛋白质。可溶于水，不溶于乙醇、乙醚、丙酮等有机溶剂中，有吸湿性。存在于大豆、刀豆、细菌与霉菌中。相对分子质量约为 48900。商品有结晶的冻干粉，或冷冻干燥制剂（含脲酶 25%、蔗糖 60%、柠檬酸盐 15%）以及甘油溶液。它能分解尿素，放出氨和二氧化碳，最适 pH 值 7～8，温度 25℃。等电点 5.15（可溶性酶）；4.75（不溶性酶）。热稳定性低，可被重金属抑制。

制法：由乳杆菌或节杆菌的培养液，在室温下用水提取后经低于室温的乙醇处理而得。亦可由刀豆提取。

用途：常用于分解葡萄酒中残存的脲和抑制氨基甲酸乙酯的形成。作为分析试剂可用于测定血液及尿中的脲。本品可以防止肝昏迷；脲酶微囊和离子交换树脂微囊吸附剂组成人工肾，用于降低血中非蛋白氮。用于葡萄酒中分解残存的脲和抑制氨基甲酸乙酯的形成。分析用测定血液及尿中的尿素。医药上用于肝昏迷的免疫治疗，新型人工肾的制备，尿微型传感器。

生产厂家：上海丽珠东风生物技术有限公司。

123. 青霉素酶（penicillinaise；β-lactamase）

法定编号：EC 3.5.2.6

别名：β-内酰胺酶

性状：粉末或注射液。作用于青霉素的 β-内酰胺环，使青霉素转变为无抗菌活性的青霉素酮酸。

制法：大肠杆菌深层发酵，发酵液离心分离→上清液［pH4.5］→硅藻土吸附［NaCl 和柠檬酸钠］→洗脱→溶解于 0.1mol/L 磷酸 pH8.0 缓冲液内→真空干燥→产品。

用途：医学用于一般青霉素过敏反应，也可用作过敏性休克。严重青霉素过敏反应辅助治疗。但不能用于甲氧苯青霉素钠盐。邻氯苯甲异噁唑青霉素钠和羧喹青霉素等对青霉素酶有抗药性的青霉素所引起的过敏反应。

生产厂家：无锡酶制剂厂。

124. 酰化酶Ⅰ（acylaseⅠ；aminoacylase）

法定编号：EC 3.5.1.14

别名：酰基转移酶；氨基酰化酶；酰化氨基酸水解酶

性状：浅红色或浅黄色粉末，溶于水。水解 N-酰化-L-氨基酸为脂肪酸和 L-氨基酸。专一性：对底物化学结构要求为：①单羧基氨基酸；②氨基酸中 α-碳原子上的氨基被酰化，酰化基团不同，其水解速率也不一样，如果酰化基团为苄氧羰基，则酶不水解。不同来源的酰化酶对底物化学结构专一性也不一致。酰化酶Ⅰ水解脂肪族 L-氨基酸酰化物速率较快，而从微生物霉菌中制备的酰化酶水解芳香族 L-氨基酸酰化物速率快。最适 pH 值 7.0～7.5（从猪肾、淀粉制取的酶）；7～8（从米曲霉制取的酶），钴离子使其水解某些底物最适 pH 值向酸侧偏移 1.0 个单位，而且 Co^{2+} 能促进酰化酶Ⅰ通常水解慢的底物，抑制水解快的底物。纯酶冻干后长期保存活力不下降；粗酶制剂在 5℃时稳定；粗酶溶液加入甲苯，于冰箱中可保存 1～2 天。酶水溶液在 pH 值 7.0，70℃水浴中保温 60min，活力不变；但当 pH 值低于 5.0 时，酶迅速失活。

制法：以猪肾、淀粉或米曲霉制得的酶为原料制取。在加工处理后的猪肾中加入冷的磷酸缓冲溶液，制成匀浆，经离心分离，取清液，用硫酸铵二次沉淀，用水进行透析处理而得。

用途：能使酰化氨基酸进行光学分拆作用，可将 DL-型氨基酸制备 L-型氨基酸，用于分离 D-型和 L-型氨基酸。

生产厂家：上海丽珠东风生物技术有限公司。

125. 精氨酸酶（arginase，canavanase）

法定编号：EC 3.5.3.1

别名：蛋白氨基酸酶；胍基戊氨酸酶

性状：类白色冻干粉。商品也有硫酸铵溶液的悬浊液，溶于水。酶反应：水解精氨酸，生成鸟氨酸和尿素。干粉稳定，在室温长期保存并不丧失活力。在 pH 值 7.0、4℃的水溶液中可以长期保存而不丧失活力。但在 pH 值低于 6.0 或高于 9.0 时，非常不稳定，甚至在 0℃ 也很快失活。纯酶制剂在高度稀释时不稳定，但在 0.0025mol/L 鸟氨酸或 0.02mol/L 甘氨酸和 0.285mol/L 精氨酸溶液中稳定。其中性水溶液冻干可得白色粉末，重新溶解并不损失活力。冻干粉在室温下长期保存活力也不丧失。

制法：新鲜的马肝或牛肝为原料制备而得。

用途：用于生化研究。在尿素循环中催化精氨酸水解成尿素和鸟氨酸的酶。

生产厂家：上海丽珠东风生物技术有限公司、上海恒远生物科技有限公司。

126. 腈水解酶（nitrilase）

法定编号：EC 3.5.5.1

性状：淡黄色至褐色粉末或透明至褐色液体。溶于水，不溶于乙醇，有吸湿性。可分解腈类、复合环状腈类、乙腈、腈甲烷和苯甲腈等。如：

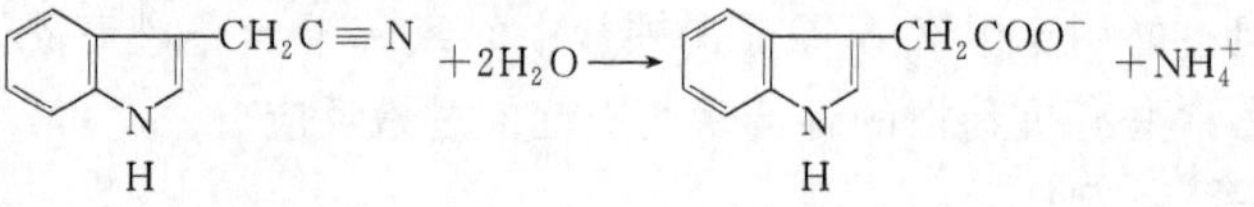

3-吲哚乙酰腈　　　　　　　　3-吲哚乙酸

制法：细菌的培养液，用水提取而得。

用途：主要用于调味品的生产。

生产厂家：上海研域商贸有限公司、湖北佳诺信生物化工有限公司。

第四节　裂合酶类的酶制剂

1. 丙酮酸脱羧酶

法定编号：EC 4.1.1.1

别名：α-羧化酶

性状：作用于 α-酮酸的羧化酶的一种，粉末状，可作用于丙酮酸形成 CO_2 和乙醛，$CH_3COCOOH \longrightarrow CH_3CHO + CO_2$。它与酒精发酵的某一阶段有关，存在于酵母和植物体中。广泛地作用于 α-酮酸而产生醛，但有醛存在时，则能以硫胺素焦磷酸为辅酶，同时需要 Mg^{2+} 和 Mn^{2+} 的参与，形成偶姻（acyloins）化合物，$RCOCOOH + RCHO \longrightarrow RCOCHOHR + CO_2$。

用途：用于生化研究。

生产厂家：南京森贝伽生物科技有限公司、上海恒远生物科技有限公司。

2. α-乙酰乳酸酯脱羧酶（α-acetolactate decarboxylase；lyase；ALDC）

法定编号：EC 4.1.1.5

别名：裂解酶

性状：白色至淡黄色至褐色粉末，或透明至褐色液体。一般用甘油和乳酸标准化。从底物中通过非水解方式去掉某一基团而留下双键，或相反地给双键位置上附加上某一基团，在这种反应中起催化作用。对右旋的乙酰乳酸有特异作用，乙酰乳酸的含量超过 $0.2\mu g/mL$ 时有生青味，并可被酵母还原为双乙酰，从而降低酒类的风味，成熟啤酒的双乙酰应小于 $0.15\mu g/mL$，优质的应小于 $0.05\mu g/mL$。

反应式

$$CH_3-\underset{\underset{COCH_3}{|}}{\overset{\overset{OH}{|}}{C}}-COO^- \longrightarrow CH_3-\underset{\underset{COCH_3}{|}}{\overset{\overset{OH}{|}}{C}}-H \ +CO_2$$

制法：由芽孢杆菌（枯草杆菌、黏质赛氏杆菌）等进行培养后，在室温下用水提取而得。

用途：用于果酒等的品质改进，减少葡萄酒等中的双乙酰。

$$CH_3-\underset{\underset{COCH_3}{|}}{\overset{\overset{OH}{|}}{C}}-COO^- \longrightarrow CH_3-\underset{\underset{COCH_3}{|}}{\overset{\overset{OH}{|}}{C}}-H \ +CO_2$$

生产厂家：河南冠华化工产品有限公司、武汉宏信康精细化工有限公司。

3. 消色肽键端解酶（achromopetidase）

性状：白色至淡黄色至褐色粉末，或透明至褐色液体。能通过对肽键中末端键的水解，使蛋白质完全分解为氨基酸。溶于水，不溶于乙醇。有强吸湿性。

制法：由消色细菌的培养液在低于室温下除菌后的水提取物，再用冷乙醇处理而得。

用途：水解蛋白质肽键的酶制剂。用于肉类和水产制品。

4. 醛缩酶（aldolase）

法定编号：EC 4.1.2.13

别名：二磷酸果糖酶；醇醛缩合酶；丁醛醇酶

性状：类白色冻干粉，一般商品为 $3.2mol/L$ 硫酸铵溶液的悬浊液。溶于水。相对分子质量为 $158000 \sim 164000$。酶反应：D-果糖-1,6-二磷酸 $=$ 磷酸二羟丙酮 $+$ D-甘油醛-3-磷酸。此酶对醛醇缩合反应有很强的专一性。作用的最适 pH 值 7.0。等电点 6.1（磷酸缓冲溶液，离子强度 $=0.1$）。抑制剂有重金属离子、碘、邻菲啰啉、腺嘌呤核苷磷酸盐、尿素。$4℃$ 可稳定保存 6 个月。

制法：以兔的骨骼肌为原料，经抽提、硫酸铵分级沉淀，过滤除去杂质，以及离心分离后的清液，得到的粗制酶液用乙醇结晶而得。

用途：用于生化研究，临床上用于诊断心肌梗死。

生产厂家：上海丽珠东风生物技术有限公司、上海研生实业有限公司。

5. 醛缩酶(兔肌) (aldolase(rabbit muscle))

法定编号：EC 4.1.2.13

别名：丁醛醇酶；醇醛缩合酶；二磷酸果糖酶；zymohexase；D-fructose，6-biphosphate、D-glyceraldehyde-3-phosphate-lyase

性状：蔷薇花形扁针状结晶。存在于各种细胞中，能溶于水。它可使 1,6-二磷酸果糖分解成二羟基丙酮和 3-磷酸甘油醛。商品制成 3.2mol/L 硫酸铵溶液的悬浮液。pH 值为 6。干粉 4℃下可保存 12 月，悬浮液可稳定 6 个月。

用途：常用诊断用酶。生化研究，诊断心肌梗死。

生产厂家：中国科学院上海生物化学研究所东风生化试剂厂。

6. 碳酸酐酶 (carbonate dehydrase)

法定编号：EC 4.2.1.1

性状：白色至浅红色冷冻干燥粉末。一种含锌的蛋白质。有两种同工酶 A 和 B。溶于水和稀缓冲溶液。酶反应：$H^+ + HCO_3^- = CO_2 + H_2O$。等电点 5.9（B）。氰根、氰酸根、硫氢根、硫氰根、叠氮化合物、乙酰唑（磺）胺和芳香族磺胺、低浓度的金属离子、硫醇、罗辛盐对碳酸酐酶有抑制作用。

制法：以牛血红蛋白为原料，经洗涤、分离去除血红蛋白后，再经柱色谱分离、硫酸铵沉淀、透析、冻干而得。

用途：用于生化研究。在血红蛋白中具有对碳酸酐及重碳酸离子迅速转换作用。

生产厂家：上海丽珠东风生物技术有限公司、上海恒远生物科技有限公司。

7. 玻璃酸酶 (hyaluronidase)

法定编号：EC 4.2.2.1

别名：透明质酸酶；玻璃酸酶；玻璃酸酯；玻璃糖醛酸酶

性状：本品系从哺乳动物睾丸中提取的一种能水解玻璃酸黏多糖的酶，白色或微黄色粉末。无臭，在水中易溶，在乙醇、丙酮或乙醚中不溶。稳定性较好。42℃加热 60min 活力不损失，100℃加热 5min 活力可保留 80%。在低浓度水溶液中较易失活，可用阿拉伯胶或明胶保护。Fe^{2+}、Cu^{2+} 对酶有可逆抑制作用。Pb^{2+}、Hg^{2+}、Ni^{2+} 对活性没有明显影响。硫酸软骨素 B（皮肤素）、硫酸类肝素、硫酸角质素、肝素及高浓度玻璃酸对酶均有抑制作用，但可被 0.15mol/L 氯化钠或硫酸鱼精蛋白所逆转。本品可水解组织基质的主要成分为透明质酸，从而降低组织黏液，提高毛细血管和组织的通透性，加速细胞内外物质的扩散。临床有利于加速皮下、肌肉注射药液的吸收等，并有利于受精时精子进入卵子。

制法：1. 牛、羊睾丸提取法。

牛、羊睾丸用 HAc、HCl 在 −5℃提取，提取液经 $(NH_4)_2SO_4$ 盐析；吊滤获得粗品，再经 $(NH_4)_2SO_4$、磷酸盐-柠檬酸盐，在 pH 6.5，盐析、透析，获透析液，经 Na_3PO_4、Ca$(Ac)_2$，pH 8.5 去热源获得精制品，在 HCl，pH 7 时干燥，获干精制品，用 5% 水解明胶；pH 6 制得冻干制剂成品。

2. 微生物发酵法。

培养基：淀粉 1 份，棉籽饼 1 份，谷胱粉 1 份，干酵母 1 份。用链霉菌，在 30℃经 3 天发酵获发酵液，再用磷酸氢二钾 0.1 份，消泡剂 0.4% 浓缩，获浓缩液。再用丙酮沉淀得粗品，用柱色谱分离得精制品，经 5% 水解明胶冷冻干燥获得冻干制剂成品。

用途：蛋白分解酶。可加速皮下、肌内注射药液的吸收，促进局麻药的浸润，减轻注射部位疼痛，促进手术及创伤后局部水肿或血肿的消散，也可用于肠粘连。

生产厂家：上海生物化学制药厂，南京第二生物化学制药厂。

8. 海藻酸裂解酶（alginate lyase）

法定编号：EC 4.2.2.3

性状：淡黄至褐色粉末，或透明至褐色液体。能使海藻酸类分解。溶于水，不溶于乙醇。有吸湿性。

制法：由细菌培养液用水提取而得。

用途：用于海藻酸类的分解。

生产厂家：安徽中旭生物科技有限公司。

9. 果胶裂解酶（pectinase）

法定编号：EC 4.2.2.10；EC 3.2.1.15；EC 3.1.1.11

性状：本品为果胶甲酯酶、果胶裂解酶、含果胶解聚酶的复合物。浅黄色粉末，无结块，易溶于水。液体果胶酶制剂为棕褐色，允许微混或有少许凝聚物。可分别对果胶质起解脂作用，产生甲醇和果胶酸。水解作用产生半乳糖醛酸和低聚半乳糖醛酸。作用温度 $10\sim60℃$，最适温度为 $45\sim50℃$。作用 pH 值为 $3.0\sim6.0$，最适宜 pH 值为 3.5。Fe^{2+}、Cu^{2+}、Zn^{2+}、Sn^{2+} 对此酶有抑制作用。

制法：用黑曲霉（*Aspergilus niger*）发酵法生产，经提纯制得。

用途：酶制剂。本品可用于果酒、果汁、糖水橘子罐头（去囊衣），可按生产需要适量使用。酶的用量视底物所含果胶的多少而定，通常用量为每吨葡萄汁 $60\sim100g$；苹果汁，$100\sim200g$。25℃ 条件下，$4\sim8h$ 即可澄清，若 45℃ 条件下，则仅需 $2\sim4h$；用于莲子脱内衣、蒜脱内膜、橘子脱囊衣时，酶液 pH 值 3.0，温度 50℃，搅拌 $0.5\sim1h$ 即可。过滤后酶液可反复使用。多酚物质对该品有抑制作用，病原菌、腐败菌产生的某些代谢产物亦有抑制作用，使用时应予注意。

生产厂家：河南仰韶生化工程有限公司。

第五节　异构酶类的酶制剂

1. 磷酸丙糖异构酶（triose-phosphate isomerase）

法定编号：EC 5.3.1.1

性状：粉末状，磷酸丙糖异构酶是由两个相同的亚基所形成的二聚体；每一个亚基都含有 250 个左右的氨基酸残基。每个亚基的三维结构中都包含位于外部的 8 个 α-螺旋和位于内部的 8 个平行 β-链。这样的一种结构花样被称为 α-、β-桶或 TIM 桶，是目前观察到的最为普遍的一种蛋白质折叠方式。该酶的活性位点位于"桶"的中心，其中一个谷氨酸和一个组氨酸参与了催化反应进程。活性位点附近的残基序列在所有已知的磷酸丙糖异构酶中都很保守。

用途：生化研究。能够催化丙糖磷酸异构体在二羟丙酮磷酸和 D-型甘油醛-3-磷酸之间转换。磷酸丙糖异构酶在糖酵解中具有重要作用，对于有效的能量生成是必不可少的。

生产厂家：上海基免实业有限公司 上海恒远生物科技有限公司。

2. 葡萄糖异构酶（glucose isomerase；xylose isomerase）

法定编号：EC 5.3.1.5

别名：固定化葡萄糖异构酶

性状：近乎白色至浅棕黄色或粉红色的无定形粉末、颗粒或液体。可溶于水（颗粒状的葡萄糖异构酶不溶于水），不溶于乙醇、氯仿和乙醚。主要作用酶为葡萄糖（或木糖）异构酶，可使 D-葡萄糖转化为 D-果糖，使木糖转化为木酮糖。锰和钾有提高耐热性的作用。作用的最适 pH 值为 6~8，最适作用温度 40~65℃。

制法：由凝结芽孢杆菌、橄榄色链霉菌、密苏里放线菌、紫黑链霉菌、锈棕色链霉菌、黑曲菌的变种中的任何一种在受控条件下发酵培养，因属胞内酶，故菌体须经高渗自溶（25℃，30h），再经丙酮分离等精制、干燥而成。

用途：主要用于高果糖浆和其它果糖淀粉糖浆的制造，为使酶能连续使用，一般均制成颗粒的固定化酶。

生产厂家：武汉宏信康精细化工有限公司、无锡酶制剂厂。

第六节　连接酶类的酶制剂

T₄ 脱氧核糖核酸连接酶(噬菌体 T₄ 感染大肠杆菌 B)（T₄-DNA ligase）

法定编号：EC 6.5.1.1

别名：phage T$_4$ infected *Escherichia* coli B；poly（deoxyribonucleotide）ligase（AMP forming）；T$_4$ DNA 连接酶

性状：商品为含 50mmol/L 氯化钾、10mmol/L Tris-HCl、0.1mmol/L EDTA、1mmol/L 二硫苏糖醇，pH 值为 7.4，50%甘油的溶液，呈无色稠状液体。酶反应：腺苷三磷酸＋（脱氧核苷酸）$_n$＋（脱氧核苷酸）$_m$＝腺苷一磷酸＋焦磷酸盐＋（脱氧核苷酸）$_{n+m}$ 最适 pH 值为 7.2~7.8. 激活剂有镁（Mg^{2+}）、锰（Mn^{2+}）。未稀释的酶液在 -20℃保存时稳定。

制法：T$_4$ 噬菌体感染大肠杆菌为原料制取。

T$_4$ 噬菌体感染大肠杆菌→离心收集→超声波破碎→硫酸链霉素沉淀→硫酸铵沉淀→磷酸纤维素色谱分离→DEAE 纤维素色谱分离→甘油浓缩→产品。

用途：用于生化研究。用于 DNA 重组体的黏性末端连续和末端连接；双链寡核苷酸接头与双链 DNA 连接；双链 DNA、RNA 或 DNA-RNA 复合体中缺口的修复；连接酶介导的 RNA 检测；位点特异性突变；扩增片段长度多态性。

生产厂家：华美生物工程公司 SABC、Boeheringer Mannheim（德国）、上海基免实业有限公司。

附录一　常用英文缩写注释表

ADP	adenosine 5′-diphosphate	腺苷 5′-二磷酸
AMP	adenosine 5′-monophosphate	腺苷 5′-一磷酸
ATP	adenosine 5′-triphosphate	腺苷 5′-三磷酸
dATP	deoxyadenosine 5′-triphosphate	脱氧腺苷 5′-三磷酸
CDP	cytidine 5′-diphosphate	胞苷 5′-二磷酸
CMP	cytidine 5′-monophosphate	胞苷 5′-一磷酸
dCMP	deoxycytidine 5′-monophosphate	脱氧腺苷 5′-一磷酸
CoA	coenzyme A	辅酶 A
CTP	cytidine 5′-triphosphate	胞苷 5′-三磷酸
dCTP	deoxycytidine 5′-triphosphate	脱氧胞苷 5′-三磷酸
DFP	diisopropyl fluorophosphates	二异丙基氟磷酸
DNA	deoxyribonucleic acid	脱氧核糖核酸
FAD	flavin adenine dinucleotide	黄素腺嘌呤二核苷酸
FMN	flavin mononucleotide（riboflavin5′-monophosphphate）	黄素单核苷酸（核黄素 5′-一磷酸）
GDP	guanosine 5′-diphosphate	鸟苷 5′-二磷酸
dGDP	deoxyguanosine 5′-diphosphate	脱氧鸟苷 5′-二磷酸
GMP	guanosine 5′-monophosphate	鸟苷 5′-一磷酸
dGMP	deoxyguanosine 5′-monophosphate	脱氧鸟苷 5′-一磷酸
GTP	guanosine 5′-triphosphate	鸟苷 5′-三磷酸
dGTP	deoxyguanosine 5′-triphosphate	脱氧鸟苷 5′-三磷酸

IDP   inosine 5′-diphosphate   次黄苷 5′-二磷酸

IMP   inosine 5′-monophosphate   次黄苷 5′-一磷酸

ITP   inosine 5′-triphosphate   次黄苷 5′-三磷酸

NAD^+ oxidized nicotinamide-adenine dinucleotide   氧化型烟酰胺腺嘌呤二核苷酸

NADH   reduced nicotinamide-adenine dinucleotide   还原型烟酰胺腺嘌呤二核苷酸

$NADP^+$ oxidized nicotinamide-adenine dinucleotide phosphate   氧化型烟酰胺腺嘌呤二核苷酸磷酸

$NAD(P)^+$ indicates either NAD^+ or $NADP^+$ 代表 NAD^+ 或 $NADP^+$

NADPH   reduced nicotinamide-adenine dinucleotide phosphate   还原型烟酰胺腺嘌呤二核苷酸磷酸

$NAD(P)H$ indicates either NADH or NADPH   代表 NADH 或 NADPH

NDP   nucleoside 5′-diphosphate   核苷 5′-二磷酸

NMN   nicotinamide mononucleotide   烟酰胺单核苷酸

NMP   nucleoside 5′-monophosphate   核苷 5′-一磷酸

dNMP   deoxynucleoside 5′-monophosphate 脱氧核苷 5′-一磷酸

NTP   nucleoside 5′-triphosphate   核苷 5′-三磷酸

P   phosphate residues   磷酸残基

poly(C)   synthetic polynucleotide composed of cytidylate residues   人工合成的多聚胞苷酸

poly(G)   synthetic polynucleotide composed of guanylate residues   人工合成的多聚鸟苷酸

RNA   ribonucleic acid   核糖核酸

tRNA   transfer ribonucleic acid   转移核糖核酸

TDP   ribothymidine 5′-diphosphate   核糖胸苷 5′-二磷酸

dTDP   thymidine 5′-diphosphate   胸苷 5′-二磷酸

TMP   ribothymidine 5′-monophosphate   核糖胸苷 5′-一磷酸

dTMP   thymidine 5′-monophosphate   胸苷 5′-一磷酸

TTP   ribothymidine 5′-triphosphate   核糖胸苷 5′-三磷酸

dTTP   thymidine 5′-triphosphate   胸苷 5′-一磷酸

UDP   uridine 5′-diphosphate   尿苷 5′-二磷酸

UMP   uridine 5′-monophosphate   尿苷 5′-一磷酸

dUMP   deoxyuridine 5′-monophosphate   脱氧尿苷 5′-一磷酸

UTP   uridine 5′-triphosphate   尿苷 5′-三磷酸

dUTP   deoxyuridine 5′-triphosphate   脱氧尿苷 5′-三磷酸

附录二　中英文索引

a

扁桃酸消旋酶	mandelate racemase	353
(丙酮酸脱氢酶(硫辛酰胺))激酶	[pyruvate dehydrogenase(lipoamide)]kinase	199
(丙酮酸脱氢酶(硫辛酰胺))-磷酸(酯)酶	[pyruvate dehydrogenase(lipoamide)]-phosphatase	234
丙氨酸羧肽酶	alanine carboxypeptidase	277
丙氨酸脱氢酶	alanine dehydrogenase	83
丙氨酸消旋酶	alanine racemase	351
丙氨酸-氧(代)丙二酸转氨酶	alanine-oxomalonate aminotransferase	183
丙氨酸-氧(代)酸转氨酶	alanine-oxo-acid aminotransferase	179
丙氨酸-乙醛酸转氨酶	alanine-glyoxylate-aminotransferase	183
丙氨酸转氨酶	alanine aminotransferase	177
丙氨酰(基)丙氨酸合成酶	D-alanylalanine synthetase	372
丙氨酰-tRNA 合成酶	alanl-tRNA synthetase	367
丙二醇-磷酸(酯)脱氢酶	propanediol-phosphate dehydrogenase	38
丙二醇脱水酶	propanediol dehydratase	335
丙二酸辅酶 A-转移酶	malonate CoA-transferase	219
丙二酸-半醛脱氢酶	malonate-semialdehyde dehydrogenase	70
丙二酸-半醛脱氢酶(乙酰化)	malonate-semialdehyde dehydrogenase(acetylating)	70
丙二酸-半醛脱水酶	malonate-semialdehyde dehydratase	335
丙二酸单酰-辅酶 A 脱羧酶	malonyl-CoA decarboxylase	313
丙酸辅酶 A-转移酶	propionate CoA-transferase	219
丙糖激酶	triokinase	190
丙酮酸磷酸双激酶	pyruvate orthophosphate dikinase	216
丙酮酸水双激酶	pyruvate water dikinase	216
丙酮酸合酶	pyruvate synthase	76
丙酮酸激酶(兔肌)	pyruvate kinase	191
丙酮酸羧化酶	pyruvate carboxylase	379
丙酮酸脱氢酶(硫辛酰胺)	pyruvate dehydrogenase(lipoamide)	75
丙酮酸脱氢酶(细胞色素)	pyruvate dehydrogenase(cytochrome)	74
丙酮酸脱羧酶	pyruvate decarboxylase	312
丙酮酸氧化酶	pyruvate oxidase	75
丙酮酸氧化酶(辅酶 A 乙酰化)	pyruvate oxidase CoA-acetylating	75
丙酰-辅酶 A 羧化酶(ATP 水解)	propionyl-CoA carboxylase(ATP-hydrolysing)	379
丙酰-辅酶 A 羧化酶	propionyl-CoA carboxylase	318
玻璃酸酶	hyaluronidase	442
菠萝蛋白酶	bromelain	282,433
不饱和磷脂甲基转移酶	unsaturated-phospholipid methyltransferase	129
c		
草氨酸氨甲酰基转移酶	oxamate carbamoyltransferase	137
草酸辅酶 A-转移酶	oxalate CoA-transferase	219
莽草酸脱氢酶	shikimate dehydrogenase	40
草酸脱羧酶	oxalate decarboxylase	312
草酸氧化酶	oxalate oxidase	75
草酰-辅酶 A 合成酶	oxalyl-CoA synthetase	371
草酰-辅酶 A 脱羧酶	oxalyl-CoA decarboxylase	313
草酰苹果酸裂解酶	oxalomalate lyase	328

续表

二氢二吡啶羧酸还原酶	dihydrodipicolinate reductase	80
二氢二吡啶羧酸合酶	dihydrodipicolinate synthase	338
二氢链霉素-6-磷酸 3′α-激酶	dihydrostreptomycin-6-phosphate 3′ α-kinase	198
二氢硫辛酰胺还原酶（NAD$^+$）	dihydrolipoamide reductase(NAD$^+$)	94
二氢硫辛酰胺琥珀酰（基）转移酶	dihydrolipoamide succinyltransferase	148
二氢硫辛酰胺乙酰（基）转移酶	dihydrolipoamide acetyltransferase	140
二氢嘧啶酶	dihydropyrimidinase	297
二氢尿嘧啶脱氢酶	dihydrouracil dehydrogenase	77
二氢尿嘧啶脱氢酶（NADP$^+$）	dihydrouracil dehydrogenase(NADP$^+$)	77
二氢吡咯-5-羧酸还原酶	pyrroline-5-carboxylate reductase	89
二氢乳清酸酶	dihydro-orotase	297
二氢乳清酸氧化酶	dihydroorotate oxidase	81
二氢香豆素水解酶	dihydrocoumarin hydrolase	226
二氢新蝶呤醛缩酶	dihydroneopterin aldolase	324
二氢叶酸合成酶	dihydrofolate synthetase	374
二肽（基）羧肽酶	dipeptidyl carboxypeptidase	275
二肽（基）肽酶Ⅱ	dipeptidyl peptidaseⅡ	275
二肽（基）肽酶Ⅰ	dipeptidyl peptidaseⅠ	275
二肽酶	dipeptidase	274
二烷（基）氨基酸脱羧酶（丙酮酸）	dialkylaminoacid decarboxylase(pyruvate)	321
二酰（基）甘油酰基转移酶	diacylglycerol acyltransferase	141
二氧（代）四氢嘧啶磷酸核糖（基）转移酶	dioxotetrahydropyrimidine phosphoribosyltransferase	172
二异丙（基）氟磷酸酶	di-isopropyl-fluorophosphatase	310

f

法呢（基）二磷酸激酶	farnesyl-diphosphate kinase	205
法呢基转移酶	farnesyltransferase	177
反（式）-1,2-二氢苯-1,2-二醇脱氢酶	*trans*-1,2-dihydrobenzene-1,2-diol dehydrogenase	79
反（式）-环氧琥珀酸水化酶	*trans*-epoxysuccinate hydratase	336
反（式）-肉桂酸 2-单（加）氧酶	*trans*-cinnamate 2-monooxygenase	116
反（式）-肉桂酸 4-单（加）氧酶	*trans*-cinnamate 4-monooxygenase	115
反苊-二醇脱氢酶	*trans*-acenaphthene-1,2-diol dehydrogenase	102
反转录酶（鸟类成髓细胞性白血病病毒）	revers transcriptase,AMV	397
泛解酸脱氢酶	pantoate dehydrogenase	52
泛醌醇-细胞色素 c 还原酶	ubiquinol-cytochrome-c-reductase	102
泛酸合成酶	pantothenate synthetase	372
泛酸激酶	pantothenate kinase	190
泛酸酶	pantothenase	293
泛酰半胱氨酸脱羧酶	pantothenoylcysteine decarboxylase	316
泛酰巯基乙胺激酶	pantetheine kinase	190
芳（香）基胺磺基转移酶	arylamine suphotransferase	217
芳（香）基胺乙酰基转移酶	arylamine acetyltransferase	139
芳（香）基-醇脱氢酶	aryl-alcohol dehydrogenase	50
芳（香）基-醇脱氢酶（NADP$^+$）	aryl-alcolhol dehydrogenase(NADP$^+$)	50
芳（香）基-醇氧化酶	aryl-alcohol oxidase	63
芳（香）基磺基转移酶	aryl-sulphotransferase	217

续表

胱硫醚-合酶	cystathionine-synthase	334
癸（基）高柠檬酸合酶	decylhomocitrate synthase	330
癸（基）柠檬酸合酶	decylcitrate synthase	329
果胶（甲）酯酶	pectinesterase	223
果胶裂解酶	pectin lyase	343
果胶酶	pectinase	415,443
果胶酸裂解酶	pectate lyase	342
果聚糖酶	levanase	262
果聚糖生成酶	levansucrase	152
果糖-5-脱氢酶（NADP$^+$）	fructose-5-dehydrogenase（NADP$^+$）	55
果糖-6-磷酸磷酸酮酶	fructose-6-phosphate phosphoketolase	324
果糖-二磷酸酶	fructose-bisphosphatase	230
果糖-二磷酸醛缩酶	fructose-bisphosphate aldolase	322
果糖激酶	fructokinase	186
果糖醛酸还原酶	fructuronate reductase	46
过氧化氢酶	catalase	104
过氧化氢酶（牛肝）	catalasebovine liver	388
过氧化物酶	peroxidase	104
过氧化物酶（辣根菜）	peroxidase(horse radish)	389
过氧化物歧化酶	superoxide dismutase	123

h

海胆孵化蛋白酶	sea urchin hatching proteinase	288
海藻酸裂解酶	alginate lyase	450
海藻糖-磷酸（酯）酶	trehalose-phosphoatase	230
核苷单磷酸激酶	nucleosidemonophosphate kinase	203
核苷二磷酸激酶	nucleosidediphosphate kinase	203
核苷二磷酸酶	nucleosidediphosphatase	305
核苷核糖基转移酶	nucleoside ribosyltransferase	169
核苷磷酸酰基水解酶	nucleoside phosphoacylhydrolase	308
核苷磷酸转移酶	nucleoside phosphotransferase	196
核苷三磷酸-己糖-1-磷酸核苷酸基转移酶	nucleosidetriphospate-hexose-1-phosphate nucleotidyltransferase	211
核苷三磷酸焦磷酸酶	nucleosidetriphosphate pyrophosphatase	307
核苷三磷酸酶	nucleoside triphosphatase	307
核苷三磷酸-腺苷酸激酶	nucleosidetriphosphate-adenylate kinase	204
核苷酸焦磷酸激酶	nucleotide pyrophosphokinase	207
核苷酸焦磷酸酶	nucleotide pyrosphosphatase	306
核苷酸酶	nucleotidase	232
核苷脱氧核糖基转移酶	nucleoside deoxyribosyltransferase	169
核黄素合酶	riboflavin synthase	175
核黄素激酶	riboflavin kinase	189
核黄素磷酸转移酶	riboflavin phosphotransferase	192
核黄素酶	riboflavinase	304
核酸内切酶 S$_1$（曲霉）	endonuclease S$_1$ (*Aspergillus*)	252
核酸内切酶（黏质沙雷菌）	endonuclease(*Serratia marcescens*)	252

续表

假单胞菌细胞色素氧化酶	pseudomonas cytochrome oxidase	101
假蜜环菌中性蛋白酶	armillaria mellea neutral proteinase	290
假尿苷激酶	pseudouridine kinase	197
假尿苷酸合酶	pseudouridylate synthase	341
tritirachium 碱性蛋白酶	tritirachium alkaline proteinase	280
碱性蛋白酶	alcalase	280,431
碱性磷酸单酯酶	alksline phosphatase	400
碱性磷酸单酯酶(大肠杆菌)	alkaline phosphomonoesterase(Escherichia coli)	400
碱性磷酸单酯酶(牛小肠)	alkaline phosphomonoesterase(calf-intestinal mucosa)	401
碱性磷酸酶	alkaline phosphatase	228
键球菌蛋白酶	streptococcal proteinase	283
胶原酶	collagenase	436
焦谷氨酰(基)氨基肽酶	pyroglutamyl aminopeptidase	272
焦磷酸-6-磷酸果糖 1-磷酸转移酶	pyrophosphate-fructose-6-phosphate 1-phosphotransferase	198
焦磷酸-甘油磷酸转移酶	pyrophosphate-glycerol phosphotransferase	197
焦磷酸甲羟戊酸脱羧酶	pyrophosphomevalonate decarboxylase	316
焦磷酸-丝氨酸磷酸转移酶	pyrophosphate-serine phosphotransferase	197
酵母氨酸脱氢酶(NAD$^+$生成 L-谷氨酸)	sacccharopine dehydrogenase(NAD$^+$,L-glutamate-forming)	90
酵母氨酸脱氢酶(NAD$^+$,生成赖氨酸)	saccharopine dehydrogenase(NAD$^+$,lysine-forming)	89
酵母氨酸脱氢酶(NADP$^+$,生成 L-谷氨酸)	saccharopine dehydrogenase(NADP$^+$ L-glutamate-forming)	90
酵母氨酸脱氢酶(NADP$^+$,生成 L-谷氨酸)	saccharopine dehydrogenase(NADP$^+$,lysine-forming)	90
酵母蛋白酶 B	yeast proteinase B	283
酵母核糖核酸酶	yeast ribonuclease	241
酵母羧基蛋白酶	saccharomyces carboxyl proteinase	285
节杆菌丝氨酸蛋白酶	arthrobacter serine proteinase	279
解毒无色杆菌胶原酶	achromobacter iophagus collagenase	288
解朊单胞菌中性蛋白酶	aeromonas proteolytica nutral proteinase	287
解朊单胞菌氨肽酶	aeromonas proteolytica aminopeptidase	272
解脂假丝酵母丝氨酸蛋白酶	candida lipolytica serine proteinase	279
金黄色葡萄球菌中性蛋白酶	staphylococcus aureus neutral proteinase	287
晶状体中性蛋白酶	lens neutral proteinase	288
腈水解酶	nitrilase	303
精氨(基)琥珀酸合成酶	argininosuccinate synthetase	376
精氨(基)琥珀酸裂解酶	argininosuccinate lyase	346
精氨酸 2-单(加)氧酶	arginine 2-monooxygenase	110
精氨酸氨肽酶	arginine aminopeptidase	271
精氨酸激酶	arginine kinase	201
精氨酸酶	arginase	298
精氨酸羧肽酶	arginine carboxypeptidase	276
精氨酸脱羧酶	arginine decarboxylase	314
精氨酸脱亚氨(基)酶	arginine deiminase	299
精氨酸消旋酶	arginine racemase	352
精氨酰(基)-tRNA 合成酶	arginyl-tRNA synthetase	369

精氨酰（基）转移酶	arginyltransferase	149
精虫头粒蛋白酶	acrosin	279
景天庚酮糖激酶	sedoheptulokinase	188
景天庚酮糖-双磷酸（酯）酶	sedoheptulose-bisphosphatase	233
酒石酸表异构酶	tartrate epimerase	353
酒石酸脱氢酶	tartrate dehydrogenase	50
酒石酸脱水酶	tartrate dehydratase	336
菊粉果糖转移酶（解聚）	inulin fructotransferase(depolymerizing)	168
菊粉酶	inulinase	414
菊粉蔗糖酶	inulosucrase	151
橘皮苷酶	hesperidinase	421

k

咖啡酸 3,4-双（加）氧酶	caffeate 3,4-dioxygenase	109
卡那霉素 6′-乙酰基转移酶	kanamycin 6′-acetyltransferase	147
卡那霉素激酶	kanamycin kinase	199
抗坏血酸 2,3-双（加）氧酶	ascorbate2,3-dioxygenase	107
抗坏血酸氧化酶	ascorbate oxidase	103
壳多糖合酶	chitin synthase	153
壳多糖酶	chitinase	254
壳多糖脱乙酰基酶	chitin deacetylase	296
可的松-还原酶	cortisone-reductase	77
枯草杆菌中性蛋白酶	*Bacillus subtilis* neutral proteinase	287,430
奎尼酸脱氢酶	quinate dehydrogenase	40
昆布二糖磷酸化酶	laminaribiose phosphorylase	156

l

（梨形）四膜虫羧基蛋白酶	*tetrahymena* carboxyl proteinase	284
蝲蛄低分子量蛋白酶	crayfish low-molecular-weight proteinase	288
赖氨酸 2-单（加）氧酶	lysine 2-monooxygenase	110
赖氨酸 2-酮戊二酸双（加）氧酶	lysine 2-oxoglutarate dioxygenase	112
赖氨酸 2,3-氨基变位酶	lysine 2,3-aminomutase	363
赖氨酸脱氢酶	lysine dehydrogenase	85
赖氨酸脱羧酶	lysine decarboxylase	314
赖氨酸消旋酶	lysine racemase	352
赖氨酸乙酰基转移酶	lysine acetyltransferase	143
赖氨酰 tRNA 合成酶	lysyl-tRNA sythetase	363
赖氨酰转移酶	lysyltransferase	149
酪氨酸 2,3-氨基变位酶	tyrosine 2,3-aminomutase	363
酪氨酸 3-单（加）氧酶	tyrosine 3-monooxygenase	118
酪氨酸氨基转移酶	tyrosine aminotransferase	178
酪氨酸酚-裂解酶	tyrosine phenol-lyase	331
酪氨酸羧肽酶	tyrosine carboxypeptidase	276
酪氨酸脱羧酶	tyrosine decarboxylase	315
酪氨酸酯磺基转移酶	tyrosine-ester sulphotransferase	218
酪氨酰 tRNA 合成酶	tyrosyl-tRNA synthetase	366
酪胺-甲基转移酶	tyramin *N*-methyltransferase	130

酪胺氧化酶	tyramine oxidase	87
类肝素磺基转移酶	heparitin sulphotransferase	219
类固醇 Δ-异构酶	steroidΔ-isomerase	360
类固醇 11β-单（加）氧酶	steroid 11β-monooxygenase	118
类固醇 17α-单（加）氧酶	steroid 17α-monooxygenase	121
类固醇 21-单（加）氧酶	steroid 21-monooxygenase	121
类固醇-内酯酶	steroid-lactonase	226
类萜烯丙基转移酶	terpenoid-allyltansferase	175
连二次硝酸盐还原酶	hyponitrite reductase	95
莲羧基蛋白酶	*lotus* carboxyl proteinase	285
链格孢丝氨酸蛋白酶	alternaria serine proteinase	280
链激酶	streptokinase	425
链霉菌嗜碱性角蛋白酶	*streptomyces* alkalophilic keratinase	289
链霉素 3″-激酶	streptomycin 3″-kinase	198
链霉素 3″-腺苷酰基转移酶	streptomycin 3″-adenylyltransferase	214
链霉素 6-激酶	streptomycin 6-kinase	196
链霉素-6-磷酸（酯）酶	streptomycin-6-phosphatase	233
链烷 1-单（加）氧酶	alkane 1-monooxygenase	117
链烯（基）-甘油磷酸胆碱水解酶	alkenyl-glycerophosphocholine hydurolase	270
亮氨酸（基）tRNA 合成酶	leucy tRNA synthetase	367
亮氨酸氨基转移酶	leucine aminotransferase	178
亮氨酸脱氢酶	leucine dehydrogenase	85
亮氨酰基转移酶	leucyltransferase	149
邻（焦）儿茶酸脱羧（基）酶	*o*-pyrocatechuate decarboxylase	318
邻氨基苯甲酸 1,2-二（加）氧酶(脱氨 脱羧)	anthranilate 1,2-dioxygenase(deaminating,decarboxylating)	113
邻氨基苯甲酸 3-单（加）氧酶	anthranilate 3-monooxygenase	118
邻氨基苯甲酸 2,3-二（加）氧酶(脱氨)	anthranilate 2.3-dioxygenase(deaminating)	113
邻氨基苯甲酸合酶	anthranilate synthase	330
邻氨基苯甲酸磷酸核糖（基）转移酶	anthraniIate phosphoribosyltransferase	171
邻氨基酚氧化酶	*o*-aminophenol oxidase	103
磷壁（酸）质合酶	teichoic-acid synthase	160
磷蛋白磷酸（酯）酶	phosphoprotein phosphatase	230
磷酸 L-岩藻酮糖醛缩酶	L-fuculosephosphate aldolase	323
磷酸-2-酮-3-脱氧-庚糖酸醛缩酶	phospho-2-keto-3-deoxy-heptonate aldolase	323
磷酸-2-酮-3-脱氧-葡萄糖酸醛缩酶	phospho-2-keto-3-deoxy-gluconate aldolase	323
磷酸-2-酮-3-脱氧-辛糖酸醛缩酶	phospho-2-keto-3-deoxy-octonate aldolase	323
磷酸-5-酮-2-脱氧-葡萄糖酸醛缩酶	phospho-5-keto-2-deoxy-gluconate aldolase	325
磷酸-N-乙酰胞壁酰（基）-五肽-转移酶	phospho-N-acetylmuramoyl-pentapeptide-transferase	216
磷酸阿拉伯糖异构酶	arabinosephosphate isomerase	359
磷酸吡哆胺氧化酶	pyridoxaminephosphate oxidase	87
磷酸丙糖异构酶	triosephosphate isomerase	357
磷酸胆碱胞苷酰转移酶	cholinephosphate cytidylyltransferase	209
磷酸胆碱转移酶	cholinephosphotransferase	214
磷酸丁酰基转移酶	phosphate butyryltransferase	141
磷酸二酯酶	phosphodiesterase	401

续表

米曲霉中性蛋白酶	*Aspergillus oryzae* neutral proteinase	287
脒基牛磺酸激酶	taurocyamine kinase	201
脒基天冬氨酸酶	amidinoaspartase	300
脒基青霉酸脱羧酶	stipitatonate decarboxylase	320
嘧啶-5′-核苷酸核苷酶	pyrimidine-5′-nucleotide nucleosidase	268
嘧啶-核苷磷酸化酶	pyrimidine-nucleoside phosphorylase	169
末端转移酶（小牛胸腺）	terminal transferase calf thymus	397
墨蝶呤还原酶	sepiapterin reductase	59
墨蝶呤脱氨酶	sepiapterin deaminase	303
木瓜蛋白酶	papain	282,432
木瓜凝乳蛋白酶	chymopapain	282
木聚糖酶	xylanase	391
木糖异构酶	xylose isomerase	358
木酮糖激酶	xylulokinase	188

n

脑苷硫酸酯酶	cerebroside sulphatase	239
内座壳羧（基）蛋白酶	endothia carboxyl proteinase	284
拟青霉羧基蛋白酶	*paecilomyces varioti* carboxy proteinase	285
鸟氨酸氨甲酰基转移酶	ornithine carbamoyltransferase	137
鸟氨酸环化脱氢酶	ornithine cyclodeaminase	346
鸟氨酸脱羧酶	ornithine decarboxylase	314
鸟氨酸消旋酶	ornithine racemase	353
鸟氨酸-氧（代）-酸氨基转移酶	ornithine-oxo-acid aminotransferase	179
鸟苷磷酸化酶	guanosine phosphorylase	171
鸟苷三磷酸鸟苷酰基转移酶	guanosinetriphosphate guanylyltransferase	214
鸟苷酸环化酶	guanylate cyclase	349
鸟苷酸激酶	guanylate kinase	203
鸟苷脱氨（基）酶	guanosine deaminase	302
鸟嘌呤脱氨（基）酶	guanine deaminase	300
尿卟啉原Ⅰ合酶	uroporphyrinogen Ⅰ synthase	345
尿卟啉原脱羧酶	uropohyrinogen decarboxylase	317
尿苷核苷酶	uridine nucleosidase	267
尿苷激酶	uridine kinase	192
尿苷磷酸化酶	uridine phosphorylase	169
尿黑酸 1,2-双（加）氧酶	homogentisate 1,2-dioxygenase	106
尿激酶（UK）	urokinase	431
尿刊酸水化酶	urocanate hydratase	338
尿嘧啶-5-羧酸脱羧酶	uracil-5-carboxylate decarboxylase	321
尿嘧啶磷酸核糖基转移酶	uracil phosphoribosyltransferase	170
尿嘧啶脱氢酶	uracil dehydrogenase	76
尿囊素酶	allantoinase	297
尿囊素消旋酶	allantoin racemase	356
尿囊酸酶	allantoicase	298
尿囊酸脱亚氨（基）酶	allantoate deiminase	299
尿素酶	urease	290

续表

苹果酰-辅酶 A 合成酶	malyl-CoA synthetase	371
苹果酰-辅酶 A 裂解酶	malyl-CoA lyase	329
脯氨酸 2-酮戊二酸双(加)氧酶	proline 2-oxoglutarate dioxygenase	112
脯氨酸二肽酶	proline dipeptidase	274
脯氨酸羧肽酶	proline carboxypeptidase	276
脯氨酸消旋酶	proline racemase	352
脯氨酸亚氨肽酶	proline iminopeptidase	271
脯氨酰-tRNA 合成酶	prolyl-tRNA synthetase	368
脯氨酰二肽酶	prolyl dipeptidase	274
葡甘露聚糖 4-β-D-甘露糖基转移酶	glucomannan 4-β-D-mannosyltransferase	156
葡聚糖酶	glucanase	254,414
葡聚糖蔗糖酶	dextransucrase	151
葡糖二酸脱水酶	glucarate dehydratase	337
葡糖苷(脂)酰鞘氨醇酶	glucoylceramidase	259
葡糖苷酸(基)-二磺基葡糖胺葡糖苷酸酶	glucuronosyl-disulphoglucosamine glucuronidase	261
葡糖激酶	glucokinase	186
葡糖磷酸异构酶	glucosephosphate isomerase	358
葡糖硫苷酶	thioglucosidase	269
葡糖硫酸(酯)酶	glycosulphatase	238
葡糖醛酸-1-磷酸尿苷酰转移酶	glucuronate-1-phosphate uridylyltransferase	213
葡糖醛酸还原酶	glucuronate reductase	40
葡糖醛酸激酶	glucuronokinase	192
葡糖醛酸内酯还原酶	glucuronolactone reductase	40
葡糖醛酸异构酶	glucuronate isomerase	359
葡糖酸 2-脱氢酶	gluconate 2-dehydrogenase	65
葡糖酸 5-脱氢酶	gluconate 5-dehydrogenase	47
葡糖酸激酶	gluconokinase	187
葡糖酸内酯酶	gluconolactonase	224
葡糖酸脱水酶	gluconate dehydratase	337
葡萄球菌硫醇蛋白酶	staphylococcal thiol proteinase	283
葡萄球菌丝氨酸蛋白酶	staphylococcal serine proteinase	280
葡萄糖-6-磷酸脱氢酶	glucose-phosphate dehydrogenase	384
葡萄糖-1-磷酸胞苷酰基转移酶	glucose-1-phosphate cytidylyltransferase	212
葡萄糖-1-磷酸尿苷酰基转移酶	glucose-1-phosphate uridylytransferase	208
葡萄糖-1-磷酸磷酸歧化酶	glucose-1-phosphate phosphodismutase	192
葡萄糖-1-磷酸酶	glucosc-1-phosphate	229
葡萄糖-1-磷酸鸟苷酰基转移酶	glucose-1-phosphate guanylyltransferase	212
葡萄糖-1-磷酸腺苷酰基转移酶	glucose-1-phosphate adenylyltrasferase	210
葡萄糖-1-磷酸胸苷酰基转移酶	glucosc-1-phosphate thymidylyltransferase	210
葡萄糖-6-磷酸酶	glucose-6-phosphatase	229
葡萄糖-6-磷酸脱氢酶	glucose-6-phosphate dehydrogenase	44
葡萄糖脱氢酶	glucose dehydrogenase	44
葡萄糖脱氢酶(NAD$^+$)	glucose dehydrogenase(NAD$^+$)	54
葡萄糖脱氢酶(NADP$^+$)	glucose dehydrogenase(NADP$^+$)	54
葡萄糖脱氢酶(受体)	glucose dehydrogenase(acceptor)	66

续表

庆大霉素 2′-乙酰基转移酶	gentamicin 2′-acetyltransferase	147
庆大霉素 3-乙酰基转移酶	gentamicin 3-acetyltransferase	148
琼脂水解酶	agarase	264
琼脂糖 3-聚糖水解酶(分类名)	agarose 3-glycanohydrolase	288
蚯蚓磷脂激酶	lombricine kinase	202
曲霉碱性蛋白酶	*Aspergillus* alkaline proteinase	279
曲霉脱氧核糖核酸酶 K_1	*Aspergillus* deoxyribonuclease K_1	242
去甲肾上腺素 N-甲基转移酶	noradrenalin N-methyltransferase	131
全[酰基载体蛋白]合酶	holo-[acyl-carrier-protein]synthase	215
醛缩酶	aldolase	441
醛缩酶(兔肌)	aldolase(rabbit muscle)	442
醛糖 1-表异构酶	aldose-1-epimerase	354
醛糖还原酶	aldose reductase	40
醛糖酸内酯酶	aldonolactonase	224
醛糖脱氢酶	aldose dehydrogenase	54
醛脱氢酶	aldehyde dehydrogenase	68
醛脱氢酶(NAD(P)$^+$)	aldehyde dehydrogenase(NAD(P)$^+$)	68
醛脱氢酶(NADP$^+$)	aldehyde dehydrogenase(NADP$^+$)	68
醛氧化酶	aldehyde oxidase	74
犬尿氨酸 3-单(加)氧酶	kynurenine 3-monooxygenase	115
犬尿氨酸氨基转移酶	kynurenine aminotransferase	178
犬尿氨酸酶	kynureninase	310
犬尿喹啉酸-7,8-羟化酶	kynurenate 7,8-hydroxylase	119
犬尿喹啉酸-7,8-二氢二醇脱氢酶	kynurenate-7,8-dihydrodiol dehydrogenase	79

r

绒泡菌羧基蛋白酶	*Physarum* carboxyl proteinase	284
溶解胶原蛋白酶	*uca pugilaotor* collagenolytic proteinase	282
溶菌酶	lysozyme	254
溶血磷酸脂酶	lysophospholipase	222
溶血卵磷脂酰基变位酶	lysolecithin acylmutase	362
溶血卵磷脂酰基转移酶	lysolecithin acyltransferase	142
溶组织梭菌氨肽酶	*clostridium histolyticum* aminopeptidase	273
溶组织梭菌胶原酶	*clostridium histolyticum* collagenase	286
鞣酸酶	tannase	224
肉桂酰-辅酶 A 还原酶	cinnamoyl-CoA reductase	74
肉碱脱氢酶	carnitine dehydrogenase	52
肉碱脱羧酶	carnitine decarboxylase	318
肉碱乙酰转移酶	carnitine acetyltransferase	139
肉碱棕榈酰基转移酶	carnitine palmitoyltransferase	141
乳过氧化物酶	lactoperoxidase	389
乳清酸还原酶	orotate reductase	78
乳清酸核苷-5′-磷酸脱羧酶	orotidine-5′-phosphate decarboxylase	315
乳醛还原酶	lactaldehyde reductase	48
乳醛还原酶(NADPH)	lactaldehyde reductase(NADPH)	45
乳醛脱氢酶	lactaldehyde dehydrogenase	71

天冬氨酸激酶	aspartate kinase	200
天冬氨酸解氨酶	aspartate ammonia-lyase	344
天冬氨酸羧肽酶	aspartate carboxypeptidase	277
天冬氨酸酰基转移酶	aspartoacylase	292
天冬氨酸消旋酶	aspartate racemase	353
天冬氨酸乙酰(基)转移酶	aspartate acetyltransferase	141
天冬氨酸转氨酸	asparate aminotransferase	177
天冬氨酰(基)-tRNA	aspartyl-tRNA synthetase	368
天冬氨酰(基)转移酶	aspartyltransferase	149
天冬酰胺合成酶	asparagine synthetase	371
天冬酰胺合成酶(谷酰胺水解)	asparagine synthetase(glutamine-hydrolysing)	379
天冬酰胺合成酶(生成 ADP)	asparagine synthetase(ADP forming)	372
天冬酰胺酶	asparaginase	290
天冬酰胺酰(基)-tRNA 合成酶	asparaginyl-tRNA synthetase	368
天冬酰胺-氧(代)-酸转氨酶	asparagine-oxo-acid aminotransferase	179
甜菜醛脱氢酶	betaine-aldehyde dehydrogenase	68
甜菜碱-高半脱氨酸甲基转移酶	betaine-homocysteine methyltransferase	127
铁-细胞色素 c 还原酶	iron-cytochrome c reductase	102
铁氧还蛋白-NAD$^+$ 还原酶	ferredoxin-NAD$^+$ reductase	124
铁氧还蛋白-NADP$^+$ 还原酶	ferredoxin-NADP$^+$ reductase	124
铁氧还蛋白-亚硝酸还原酶	ferredoxin nitrite reductase	98
同型(顺)乌头酸水化酶	homoaconitate hydratase	336
酮-L-葡糖酸脱羧酶	keto-L-gulonate decarboxylase	316
酮丁糖-磷酸醛缩酶	ketotetrose-phosphate aldolase	321
酮泛解酸醛缩酶	ketopantoaldolase	322
酮己糖激酶	ketohexokinase	186
酮葡糖酸激酶	ketogluconokinase	187
酮葡糖酸脱氢酶	ketogluconate dehydrogenase	66
酮酸还原异构酶	ketol-acid reductoisomerase	49
酮戊二酸脱氢酶	oxoglutarate dehydrogenase	76
头孢菌素 C 脱乙酰基酶	cephalosporin-C deacetylase	227
透明质酸裂解酶	hyaluronate lyase	341
透明质酸酶	hyaluronidase	420
透明质酸葡糖醛酸酶	hyaluronoglucuronidase	257
蜕皮(激)素 20-单(加)氧酶	ecdysone 20-monooxygenase	123
蜕皮(激)素氧化酶	ecdysone oxidase	65
托品酯酶	tropinesterase	223
脱磺基肝素磺基转移酶	desulphoheparin sulphotransferase	218
脱磷酸-辅酶 A 激酶	dephospho-CoA kinase	189
脱硫生物素合成酶	dethiobiotin synthetase	375
(脱氧)核苷单磷酸激酶	deoxynucleosidemonophosphate kinase	204
(脱氧)腺苷酸激酶	deoxyadenylate kinase	204
脱氧胞苷激酶	deoxycytidine kinase	196
脱氧胞苷三磷酸酶	deoxycytidinetriphosphatase	306
脱氧胞苷酸甲基转移酶	deoxycytidylate methyltransferase	135

续表

脱氧核糖核酸内切酶 *Pvu* Ⅰ	endodeoxyribonuclease *Pvu* Ⅰ	247
脱氧核糖核酸内切酶 *Pvu* Ⅱ	endodeoxyribonuclease *Pvu* Ⅱ	248
脱氧核糖核酸内切酶 *Sac* Ⅰ	endodeoxyribonuclease *Sac* Ⅰ	248
脱氧核糖核酸内切酶 *Sac* Ⅱ	endodeoxyribonuclease *Sac* Ⅱ	248
脱氧核糖核酸内切酶 *Sac* Ⅲ	endodeoxyribonuclease *Sac* Ⅲ	248
脱氧核糖核酸内切酶 *Sal* Ⅰ	endodeoxyribonuclease *Sal* Ⅰ	248
脱氧核糖核酸内切酶 *Taq* Ⅱ	endodeoxyribonuclease *Taq* Ⅱ	248
脱氧核糖核酸内切酶 *Taq* Ⅰ	endodeoxyribonuclease *Taq* Ⅰ	248
脱氧核糖核酸内切酶 *Xba* Ⅰ	endodeoxyribonuclease *Xba* Ⅰ	249
脱氧核糖核酸内切酶 *Xma* Ⅰ	endodeoxyribonuclease *Xma* Ⅰ	249
脱氧核糖核酸内切酶 *Xni* Ⅰ	endodeoxyribonuclease *Xni* Ⅰ	249
脱氧核糖核酸内切酶（嘧啶二聚体）	endodeoxyribonuclease(pyrimidine dimer)	250
脱氧核糖核酸内切酶（无嘌呤或无嘧啶核酸）	endodeoxyribonuclease(apurinic or apyrimidinic)	250
脱氧核糖核酸内切酶 Ⅳ（受噬菌体 T₄ 诱导）	endodeoxyribonuclease Ⅳ (phageT₄-induced)	241
脱氧核糖核酸内切酶 *Bal* Ⅰ	endodeoxyribonuclease *Bal* Ⅰ	243
脱氧核糖核酸外切酶（Lambda-诱导）	exodeoxyribonuclease(Lambda-induced)	240
脱氧核糖核酸外切酶 Ⅲ	exodeoxyribonuclease Ⅲ	240
脱氧核糖核酸外切酶 Ⅴ	exodeoxyribonuclease Ⅴ	240
脱氧核糖核酸外切酶 Ⅶ	exodeoxyribonuclease Ⅶ	240
脱氧核糖核酸外切酶（噬菌体 SP₃-诱导）	exodeoxyribonuclease(phage SP₃-induced)	240
脱氧核糖核酸外切酶 Ⅰ	exodeoxyribonuclease Ⅰ	239
脱氧核糖-磷酸醛缩酶	deoxyribose-phosphate aldolase	321
脱氧尿苷磷酸化酶	deoxyuridine phosphorylase	172
脱氧尿苷三磷酸酶	deoxyuridinetriphosphatase	308
脱氧腺苷激酶	deoxyadenosine kinase	196
脱乙酰（基）-[柠檬酸-（pro-3S）-裂解酶] 乙酰基转移酶	deacetyl-citrate-pro-3S-lyase acetyltransferase	146

W

外麦芽四糖水解酶	exomaltotetraohyrolase	422
烷基二羟丙酮激酶	alkyldihydroxyacetone kinase	197
烷基甘油激酶	alkylglycerol kinase	199
烷基甘油磷酸乙醇胺磷酸二酯酶	alkylglycerophosphoethanolamine phosphodiesterase	237
烷基酰胺酶	alkylamidase	296
烷酰（基）甘油磷酸乙醇胺去饱和酶	alkylacylglycerophosphoethanolamine desaturase	122
微紫青霉羧基蛋白酶	*penicillium janthinellum* carboxy proteinase	285
胃蛋白酶	pepsin	434
胃蛋白酶 A	pepsin A	284
胃蛋白酶 B	pepsin B	284
胃蛋白酶 C	pepsin C	284
肟基转移酶	oximinotransferase	186
乌头酸 Δ-异构酶	aconitate-Δ-isomerase	361
乌贼蛋白酶	*septa* proteinase	286
无花果蛋白酶	ficus proteinase	432
无花果蛋白酶	ficin	282,424
无机焦磷酸酶	inorganic pyrophosphatase	304

亚铁氧化酶	ferroxidase	123
亚硝酸还原酶	nitrite reductase	99
亚硝酸还原酶（NAD(P)H）	nitrite reductase(NAD(P)H)	95
亚硝酸还原酶（细胞色素）	nitric reductase(cytochrome)	98
亚油酸异构酶	linoleate isomerase	357
烟碱脱氢酶	nicotine dehydrogenase	92
烟酸单核苷酸焦磷酸化酶（羧化）	nicotinatemononucleotide pyrophosphorylase(carboxylating)	171
烟酸单核苷酸腺苷酰基转移酶	nicotinatemononucleotide adenylyltransferase	209
烟酸核苷酸二甲（基）苯并咪唑磷酸核糖基转移酶	nicotinatenucleotide dimethylbenzimidazole phosphoribosyltransferase	172
烟酸甲基转移酶	nicotinate methyltransferase	127
烟酸磷酸核糖基转移酶	nicotinate phosphoribosyltransferase	170
烟酸脱氢酶	nicotinate dehydrogenase	90
烟酰胺核苷酸酰胺酶	nicotinamidenucleotide amidase	296
烟酰胺甲基转移酶	nicotinamide methyltransferase	126
烟酰胺磷酸核糖基转移酶	nicotinamide phosphoribosyltransferase	170
烟酰胺酶	nicotinamidase	293
延胡索酸还原酶（NADH）	fumarate reductase	77
延胡索酸水合酶	fumarate hydratase	331
延胡索酰乙酰乙酸酶	fumarylacetoacetase	309
岩藻多糖酶	fucoidanase	259
岩藻糖（基）-半乳糖乙酰（基）氨基半乳糖基转移酶	fucosyl-galactose acetylgalactosaminyltransferase	158
岩藻糖-1-磷酸鸟苷酰基转移酶	fucose-1-phosphate guanylyltransferase	211
岩藻糖激酶	fucokinase	193
氧化-氮还原酶	nitric-oxide reductase	99
叶绿醌单（加）氧酶（2,3-环氧化）	phylloquinone monolxygenase(2,3-epoxidizing)	122
叶绿素酶	chlorophyllase	223
衣康酰-辅酶 A 水化酶	itaconyl-CoA hydratase	339
胰蛋白酶	trypsin	277
胰蛋脂肪酶	lipase	398
胰核糖核酸酶	ribonuclease	410
胰酶	pancreatin	428
胰凝乳蛋白酶	chymotrypsin	277
胰凝乳蛋白酶 C	chymotrypsin C	277
胰脂酶	lipase	398
乙醇胺氨裂解酶	ethanolamine ammonialyase	345
乙醇胺激酶	ethanolamine kinase	197
乙醇胺氧化酶	ethanolamine oxidase	87
乙醇脱氢酶	alcohol dehydrogenase	383
乙醛膦酸水解酶	phosphonoacetaldehyde hydrolase	311
乙醛酸还原酶	glyoxyllate reductase	41
乙醛酸还原酶（NADP$^+$）	glyoxyllate reductase(NADP$^+$)	48
乙醛酸脱氢酶（酰基化）	glyoxylate dehydrogenase(acylating)	70
乙醛酸氧化酶	glyoxylate oxidase	75

吲哚丙酮酸甲基转移酶	indolepyruvate methyltransferase	134
吲哚乳酸脱氢酶	indolelactate dehydrogenase	53
吲哚乙醛肟脱水酶	indoleacetaldoxime dehydratase	335
茚满醇脱氢酶	indanol dehydrogenase	53
油酸水化酶	oleate hydratase	49
柚苷酶	naringinase	421
鱼精蛋白激酶	protamine kinase	196
与黄素蛋白相连的单（加）氧酶	flavoprotein-linked monooxygenase	117
预苯酸脱氢酶	prephenate dehydrogenase	78
预苯酸脱氢酶（NADP$^+$）	prephenate dehydrogenase（NADP$^+$）	78
预苯酸脱水酶	prephenate dehydratase	338
原卟啉原氧化酶	protoporphyrinogen oxidase	81
原儿茶酸 3,4-双（加）氧酶	protocatechuate 3,4-dioxygenase	105
原儿茶酸 4,5-双（加）氧酶	protocatechuate 4,5-dioxygenase	106
原儿茶酸脱羧酶	protocatechuate decarboxylase	321
原蚜色素-葡糖苷配基脱水酶（环化）	protoaphin-aglucone dehydratase（cyclizing）	341

Z

甾醇-硫酸（酯）酶	sterol-sulphatase	238
藻酸合酶	alginate synthase	156
藻酸裂解酶	alginate lyase	342
斋藤霉羧基蛋白酶	*aspergillus saitoi* carboxyl proteinase	285
黏液菌 AL-1-蛋白酶 Ⅱ	*myxobacter* AL-1 proteinase Ⅱ	289
黏液菌 AL-1 蛋白酶 Ⅰ	*myxobacter* AL-1 proteinase Ⅰ	289
黏液菌-α-溶解蛋白酶	*myxobacter*-α-lytic proteinase	279
黏质沙雷氏菌细胞外蛋白酶	*serratia marvescens* extracellular proteinase	286
黏帚霉蛋白酶	*gliocladium* proteinase	289
章鱼（肉）碱脱氢酶	octopine dehydrogenase	90
樟脑 5-单（加）氧酶	camphor 5-monooxygenase	117
樟脑 1,2-单（加）氧酶	camphor 1,2-monooxygenase	117
蔗糖合酶	sucrose synthase	152
蔗糖-磷酸（酯）酶	sucrose-phosphatase	231
蔗糖-磷酸合酶	sucrose-phosphate synthase	152
蔗糖磷酸化酶	sucrose phosphorylase	151
蔗糖酶	invertase	419
真核胞外酶	thermomycolin	280
真菌淀粉酶	fungal amylase	411
支链淀粉酶	pullulanase	258
脂酶	lipase	398
脂蛋白脂（肪）酶	lipoprotein lipase	226
脂（肪）氧合酶	lipoxygenase	107
脂肪酶（猪胰）	lipase（porcine pancreas）	399
脂肪酸过氧化物酶	fatty acid peroxidase	103
脂肪酸甲基转移酶	fatty acid methyltransferase	129
植酸酶	phytase	401
中性蛋白酶	neutrase	436

续表

3-磷酸甘油酶(基)-磷酸(酯)-多(聚)磷酸(酯)磷酸转移酶	3-phosphoglyceroyl-phosphate-polyphosphate phospho-transferase	205
3-磷酸甘油酸激酶	3-phosphoglycerate kinase	394
3-磷酸甘油酸磷酸(酯)酶	3-phosphoglycerate phosphatase	233
3′-磷酸腺苷酰(基)硫酸(酯)3′-磷酸(酯)酶	3′-phosphoadenylylsulphate 3′-phosphatase	232
3-羟-3-甲戊醛酸还原酶	mevaldate reductase	41
3-羟-3-异己烯(基)戊二酰-辅酶 A 裂解酶	3-hydroxy-3-isohexenylglutaryl-CoA lyase	330
3-羟-2-甲基吡啶-4,5-二羧酸 4-脱羧酶	3-hydroxy-2-methyl-pyridine-4,5-dicarboxylate 4-decar-boxylase	319
3-羟苯甲酸 4-单(加)氧酶	3-hydroxybenzoate 4-monooxygenase	121
3-羟丙酸脱氢酶	3-hydroxypropionate dehydrogenase	46
3-羟丁酸脱氢酶	3-hydroxybutyrate dehydrogenase	41
3-羟丁酰-辅酶 A 表异构酶	3-hydroxybutyryl-CoA epimerase	353
3-羟丁酰-辅酶 A 脱氢酶	3-hydroxybutyryl-CoA dehydrogenase	59
3-羟基丁酮脱氢酶	3-hydroxyacetoin dehydrogenase	37
3-羟基丁酮消旋酶	3-hydroxyacetoin racemase	353
3-羟邻氨基苯甲酸 3,4-双(加)氧酶	3-hydroxyanthranilate 3,4-dioxygenase	106
3-羟邻氨基苯甲酸氧化酶	3-hydroxyanthranilate oxidase	103
3-羟天冬氨酸醛缩酶	3-hydroxyaspartate aldolase	328
3-羟苄基醇脱氢醇酶	3-hydroxybenzyl-alcohol dehydrogenase	51
3-羟酰-辅酶 A 脱氢酶	3-hydroxyacyl-CoA dehydrogenase	42
3-羟辛酰(基)-(酰基载体蛋白)脱水酶	3-hydroxyoctanoyl-[acyl-carrier-protein] dehydratase	339
3-羟异丁酸脱氢酶	3-hydroxyisobutyrate dehydrogenase	41
3-羟异丁酰-辅酶 A 水解酶	3-hydroxyisobutyryl-CoA hydrolase	227
3-羟棕榈酰(基)-(酰基载体蛋白)脱水酶	3-hydroxypalmitoyl-[acyl-carrier-protein]dehydratase	340
3-氰基丙氨酸水化酶	3-cyanoalanine hydratase	340
3-巯基丙酮酸硫转移酶	3-mercaptopyruvate sulphurtransferase	217
3-羧基-顺-顺-黏康酸环化异构酶	3-carboxy-cis-cis-muconate cycloisomerase	364
3-羧乙基儿茶酚 2,3-双(加)氧酶	3-carboxyethylcatechol 2,3-dioxygenase	108
3-酮-L-古洛糖酸脱氢酶	3-keto-L-gulonate-dehydrogenase	56
3-酮酸-辅酶 A-转移酶	3-ketoacid CoA-transferase	219
3-脱氢(神经)鞘氨醇还原酶	3-dehydrosphinganine reductase	52
3-脱氢奎尼酸合酶	3-dehydroquinate synthase	349
3-脱氢奎尼酸脱水酶	3-dehydroquinate dehydratase	332
3-脱氧-D-$manno$-辛酮糖酸醛缩酶	3-deoxy-D-$manno$-octulosonate aldolase	324
3-脱氧-D-$manno$-辛酮酸胞苷酰基转移酶	3-deoxy-D-$manno$-octulosonate cytidylyltransferase	212
3-氧(代)己二酸辅酶 A-转移酶	3-oxoadipate CoA-transferase	220
3-氧(代)类固醇 Δ^1-脱氢酶	3-oxosteroid Δ^1-dehydrogenase	82
3-氧(代)酰基-(酰基载体蛋白)还原酶	3-oxoacyl-[acyl-carrier-protein]reductase	51
3-氧(代)酰基-L-(酰基载体蛋白)合酶	3-oxoacyl-[acyl-carrier-protein]synthase	144
3-氧(代)月桂酸脱羧酶	3-oxolaurate decarboxylase	320
3-烃-3-甲戊醛酸还原酶(NADPH)	mevaldate reductase(NADPH)	42
3-烯醇丙酮酰(基)莽草酸-5-磷酸合酶	3-enolpyruvoylshikimate-5-phosphate sythase	176
3-氧(代)己二酸烯醇-内酯酶	3-oxoadipate enol-lactonase	224
3-异丙基苹果酸脱氢酶	3-isopropylmalate dehydrogenase	49

D-天冬氨酸氧化酶	D-aspartate oxidase	86
D-岩藻糖酸脱水酶	D-fuconate dehydratase	340
D-阿拉伯糖酸内酯酶	D-arabinonolactonase	225
D-阿拉伯糖脱氢酶	D-arabinose dehydrogenase	53
D-阿拉伯糖脱氢酶（NAP(P)$^+$）	D-arabinose dehydrogenase(NAD(P)$^+$)	54
D-氨基酸乙酰转移酶	D-aminoacid acetyltransferase	144
D-丙氨酸转氨酶	D-alanine aminotransferase	180
D-丙氨酰(基)-丙氨酰(基)-多(聚)(磷酸甘油)合成酶	D-alanyl-alanyl-poly(glycerophosphate)synthetase	375
D-丙氨酰-多(聚)(磷酸核糖(醇)合成酶)	D-alanyl-poly(phosphoribitol)synthetase	368
D-赤藓酮糖还原酶	D-erythruose reductase	60
D-甘露糖酸脱氢酶（NAD(P)$^+$）	D-mannonate dehydrogenase(NAD(P)$^+$)	72
D-谷氨酰(基)转移酶	D-glutamyl transferase	148
D-鸟氨酸 4,5-氨基变位酶	D-ornithine 4,5-aminomutase	363
D-乙酰丝氨酸(硫醇)-裂解酶	D-acetylserine(thiol)-lyase	343
D-右旋肌醇甲醚脱氢酶	D-pinitol dehydrogenase	57
Erythro-3-羟-天冬氨酸脱水酶	*Erythro*-3-hydroxyaspartate dehydratase	336
Exo-1,3-β-D-木糖苷外切酶	Exo-1,3-β-D-xylosidase	263
FAD 焦磷酸酶	FAD pyrophosphatase	307
FMN 腺苷酰基转移酶	FMN adneylyltransferase	207
GDP-6-脱氧-D-塔罗糖脱氢酶	GDP-6-deoxy-D-talose dehydrogenase	56
GDP 甘露糖 4,6-脱水酶	GDPmannose 4,6-dehydratase	338
GDP 甘露糖 α-D-甘露糖基转移酶	GDPmannose α-D-mannosyltransferase	159
GDP 甘露糖磷酸多萜醇甘露糖基转移酶	GDP mannose dolicholphosphate mannosyltransferase	165
GDP 甘露糖-磷脂酰-*myo*-肌醇 α-D-甘露糖基转移酶	GDPmannose-phosphatidyl-*myo*-inositol α-D-mannosyltransferase	161
GDP 甘露糖脱氢酶	GDPmannose dehydrogenase	56
GDP 甘露糖-十一碳二烯磷酸糖甘露糖基转移酶	GDPmannose-undecaprenyl-phosphate mannosyltransferase	160
GDP 葡糖苷酶	GDPglucosidase	259
GDP 岩藻糖-半乳糖(基)-氨基葡糖(基)-半乳糖(基)-葡糖(基)神经酰胺 α-L-岩藻糖基转移酶	GDPfucose-galactosyl-glucosaminyl-galactosyl-glucosyl-ceramideα-L-fucosyltransferase	166
GDP 岩藻糖-乳糖岩藻糖基转移酶	GDPfucose-lactose fucosyltransferase	163
GDP 岩藻糖-糖蛋白岩藻糖基转移酶	GDPfucose-glycoprotein fucosyltransferase	163
GMP 合成酶	GMP synthetase	375
GMP 还原酶	GMP reductase	95
GMP 合成酶(水解谷氨酰胺)	GMPsynthetase(glutamine-hydrolysing)	378
GTP 环水解酶	GTP cyclohydrolase	302
IMP 环化水解酶	IMP cyclohydrolase	301
IMP 脱氢酶	IMP dehydrogenase	69
K-角叉菜胶酶	K-carrageenase	264
L-(+)-丁二醇脱氢酶	L-(+)-butanediol dehydrogenase	48
L-2-羟酸氧化酶	L-2-hydeoxyacid oxidase	65
L-2-羟-脂肪酸脱氢酶	L-2-hydroxy-fatty-acid dehydrogenase	51

UDP-4-氨基-2-乙酰胺（基）-2,4,6-三脱氧葡萄糖氨基转移酶	UDP-4-amino-2-acetamido-2,4,6-trideoxyglucose aminotransferase	182
UDP-N-乙酰（基）胞壁酰（基）-L-丙氨酸-D-谷氨酸合成酶	UDP-N-acetylmuramoyl-L-alanyl-D-glutamate synthetase	373
UDP-N-乙酰（基）半乳糖胺-4-硫酸磺基转移酶	UDP-N-acetylgalactosamine-4-sulphate sulphotransferase	218
UDP-N-乙酰（基）胞壁酰（基）-L-丙氨酰-D-谷氨酸-L-赖氨酸合酶	UDP-N-acetylmuramoyl-L-alanyl-D-glutamyl-L-lysine synthetase	373
UDP-N-乙酰（基）胞壁酰（基）丙氨酸合成酶	UDP-N-acetylmuramoylalanine synthetase	373
UDP-N-乙酰（基）葡糖胺脱氢酶	UDP-N-acetylglucosamine dehydrogenase	56
UDP-N-乙酰（基）葡糖胺-糖蛋白 N-乙酰（基）氨基葡糖基转移酶	UDP-N-acetylglucosamine-glycoprotein N-acetylglucosaminultransferase	160
UDP-N-乙酰（基）葡糖胺-酯多糖 N-乙酰（基）氨基葡糖基转移酶	UDP-N-acetylglucosamine-lipopolysaccharide N-acetylglucosaminyltransferase	160
UDP-N-乙酰（基）烯醇丙酮糖葡糖胺还原酶	UDP-N-acetylenolpyruvoylglucosamine reductase	59
UDP-N-乙酰胞壁酰（基）-L-丙氨酰-D-谷氨酰-meso-2,6-二氨基庚二酸合成酶	UDP-N-acetylmuramoyl-L-alanyl-D-glutamyl-meso-2,6-diaminopimelate sunthetase	374
UDP-N-乙酰胞壁酰（基）-L-丙氨酰-D-谷氨酰-meso-2,6-二氨基庚二酰-D-丙氨酰-D-丙氨酸合成酶	UDP-N-acetylmuramoyl-L-alanyl-D-glutamyl-meso-2,6-diaminopimeloyl-D-alanyl-D-alamine syntheta	374
UDP 阿拉伯糖 4-表异构酶	UDParabinose 4-epimerase	354
UDP 半乳糖-（神经）鞘氨醇-β-D-半乳糖基转移酶	UDPgalactose-sphingosine β-D-galactosyltransferase	154
UDP 半乳糖 1,2-二酰甘油半乳糖基转移酶	UDPgalactose-1,2-diaceylglycerol galactosyltransferase	159
UDP 半乳糖-2-羟酰（基）（神经）鞘氨醇半乳糖基转移酶	UDPgalactose-2-hydroxyacylsphingosine galactosyltra-nsferase	159
UDP 半乳糖-N-酰基（神经）鞘氨醇半乳糖基转移酶	UDP galactose-N-acylsphingosine galactosyltransferase	159
UDP 半乳糖-sn-甘油-3-磷酸半乳糖基转移酶	UDP galactose-sn-glycerol-3-phosphate galactosyltransferase	168
UDP 半乳糖-氨基葡糖（基）-半乳糖（基）-葡糖（基）神经酰胺 β-D-半乳糖基转移酶	UDPgalactose-glucosaminyl-galactosyl-glucosylceramide β-D-galactosyltransferase	166
UDP 半乳糖醛酸-多（聚）半乳糖醛酸 α-D-半乳糖醛酸基转移酶	UDPgalacturonate-polygalcturonate α-D-galacturonosyltransferase	158
UDP 半乳糖-半乳糖（基）-氨基葡糖（基）-半乳糖（基）-葡糖（基）神经酰胺 α-D-半乳糖基转移酶	UDPgalactose-galactosyl-glucosaminyl-galactosyl-glucosylceramide α-D-galactosyltransferase	166
UDP 半乳糖-脂多糖半乳糖基转移酶	UDPgalactose-lipopolysaccharide galactosyltransferase	158
UDP 木糖-蛋白质木糖基转移酶	UDPxylose-protein xylosyltransferase	173
UDP 葡糖基转移酶	UDPglucosyltransferase	157
UDP 葡糖醛酸 4-表异构酶	UDPglucuronate 4-epimerase	354
UDP 葡糖醛酸 5'-表异构酶	UDPglucuronate 5'-epimerase	355

续表

UDP 乙酰(基)胞壁酰五肽赖氨酸 N^6-丙氨酰基转移酶	UDPacetylmuramoylpentapeptide lysine N^6-alanyltransferase	150
UDP 乙酰(基)葡糖胺 2-表异构酶	UDP acetylglucosamine 2-epimerase	355
UDP 乙酰(基)葡糖胺-蛋白质乙酰(基)氨基葡糖基转移酶	UDP acetylglucosamine-protein acetylglucosaminyltransferase	168
UDP 乙酰(基)葡糖胺-多(聚)(核糖醇-磷酸)乙酰(基)氨基糖基转移酶	UDPacetylglucosamine-poly(ribitol-phosphate)acetylglucosaminyltransferase	163
UDP 乙酰(基)葡糖胺焦磷酸化酶	UDPacetylglucosamine pyrophosphorylase	210
UDP 乙酰(基)葡糖胺-类固醇乙酰(基)氨基葡糖基转移酶	UDPacetylglucosamine-steroid acetylglucosaminyltransferase	157
α-淀粉酶	α-amylase	252
α-(乙酰氨基次甲基)琥珀酸水解酶	α-(acetamidomethylene)succinate hydrolase	294
α-葡糖基转移酶	α-glucosyltransferase	390
α-半乳糖苷酶	α-galactosidase	418
α-淀粉酶	α-amylase	411
α-乙酰乳酸酯脱羧酶	α-acetolactate decarboxylase	441
α-D-半乳糖苷酶	α-D-galactosidase	255
α-D-甘露糖苷酶	α-D-mannosidase	256
α-D-葡糖苷酶	α-D-glucosidase	255
α-L-阿拉伯呋喃糖苷酶	α-L-arabinofuranosidase	260
α-L-鼠李糖苷酶	α-L-rhamnosidase	258
α-L-岩藻糖苷酶	α-L-fucosidase	260
α-N-乙酰(基)-D-氨基半乳糖苷酶	α-N-acetyl-D-galactosaminidse	260
α-N-乙酰(基)-D-氨基葡糖苷酶	α-N-acetyl-D-glucosaminidase	260
α-N-乙酰氨基半乳糖苷内切酶	endo-α-N-acetylgalactosaminidase	267
α-谷氨酰(基)-谷氨酸二肽酶	α-glutamyl-glutamate dipeptidase	274
α,α-海藻糖磷酸化酶	α,α-trehalose phosphorylase	162
α,α-海藻糖-磷酸合酶(生成 UDP)	α,α-trehalose phosphate synthase(UDP-forming)	153
α,α-海藻糖-磷酸合酶(生成 GDP)	α,α-trehalose-phosphate synthase(GDP-forming)	157
α,α-海藻糖酶	α,α-trehalase	256
α,α-磷酸海藻糖酶	α,α-phosphotrehalase	266
β-淀粉酶	β-amylase	253
β-淀粉酶	β-amylase	412
β-葡聚糖酶	dextranase	414
β-葡糖苷酶	β-glucosidase	418
β-葡萄糖醛酸苷酶	β-glucuronidase	420
β-丙氨酸-丙酮酸转氨酶	β-alanine-pyruvate aminotransferase	179
β-D-半乳糖苷酶	β-D-galactosidase	256
β-D-呋喃果糖苷酶	β-D-frutofuranosidase	256
β-D-甘露糖苷酶	β-D-mannosidase	256
β-D-果糖苷外切酶	exo-β-D-fructosidase	264
β-D-葡糖苷激酶	β-D-glucoside kinase	198
β-D-葡糖苷酶	β-D-glucosidase	255
β-D-葡糖苷酸酶	β-D-glucuronidase	257
β-D-岩藻糖苷酶	β-D-fucosidase	258

参 考 文 献

［1］ 英国玛丽皇后大学（伦敦）国际酶命名委员会．http：//www.chem.qmul.ac.uk/iubmb/enzyme

［2］ 苏学良，虞惠链．英汉酶学名称词汇．天津：天津科学技术出版社，1991.

［3］ ［德］博马留斯，里贝尔著．生物催化：基础与应用．孙志浩，许建和译．北京：化学工业出版社，2006.

［4］ 沈银柱，王正询，李晓晨等．进化生物学．北京：高等教育出版社，2002.

［5］ 郭勇．酶的生产与应用．北京：化学工业出版社，2003.

［6］ ［荷］沃尔夫冈·埃拉．工业酶——制备与应用．林章凛，李爽译．北京：化学工业出版社，2006.

［7］ 袁勤生．现代酶学．第2版．上海：华东理工大学出版社，2007.

［8］ 罗贵民，曹淑桂，张今等．酶工程．北京：化学工业出版社，2002.

［9］ 陆德如，陈永青．基因工程．北京：化学工业出版社，2002.

［10］ 化学工业出版社组织编写．中国化工产品大全：上，中，下．第3版．北京：化学工业出版社，2005.

［11］ 谭佩幸，陶宗晋等．现代化学试剂手册．北京：化学工业出版社，1990.

［12］ 张树政．酶制剂工业：上，下册．北京：科学出版社，1984.

［13］ ［日］相·孝亮等著．酶应用手册．黄文涛，胡学智译．上海：上海科学技术出版社，1989.

［14］ 凌关庭．天然食品添加剂手册．北京：化学工业出版社，2000.

［15］ 王家勤．生物化学品．北京：中国物资出版社，2001.

［16］ 百科编委会．化工百科全书．北京：化学工业出版社，1999.

［17］ 孙立军等．β-葡萄糖苷酶产酶发酵条件的优化研究．食品工业科技，1998（5）：22-24.

［18］ 刘同军等．半纤维酶的应用进展．食品与发酵工业，1998，24（6）：58-60.

［19］ 陈峰等．米曲霉固体发酵生产果胶酶的研究．中国酿造，1998（6）：18-20.

［20］ 张玉彬等．生物催化的手性合成．北京：化学工业出版社，2002.

［21］ 楮志义等．生物合成药物学．北京：化学工业出版社，2000.

［22］ 王旻，谭树华，李泰明等．生物制药技术．北京：化学工业出版社，2003.